第2版

Second Edition

焊接结构
检测技术

刘怿欢 李 敞 主编 程 雷 骆 琦 副主编

Testing Technology for
Welded Structures

U0288615

化学工业出版社

·北京·

内容简介

全书共 10 章，分别介绍了射线检测、超声和声发射检测、涡流和磁粉检测、渗透检测、其他无损检测新技术、物理检测、化学检测等内容，每章后面配有应用案例和相关标准。

本书全面地介绍了焊接结构检测的新技术、新方法、新工艺，为从事锅炉、化工容器、压力管道、起重机械、桥梁、建筑等焊接结构设计制造、检验检测、安全监察等领域工作的研究人员、设计人员、现场检测技术人员和大专院校师生提供参考。

图书在版编目（CIP）数据

焊接结构检测技术 / 刘怿欢，李敞主编 ；程雷，骆琦副主编． -- 2 版． -- 北京 ：化学工业出版社，2024.9． -- ISBN 978-7-122-45800-1

Ⅰ．TG403

中国国家版本馆 CIP 数据核字第 20240MQ549 号

责任编辑：周　红　　　　　　　文字编辑：郑云海
责任校对：李　爽　　　　　　　装帧设计：刘丽华

出版发行：化学工业出版社
　　　　　（北京市东城区青年湖南街 13 号　邮政编码 100011）
印　　装：高教社（天津）印务有限公司
787mm×1092mm　1/16　印张 24　字数 643 千字
2024 年 10 月北京第 2 版第 1 次印刷

购书咨询：010-64518888　　　　　售后服务：010-64518899
网　　址：http://www.cip.com.cn

定　　价：158.00 元　　　　　　　　　　版权所有　违者必究

前　言

　　焊接结构具有节省金属材料、结构强度高、结构设计灵活、生产成本低等优点，因此在制造业的各个领域均得到了广泛应用。

　　由于焊接热过程的特殊性，如加热温度高、速度快、高温停留时间短、局部加热产生不均匀相变及应变、在应力状态下进行组织转变等，使得焊接结构的各个部位容易产生各种类型的缺陷，这也一直是焊接工作者努力克服的问题。在焊接结构得到广泛应用的同时，焊接缺陷一直是威胁焊接结构安全的大患。

　　焊接结构的缺陷检测与评价是一项关键工序。焊接结构检测技术以目标为导向，紧跟时代的脚步在不断发展完善。随着计算机和信息技术的发展，常规的检测方法也有了很大的改进、认识和理解，以及更加广泛的应用，新的检测方法和检测技术层出不穷，在"检不了、检不准、检不快"等方面持续突破。例如，射线数字成像检测技术、工业 CT 技术、衍射时差法超声检测技术、相控阵超声检测技术、远场涡流检测技术、交流电磁场检测技术、金属磁记忆检测技术和红外热成像检测等新的检测技术均不同程度得到了长足的发展和广泛而深入的应用。

　　本书在第一版的基础上，紧跟科技发展和技术迭代的脚步，依据更深入的应用经验、更先进的技术方法进行修订再版。以射线检测、超声和声发射检测、涡流和磁粉检测、渗透检测、其他无损检测新技术、物理检测、化学检测等为主线，较为系统地介绍了焊接结构检测采用的传统检测技术和工艺，以及新技术和新工艺。

　　本书由刘怿欢、李敞主编，程雷、骆琦副主编。参加编写的有天津市特种设备监督检验技术研究院刘怿欢、韦晨、祖宁、党丽华、赵翠林、崔仕博、李超月、黄薪钢、赵聪、李卫星、陶俊兴、韩美，山东省安泰化工压力容器检验中心有限公司沈冬奎、鲁晓岩、曹磊、刘文强、许子豪、宗南海、宁剑飞、李沅龙、李敞，临沂正大检测技术有限公司程雷，上海市特种设备检验技术研究院陈乐，广州多浦乐电子科技股份有限公司林俊连、安又博、陈秀明、骆琦，济南山源环保科技有限公司张书杰。

　　本书编者均是科研院所、检验检测机构、焊接结构制造企业和检测设备生产经营企业的专家，具有多年从事焊接结构检测的经验。本书是这些编者根据自己的工作经验，借鉴前人著作，共同编写而成，旨在全面介绍焊接结构检测的新技术、新方法、新工艺，为从事锅炉、化工容器、压力管道、起重机械、桥梁、建筑等焊接结构设计制造、检验检测、安全监察等领域工作的研究人员、设计人员、现场检测技术人员和大专院校师生提供参考。

　　由于编者水平有限，书中难免有不妥之处，敬请广大读者批评指正！

编者

目　　录

第1章 概　　论

1.1　焊接与焊接结构

　　焊接是通过加热或加压，或两者并用，并且用或不用填充材料，使工件达到结合的一种方法。焊接结构是采用焊接方法加工而成的工程结构，通常由型钢和钢板等制成的筒体、梁、柱、桁架等结构组成，广泛应用于锅炉、容器、管道、机械、桥梁、船舶等制造行业。

　　焊接结构与螺钉连接、胀接、铸件及锻件相比具有下列优点：

　　① 节省金属材料、减轻结构重量，且经济效益好。据统计，焊接结构比胀接结构重量可减轻 15%～20%，比铸件轻 30%～40%，比锻件轻 30%。

　　② 简化了加工与装配工序，生产周期短，生产效率高。

　　③ 结构强度高，接头密封性好。焊接结构接头密封性比胀接和螺栓连接好得多。因此，焊接的容器能充分满足高温、高压条件下对强度和密封性的要求。

　　④ 为结构设计提供较大的灵活性。可以按结构的受力情况优化配置材料，按工程需要在不同部位选用不同强度、不同耐磨、耐腐蚀及耐高温等性能的材料。例如，以碳钢为基材，堆焊不锈钢衬里层制作石油化工压力容器，这样既保证了设备的抗腐蚀性，又节省了大量的贵重金属材料和资金。

　　⑤ 用拼焊的方法可以大大突破铸锻能力的限制，可以生产特大型锻-焊、铸-焊结构，提供特大、特重型设备、毛坯，促进了国民经济的发展。

　　⑥ 焊接工艺过程容易实现机械化和自动化。

　　焊接结构的局限性：

　　① 用焊接方法加工的结构易产生较大的焊接变形和焊接残余应力，从而影响结构的承载能力、加工精度和尺寸稳定性，同时在焊缝与焊件交界处还会产生应力集中，对结构的疲劳断裂有较大影响。

　　② 焊接接头中存在着一定数量的缺陷，如裂纹、气孔、夹渣、未焊透、未熔合等。这些缺陷的存在会降低强度，引起应力集中，损坏焊缝致密性，这是造成焊接结构破坏的主要原因之一。

　　③ 焊接接头具有较大的性能不均匀性。焊缝的成分及金相组织与母材不同、接头各部位经历的热循环不同，使接头不同区域的性能不同。

1.2　焊接结构的缺陷类型

1.2.1　外观缺陷

　　外观缺陷（表面缺陷）是指不用借助于仪器，从工件表面可以发现的缺陷。常见的外观缺陷有咬边、焊瘤、凹坑及焊接变形等，有时还有表面气孔和表面裂纹、单面焊的根部未焊透等。

咬边是指沿着焊趾，在母材部分形成的凹坑或沟槽。咬边减小了母材的有效截面积，降低结构的承载能力，同时还会造成应力集中，发展为裂纹源。

焊瘤是焊缝中的液态金属流到加热不足、未熔化的母材上或从焊缝根部溢出，冷却后形成的未与母材熔合的金属瘤。焊瘤常伴有未熔合、夹渣缺陷，易导致裂纹。同时，焊瘤改变了焊缝的实际尺寸，会带来应力集中。管子内部的焊瘤减小了它的内径，可能造成流动物堵塞。

凹坑指焊缝表面或背面局部低于母材的部分，它减小了焊缝的有效截面积。凹坑常带有凹坑裂纹和凹坑缩孔。

未焊满是指焊缝表面上连续或断续的沟槽，它同样削弱了焊缝，容易产生应力集中，同时，由于焊接规范太弱使冷却速度增大，容易产生气孔、裂纹等。

烧穿是指焊接过程中，熔深超过工件厚度、熔化金属自焊缝背面流出形成穿孔的缺陷。它是锅炉压力容器产品上不允许存在的缺陷，它完全破坏了焊缝，使接头丧失其联接及承载能力。

1.2.2　气孔

气孔是指焊接时，熔池中的气体未在金属凝固前逸出，残存于焊缝之中所形成的空穴。气体可能是熔池从外界吸收的，也可能是焊接冶金过程中反应生成的。

气孔从其形状上分，有球状气孔、条虫状气孔两种；从数量上可分为单个气孔和群状气孔两种。按气孔内气体成分分类，有氢气孔、氮气孔、二氧化碳气孔、一氧化碳气孔、氧气孔等。熔焊气孔多为氢气孔和一氧化碳气孔。

气孔减少了焊缝的有效截面积，使焊缝疏松，从而降低了接头的强度，降低塑性，还会引起泄漏。气孔也是引起应力集中的因素。氢气孔还可能促成冷裂纹。

1.2.3　夹渣

夹渣是指焊后溶渣残存在焊缝中的现象。

夹渣分为两类：金属夹渣和非金属夹渣。

金属夹渣：指钨、铜等金属颗粒残留在焊缝之中，习惯上称为夹钨、夹铜。

非金属夹渣：指未熔的焊条药皮或焊剂、硫化物、氧化物、氮化物残留于焊缝之中，冶金反应不完全，脱渣性不好。

点状夹渣的危害与气孔相似，带有尖角的夹渣会产生尖端应力集中，尖端还会发展为裂纹源，危害较大。

1.2.4　裂纹

焊缝中原子结合遭到破坏，形成新的界面而产生的缝隙称为裂纹。

裂纹根据尺寸大小分为三类：

① 宏观裂纹：肉眼可见的裂纹。

② 微观裂纹：在显微镜下才能发现。

③ 超显微裂纹：在高倍数显微镜下才能发现，一般指晶间裂纹和晶内裂纹。

从产生温度上看，裂纹分为两类：

① 热裂纹：产生于 A_{c_3} 线附近的裂纹。一般是焊接完毕即出现，又称结晶裂纹。这种裂纹主要发生在晶界，裂纹面上有氧化色彩，失去金属光泽。

② 冷裂纹：指在焊毕冷至马氏体转变温度 M_s 点以下产生的裂纹，一般是在焊接完成后一段时间才出现，故又称延迟裂纹。

裂纹，特别是冷裂纹，带来的危害是灾难性的。世界上的压力容器事故除极少数是由于设计不合理、选材不当的原因引起的以外，绝大部分是由于裂纹引起的脆性破坏。

热裂纹都是沿晶界开裂，通常发生在杂质较多的碳钢、低合金钢、奥氏体不锈钢等材料气焊缝中。冷裂纹主要产生于热影响区，也有发生在焊缝区的。冷裂纹可能是沿晶开裂、穿晶开裂或两者混合出现。冷裂纹引起的构件破坏是典型的脆断。冷裂纹产生机理：淬硬组织（马氏体）减小了金属的塑性储备；接头的残余应力使焊缝受拉；接头内有一定的含氢量。在所有的裂纹中，冷裂纹的危害性最大。

1.2.5 未焊透

未焊透指母材金属未熔化，焊缝金属没有进入接头根部的现象。未焊透的危害之一是减少了焊缝的有效截面积，使接头强度下降。其次，未焊透引起的应力集中所造成的危害，比强度下降的危害大得多。未焊透严重降低焊缝的疲劳强度。未焊透可能导致裂纹，是造成焊缝破坏的重要原因。

1.2.6 未熔合

未熔合是指焊缝金属与母材金属或焊缝金属之间未熔化结合在一起的缺陷。按其所在部位，未熔合可分为坡口未熔合、层间未熔合、根部未熔合三种。未熔合是一种面积型缺陷，坡口未熔合和根部未熔合对承载截面积的减小都非常明显，应力集中也比较严重，其危害性仅次于裂纹。

1.2.7 其他缺陷

① 焊缝化学成分或组织成分不符合要求：焊材与母材匹配不当，或焊接过程中元素烧损等原因，容易使焊缝金属的化学成分发生变化，或造成焊缝组织不符合要求。这可能导致焊缝的力学性能下降，还会影响接头的耐蚀性能。

② 过热和过烧：若焊接规范使用不当，热影响区长时间在高温下停留，会使晶粒变得粗大，即出现过热组织。若温度进一步升高，停留时间加长，可能使晶界发生氧化或局部熔化，出现过烧组织。过热可通过热处理来消除，而过烧是不可逆转的缺陷。

③ 白点：在焊缝金属的拉断面上出现的像鱼目状的白色斑，即为白点。白点是由于氢聚集而造成的，危害极大。

1.3 检测技术综述

焊接结构的检测可以分为外部缺陷检测、内部缺陷检测、化学成分和组织缺陷检测、性能检测四种。

外部缺陷检测是指通过肉眼或者使用不超过 5 倍的放大镜，对焊接结构的表面进行检测。主要检测焊接结构的尺寸、结构型式、焊缝表面质量等。

内部缺陷检测，主要采用无损检测方法对结构的内部缺陷进行检查。根据 ISO 18173《无损检测通用术语和定义》，无损检测（Non-Destructive Testing，NDT）是指不断开发和应用的技术方法，以不损害预期实用性和可用性的方式来检查材料或零部件，其目的是发现、定位、测量和评定伤，评价完整性、性质和构成，测量几何特性。

常用的无损检测方法有：

① 辐射方法：（X 和 γ）射线照相检测、射线透视检测、计算机层析成像检测、中子辐射照相检测。

② 声学方法：超声检测、超声脉冲回波法、超声透过法、超声共振、声发射检测、电磁声检测、声冲击、声振动。

③ 电磁方法：磁粉检测、涡流检测、漏磁检测。

④ 表面方法：渗透检测、目视检测。

⑤ 泄漏方法：泄漏检测。

⑥ 红外方法：红外热成像检测。

化学成分和组织缺陷检测，主要采用：化学分析法、光谱分析法、金相检查法、电镜检查等。

性能检测方法主要包括拉力试验、冲击试验、弯曲试验、扭转试验、疲劳试验、高温性能试验等。

1.4　各种检测方法的优缺点

力学性能试验和化学成分、组织性能检测往往要破坏材料的结构或表面。每种无损检测方法均有其能力范围和局限性，各种方法对缺欠的检测概率既不会是100%，也不会完全相同。例如射线照相检测和超声检测，对同一被检工件的检测结果不会完全一致。

常规无损检测方法中，射线照相检测和超声检测可用于检测被检工件内部和表面的缺陷，涡流检测和磁粉检测用于检测被检工件表面和近表面的缺欠，渗透检测仅用于检测被检工件表面开口的缺陷。

射线照相检测较适用于检测被检工件内部的体积型缺欠，如气孔、夹渣、缩孔、疏松等；超声检测较适用于检测被检工件内部的面积型缺欠，如裂纹、白点、分层和焊缝中的未熔合等。射线照相检测常被用于检测金属铸件和焊缝，超声检测常被用于检测金属锻件、型材、焊缝和某些金属铸件。在对焊缝中缺欠的检测能力上，超声检测通常要优于射线照相检测。

1.5　焊接结构检测方法选用原则

焊接结构检测选用何种检测方法，要根据结构的质量要求、对结构的安全要求及选用方法的实用性来选择。

1.5.1　检测方法要求

检测结构的化学成分、组织结构，选用材质分析的方法或金相检查；检查力学性能，则采用物理性能试验。

1.5.2　无损检测与破坏性检测的关系

无损检测的最大特点是能在不损伤材料、工件和结构的前提下进行检测，所以实施无损检测后，产品的检查率可以达到100%。但是，并不是所有需要测试的项目和指标都能进行无损检测，无损检测技术自身还有局限性。某些试验只能采用破坏性检测，因此，目前无损检测还不能完全代替破坏性检测。也就是说，对一个工件、材料、机器设备的评价，必须把无损检测的结果与破坏性检测的结果互相对比和配合，才能作出准确的评定。例如液化石油气钢瓶除了无损检测外还要进行爆破试验；锅炉管子焊缝，有时要切取试样做金相和断口检验。

1.5.3　实施检测的时机

根据无损检测的目的，正确选择无损检测实施的时机。例如，锻件的超声波检测，一般安排在锻造完成且进行过粗加工后，在钻孔、铣槽、精磨等最终机加工前。检查焊接接头，应先进行形状尺寸和外观质量的检测，合格后才能进行无损检测。有延迟裂纹倾向的材料应安排在焊接完成24h以后进行无损检测；有再热裂纹倾向的材料应在热处理后再进行一次无损检测。要检查热处理工艺是否正确，就应将无损检测实施时机放在热处理之后进行。拼接封头应在成形后进行无损检测，若成形前进行无损检测，则成形后应在圆弧过渡区再做无损检测。

1.6 焊接结构检测档案及工艺规程的要求

1.6.1 焊接结构检测档案

检测档案应至少包括：检测委托书或任务书、检测标准、检测工艺规程、检测操作指导书或工艺卡、检测显示记录、检测结果报告。必要时，还可包括检测人员资格证书或其他与检测有关的文件。

1.6.2 检测工艺规程

检测工艺规程应依据委托书或任务书的内容和要求，以及相应的检测标准的内容和要求进行编制。

检测工艺规程的内容应至少包括：工艺规程的名称和编号，编制检测工艺规程所依据的相关文件的名称和编号，检测工艺规程所适用的被检材料或工件的范围，验收准则、验收等级或等效的技术要求，实施本工艺规程的检测人员资格要求，何时何处采用何种检测方法，何时何处采用何种检测技术，实施本工艺规程所需要的检测设备和器材的名称、型号和制造商，实施本工艺规程所需要的检测设备（或仪器）、校准方法（或系统性能验证方法）和编写依据和要求，被检部位及检测前的表面准备要求，检验标记和显示记录要求，检测后处理要求，显示的观察条件、观察和解释的要求，结果报告的要求，工艺规程编制者的签名，工艺规程批准者的签名。必要时，可增加雇主或责任单位负责人的签名和（或）委托单位负责人的签名，也可增加第三方监督或监理单位负责人的签名。

1.6.3 检测操作指导书

检测操作指导书应依据检测工艺规程的内容和要求进行编制。

操作指导书的内容应至少包括：操作指导书的名称和编号；编制操作指导书所依据的检测工艺规程（或相关文件）的名称和编号；被检材料或工件的名称、产品号、被检部位以及检测前　　　　　指定的检测人员的姓名及其持证的检测方法和等级，必要时注明证书编号和　　　　　　　设备和器材的名称、规格、型号、编号，以及仪器校准或系统性能验　　　　　　　　所采用的检测方法和技术；操作步骤及检测参数；对检测　　　　　　　　　记录的规定和注意事项；操作指导书编制者的签名　　　　　　　　可增加雇主或责任单位负责人的签名和（或）委托　　　　　　　　或监理单位负责人的签名。

地址：天津市河东区卫国道204号
邮编：300162
电话：022-24372881

第 2 章　射线检测

2.1　射线检测的原理

2.1.1　X 射线的产生

当高速运动的电子被阻止时，伴随着电子动能的消失和转化，能够产生 X 射线。现在应用的所有 X 射线装置，都是利用高速运动电子去轰击阳极靶而产生的，分析总结应用各种不同装置产生 X 射线的实验，人们发现，获得 X 射线必须具备以下三个条件：

① 产生并发射自由电子，从而获得自由电子源。例如，可以应用真空中的热电子发射。

② 在真空中，沿一定方向加速自由电子，从而获得具有极高速度和动能作定向运动的打靶电子流。在一般工业 X 射线管中往往用直流高压电场加速电子，而在产生高能射线的加速器中应用高能的电磁场加速电子。要求一个较高真空度的空间，主要是为加速提供一个通道，避免在加速过程中与气体分子碰撞而降低能量。同时，也能保护灯丝及靶材料，不致因氧化而被烧毁。

③ 在高速电子流的运动路径上设置坚硬而耐热的靶，使高速运动的电子与靶相碰撞，突然受阻而骤然遏止。这样就会产生能量转换，从而获得我们所需要的 X 射线。

2.1.2　放射性元素与 γ 射线

一些元素能自发地放出射线而发生转变，这类元素称为放射性元素。在各种元素的同位素中有些是稳定的有些是不稳定的，它们也会自发地放射出射线而发生转变，这类不稳定的同位素叫作放射性同位素。由于天然放射性元素不仅价格贵，而且不能制成体积小而辐射强度高的射线源，射线检测中应用的 γ 射线源主要都是人工放射性同位素。

放射性元素或同位素能自发放射射线的性质称为物质的放射性。放射性的发现揭示了原子核结构的复杂性。当用强磁场或电场研究这些射线的性质时，发现射线通过强磁场或电场时分裂成三束，分别称为 α、β、γ 射线。α 射线和 β 射线在电场或磁场中发生偏转，但偏转方向不同，这说明它们带有相反的电荷，其中 α 射线带正电，β 射线带负电。在电场和磁场中不发生偏转的是 γ 射线，说明 γ 射线是不带电的。

α 射线是带有两个单位正电荷、质量数为 4 的粒子流，实际是具有一定速度的氦原子核 (He)。它的穿透能力很小，在空气中也只能飞行几厘米，但具有很强的电离能力。

β 射线是带负电荷的电子流。它具有较大的穿透能力，甚至可以穿透几毫米厚的铝，但电离作用较弱。

γ 射线是波长比 X 射线还短的电磁波，也是能量比 X 射线还高的光子流，穿透能力很强，甚至可以穿透几十厘米厚的钢板，但它的电离作用却极弱。

放射性物质的原子核在自发地放出射线（α 或 γ）后会转变成另一种元素的原子核，这种现象称为放射性衰变。

放射性物质的原子核都在不停地发生衰变，放射性物质的量随着时间的增加而不断地减少。各种不同的放射性物质具有不同的衰变速率，有的衰变得快，有的则很慢，这是放射源的源特性，不因外界因素改变而改变。通常以放射性活性来描述放射源的衰变速率。活性的定义为：放射性元素单位时间内衰变的原子核数称为其活性，也称为活度。活度的国际单位制单位为贝可勒尔。一个放射源每秒发生一次核衰变，其放射性活度为一个贝可勒尔，简称贝可，单位符号为 Bq。活度的常用单位为居里。一个射线源每秒内发生 $3.7×10^{10}$ 次核衰变，称其活度为 1 居里，单位符号为 Ci。1 居里相当于 1 克镭的放射性活度。其换算关系为：

$$1Ci=3.7×10^{10}Bq$$

由于放射源在每一次核衰变中所辐射的光子能量是一定的，因此活度越高的源单位时间内辐射的射线能量越多。所以活度又称为源的放射性强度或源强。源强或活度是与源的原子数成正比的，原子数越多，活度越高，源强越强。而随着时间的推移，衰变源的原子数逐渐减少，源强或活度逐渐减弱。

2.1.3　射线与物质的相互作用

射线源的种类较多，有 X 射线发生装置和放射性同位素（γ 射线源），放射性同位素常用钴-60、铯-137、铱-192。首先我们重点介绍射线的主要性质。

① 不可见，依直线传播。

② 不带电荷，不受电场和磁场影响。

③ 能量高，具有较强的穿透能力，能够穿透像钢铁等可见光无法透过的固体材料。且穿透能力与射线波长、能量有关，与被透照材料的原子序数、密度有关。射线能量越大，波长越短，硬度越高，穿透能力越大。而被透照材料的原子序数 Z 越大、密度越大时越难穿透。

④ 与可见光一样，具有反射、干涉、绕射、折射等现象。

⑤ 能与物质作用产生光电子及返跳电子，引起散射。

⑥ 能使气体电离，能被物质吸收产生热量。

⑦ 能使某些物质起光化学作用，使胶片感光。

⑧ 能起生物效应，伤害和杀死有生命的细胞。

⑨ X、γ 射线具有波动性。能够产生反射、折射、偏振、干涉、衍射等现象，但与可见光有显著不同。由于 X、γ 射线波长很短，对常见介质界面不能产生可见光那样的镜面反射，因为与波长相比，介质界面太粗糙，只能发生漫反射。当穿透异质界面时将发生折射，但折射率几乎等于 1，所以虽然发生了折射，但方向几乎没有改变，不易觉察得到。人们正是利用了 X 射线在晶体点阵上产生衍射以及在空间产生干涉等现象来分析研究晶体结构及测量晶格常数的。

（1）射线与物质的相互作用　射线穿过物质时，由于与物质发生相互作用而导致强度减弱。在与物质相互作用过程中引起强度减弱的原因可分为两类，即吸收与散射。吸收是一种能量转换过程，射线通过物质时，射线能量被物质吸收后转变成其他形式的能量。散射过程则仅使射线的传播方向改变，射线的能量形式和本质不发生变化。由于吸收和散射，当射线穿透物质后在原来的传播方向上测量强度减弱了。在 X 射线和 γ 射线的能量范围内引起吸收衰减的主要原因是光电效应与电子对效应，引起散射的主要原因是康普顿散射与瑞利散射。也即在 X、γ 射线的能量范围内，射线与物质相互作用的主要形式有瑞利散射、光电效应、康普顿散射以及电子对效应。

射线的本质展示了微观世界的双重性，既具有粒子性又具有波动性。这种属性随着波长的变化而有所侧重：波长越长波动性越明显；波长越短则其粒子性越明显。在射线与物质的相互作用过程中主要表现出粒子性，即用射线光子与物质的相互作用来描述。但在能量较低的范围内也可用波动理论进行解释。

（2）射线衰减规律　由射线源辐射的射线，在其传播过程中强度逐渐减弱。射线强度的减弱包括由传播几何因素所致减弱以及穿透物质时由于与物质相互作用导致的减弱两个方面。

由射线源焦点辐射的射线，以一定的辐射角度在空间沿直线传播，随着传播距离的增加，在以焦点为中心而半径不同的各球面上，X 射线的强度与距离（即半径）的平方成反比，此即平方反比定律。平方反比定律仅考虑了扩散传播带来的衰减而没有考虑物质引起的衰减，因此在真空中是成立的，在空气中由于空气引起的误差甚微，在一般射线检测中可以忽略不计，仍可使用。

当射线穿透物质时，由于射线和构成物质的原子发生相互作用而产生光电效应、康普顿效应、电子对效应及瑞利散射等，在此过程中由于吸收和散射而引起强度的衰减称为由物质引起的衰减。

当射线穿透一定厚度的物质层时，有些光子与物质发生了相互作用，有些则没有。没有发生相互作用的光子其能量和方向均未变化，成为直接穿透物质的透射射线。那些与物质发生了相互作用的光子，部分被物质吸收，另一部分是发生过一次或多次散射的散射光子，其能量和方向均发生了改变，构成了穿透物质的散射射线。

为了便于研究和处理，我们首先研究单能窄束射线在物质中的衰减规律。

由相同能量的光子组成的射线或具有单一波长的射线称为单能射线或"单色"辐射。

所谓"窄束"射线是指不包括散射光子，仅由未与物质发生相互作用的透射光子组成的射线束。为了研究这种射线束的衰减规律，实验上是对通过准直器后得到的细小辐射束进行研究的。"窄束"取名，由此而来。这里的"窄束"并非几何学上的"细小"，而是物理意义上的"窄束"。即使射线束有一定的宽度，但只要其中没有散射光子，即可称为"窄束"。

实验上通过准直器研究单能窄束射线在物质中的衰减规律。带有准直孔的铅准直器作用是吸收散射线，通过准直的射线束可视为近似理想的"窄束"。在两个准直器之间放置透照材料，由探测器测量通过不同厚度材料后强度的衰减情况。

实验发现，射线穿透材料时，其强度的衰减与材料种类、厚度及射线能量有关。有一定能量的射线在均匀介质中穿透厚度为 Δx 的薄层物质时，强度的衰减量 ΔI 与入射射线的强度和穿透物质的厚度成正比。如以数学关系表达则可写成：

$$\Delta I \propto I, \ \Delta x$$

如写成等式则为：
$$\Delta I = -\mu I \Delta x$$

当 $\Delta x \to 0$，为无穷小量时，可以写成：

$$\mathrm{d}I = -\mu I \mathrm{d}x \tag{2-1}$$

式中，μ 为比例系数（线衰减系数），负号"—"代表 $\mathrm{d}I$ 为衰减量。对上式积分，并利用边界条件（当 $x=0$ 时，$I=I_0$，I_0 为入射射线强度）可以得到

$$I = I_0 \mathrm{e}^{-\mu x} \tag{2-2}$$

上式为单能、窄束射线穿透物质时的强度衰减定律。这是射线衰减的基本定律。上式指出单能窄束射线的强度随穿透物质的增加按指数规律衰减。因此在普通坐标中衰减定律为指数曲线。稍加变换即可得到，在半对数坐标中衰减定律为一直线。

$$\lg \frac{I}{I_0} = -0.434\mu x \tag{2-3}$$

上式为单能、窄束射线衰减定律的另一表达形式。

（3）线衰减系数 μ　在导出单能窄束射线的衰减定律时，μ 是单能射线穿透一定材料均匀介质的条件下作为常数引进的比例系数。μ 值的大小决定了射线穿透材料衰减的快慢。μ 的物理意义是什么呢？由式(2-2)可以得到：

$$\mu = -\frac{\mathrm{d}I}{I} \times \frac{I}{\mathrm{d}x} \tag{2-4}$$

其中，$\frac{\mathrm{d}I}{I}$ 为穿透 $\mathrm{d}x$ 厚度材料后射线强度相对衰减量或衰减的百分比。除以穿透厚度 $\mathrm{d}x$，μ 的物理意义即为：射线穿透厚度材料时，射线的相对衰减量或衰减的百分比。μ 称为线衰减系数，线衰减系数的意义为：在穿透单位物质后射线光子（能量）由于吸收、散射而被衰减的平均百分比。

射线与物质相互作用时，每个原子发生作用的概率可用原子截面来表达。原子截面的定义式为：

$$\sigma = -\Delta I / (IN\Delta x) \tag{2-5}$$

其中，N 为被透照物质的原子密度，即单位体积的原子数。与衰减系数的定义式(2-4)相比较，我们得到线衰减系数与原子截面之间的数学关系：

$$\mu = \sigma N \tag{2-6}$$

（4）射线的强度 I　单位时间内在垂直于射线传播方向的单位面积上所通过的射线能量，称为射线强度。

射线强度的单位在 SI 制中为 $\mathrm{J/(m^2 \cdot s)}$。

射线的强度由射线单位时间内通过垂直于传播方向上单位面积的光子数及每个光子能量两个因素决定。

对于由相同能量光子组成的单色谱，其辐射强度为：

$$I = Nh\nu \tag{2-7}$$

其中，N 为每秒内通过单位面积的光子数；$h\nu$ 为光子能量。

辐射场中各点的射线强度不仅取决于射源在单位时间内辐射的总能量，还取决于射线束在辐射场中的扩散情况。

当已知射线强度时，单位时间内通过面积 S 的射线能量 E 为：

$$E = IS \tag{2-8}$$

（5）射线的硬度　射线硬度又称射线线质，指射线能量的大小或贯穿物质能力的大小。

由公式 $\varepsilon = h\nu = hc/\lambda$ 可知：波长短的射线，光子能量大，穿透能力强，称这种射线线质"硬"；反之，波长长的射线，光子能量小，穿透能力弱，称这种射线线质"软"。

对 X 射线说来，辐射的线质取决于管电压。管电压越高，辐射的 X 射线线质越硬；管电压越低，辐射的 X 射线线质越软。

对 γ 射线说来，所辐射的光子能量则取决于射线源的种类。

2.2　射线检测设备

工业 X 射线机是以 X 射线管为射线源的工业检测设备，按结构型式大致可分为移动式与便携式两大类。移动式 X 射线机射线管电压可达 420kV；便携式 X 射线机射线管电压可达 300kV。移动式和便携式 X 射线机在结构上和应用上有些不同。

移动式 X 射线机中的 X 射线管置于射线柜内，柜内用强制循环油进行冷却，循环油用水冷却。高压发生器与 X 射线柜分别为两个独立部分，通过高压电缆相连接。控制柜（操纵台）放在防辐射的操作室，用低压电缆与高压发生器相连接，控制柜用来调节透照电压（kV）、电流（mA）、时间（min），柜内装有过载、过电流、过电压、过热保护装置。

移动式 X 射线机一般体积大，重量重。它一般用于车间实验室半固定使用，可对中、厚部件进行检测。由于其管电压较高、管电流大，所以可以透照较厚工件并可以节省透照时间。为了便于搬动，便携式 X 射线机通常把 X 射线管和高压发生器统统装入射线柜内，不需要用高压电缆连接，柜中充入变压器油或 SF_6 气体进行绝缘。常分为油浸式 XX 系列和充气式 XXQ 系列两大系列。一般便携式 X 射线机只有控制器和射线柜两部分，通过多芯低压电缆连接。

工业 X 射线机除按结构分类以外，还可以按其他方式进行分类。

① 按 X 射线辐射范围分类，可分为定向辐射与周向辐射 X 射线机两类。

② 按供给 X 射线管高压部分的工作频率分，可分为工频、变频和高频 X 射线机三类。

③ 按 X 射线管的结构分类，可分为玻璃管和金属陶瓷管 X 射线机两类。

④ 按接地方式分类，可分为阳极接地与高压变压器中间接地两种类型 X 射线机。

⑤ 按调压方式分类，可分为调压器调压和晶闸管调压两类 X 射线机。

⑥ 按阳极冷却方式分类，可分为油浸自冷式、油或水循环强迫冷却式、强迫风冷式 X 射线机三类。

⑦ 按高压整流电路进行分类，可分为自整流、半波自整流、全波整流、脉动倍压整流和恒电位电路五类。

⑧ 按专门用途分类，可分为配置工业电视用 X 射线机、X 射线管道爬行器、软 X 射线机、微焦点 X 射线机、脉冲 X 射线机等多种类型。

X 射线机分类方法很多，但任何一台 X 射线机都是由 X 射线管、高压发生装置、冷却系统、控制电路及保护电路等几个基本部分组成。

2.2.1 X 射线管

X 射线管是 X 射线机的核心，它的基本结构是一个具有高真空度的二极管，由阴极、阳极和保持高真空度的玻璃外壳构成，如图 2-1 所示。

2.2.2 γ 射线机

γ 射线机是射线检测设备中一个重要组成部分。γ 射线机以放射性同位素作为 γ 射线源进行射线检测，因此它与 X 射线机相比有许多不同的特点。

γ 射线机所产生的 γ 射线能量高、穿透力强、探测厚度大。γ 射线机设备较简单、体积小、重量轻且不用水电，特别适宜于野外现场检测，在某些特殊场合中，

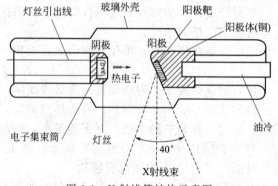

图 2-1 X 射线管结构示意图

如高空、水下、设备检测的狭窄空间等，尤为适宜。γ 射线机所产生的 γ 射线向空间全方位进行辐射，对球罐和环焊缝可进行全景曝光和周向曝光，可大大提高工作效率。此外 γ 射线机不易损坏、设备故障率低，可以连续使用，性能稳定且不受外界条件的影响。

γ 射线机的主要缺点有：所辐射的射线能量单一或集中在几个波长，不能根据试件厚度进行调节。只能适用于一定厚度范围的材料。固有不清晰度一般比 X 射线机大，在同样的检测条件下，灵敏度稍低于 X 射线机。所选用的 γ 射线源都有一定的半衰期，有些半衰期短的射源如 Ir192，源的更换频繁。γ 射线源的放射性辐射不受人为因素的控制，因此对安全防护和管理的要求更加严格。

2.2.3 加速器

在工业射线检测中一般 X 射线机的管电压不超过 450kV，常用 γ 射线源的能量不超过 2MeV，这种能量范围的射线不适于透照较厚的材料，透照更厚的材料需要更高能量的射

线。在工业射线检测中一般采用加速器产生更高能量的射线。加速器是带电粒子加速器的简称；基本原理是利用电磁场加速带电粒子，从而使其获得高能量。目前用于工业射线检测产生高能 X 射线的加速器主要有：电子感应加速器、电子直线加速器、电子回旋加速器。

2.3 射线检测工艺

射线透照技术或称射线透照工艺是指针对特定的被检对象为达到一定的技术要求而选用适当的器材、方法、参数和措施来实施射线透照，继而进行恰当的潜影处理，以得到能满足规定要求的射线底片的一系列过程。

射线透照又称射线检测，根据射线源种类不同，可分为 X 射线检测、γ 射线检测和高能射线检测三种。

2.3.1 工艺准备及透照布置

工艺准备包括对被检工件几何尺寸、材质、表面状态和现场空间环境等情况的了解，射线源的选择，胶片、增感屏的选择，像质计、暗盒、磁铁、铅屏蔽板、铅字标记、黑度计、观片灯以及评片工具等附件的准备，曝光曲线的制作，等等。同时参照有关标准、规程，针对被检工件制订必要的检测工艺卡，确定所采用的检测方法、程序、技术参数和技术措施。在开始检测工作之前必须做好上述有关的工艺准备。

(1) 透照布置概述　射线照相的基本透照布置如图 2-2 所示。透照布置的基本原则是：使射线照相能更有效地检出工件中的待检缺陷。据此在具体进行透照布置前应考虑如下内容：

① 射线源、工件、胶片的相对位置；

② 射线中心束的方向；

③ 有效透照范围。

此外，还包括像质计、各种标记的贴放等方面的内容。

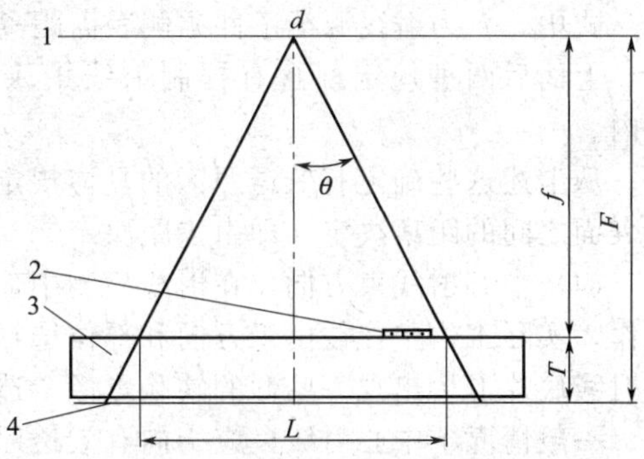

图 2-2　射线照相的基本透照布置
1—射线源；2—像质计；3—工件；4—胶片

(2) 射线源、工件、胶片的相对位置　常规射线照相检验时，射线源和胶片应分别放置于工件两侧。射线源、工件、胶片的相对位置决定了不同的射线透照方式。

射线源摆放方便的同时，胶片应尽可能放置在更靠近缺陷的一侧进行透照。这种考虑的依据是，减少缺陷与胶片的距离，从而减小几何不清晰度、提高缺陷影像的可识别性，同时在进行透照布置时应尽量使胶片贴近工件表面。

(3) 有效透照区　确定有效透照区是正确进行透照布置的基础，它是透照布置的一个主要问题。

有效透照区或称一次透照长度，即一次透照的有效透照范围，是指透照区内在射线照相底片上所形成的影像满足以下要求的区域：

① 黑度处于规定的黑度范围；

② 射线照相灵敏度符合规定的要求。

射线照相底片上只有符合这两项要求的区域才能对工件质量作出评定，这是因为黑度会随着透照厚度的变化而变化，在理想点射线源透照的情况下，射线束以不同的角度穿过工件，在工件中形成长度不同的路径，从而产生了穿透厚度的差异，引起底片上黑度差的出现。若不同点的透照厚度差相差过大，将造成射线照片上不同点的黑度相差过大，这必然导致影像质量明显不同，难以保证射线照相底片的透照灵敏度。因此，必须控制一次透照中透照厚度变化的范围，也就是一次有效透照长度。

不同的国家、不同的标准对确定有效透照区的规定存在一些差异，主要的规定有以下三种：

① 直接规定同一张射线底片上有效透照区的黑度在某一范围内。如美国标准如下：

最大黑度值应不高于：$D_0 + 0.30D_0$

最小黑度值应不低于：$D_0 - 0.15D_0$

式中，D_0 为像质计所在处的黑度。

② 规定透照厚度比。透照厚度比就是射线透照区内不同点的透照厚度与中心射线束的透照厚度之比，即 $K = \dfrac{T'}{T}$。通过限定透照厚度比确定有效透照区，如我国的 NB/T 47013.2—2015 标准就是采用这种方式。

③ 直接规定射线源与工件源侧表面距离和有效透照区大小之间的关系。它采用直接规定上述两个值的比的方式规定有效透照区。如日本的工业标准规定：

A级技术：$f \geqslant 2L$

B级技术：$f \geqslant 3L$

式中，f 为射线源至工件源侧表面距离；L 为一次有效透照长度。

上面后两种规定都含有控制射线束入射角范围的意义，即控制照射角在一定大小范围内。

从上述这些确定有效透照区的具体规定可以看到，有效透照区的大小主要由射线源与工件表面之间的距离决定，即由焦距决定。

（4）中心射线束方向　在射线检测中，正确地确定照射部位和照射方向是一项很重要的工作，实际工作中往往由于方向和部位选择不当而有可能造成某些真正的缺陷被漏检，甚至在射线底片上会出现一些假的缺陷影像，造成干扰。

一般情况下中心射线束应指向有效透照区的中心，这主要是为了使整个有效透照区的透照厚度变化不致太大，使射线的照射角较小，以提高整个透照范围内缺陷的可检出性。对一些特殊情况应按照具体缺陷检出要求考虑，例如，主要希望检验焊缝坡口未熔合缺陷，则应使中心射线束指向坡口角度方向。

（5）确定检测位置　在实际射线检测工作中，被检工件的抽检比例往往由相关规程规范或设计图纸确定。一般来说，对工作参数高的重要部件、试制的新产品或制造工艺不稳定的产品，均需对所有工件焊缝进行检查，即 100%检查。对工作参数较低或工艺稳定的成品产品，其焊缝可作相应比例的抽查，抽查的焊缝位置一般选在：

① 可能出现缺陷的位置；

② 危险断面或受力最大的焊缝部分；

③ 应力集中的位置。

（6）底片编号　射线照相检验中，底片上必须有适当的编码和标记。从射线底片上的编码应能看出这张底片属于哪一个工件或该工件的哪一部分。实际透照过程中，射线底片编码要与被检工件现场实际透照部位编码相对应，这样才能把底片上所发现的缺陷位置准确地标定在工件上。在完成现场缺陷标定以及焊缝复检等过程后，为使射线透照底片与现场实际工件相对应，一般在射线检验报告中以透照部位草图的形式来标定实际透照位置。

对于已选定的焊缝检测位置，其编号应按一定的顺序和规律进行，并且在对焊缝位置进行编号以后，射线底片也就获得了各自的编号。射线底片上的编码一般应包括产品编号、部位编号、焊接接头编号、透照日期、焊工钢印编号以及各种定位标记等。全检产品焊缝编号的一个例子如图2-3所示。

图中 XM2-1 的意思是第 X 批产品中序号为 M 的产品上面第二条焊缝中的第一张照片。透照时有效透照区段内还要放置定位中心标记↑，垂直的直箭头表示透照部位的中点，水平箭头表示照片序号的方向，同时要放置↑或其他能显示搭接情况的分段透照标记。

（7）像质计和标记的放置 像质计放置的位置应使得到的灵敏度能够代表有效透照区的灵敏度，因此其位置应选在有效透照区内灵敏度预计较差的部位。只要这个部位的灵敏度达到了规定的要求，其他部位也能满足这一要求。

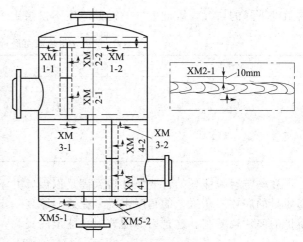

图 2-3 接头的射线底片位置编号的情况

标记的布置主要是应保证它的影像能提供有关数据，并且不干扰对缺陷影像的识别和评定。

2.3.2 透照工艺参数的确定

射线透照是射线检测的重要环节，能否得到高质量的射线底片，或者说，能否保证检验结果的可靠性，射线照相技术起着决定作用。

射线透照的质量除与使用的设备和器材的性能相关外，在很大程度上取决于操作者的技术水平，而技术水平除熟练程度外，更重要的是工艺参数的选择。涉及的技术问题包括：射线源及能量的选择、焦距的选用、曝光量的选取和散射线的防护以及四要素的配合运用。其中射线能量、焦距、曝光量是射线照相检验的三个基本参数。

（1）射线源及能量的选择 选择射线源的首要因素是要保证射线源所发出的射线对被检试件具有足够的穿透力。

表 2-1 典型工业 X 射线检测设备可透检的最大厚度

射线能量	高灵敏度法 可透最大厚度/mm	低灵敏度法 可透最大厚度/mm
100kV X 射线	10	25
150kV X 射线	15	50
200kV X 射线	25	75
300kV X 射线	40	90
400kV X 射线	75	110
1MV X 射线	125	160
2MV X 射线	200	250
8MV X 射线	300	350
30MV X 射线	325	450

对 X 射线来说，穿透力取决于管电压。管电压越高则线质越硬，在试件中的衰减系数越小，穿透厚度越大。表2-1为目前常用 X 射线设备的穿透力数据。

对 γ 射线来说，穿透力取决于放射源种类，表2-2给出了常用 γ 射线源适用的透照厚度范围，由于放射性同位素发出的射线能量不可调节，而且用高能量射线透照薄工件时会出现灵敏度下降的情况，因此表中的透照厚度不仅给出了上限，而且还规定了下限。

表 2-2　常用 γ 射线源可透检的钢厚度范围

源种类	高灵敏度法/mm	低灵敏度法/mm
^{192}Ir	20～80	10～100
^{75}Se	14～40	10～40
^{137}Cs	30～100	20～120
^{60}Co	50～150	30～200

在确定射线能量的首要条件得到满足以后，并不是所有具有足够穿透力的射线都会获得高质量的底片。从工艺的角度来说，在透照厚度一定的条件下，射线的能量越高，对获得高质量的底片越不利。这是因为随着射线能量的提高，线质变硬，线衰减系数 μ 将减小。

$$\Delta D = -\frac{0.434\mu G \Delta T}{1+n} \tag{2-9}$$

由式 (2-9) 可以看出，这将导致对比度 ΔD 的降低；同时，射线能量过高，胶片的固有不清晰度将增大，从而引起射线照相总的不清晰度增大。除此之外，过高的射线能量还会增大底片颗粒度，这些都会使射线照相的灵敏度下降。因此，推荐选取射线能量的原则是在保证射线具有一定穿透力的条件下选择较低的能量。

一般而言，γ 射线的能量较 X 射线的高，在底片上产生的固有不清晰度值也大，射线对比度较低，所以 γ 射线照相法对厚度小于 50mm 的工件进行透照时，检测灵敏度不如 X 射线高。材料越薄，二者透照工件得到的像质差异就越大。近年来不断推广使用的 ^{75}Se γ 射线源，由于其线质接近 200～250kV X 射线，在透照底片质量上已经与同等线质 X 射线相接近。

除了穿透力和灵敏度外，两类设备的不同特点也是需要考虑的因素。

X 射线机具有以下特点：

① 体积较大，以便携式、移动式、固定式依次增大；

② 基本费用和维修费用均较大；

③ 能检查 40mm 以上厚度钢的大 X 射线机成本很高，其发展倾向为移动式而非便携式；

④ X 射线能量可以改变，因此对各种厚度的试件均可选择最适宜的能量；

⑤ X 射线机可用开关切断，故较易实施射线防护；

⑥ 曝光时间一般为几分钟；

⑦ 所有 X 射线机均需电源，有些还需有水源。

γ 射线源则有以下特点：

① 射线源尺寸小，可用于 X 射线机管头无法接近的现场；

② 设备体积小，重量轻；

③ 不需电源或水源；

④ 费用低；

⑤ 曝光时间长，通常需几分钟至几小时。

⑥ 对薄钢试件（如 5mm 以下），只有选择合适的放射源（如 ^{169}Yb）才能获得较高的检测灵敏度；

⑦ 对设备的可靠性和维护方面的要求高。

综合上述各个因素，可列举出一些选择射线源的原则：

① 对轻合金和低密度材料，目前尚无合适的 γ 射线源，宜选用 X 射线。

② 对透照厚度小于 5mm 的铁素体类钢或合金钢，除非允许较低的检测灵敏度，也应选用 X 射线。

③ 如要对大批量的工件实施射线照相，还是用 X 射线为好，因为曝光时间较短。

④ 对厚度大于 150mm 的钢，宜用兆伏级高能 X 射线。

⑤ 对厚度为 50～150mm 的钢，如果使用正确的方法，用 X 射线和 γ 射线可得到相同的灵敏度。

⑥ 对厚度为 5～50mm 的钢，用 X 射线总可获得较高的灵敏度，γ 射线源的选用则应根据工件具体厚度和所要求达到的检测灵敏度，选择 ^{192}Ir 或 ^{75}Se 射线源，并应考虑配合适当的胶片类型。

⑦ 对某些几何条件困难的现场透照工作，体积庞大的 X 射线机使用不方便可能成为主要问题，此时宜选用 γ 射线源。

⑧ 只要与容器直径有关的焦距能满足几何不清晰度要求，环形焊缝的透照应尽量选用圆锥靶周向 X 射线机做内透中心法垂直全周向曝光，以提高工效和影像质量。对直径较小的锅炉联箱或其他管道焊缝，也可选用小焦点（0.5mm）的棒阳极 X 射线管或小焦点（0.5～1mm）γ 射线源做 360°周向曝光。

⑨ 选用平面靶周向 X 射线机对环焊缝做内透中心法倾斜全周向曝光时，必须考虑射线倾斜角度对焊缝中纵向面状缺陷的检出影响。

X 射线机的管电压可以根据需要调节，因此用 X 射线对试件进行透照，射线能量有多种选择。

选择 X 射线能量的首要条件应是具有足够的穿透力。随着管电压的升高，X 射线的平均波长变短，有效能量增大，线质变硬，在物质中的衰减系数变小，穿透能力增加。如果选用的射线能量过低，穿透力不够，结果是到达胶片的透射线强度过小，造成底片黑度不足、灰雾增大、曝光时间过分延长，以致无法操作等一系列现象。但是，过高的射线能量对射线照相灵敏度有不利影响，随着管电压的升高，射线照相灵敏度下降。因此，从灵敏度角度考虑，X 射线能量的选择原则是：在保证穿透力的前提下，选择能量较低的 X 射线。

选择能量较低的射线可以获得较高的对比度，但较高的对比度却意味着较小的透照厚度宽容度，很小的透照厚度差将产生很大的底片黑度差，使得底片黑度超出允许范围，或是厚度大的部位底片黑度太小，或是厚度小的部位底片黑度太大。因此，在有透照厚度差的情况下，选择射线能量还必须考虑能够得到合适的透照厚度宽容度。

在底片黑度不变的情况下，提高管电压便可以缩短曝光时间，从而可以提高工作效率，但其代价是灵敏度降低。为保证透照质量，标准对透照不同厚度允许使用的最高管电压都有一定限制，并要求有适当的曝光量。图 2-4 为不同材料、不同透照厚度所对应的允许使用的最高管电压。

（2）焦距的选择

① 焦距的影响因素。焦距是射线源与胶片之间的距离。焦距对照相灵敏度的影响主要表现在几何不清晰度。

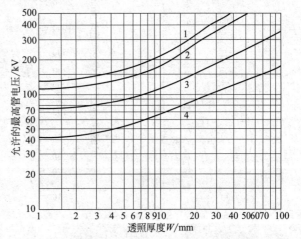

图 2-4 不同透照厚度允许的 X 射线最高透照管电压
1—铜及铜合金；2—钢；3—钛及钛合金；4—铝及铝合金

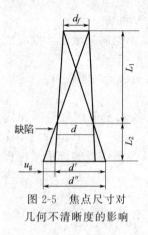

图 2-5 焦点尺寸对
几何不清晰度的影响

$$u_g = \frac{d_f L_2}{F - L_2} \qquad (2\text{-}10)$$

由式（2-10）可知 F 越大，u_g 越小，底片上的影像越清晰。公式（2-10）中的部分参数含义见图 2-5。其中，d_f 为焦点尺寸；F 为焦点至胶片距离；L_2 为缺陷至胶片距离（此时等于透照厚度）。同时可以看出，选择较小的射线源尺寸 d_f，可以得到与增大焦距 F 相同的效果，因此在实际透照中选择焦距时，焦点尺寸是同时考虑的相关因素。

为保证射线照相的清晰度，标准对透照距离的最小值作出了限制。在我国现行 NB/T 47013.2—2015 标准中，规定透照距离 L_1 与焦点尺寸 d_f 和透照厚度 L_2 之间应满足表 2-3 所示关系。

表 2-3　透照距离与焦点尺寸和透照厚度应满足的关系

像质等级	透照距离 L_1	u_g 值
A 级	$L_1 \geqslant 7.5 d_f L_2^{2/3}$	$u_g \leqslant \frac{2}{15} L_2^{1/3}$
AB 级	$L_1 \geqslant 10 d_f L_2^{2/3}$	$u_g \leqslant \frac{1}{10} L_2^{1/3}$
B 级	$L_1 \geqslant 15 d_f L_2^{2/3}$	$u_g \leqslant \frac{1}{15} L_2^{1/3}$

由于焦距 $F = L_1 + L_2$，所以上述关系式也就限制了 F 的最小值。

② 诺模图。在实际的射线照相检验工作中，确定焦距最小值常采用诺模图。诺模图是一种按标准 u_g 规定计算透照最小距离用的列线图。确定焦距最小值的三线诺模图是根据计算焦距最小值的公式，利用梯形上底与下底之和等于 2 倍中线的几何关系作出的三线计算图，用这个图可以直接查出确定条件下的焦距最小值。图 2-6 为 AB 级的诺模图，使用方法如下。

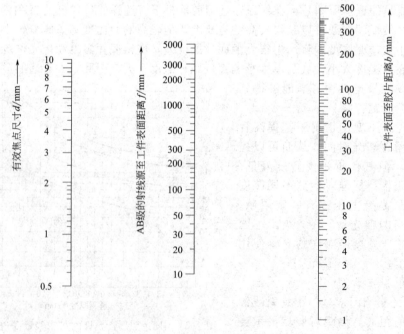

图 2-6　AB 级射线检测技术确定焦点至工件表面距离的诺模图

a. 在 d_f 线、L_2 线上分别找到焦点尺寸和透照厚度对应的点；

b. 用直线连接这两个点；

c. 直线与 L_1 线的交点即为透照距离 L_1 的最小值，而焦距的最小值即为 $F_{min}=L_1+L_2$。

上面仅是从射线照相灵敏度要求的几何不清晰度确定的焦距最小值。实际透照时一般并不采用最小焦距值，所用的焦距比最小焦距大得多，这是因为透照区的大小与焦距相关，因此在实际射线照相时还必须考虑有效透照区的大小，即选用的焦距必须给出射线强度均匀的适当大小的透照区，使有效透照区的穿透厚度差别不致太大，满足一定透照厚度比的要求。因此焦距还应结合试件的几何形状以及透照方式进行选择，这将在后面典型工件的透照技术中予以介绍。焦距增大后，匀强透照区的范围增大，这样可以得到较大的有效透照长度，同时影像清晰度也进一步提高。

但是焦距不能太大，因为按平方反比定律知道射线强度与距离的平方成反比，焦距增大后，按原来的曝光参数透照得到的底片，其黑度将变小。如欲保持底片黑度不变；就必须在增大焦距的同时增加曝光量或提高管电压，而前者将会使工作效率降低，后者将对灵敏度产生不利影响。

③ 焦距的选择原则。通过以上的分析可以看出焦距与灵敏度的关系比较复杂。提高焦距有有利的一面，也有不利的一面，如提高焦距可以减小几何不清晰度，可以缩小工件沿射线方向的厚度变化，但却增加了散射线对胶片的作用时间，并降低了工作效率。所以综合各种因素，确定焦距选用原则如下：

a. 所选取的焦距必须满足射线照相对几何不清晰度要求的规定。

b. 所选取的焦距应使给出的适当大小的透照区内的射线强度比较均匀，或透照厚度变化不致太大，即满足透照厚度比 K 值的要求。

c. 所选取的焦距应兼顾曝光时间及工作效率。

原则 a. 限定了焦距的最小值，原则 b.、c. 指导如何确定满足实用的焦距值。

在实际射线照相检测中进行焦距选择时可根据客观条件的侧重点不同做如下考虑。

a. 射线机的焦点尺寸：如果使用的射线源焦点较大，可选用较大的焦距。

b. 源的射线强度和胶片感光度：如果使用的 X 射线机射线管电流较大或同位素源的放射性活度较大，或选用的 X 射线胶片感光度也较大时，可选用较大的焦距。

c. 被检工件数量、形状和尺寸：若每次透照零件的形状和尺寸相同，且数量较多时，可选用较大焦距，以增大透照场面积，使所有工件都在一次透照中完成检测工作。在透照较大工件时，为分清工件各部分相互关系和尺寸，可提高焦距以增大透照面积，尽量一次透照完成。

总之，选用焦距时应首先满足最小焦距要求，至于采用多大的焦距应根据工件和选择的透照方法，按以上原则的具体情况进行综合分析，以满足灵敏度的要求。在此必须强调指出，为了采用较大焦距，用提高管电压的办法来弥补曝光时间的增加，这种做法是错误的，会严重降低灵敏度。

（3）曝光量的选择与修正

① 曝光量的推荐值。曝光量定义为射线源发出的射线强度与照射时间的乘积。对于 X 射线来说，曝光量是指管电流 i 与照射时间 t 的乘积（$E=it$）；对于 γ 射线来说，曝光量是指放射源活度 A 与照射时间 t 的乘积（$E=At$）。

曝光量是射线透照工艺中的一项重要参数。射线照相影像的黑度取决于胶片感光乳剂吸收的射线量。在透照时，如果固定各项透照条件（试件尺寸，源、试件、胶片的相对位置，胶片和增感屏、给定的放射源或管电压），则底片黑度与曝光量有很好的对应关系，因此可以通过改变曝光量来控制底片黑度。

曝光量不只影响影像的黑度，也影响影像的对比度、颗粒度以及信噪比，从而影响底片上可记录的最小细节尺寸。为保证射线照相质量，曝光量应不低于某一最小值。推荐使用的曝光量可见表 2-4。

表 2-4　X 射线照相推荐的曝光量

技术等级	胶片类型	曝光量/mA·min	
高灵敏度	C1～C4	20	注：推荐值指焦距为 700mm 时的曝光量，当焦距改变时可按平方反比定律对曝光量的推荐值进行换算
中等灵敏度	C5	15	
一般灵敏度	C6	/	

② 互易律、平方反比定律与曝光因子。

a. 互易律。互易律是光化学反应的一条基本定律，它提出：决定光化学反应产物质量的条件，只与总的曝光量相关，即取决于辐射强度和时间的乘积，而与这两个因素的单独作用无关。如果不考虑光解银与感光剂显影的引发作用的差异，互易律可引申为底片黑度只与总的曝光量相关，而与辐射强度和时间分别作用无关。

在射线照相中，当采用铅箔增感或无增感的条件时，遵守互易定律。设产生一定显影黑度的曝光量 $E=It$，当射线强度 I 和时间 t 相应变化时，只要两者乘积 E 值不变，底片黑度不变。而当采用荧光增感条件时，不遵守互易定律，如果 I 和 t 发生变化，尽管 I 与 t 的乘积不变，底片的黑度仍会改变，此现象称为互易律失效。

b. 平方反比定律。平方反比定律是物理光学的一条基本定律。它提出：从一点源发出的辐射线，强度 I 与距离 F 的平方成反比，即存在关系：$I_1/I_2=(F_2/F_1)^2$。其原理是：在点源的照射方向上任意立体角内取任意垂直截面，单位时间内通过的光量子总数是不变的，但由于截面积与到点源的距离平方成正比，所以单位面积的光量子密度，即辐射强度与距离平方成反比。

c. 曝光因子。互易律给出了在底片黑度不变的前提下，射线强度与曝光时间相互变化的关系；平方反比定律给出了射线强度与距离之间的变化关系。将以上两个定律结合起来，可以得到曝光因子的表达式。

已知 X 射线管的辐射强度为：

$$I_t=KZV_i^2$$

在给定 X 射线管、给定管电压的条件下，K、Z 和 V 成为常数，上式可改写为：

$$I_t=KZV^2i=\varepsilon i \quad (\varepsilon=KZV^2，为常数)$$

即射线强度 I 仅与管电流 i 成正比。引入平方反比定律，则辐射场中任意一点处的强度为：

$$I=Ki/F^2$$

由互易律可知，欲保持底片黑度不变，只需满足：

$$E=It=I_1t_1=I_2t_2=\cdots\cdots$$

联立上两公式，再消去常数 K，即得 X 射线照相曝光因子：

$$\Psi_X=it/F^2=i_1t_1/F_1^2=i_2t_2/F_2^2=\cdots\cdots \tag{2-11}$$

同理，可推导出 γ 射线的曝光因子：

$$\Psi_\gamma=At/F^2=A_1t_1/F_1^2=A_2t_2/F_2^2=\cdots\cdots \tag{2-12}$$

曝光因子清楚表达了射线强度、曝光时间和焦距之间的关系，通过式(2-11) 和式(2-12) 可以方便地确定上述三个参量中的一个或两个发生改变时，如何修正其他参量。

③ 利用曝光因子的曝光量修正计算。

④ 利用胶片特性曲线的曝光量修正计算。

利用胶片特性曲线可进行一些其他类型的曝光量修正计算，现介绍如下：

a. 底片黑度改变的曝光量修正。在其他条件保持一定的情况下，如需改变底片黑度，可根据胶片特性曲线上黑度的变化与曝光量的对应关系，对原曝光量进行修正。

b. 胶片类型改变的曝光量修正。当使用不同类型胶片进行透照而需达到与原胶片一样的黑度时，可利用这两种胶片的特性曲线按达到同一黑度时的曝光量之比来修正原曝光量。

2.3.3 曝光曲线的制作及应用

(1) 曝光曲线概述　实际进行射线照相时通常采用曝光曲线来确定透照参数，以提高工作效率和保证透照质量。曝光曲线是在一定条件下绘制的透照参数与透照厚度之间的关系曲线。通常只选择工件厚度、管电压和曝光量作为可变参数，而其他条件必须保持固定不变，即特定的曝光曲线只能在实际照相所选用的条件与制作此曝光曲线的条件相一致的情况下才能直接使用。

制作曝光曲线需要固定不变的条件包括如下内容：

① 固定的 X 射线机或 γ 射线源；

② 固定的焦距；

③ 固定的暗室处理条件；

④ 固定的胶片类型；

⑤ 固定的增感方式及增感屏规格；

⑥ 固定的底片黑度。

曝光曲线必须通过试验制作，且每台 X 射线机的曝光曲线各不相同，不能通用。因为即使管电压、管电流相同，如果不是同一台 X 射线机，其线质和照射率是不同的。原因有以下几点：

① 加在 X 射线管两端的电压波形不同，会影响管内电子飞向阳极的速度和数量；

② X 射线管本身的结构、材质不同，会影响射线从窗口射出时的固有吸收；

③ 管电压和管电流的测定有误差。

此外，即使是同一台 X 射线机，随着使用时间的增加，管子的灯丝和靶也可能老化，从而引起射线照射率的变化。因此，每台 X 射线机都应有曝光曲线，作为日常透照控制线质和照射率，即控制能量和曝光量的依据，并且在实际使用中还要根据具体情况适当修正。

(2) 曝光曲线的类型　在曝光参数的管电压、管电流、曝光时间和焦距中，只要固定某些参数而改变另外的参数，即可绘出不同形式的曝光曲线。

对 X 射线来说，目前常用的曝光曲线主要有以下两种：

① 曝光量-厚度（E-T）曲线。如图 2-7 所示，横坐标表示工件厚度，纵坐标用对数刻

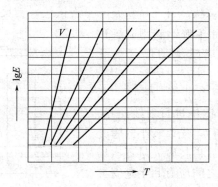

图 2-7　E-T 曲线

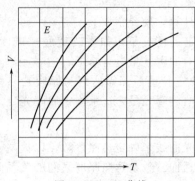

图 2-8　kV-T 曲线

度表示曝光量，管电压作为变化参数，所构成的曲线称为曝光量-厚度（E-T）曲线。

② 管电压-厚度（kV-T）曲线。如图 2-8 所示，若横坐标表示工件的厚度，纵坐标表示管电压，曝光量作为变化参数，所构成的曲线则称为管电压-厚度（kV-T）曲线。

对于 γ 射线，因为其能量是由放射性同位素的种类决定的，对给定的同位素源来说，就没有与管电压相对应的变量。其曝光曲线的形式一般如图 2-9 所示。横坐标表示厚度，纵坐标表示曝光因子，它以黑度为参数。但实际使用时常从这个曝光曲线得到曝光因子，再根据曝光因子公式计算出某个焦距下的曝光值，再画出常用的曝光量曲线，即以焦距为参数的曝光量与透照厚度的关系曲线。常用曝光曲线如图 2-10 所示。

（3）曝光曲线的制作　曝光曲线通常采用透照阶梯试块获得透照数据的方法制作。对 X 射线的曝光曲线可按照下面的步骤制作。

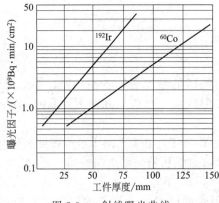

图 2-9　γ 射线曝光曲线

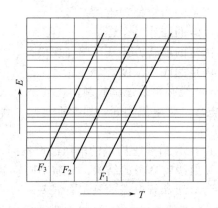

图 2-10　常用 γ 射线曝光曲线

① 准备。

a. 确定制作曝光曲线的条件，这些条件包括 X 射线机的型号，透照工件的材料和透照厚度范围，胶片、增感屏的类型，焦距的大小，射线照相灵敏度，黑度的要求，等等。

b. 准备阶梯试块及补充试块。阶梯试块的结构和尺寸如图 2-11 所示。制作阶梯试块的材料应与被透照工件材料相同或相近，每个阶梯的厚度差常取为 2mm。为适应透照厚度范围，常还需要制作几块补充试块。补充试块是一平板试块，其尺寸可与阶梯试块长×宽的尺寸相对应，厚度从 5～20mm 不等，利用阶梯试块和若干补充试块可以构成较大的厚度变化范围。

② 透照。在选定的透照条件下，采用一系列不同的透照电压，对阶梯试块进行射线照相。射线照相采用多种曝光量进行，先以较小的曝光量对阶梯试块进行透照，然后再将曝光量逐次增加，曝光量的最大和最小值之间应有几十毫安分的差距。要求严格时，应在每个阶梯上放置像质

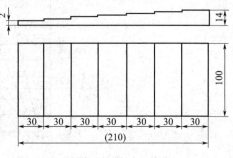

图 2-11　阶梯试块样图（单位：mm）

计，以判断射线照相灵敏度是否达到要求。

③ 暗室处理。按规定的暗室处理条件对底片进行暗室处理，得到一系列射线照片。

④ 绘制 D-T 预备曲线。将不同管电压、不同曝光量下进行透照所获得的底片按曝光量数值分组，用黑度计测定所获得的底片的黑度值，填写在表 2-5 的记录纸中，然后根据记录数据绘制出黑度-厚度（D-T）曲线图。

表 2-5 绘制曝光曲线时用于记录底片黑度数值的表格

透照厚度＼黑度＼管电压＼曝光量	曝光量 E_1 /mA·min			曝光量 E_2 /mA·min			……
	kV_1	kV_2	……	kV_1	kV_2	……	……
T_1							
T_2							
T_3							
……							

⑤ 绘制曝光曲线。选定一基准黑度值，从上面两张不同曝光量下的 D-T 曲线图中分别查出某一管电压下对应于该黑度的透照厚度值。由曝光量和透照厚度值绘制 E-T 曝光曲线如图 2-12 所示。

对于 γ 射线，曝光曲线的制作类似于 X 射线，但尽量采用相差较大的曝光因子值，来代表不同的曝光量对阶梯试块进行透照。从得到的射线底片测量黑度与透照厚度，绘制预备曲线，再得到曝光曲线。

（4）曝光曲线的应用

① 曝光曲线的一般使用方法。在射线照相条件与制作曝光曲线的条件完全一致的情况

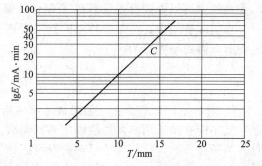

图 2-12 曝光曲线绘制

下，可以简单地从曝光曲线上直接查出所需的透照参数，即根据透照厚度选择适当的透照电压或 γ 射线源，然后再从曝光曲线上查到所需的曝光量。

确定曝光量时一般都采用"一点法"，即按射线透照范围内最大透照厚度确定与某一电压相对应的曝光量，此时透检区最小厚度所产生的黑度能否落在标准规定的范围内未做考虑。适用于透照厚度相同或变化较小的情况。

当需要考虑透照厚度宽容度时，可根据曝光曲线和胶片特性曲线提供的数据，来确定一定厚度范围内达到规定黑度范围的曝光量。

具体步骤如下（参阅图 2-13）：

a. 由被检焊缝确定透照最小厚度 T 和最大厚度 T_A；

b. 在 E-T 曝光曲线图横坐标上找出了 T、T_A 两点，由此作垂线与各"kV"线相交；

c. 由斜线上各交点做出横轴平行线与纵坐标相交；

d. 由纵坐标各交点求出与各"kV"值相应的达到同一基准黑度曝光量比值 φ'；

e. 使用胶片特性曲线找出与标准规定的黑度上下限值 D_1、D_2 相应的曝光量比值 $\varphi = 10^{\Delta\lg E}$；

f. 比较 φ' 与 φ 的值，务使 $\varphi' \leqslant \varphi$；

g. 取 φ' 最接近 φ 的 "kV" 值作为满足透照厚度宽容度的电压。

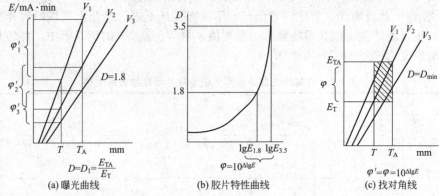

图 2-13　按"两点法"确定可用透照电压值

② 焦距不同时曝光参数的修正。曝光曲线是在某一选定焦距下制作的，当射线照相实际使用的焦距与制作曝光曲线的焦距不同的，就应对从曝光曲线得到的曝光量进行修正。

在管电压、管电流一定的条件下，胶片上接受的照射剂量与焦距的平方成反比。当保持曝光量相同时用公式表述就是：$i_0 t_0 / F_0^2 = it / F^2$（$\gamma$ 射线可写成：$A_0 t_0 / F_0^2 = At / F^2$），从曝光曲线上可以查到曝光量 $i_0 t_0$ 及制作此曝光曲线时的固定焦距 F_0。

在实际透照中，由于某种原因而需要把焦距由 F_0 改为 F 时，就可以利用上式确定实际透照时所需的曝光量为

$$it = \frac{i_0 t_0}{F_0^2} F^2 \text{（对 } \gamma \text{ 射线为：} At = \frac{A_0 t_0}{F_0^2} F^2 \text{）}$$

③ 材料不同时的修正。如果被透照的物体的材料不同于制作曝光曲线时所使用的材料，显然就不能直接运用曝光曲线确定透照参数。为了使某一特定材料制作的曝光曲线获得其他材料的透照参数，可借助于材料的射线照相等效系数进行修正。表 2-6 给出了部分材料的射线照相等效系数。

所谓射线照相等效系数（用 φ 表示），是指在一定管电压下，达到相同射线衰减效果（或者说是获得相同底片黑度）的标准材料的厚度 T_g 与被检材料的厚度 T_m 之比，即 $\varphi = T_g / T_m$。如果以钢作为基准，即不同材料对射线的吸收都与钢进行比较。简单地说，可以看成 1mm 厚的任何材料相当于多么厚的钢。由于材料对射线的衰减不仅与材料本身的性质相关，而且也与射线能量相关，因此对不同能量的射线照相等效系数并不完全相同。可以看出利用材料的射线照相等效系数可以把一种材料的厚度转化为另一种材料的厚度，这样就可以把一种材料的曝光曲线应用到另一种材料上。

表 2-6　部分材料的射线照相等效系数

材料	X 射线							γ 射线		
	100kV	150kV	200kV	400kV	1MV	2MV	4~15MV	^{192}Ir	^{137}Cs	^{60}Co
镁	0.05	0.05	0.08	—						
铝	0.08	0.10	0.18					0.35	0.35	0.35
铝合金	0.10	0.14	0.18					0.35	0.35	0.35
钛		0.54	0.54	0.71	0.9	0.9	0.9	0.9		0.9
钢/铁	1.0	1.0	1.0	1.0	1.0	1.0	1.0	1.0	1.0	1.0

续表

材料	X射线							γ射线		
	100kV	150kV	200kV	400kV	1MV	2MV	4～15MV	^{192}Ir	^{137}Cs	^{60}Co
铜	1.5	1.6	1.4	1.4	1.1	1.1	1.2	1.1	1.1	1.1
锌		1.4	1.3	1.3			1.2	1.1	1.0	1.0
黄铜		1.4	1.3	1.3	1.2	1.1	1.0	1.1	1.1	1.0
锆	2.4	2.3	2.0	1.5	1.0	1.0	1.0	1.2		
铅	14.0	14.0	12.0		5.0	2.5	2.7	4.0	3.2	2.3
铀			22.0	12.0	4.0		3.9	12.6	5.6	3.4

2.3.4　散射线的控制

（1）散射线来源和分类　射线在穿透物质过程中与物质相互作用，一部分被吸收，一部分被散射，一部分沿直线穿透物体。在透射射线中总会包含下列成分。

① 一次射线。从射线源出发，沿直线直接穿透物体的透射射线。

② 散射线。射线与物体相互作用中产生的次级射线，有时也称二次射线。

其中散射线主要是由康普顿效应造成的。与一次射线相比，散射线的能量减少，波长变长，运动方向改变。

产生散射线的物体称作散射源，在射线透照中，凡是被射线照射到的物体，如试件、暗盒、桌面、墙壁、地面，甚至空气都会成为散射源。其中最大的散射源往往是试件本身。

按散射的方向对散射线分类，可将来自暗盒正面的散射称为"前散射"，将来自暗盒背面的散射称为"背散射"。还有一种散射称为"边蚀散射"，是指试件周围的射线向试件背后的胶片散射，或试件中的较薄部位的射线向较厚部位散射，这种散射会导致影像边界模糊，低黑度区域的周边被侵蚀、面积缩小等现象，使影像质量变差，称为"边蚀"现象。

（2）散射线对影像质量的影响　散射线对影像质量的影响主要表现在两个方面：降低影像对比度和产生"边蚀"。

① 散射线对对比度的影响。散射线对影像对比度的影响主要表现在散射线比上。在射线照相对比度公式 $\Delta D = -\dfrac{0.434\mu G\Delta T}{1+n}$ 中，n 称为散射比。散射比 n 定义为散射线强度 I_s 与一次射线强度 I_D 之比，即 $n = I_s/I_D$。这个基本公式明确地表明了散射线对影像对比度的影响，从公式中可以看出，散射比较大影像的对比度将降低很多。

② 边蚀。散射线对影像质量另一个主要影响是边蚀。在透照物体的边界区，透照厚度会发生急剧变化，从而造成散射状况的急剧改变。特别是透照物体边界之外的胶片，将直接受到射线的照射。同时X射线的软射线部分更容易被胶片吸收，并产生大量的散射线，这些能量低的射线产生的感光作用更强。如果不采取防护措施，它们将使影像的边界区域变得模糊，产生边蚀现象。实际上边蚀主要是由于透照物体边界之外部分的胶片在无遮蔽的情况下产生射线造成的。

（3）散射比的影响因素　影响散射比 n 的因素有X射线的线质、试件的厚度及照射场的大小等。

图2-14给出了照射场的大小对散射比的影响。

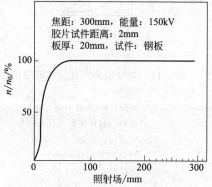

图2-14　照射场的大小对散射比的影响

由图可知，当照射场较小时，散射线比随照射场的增大而增大，在照射场直径超过50mm后，即使照射场再增大，散射比也基本保持不变。因此，除非是用极小的照射场透照，否则照射场的大小对散射比几乎没有影响。

平板试件透照的散射比与线质和试件厚度的关系见图2-15。由图可知，在工业射线照相应用范围内散射比随射线能量增大而变小，而在相同射线能量下，散射比随透照厚度的增大而增大。

对有余高的焊缝试板透照时，焊缝中心部位的散射比与平板试件的散射比明显不同，焊缝中心散射比高于同厚度平板中的散射比，随着能量的增大，两者数值逐渐接近，如图2-16所示。

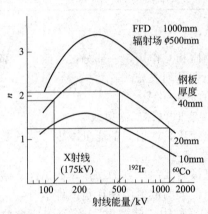

图 2-15　射线能量、板厚与散射比的关系

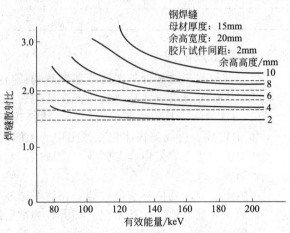

图 2-16　焊缝余高和有效能量对散射比的影响

焊缝余高高度和宽度对散射比的影响见图 2-17 和图 2-18。散射比随余高的高度增加而增大，随余高宽度的增大而减小。此外，余高形状不同，散射比也不同。

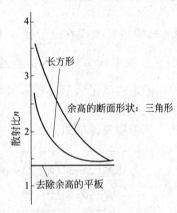

图 2-17　焊缝余高、宽度和散射比的关系
100kV
焦距：800mm
试件、胶片间距：2mm
照射场：200mm×200mm
母材厚度：20mm（Fe）
余高断面：4mm

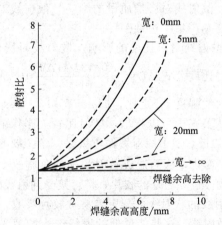

图 2-18　焊缝余高高度和散射比的关系
100kV
焦距：800mm
试件、胶片间距：2mm
照射场：200mm×200mm
母材厚度：20mm（Fe）
余高断面：实线为三角形，虚线为长方形

背散射的强度与射线能量的关系见图 2-19 所示，由图可知，背散射线强度随射线能量

的增大而增大。

另外，由散射比的定义式 $n = I_s / I_D$ 可知，散射线的强度 I_s 对散射比 n 具有直接影响。散射线强度不仅与散射能量相关，而且与射线照相物体的材料、厚度、面积也相关。它们之间的关系可简单概括如下：

① 在一定的厚度范围内，随着厚度的增大，散射线强度也增大，当厚度达到一定程度后，散射线强度不再增大，这个厚度与射线能量相关。

② 在较小的面积范围内，随着面积的增大散射线强度也增大，当面积增大到一定程度后，散射线强度不再增大。

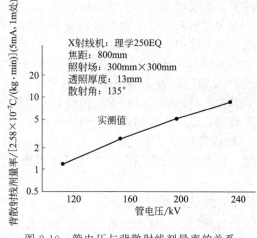

图 2-19 管电压与背散射线剂量率的关系

（4）散射线防护的主要方法　散射线会使底片的灰雾度增大，影像对比度降低，对射线照相影像质量是有害的。但由于受射线照射的一切物体都是散射源，所以实际上散射线是无法消除的，只能尽量设法减少。

控制散射线的措施有许多种，其中有些措施对照相质量产生多方面的影响，对这些措施要综合考虑，权衡选择。这些措施包括如下。

① 选择合适的射线能量。对厚度差较大的工件，例如余高较高的焊缝或小径管透照时，散射比随射线能量的增大而减小，因此可以通过提高射线能量的方法来减少散射线。但射线能量值只能适当提高，以免对主因对比度和固有不清晰度产生明显不利的影响。

② 使用铅箔增感屏。铅箔增感屏除了具有增感作用外，还具有吸收低能量散射线的作用，使用增感屏是减少散射线最方便、最经济，也是最常用的方法。选择较厚的铅箔减少散射线的效果较好，但会使增感效率降低，因此铅箔厚度也不能过大。实际使用的铅箔厚度与射线能量有关，且后屏的厚度一般大于前屏。

③ 使用背防护铅板。在暗盒背后近距离内如有金属或非金属材料物体，例如钢平台、木头桌面、水泥地面等，会产生较强的背散射，此时可在暗盒后面加一块铅板以屏蔽背散射射线。使用背防护铅板的同时仍需使用铅箔增感后屏，否则背防护铅板被射线照射时激发的二次射线有可能到达胶片，对照相质量产生不利影响。

当暗盒背后近距离内没有导致强烈散射的物体时，可以不使用背防护铅板。

④ 使用铅罩和光阑。使用铅罩和铅光阑可以减少照射场范围，从而在一定程度上减少散射线。

⑤ 厚度补偿物。在对厚度较大的工件透照时，可采用厚度补偿措施来减少散射线。焊缝照相可使用厚度补偿块，形状不规则的小零件照相可使用流质吸收剂（醋酸铅加硝酸铅溶液），或金属粉末（铅粉或铁粉）作为厚度补偿。

⑥ 使用滤板。滤板有两种使用方法：一种是在 X 射线机窗口处加滤板；另一种是在工件和胶片暗盒之间加滤板。

在对厚度差较大的工件透照时，可以在 X 射线窗口处加滤板，将 X 射线束中波长较长的软射线吸收掉，使透过射线波长均匀化，有效能量提高，从而减少边蚀散射。窗口处所加的滤板为用黄铅、铅或钢制作的金属薄板。滤板厚度可通过试验或计算确定。过厚的滤板会对射线产生吸收作用而不是过滤作用，从而影响照相质量。透照钢试件时，铜滤板的厚度应小于试件最大厚度的 20%，铅滤板的厚度应小于试件最大厚度的 3%，钢滤板的厚度小于吸收曲线上"均匀点"对应的厚度。所谓均匀点是指吸收曲线由曲开始变为直的那一点，吸收曲线变为直线即意味着射线束的波长已经"均匀化"，吸收系数不再随穿透厚度而变化。

在工件和胶片暗盒之间加滤板通常用于^{192}Ir和^{60}Co γ射线照相或高能X射线照相，作用是过滤工件中产生的低能散射线，尤其当存在边蚀散射时，加滤板的作用更明显。按透照厚度的不同，可选择0.5～2mm厚的铅箔作为滤板。

⑦ 使用遮蔽物。当被透照的试件小于胶片时，应使用遮蔽物对直接处于射线照射的那部分胶片进行遮蔽，以减少边蚀散射。遮蔽物一般用铅制作，其形状和大小视被透照试件的情况确定，也可使用钢铁和一些特殊材料（例如钡泥）制作遮蔽物。

⑧ 修磨试件。通过修整、打磨的方法减小工件厚度差也可以减少散射线的一项措施，例如，检查重要的焊缝时，将焊缝余高磨平后透照，可明显减小散射比，获得更佳的照相质量。

2.3.5 焊缝透照常规工艺

射线照相应用最多的对象是焊接接头的缺陷检测，本节主要讨论对接焊接接头的射线照相工艺。"常规"工艺是指适用于一般的钢制锅炉压力容器对接焊缝检测的射线照相工艺。被检试件的材质、形状、结构、尺寸不具有特殊性，不需要在工艺中考虑特殊的针对性措施。

工艺的内容应符合有关法规、标准及有关设计文件和管理制度的要求。工艺条件和参数的选择首先是考虑检测工作质量，即缺陷检出率、照相灵敏度和底片质量，但检测速度、工作效率和检测成本也是必须考虑的重要因素。

（1）透照工艺的分类和内容　射线透照工艺分通用工艺规程和专用工艺卡两种，两者都是必须遵循的规定性书面文件。

① 通用工艺规程。射线照相通用工艺规程，应依照有关管理法规和技术标准，结合本单位具体情况编制而成，其内容除了包括从试件准备直至资料归档的射线照相全过程的一般规定外，还包括对人员、设备、材料的要求以及一些基本技术数据等。

具体来说，通用工艺规程应包含以下内容：

a. 适用范围（依据的法规标准、透照质量等级、透照母材厚度范围、工件种类、焊接方法和类型等）。

b. 对检测人员的要求（资格、视力等）。

c. 检测准备要求（检测时机、工件表面状况等）。

d. 设备、器材要求（射线源和能量的选择、胶片牌号和类型、增感屏、像质计、暗盒、铅字等）。

e. 透照方法及相关要求（100％透照或局部透照要求、焦距选择、一次透照长度、编号方法、像质计和标记的摆放、散射线的屏蔽等）。

f. 曝光参数及曝光曲线（管电压、管电流、曝光时间等）。

g. 暗室处理（洗片方法、胶片处理程序、条件及要求等）。

h. 底片评定（评片条件、验收标准、像质评定、缺陷判定及返修规定等）。

i. 记录报告（记录报告内容及要求、档案管理要求等）。

j. 安全管理规定。

k. 其他必要的说明。

② 专用工艺卡。射线照相专用工艺卡是指以表卡形式出现的，针对射线透照工序中提出具体参数和技术措施的规定性工艺文件。工艺卡适用对象可能是某一具体产品，或产品上的某一部件，或部件上的某一具体结构。射线照相工艺卡一般依据通用工艺规程和设计文件的要求制定，通常包含以下几方面内容：

a. 工件情况：包括产品名称、图号、材质、规格、焊接方法、坡口型式、检查比例，以及技术法规、制造安装标准和评定标准，技术方法等级、质量合格等级等。

b. 透照条件参数：包括设备种类、型号、焦点尺寸，透照方式、焦距、一次透照长度、环缝双壁单影透照及小直径管双壁双影透照偏心距、焊缝类别编号、环缝分段透照次数，管电压、管电流、曝光时间，胶片种类、规格，增感屏种类、厚度，像质要求（黑度范围、像质计型号、应显示最小丝径、像质计位置等）。

c. 注意事项和辅助措施（如散射线防护、厚度补偿、使用滤板、双胶片技术等）。

d. 相关示意图：包括布片定位图、透照示意图以及一些特殊的透照布置、透照方向示意图。

e. 有关人员签字：包括工艺卡编制审批人员、资格、日期、签字。

表 2-7 为透照工艺卡的一种形式。

表 2-7 焊缝射线照相工艺卡

产品编号		产品名称		产品类别	
产品规格		产品材质		焊接方法	
执行标准		照相技术级别		验收等级	
检测设备型号		焦点尺寸/mm		检测时机	
胶片牌号		胶片规格/mm		增感屏材质和厚度/mm	
像质计型号		像质计丝号		底片黑度	
显影液配方		显影时间		显影温度	

焊缝编号	焊缝长度/mm	检测比例/%	穿透厚度/mm	透照方式	焦距/mm	一次透照长度/mm	透照次数	射线能量(kV)或射源活度(Ci)	曝光时间/min

透照布置示意图：

技术要求及说明：

编制/资格		日期： 年 月 日	审核/资格		日期： 年 月 日

（2）透照工艺的编制 射线透照工艺的编制大致可分为以下五个步骤：

① 透照准备。明确试件的质量验收标准规范和射线照相标准，熟悉理解有关内容，了解和掌握试件的情况和有关技术数据。

② 透照条件选择。根据试件的特点、有关技术要求和实际情况，选择设备、器材、透照方式、曝光参数以及有关技术措施。透照条件必须满足标准规定的要求。在选择透照条件时，应尽量设法提高灵敏度，同时兼顾工作效率和成本因素。

③ 透照条件验证。对选择的透照条件，必要时应进行试验验证。

④ 透照工艺文件形成。根据选择的透照条件和验证结果，填写表卡，形成书面文件。

⑤ 审批。对编制出的工艺文件，按规定完成审批手续，即成为正式的工艺文件。

（3）焊缝透照的基本操作　透照操作应严格遵守工艺规定，操作程序、内容及有关要求简述如下。

① 试件检查及清理。试件上如有妨碍射线穿透或妨碍贴片的附加物，如设备附件、保温材料等，应尽可能去除。试件表面质量应经外观检查合格，如表面不规则状态可能在底片上产生掩盖焊缝中缺陷的图像时，应对表面进行打磨修整。

② 划线。按照工艺文件规定的检查部位、比例、一次透照长度，在工件上划线。采用单壁透照时，需要在试件两侧（射线侧和胶片侧）同时划线，并要求两侧所划的线段应尽可能对准。采用双壁单影透照时，只需在试件一侧（胶片侧）划线。

③ 像质计和标记摆放。按照标准和工艺的有关规定摆放像质计和各种铅字标记。

线型像质计应放在射源侧的工件表面上，位于被检焊缝区的一端（被检长度的 1/4 处），钢丝横跨焊缝并与焊缝方向垂直，细丝置于外侧。单壁透照无法在射源侧放置像质计时，可将其放在胶片侧，但必须进行对比试验，使实际能显示的像质计丝号达到规定要求。像质计放胶片侧时，应加放"F"标记，以示区别。

当采用源在内（$F=R$）的周向曝光技术时，只需每隔 90° 放一个像质计即可。

各种铅字标记应齐全，至少应包括：中心标记、搭接标记、工件编号、部位号、焊缝编号、焊工钢印、透照日期等。返修透照时，应加返修标记"R"。对于高磨平的焊缝透照，应加指示焊缝位置的圆点或箭头标记。

各种标记的摆放位置应距焊缝边缘至少 5mm。其中搭接标记的位置：在双壁单影或源在内 $F>R$ 的透照方式时，应放在胶片侧，其余透照方式应放在射源侧。

④ 贴片。采用可靠的方法（磁铁、绳带等）将胶片（暗盒）固定在被检位置上，胶片（暗盒）应与工件表面紧密贴合，尽量不留间隙。

⑤ 对焦。将射线源安放在适当位置，使射线束中心对准被检区中心，并使焦距符合工艺规定。

⑥ 散射线防护。按照工艺的有关规定执行散射线防护措施。

⑦ 曝光。在以上各步骤完成后，确定现场人员放射防护安全措施符合要求，方可按照工艺规定的参数和仪器操作规程进行曝光。

曝光完成即为整个透照过程结束，曝光后的胶片应及时进行暗室处理。

2.4　平板对接焊缝透照技术

平板工件透照是最基本的工件透照形式，平板对接焊缝透照技术也是射线照相中最基本的透照技术。

2.4.1　透照布置

在平板对接焊缝射线照相检验的透照布置中，射线源位于被透照工件有效透照区中心线附近，中心射线束要尽量垂直并指向有效透照区的中心，其散射线防护措施如下：采用适当厚度的铅板遮盖工件非透照区，减少工件非检验区受射线照射的范围，在胶片暗盒背面放置较厚的铅板，尽可能使用铅箔增感屏。

胶片暗盒要尽量贴近被透照工件，尽量减少胶片与工件表面之间的距离，以减少几何不清晰度。放置胶片暗盒时应避免它受到较大的挤压，特别是局部受到过分的挤压或弯折。

像质计及识别标记等应放在透照区边缘，尽量避免它对缺陷评定的干扰。具体放置位置应符合有关标准的规定和要求。

2.4.2　有效透照区与胶片尺寸的确定

对于平板对接焊件，有效透照区也就是一次有效透照长度，主要由焦距 F 和透照厚度

比 $K(K=\dfrac{T'}{T})$ 值决定。

在图 2-20 中，L_3 称为一次透照长度，它与有效透照区同义。L_{eff} 称为底片有效评定长度，是指一次透照检验长度在底片上的投影长度。由图中的几何关系知：

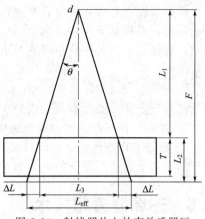

图 2-20 射线照片上的有效透照区

$$\because \quad \frac{L_3}{2L_1}=\tan\theta$$

$$\therefore \quad L_3=2L_1\tan\theta$$

即 $\qquad L_3=2\times(F-L_2)\tan\theta$

因为一般情况下都有：$T\approx L_2$

所以常可以将上式写为：$L_3=2\times(F-T)\tan\theta$

一次透照长度由焦距 F 与透照厚度比 K 值决定。采用较大的焦距一次可透照较大的范围，采用较小的焦距一次只能透照较小的区域。在我国现行标准中，对 F 值、一次透照长度的选择都做了具体规定，即根据各种照相级别对最大几何不清晰度的要求可以确定最小焦距 $F_{\min}$，根据各种透照级别对透照厚度比 K 值的要求控制一次透照长度。目前我国 NB/T 47013.2—2015 标准中对平板对接或纵向焊接接头透照厚度比 K 值的具体规定是：

A级、AB级，透照厚度比： $\qquad K\leqslant 1.03$

B级，透照厚度比： $\qquad K\leqslant 1.01$

从图 2-20 可知，$K=\sec\theta=\dfrac{1}{\cos\theta}$，所以相应的射线照射角为：

$$K\leqslant 1.03\ \text{时，}\ \theta\leqslant 14°$$

$$K\leqslant 1.01\ \text{时，}\ \theta\leqslant 8°$$

在实际透照中，一次透照长度的确定是受胶片暗盒尺寸和焦距的选择制约的。

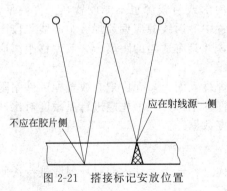

图 2-21 搭接标记安放位置

胶片尺寸的确定与有效透照区尺寸，即一次透照长度 L_3 有关，但胶片尺寸并不等于一次透照长度，由图 2-20 知，底片上的有效评定区 L_{eff} 与工件上的有效透照长度 L_3 并不相等，二者的关系为：

$$L_{\mathrm{eff}}=L_3+2\Delta L \tag{2-13}$$

而 $\Delta L=L_2\tan\theta$ 近似有 $\Delta L=T\tan\theta$

ΔL 称为搭接长度，是指一张底片与相邻底片重叠部分的长度，搭接长度也可用下式计算：

$$\Delta L=\frac{L_2 L_3}{2L_1} \tag{2-14}$$

用公式计算得到的搭接长度是相邻胶片间的最小搭接长度，实际的搭接长度都要大于这个长度。搭接标记的放置如图 2-21 所示。

2.4.3 透照参数确定

平板工件透照参数的确定比较简单，一般依据工件厚度直接从曝光曲线上确定应选用的射线能量、焦距、曝光量。所选用的这些参数应符合射线照相标准的有关规定。例如：透照电压（对 X 射线而言）不能高于允许的最高透照电压；焦距选择应根据同时满足几何不清晰度及透照厚度比 K 值的要求两个条件。选择最小焦距应满足几何不清晰度的要求前面已有介绍，而焦距的选择要满足透照厚度比 K 值的要求，是因为在 100% 的射线照相检验及其他多数情况下，胶片尺寸通常是根据工作需要（如参照透照焊缝的尺寸、暗盒的尺寸等）来确定的，并根据工作要求确定 ΔL，这样根据公式(2-14)，L_3 也就被唯一确定了，当 L_3 确定以后便可根据各种照相级别对 K 值的规定，应用公式(2-13)计算出满足透照厚度比 K 值要求的最小透照距离 $L_{1min}=\dfrac{L_3}{2\tan\theta}$，$\theta=\arccos\dfrac{1}{K}$ 或 $F_{min}=L_{1min}+L_2$。

这样确定最小透照距离（或最小焦距）要分两步完成。

① 根据几何不清晰度的要求确定最小透照距离。

② 根据工作条件确定的胶片尺寸，计算满足透照厚度比 K 值要求的最小透照距离。

然后取上述两个距离的最大值作为满足标准几何条件要求的最小透照距离。

2.5 环焊缝透照技术

环焊缝是指管件、筒体、容器等的圆周焊缝，根据工件直径、壁厚大小不同和结构特点，可将环焊缝的透照分为以下三种：

① 源在外单壁透照方法；

② 源在外双壁透照方法；

③ 源在内单壁透照方法——分为中心透照和偏心透照。

对于小直径管对接焊缝通常采用双壁双影透照方法称为椭圆成像透照方法，关于这种方法将在后面单独讨论。

2.5.1 源在外单壁透照方法

源在外单壁透照方法是将射线源置于焊缝的中心线上方，中心射线束垂直并指向被透照焊缝中心。胶片暗盒置于筒体或容器内壁焊缝被检部位，背面必须放置铅板，以屏蔽来自工件内壁及其他部位的散射线，铅板的厚度一般取 $3\sim4mm$。

2.5.2 源在外双壁透照方法

受几何条件限制，透照时如果胶片无法放在工件内部或射线源也不能放置在工件内部，那么可采用源在外双壁单影透照方法。在这种透照布置中，射线源应偏离焊缝中心线一段距离，以保证源侧焊缝的影像不与透照焊缝的影像重叠，并具有适当的距离。一般偏移距离应控制在源侧焊缝刚刚移出被透照焊缝热影响区的边缘。

在这种透照布置中，若像质计无法放在工件内壁焊缝表面上，允许把它放置在工件贴附胶片的外侧焊缝表面上，但此时应在标记中加上说明性标记，并且事先应进行灵敏度对比试验，以获得与放置在工件内壁表面灵敏度相等的灵敏度数据。

2.5.3 源在内单壁透照方法

源在内单壁透照方法是指射线源放置在管件、筒体、容器等工件内部对环焊缝进行透照的方法，按射线源放置的位置可分为两种情况：

中心透照——射线源放置在环焊缝的中心。

周向透照——射线源放置在环焊缝中心以外。

对于周向透照布置，射线源在环焊缝中心，透照厚度比在各个方向都是1，一次曝光就能对整圈焊缝完成透照，称之为周向透照。通常采用 γ 射线源或周向辐射的 X 射线机进行透照。如果采用的是定向辐射的 X 射线机，一次有效透照范围决定于 X 射线机的辐射角和辐射强度的均匀性，也就是必须考虑侧倾效应可能产生的曝光量不均匀性影响。对于一些小的管件焊缝，可采用小焦点、伸出阳极靶的棒状阳极 X 射线机进行周向透照，因为这种透照布置像质最佳。对环焊缝应尽量采用这种透照布置。

2.5.4 环焊缝透照参数的确定

环焊缝透照参数应按照相关标准的规定和实际曝光曲线进行选择，即应根据透照厚度及工件材料种类选择射线能量，并且不允许高于允许的最高透照射线能量。按照几何不清晰度 U_g 及透照厚度比 K 值的要求选择焦距，以保证照相质量；同时可以从曝光曲线上查得所需要的曝光量，在实际透照中还必须考虑有效透照范围内是否满足像质计灵敏度要求，底片黑度范围是否满足标准要求，以获得合格的射线照相底片。

2.5.5 环焊缝射线照相透照次数及一次有效透照长度的确定

（1）查图表确定环缝透照次数　可通过查图表确定环缝100%检测所需的最少透照次数，然后计算出一次透照长度 L_3 及相关参量搭接长度 ΔL、有效评定长度 L_{eff} 等。

环向对接焊接接头进行100%检测所需的透照次数与透照方式和透照厚度比有关。由于内透中心法（$F=R$）和双壁双影法一次透照长度不需计算，所以根据不同透照方式和透照厚度比组合，按 NB/T 47013.2—2015 标准要求，需要制作8张透照次数曲线图，见图2-22。

① 源在外单壁透照，透照厚度比 $K=1.06$；
② 源在外单壁透照，透照厚度比 $K=1.1$；
③ 源在外单壁透照，透照厚度比 $K=1.2$；
④ 偏心内透法和双壁单影法透照，透照厚度比 $K=1.06$；
⑤ 偏心内透法和双壁单影法透照，透照厚度比 $K=1.1$；
⑥ 偏心内透法和双壁单影法透照，透照厚度比 $K=1.2$。

从图中确定透照次数的步骤是：计算出 T/D_0、D_0/F，在横坐标上找到 T/D_0 值对应的点，过此点画一垂直于横坐标的直线；在纵坐标上找到 D_0/F 对应的点，过此点画一垂直于纵坐标的直线；从两直线交点所在的区域确定所需的透照次数 n；当交点在两区域的分界线上时，应取较大数值作为所需的最少透照次数。

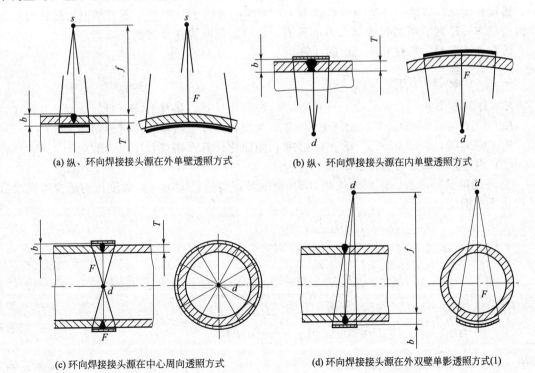

(a) 纵、环向焊接接头源在外单壁透照方式　　　(b) 纵、环向焊接接头源在内单壁透照方式

(c) 环向焊接接头源在中心周向透照方式　　　(d) 环向焊接接头源在外双壁单影透照方式(1)

图2-22

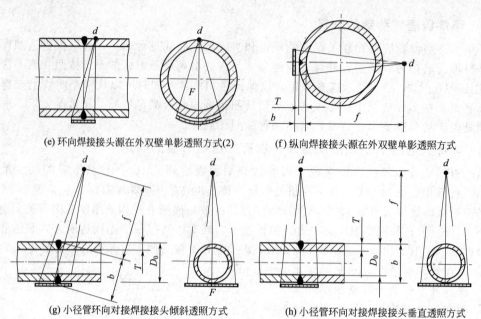

(e) 环向焊接接头源在外双壁单影透照方式(2)　　　(f) 纵向焊接接头源在外双壁单影透照方式

(g) 小径管环向对接焊接头倾斜透照方式　　　(h) 小径管环向对接焊接头垂直透照方式

图 2-22　源、工件、胶片相对位置图

注：（a）（c）（e）（g）为椭圆成像；（b）（d）（f）（h）为重叠成像。

由透照次数 n 可求得一次透照长度 L_3：$L_3 = \dfrac{\pi D}{n}$

外等分长度 $L_3 = \dfrac{\pi D_0}{n}$；内等分长度 $L_3' = \dfrac{\pi D_i}{n}$　　　　　　（2-15）

有效评定长度 $L_{\text{eff}} = L_3 + \Delta L$（源在内）或 $L_{\text{eff}} = L_3' + \Delta L$（源在外）　　（2-16）

搭接长度 ΔL 以源在外透照的数值最大；源在内透照 $F \geqslant R$ 时，不需考虑搭接长度；源在内透照 $F \leqslant R$ 时，可通过计算求得准确值，也可近似取源在外透照的数值。

源在外透照时，搭接长度 ΔL 的计算：

$$\Delta L = 2T\tan\theta,\ \theta = \arccos\left(\frac{1}{K}\right);$$

$K = 1.06$ 时，$\theta = 19.37°$；$\Delta L = 0.703T$；为简化计算，搭接长度可近似取为 $0.7T$；

$K = 1.10$ 时，$\theta = 24.62°$；$\Delta L = 0.916T$；为简化计算，搭接长度可近似取为 $1T$；

$K = 1.20$ 时，$\theta = 33.56°$；$\Delta L = 1.326T$；为简化计算，搭接长度可近似取为 $1.4T$。

（2）用计算法确定环缝透照次数

① 环缝单壁外透法。采用外透法 100% 透照环焊缝时，满足一定厚度比的最少曝光次数 N 可由下式确定：

$$\left.\begin{array}{l}
N = \dfrac{180°}{\alpha} \\[2mm]
\alpha = \theta - \eta \\[2mm]
\theta = \arccos\left[\dfrac{1 + (K^2 - 1)T/D_0}{K}\right] \\[2mm]
\eta = \arcsin\left(\dfrac{D_0}{D_0 + 2f}\sin\theta\right)
\end{array}\right\}　　　　（2-17）$$

式中　α——与 $\widehat{AB}/2$ 对应的圆心角；

　　　　θ——影像最大失真角；

η——有效半辐射角；

K——透照厚度比；

T——工件厚度；

D_0——容器外直径；

f——射线源到工件表面的距离。

由式（2-17）可导出不同 K 值时的 θ 角计算式：

$$\left.\begin{aligned}
\theta_{k1.1} &= \arccos\left(\frac{0.21T+D_0}{1.1D_0}\right) \\
\theta_{k1.06} &= \arccos\left(\frac{0.12T+D_0}{1.06D_0}\right)
\end{aligned}\right\} \tag{2-18}$$

当 $T=D_0$ 时，有

$$\left.\begin{aligned}
\theta_{k1.1}^{\infty} &= \arccos\frac{1}{1.1}=24.62° \\
\theta_{k1.0.6}^{\infty} &= \arccos\frac{1}{1.06}=19.37°
\end{aligned}\right\} \tag{2-19}$$

求出了满足 K 值要求的环焊缝最少曝光次数，就可进一步求出射线源侧焊缝的一次透照长度（即外等分长度）L_3 和胶片侧焊缝的等分长度 L_3'，以及底片上有效评定长度 L_{eff} 和相邻两片的搭接长度 ΔL：

$$L_3 = \pi D_0 / n$$
$$L_3' = \pi D_i / n$$
$$\Delta L = T\tan\theta$$
$$L_{eff} = L_3' + 2\Delta L$$

实际透照时，如搭接标记放在射源侧焊缝透检区两端，则底片上搭接标记之间的长度范围即为有效评定长度 L_{eff}，无须计算。

环缝外透法中的几何参数变化具有以下特点：当透照距离 L_1 减小时，若透照长度 L_3 不变，则 K 值、θ 角增大；若 K 值、θ 角不变，则一次透照长度 L_3 缩短。而当透照距离 L_1 增大时，情况相反，当 L_1 趋向于无穷大时，透照弧长所对应的圆心角即与壁厚无关，其极限值等于影像最大失真角 θ 的 2 倍。若 θ 取 15° 或 18°，则此环缝至少应摄片 12 张或 10 张，即：$L_1 \to \infty$，$\alpha \to \theta$。

因为

$$N=\frac{180°}{\alpha}，而 \theta=15° 或 \theta=18°$$

所以

$$N_{min}=12 \ 或 \ N_{min}=10$$

② 内透中心法。采用此法时，射源或焦点位于容器或圆筒或管道中心，胶片或整条或逐张连接覆盖在整圈环缝外壁上，射线对焊缝做一次性的周向曝光。这种透照布置，透照厚度 $K=1$，横向裂纹检出角 $\theta \approx 0°$，一次透照长度为整条环缝长度。

③ $F<R$ 内透偏心法的一次透照长度及有关参数。用 $F<R$ 的偏心法 100% 透照的最少曝光次数 N 和一次透照长度 L_3 由下式确定：

$$\left.\begin{aligned}
N &= \frac{180°}{\alpha} \\
\alpha &= \eta-\theta \\
\eta &= \arcsin\left(\frac{D_i}{D_i-2L_1}\sin\theta\right) \\
\theta &= \eta-180°/N
\end{aligned}\right\} \tag{2-20}$$

当 $D \gg T$ 时，$\theta \approx \arccos K^{-1}$

$$L_3' = \frac{\pi D_i}{N} \qquad L_3 = \frac{\pi D_0}{N}$$

当 $F < R$ 时，随着焦点偏离圆心距离的增大，或焦距 F 的缩短，若分段曝光的一次透照长度 L_3 一定，则透照厚度比 K 值增大，影像失真角 θ 也增大；反之，若 K 值、θ 要求一定，则一次透照长度 L_3 缩短。

④ $F > R$ 内透偏心法的一次透照长度及有关参数。用 $F > R$ 的偏心法透照时的最少曝光次数 N 和一次透照长度 L_3 由下式确定：

$$\left. \begin{array}{l} N = \dfrac{180°}{\alpha} \\[2mm] \alpha = \theta + \eta \\[2mm] \theta = \arccos\left[\dfrac{1 + (K^2 - 1)T/D_0}{K}\right] \\[2mm] \eta = \arcsin\left(\dfrac{D_0}{2F - D_0}\sin\theta\right) \end{array} \right\} \qquad (2\text{-}21)$$

当 $D \gg T$ 时，$\theta \approx \arccos K^{-1}$

$$L_3' = \frac{\pi D_0}{N} \qquad L_3 = \frac{\pi D_i}{N}$$

当 $F > R$ 时，焦点位置引起的有关几何参数变化也以圆心为准。当 $F \uparrow$，若 L_3 不变，则 $K \uparrow$、$\theta \uparrow$；当 $F \downarrow$，若 K、θ 不变，则有 $L_3 \uparrow$。

用内透偏心法时，在满足 U_g 的前提下，焦点靠近圆心位置能增加有效透照长度。

但不管是 $F < R$ 或 $F > R$ 的偏心法，如果使用普通的定向机照射，一次可检出范围往往取决于 X 射线机的有效照射场范围。换言之，偏心法中由计算求出的 η 角［式（2-20）、式（2-21）］必须服从于实际最大可用半辐射角的限制。

⑤ 双壁单影法的一次透照长度及有关参数。100% 透照环焊缝时的最少曝光次数 N 和一次透照长度 L_3 由式（2-22）求出：

$$\begin{array}{l} N = \dfrac{180°}{\alpha} \\[2mm] \alpha = \theta + \eta \\[2mm] \theta = \arccos\left[\dfrac{1 + (K^2 - 1)T/D_0}{K}\right] \\[2mm] \eta = \arcsin\left(\dfrac{D_0}{2F - D_0}\sin\theta\right) \end{array} \qquad (2\text{-}22)$$

当 $D_0 \gg T$ 时，$\theta \approx \arccos K^{-1}$

$$L_3 = \frac{\pi D_0}{N}$$

对双壁单影法中的摄片张数可做如下讨论：若考虑透照有效范围最大，即焦距等于管子外径而 T/D_0 甚小的情况，则最大透照有效长度 L_3 所对应的圆心角 2α 与壁厚无关，等于影像失真角 θ 的 4 倍，即 $2\alpha_{\max} = 4\theta$，因 $N = \dfrac{180°}{\alpha}$，若 θ 取 15° 或 18°，则最少摄片张数应为 6 张或 5 张。另一方面，当透照有效范围最小，即焦距无限大时，最小透照有效长度 L_3 所对应的圆心角 2α 就与管子形状无关，等于失真角 θ 的 2 倍，即 $2\alpha_{\max} = 2\theta$，因 $N = \dfrac{180°}{\alpha}$，若

θ 取 15°或 18°，则最多摄片张数也不必超过 12 张或 10 张。上述情况可表示如下。

$F{\rightarrow}D$ 时，$\alpha{\rightarrow}2\theta$

因为 $N=\dfrac{180°}{\alpha}$，$\theta=15°$或 18°，所以 $N_{min}=6$ 或 5。

$F{\rightarrow}\infty$ 时，$\alpha{\rightarrow}\theta$

因为 $N=\dfrac{180°}{\alpha}$，$\theta=15°$或 18°，所以 $N_{min}=12$ 或 10。

2.6 小径管对接焊缝透照技术

一般标准中通常规定外径不大于 100mm 的管子为小径管。对小径管对接焊缝检验，主要采用双壁双影法。按照被检焊缝在底片上的影像特征，又分椭圆成像和重叠成像两种方法。同时满足下列条件，即 T（壁厚）$\leqslant$8mm、b（焊缝宽度）$\leqslant D_0/4$ 时，采用倾斜透照方式椭圆成像。不满足上述条件，或椭圆成像有困难，或为适应特殊需要，如特意要检出焊缝根部的面状缺陷时，可采用垂直透照方式重叠成像。

2.6.1 透照布置

（1）椭圆成像法 椭圆成像透照布置是一种源在外双壁透照方式，这种透照的基本特点是：胶片暗袋平放，射源焦点偏离焊缝中心平面一定距离（称为偏心距离 L_0），以射线束的中心部分或边缘部分透照被检焊缝，透照时在底片上形成环焊缝椭圆形状的影像。

在椭圆成像法中，应保证源侧焊缝与胶片侧焊缝的影像不能互相重叠，并应具有适当的间距，常称为开口宽度。一般规定其值应为 3～10mm，或近似等于焊缝自身的宽度。开口宽度不能过大，那将影响对周向裂纹性缺陷的检验。在不干扰热影响区影像的条件下应尽量取较小的值。依据开口宽度值可计算射线源应偏移的距离：

$$L_0=\frac{(b+q)L_1}{L_2}=\frac{F-(D_0+\Delta h)}{D_0+\Delta h}(b+q)$$

式中　Δh——焊缝余高；

　　　b——焊缝宽度；

　　　q——椭圆开口宽度（椭圆影像短轴方向间距）。

（2）重叠成像法 对直径小（$D_0\leqslant$20mm）或壁厚大（T>8mm）或焊缝宽（$b>D_0/4$）的管子，或是为了重点检测根部裂纹和未焊透等特殊情况，可使射线垂直透照焊缝，此时胶片宜弯曲贴合焊缝表面，以尽量减少缺陷到胶片距离。当发现不合格缺陷后，由于不能分清缺陷是处于射源侧或胶片侧焊缝中，一般多做整圈返修处理。

2.6.2 透照厚度变化

小径管透照厚度变化很大，有效最小值为管壁厚度的 2 倍（即 2T），理论最大值为假定射线束与内圆相切时的射线行程，即 $2\sqrt{T(D-T)}$，故理论最大透照厚度比为：

$$K_\infty=\frac{\sqrt{T(D-T)}}{T} \tag{2-23}$$

因透照小径管时，焦距远大于管子直径，射线束可粗略地看作是平行入射于管子。透照厚度的变化可分以下三种情况：

① $X=X_1<r$ 时，

$$2T_1'=2(\sqrt{R^2-X_1^2}-\sqrt{r^2-X_1^2})=\sqrt{D_0^2-4X_1^2}-\sqrt{(D_0-2T)^2-4X_1^2} \tag{2-24}$$

② $X=X_2=r$ 时，

$$2T'_2 = 2\sqrt{R^2 - X_2^2} = \sqrt{D_0^2 - 4X_2^2} \tag{2-25}$$

③ $X = X_3 > r$ 时，

$$2T'_3 = 2\left(\sqrt{R^2 - X_3^2} - \sqrt{D_0^2 - 4X_3^2}\right) \tag{2-26}$$

例如：透照 $\Phi 60 \times 5$ 的小径管，忽略焊缝余高，透照厚度的变化如表 2-8 所示。从表 2-8 可见，小径管的透照厚度 T' 在 $X = 0$ 时最小，$X = r$ 时最大。

表 2-8　$\Phi 60 \times 5$ 小径管透照厚度的变化　　　　单位：mm

	$X < r$					$X = r$	$X > r$				
X	0	5	10	15	20	25	26	27	28	29	30
$2T'$	10.0	10.2	10.7	12.0	14.7	33.2	29.0	26.2	21.5	15.4	0

2.6.3　透照次数

为对小径管的整圈环焊缝进行有效检测，通常要根据成像方式和壁厚与外径之比 T/D_0 确定透照次数。NB/T 47013.2—2015 标准规定了小径管环向对接焊接接头 100% 检测的透照次数：采用倾斜透照椭圆成像时，当 $T/D_0 \leqslant 0.12$ 时，相隔 90° 透照 2 次。当 $T/D_0 > 0.12$ 时，相隔 120° 或 60° 透照 3 次。垂直透照重叠成像时，一般应相隔 120° 或 60° 透照 3 次。

规定 $T/D_0 \leqslant 0.12$ 透照 2 次，$T/D_0 > 0.12$ 透照 3 次，主要是为了限制透照厚度比。

小径管透照环焊缝次数 N 和圆心角 α 有如下关系：

$$N = \frac{360°}{4\alpha} = \frac{90°}{\alpha} \tag{2-27}$$

故 $N = 2$ 时，$\alpha = 45°$；$N = 3$ 时，$\alpha = 30°$；

现研究 $T/D_0 = 0.12$，透照 2 次的透照厚度比：

将 $T = 0.12D_0$ 代入式（2-24）得：

$$2T'_1 = \sqrt{D_0^2 - 4X_1^2} - \sqrt{(D_0 - 0.24D_0)^2 - 4X_1^2}$$

已知 $N = 2$ 时，$\alpha = 45°$，$X_1 = 0.707R = 0.707D_0/2$，代入得：

$$T'_1 = 0.214D_0 = 0.214T/0.12$$

所以有 $T'_1/T = 1.78$。

即 $T/D_0 = 0.12$ 时，相隔 90° 透照 2 次的透照厚度比最大值为 $T'_1/T = 1.78$。

同理，可求得透照 3 次（$N = 3$），$\alpha = 30°$ 时的透照厚度比最大值为 $T'_1/T = 1.73$。

2.6.4　透照参数的确定

小直径管对接焊缝射线照相检测与一般的射线照相检测比较，其技术上的特点是透照厚度的变化范围很大，而透照厚度的变化则直接影响到射线能量的选择，对 X 射线来说就是透照电压的选择。多数现行的标准对射线能量和透照厚度这两点均未做出具体的规定而只是给出一般的常规性规定。

在实际的射线照相检验中，希望在一次透照中覆盖全部厚度是比较困难的。采用多次透照可以减少透照厚度的变化，但实际上不可能采用较多次数的透照。所以目前倾向性的做法是选用较高的透照电压，以减少边蚀效应的不利影响，增大射线照相的厚度宽容度。尽管这肯定会降低射线照相灵敏度和影响影像质量，但边蚀效应的不利影响也同时减少，这对实现小径管透照来说是一种实际的选择。

在小径管射线照相中，对于焦距的选择也倾向于采用较大的数值。我国 NB/T 47013.2—2015 标准规定，射线源至工件表面的最小距离应满足下面的要求：

——A 级射线检测技术：$f \geqslant 7.5dL_2^{2/3}$

——AB级射线检测技术：$f \geqslant 10dL_2^{2/3}$

——B级射线检测技术：$f \geqslant 15dL_2^{2/3}$

式中，d 为射线源焦点尺寸；L_2 为工件表面至胶片的距离。

实际使用过程中，一般根据上述要求绘制成方便实用的诺模图，最小焦距尺寸由查诺模图获得。

2.6.5 椭圆透照影像质量

由于小直径管透照截面厚度变化很大，又采用双壁双影透照，影像畸变较大，且源侧焊缝与胶片侧焊缝距离胶片的距离变化较大，影像各处几何不清晰度和散射比不一，因此影像质量和缺陷检出灵敏度与其他透照方式相比都要差些。即使底片黑度范围符合要求，基本问题仍然存在。

(1) 像质计的型式及摆放　对小径管透照使用的像质计，不同的标准规定了不同的型式和摆放方法。主要有以下三种。

① 等比丝像质计。像质计可放在射源侧管子表面或置于胶片侧，丝的长度方向与焊缝走向相垂直。置于胶片侧要有附加标记，其像质计显示丝号要求与放在射源侧不一样，具体显示丝号大小需做对比试验来确定。

② 等径丝像质计。置于射源侧管子表面，丝的长度方向与焊缝走向相垂直。其优点是评价有效评定范围准确，能显示等径丝的焊缝长度范围即为有效评定范围。

③ 单丝像质计。置于管子环缝中心，金属丝绕管一圈，以显示丝的长度范围作为有效评定范围。应用此法时，应防止丝的影像掩盖焊缝根部缺陷的显示。

(2) 像质计灵敏度　小径管的椭圆透照工艺中，灵敏度与宽容度的矛盾尤为突出，为兼顾较大的厚度宽容度，灵敏度总要受到一定损失。

(3) 黑度范围　通常焊缝和热影响区的允许黑度范围为1.5～4.0。当有意提高局部区域的检出灵敏度时，可将该区域黑度控制在2.5～3.5。

(4) 椭圆开口度　射线底片上椭圆开口度太小会使源侧与胶片侧焊缝根部热影响区缺陷产生混淆，开口度太大又不利于根部裂纹、未焊透之类面状缺陷的检出。通常椭圆开口度应大致为一个焊缝宽度。

(5) 标记　小直径管透照一般须放置工件号、部位号、焊缝编号、透照顺序号（表明某一接头的透照次数）、焊工钢印、透照日期等识别标记，定位标记一般只放置中心标记。评片时，通常以中心标记所指位置为12点，以钟点定位法标定缺陷位置。

2.6.6 小径管椭圆透照一次成像检出范围计算

小径管椭圆成像透照一次透照的有效透照长度可以从椭圆参数方程做出近似计算。即，只要从底片上确定出有效透照区的端点 P、Q、S、T（见图2-23），则从其和椭圆的半长轴可确定出相应的参数 t 的值，进而得到有效透照区长度和一次有效检验率。

如图，设在底片上椭圆成像透照的有效透照区为 PQ 弧和 ST 弧，估计过程如下。

从底片上确定出有效透照区的端点 P、Q、S、T；

确定椭圆长轴的半长度 a，

$$a = ON = OE$$

过 P 点作椭圆长轴（即 X 轴）的垂线，交椭圆长轴于 M。记 $OM = h$；

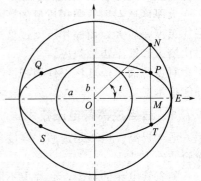

图2-23　椭圆成像透照的有效透照长度

确定角度参数 t 的值，

$$h = a\cos t$$

确定一次有效透照长度 L：$L = PQ + ST$，

$$L = 2\pi a (1 - t/90°)$$

确定一次有效透照率 η：

$$\eta = \frac{L}{2\pi a} = 1 - \frac{t}{90°}$$

如果椭圆两侧的有效透照区长度不同，也只需分别计算每侧的参数 t，然后再分别计算 PQ 弧长和 ST 弧长。

只要从底片上确定出有效透照区的端点，则从其和椭圆的半长轴可确定出相应的参数 t 的值，进而给出有效透照区长度和一次有效检验率。表2-9 给出了一些计算结果。

表 2-9 椭圆成像有效检验率

h/a	0.5	0.6	0.7	0.75	0.8	0.85	0.9	0.95
$t/(°)$	60	53.1	45.6	41.4	36.8	31.8	25.8	18.2
$\eta/\%$	33.3	40.9	49.4	54.0	59.0	64.7	71.3	79.8

以 $\Phi 63 \times 4$ 管子透照为例，实测满足黑度的单侧横向长度为 50mm。根据公式 $h = a\cos t$；其中 $h = 50$mm，$a = 63$mm，$\cos t = \dfrac{50}{63} = 0.8$，$t = 37.47°$，则

$$L = 2\pi a \left(1 - \frac{t}{90°}\right) = 2\pi \times 63 \times 0.584 = 230.9 \text{mm}$$

$$\eta = \frac{L}{2\pi a} = 1 - \frac{t}{90°} = 0.584$$

2.7　变截面焊接接头透照技术

射线透照常规工艺允许工件有一定的厚度差异，此即射线照相的宽容度。但如果是变截面工件，其厚度差过大，则会对照相质量产生不利影响，此时需要考虑采用一些特殊的工艺或技术措施以减小这种影响。

工件厚度差异的大小可用工件厚度比来衡量，工件厚度比可定义为一次透照范围内工件的最大厚度与最小厚度之比，用 K_s 表示。当 K_s 大于 1.4 时，可以认为属于大厚度比工件。实际工作中的大厚度比工件包括余高较高的薄板对接焊缝工件、不等径管对接工件、角焊缝工件以及一些形状较复杂的机械零件。

大厚度比对射线照相质量的不利影响主要表现在两个方面：一是因工件厚度差较大导致底片黑度差较大，而底片黑度过低或过高都会影响照相灵敏度；二是因工件厚度变化导致散射比增大，产生边蚀效应。

对变截面大厚度比工件照相的特殊技术措施包括：适当提高管电压技术、双胶片技术和补偿技术。

2.7.1　适当提高管电压技术

适当提高管电压是透照大厚度比工件特别是截面厚度连续变化的工件最常采用的，也是最简便的方法。

随着管电压的提高，底片上不同部位的黑度差将减小，这样在规定的黑度范围内，可以容许更大的工件厚度变化范围，即提高管电压可以获得更大的透照厚度宽容度。此外，对厚

度变化大的工件进行透照时，提高管电压可以减少散射比，降低边蚀效应。但是射线能量提高后，衰减系数 μ 减小，从而会导致对比度减小，这一点对射线照相灵敏度不利。因此管电压不能任意提高，究竟管电压提高多少比较适合，应根据具体工件通过实验研究进行确定。

2.7.2　双胶片技术

如果工件截面厚度变化不是太大，可以采用在一只暗盒里放两张胶片同时透照的双胶片技术。

暗盒里放置的两张胶片一般应选用感光度不同的两种胶片，其中感光度较大的胶片适用于透照厚度较大部位的观察评定；而感光度较小的胶片适用于透照厚度较小部位的观察评定。另一种方法是对黑度较小部位将双片重叠观察评定，对黑度较大部位，用单片观察评定。

下面介绍前一种双胶片技术的选片方法。

设 A 型胶片为感光度较高的胶片；B 型胶片为感光度较低的胶片，那么可按照下面的方法选择 B 型胶片。

设：T_1、T_2 为工件的两个主要厚度；E_1 为曝光曲线给出的厚度 T_1 对 A 型胶片达到规定黑度所需的曝光量；E_2 为曝光曲线给出的厚度 T_2 对 A 型胶片达到规定黑度所需的曝光量；H_A 为胶片特性曲线给出的 A 型胶片达到规定黑度所需的曝光量；H_1、H_2、…、H_i…——胶片特性曲线给出不同 B_i 型胶片达到规定黑度所需的曝光量。

① 求出 E_2/E_1，令 $m = E_2/E_1$；

② 求出下列一系列比：
$$m_1 = H_1/H_A; m_2 = H_2/H_A; \cdots; m_i = H_i/H_A$$

③ 比较 m_i 与 m，与 m 最接近的 m_i 所对应的 B_i 型胶片即为应选取的 B 型胶片。

上述过程是选取感光度比曝光曲线采用的胶片低的胶片的过程，选定胶片后应按照曝光曲线对较大厚度给出的曝光量进行透照。

反之亦然，即选取感光度比曝光曲线采用的胶片高的胶片，但选定胶片后应按照曝光曲线对较小厚度给出的曝光量进行透照。

2.7.3　补偿技术

补偿技术是指用与被透照工件对射线吸收衰减性质相同或相近的材料，填补工件较薄部分，使透照厚度差减小的透照方法。补偿物质通常以补偿块、补偿粉、补偿泥、补偿液等形式存在。运用补偿技术可使工件不同的透照厚度转化为同样的厚度，这样就可以按照平板工件进行透照。

使用时要注意补偿材料不应产生影响评定或可能造成误判的缺陷。

2.8　球罐 γ 射线全景曝光技术

γ 射线全景曝光是将射源置于球形容器中心，对等径位置焊缝进行 $360°$ 一次曝光成像的技术，用这种方法一次摄片多可达数百至上千张，是一种效率很高、经济效益显著的拍片方法。

目前常用的 γ 射线源有 ^{60}Co、^{192}Ir、^{75}Se，下面以 ^{192}Ir 为例介绍 γ 射线全景曝光技术。

2.8.1　设备和器材的选择

① 设备：^{192}Ir γ 射线机 1 台。

② 射源：尽量选用活度较大的射源，使曝光时间控制在 24h 以内。如用活度较小的射

源，会因曝光时间过长，增加底片灰雾度。

③ 器材：宜选用 T1 或 T2 型胶片，增感屏可采用前屏 0.1mm、后屏 0.16mm 的铅箔。通常用黑塑料暗袋，如有条件可用真空黑纸暗袋。可用宽 80～100mm 的双层白帆布制成长带状布片带，用来固定底片。此外还应配备足够数量的磁铁、胶带纸、铅字、透度计等。

④ 监测仪器：便携式 γ 剂量仪和个人监测用的报警器各 1 台。

2.8.2 工艺程序

整个透照过程可分为八个步骤：

划线→编号及标记→布片→送源→曝光→收源→取片→冲洗

① 划线：按选用的胶片长度而定。除人孔焊缝可用 240mm×100mm 胶片外，其余部分均可用 360mm×100mm 胶片，划线长度应保证相邻两片有足够的搭接长度（取 20～30mm）。

② 编号及标记：底片按顺序从小到大编号，搭接标记可用顺序号。由于一次布片量很大，其他识别标记不可能在每张底片上都放置齐全，可以每隔 50 张底片放全各种标记，即除有顺序号外，还需要确定球罐编号、拍片时间及像质计等。像质计放胶片侧时应进行灵敏度校验，可在球罐内壁下温带 0°、90°、180°、270° 以及上下人孔处各放置一个像质计，与球罐外相应部位的像质计进行比较，以确认实际达到的像质计显示值。

③ 布片：将自制的布片带沿每条焊缝绷紧，把暗袋按顺序插入，装有胶片的暗袋必须和焊缝紧贴，否则将增加照片的不清晰度。对处于下半球的暗袋还需在两个暗袋搭接处用磁铁或胶带纸加固，防止滑脱。如遇雨天曝光，每个暗袋外还应加装一个塑料袋，开口朝下，防止雨水浸入。

可在易收取的适当位置贴放若干个曝光测试片，作为提前冲洗、确认曝光量已满足要求之用。

④ 送源：为保证球罐表面各方向曝光量均匀一致，必须使源处于球心位置，常用一根 Φ10mm 的尼龙绳将上、下人孔固定绷紧，事先应将源头导管计算好位置，与绳子牢牢绑扎在一块，操作人员在人孔下方将源摇到球心位置，达到均匀曝光的效果。

⑤ 曝光：按预测的曝光时间，提前 10%～20% 时间取测试胶片到暗室冲洗，监测底片感光程度，一般可观察两次，确认曝光量已满足要求（底片上焊缝处的黑度在 2～3.5 之间），再停止曝光。

⑥ 收源：胶片曝光达到规定量后，应立即将源摇回机头，并用剂量监测仪器确认源已收回。

⑦ 取片：取片时要轻拿轻放，按编号顺序立置于纸箱内，小心运到暗室，防止折压暗袋。

⑧ 冲洗：暗室处理。

2.8.3 曝光时间的计算

曝光时间应根据源强、焦距、材料种类、厚度、胶片特性及暗室处理条件等因素综合考虑。通常计算曝光时间的方法有两种：一是用生产厂家提供的"专用计算尺"或"专用计算器"；二是应用公式进行计算。

（1）计算尺法　γ 射线曝光计算尺是根据点源计算公式及衰减定律而得。具体制作方法是将胶片接收剂量（胶片接收剂量值见表 2-10）以及放射源强、钢板厚度、焦距等分别作为单一变量制成两个定尺两个动尺。使用时可按下述顺序求得结果：

$$\underset{\text{定尺 1}}{\text{胶片剂量}} \xrightarrow{\text{[源龄－钢厚]}} \underset{\text{动尺 1}}{} \xrightarrow{\text{[源强－焦距]}} \underset{\text{动尺 2}}{} \xrightarrow{\text{曝光时间}} \underset{\text{定尺 2}}{}$$

表 2-10 胶片受照剂量和底片黑度对应表　　　　　单位：C/kg×10^{-4}

胶片种类	黑度					
	1.0	1.5	2.0	2.5	3.0	4.0
Agfa D7	2.06	3.10	4.13	5.16	6.19	7.74
Agfa D5	3.30	4.95	6.60	8.26	9.91	12.38
天津 V	1.89	3.16	4.53	5.96	7.59	11.05

由于制作精度等原因，当焦距较大时，用计算尺求得的结果均偏小。

（2）计算器法　目前，射源或射线机生产厂家都随源或设备同时提供用于计算曝光时间的专用计算器，它的操作方法是通过顺序按键先后实现如下操作：选择射源种类→输入胶片所需曝光量→输入工件透照厚度→输入焦距→输入射源初始源强→输入射源衰变时间→曝光时间。以上操作过程中，胶片所需曝光量参数需根据不同类型胶片、不同暗室处理条件及时调整。除该参数存在一些不确定度外，其他参数都能实现准确输入。应用此种方法得出的曝光时间较为准确，操作也非常方便。

（3）公式计算法　γ射线曝光时间可用下式计算：

$$t = \frac{XR^2 2^{\delta/T_h}}{AK_r(1+n)} \tag{2-28}$$

式中，t 为曝光时间，h；X 为照射量，C/kg；R 为射源到胶片距离，cm；δ 为透照厚度，cm；T_h 为半值层厚度，cm；A 为射源活度，Bq；n 为散射比；K_r 为 ^{192}Ir 常数，为 $32.9 \times 10^{-12} \dfrac{\text{C} \cdot \text{cm}^2}{\text{h} \cdot \text{kg} \cdot \text{Bq}}$（或 $4.72 \dfrac{\text{R} \cdot \text{cm}^2}{\text{h} \cdot \text{mCi}}$）。

公式中 R、δ、A 可以直接得到，R 为球罐外半径，δ 为透照厚度，A 由射源生产厂家提供；X 可查"胶片接受剂量——黑度对照表"，T_h 和 n 应通过试验实测求得。

2.8.4 注意事项

（1）拍片死区　射线源输出导管下方存在拍片死区，死区大小可在拍片前进行实测（国产 TS-1 型 γ 射线机的死区角度约为 26°），处于死区范围内的焊缝主要是下人孔接管对接焊缝和极板拼接焊缝的一部分，这些焊缝需要补拍。

（2）夏季曝光　夏季太阳直晒钢板，温度高，暗袋长时间和钢板接触，胶片易发黏，底片上常出现因胶片粘连增感屏而产生的黑点，严重影响评片，因此在炎热夏季进行 γ 射线全景曝光时，应尽量用大活度的射源，曝光时间尽可能在一个晚上完成，如果达不到这一要求，则球罐焊接用的防风棚必须保留，可防止钢板直接受照射，减少高温造成的影响。

2.8.5 安全管理

GBZ 117—2022《工业探伤放射防护标准》中确定控制区边界的剂量当量限值为 15μSv/h，安全距离计算公式如下：

$$L_1 = \sqrt{\frac{A \times \Gamma}{15}} \tag{2-29}$$

式中　L_1——无工件衰减时需要的控制区距离值，m；

　　　A——放射源的活度，MBq；

　　　Γ——周围剂量当量率常数，μSv $\cdot$ m^2/(MBq $\cdot$ h)。

安全注意事项如下。

①γ射线曝光时，应在大于 L_1 范围外设置警戒线，挂红灯，并在东、南、西、北四个方向设置专人监护。

② 操作人员进入现场应穿铅防护服，并携带剂量监测仪器，定时记录监测结果。拍片时应通知曝光场所附近的人员在曝光期间撤离现场。

③ γ 射线操作时应严格遵守设备操作规程。

球罐 γ 射线全景曝光是一项先天不足的技术发明，该技术的照相灵敏度低，危险性缺陷漏检较为严重。造成该技术灵敏度极低的原因：一方面是 γ 射线为线状谱射线，能量高且不可调，照相对比度低、固有不清晰度大、颗粒度大；另一方面是球罐全景曝光焦距过大（一般为几米甚至更大），导致曝光时间过长、透过射线少、散射线多、散射比很大，且 γ 射线源在 360°立体角的不同方向上辐射强度是不一样的，从而导致不同位置照相灵敏度不同，因此不再建议采用这种检测方法。GB/T 12337—2014《钢制球形储罐》标准明确要求："不宜采用 γ 射线全景曝光射线检测。"NB/T 47013.2—2015《承压设备无损检测 第 2 部分：射线检测》标准中也相应地对 γ 射线全景曝光的技术参数（透照时间、像质计要求等）进行了限制。

2.9 射线实时成像技术

2.9.1 概述

射线实时成像技术是一种图像随被检物体的变动而迅速改变的电子学成像检验方法，该技术能实时显示焊缝、母材内部和表面缺陷性质、大小和位置分布等方面的信息，进而实时、快速、动态地评价焊缝质量。20 世纪 90 年代末以前，射线实时成像技术一直是非胶片成像的最主要方法。

早期的射线实时成像检测系统是 X 射线荧光检测系统，它采用荧光屏将 X 射线强度转换为可见光图像，检测人员直接通过荧光屏观察检测到的信息。这种方法灵敏度和清晰度较低，且操作人员易受散射线照射。20 世纪 50 年代左右引入了电视系统，通过电视摄像，在监视器上观察图像，这虽然避免了人员辐射影响，但图像灵敏度和分辨率仍低于胶片图像，这限制了该技术的实际应用。70 年代以后，研究者们开始了射线检测技术的数字化研究，诞生于 20 世纪 50 年代的 X 射线图像增强器使研究有了实质性的突破。

图像增强器射线实时成像（RTR）是最早应用于工业的数字射线系统，国内的应用大约起始于 20 世纪 80 年代。与传统荧光屏动态观察不同，在数字射线成像领域，所谓实时成像，是指在曝光的同时就可观察到所产生的图像的检测技术，一般要求图像的采集速度至少达到 25 帧/s（PAL 制）。除图像增强器实时成像系统外，其他工业射线数字系统均不能达到这一要求，由图像增强器输出的图像亮度与简单的荧光屏图像亮度相比，可提高 10000～15000 倍。

2.9.2 图像增强器实时成像原理

典型的图像增强器实时成像系统包括 X 射线机、增强器、反光镜、CCD 相机（模拟相机或视频相机）、计算机软件系统、视频显示和储存单元。其中增强器由外壳、射线窗口、输入屏、聚焦电极和输出屏组成。图 2-24 和图 2-25 为图像增强器系统组成示意图。

X 射线机发射 X 射线穿透被检工件，携带被检工件内部信息从图像增强器窗口进入，被输入屏接收。输入屏包括转换屏和光电层，转换屏上涂有荧光物质（CsI 碘化铯），吸收入射射线能量，将其转换为可见光；光电层将可见光转换为电子发射。聚焦电极加有 25～30kV 的高压，其作用是加速电子，并将其聚集到输出屏。输出屏将电子能量转换为可见光发射，产生最终的透视图像。在图像增强器中信号的转换过程是：射线→可见光→电子→可见光。

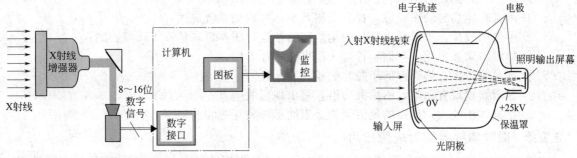

图 2-24　图像增强器射线实时成像检验系统　　图 2-25　X 射线图像增强器的基本结构

图像增强器输出屏上的图像是模拟图像，将其转换为数字图像的方式有两种：一是用数码摄像机拍摄转换，得到的图像是连续的实时图像；二是用数码相机拍摄转换，得到的图像是连续稍差的准实时图像。两种方式相比，前者输出的图像帧数更多，但单帧图像分辨率不如后者。数字图像送入计算机进行一些简单处理以改善图像质量，然后送入显示器显示供后续评定存储。

2.9.3　图像增强器实时成像质量

图像增强器实时成像的主要技术有许多方面与常规射线照相检验技术的考虑和要求相同，如正确选择射线能量（透照电压）、强度（曝光量）和射线方向（透照布置），严格控制散射线以及滤波、像质计和标记的使用等。其中射线能量主要取决于被检工件材质和厚度尺寸并影响图像对比灵敏度，射线强度决定了图像的对比度灵敏度和信噪比，射线方向决定了缺陷透照厚度差进而影响检出率。另外，射线机焦点尺寸影响系统的清晰度，即空间分辨力的大小。常用的 X 射线源能量较低，只能穿透中等厚度以下的被检工件，但强度高，焦点尺寸小，可以获得高质量的图像。为了保证较高的灵敏度和稳定性，在实时成像检验中往选用小焦点恒压 X 射线源。

由于制造工艺及成本限制，一般图像增强器所使用的成像器件 CCD（或 CMOS）成像区域尺寸很小，为便于评定人员观察，还需将显示图像放大至与实物大致 1∶1 的水平，放大后的图像分辨率较差。另外，在透照布置时，考虑工件与增强器之间的安全余量，一般存在放大透照，进一步增大了几何不清晰度。

另一方面，图像增强器实时成像过程经历从射线强度分布到可见光图像、从可见光图像到视频信号以及视频信号传送、转换、处理和显示的过程，不同过程对最终图像的质量具有不同程度影响，尤其是模拟信号转换过程中，噪声几乎没有手段抑制，导致最终图像噪声很大，信噪比很低。

综上所述，在当前各数字射线检测技术中，图像增强器实时成像系统的灵敏度、分辨率、信噪比是最差的，因此被淘汰是不可避免的。

2.9.4　图像增强器实时成像特点

由于受成像器件自身结构的限制，实时成像技术与胶片照相技术相比，存在图像质量低、使用寿命短、缺陷检出率低等缺点。随着数字化采集卡和后续图像处理技术的发展，研究人员在技术和设备方面提出了许多改进措施，例如使用图像处理技术降低图像噪声，使用一定防护措施提高增强器寿命，降低散射线等。这些措施使射线实时成像技术取得了明显的进步，在一定厚度范围内，图像灵敏度可接近胶片照相水平。但由于视频成像获取的射线曝光量、成像动态范围和信噪比难以提高，加之成像输出 CCD 相机光电特性的限制，难以使图像质量达到胶片照相技术要求的最高级。

射线实时成像技术与胶片照相技术相比其特点主要体现在：

① 可实现连续的动态成像，提高检测效率，但检测系统庞大；

② 不使用胶片，不需处理胶片的化学药品，运行成本低，消除了环境污染；

③ 检测结果数字化，存储、传送、调用比底片方便；

④ 图像分辨率、信噪比低于胶片照相；

⑤ 显示器视域有局限，图像的边沿容易出现扭曲失真；

⑥ 系统体积较大，应用的灵活性和适用性不如胶片照相。

2.9.5 图像增强器实时成像应用

我国自 20 世纪 80 年代后期开始进行数字射线检测相关研究，20 世纪 90 年代初图像增强器实时成像技术成功应用于锅炉、压力容器、管道等批量产品焊缝无损检测，同时制定了相应的数字射线检测标准，例如 GB/T 17925—2011《气瓶对接焊缝 X 射线数字成像检测》、GB/T 19293—2003《对接焊缝 X 射线实时成像检测法》等。相关钢瓶厂、锅炉厂、螺旋焊管厂、不锈钢焊管厂均使用了图像增强器实时成像。不过，随着科学技术的发展，出现了其他性能更优异的数字射线检测方法，在很多场合，图像增强器实时成像系统的应用已经被数字平板探测器检测所取代。

2.10 计算机辅助成像技术

2.10.1 概述

计算机辅助成像（CR）技术是数字射线照相技术中一种新的非胶片射线照相技术，采用存储荧光成像板（IP）代替胶片完成射线检测，再经激光扫描转化成数字化信号进入计算机系统进行图像处理。IP 板可重复使用数千次，除了能节省胶片和暗室处理等费用以外，CR 检测技术还有对射线敏感性高的优点，从而降低所需曝光剂量，可以缩短曝光时间。同时 CR 检测技术动态范围较大，即宽容度相比胶片照相较大，重拍率低。

美国于 20 世纪 70 年代对 CR 技术进行了深入研究，基于这些研究成果，日本富士公司于 20 世纪 80 年代初期研制成功世界上首台 CR 检测系统。2000 年以后，随着国内工业 CR 检测技术的应用，相应制定了 CR 检测技术标准，例如 GB/T 21355—2008《无损检测计算机射线照相系统的分类》、GB/T 21356—2008《无损检测计算机射线照相系统的长期稳定性与鉴定方法》。承压特种设备行业，2016 年前，已有诸多容器、锅炉制造厂通过制定企业标准实现 CR 检测技术的应用，随着 NB/T 47013.14—2016《承压设备无损检测 第 14 部分：X 射线计算机辅助成像检测》标准发布，CR 检测应用愈加广泛。

目前 CR 的对比度可达到 16 位或 65536 灰阶，受限于 IP 成像板制造工艺，CR 检测空间分辨率仍未到达传统胶片的水准，但已足够应付大多数无损检测应用了，可以达到甚至超过 10 线对/mm（即 50μm）。由于它的灰度线性范围很大，一次曝光便可以获得检测区域内不同厚度范围的影像，这对于传统胶片来说有时是不可能完成的，同时通过显示器，可任意浏览检测范围内任意厚度区域。IP 板与胶片一样，可任意分割和弯曲，虽然 IP 板比胶片的成本高很多，但实际使用下来，由于 IP 板可以重复利用数千次，使用成本比胶片更便宜。所以，这种成像装置体积小、轻便、便于携带，在很多领域内传统射线照相逐渐被淘汰。

2.10.2 计算机辅助成像原理

① IP 板：CR 检测系统采用 IP 板作为 X 射线影像载体，透照方式与胶片照相基本一致。IP 板厚度与胶片相近，可弯曲并分割成不同尺寸和形状，光激励发光晶体粉末与黏合剂混合，涂于基层塑料板上，加上前后表面保护层，构成 IP 板，其结构如图 2-26 所示。IP

板感光材料由细小的氟化钡晶体（可达 $25\mu m$ 或更小）中掺杂二价的铕（Eu^{2+}）构成，它是一种物理化学性能都非常优异的 X 射线影像存储材料和光激励发光材料。Eu^{2+} 电子受到 X 射线照射时激发跃迁到更高的能级上并且被卤化物（氟化钡）的空穴捕捉，从而形成与接收剂量成正比的电子/空穴对，Eu^{2+} 由于电子的缺失变成 Eu^{3+}，从而把一定能量的 X 射线光子以亚稳态的形式存储于晶体中，形成潜影，形成的潜影一般可较稳定地保持数天。

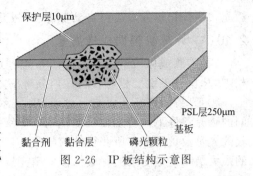

图 2-26 IP 板结构示意图

② 激光扫描仪：激光扫描仪又称 CR 阅读器，是读取 IP 所包含信息，进行模数转换和数据简单处理，并向图像处理工作站或激光打印机等终端设备输出图像信息数据的装置。CR 系统的激光扫描仪一般采用逐点读取技术，激光束按照一定的模式扫描整个成像板表面，测量成像板上每一点的发射光并进行采样和量化将其转换为数字信号，通过专用软件组合成数字图像。按激光扫描工作方式，扫描仪可分为圆周扫描和平板扫描两种（图 2-27），还有一些具备特殊功能和性能的扫描仪，例如专门用于管道环焊缝长 IP 扫描仪（图 2-28），以及具有高增益特性的双 PMT（光电倍增二极管）扫描仪等。

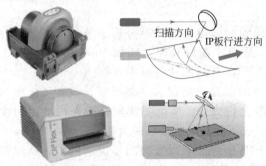

图 2-27 圆周扫描仪和平板扫描仪

图 2-28 管道用长扫描仪

③ 成像原理：检测过程中，X 射线束入射被检工件并发生衰减，工件不同部位透照厚度有所不同，从而穿透射线强度也不同，穿透 X 射线最终被 IP 板所接收，X 射线会激励 IP 板内荧光物质原子核的电子使其俘获到一个较高的能级，由此形成潜影。随后的扫描过程中，IP 板内荧光物质原子在激光扫描仪发射出激光的激发下，其核外电子将返回它们的初始能级，能量由此转化为可见光的形式并发射出来，这些可见光通过棱镜传递，最终被光电倍增管接收，倍增后经 A/D 转换为数字信号由电路传输至计算机进行处理，操作人员便可通过显示器浏览、处理、判读和存储所得到的 CR 图像。CR 扫描成像过程如图 2-29 所示。

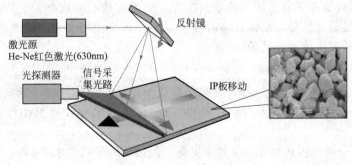

图 2-29 CR 扫描成像原理

激光扫描仪扫描完成后可自动擦除 IP 板残留潜影以便 IP 板重复使用。

2.10.3 计算机辅助成像质量

CR 检测成像质量同时受透照布置、透照参数、IP 和扫描仪性能影响，相较于胶片照相，CR 检测灵敏度相对较高，但分辨率差于胶片照相。

① IP 板的选择及影响：对于 CR 技术，IP 板磷光颗粒的粗细导致结构噪声不同，在相同的曝光条件下，磷光颗粒度越粗（等级越低），结构噪声越高，阻光性更好，成像板能吸收的光子数量更多，所获得的信噪比高，但分辨率低。受结构噪声的影响，成像板所能达到的最大信噪比是受限的。成像板的磷光层厚度也会影响到信噪比，在低曝光量的情况下，磷光层越厚的 IP 能吸收更多的光子，信噪比更高。

高等级 IP（例如 EN14784-1 IP1/Y）配合扫描仪采用步进较小的扫描参数，所得到的图像信噪比、分辨率等指标优良，但在检测厚度较大的焊缝，需要较大的曝光量，以致检测效率降低，所以该级 IP 一般用在壁厚较薄（1～10mm）、质量要求较高（NB/T 47013.14 的 B 级）的焊缝检测。如果将其与胶片类比，大致对应于 C2～C4 等级胶片的应用。

标准级 IP（例如 EN14784-1 IP4/Y）配合合适的工艺，所得到的图像信噪比、分辨率等指标中等，所需曝光量和检测效率中等，该级 IP 一般用在壁厚 5～50mm，质量要求中等（NB/T 47013.14 的 AB 级）的焊缝检测。如果将其与胶片类比，大致对应于 C5 等级胶片的应用。

普通级 IP（例如 EN14784-1 IP5/Y）所得到的图像信噪比、分辨率等指标较低，一般用在普通钢结构上。由于其需要的曝光量小，适合在壁厚较厚（例如 50mm 以上）的工件焊缝上应用。如果将其与胶片类比，大致对应于 C6 等级胶片的应用。

② 扫描仪的选择及影响：目前生产商供应的激光扫描仪大多能够满足工业 CR 检测需求，应根据使用环境及检测对象选择合适的激光扫描仪。实际扫描时，激光扫描仪扫描精度、激光功率及光电倍增管（PMT）增益值的选择对图像质量有较大影响。

扫描精度主要受激光点尺寸影响，同时与 IP 板行进平行方向的步进电机步进精度和垂直方向激光头摆动精度有关。改变 CR 检测扫描精度会直接影响到扫描点尺寸，进而影响图像分辨率。扫描精度越高，配合的 IP 板步进速度越慢，扫描时间越长。实际检测时，应根据检测技术等级要求，综合考虑检测图像质量和检测效率，选择适宜的扫描精度。

CR 扫描仪激光功率或 PMT 增益值较高时可大大提高读出强度，增加激光器的输出功率，可以增加 IP 的 PLS 量，使用集光效率更高的光导系统及光电转换效率更高或增益值越高的光电倍增管，都可以有效地降低光量子噪声，有利于 SNR 数值的提高，提高图像质量。但并不是说两参数总是越高越好，激光功率越高，余晖现象更明显，影响图像空间分辨率，而 PMT 增益值长期使用高电压，会影响 PMT 使用寿命。实际检测时，应根据检测技术等级要求，选择适宜的激光功率和 PMT 增益值，以满足图像质量要求。一般激光功率和 PMT 增益值应与成像板吸收的射线能量相匹配，成像板接收的曝光量大，则使用较小功率的激光也能激发足够的信号，成像板接收曝光量小，必须使用大功率激光；PMT 增益值选取原则是使图像灰度值达到一定值。

2.10.4 计算机辅助成像特点

CR 技术提供了所有数字化功能，成像板被认为是胶片的替代者，除后续图像处理过程和处理方法不同外，其透照技术与胶片照相一致。CR 技术与胶片照相技术相比的特点体现在：

① 图像空间分辨率可达到 $25\mu m$ 甚至更低，但仍稍低于胶片水平；

② 原有的 X 射线设备不需更换或改造，可以直接使用；

③ IP板与胶片一样，可贴在焊缝上，能够分割和弯曲，能适用于复杂部位，所以现场适应性和检测工艺类似胶片照相；

④ 成像板可重复使用，影响其寿命的因素主要是机械磨损程度。虽然单板的价格昂贵，但实际比胶片便宜；

⑤ 没有暗室处理过程，IP板经过激光扫描读取器扫描后就能得到图像，比胶片成像速度快；

⑥ IP成像板与胶片一样，对使用条件有一定要求，不能在潮湿的环境中和极端的温度条件下使用。

2.10.5 计算机辅助成像应用

CR技术可以有效解决胶片照相固有的处理时间长、重拍率高、胶片保存难、不利于环境保护等问题，显著提高了射线检测的及时性和有效性。由于CR技术的优越性，在石油天然气、航空航天、汽车、安检等行业的无损检测中均能得到广泛应用。

目前，CR工业射线检测应用基本与传统胶片照相应用范围相一致，由于其检测灵敏度、厚度宽容度高于胶片照相，CR检测在管道环缝在役（带料）检测中具有一定优势：使用CR技术检测带料管道焊缝，一方面解决了传统胶片照相效果差，甚至无法进行检测的问题；另一方面解决了常规检测技术给实际生产带来的停产停运或排料的麻烦，且能使管道缺陷结果显示客观化、易于判定，利于在役或超期服役带料管道的安全运行评价，具有重要的经济和社会效益。带料管道焊缝CR检测图像如图2-30所示。但是在实际的检测应用中，高填充衰减系数介质（大管径内充满介质）对数字射线检测产生的影响还是不可避免的。

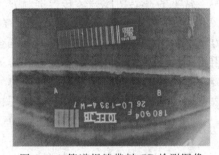

图2-30　管道焊缝带料CR检测图像

2.11　数字成像检测

2.11.1　概述

数字成像检测（DR）系统又称数字探测器阵列系统（DDA），是数字射线非胶片成像系统的一种。自20世纪80年代开始在二维层析成像（2D-CT）中应用开始，制造、工艺与集成等技术不断发展，到90年代，美、德等国在国际市场上推出了一种面阵探测器。国内相关DR工业检测应用起步于2000年初。随着NB/T 47013.11—2015《承压设备无损检测　第11部分：X射线数字成像检测》、GB/T 35388—2017《无损检测 X射线数字成像检验检测方法》等国家、行业标准的发布，DR检测配合检测工装，在锅炉、容器制造厂流水线焊缝检测中发挥了巨大的作用。

DR与胶片或CR的处理过程不同，在两次照射期间，不必更换胶片和存储荧光板，仅仅需要几秒的数据采集，就可以观察到图像，检测速度和效率大大高于胶片和CR技术。除了不能进行分割和弯曲外，DR与胶片和CR具有几乎相同的适应性和应用范围。利用多帧叠加降噪静态成像，DR成像质量比图像增强器射线实时成像系统好很多，不仅成像区均匀，没有边缘几何变形，而且空间分辨率和灵敏度要高很多。

就工业常用的非晶硅探测器而言，它是一种闪烁体膜层与非晶硅光电二极管面板直接耦合的大面阵探测器。这种直接耦合加之光电二极管可使探测器在亚秒级帧频周期内处于对射线光子的累积状态，使它具有很高的射线光子转换效率和高的空间分辨率，已成为近年来 DR 技术的主要探测器。随着数字化、计算机、网络等技术的不断发展应用，各种图像处理技术和缺陷识别算法不断提出，为解决缺陷自动识别提供了方法和依据，也为制造企业实现全自动射线检测奠定了基础。使得射线检测不仅能实现数字化，而且可以实现自动化、智能化检测，适应和满足现代制造、产品质量控制的要求，成为射线检测技术研究的热点和发展方向。

2.11.2 数字成像检测原理

DR 系统的工作原理是：DDA 将接收到的透过工件的 X 射线转换为可读取的电子电荷，形成离散的模拟信号矩阵，然后传输至电脑。电脑将模拟信号值按二进制量化，通过专门软件形成并显示出与系统输入端射线能量的区域变化相对应的数字化影像。

目前使用最多的 DDA 有非晶硅（a-Si）和非晶硒（a-Se）和 CCD、CMOS。

（1）非晶硅平板探测器　非晶硅平板探测器属于间接转换型平板探测器，其结构是闪烁体转换屏＋非晶硅＋TFT 阵列，是一种以非晶硅光电二极管阵列为核心的射线探测器。

常见的产品按闪烁体转换屏材料不同分为两类：碘化铯（CsI）＋非晶硅、硫氧化钆/铽（Gd₂O₂S）＋非晶硅。由于碘化铯特有的柱状晶体结构可有效降低散射，比硫氧化钆/铽获得更好的图像质量。但基于价格低和余辉低等方面优势，在工业射线检测中，后者比前者应用更多。转换屏下方是按阵列方式排列的薄膜晶体管电路（TFT）。TFT 像素单元的大小直接影响图像的空间分辨率，每一个单元具有电荷接收电极信号存储电容和信号传输器。通过数据网线和扫描电路连接。非晶硅平板探测器形态、结构如图 2-31 所示。

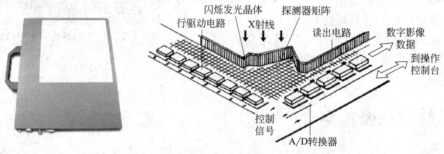

图 2-31　非晶硅平板探测器形态及结构原理

穿透工件的 X 射线光子首先撞击其板上的闪烁体，闪烁体以所撞击的射线能量成正比的关系发出光电子，这些光电子被下面的硅光电二极管阵列采集到，将它们转化成电荷，再将这些电荷转换为每个像素的数字值。扫描控制器读取电路将光电信号转换为数字信号，经处理后获得的数字化图像在显示器上显示。

（2）非晶硒平板探测器　非晶硒平板探测器被称为直接转换探测器，因为它使用了光电导材料，能将所吸收的光子直接转换成电荷，不再需要通过转换屏材料将射线转换为可见光的过程。非晶硒探测器由非晶硒 X 射线转换层、a-Se TFT 阵列层、电解质连接层，顶部电极、玻璃底板、模数转换电路、数据通信电路等组成。非晶硒探测器平板和平板的像素矩阵结构如图 2-32 所示。

图 2-32　非晶硒探测器平板和平板的像素矩阵结构

薄膜晶体管（TFT）阵列生长在玻璃板上，非晶硒层通过人工合成半导体合金膜，采用真空蒸镀生成约 0.5mm 厚的薄膜，这样形成非晶硒平板内部的一块密不可分的核心部件。按照从上到下的结构顺序，顶部为整板的偏置电极板结构，下一层为非晶硒光导半导体层，接下来是 a-Se TFT 阵列层（每个像素上面为电荷采集层，即集电层，底层为 TFT 电荷读出电路，包括一个薄膜晶体管、一个信号存储电容）。

穿透工件的 X 射线照射到平板探测器的非晶硒层时，由于非晶硒的导电特性被激发出电子-空穴对，即一对正负电子。该电子-空穴对在外加偏置电压形成的电场作用下被分离并反向运动——负电子跑向偏压的正极，正电子跑向偏压的负极——形成电流。外加的偏置电压可高达 2500V，电流的大小与入射 X 射线光子的数量成正比。这些电流信号被存储在薄膜晶体管（TFT）的极间电容上，被后续模数转换电路读出并转换成数字图像。

（3）CCD、CMOS 平板探测器　CCD 平板探测器：射线被荧光屏转换为可见光，由光学系统传至直接与 CCD 连接的半导体阵列上进行光电转换，A/D 转换后由计算机重建图像。CCD 平板探测器具有非常优秀的线性响应、良好的稳定性、较大的动态范围以及毫秒级的读出速度。使用寿命受射线辐射影响大，分辨率不高、信噪比不高、更大尺寸的探测器十分昂贵，光学系统复杂、系统笨重、对安装要求高，主要用于电子元器件检测。

CMOS 平板探测器：射线束入射到探测器转换屏层，产生荧光，经光学系统或直接耦合到 CMOS 芯片上，再由 CMOS 芯片转换成电信号并储存起来，从而捕获到所需要的图像信息，经放大与读出电路读出，送到图像处理系统进行处理。CMOS 平板探测器寿命长，温度范围大，灵敏度较高，像素达微米级，分辨率高，适用于低能射线检测，一般用于工业电子产品或医用口腔的射线检测用探测器。

由于 CCD 和 CMOS 面阵探测器结构和成分的原因，其成像面积无法扩大；非晶硒探测器环境要求严苛，能量适用范围受限，不能连续成像。因此非晶硅探测器成为目前工业射线数字成像检测的首选。

2.11.3　数字成像检测质量

基于非晶硅 TFT 阵列探测器的 DR 检测技术具有非常优秀的线性响应，良好的稳定性，较大的动态范围、较高的响应灵敏度以及相对较快的读出速度。非晶硅平板探测器特有的多帧叠加降噪可有效降低 X 射线随机噪声，大幅提高图像信噪比和缺陷检出率，在配套检测工装的加持下，质量、效率效益明显。

优化系统选型、探测器校正、透照采集参数，是保证 DR 检测质量的前提。

（1）系统选型　关于 X 射线机，选型的基本原则，主要是针对被检工件的材质、结构、透照厚度、检测技术要求、检测环境等确定射线机相关性能指标。在确定 DR 检测工艺时，关于 X 射线机的选择主要有机型、能量范围、焦点尺寸 3 个参数，对于连续工作的场合，还应该考虑 X 射线机冷却方式和负载率。在射线机机型选择方面，由于工频射线机（50～60Hz）在交流转直流过程中，直流稳定量中带有的一些交流成分（纹波系数可达 10% 以上），纹波系数引起 X 射线强度周期变化，由于 DR 逐行线性扫描的成像方式，会引起不同行扫描时图像灰度值不同，影响成像质量，工频射线机 DR 成像如图 2-33 所示。所以 DR 检测一般应选用高频 X 射线机（20kHz 以上）。在能量范围方面，应在探测器能够承受的前提下，配置额定 kV 值较高的 X 射线机，也就是射线能量范围宜尽量大一些，以便检测厚工件时有较大的提高管电压的余地。在焦点尺寸方面，焦点尺寸大小的选择，必须结合探测器像元，要保证图像分辨率满足检测要求。一般在保证射线穿透的前提下，宜选用具有较小尺寸的射线源焦点尺寸。

（2）探测器校正　面阵数字探测器存在坏像素和系统噪声，未经校正的图像存在明暗相间的条纹和坏点，严重影响图像观察和评定，如图 2-34 所示，探测器校正包含：坏像素的校正、暗场（偏置）校正和不一致性（增益/亮场）校正。

图 2-33　工频射线机 DR 成像

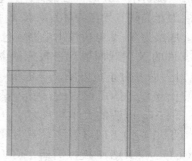

图 2-34　未经校正的 DR 图像

坏像素校正即针对平板探测器响应异常单元实施校正，一般采用邻域选择性平均法：坏像素的校正输出取其邻域中正常像素的平均值。除非像素位于边缘，每个像素有 8 个相邻像素。如果坏像素的相邻像元有 5 及 5 个以上是好像素，则认为该像素可以校正；如果坏像素相邻好像素小于 5 个，认为无法校正。

在没有 X 射线照射的情况下，受光电二极管的漏电流以及数据采集电路中电荷放大器零点漂移的影响，探测器各像元仍有一定的输出值，这就是偏置误差。偏置误差是一种系统性误差，在实际工作中，它叠加在实际射线响应输出之上，可以认为各个偏置误差不同的像元的偏置都是不变的，因此可以消除。暗场（偏置）校正通过对得到的暗场图像各个像素点信号的加减补偿运算，使得无射线信号时像素灰度值显示接近于 0。

虽然在线性曝光范围内探测器每个探测单元对 X 射线响应是线性的，但不同探测单元的 X 射线响应系数并不完全一致，即探测单元存在响应不一致性。这种不一致性引起的灰度起伏可能超过有用信息的灰度起伏，导致有用信息被淹没，不利于检测。通常探测器供货商会结合探测器制造特性，提供响应增益校正算法，使得各像素单元对相同 X 射线强度响应一致。

（3）透照参数　管电压是射线检测中最重要的工艺参数之一，选择 X 射线机射线管电压的首要条件是具有足够的穿透力。DR 检测管电压选取与胶片照相及 CR 检测有所区别，由于 DR 系统具有高对比度特性，其对比度远远高于胶片，所以不需要选择较低管电压，并且相反，DR 检测倾向选择适当高的管电压，可大幅提高图像信噪比，提高图像质量。但前提是该 DR 平板探测器经过精确校准。

曝光量参数中，由于 DR 特殊的多帧叠加成像方式，影响图像灰度值的参数主要为单帧曝光量。在探测器未饱和前，单帧曝光量提高，图像质量提高，但过高的单帧曝光量使得检测效率下降且可能使得探测器饱和。可通过输出图像的灰度值判断单帧曝光量取值是否正确，一般认为图像灰度不低于全灰阶的 20%、不高于全灰阶的 80% 的单帧曝光量是合适的。曝光量另一重要参数是叠加帧数，其与曝光量之间关系为：单帧曝光时间×帧积分次数＝总曝光时间。叠加帧数越高，叠加降噪程度越高，图像随机噪声越低，虽然叠加帧数越多，图像信噪比越高，但通常 DR 系统会限制叠加帧数上限值，如 128 帧。以牺牲检测效率，单纯依靠高叠加帧数的方式提高质量并不可取。叠加帧数的应用应找到质量与效率的平衡点，一般多采用叠加帧数 8～32 帧。

2.11.4　数字成像检测特点

DR 检测是数字射线检测技术中应用较为广泛的检测技术，成像速度快、图像灵敏度高是其最大的优势。相比于胶片和 CR 检测，DR 检测具有以下优缺点：

① 具有比胶片和 CR 更高的信噪比和灵敏度，但图像分辨率低于胶片和 CR；

② 成像速度快，单帧曝光时间可低于 1s，检测效率高；

③ 无暗室处理，避免污染环境；

④ 系统价格高，一次投资大，但长期使用运行成本低于胶片照相；

⑤ 环境要求相对较高，现场适应性较差，平板不能弯曲，透照布置有一定困难，且引起较大几何不清晰度；

⑥ 需配合高频射线机使用，增加射线机投入成本。

2.11.5 数字成像检测应用

随着相关技术研究及法规标准的不断完善，DR 检测技术在某些场合已发挥了不可替代的作用，应用前景非常广阔。

(1) 锅炉受热面管焊缝 DR 检测 锅炉制造厂中锅炉受热面管数量多，对接焊缝采用传统胶片照相双壁双影透照 2 次或 3 次，劳动强度大、成本高、效率低。引入 DR 检测技术，通过手柄控制检测工装快速传送至曝光区域，透照一次后旋转特定角度继续透照，完成整圈对接焊缝检测后迅速传送出去。图 2-35 为某大型锅炉制造企业小径管 DR 检测操作台，完成 $\phi51\times6.5mm$ 小管环缝透照 3 次（含进出曝光区域），1min 以内即可完成。

(2) 长输管道焊缝 DR 检测 在长输管道建设工程中，实施传统胶片照相时检测结果难以远程传输或评定，黑度宽容度低、曝光参数不易掌握，且易造成环境污染。在不可使用管道爬行器实施周向曝光时，双壁单影胶片照相效率极低。由于管道规格相对固定、结构简单，使用 DR 检测技术，如图 2-36 所示，配合检测工装，可远程控制射线机与平板探测器的运动，并即时获得检测结果。检测效率极大提高，也大大降低了检测人员劳动强度。

图 2-35 受热面管 DR 检测　　　　图 2-36 管道 DR 检测现场

(3) 容器焊缝 DR 检测 压力容器纵环缝检测，采用 DR 检测工装运送至曝光室，检测全程可通过视频监控和控制手柄以及图像实时预览调整透照位置及曝光参数，直至完成指定纵、环缝 DR 检测，检测现场如图 2-37 所示。在固定产品流水线上，还可以设计透照评定完成后系统软件自动出具检测报告。

(4) 管子管板角焊缝 DR 检测 特制的 DR 系统可实施管子管板角焊缝 DR 检测，如图 2-38(a) 所示。棒阳极与平板探测器构成一体机，成像区域由 4 块面阵列探测器拼接而成，如图 2-38(b) 所示。透照方式与采用胶片检测方式相同，为向后透照方式，检测和评定标准可参考 NB/T 47013.2 附录 A。通过阵列探测器快速成像，在保证有足够缺陷检出率的前提下，检测效率大大提高。

图 2-37 容器 DR 检测工装

 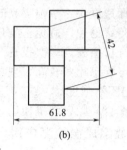

图 2-38　管子管板角焊缝 DR 检测

2.12　射线计算机层析成像技术

2.12.1　概述

常规射线照相技术成像所获得的材料内部状况的信息是材料各层面的累积效果，是一种三维物体的二维投影成像技术。故前后缺陷容易重叠，一般仅能提供二维平面投影信息，不能用于测定结构尺寸、缺陷方向和具体形状。射线计算机层析成像（CT）利用独特的成像技术，通过探测器采集检测目标在不同角度下的投影（即射线衰减）进行三维重建获得被测对象横断面信息，消除了照相法可能导致的投影失真和图像重叠，并且大大提高了空间分辨力和密度分辨力。

美国科马克教授于 20 世纪 60 年代根据数学推导和实验结果证实了根据 X 射线投影可唯一地确定物体内部结构，从而奠定了层析摄影和 CT 技术的基础。从 20 世纪 70 年代初期出现第一台医用 X 射线 CT 以来，特别是伴随着计算机、微电子学以及微焦点 X 射线成像时代的到来，CT 技术已经成为射线检测的一个重要发展方向。工业 CT 检测以非接触、非破坏的方式检测对象内部的缺陷位置及尺寸、密度变化及水平等。目前，CT 技术包括基于扇束射线和线阵探测器做单断层扫描的传统二维工业 CT（2D-CT）和基于锥束射线和面阵探测器扫描的三维工业 CT（3D-CT）。由于 3D-CT 一次扫描可以对扫描区域全部断层重建，因此，同 2D-CT 相比，层析速度可提高几十倍，所以又称为快速 CT（Flash CT），是目前工业CT 发展的主流技术。

2.12.2　射线计算机层析成像原理

工业 CT 系统一般由 X 射线源、探测器、精密机械及计算机等组成，如图 2-39 所示。其中，X 射线源根据设定的电压与电流条件，在锥角范围内产生具有一定能量的 X 射线。精密机械可以沿 X、Y、Z 三个方向平移和绕 Z 轴进行旋转，从而实现 CT 所需要的各种成像轨迹。探测器接收 X 射线，并将其转换为数字信号。计算机则是整个 CT 系统的控制中枢，具备系统控制、数据采集和数据处理等功能。

工业 CT 检测基本流程：首先，将被检测工件放置于转台上，对其进行一次定位 DR 扫描，目的是确定 CT 扫描的精确位置和范围。在定位 DR 扫描时，高压发生器迅速达到设定的管电压，并在扫描期间确保 X 射线管的管电压及管电流保持在预设水平。X 射线管产生 X射线束流、穿透被检测工件，被 X 射线探测器采集后生成电信号。同时数据采集系统将模拟量转换为数字量，传送给计算机系统生成图像。此时，CT 系统只完成一幅投影图像；根据定位 DR 扫描结果制定 CT 扫描方案，确定扫描位置、管电压/管电流、扫描模式、重建视野、采集幅数、积分时间等。根据设定的扫描方案，运行控制计算机系统发送指令控制扫描架、转台、X 射线发生及探测系统、图像重建系统等。在扫描过程中，X 射线机和探测器保持相对静止，转台承载被检测工件达到一个恒定的旋转速度并在整个扫描周期内保持这个速度。扫描完成后，计算机系统控制重建软件将 360°投影数据形成被测工件的 CT 图像。工业 CT 检测的现场检测透照布置示意图如图 2-40 所示。

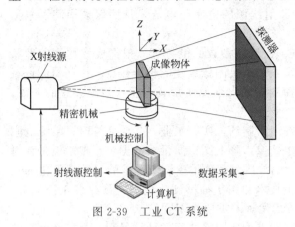

图 2-39　工业 CT 系统

图 2-40　工业 CT 检测现场

2.12.3　射线计算机层析成像质量

工业 CT 作为一种先进的无损检测技术已广泛应用于航空、航天、军工、国防等领域，这些领域对产品的质量要求较为严格，产品的内部结构、有无缺陷以及缺陷的类型与大小直接影响对产品合格与否的判定。CT 成像过程中，影响 CT 图像质量的主要因素包括三方面，即空间分辨率、密度分辨率和伪像。

空间分辨率是工业 CT 系统鉴别和区分微小缺陷能力的量度，定量地表示为能分辨的两个细节最小间距。影响 CT 图像空间分辨率的因素与 DR、CR 检测基本一致，即 X 射线机焦点大小、探测器像素尺寸、几何布置等。另外，在图像重建中选用的卷积滤波器的形式不同，空间分辨率也不同。

密度分辨率，又称为低对比度分辨率，是系统分辨给定物体断层截面射线衰减系数差别（对比度）的能力。定量表示为给定面积上能够分辨的细节与基体材料的最小对比度。该指标与 DR、CR 检测对比灵敏度类似。密度分辨率的影响因素有图像噪声、像素尺寸、经验系数等，其中，影响 CT 系统密度分辨率的一个重要因素是系统噪声，噪声增大，CT 系统能够分辨的最小物体对比度也增大。

伪像是与物体的物理结构不相符的图像特征，在 CT 图像上伪像的表现形式很多，主要包括以下几种：条状伪像、环形伪像、放射状伪像、射束硬化伪像、边缘伪像、金属伪像、散射伪像等，部分伪像如图 2-41 所示。产生伪像的原因有很多，测量过程中的一系列误差都可能造成测量数据的不一致，从而引起伪像，如机械系统精度不够、射线源输出能量不稳定、穿透力不足、探测器响应不一致及数据采集系统电路噪声大等。特别要说明的是扫描工艺不适当时会产生严重的伪像，因此检测人员是否有充足的经验也是伪像产生的重要影响因素。可通过软件手段自动计算并校正图像误差、有效校准探测器不一致响应区域，以及检测对象的复杂构造造成的成像偏差，从而提升成像质量。

在 CT 成像过程中，各环节工艺对成像质量的影响如下。

（1）数据采集　数据采集是 CT 工作

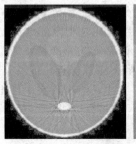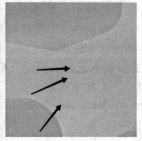

图 2-41　条状伪像（左）与环形伪像（右）

流程的第一步，采集到的投影数据质量高低决定着 CT 成像的优劣。数据采集包含以下关键环节：

① X 射线源电压与电流的设定。X 射线能量不同，其穿透性不同。对于不同的成像物体，需要根据其材料、几何尺寸等因素设定 X 射线源的电压与电流，从而保证探测器采集的投影数据具有足够好的信噪比和对比度。

② 数据采集协议的制定，包括成像轨迹、探测器参数的设置等。根据成像物体的形状和尺寸，可以采用圆扫描、螺旋扫描等轨迹来获取满足图像重建的投影数据。探测器的设置参数有帧速率、帧累加数量等，这些参数对探测器输出图像质量具有重要意义。总的来说，数据采集是 CT 的基础，影响着后续的每一个步骤。

（2）数据校正　受机械加工和制造水平等因素制约，实际工业 CT 系统与理想系统之间总是存在一些差异，使得重建图像中可能产生伪像，降低图像质量。数据校正技术正是针对这些不理想因素，通过去除或降低 CT 系统的偏差达到改善重建图像质量的目的。常用的数据校正技术包括用于降低几何伪影的几何校正技术和用于抑制硬化伪影的硬化校正技术等，这些数据校正技术在改善工业 CT 图像质量方面发挥着重要作用。

（3）图像重建　图像重建完成投影数据到三维重建图像之间的计算过程，是整个 CT 的核心。对于不同成像轨迹采集的投影数据，需要采用不同的图像重建算法。此外，由于 CT 的投影数据量和重建图像数据量都非常大，且图像重建算法一般都具有较高的计算复杂度，所以有效的快速计算技术是提高 CT 实用性的重要手段。

（4）图像处理与分析　CT 重建图像仅反映成像物体的三维结构信息，为满足实际应用要求，还需要进行相应后续处理。比如：为检测成像物体中是否存在目标，需要进行图像检测与识别；为实现成像物体的 3D 打印，需要进行图像分割、点云提取等。

2.12.4　射线计算机层析成像特点

计算机层析成像技术提出了全新的影像形成概念，它采用反投影重构的方法，获取结构介质射线衰减系数的二维或三维空间分布，从而再现了结构介质空间分布的精细形态，比射线照相能更快、更精确地检测出物体内部的细微变化，消除了透照成像可能导致的图像失真和重叠，并且大大提高了缺陷的识别率。CT 技术与胶片照相技术相比，其特点主要体现在：

① 由探测器代替胶片，减少环境污染；

② 更精确地检测出材料和工件内部的细微变化，精确定位定量；

③ 消除了射线照相可能导致的失真和重叠，大大提高缺陷识别率；

④ 对控制系统精度、稳定性要求高；

⑤ 检测物体的形状和大小受限。

2.12.5　射线计算机层析成像应用

CT 技术可以实时测量管子的外径、内径、壁厚、偏心率和椭圆度、管子的长度和重量以及检测腐蚀、蠕变、塑性变形、锈斑和裂纹等缺陷。

在焊接件 CT 检测应用中，对于内部结构复杂焊缝或钎焊缝等面积型焊缝，传统的射线检测方法无法识别，只能依靠工艺和产品在后续的性能测试加以保证，无法进行无损检测。CT 检测系统具有检测分辨率高等优点，能够实现焊缝的三维成像，检测出焊缝中的微小缺陷，并准确地测定其几何尺寸，给出其在工件中的位置，同时能够准确测量焊缝熔深，实现对复杂结构焊缝的无损检测与评估。图 2-42 为钎焊缝 CT 成像的图像，可以体现 CT 技术的独特优势。

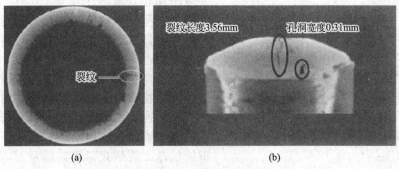

图 2-42　钎焊缝 CT 成像

2.13　高能射线检测技术

2.13.1　概述

工业射线检测中，常规 X 射线机和 γ 射线源对大厚度材料检测时，由于其能量低、穿透能力差，检测能力受到限制。根据相关标准推荐，常规 X 射线机穿透能力不超过 100mm 厚钢板，超过 200mm 厚的钢板用 γ 射线源检测也有困难。所以，针对 200mm 厚以上钢板，高能射线是唯一选择，其穿透钢板厚度可达 400mm 以上。

工业射线检测使用的高能射线大多数是通过电子加速器获得的，因此，把产生能量高于 1MeV 以上的 X 射线装置称为加速器，它具有穿透力强、射线焦点小、散射线少、透照宽度大等优点，常用的有 2MeV、4MeV、6MeV、9MeV。

2.13.2　高能射线加速器原理

目前常用两种加速器：回旋加速器和直线加速器。

回旋加速器是一种以恒定磁场使电子回转，同时由谐振腔产生固定频率的高频电场加速电子的低能加速器。在恒定磁场作用下，电子绕一圈的时间随能量的增加而变快。若使电子回转一圈，加速电场恰好变化整数个周期，则电子即能逐步被加速，现可做到高达 20MeV、束流强度达 10mA 左右。图 2-43 为回旋加速器实物及回旋加速电子轨道示意图。这种加速器所用的磁场较低，磁铁较轻，技术上容易实现，是一种性能良好的电子加速器。

回旋加速器的主体结构是安放在两个磁极之间的一个扁圆盒形真空室。这种加速器是利用恒定的磁场和高频电场，使电子沿具有公切点的逐渐加大的圆运动，当电子被加速到所需要的能量时，

图 2-43　回旋加速器及电子轨道示意图

从圆周轨道将电子引出，使其撞击在靶上产生 X 射线，被加速电子在撞击靶之前要环绕轨道转几十万圈。电子回旋加速器的焦点很小，照相几何不清晰度小，可以获得高灵敏度的照片，但其设备复杂、造价高、体积大、射线强度低，应用并不广泛。

直线加速器通常是指利用高频电磁场进行加速，同时被加速粒子的运动轨迹为直线的加速器。直线加速器（如图 2-44）的主体是由一系列空腔构成的加速管，空腔两端有孔可以

图 2-44　直线加速器

使电子通过，从一个空腔进入到下一个空腔。直线加速器使用射频电磁场加速电子，利用磁控管产生自激荡发射微波，通过波导管把微波输入到加速管内。加速管空腔被设计成谐振腔，由电子枪发射的电子在适当的时候射入空腔，穿过谐振腔的电子正好在适当的时刻到达磁场中某一加速点被加速，从而增加了能量，被加速的电子从前一腔体出来后进入下一个空腔被继续加速，直到获得很高能量。电子到靶时的速度可达光速的 99%，高速电子撞击靶产生高能 X 射线。目前用于检测的有两种直线加速器，一种采用行波加速，另一种采用驻波加速。与电子回旋加速器相比，直线加速器焦点较大，但其体积小，电子束流大，所产生的 X 射线强度大，更适合用于工业射线照相。

2.13.3　高能射线加速器检测质量

高能射线加速器检测与常规射线或数字射线检测透照原理基本一致，除探测器接收能量范围有所区别外，最主要的区别即射线装置改变。下面仅从射线装置改变相关的特殊工艺讨论高能射线加速器检测质量的影响因素。

（1）射线的能量与穿透力的关系　一般来说，射线的能量愈高，其穿透能力越强。但在高能射线的某些能量范围内也有特殊情况。当在 10 个百万伏特以下时，吸收系数随能量的增加而迅速减低；而在超过 10 个百万伏特时，有一阶段吸收系数减少得非常缓慢，经过一个最小值（约在 24 个百万伏特）吸收系数开始又逐渐缓慢上升，如图 2-45 所示。当能量增加时，穿透率也迅速增加，但到了一定值便又开始减小。

（2）增感屏的使用　增感屏的作用是增感和滤波，其中增感的效果是使底片黑度增大，而滤波作用减少了到达胶片的散射线，从而能够提高影像质量。一般说来，随着增感屏厚度的增加，其增感作用减小而滤波效果增强。

前屏的厚度对增感和滤波作用均产生显著影响，而后屏的厚度对增感来说并不重要，高能射线照相中，前屏通常选择厚度在 0.25mm 左右的铅增感屏，后屏的厚度可以与前屏相同，也可以不使用后屏。实验证明，高能射线照相的清晰度在不使用后屏时反而有所提高。这一点与常规射线照相有所不同。除铅之外，还可以根据实际需要采用铜、钽及钨等材料做增感屏，以满足不同的检测要求。增感屏材料和厚度要求可参考 NB/T 47013.2—2015 等相关标准。

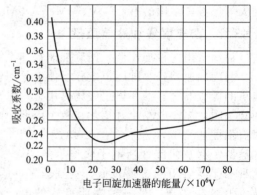

图 2-45　高能 X 射线能量和吸收的关系

（3）检测灵敏度　高能射线加速器产生的 X 射线能量较大，穿透工件时 X 射线衰减系数较小，采用钢质线型像质计来测量，其综合相对灵敏度一般小于 2%，如图 2-46 所示。

当被检工件不太厚时，选用高电子能量会使灵敏度下降。加速器的检测灵敏度一般都优于 1%，当被检工件较薄时可放宽到 2%。

（4）宽容度　X 射线能量越高，衰减系数越小，厚度宽容度越大。所以，高能 X 射线照相可以获得很大的宽容度。可对形状复杂、壁厚相差很大（可相差 1 倍）的工件进行检

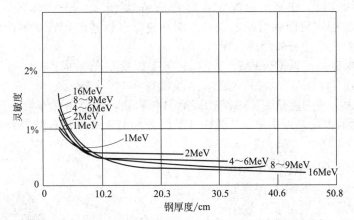

图2-46　钢的线型像质计灵敏度（细粒胶片、铅屏、低散射）

测，通常甚至不必采用截面补偿技术。而采用一般射线检测时，被检工件的厚度差不能超过 $10\%\sim20\%$。

（5）射线能量的选择　一般情况下，应在保证合适曝光时间的条件下选用尽可能低的射线能量。这是因为：

① 虽随着射线能量的增加，散乱射线的影响减小。但当射线能量增大到超过 $4\sim5MeV$ 时，再进一步增大能量对散射的改善并不显著。从改善散射的角度看，能量再高并无必要。

② 对高能 X 射线来说，电子能量愈高时照相视野越小，检测效率越低。

③ 一般能量越低，可以得到的最小焦点越小，U_g 越小。但对减小总不清晰度 U_T 的贡献不大。

（6）高能射线的防护　加速器产生的高能射线不但能量高，其强度也很大。必须采取比一般 X 射线照相更严格的防护措施。具体防护措施如下：

① 高能射线检测室的屏蔽墙必须比普通 X 射线检测室更厚。必要时应采取一些特殊措施，如加入碳纤粉等。保证曝光室外的剂量率低于国家卫生防护标准。

② 因为高能 X 射线对空气进行电离后产生的臭氧和氮氧化合物对人体有害，所以必须安装鼓风机进行换气。

③ 对直线加速器而言，还应对加速器进行微波辐射防护，同时还要预防高电压及有害气体对人体的伤害。

2.13.4　高能射线加速器检测特点

高能射线的透照方法和一般的射线照相基本一致，但高能射线照相也有许多独到的优点。

（1）穿透能力强　目前的 X 射线机对钢的穿透厚度通常小于 100mm。而高能射线照相由于能量高，射线穿透能力大大增强，一般可达 400mm 以上，使得大厚度工件射线检测成为可能。

（2）焦点小　电子感应加速器焦点一般只有 $0.3\sim0.5mm$。直线加速器略大一些，但一般也小于 1mm，小焦点有利于提高照相的清晰度。

（3）散射线少　在高能范围随射线能量的增加，散射比 n 也随之下降，因而高能射线照相散射比小，灵敏度高。

（4）射线强度大　直线加速器距离靶 1m 处的剂量为 $4\sim100Gy/min$，比 γ 射线源剂量高出十倍以上，因此采用直线加速器照相透照时间短，工作效率高。透照 100mm 厚的钢件曝光时间约为 1min。

（5）可以连续运行 普通工业 X 射线机开 5min 要间歇 5min，其间歇率几乎为 1∶1。目前改进的气冷 X 射线机间歇时间也较长。而加速器可以连续运行不需间歇，这提高了对大厚度工件的检测效率，更加经济合理。

（6）能量转换率高 根据公式 $\eta = KZU$ 可知，能量 U 与 η 成正比。直线加速器 X 射线能量转换率高，达 $50\% \sim 60\%$，而普通 X 射线机只有 $1\% \sim 3\%$。

（7）宽容度大 使用能量为 4MeV 的高能射线照相，即使试件厚度差高达 25.4mm（1英寸），照相底片的黑度差可小于 1，这样对厚度差大的工件不用补偿也可能达到一般标准所规定的黑度要求。

2.13.5 高能射线加速器检测应用

利用高能射线加速器相关特点和性能，其产生的高能 X 射线广泛应用于航空航天、汽车、电子、能源等领域，如零部件的生产线检测、产品的质量检验、大型设备的定期检查等。

目前，高能射线加速器检测应用主要包含透照厚度较大的管座角焊缝、锻件拼接焊缝、容器筒体环缝、铁路岔道等焊缝、结构的检测。另外，如图 2-47 所示，直线加速器还在 CT 检测中作为射线源使用，其能量高、功率大，保证了系统长期稳定工作。

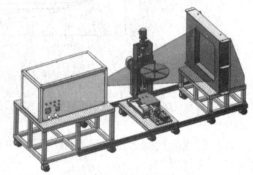

图 2-47　电子直线加速器工业 CT 成像系统结构示意

2.14　底片数字化技术

2.14.1　概述

传统胶片照相获得的底片不宜长期保存，难以满足产品溯源的要求；其次，底片的保存均为人工管理，查阅不方便，费时费力；再次，底片采用人工评定，对评审员依赖性强，主观因素影响较大。采用底片扫描仪将底片数字化是解决上述问题的有效途径，底片数字化（FDS）是利用高分辨率底片扫描系统对射线底片进行扫描，并获得数字化图像的过程，数字化处理后的图像便于计算机处理、分析评价以及存储管理。

确切地说，底片数字化扫描不能算检测技术，而是一种数据复制技术，或者说是数据转换（模拟信号转换为数字信号）技术。底片数字化除了受底片自身质量的影响之外，还受扫描系统高亮度光源以及光电转换技术的影响。

底片数字化技术在设备智慧管理、远程传输调阅、人工智能评片等领域发挥着重要作用。

2.14.2　底片数字化原理

扫描设备一般采用高亮度的氦氖激光器作为光源，通过多面体旋转式反光镜对已有的射线胶片进行扫描（大多采用透射式），然后由多路快速自动跟踪接收器将透射的光信号转换为电信号，再经过放大器、A/D 转换器得到数字信号，最后通过计算机算法获得整张图像。射线底片经高性能扫描系统转换后的数字化图像的失真度较小，可为后续计算机数字化存储管理。

工业底片数字化扫描设备发展至今，出现了多种采用不同技术路线的产品，大致可分为两类（见图 2-48）：一类是采用 LED 作为光源的 CCD 成像方法；另一种是采用激光点扫描光电倍增管成像方法。

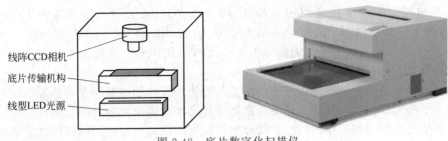

图 2-48 底片数字化扫描仪
左：CCD 成像；右：激光成像

标注：
线阵CCD相机
底片传输机构
线型LED光源

2.14.3 底片数字化质量

为保证底片数字化质量，对射线底片数字化的要求是保证射线底片中的目标特征信息尽可能准确地保存下来。工业射线胶片的片基较厚，底片颗粒较细，具有很高的空间分辨率；底片黑度值较大，一般在 0.5～4.0 之间，需要借助较强的光源才能观察。因此对射线底片数字化扫描系统的基本要求如下：

① 扫描黑度范围较大；

② 扫描分辨率较高；

③ 数字化速度（扫描速度）较快。

国际标准和欧洲标准以及我国标准（GB/T 26141.2—2010）都规定了射线底片数字化系统的最小黑度范围、密度对比灵敏度、数字图像空间分辨率等的要求。

2.14.4 底片数字化特点

底片数字化扫描技术的优点和局限性如下。

① 传统胶片照相底片存储要求一定的空间和环境，保存成本很高，而扫描后的电子文件档案保存成本极低。

② 数字图像资料存档不会出现随时间推移而图像质量下降的情况，资料管理、查询、复制、调用、传输非常方便。

③ 扫描后的数字图像可通过图像处理提高缺陷检出率，技术成熟后可开展人工智能辅助评定，一定程度上降低了评定的劳动强度。

④ 相比较 DR、CR、DT 技术，底片数字化扫描操作简单，容易掌握，技术要求低。

⑤ 底片数字化在胶片照相出片基础之上，还需要增加扫描底片的时间，整个检测过程效率较低。

⑥ 由于工业射线胶片双面涂膜等客观原因，造成扫描图像清晰度低于其他数字射线检测技术。

2.15 中子射线照相技术

2.15.1 中子射线照相的基本原理

（1）中子射线照相的物理基础 中子是一种基本不带电的中性粒子。其静止质量为 1.00866520 原子质量单位。中子的质量大于质子和电子的质量和。有发生 β 转变的可能，即放出一个电子而转变成质子。中子不是一种电磁波而是粒子，但是中子有较弱的波动性。

描述中子射线的参数有强度和能量。强度是中子源单位时间里发射出来的中子数目。对于每次核反应释放一个中子的过程，中子源强度等于单位时间内靶物质中所发生的核反应数。中子能量则与中子的速度有关。中子的速度不同即能量不同，则它与物质相互作用时的行为就大不相同。中子能量常用的单位是 eV（电子伏），常见中子能量区域是 $10^{-3}\sim$ 10^7eV，习惯上，常根据中子的能量来给中子分类：快中子，能量高于 0.1MeV；慢中子，能量为 $0.3\sim10^4\text{eV}$；共振中子，能量为 $1\text{eV}\sim1\text{keV}$；热中子，能量为 0.01~0.3eV；冷中子，能量为 0.01eV 以下。

其中共振中子是指在该能量区的中子由于与物质相互作用的截面常呈共振结构；热中子是因为该中子的能量相当于分子、原子晶格处于热平衡的能量而命名的。

（2）中子与物质的相互作用　X射线和 γ 射线与物质的相互作用的特性决定于电磁波与原子核和电子之间的相互作用。中子不属于电磁波，故其与物质相互作用的特性虽也取决于中子与原子核和电子之间的作用力，但最重要的是中子和原子核之间的核力。中子和电子间虽有相互作用，但很微弱。中子与原子核的相互作用比中子与电子的相互作用要强烈得多。当中子穿过物质时，原子核对中子的运动起着决定性的作用。中子与物质的相互作用与中子的能量密切相关。慢中子与快中子和物质相互作用的特征是有区别的。在工业中子射线检测中，常采用的是慢中子或热中子。慢中子与物质的原子核的相互作用主要为弹性散射、辐射俘获。在弹性散射中，中子的质量越接近，散射角 θ 越大，则中子能量的损失也越大；相反中子与重核的弹性散射中几乎不发生能量的变化。弹性散射实质上是共振散射和势散射的共同效果。在低能区域中势散射截面为一常数，不随能量改变。对于 $A<20$ 的原子核在 $E<$ 100keV 的低能区，由于没有共振散射现象，弹性散射的截面为一常数，随着能量的升高，在某些固定能区产生共振散射。如 ^9Be 和 ^1H 的平均截面呈下降的趋势，而氢和氘当能量升高时也不发生共振。中子在中量核上的弹性散射与轻核类似，只是出现共振的能量较低，而对于重核则在很低能量时就出现共振散射了。辐射俘获是中子俘获的一种类型。中子在任何能量时都能产生辐射俘获。所谓辐射俘获是指中子被原子核俘获后形成具有激发能量的复核再释放 γ 射线来达到稳定态的过程。在稳定核中只有 ^4He 核不能俘获中子，其余所有的核都能俘获中子。

在原子物理学中，中子与物质原子相互作用的反应截面为微观截面，而微观截面 σ 和靶物质单位体积内原子核数 N 的乘积称为宏观截面。若中子的宏观散射截面为 1.5cm^{-1}，则表明能为 1eV 的中子在水中经过 1cm 的距离时平均受到 1.5 次散射。

（3）中子与物质相互作用的特点　一般而言，X射线和 γ 射线的质量吸收系数随原子序数的增加而增加，而中子射线的质量吸收系数和原子序数的关系则完全是混乱的。因此可以利用它们的互补性，用中子照相来解决 X射线和 γ 射线难以解决的一些问题，互相配合使用、取长补短，更好地满足各种材料多方面无损检测的要求。

具体地讲，中子与物质的相互作用有以下特点。

① 当中子入射物质时与核外电子几乎没什么作用，而主要是与原子核发生作用。因此中子的反应概率主要取决于核的性质。X射线和 γ 射线与物质作用时其衰减随吸收体原子序数的增加而逐渐增强，而对中子来说却不是这样。当中子与重核发生弹性散射时，其能量几乎不发生什么损失。当核与中子质量接近时却发生较大的能量损失，中子射线的质量吸收系数和原子序数的关系是完全混乱的。原子序数相邻的两种元素，它们对中子的吸收可能完全不同。序数小的元素吸收热中子可能比序数大的元素吸收热中子要强得多。因此，和 X射线及 γ 射线相比，中子射线对高原子序数的材料穿透能力大，对相邻原子序数的材料分辨力强。

② 慢中子具有选择吸收的特点，即每一种元素只强烈地吸收某一特殊的中子组。中子在某些较轻的元素中具有很大的截面，而在某些较重的元素中截面却很小。例如：氢中中子截面很大而铁或铅中中子截面很小；一束能量固定的中子能够穿透很厚的铁或铅，却不能穿透很薄的含氢物质。一些轻材料对中子的吸收能力比重元素大。热中子会激发银等物质产生强烈的放射性，而硼、锂等物质虽强烈地吸收中子但并不产生放射性。

③ 不同的放射性同位素具有不同的中子截面。因此中子射线检测可以在强的辐射场（X射线、γ射线）中工作。图 2-49 是随原子序数的增加 X 射线和热中子衰减系数变化的对比结果。

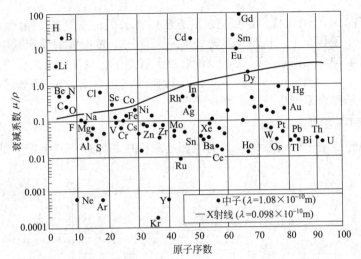

图 2-49 元素（原子序数的函数）对热中子（黑点）和 X 射线
（射线能量为 125keV）的质量衰减系数

（4）中子射线的衰减特性 中子与原子核相互作用，发生共振引起截面的强烈变化，而这种变化与中子能量有密切关系。对于不同的材料，可以选择能量不同的中子使其产生强烈共振，从而使中子剧烈衰减而有利于检测。在铟（$^{115}_{49}$In）中能量为 1.4eV 的中子产生强烈的共振吸收，而在镉（$^{113}_{48}$Cd）中强烈共振吸收的能量为 0.18eV。因此对镉中含有铟的物体，使用 1.4eV 的中子进行射线检测便能清楚地显示出铟来。

2.15.2 中子射线检测的设备

工业中子射线检测中一般采用热中子，而大多中子源发射的中子为快中子，因此需经过慢化的过程。故中子射线检测的大致路径为：从中子源发出的中子，经减速器慢化为热中子，然后通过准直器限制中子束的发射角，使它成为束照射，透过被检工件，记录图像。所以中子检测设备应包括中子源、减速器（又称慢化剂）、准直器和记录设备。

① 中子源。目前产生中子的方法很多，有反应堆中子源、加速器中子源、中子管式中子源和同位素中子源。较为常用的是反应堆中子源和同位素中子源。热中子反应堆产生出来的中子是热中子，可以直接用于检测。自发裂变放射性同位素能够产生高通量的热中子。理想的同位素应是点状发射体，中子流量高，而且几乎不伴有 γ 射线产生。

反应堆中子源具有较高的中子通量，因而检测的曝光时间短，而且检测效果也好，但是它不能移动。同位素中子源是便携式的，但曝光时间要长一些。

中子源的最重要的参数之一是它的强度，也就是单位时间里发射出来的中子数目。对于每次核反应释放一个中子的过程，中子的强度就是等于单位时间内靶物质中所发生的核反应数目。

② 慢化剂。慢化剂（又称减速器）用于实现快中子到热中子的转换。描述慢化剂效率的量度参数是慢化能力和减速比例。由于氢和氘的质量小，中子与它们碰撞时能量损失很多，而且它们的俘获截面小，不容易吸收中子。因而中子与氘核或氢核作用时只是能量损失，而不易被吸收掉。利用这一特点，水和其他含氢材料的减速能力比较好，是通常的慢化

剂材料。

③ 准直器。用铝或不锈钢等材料组成的准直器是一根双层壁的圆筒，两壁间填充了强烈吸收热中子的物质（硼及硼的化合物或水泥）、热中子通过准直器后，其能量减少为原来的 1%。

④ 记录设备。中子射线检测影像记录的方法很多。但由于一般 X 射线胶片对中子射线不敏感，所以在中子照相中，把胶片和转换屏一起使用。转换屏的作用是吸收入射的中子，然后直接发射能够被探测的某种射线，如带电粒子或光子。且屏内反应后产生的放射性具有较长的半衰期，中子检测常用的转换屏是闪烁转换屏（包括 Li-ZnS 闪烁屏和 Ce-Li 玻璃闪烁屏）它们在中子照射下产生荧光使胶片感光。

2.15.3 中子射线检测的方法

（1）工作原理 中子射线照相与 X 射线和 γ 射线照相原理十分接近，如图 2-50 所示。

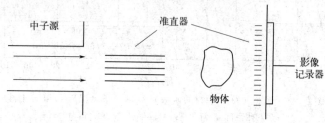

图 2-50 中子射线检测原理

中子源发出的中子束射向被检测的物体，由于物体的吸收和散射，中子的能量衰减。衰减的程度则取决于物体内部结构的组成和状况。穿过物体的中子束被影像记录器所接收而形成物体的照片。在实际使用中，热中子是最普遍的，但一般不能从有关反应中直接得到，必须由快中子减速得到。因此任何类型的中子源几乎都带有一个体积庞大的减速器。对热中子来说还需要进行准直。准直的目的是要限制到达物体的中子束的发散。由核反应堆发生的中子束穿过一个带有格栅的准直器便得到准直，在物体与转换屏之间常常使用第二个准直器，目的是消除被散射的中子。最终在影像记录器上成像，获得被检工件的内部信息。

（2）中子照相的记录方法 中子射线检测的一个重要性质是中子本身几乎不具有直接使胶片感光的能力，但它能产生某些容易记录下来的二次辐射，如带电粒子、光子等。根据转换屏的材料和被检工件的不同，中子照相有两种方法。

① 直接曝光法。如图 2-51 所示，胶片夹在两层转换屏之间，中子穿过物体落在转换屏上，使转换屏产生辐射而使胶片感光。产生的辐射通常是 β 射线或 γ 射线，转换屏的材料可为锂、硼、镉、钆等。

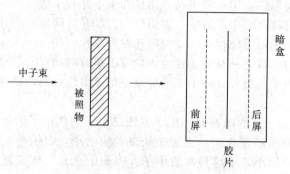

图 2-51 直接曝光法

若用钆屏，则前屏厚为 0.06mm，后屏厚为 0.05mm；或者用前屏为 0.254mm 的铑箔，后屏用 0.05mm 的钆箔。这种方法速度快，分辨力好。

② 间接曝光法。如图 2-52 所示，穿过物体的中子束首先使转换屏曝光而使其具有放射性，然后在暗室中将转换屏与胶片紧密接触放在一起。转换屏发出的射线使胶片曝光而产生影像。转换材料采用铟、镝、银等，应用最多的是铟和镝。这种方法，当被照物有强的放射性或中子束有很强的 γ 射线时很适用。因为在这种辐射场中，如果采用直接曝光法，感光胶片除了接受有用的电子辐射外，同时还接受来自被检物体及中子束以外射线的感光，使影像不清晰。

（3）中子射线检测的具体问题　中子检测由于各种因素的影响，在底片上物体边界的影像比较模糊。确切地说，边界上的底片黑度是连续变化的，所以看不出明显的分界线。下面简要讨论一下造成影像边界不清晰度的主要原因：

① 几何不清晰度和转换屏-胶片不清晰度。如图 2-53 所示，几何不清晰度与设备有关，即与 L/d_0 比值有关，$U_g = d_0 L_2/L_1$。如果被检工件很厚或由于某些原因，物体至转换屏间有一定的距离，这种情况几何不清晰度是造成影像不清晰度的主要原因；反之若物体很薄，而且物体与转换屏紧密接触，那么这种影响可以减到最小，根据经验公式：

$$U^3 = U_g^2 + U_{ff}^3$$

式中，U 为总的不清晰度；U_g 为几何不清晰度；U_{ff} 为屏与胶片不清晰度。

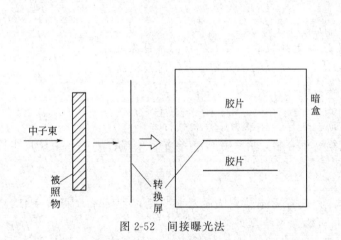

图 2-52　间接曝光法

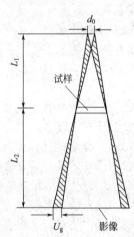

图 2-53　中子检测几何不清晰度

当 U_g 与 U_{ff} 值非常接近时，采用直接法检测的分辨力大约为 6μm。

② 中子在工件中的衰减完全取决于材料厚度和它的中子截面。对低的中子截面材料来说，必须达到一定厚度才会产生影像，低于这一最小厚度时，没有显著的中子衰减发生，便不可能产生物体影像。反之，有些材料有很高的中子截面，因此只需很薄的厚度就能产生清晰图像，并且物体对中子的吸收与中子的辐射量有关。辐射量越大，吸收截面越小。

（4）中子照相的应用　由于中子射线的独特性能，使得它成为 X 射线和 γ 射线的补充。中子射线照相一般应用于核工业、爆炸装置、汽轮机叶片、电子器件、航空结构件等。

中子射线照相在核工业中用来检测高辐射性材料（如核燃料）、测定其尺寸、显示燃料的情况、观察冷却液泄漏或氧化物和同位素的分布。中子射线照相应用的另一大方面是爆炸装置的检测，中子照相不仅能透过金属外壳、显示出里面装载的炸药，还能观察到炸药密度是否均匀，有无空隙等。另外，中子照相还可以检查多层复合材料、陶瓷和两相流的动态过程等。

中子射线检测的局限性主要在于射线源，从中子照相来说，要求中子射线强度大、射线束质量高、便宜、方便、操作灵活等。但从目前的射线源来看，射线强度大的源是反应堆，它的投资大、笨重，无法用于现场；而小型加速器、中子管、同位素中子源虽然灵巧、方便，但强度不够高。目前研究的重点是中子管和小型加速器。

2.16 射线检测工艺规程的编制实例

示例：××射线检测工艺规程

A1　总则

A1.1　本细则适用于在用承压设备金属材料板和管的全熔化焊对接接头的 X 射线或 γ 射线检测。对钢制和镍及镍基合金，适用厚度范围为 2～250mm；对铜及铜合金、铝及铝合金，适用厚度范围为 2～80mm；对钛及钛合金，适用厚度范围为 2～50mm。

A1.2　检测质量控制和底片评级，依照 NB/T 47013.2 标准，检测部位和比例应符合有关规程、规范和本单位有关检验规则的要求。

A1.3　射线检测质量等级和评定合格级别应按照《锅规》《容规》和《管规》及设计制造技术规范确定。

A1.4　对本规则不适用的特殊材料和特殊工件检测，应另行编写专用细则并经技术负责人审核批准后使用。

A2　检验依据

本细则引用标准未注年号的，应使用最新版本。

A2.1　NB/T 47013.1《承压设备无损检测　第 1 部分：通用要求》。

A2.2　NB/T 47013.2《承压设备无损检测　第 2 部分：射线检测》。

A2.3　有关规范、规程、标准。

A3　检测前准备

A3.1　检测时机：按有关规范、规程、标准相应条款执行。

A3.2　现场条件：设备内气体分析合格，有关手续齐备方可入罐；脚手架搭设应牢固，保温层应拆除，工作表面应清理干净。

A3.3　人员要求

A3.3.1　检测人员应按照《特种设备无损检测人员考核规则》的要求取得该项目的无损检测资格，并从事与资格级别相应的无损检测工作。

A3.3.2　检测人员每年应检查一次身体．其未经矫正或经矫正的近（距）视力和远（距）视力不低于 5.0（小数记录值为 1.0）。

A3.4　设备要求：检测所用设备完好且校验或自校合格。

A3.5　检测准备

A3.5.1　检测人员应详细了解受检工件的制造、使用、检验情况。

A3.5.2　检测部位：重点检查丁字口、封头与筒体连接焊缝、错边量和棱角较大的焊缝、局部变形的焊缝、多次返修的焊缝、检验员有怀疑的部位等。

A3.5.3　透照方式选择：外径 $D_0 \leqslant 100$mm 的管子对接焊缝采用双壁双影法，其他采用单壁透照或双壁单影透照，为提高成像质量，在可以实施的情况下应选择单壁透照。环缝照相时，优先选择源在中心的周向曝光法。

A3.5.4　一次透照长度的确定：可通过计算得出。

A3.5.5　其他透照参数的确定：焦点-工件表面距离 L_1、管电压、曝光量等均应满足有关标准要求。

A3.5.6　设备器材的选择：使用 X 射线照相，应采用 C5 类或更高类别的胶片；使用 γ 射线照相，应采用 C4 类或更高类别的胶片。增感屏采用铅屏，前后屏厚度应符合标准要求。

A3.5.7　射线检测的底片编号：底片编号的有序性是保证检测可追踪性的重要因素。在一般情况下，底片编号按"纵缝采用 Z 为代号；环缝采用 H 为代号"执行。如 Z1-1 为第一道纵缝的第一号片，H2-4 为第二道环缝的第四号片。检测人员也可根据现场具体情况决定底片编号的方式，原则是简洁、明了、可追踪性强，并将编号方式在底片评定记录（或布片图）中注明。

A4　检验现场透照

A4.1　划线、编号、布片图：在工件上按照规定的一次透照长度划线，注意内、外线段对齐；在工件上写明焊缝和底片编号；在布片图上注明各张片的位置。

A4.2　像质计和铅字标记摆放：像质计和各种铅字标记的摆放应符合标准要求。铅字标记包括产品编号、底片编号、透照日期、中心标记、搭接标记（抽查时，称为有效区段透照标记，下同）。中心标记：一个箭头指向焊缝，另一箭头指向大号的方向。搭接标记：在双壁单影法和源在内且 L 大于 R 的单壁透照中放胶片侧，其余放射源侧。背散射"B"标记放在暗盒背面。

A4.3　贴片：注意在焊缝长度方向上不要错位，在焊缝宽度方向上应保持焊缝、热影响区、各种铅字标记均能在底片上成像。

A4.4　对机：焦距应准确，注意主射线束方向与胶片中心一致，射线束方向与工件表面垂直，特殊情况下，射线束可能与工件不垂直，此时应在操作指导书上注明。

A4.5　曝光：曝光前应检查 X 射线机是否规定按进行了训机，γ 射线是否装配好、操作是否灵活、现场人员是否撤离。上述检查完成后开始曝光。各曝光参数应准确控制。曝光时，检测人员应注意自身防护，γ 射线检测时，必须携剂量报警仪。

A4.6　取片：取片时应小心，防止胶片受折受摔，曝光后的胶片应及时冲洗。

A4.7　暗室处理

A4.7.1　暗室可利用现场条件布置，但应保证遮光性能良好，有足够的空间，必要的电源，充分的水源。

A4.7.2　显、定影液应按胶片说明或公认的、成熟的配方配制。

A4.7.3　处理胶片时，显、定液的温度应控制在说明书或公认的范围内，如不能保证时，应采用必要的加温或降温处理，或采用特殊处理手段，应注意时间、搅动等对冲洗效果的影响，保证底片的冲洗质量。

A4.7.4　定影结束后，底片应得到充分水洗。暗室处理后的底片硫代硫酸盐离子浓度应低于 0.050g/m^2。

A5　检测技术

按射线源、工件和胶片三者间的相互关系，透照方式可采用单壁透照的纵缝透照法、环缝周向透照法和环缝外透照法以及双壁透照的双壁单影透照法、双壁双影透照法。

只要实际可行，应优先采用单壁透照技术，当单壁透照技术不可行时，方可采用双壁透照技术。

A5.1　单壁透照包括纵缝透照、环缝外透照和环缝周向透照等。

A5.1.1　纵缝透照

纵缝单壁透照一般 $f \geqslant 2L_3$，当胶片长 300mm 时，一次透照长度 $L_3 = 250 \sim 260 \text{mm}$。中薄板焦距一般用 600mm，对于厚板用增大焦距的方式来满足标准的要求。

A5.1.2　环缝周向透照

源置于圆筒形容器环焊缝的中心，一次曝光检测整条环焊缝，焦距 F 为 $D/2 + 2(\text{mm})$，当胶片长 300mm 时，一次透照长度 L_3 选用 250～260mm。

A5.1.3　环缝外透照

采用外透法透照环缝时，一次透照长度应按以下公式计算。

$$\cos\alpha = \frac{D+0.21T}{1.1D}$$

$$\sin\alpha' = \frac{R\sin\alpha}{L_1+R}$$

$$\theta = \alpha - \alpha'$$

$$L_3 = \frac{\pi R\theta}{180°}$$

A5.2　双壁透照

A5.2.1　双壁单影透照

A5.2.1.1　能量的选择按 NB/T 47013.2 中第 5.6 条的规定。

A5.2.1.2　在满足 K 值的条件下，为了使一次透照长度 L_3 增大，应尽可能地缩短 f（不得低于最小 f）。

A5.2.1.3　一次透照长度 L_3 应按以下公式计算：

$$\cos\alpha = \frac{D+0.21T}{1.1D}$$

$$\sin\alpha' = \frac{R\sin\alpha}{L_1+R}$$

$$\theta' = \alpha + \alpha'$$

$$L_3 = \frac{\pi R\theta'}{180°}$$

A5.2.2　双壁双影透照

A5.2.2.1　能量的选择按 NB/T 47013.2 中第 5.6 条的规定。

A5.2.2.2　像质计按透照厚度选用应符合 NB/T 47013.2 中第 5.16 条的规定。

A5.2.2.3　环焊缝采用双壁双影透照，射线束的方向应满足上下焊缝的影像在底片上呈椭圆形显示，影像的开口宽度在 1 倍焊缝宽度左右。只有当上下焊缝椭圆形显示有困难时，才可垂直透照。

A5.3　管道的透照方法和最少透照次数

A5.3.1　外径 $D_0 \leqslant 100$mm 的钢管，当同时满足 T（壁厚）$\leqslant 8$mm、g（焊缝宽度）$\leqslant D_0/4$，采用双壁双影法透照。

A5.3.2　对需 100% 检测的焊缝：采用倾斜透照椭圆成像时，当 $T/D_0 \leqslant 0.12$ 时，相隔 90° 透照 2 次。当 $T/D_0 > 0.12$ 时，相隔 120° 或 60° 透照 3 次。采用垂直透照重叠成像时，一般相隔 120° 或 60° 透照 3 次。

A5.3.3　由于结构原因不能进行多次透照时，在采取有效措施扩大缺陷检出范围，保证底片评定范围内黑度和灵敏度满足要求的前提下，可采用椭圆成像或重叠成像方式透照一次。

A5.3.4　$D_0 > 100$mm 时，采用双壁单影法，按照 K 值的要求计算一次透照长度和最少透照次数。

A6　结果的判定与处理

A6.1　评片人员

底片的评定由 RT-Ⅱ级及以上人员进行。

A6.2　底片的质量

A6.2.1　底片黑度（包括胶片本身的灰雾度）。底片有效评定区域内的黑度满足 NB/T 47013.2 标准的要求。

A6.2.2　每张底片应测定四点，即中心标记处焊缝两侧母材的黑度和搭接标记处焊缝中心无缺陷处的黑度。

A6.2.3　底片上的像质计和识别系统齐全，位置准确，且不得掩盖受检焊缝的影像。

A6.2.4　底片上至少应识别丝号要满足 NB/T 47013.2 中表 5、表 6、表 7、表 8、表 9 和表 10 的规定，可识别的影像长度不少于 10mm。

A6.2.5　底片有效评定区域内不得有胶片处理不当或其他妨碍底片准确评定的伪像。

A6.3　底片评定

A6.3.1　底片质量要求

在有效评定区域内，底片黑度值应满足有关标准的要求。像质计影像的位置正确，要求达到的应识别丝号影像清晰、长度不小于 10mm；铅字标记齐全且不掩盖焊缝影像；在焊缝有效评定区域内，不应有妨碍缺陷评定的假象。

A6.3.2　当底片质量不能满足上述指标且妨碍底片评定时，不应对该底片进行评定。

A6.3.3　对因受现场条件限制，其质量不能得到保证的底片，缺陷评定结果仅作参考，但应在检测报告中说明。

A6.3.4　焊缝质量评级按标准进行，评片人员应按照《特种设备无损检测人员考核规则》的要求取得射线Ⅱ级以上资格。

A6.3.5　当检验工作无故中止时，检验人员应重新进行准备工作。

A6.3.6　如果在检验过程中发现仪器、仪表有误，则应分析原因，确定是仪器、仪表有问题，则应更换仪器、仪表，重新进行检验和记录数据。

A6.3.7　检验人员在检验过程中，发现产品有一般质量问题时，可以依据规程、标准以及受检单位实际情况进行处理。如果产品有严重问题时，检验人员必须向质量技术负责人汇报后，进行处理。

A6.3.8　检验人员在检验过程中，发现产品有重大质量问题时，检验人员提出"重大技术问题请示"和"例外许可申请"，并经相关人员审批，不得擅自处理。

A6.3.9　检测结束后，应出具检测报告。

A7　记录与报告

A7.1　记录、报告格式

A7.1.1　记录格式见《射线检测记录》。

A7.1.2　报告格式见《射线检测报告》。

A7.2　检测原始记录、评片记录应清晰完整，定位图准确，各项数据完整，缺陷位置、性质、大小、评定级别均应填写清晰准确。

A7.3　检测报告内容应符合标准要求，其编制、审核、批准按《检验报告控制程序》执行。

A7.4　检测报告、评片记录、布片图，底片等应一起归档保存，按《档案管理规定》执行。

2.17　射线检测相关标准

GB/T 3323.1—2019《焊缝无损检测　射线检测　第1部分：X和伽玛射线的胶片技术》

GB/T 5677—2018《铸件　射线照相检测》

GB/T 12604.2—2005《无损检测　术语　射线照相检测》

GB/T 12605—2008《无损检测　金属管道熔化焊环向对接接头射线照相检测方法》

GB/T 16544—2008《无损检测　伽玛射线全景曝光照相检测方法》

GB/T 19348.1—2014《无损检测　工业射线照相胶片　第1部分：工业射线照相胶片系统的分类》

GB/T 19348.2—2003《无损检测　工业射线照相胶片　第2部分：用参考值方法控制胶片处理》

GB/T 19802—2005《无损检测　工业射线照相观片灯　最低要求》

GB/T 19803—2005《无损检测　射线照相像质计　原则与标识》

GB/T 19943—2005《无损检测　金属材料X和伽玛射线照相检测　基本规则》

JB/T 7902—2015《无损检测　线型像质计通用规范》

JB/T 6221—2012《无损检测仪器　工业X射线探伤机电气通用技术条件》

GB/T 19943—2005《无损检测　金属材料X和伽玛射线　照相检测　基本规则》

GB/T 20129—2015《无损检测用电子直线加速器》

JB/T 7902—2015《无损检测　线型像质计通用规范》

NB/T 47013.2—2015《承压设备无损检测　第2部分：射线检测》

SY/T 4109—2020《石油天然气钢质管道无损检测》

GB 17589—2011《X射线计算机断层摄影装置质量保证检测规范》

WS 76—2020《医用X射线诊断设备质量控制检测规范》

GB 18871—2002《电离辐射防护及辐射源安全基本标准》

HB 7684—2000《射线照相用线型像质计》

第3章 超声检测

3.1 超声波检测原理

3.1.1 波动的概念和超声波特性

（1）振动和波动 宇宙间一切物质均处于一定的运动状态，一般来说，物体或质点在某一平衡位置附近做往复运动，叫作机械振动，简称振动。振动在物体或空间中的传播过程叫作波动，简称波。波分为两类，一类是机械波，另一类是电磁波。超声波就是一种机械波。描述超声波的物理参量有如下几种。

① 波长。相位相同的相邻质点之间的距离称为波长。用符号 λ 表示。单位：米（m）。

② 周期。质点在其平衡位置附近来回振动一次，超声波的振动状态向前传播了一个波长，传播一个波长所用的时间称为一个周期。用符号 T 表示。单位：秒（s）。

③ 频率。单位时间内传播完整波长的个数称为频率。用符号 f 表示。单位：赫兹（Hz）、千赫兹（$kHz=10^3 Hz$）、兆赫（$MHz=10^6 Hz$）。$f=1/T$。

④ 波速。单位时间内波传播的距离。用符号 C 表示。单位：米/秒（m/s）。

$$C=\frac{\lambda}{T}=\lambda f \tag{3-1}$$

超声波的波动频率为 $20kHz < f \leqslant 1000kHz$，超声波检测用的频率为 $0.25 \sim 15MHz$，金属材料超声波检测常用频率为 $0.5 \sim 10MHz$。

（2）超声波的特性

① 束射特性。超声波波长短，声束指向性好，可以使超声能量向一定方向集中辐射。见图3-1。

② 传播特性。超声波在弹性介质中传播时，质点振动位移小，振速高，声压声强均比可闻声波大，传播距离远，可检测范围大。见图3-2。

③ 反射特性。超声波在弹性介质中传播时，遇到异质界面会产生反射，透射或折射，而超声波遇到缺陷会产生反射，正是脉冲反射法检测的基础。见图3-3。

④ 波型转换特性。超声波在两个声速不同的异质界面容易实现波型转换，从而为各种波形（纵波、横波、板波、表面波）检测提供了方便。见图3-4，超声纵波 L 进入金属材料后转换为超声横波 S。

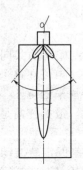 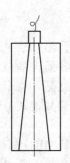 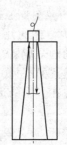 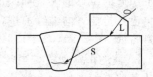

图3-1 超声束射特性　图3-2 超声传播特性　图3-3 超声反射特性　图3-4 超声波型转换特性

人们正是利用了超声波的这些特性，发展了超声波检测技术。

（3）超声波的传播

① 波形和波阵面。波形即波的形式，它由波动传播过程中某一瞬时振动相位相同的所有质点联成的面，按波阵面的形状来加以区分，有球面波、柱面波和平面波。

a. 球面波：点状球体源在各向同性弹性介质中形成的波形为球面波，它的波阵面为一球面。设球半径 $R(X)$，声源处于球心，在离声源不同距离上所得到的波阵面为一个个同心球面，而当 $R \to \infty$ 时可视为平面波。

由于球面积为 $4\pi R^2$，因此离声源距离 X 越远，点声源的辐射面积也越大，而单位面积上的声能就越小，也就是：

$$\frac{I_1}{I_2} = \frac{\dfrac{W_{平均}}{4\pi X_1^2}}{\dfrac{W_{平均}}{4\pi X_2^2}} = \frac{X_2^2}{X_1^2} \tag{3-2}$$

由此可见：球面波的声能与距离的平方成反比。

b. 平面波和活塞波：一个无限大的平面声源，在各向同性的弹性介质中作简谐振动所传播的波动称为平面波。如果声源截面尺寸比它所产生的波长大得多时，该声源发射的声波可近似地看作是指向一个方向的平面波。若不考虑材质衰减，平面波声压不随声源距离的变化而变化。

当平面声源尺寸、声波波长和传播距离存在可比性时，若该平面片状声源在一个大的刚性壁上沿轴向作简谐振动，且声源表面质点具有相同相位和振幅，则在无限大各向同性的弹性介质中所激发的波动，称为活塞波。

c. 柱面波：如果声源具有无限长细长柱体的形状，它在各向同性无限大介质中发出同轴圆柱状波阵面的波动，称为柱面波。

② 连续波和脉冲波。如图 3-5 所示，声波在介质中传播的振幅变化一般采用正弦波（或余弦波）的波动规律。振幅的波动持续时间无穷不间断的，称为连续波。振幅的波动持续时间有限的，称为脉冲波。超声波检测一般用脉冲波。

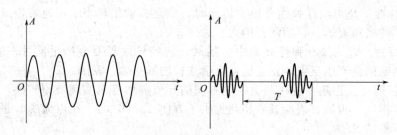

图 3-5 连续波和脉冲波

③ 波的叠加、干涉和驻波以及惠更斯原理。

a. 波的叠加现象：一个介质中传播的几个声波同时到达某一点，对该点振动的共同影响就是各个声波在该点引起的振动的合成，在任一时刻各质点的位移就是各个声波在这个质点上引起的位移的矢量和，这就是波的叠加原理。叠加之后，每个波仍保持原来的特性，并按自己的传播方向继续前进，好像在各自的途中没有遇到其他波一样；因此，波的传播是独立进行的。

b. 波的干涉现象：当两个频率相同、振动方向相同、相位相同或相位差恒定的波动在介质某些点相遇后，会使一些点处的振动始终加强，而在另一些点处的振动始终减弱或完全抵消,这种现象称为干涉现象,这两束波称为相干波,它们的波源称为相干波源。在活塞波超声场的近场区内,干涉现象严重,干涉引起的声压极大值变化频繁,因此缺陷定量困难。

c. 驻波现象:见图 3-6,两个振幅相同的相干波在同一直线上沿相反方向传播叠加而成的波,称为驻波。当波的传播方向的介质厚度恰为二分之一波长整数倍时,就能产生驻波现象。驻波中振幅最大的点称为波腹,振幅为零处称为波节。驻波现象是共振式超声波测厚原理的基础。当工件厚度为二分之一波长整数倍时,入射波和底面反射波同相,工件内产生驻波,引起共振。工件厚度 $t = \lambda/2$,材料的基本共振频率为 f_0,则 $f_0 = \dfrac{C}{2t}$ 或 $t = \dfrac{C}{2f_0}$。

d. 惠更斯原理:当波在弹性介质中传播时,通过障碍物上小孔所形成新的波动与孔前的波动状态有关。波动起源于波源的振动,波的传播需借助于介质中质点的相互作用。对于连续介质来说,任何一点的振动,将导致相邻质点的振动。所以介质中波动传到的各点都可以看作是发射子波的波源,在其后的每一时刻,这些子波前的包络就决定了新的波阵面。这就是惠更斯原理。

④ 超声波的波形。

a. 纵波"L":当弹性介质受到交替变化的拉伸、压缩应力时,受力质点间距就会相应产生交替的疏密变形,此时质点振动方向与波传播方向相同,这种波形称为纵波,也叫作压缩波或疏密波,用符号"L"表示。图 3-7 为纵波波形示意图。

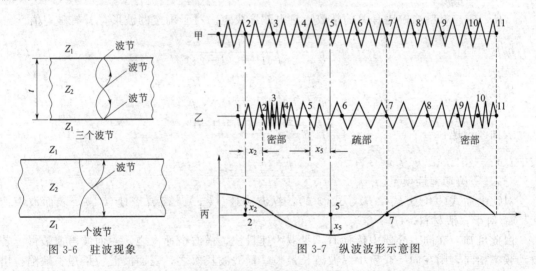

图 3-6 驻波现象　　　　　　　图 3-7 纵波波形示意图

凡是能产生拉伸压缩变形的介质都能传播纵波。固体、液体和气体都能够传播纵波。

b. 横波"S":当固体弹性介质受到交变的剪切应力作用时,介质质点就会产生相应的横向振动,介质发生剪切变形,此时质点的振动方向与波的传播方向垂直,这种波形称为横波,也叫剪切波,用符号"S"表示。图 3-8 为横波波形示意图。

凡是能产生剪切变形的介质都能传播横波。横波传播时,介质的层与层之间发生位移,因此只有固体才能够传播横波。而液体、气体不能发生层与层之间的位移,不能传播横波。

c. 表面波:当固体介质表面受到交替变化的表面张力作用时,质点做相应的纵横向复合振动,此时质点的振动引起的波动传

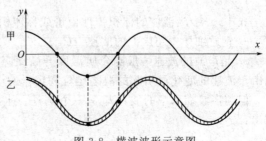

图 3-8 横波波形示意图

播称为表面波，它是横波的一个特例，分为瑞利波和乐甫波两种。

瑞利波：传播介质厚度大于波长时，在一定条件下在固体介质上与气体介质的交界面上传播的表面波。用符号"R"表示。端利波传播时，其振动能量随深度增加而迅速减弱。瑞利波传播时，碰到棱边，若棱边曲率半径大于5倍波长，表面波可不受阻拦地全部通过。随曲率半径逐渐减小，被棱边反射的能量逐渐增大。因此，利用瑞利波的这种特性可检测工件表面和近表面的缺陷，以及测定表面裂纹深度等。

乐甫波：传播介质厚度小于波长时，在一定条件下在固体介质上传播的表面波。相当于固体介质表面传播的横波。

d. 板波：板波又称兰姆波，它是在板厚与波长相当的弹性薄板状固体中传播的声波。板波分为对称型（S型）和非对称型（A型）两种。实际检测中，板波主要用来探测薄板或薄壁管内的分层、裂纹等缺陷，以及检测复合板材的结合情况等。

⑤ 超声波的波速。超声波的波速与波形、介质（性质和形状）和温度有关。

a. 固体弹性介质超声波的波速公式：

$$C = \sqrt{\frac{E}{\rho}} K \tag{3-3}$$

式中　E——正弹性模量；

　　　ρ——密度；

　　　K——与材料泊松比有关的常数，它由波形决定。对于确定的波形，其有确定值。

纵波声速：

$$C_L = \sqrt{\frac{E}{\rho}} \times \sqrt{\frac{1-\sigma}{(1+\sigma)(1-2\sigma)}} \tag{3-4}$$

横波声速：

$$C_S = \sqrt{\frac{E}{\rho}} \times \sqrt{\frac{1}{2(1+\sigma)}} = \sqrt{\frac{G}{\rho}} \tag{3-5}$$

表面波声速：

$$C_R = \sqrt{\frac{G}{\rho}} \times \frac{0.87+1.12\sigma}{1+\sigma} \tag{3-6}$$

式中　σ——泊松比（$0<\sigma<1$）；

　　　G——剪切弹性模量。

对比上面式(3-4)、式(3-5)、式(3-6)，纵波声速（C_L）＞横波声速（C_S）＞表面波声速（C_R）。对于一般材料，$C_L \approx 2C_S$，$C_R \approx 0.9C_S$。

由此可知：在同一介质中传播时，纵波声速最快，横波声速次之，表面波声速最慢。若波动频率相同，则在同一介质中纵波波长最长，横波波长次之，表面波波长最短。缺陷检出能力和分辨能力均于波长有关，波长越短，检测灵敏度一般越高。由此而论，纵波对缺陷的检出能力和分辨率要低于横波。

b. 液体介质超声波的波速公式：

$$C = \sqrt{\frac{K_a}{\rho}} \tag{3-7}$$

式中，K_a 为液体的体积弹性模量或称体积膨胀系数，它是温度的函数。

c. 钢质细棒中超声波的波速（C_D）：$C_D \approx 0.9C_L$。

d. 超声波的波速一般随介质温度升高而降低，所以在高温状态下，超声波检测必须考虑由于波速的变化而引起的缺陷定位和定量的误差。

但超声波在水中的波速却是一个例外：水浸法检测中的介质是水，水的声速可由下式求出：

$$C_L = 1557 - 0.0245 \times (74 - T_K)^2 \, \text{m/s} \tag{3-8}$$

式中，T_K 为水的温度，℃。

由上式看出：水温低于 74℃，超声波的波速随温度升高而增大；水温高于 74℃，超声波的波速随温度升高而降低；水温等于 74℃，超声波的波速最大。部分液体、气体的密度、声速及声阻抗见表 3-1，部分固体的密度、声速及声阻抗见表 3-2。

表 3-1 液体、气体的密度、声速及声阻抗

种类	$\rho/(g/cm^3)$	$C_L/(m/s)$	$\rho \times C_L/[\times 10^6 kg/(cm^2 \cdot s)]$
轻油	0.81	1324	
变压器油	0.859	1425	
甘油(100%)	1.27	1880	0.238
甘油 33%(容积)水溶液	1.084	1670	0.18
水玻璃(100%)	1.7	2350	0.399
水玻璃 20%(容积)	1.14	1600	0.182
空气	0.0013	344	0.0004

表 3-2 固体的密度、声速及声阻抗

种类	$\rho/(g/cm^3)$	$C_L/(m/s)$	$C_S/(m/s)$	$\rho \times C_L/[\times 10^6 kg/(cm^2 \cdot s)]$
钢	7.7	5880~5950	3230	4.53
铁	7.7	5850~5900	3230	2.5~4.2
不锈钢	8.03	660	3120	4.55
铸铁	6.9~7	3500~5600	2200~3200	2.5~4.2
铝	2.7	6260	3080	1.69
铜	8.9	4700	2260	4.18
环氧树脂	1.1~1.5	2400~2900	1100	0.27~0.36
有机玻璃	1.18	2720	1460	0.32

⑥ 超声波的声压、声强、声阻抗。

a. 声压：声压是声波传播过程中介质质点在交变振动的某一瞬时所受的附加压强，它表示了单位面积上所受的力，具有力的概念。声压的单位是帕斯卡（Pa）。$1Pa = 10bar$（巴）$= 10dy/cm^2 = 10^{-6}MPa$（兆帕）$= 10^{-5}kgf/cm^2$（公斤力/厘米^2）。超声波在介质中传播时，介质每一点的声压随时间和振动位移量的不同而变化，也就是说，瞬时声压 P_m 是时间、距离的函数，它可由下列数学式表达：

$$P_m = Pc\cos(\omega t + \varphi) \qquad (3-9)$$
$$= \rho c v \cos(\omega t + \varphi)$$

式中　　P——声压振幅；

　　　　ρ——介质密度；

　　　　c——介质声速；

　　　　ω——圆频率，$\omega = 2\pi f$；

　　　　t——质点位移时间；

　　　　φ——质点振动相位角；

　　　　v——质点振速。

工程上实际应用时，通常把声压振幅 P 简称为声压，并使它与 A 型脉冲反射式超声检测仪示波屏上回波高度建立一定的线性关系，从而为确定超声波检测中的定量方法打下了基础。

由 $P=\rho cv$ 可知，介质中某点的声压与介质密度 ρ、声速 c 和质点振动速度 v 成正比。固体介质由于密度大、声速高和质点振动速度高，所以，置于同一超声场中的介质（离声源距离相同），以固体介质中的声压最高，液体中声压其次，气体中声压最小，但就不同固体介质而言，因材料性质、密度、声速的差异，它们的声压也有所区别。

b. 声强：声强就是声强度，它表示单位时间内在垂直于声波传播方向的介质单位面积上所通过的声能量，即声波的能流密度。对于简谐波，常将一周期中能流密度的平均值作为声强，并用符号 I 表示：

$$I=\frac{1}{2}\times\frac{P^2}{\rho C} \tag{3-10}$$

声强也可写作：

$$I=\frac{1}{2}\times\frac{P^2}{ZC}\times C=\frac{P^2}{2Z} \tag{3-11}$$

式中，Z 为声阻抗，$Z=\rho c$。

从式中可以看出：同一介质，声压与声强的平方成正比。超声波检测时，示波屏上显示的反射体回波高度 H 只与其反射声压 P 成正比（即 $\frac{P_1}{P_2}=\frac{H_1}{H_2}$）。

c. 声强级和分贝：声强级即声强的等级，用来考察声强的大小等级。一般来说，人耳可闻的最弱声强为 $I_0=10^{-16}\,\mathrm{W/cm^2}$，称为标准声强。而人耳可忍受的声强可达到 $10^{-4}\,\mathrm{W/cm^2}$。二者的声强差数量级级差甚大，不便于比较。为方便计算和比较，采用常用对数来表示声强级，即：用下式表示：

$$L_1=\lg\frac{I_1}{I_2} \tag{3-12}$$

式中，I_1、I_2 为两个相比较的声强级。

声强级的单位为贝尔（Bel），因为贝尔的单位比较大，工程上应用时将其缩小至 1/10 后以分贝为单位，用符号 dB 表示，则上式写为 $L_1=10\lg\frac{I_1}{I_2}$，同一介质中声阻抗相同，所以

$$L_P=L_1=10\lg\frac{I_1}{I_2}=10\lg\left(\frac{P_1}{P_2}\right)^2=20\lg\frac{P_1}{P_2} \tag{3-13}$$

式中，L_P 称为声压级。

当超声波检测仪具有较好的放大线性（垂直线性）时，则有：

$$L_P=20\lg\frac{P_1}{P_2}=20\lg\frac{H_1}{H_2} \tag{3-14}$$

式中，H_1、H_2 分别为反射声压为 P_1 和 P_2 时的回波高度。

如图 3-9 所示，有波 F1（$H_1=100\%$）、波 F2（$H_2=50\%$）、波 F3（$H_3=20\%$）；则 F1 和 F2 的波高相差 dB 数为：$\Delta dB=20\lg F_1/F_2=20\lg(100\%/50\%)=20\lg2=6\mathrm{dB}$，F1 和 F3 的波高相差 dB 数为：$\Delta dB=20\lg F_1/F_3=20\lg(100\%/20\%)=20\lg5=14\mathrm{dB}$。

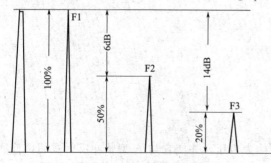

图 3-9 F1，F2，F3 三种波高相差 dB 数

d. 声阻抗：介质的密度 ρ 和声速 c 的乘积称为声阻抗。由 $P=\rho cv$ 可知，在同一声压的情况下，ρc 越大，质点振动速度 v 越小。所以把 ρc 称为介质的声阻抗，以符号 "Z" 表示。声阻抗的单位是帕秒每米（Pa·s/m）或公斤每平方米秒 $[\mathrm{kg/(m^2\cdot s)}]$。超声波由 Z_1 介质入射至

Z_2 介质时，在异质界面上声压、声强的反射（或透射）率主要取决于这两种介质的声阻抗之比。实验证明，气体、液体和金属之间特性阻抗之比接近于 1∶3000∶80000。

（4）超声波在平界面上的垂直入射

① 超声波在单一平界面上的反射和透射。

a. 反射、透射规律的声压、声强表示：当超声波垂直入射于两种声阻抗不同的介质的大平界面上，反射波将以与入射波方向相反的路径返回，且有部分超声波透过界面射入第二介质，见图 3-10：平面界面上入射声强为 I_o，声压为 P_o；反射声强为 I_r，声压为 P_r；透射声强为 I_t，声压为 P_t。若声束入射一侧的声阻抗为 Z_1，透射一侧介质声阻抗为 Z_2，并令 $m = \dfrac{Z_1}{Z_2}$（称为声阻抗比），就可得到声压反射率：

$$\gamma_p = \frac{P_r}{P_o} = \frac{Z_2 - Z_1}{Z_2 + Z_1} = \frac{1-m}{1+m} \tag{3-15}$$

声压透射率：

$$\tau_p = \frac{P_t}{P_o} = \frac{2Z_2}{Z_2 + Z_1} = \frac{2}{1+m} \tag{3-16}$$

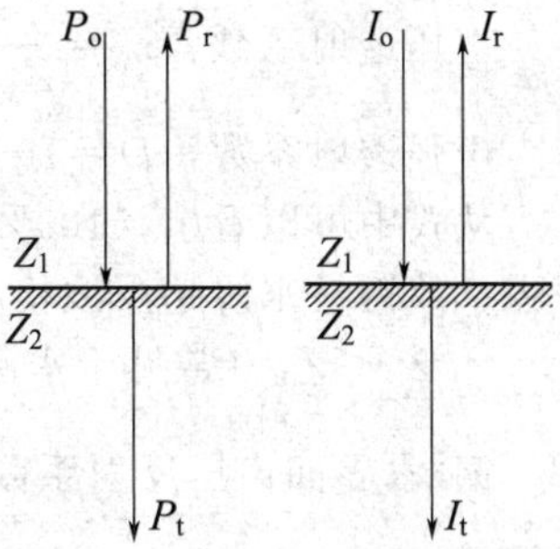

若把声压看作是单位面积上受的力，应符合力的平衡原理。那么 $P_o + P_r = P_t$ 等式两边除以 P_o，得：

$$1 + \frac{P_r}{P_o} = \frac{P_t}{P_o} \tag{3-17}$$

$$1 + \gamma_p = \tau_p$$

图 3-10　反射、透射规律的声压、声强表示

若把 I_r/I_o 和 I_t/I_o 分别定义为声强反射率（R）和声强透射率（D），就可到：

声强反射率：

$$R = \frac{I_r}{I_o} = \frac{\frac{P_r^2}{2Z_1}}{\frac{P_o^2}{2Z_1}} = \frac{P_r^2}{P_o^2} \tag{3-18}$$

声强透射率：

$$D = \frac{I_t}{I_o} = \frac{\frac{P_t^2}{2Z_2}}{\frac{P_o^2}{2Z_2}} = \frac{P_t^2}{P_o^2} \tag{3-19}$$

声强是一种单位能量，作用于同一界面的声强，应满足能量守恒定律，声强变化可写作 $I_o = I_r + I_t$，等式两边除以 I_o，得：

$$1 = \frac{I_r}{I_o} + \frac{I_t}{I_o} \tag{3-20}$$

$$R + D = 1$$

从上式可知：

$$R = \gamma_p^2 = \frac{(Z_2 - Z_1)^2}{(Z_2 + Z_1)^2} = \left(\frac{1-m}{1+m}\right)^2 \tag{3-21}$$

从式可知：

$$D = 1 - R^2 = 1 - \gamma_p^2 = \frac{4Z_1 Z_2}{(Z_2 + Z_1)^2} = \frac{4m}{(1+m)^2} \tag{3-22}$$

b. 声压往复透过率：实际检测中的探头常兼作发射和接收声波用，并认为透射至工件底面的钢/空气界面上全反射后，再次透过界面后被探头所接收，因此，探头所收到的返回声压 P_t' 与入射声压 P_o 之比即为声压往复透过率 T_p。

$$T_p = \frac{4Z_1 Z_2}{(Z_2 + Z_1)^2} = \frac{4m}{(1+m)^2} = D \tag{3-23}$$

可以看出，声压往复透过率和声强透射率在数值上相等。

c. 介质对反射、透射的影响：超声波垂直入射至两种不同声阻抗介质的平面界面，可以有以下四种常见的反射和透射情况。

• $Z_2 > Z_1$（常见于水浸检测水/钢面）

水浸检测时，超声波由水入射至钢中，此时 Z_1（水）$= 1.5 \times 10^6 \text{kg/(m}^2 \cdot \text{s)}$，$Z_2$（钢）$= 46 \times 10^6 \text{kg/(m}^2 \cdot \text{s)}$。

水/钢界面声压反射系数：$\gamma_p = \dfrac{Z_2 - Z_1}{Z_2 + Z_1} = \dfrac{46 - 1.5}{1.5 + 46} = 0.937$

声压透射系数：$\tau_p = \dfrac{2Z_2}{Z_2 + Z_1} = 1 + \gamma_p = 1.937$

声强透射系数：$D = 1 - \gamma_p^2 = 1 - 0.937^2 = 0.12$

从式中可以看出，100%的入射声强中只有12%的声强变为第二介质（钢）中的透射波声强；故钢材水浸超声波检测应适当提高灵敏度，以弥补钢中透射声能的减少。

• $Z_2 < Z_1$（常见于水浸检测钢/水面）

钢/水界面声压反射系数：$\gamma_p = \dfrac{Z_2 - Z_1}{Z_2 + Z_1} = \dfrac{1.5 - 46}{1.5 + 46} = -0.937$

声强透射系数：$D = 1 - \gamma_p^2 = 1 - (-0.937)^2 = 0.12$

从式中可以看出，100%的入射声强中有12%的声强变为第二介质（水）中的透射波声强，说明入射声强损失很小。

• $Z_1 \gg Z_2$（常见于超声波检测钢/空气面和探头的晶片/空气面）

超声波由钢入射至空气中，此时 Z_1（钢）$= 46 \times 10^6 \text{kg/(m}^2 \cdot \text{s)}$，$Z_2$（空气）$= 0.0004 \times 10^6 \text{kg/(m}^2 \cdot \text{s)}$。钢/空气界面声压反射系数为 $\gamma_p = \dfrac{Z_2 - Z_1}{Z_2 + Z_1} = \dfrac{0.0004 - 46}{0.0004 + 46} \approx -1$，声压透射系数为 $\tau_p = \dfrac{2Z_2}{Z_2 + Z_1} = 1 + (-1) = 0$。

由此可知，超声波在钢/空气界面上的声压反射系数为100%，超声波无透射。

超声波探头直接置于空气中，此时 Z_1（晶片）$= 30 \times 10^6 \text{kg/(m}^2 \cdot \text{s)}$，$Z_2$（空气）$= 0.0004 \times 10^6 \text{kg/(m}^2 \cdot \text{s)}$。晶片/空气界面声压反射系数 $\gamma_p = \dfrac{Z_2 - Z_1}{Z_2 + Z_1} = \dfrac{0.0004 - 30}{0.0004 + 30} \approx -1$。

声压透射系数 $\tau_p = \dfrac{2Z_2}{Z_2 + Z_1} = 1 + (-1) = 0$。

由此可知，超声波探头若与工件硬性接触而无液体耦合剂，若工件表面粗糙，相当于探头直接置于空气，超声波在晶片/空气界面上将产生100%的反射，而无法透射进入工件。

• $Z_1 \approx Z_2$（常见于声阻抗接近的介质界面）

超声波由钢的母材金属入射至焊缝金属中，此时母材和焊缝的声阻抗通常仅差1%，界面上的声压反射系数 $\gamma_p \approx 0.5\%$，声压透射系数 $\tau_p = 1 + (0.5\%) \approx 1$。

由此可知，超声波在声阻抗接近的介质界面上的反射声压极小，超声波几乎全透射。

② 超声波在多层平界面上的反射和透射。实际超声波检测中时常遇到声波透过多层介质，例如钢材中与探测面平行的异质薄层、探头晶片入射声波经过的探头保护膜、偶合剂等都是具有多层平面的界面。

a. 透声层。当超声波穿过介质 Z_1 至异质层 Z_2 然后继续传播到介质 Z_3，若 $Z_1 = Z_3$，当异质层的厚度为该层中传播声波的半波长整数倍时，在异质层界面上的声压反射系数为零，超声波全透射，就好像这个异质层根本不存在，所以称其为透声层。当进行钢板超声波检测时，若钢板中有一分层为透声层，此分层将漏检。为避免漏检，必须改变超声波的探测频率，改变后的探测频率不能为原频率的整数倍。采用直探头检测时，若探头使用钢质保护膜，则保护膜与钢之间的偶合剂层就是一层异质层，如要使探头发射的超声波达到最好的透声效果，就须使耦合层的厚度为传播声波的半波长整数倍，这种透声层又称为半波透声层。

当超声波穿过介质 Z_1 至异质层 Z_2 然后继续传播到介质 Z_3，若 $Z_1 \neq Z_3$，当异质层的厚度为该层中传播声波的四分之一波长的奇数倍时，在异质层界面上的声压反射系数为零，超声波全透射。

采用直探头检测时，若探头使用非钢质保护膜，则保护膜与钢之间的偶合剂层的厚度应为传播声波的四分之一波长的奇数倍，才能达到最好的透声效果。

若将直探头保护膜看作是晶片和偶合剂层之间的异质层，因晶片声阻抗 $Z_1 \neq Z_3$（偶合剂声阻抗），所以要使保护膜有更好的透声效果，其厚度亦应是传播声波的四分之一波长的奇数倍。直探头保护膜除了要有合适的厚度外，还要有一个适当的声阻抗，当保护膜声阻抗 Z_m 满足公式（3-24）时，透声效果最好。

$$Z_m = \sqrt{Z_{晶片} \, Z_{工件}} \tag{3-24}$$

实际检测中，在探头上施加一定的压力，探头与工件接触紧密，透声效果越好，得到的反射回波也越高。这是因为当偶合剂厚度接近于零时，声强的透射性最好。

b. 异质层的检测灵敏度。在超声波检测中，当钢中缺陷反射声压仅为入射声压的1%时，检测仪示波屏就可得到可分辨的反射回波，用1MHz直探头探测钢中气隙厚度 $10^{-5} \sim 10^{-4}$ mm，就能得到几乎100%的全反射，但当钢中1μm气隙中充满油或水时，仍用1MHz直探头探测，可得到6%的反射声压。工件材料的声阻抗与异质层材料的声阻抗相差越大，则声压反射越高，越容易被检出，同样厚度的缺陷位于钢中比位于铝中更容易被检出，因为钢的声阻抗比铝大。若要提高在铝中的检测能力以获得原频率在钢中的反射率，必须提高检测频率接近4倍。

（5）超声波在平界面上的斜入射　超声波以一定的角度倾斜入射到异质界面上，会产生反射和折射，并遵循反射折射定律，在一定条件下，还会产生波形转换现象。

斜入射时界面上的反射、折射和波形转换：

a. 超声波在固体界面上的反射。固体中纵波斜入射于固体-气体界面。

图 3-11 中 α_L 为纵波入射角，α_{L_1} 为纵波反射角，α_{S_1} 为横波反射角，其反射定律可用下列数学式表示：

$$\frac{C_L}{\sin\alpha_L} = \frac{C_{L_1}}{\sin\alpha_{L_1}} = \frac{C_{S_1}}{\sin\alpha_{S_1}} \tag{3-25}$$

因入射纵波 L 与反射纵波 L_1 在同一介质中传播，故它们的声速相同，即 $C_L = C_{L_1}$，所以 $\alpha_L = \alpha_{L_1}$，又因同一介质中纵波声速大于横波声速，即 $C_{L_1} > C_{S_1}$，所以 $\alpha_L > \alpha_{S_1}$。

固体中横波斜入射于固体-气体界面和第Ⅲ临界角。

图 3-12 中 α_S 为横波入射角，α_{S_1} 为横波反射角，α_{L_1} 为纵波反射角，其反射定律可用下列数学式表示：

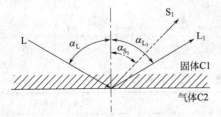

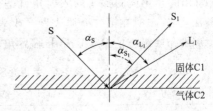

图 3-11　纵波斜入射于固体-气体界面　　图 3-12　横波斜入射于固体-气体界面和第Ⅲ临界角

$$\frac{C_S}{\sin\alpha_S}=\frac{C_{S_1}}{\sin\alpha_{S_1}}=\frac{C_{L_1}}{\sin\alpha_{L_1}} \tag{3-26}$$

因入射横波 S 与反射横波 S1 在同一介质中传播，故它们的声速相同，即 $C_S = C_{S_1}$，所以 $\alpha_S = \alpha_{S_1}$，又因同一介质中纵波声速大于横波声速，即 $C_{L_1} > C_{S_1}$，所以 $\alpha_{L_1} > \alpha_{S_1}$。

从式(3-26)中可以看出，随着入射角 α_S 的不断增大，α_{L_1} 不断增大，当 α_S 到达某一值时，$\alpha_{L_1} = 90°$，固体介质中只有横波，此时 α_S 称作第Ⅲ临界角，用符号 α_{SK3} 表示。

$$\alpha_{SK3}=\arcsin\frac{C_S}{C_{L_1}} \tag{3-27}$$

b. 超声波的折射。纵波斜入射的折射和第Ⅰ、第Ⅱ临界角。

图 3-13 中 α_L 为第一介质的纵波入射角，β_L 为第二介质的纵波折射角，β_S 为第二介质的横波折射角，其折射定律可用下列数学式表示：

$$\frac{C_L}{\sin\alpha_L}=\frac{C_{L_2}}{\sin\beta_L}=\frac{C_{S_2}}{\sin\beta_S} \tag{3-28}$$

在第二介质中，因 $C_{L_2} > C_{S_2}$，则 $\beta_L > \beta_S$，横波折射声束总是位于纵波折射声束与法线之间。

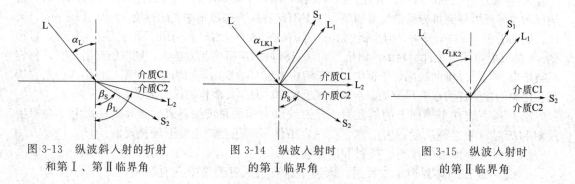

| 图 3-13　纵波斜入射的折射和第Ⅰ、第Ⅱ临界角 | 图 3-14　纵波入射时的第Ⅰ临界角 | 图 3-15　纵波入射时的第Ⅱ临界角 |

从式(3-28)中可以看出：随着入射角 α_L 的不端增大，β_L 不端增大，当 α_L 到达某一值时，$\beta_L = 90°$，纵波全反射，此时 α_L 称作第Ⅰ临界角，用符号 α_{LK1} 表示，见图 3-14。

$$\alpha_{LK1}=\arcsin\frac{C_L}{C_{L_2}} \tag{3-29}$$

越过第Ⅰ临界角后，随着入射角 α_L 的不端增大，β_S 不端增大，当 α_L 到达某一值时，$\beta_S = 90°$，横波全反射，此时 α_L 称作第Ⅱ临界角，用符号 α_{LK2} 表示，见图 3-15。

$$\alpha_{LK2}=\arcsin\frac{C_L}{C_{S_2}} \tag{3-30}$$

由此可以看出，若要使第二介质中产生纯横波，就须使入射角 α_L 满足 $\alpha_{LK1} \leqslant \alpha_L < \alpha_{LK2}$，常用的超声波斜探头的入射角就是在这一范围内。

当 $\alpha_L \geqslant \alpha_{LK2}$ 时在第二介质表面产生表面波，常用的表面波探头的入射角就是在这一范围内。常用介质纵波的第Ⅰ、第Ⅱ临界角见表 3-3。

表 3-3　常用介质纵波的第Ⅰ、第Ⅱ临界角

常用介质	第Ⅰ临界角	第Ⅱ临界角
有机玻璃/钢	$\alpha_{LK1} = 27.2°$	$\alpha_{LK2} = 56.7°$

续表

常用介质	第Ⅰ临界角	第Ⅱ临界角
有机玻璃/铝	$\alpha_{LK1}=25.4°$	$\alpha_{LK2}=61.2°$
水/钢	$\alpha_{LK1}=14.7°$	$\alpha_{LK2}=27.7°$
水/铝	$\alpha_{LK1}=13.8°$	$\alpha_{LK2}=29.1°$

c. 横波斜入射的折射。横波斜入射时，其折射定律同样可用下列数学式表示：

$$\frac{C_S}{\sin\alpha_S}=\frac{C_{S_2}}{\sin\beta_S}=\frac{C_{L_2}}{\sin\beta_L} \tag{3-31}$$

（6）超声波聚焦和发散 超声波波长往往远小于曲面尺寸且入射角较小，因此，可以利用几何光学来确定超声波在曲面镜和透镜上的聚焦和发散作用。

平面波入射至弯曲面上的反射回波：当平面波入射至凹曲面时，运用几何光学原理可以得到它们反射后将会聚焦于一个焦点 F 上，焦距 $f=r/2$。r 为凹曲面或凸曲面的曲率半径。当平面波入射至凸曲面时，会出现虚焦点，反射波成像是从虚焦点辐射出来，见图 3-16。

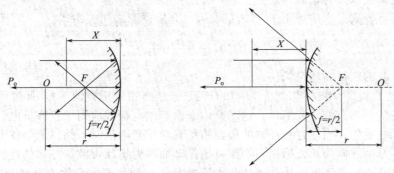

图 3-16 超声波聚焦和发散

当用直探头探测环形锻件时，探头置于环形锻件的内外表面上，探头的底面回波将分别是聚焦和发散的。确定其探测灵敏度必须注意其聚焦和发散作用而引起的声压变化。

球面波入射至弯曲面上的反射回波：凹曲面反射波的交点叫作实像点，凸曲面反射波在曲面背后延长线的交点叫作虚像点，b 为像距，a 为物距，f 为焦距，r 为曲率半径，见图 3-17。它们之间的关系见式（3-32）。

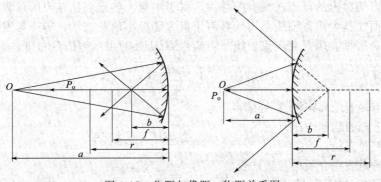

图 3-17 焦距与像距、物距关系图

$$\frac{1}{b}\pm\frac{1}{a}=\frac{1}{f} \tag{3-32}$$

式中，"＋"适应于凹曲面，"－"适应于凸曲面。

平面波透过曲面透镜后的聚焦和发散：平面波入射至凹曲面透镜和凸曲面透镜时，它们的透射波是聚焦和发散，主要取决于介质两边的声速，见图 3-18 的几种情况。

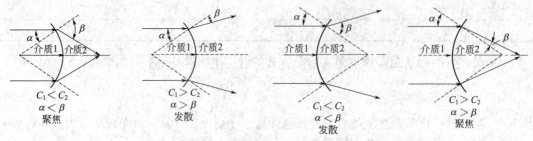

$$C_1 < C_2$$
$$\alpha < \beta$$
聚焦

$$C_1 > C_2$$
$$\alpha > \beta$$
发散

$$C_1 < C_2$$
$$\alpha < \beta$$
发散

$$C_1 > C_2$$
$$\alpha > \beta$$
聚焦

图 3-18　超声波在曲面上的透射

上述现象是制作聚焦探头的基础。水浸检测用的聚焦探头通常由有机玻璃和环氧树脂作声波聚焦透镜。透镜与晶片接触的声入射面为平面，透镜的声透射面为凹曲面（点聚焦探头为球曲面，线聚焦探头为柱曲面）。

透镜曲率半径 R、水中焦距 F 与透镜及第二介质声速之间关系式：

$$F = R\left(\frac{C_1}{C_1 - C_2}\right) \tag{3-33}$$

（7）超声波的获得和超声场

① 超声波的获得。某些电介晶体（如石英、锆钛酸铅、铌酸锂等），通过纯粹的机械作用，使材料在某一方向伸长或缩短，这时晶体表面产生电荷效应而带正或负电荷，这种效应现象称为正压电效应。当在这种晶体的表面施加高频交变电压时，晶体就会按电压的交变频率和大小，在厚度方向伸长或缩短，产生机械振动而辐射出超声波，晶体的这种效应称为逆压电效应。具有正、逆压电效应的晶体称为压电晶体。利用压电晶体来制作超声波换能器，可实现超声波和电脉冲之间的相互转换，以发射超声波和把接收到的超声波信号以电信号的形式在仪器上显示出来，从而达到超声波检测的目的。

② 超声场。充满超声波的空间叫作超声场。从物理学观点来看，超声场无边界，一个声源所产生的超声波在无穷大的弹性介质中可以传播到无穷远。典型的辐射声源是圆形平面晶片，它所辐射的声场是纵波轴对称声场。

a. 纵波声源在声束轴线上的声压分布：根据叠加原理，声束中心轴线上任一点的声压等于声源上各点辐射出的声压在该点的叠加，由于声源上各点到达该点的声程不同，叠加时有相位差，因而在整个声束轴线上出现有声压极大和极小值的波动，如声源发出的波是连续平面波，则圆盘形纵波声源在声束轴线上距离声源 X 处的声压幅值分布可表示为

$$P = 2P_0 \sin\left[\frac{\pi}{\lambda}\left(\sqrt{\frac{D^2}{4} + X^2} - X\right)\right] \tag{3-34}$$

式中　P——声轴上距离声源 X 处的声压；

　　P_0——声源的起始声压；

　　D——声源直径；

　　λ——为声波在介质中传播波长。

上式表明活塞波声压服从正弦函数变化规律，声压值是距离 X 的正弦函数。声束轴线上最后一个声压最大值点至声源的距离称为近场长度，以 N 表示：

$$N = \frac{D^2}{4\lambda} \tag{3-35}$$

距离小于 N 的范围称为近距离声场，距离大于 N 的范围称为远距离声场。当 $X>3N$ 时，可进一步简化为：

$$P=P_0\frac{\pi D^2}{4\lambda X} \tag{3-36}$$

b. 晶片辐射声束的指向性：晶片向一个方向集中辐射超声波束的性质叫作晶片的声束指向性。声束指向性的好坏反映了声场中声能的集中程度，它用声束指向角表示，也叫声束半扩散角，用 θ_0 表示。它是声场主声束和相邻副瓣声束之间切线方向（边缘声压为零）与声束轴线间的夹角，即是第一零辐射角，它取决于探头晶片直径 D 的大小和声波波长。θ_0 越大，超声场能量越分散，检测灵敏度越低。不同形状和尺寸的晶片，其指向角 θ_0 可表示如下：

圆晶片： $$\theta_0=\arcsin 1.22\frac{\lambda}{D}=70\frac{\lambda}{D} \tag{3-37}$$

正方晶片： $$\theta_0=\arcsin 1.22\frac{\lambda}{a}=57\frac{\lambda}{a} \tag{3-38}$$

式中，a 为正方晶片边长。

长方晶片： $$\theta_{01}=\arcsin\frac{\lambda}{a}=57\frac{\lambda}{a} \tag{3-39}$$

$$\theta_{02}=\arcsin\frac{\lambda}{b}=57\frac{\lambda}{b} \tag{3-40}$$

式中，a、b 分别为长方形晶片的长和宽。

近场长度和声束指向性是表征晶片辐射声场特征的重要特性。圆形平面晶片的声场情况如图 3-19 所示。

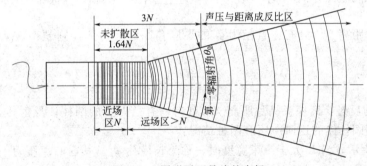

图 3-19　圆形平面晶片的声场

超声波检测时，若工件内的缺陷位于近场长度内，缺陷的反射声压处于极大值和极小值之间波动，则很难发现缺陷和定量缺陷，因此，应尽量使检测的工件部位处于近场长度外。若声束指向性不好，检测分辨率下降，发现缺陷的能力降低，易造成缺陷漏检。因此，超声波探头的选择原则是：在保证检测部位处于探头近场长度之外的情况下，择大晶片探头。

（8）超声波的绕射、散射和对规则反射体的反射

① 超声波的绕射和散射。

a. 超声波的绕射：在一定条件下，超声波的传播方向不再遵守直线传播的规律，会绕过障碍物或通过小孔后扩展传播，这种现象称为绕射现象。

声波绕射本领取决于小孔或障碍物尺寸 D 和波长 λ 之比。当 $D\leqslant\lambda$ 时，声波可以完全绕射；$D\approx\lambda$ 时，有绕射和反射，且产生声影区；当 $D>\lambda$ 时，声影区较大。绕射现象可以发现声束方向上几个连续的缺陷，也可以从一个角度来解释脉冲反射法超声波检测的最小检测能力。

b. 超声波的散射：超声波在传播过程中，遇到障碍物所产生的不规则的反射和折射现

象，称为散射。散射现象的强弱取决于材料的内部组织、波长和异质界面的不平度。当材料中存在粗晶组织或者组织中存在缺陷，且它们的尺寸与声波波长相当时，散射现象特别严重。工件表面或缺陷反射面粗糙度较大时，散射现象也严重。

② 远声场中各种规则反射体的反射。

a. 大平面的反射：如图 3-20 所示。

大平面是规则的反射面，如工件的平底面等。处于远声场的大平底面为 B，它距离源的距离为 X_B，则超声波入射到大平底面 B 上的返回声压为：

$$P_B = P_0 \frac{\pi D^2}{4\lambda X_B} \times \frac{1}{2} \tag{3-41}$$

由上式可以看出：若把大平底面看作镜面反射，那么探头上接收的返回声压相当于传播了 $2X_B$ 声程远处时的声压，正好为入射声压的一半。

b. 圆形（平底孔）或方形平面的反射：如图 3-21 所示。

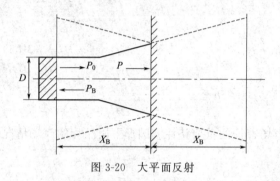

图 3-20 大平面反射

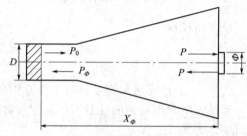

图 3-21 圆形（平底孔）或方形平面反射

离探头晶片距离 X_Φ 处有一直径为 Φ 的平底孔底面反射体，则超声波入射到平底孔 Φ 的返回声压为：

$$P_\Phi = P_0 \frac{\pi D^2}{4\lambda X_\Phi} \times \frac{\pi \Phi^2}{4\lambda X_\Phi} \tag{3-42}$$

c. 圆柱面的反射：离探头晶片距离 X_Φ 处有一直径为 ϕ 的圆柱体反射体，其长度为 L，则超声波入射到圆柱体的返回声压有两种情况：

如图 3-22 所示，当 L 大于声束宽度时，称为长横孔 ϕ_l，其返回声压为

$$P_{\phi_l} = P_0 \frac{\pi D^2}{4\lambda X_\phi} \times \frac{1}{2}\sqrt{\frac{\phi}{2X_\phi}} \tag{3-43}$$

如图 3-23 所示，当 L 小于等于声束宽度时，称为短横孔 ϕ_s，其返回声压为

$$P_{\phi_s} = P_0 \frac{\pi D^2}{4\lambda X_\phi} \times \frac{L}{2X_\phi}\sqrt{\frac{\phi}{\lambda}} \tag{3-44}$$

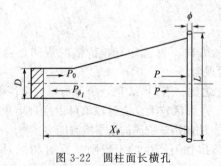

图 3-22 圆柱面长横孔

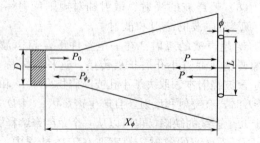

图 3-23 圆柱面短横孔

d. 球形面的反射：如图 3-24 所示。

离探头晶片距离 X_d 处有一直径为 d 的球孔反射体，则超声波入射到球孔 d 的返回声压为：

$$P_d = P_0 \frac{\pi D^2}{4\lambda X_d} \times \frac{d}{4X_d} \qquad (3\text{-}45)$$

e. 平底槽的反射：离探头晶片距离 X_μ 处有一宽度为 μ 的平底槽反射体，其槽长大于声束直径，则超声波入射到平底槽 μ 的返回声压为：

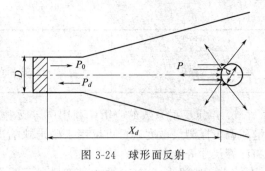

图 3-24 球形面反射

$$P_\mu = P_0 \frac{\pi D^2}{4\lambda X_\mu} \times \frac{\mu}{\sqrt{2\lambda S}} \qquad (3\text{-}46)$$

③ 缺陷声压反射系数及其应用。

a. 缺陷声压反射系数的定义和种类：超声波检测中常用未知量（缺陷反射波高）与已知量（基准反射体波高）相比较的方法来确定缺陷的量。而声压反射系数表示了两个声压之比，因此，只要知道它们相对比值（或分贝数）就可求得未知量。如果辐射声压为 P_0，晶片直径为 D，入射波长为 λ，平底孔缺陷大小为 Φ_f，横孔缺陷大小为 ϕ_f，横孔缺陷长度为 L，球孔缺陷大小为 d，缺陷距声源的距离为 X_f，大平底面距声源的距离为 X_B，则，缺陷相对于大平底面的声压反射系数及其 dB 差列于表 3-4。

表 3-4 常用的大平底面体的声压反射系数的应用

种类	dB 差
平底孔	$\Delta dB = 20\lg \dfrac{P_\Phi}{P_B} = 20\lg \dfrac{X_B}{X_f} \times \dfrac{\pi \Phi_f^2}{2\lambda X_f}$
长横孔	$\Delta dB = 20\lg \dfrac{P_{\phi_l}}{P_B} = 20\lg \dfrac{X_B}{X_f} \times \sqrt{\dfrac{\phi_f}{2X_f}}$
短横孔	$\Delta dB = 20\lg \dfrac{P_{\phi_s}}{P_B} = 20\lg \dfrac{X_B}{X_f} \times \dfrac{L}{X_f} \sqrt{\dfrac{\phi_f}{\lambda}}$
球孔	$\Delta dB = 20\lg \dfrac{P_d}{P_B} = 20\lg \dfrac{X_B}{X_f} \times \dfrac{d_f}{2X_f}$

如果辐射声压为 P_0，晶片直径为 D，入射波长为 λ，平底孔缺陷大小为 Φ_f，平底孔基准反射体大小为 Φ_j，横孔缺陷大小为 Φ_f，横孔缺陷长度为 L_f，横孔基准反射体大小为 Φ_j，横孔基准反射体长度为 L_j，球孔缺陷大小为 d_f，球孔基准反射体大小为 d_j，缺陷距声源的距离为 X_f，则缺陷相对于几种人工反射体的声压反射系数及其 dB 差列于表 3-5。

表 3-5 常用的几种人工反射体的声压反射系数的应用

种类	dB 差
平底孔	$\Delta dB = 20\lg \dfrac{P_\Phi}{P_j} = 40\lg \dfrac{\Phi_f}{\Phi_j} \times \dfrac{X_j}{X_f} \qquad \Phi_f = \Phi_j \times \dfrac{X_f}{X_j} \times 10^{\frac{\Delta dB}{40}}$
长横孔	$\Delta dB = 20\lg \dfrac{P_{\phi_l}}{P_j} = 10\lg \dfrac{\phi_f}{\phi_j} \times \dfrac{X_j^3}{X_f^3} \qquad \phi_f = \phi_j \times \dfrac{X_f}{X_j} \times 10^{\frac{\Delta dB}{10}}$
短横孔	$\Delta dB = 20\lg \dfrac{P_{\Phi_s}}{P_j} = 10\lg \dfrac{\phi_f \times L_f^2 \times X^4}{\phi_j \times L_j^2 \times X_f^4} \qquad \phi_f = \phi_j \times \left(\dfrac{L_j^2 \times X_f^4}{L_f^2 \times X_j^4}\right) \times 10^{\frac{\Delta dB}{10}}$

续表

种类	dB 差
球孔	$\Delta dB=20\lg\dfrac{P_d}{P_j}=20\lg\dfrac{d_f\times X_j^2}{d_j\times X_f^2}$ $\quad d_f=d\times\left(\dfrac{X_f}{X_j}\right)^2\times10^{\frac{\Delta dB}{20}}$

b. 声压反射系数的应用：利用声压反射系数和相应的 dB 差，可以用来计算灵敏度调整量和调整探测灵敏度，也可以用来确定缺陷当量的大小、孔型换算以及制作通用 AVG 线图和计算尺寸等。

AVG 曲线也叫 DGS 曲线，它描述了距离-增益量-缺陷尺寸三者之间的关系。由于它能方便地用来进行缺陷当量的计算，所以它也是一种主要的缺陷定量方法。为使曲线具有通用性，即使其不受工件探测声程、晶片直径和探测频率的限制，在通用 AVG 曲线图中采用相对缺陷距离和相对缺陷尺寸的概念，用标准化处理（或归一化处理）方法来表示所需的基本量。

相对缺陷距离 A，也称标准化距离，它是以探头近场长度 N 为单位来衡量的反射体距离（X），即 $A=\dfrac{X}{N}$。在通用 AVG 线图中以 A 为横坐标，并以常用对数来标度。

相对缺陷尺寸 G 也称标准化缺陷尺寸，它是以探头晶片直径 D 为单位来衡量的反射体直径（Φ），即 $G=\dfrac{\Phi}{D}$。在通用 AVG 线图中对应一个 G 就有一条相应的曲线，相邻 G 值之间的变化也是常用对数规律表示。

波幅增益量 V(dB)，它表示反射声压相对于起始声压的 dB 值。

$$V=20\lg\gamma=20\lg\frac{P}{P_0}$$

在通用 AVG 线图中以 V(dB) 为纵坐标，采用十进位制常用坐标，横坐标 A 和曲线间距 G 采用对数坐标。

平底孔底面的相对缺陷距离为：

$$A_f=\frac{X_f}{N}=\frac{4\lambda X_f}{D^2} \tag{3-47}$$

缺陷相对尺寸为：

$$G_f=\frac{\Phi_f}{D},\Phi_f^2=G_f^2D^2 \tag{3-48}$$

将它们代入式：

$$V=20\lg\gamma=20\lg\frac{P}{P_0}$$

得：

$$V_f=40\lg\pi+40\lg G_f-40\lg A_f \tag{3-49}$$

上式表明，对于每一个 G 值，在 $A\sim V$ 坐标系中就有一条对应的 AVG 曲线。平底孔 AVG 线图在直探头纵波检测时，可直接用来确定探测灵敏度调整量和计算缺陷的平底孔当量。

（9）超声波的衰减

超声波在介质中传播时，随着传播距离的增加，其声能量逐渐减弱的现象叫作超声波的衰减。均匀介质中，超声波的衰减与传播距离之间有一定的比例关系，而不均匀介质散射引起的衰减情况就比较复杂。

① 产生衰减的原因。产生衰减的原因主要有以下三个方面：

a. 声束扩散引起的衰减：超声波传播时随着传播距离的增加，非平面波声束不断扩散，声束截面不断增大，单位面积上的声能大为下降，这就是扩散衰减。

b. 散射引起的衰减：超声波传播过程中遇到不同声阻抗的介质所组成的界面时，会产生散乱反射，声能分散造成散射衰减。多晶体介质具有非均匀性，如杂质、粗晶、内应力和相变等，极易引起散射衰减，散射衰减随超声波频率的增大而增大，横波引起的衰减比纵波的大。因此探测粗晶材料，宜选用低频探头。

c. 吸收引起的衰减：超声波传播过程中，由于介质的黏滞吸收而使声能减少的现象称为吸收衰减。超声波检测中它不占主要地位。

② 衰减系数。衰减系数 α 是散射衰减系数 α_s 和吸收衰减系数 α_a 之和，即

$$\alpha = \alpha_s + \alpha_a$$

③ 衰减系数的测定。多次脉冲反射法测定材料的衰减系数量：

a. 对于试样厚度范围为 $2N < T \leqslant 200mm$ 的被测试件，可用比较多次脉冲反射回波高度系数的方法测定其衰减系数 α，并用式（3-50）计算：

$$\alpha = \frac{V_{m-n} - 20\lg\dfrac{n}{m}}{2(n-m)T} \tag{3-50}$$

式中，V_{m-n} 表示试样第 m 次与第 n 次底面回波高度的 dB 差；α 为材料中单声程的衰减系数。

b. 对于试样厚度范围为 $T > 200mm$ 的被测试件，可用第一次与第二次底面回波高度 dB 差来计算，则式（3-50）可改写为：

$$\alpha = \frac{\dfrac{B_1}{B_2} - 6}{2T} \tag{3-51}$$

3.1.2　超声波检测方法概述

（1）按原理分类

① 脉冲反射法。超声波在传播过程中遇到异质界而产生反射，根据反射波的情况来检测工件缺陷的方法称脉冲反射法。在实际检测中脉冲反射法包括缺陷回波法、底波法和多次底波法三种。人们均是通过分析来自异质界面声能（声压）大小的变化，导致回波高度或者回波次数的改变，从而判断缺陷的量值。

② 穿透法。穿透法是依据脉冲波或连续波穿透试件之后的能量变化判断缺陷的状况，从而确定缺陷的量值。穿透法采用两个探头，一个作发射，一个作接收，分别在试件的两侧（或端）进行探测。

（2）按波形分类

① 直射纵波法。使用直探头发射纵波进行检测的方法称为纵波法。此法主要用于进行铸件、锻件、板材的检测。由于纵波直探头检测一般波形和传播方向不变，所以缺陷定位简单明了。

② 斜射横波法。将纵波通过楔块介质斜入射至试件表面，产生波形转换所得横波进行检测的方法称为横波法。焊缝检测的斜探头横波法就是这种方法的运用。此法还可用于管材检测，并可作为一种非常有效的辅助检测以发现纵波直探头法不易发现的缺陷。

（3）按探头数目分类

① 单探头法。采用一个探头既作发射又作接收超声波的方法称为单探头法。由于此法能检出大多数缺陷且操作简单，所以是目前最常用的方法。单探头法对于与波束轴线相垂直的缺陷，检测效果最佳。而对于与波形轴线倾斜的缺陷，可能只收到部分回波或回波全反射。导致该缺陷无法被检测出。

② 多探头法。超声波检测时，在试件上放置两个以上的探头，并且往往成对组合进行

检测的方法，称为多探头法。多探头法可进行手动检测，而更多的是与多通道仪器和自动扫描装置配合使用。

（4）按探头接触方式分类

① 接触法。在检测时，将探头通过薄层液态偶合剂直接与试件相接触，称为接触法。这种方法操作简单，检出灵敏度较高，是在实际检测中用得最多的方法。由于探头与试件接触，所以对试件表面光洁度要求较高。

② 液浸法。对于形状规则及批量性的试件宜采用液浸法检测，可实现检测自动化，大大提高了检测速度。液浸法就是探头与探测面之间有一层液体（通常是水）导声层，根据工件和探头浸没形式，可分为全没液浸法、局部液浸法两种。液浸法最适宜于检测大批量的板材、管材以及表面较粗糙的试件。

（5）按显示方式分类 超声波检测按缺陷显示方式可分成 A 型、B 型、C 型显示三类。

3.1.3 超声波检测仪器和探头

（1）超声波检测仪

超声波检测仪种类繁多，应用最为广泛的当是 A 型显示、脉冲反射式、单通道工作、携带式检测仪。其中有模拟式超声波检测仪和数字式超声波检测仪。

① 超声波检测仪的特点。

a. A 型显示屏以横坐标（时间轴）刻度表示超声波往复传播时间（传播距离），纵坐标表示脉冲回波高度，该高度与反射体返回声压成正比。

b. 可用单探头或双探头进行检测，以单通道方式进行工作。

c. 对缺陷定位准确，发现微小缺陷的能力（灵敏度）较高。

d. 在声束覆盖范围内，可同时显示不同声程上的多个缺陷，对相邻缺陷有一定分辨能力。

e. 适应性较广，配以不同探头可对工件做纵波、横波、表面波和板波检测。

f. 设备轻便、便于携带和现场使用。

g. 只能以回波高低来表示反射体的反射量，因此缺陷量值显示不直观，检测结果不连续，且不易记录和存档。

h. 检测结果受人为因素影响较大，对操作者技术水平要求较高。

② 超声波检测仪的一般工作原理和基本组成。

a. 超声波检测仪的简单电路方框图见图 3-25。

b. 同步电路是超声检测仪的心脏和指挥中心，它决定着检测仪的重复频率。

c. 发射电路发射高频电脉冲，加到探头晶片上，使晶片产生振动，激发出超声波。

d. 扫描电路使显示屏上出现一条明亮的时基线，也就是时间轴和水平扫描线。它控制着扫描速度，决定着仪器的探测范围。

e. 接收放大线路将探头产生的微弱回波信号电压放大到显示屏的纵坐标方向以显示工作电压。它控制着仪器的增益和衰减。

（2）超声波探头 在超声波检测中，超声波的发射和接收是通过探头来实现的。超声波探头的基本工作原理是利用了压电晶片的压电效应。

① 压电效应。某些晶体材料在交变拉压应力作用下，产生交变电场的效应称为正压电效应，反之当晶体材料在交变电场作用下，产生伸缩变形的效应称为逆压电效应，正逆压电效应统称为压电效应。超声波探头中的

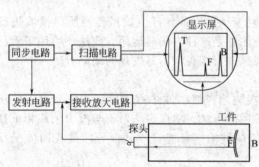

图 3-25　超声波检测仪的工作原理简图

压电晶片具有压电效应，当高频电脉冲激励压电晶片时，发生逆压电效应，将电能转换为声能（机械能），探头发射超声波，当探头接收超声波时，发生正压电效应，将声能转换成电能。不难看出超声波探头在工作时实现了电能和声能的相互转换，因此常把探头叫作换能器。

② 居里温度 T_0。压电材料与磁性材料一样，其压电效应与温度有关。它只能在一定的温度范围内产生，超过一定温度，压电效应就会消失，使压电材料的压电效应消失的温度称为压电材料的居里温度，用 T_0 表示。

③ 探头的种类和结构。

a. 纵波直探头：见图 3-26。

主要用于钢板、锻件和铸件检测。保护膜分为硬保护膜和软保护膜。硬保护膜用于表面光洁度高的工件表面，软保护膜用于表面光洁度不高或有一定曲率的表面。

b. 斜探头：见图 3-27。

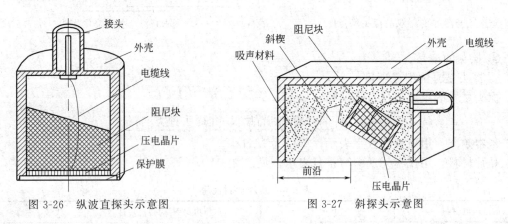

图 3-26 纵波直探头示意图 　　　　图 3-27 斜探头示意图

斜探头可分为纵波斜探头、横波斜探头和表面波斜探头三种。最常用的是横波斜探头。横波斜探头主要用于焊缝检测和某些特殊部件的检测。横波斜探头内部有透声斜楔，它的主要作用是实现波型转换，将晶片产生的纵波转换为横波。探头入射点 O 到探头前端的距离称为探头的前沿，为利于焊缝检测，横波斜探头的前沿越小越好，因此定做探头时须注意这一点。

c. 双晶探头（分割探头）：见图 3-28。

双晶探头（分割探头）可分为双晶纵波探头和双晶横波探头两种。双晶探头（分割探头）主要用于近表面缺陷的检测。双晶探头（分割探头）杂波少、盲区小、近场长度小和探测灵敏度高。双晶探头（分割探头）的探测范围可调，双晶探头检测时，对于位于菱形 $abcd$ 内的缺陷灵敏度高，可通过改变入射角 α_L 的大小来调整。α_L 增大，菱形 $abcd$ 向表面移动，即焦点 F 向表面移动；α_L 减小，菱形 $abcd$ 向内部移动，即焦点 F 向内部移动。双晶探头（分割探头）上标有探测深度，选择探头时，最好使探测部位位于标注的探测深度附近。

d. 聚焦探头：聚焦探头按焦点形状分为点聚焦探头和线聚焦探头两类。点聚焦的理想焦点为一点，其声透镜为球面。线聚焦的理想焦点为一条线，其声透镜为柱面。聚焦探头按耦合情况分为水浸聚焦探头（如图 3-29）和接触聚焦探头两种。水浸聚焦探头以水为耦合介质，探头不与工件直接接触。接触聚焦探头通过薄层耦合介质与工件接触。接触聚焦根据聚焦方式不同又分为透镜式聚焦、反射式聚焦和曲面晶片聚焦三种。水浸聚焦探头主要用于板材和管材检测；点聚焦探头用于测量缺陷高度，准确度较高。

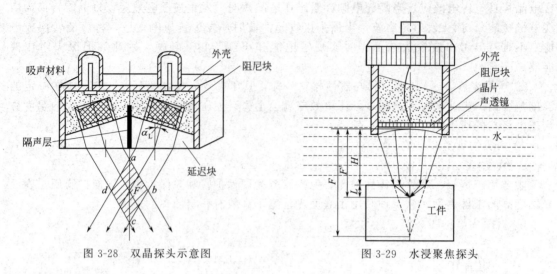

图 3-28　双晶探头示意图　　　　图 3-29　水浸聚焦探头

④ 探头的型号。

a. 探头型号的组成项目：

探头型号的组成项目及排列顺序如下：

$$\boxed{基本频率}\ \boxed{晶片材料}\ \boxed{晶片尺寸}\ \boxed{探头种类}\ \boxed{特征}$$

基本频率：用阿拉伯数字表示，单位为 MHz。

晶片材料：用化学元素缩写符号表示，见表 3-6。

表 3-6　晶片材料代号

压电材料	代号	压电材料	代号
锆钛酸铅陶瓷	P	碘酸锂单晶	I
钛酸钡陶瓷	B	石英单晶	Q
钛酸铅陶瓷	T	其它压电材料	N
铌酸锂单晶	L		

晶片尺寸：用阿拉伯数字表示，单位为 mm。其中圆晶片用直径表示，方晶片用长×宽表示，双晶探头晶片用分割前的尺寸表示。

探头种类：用汉语拼音缩写字母表示，见表 3-7。直探头也可不标。

表 3-7　探头种类代号

种类	代号	种类	代号
直探头	Z	水浸探头	SJ
斜探头（用 K 值表示）	K	表面波探头	BM
斜探头（用折射角表示）	X	可变角度探头	KB
分割探头	FG		

特征：用阿拉伯数字表示。斜探头为钢中折射角正切值，双晶探头为钢中声束交叉区深度，水浸探头为水中焦距。后缀 DJ 表示点聚焦，XJ 表示线聚焦。

b. 举例：

探头 2.5B20Z

2.5——表示"频率2.5MHz";

B——表示"钛酸钡陶瓷";

20——表示"圆晶片直径20mm";

Z——表示"直探头"。

探头5P12×14K2.5

5——表示"频率5MHz";

P——表示"锆钛酸铅陶瓷";

12×14——表示"矩形晶片12mm×14mm";

K2.5——表示"K值为2.5"。

探头5T20FG10Z

5——表示"频率5MHz";

T——表示"钛酸铅陶瓷";

20——表示"圆晶片直径20mm（分割前尺寸）";

FG——表示"分割探头";

10Z——表示"钢中交叉区深10mm（直探头）"。

（3）超声检测系统的性能 超声检测系统的性能包括仪器的性能、探头的性能以及仪器和探头的组合性能三部分。

① 仪器的性能主要有垂直线性、水平线性、动态范围以及数字仪器的重复频率。

② 探头的性能主要有频率特性、距离幅度特性、声束特性还有斜探头的入射点、前沿距离和折射角等。

③ 仪器和探头的组合性能主要有灵敏度、盲区、分辨力和信噪比等。

仪器的性能由国家专门的计量部门进行测试，并将测试结果注明在计量证书上。根据标准规定的测试方法，检测人员自己测试探头的性能以及仪器和探头的组合性能，检查测试结果是否符合标准要求。

3.1.4 超声波检测试块

（1）试块的分类

① 标准试块。标准试块是由权威机构制定的试块，试块材质、形状、尺寸及表面状态都由权威部门统一规定。如国际焊接学会ⅡW试块和ⅡW2试块。NB/T 47013.3—2015标准采用的试块：钢板用标准试块CBⅠ、CBⅡ，锻件用标准试块CSⅠ、CSⅡ、CSⅢ，焊缝用标准试块CSK-ⅠA、CSK-ⅡA、CSK-ⅢA、CSK-ⅣA。

② 对比试块。对比试块是由各部门按某些具体检测对象制定的试块。

（2）试块的要求和维护

① 试块的要求。试块材质应均匀，内部杂质少，无影响使用的缺陷。加工容易，不易变形和锈蚀，具有良好的声学性能。试块的平行度、垂直度、光洁度和尺寸精度都要符合一定的要求。标准试块要用平炉镇静钢或电炉软钢制作，如20号碳钢。对比试块材质尽可能与被检工件相同或相近。

② 试块的维护。

a. 试块应在适当部位编号，以防混淆。

b. 试块在使用和搬运过程中应注意保护，防止碰伤或擦伤。

c. 使用试块时应注意清除反射体内的油污和锈蚀。常用沾油布将锈蚀部位抛光，或用合适的去锈剂处理。平底孔在清洗干燥后用尼龙塞或胶合剂封口。

d. 注意防止试块锈蚀，使用后停放时间较长，要涂敷防锈剂。

e. 注意防止试块变形，如避免火烤，平板试块尽可能立放、防止重压。

（3）国内外常用试块简介

国内外无损检测界根据不同的应用目的设计和制作了大量的试块。这些试块有国际组织推荐的，有国家或部颁标准规定的，有行业或厂家自行规定的。下面选择国内外常用的几种试块加以介绍。

① ⅡW 试块。ⅡW 试块是国际焊接学会标准试块（ⅡW 是国际焊接学会的缩写），该试块是荷兰代表首先提出来的，故称荷兰试块。该试块形状似船形，因此又叫船形试块。ⅡW 试块结构尺寸见图 3-30。

ⅡW 试块材质为 20 号钢，正火处理，晶粒度 7～8 级。

ⅡW 试块的主要用途如下：

a. 调整纵波探测范围和扫描速度（时基线比例）：利用试块上 25 和 100 调。

b. 测量仪器的水平线性、垂直线性和动态范围：利用试块上 25 或 100 测。

c. 测量直探头和仪器的分辨力：利用试块上 85、91 和 100 测。

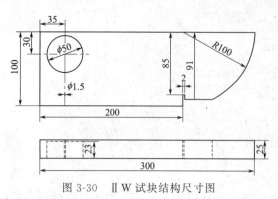

图 3-30　ⅡW 试块结构尺寸图

d. 测量直探头和仪器组合后的穿透能力：利用 $\phi 50$ 有机玻璃块底面的多次反射波测。

e. 测量直探头与仪器的盲区范围：利用试块上 $\phi 50$ 有机玻璃圆弧面与侧面间距 5 和 10 测。

f. 测量斜探头的入射点：利用试块上 R100 圆弧面测。

g. 测量斜探头的折射角：折射角在 35°～76°范围内用 $\phi 50$ 孔测。折射角在 74°～80°范围内用 $\phi 1.5$ 圆孔测。

h. 测量斜探头和仪器的灵敏度余量：利用试块 R100 或 $\phi 1.5$ 测。

i. 调整横波探测范围和扫描速度：由于纵波声程 91 相当于横波声程 50，因此可以利用试块上 91 来调整横波的探测范围和扫描速度。例如横波 1：1，先用直探头对准 91 底面，使底波 B1、B2 分别对准 50、100，然后换上横波探头并对准 R100 圆弧面，找到最高回波，并调至 100 即可。

j. 测量斜探头声束轴线的偏离：利用试块的直角棱边测。

② ⅡW2 试块。ⅡW 试块用途较广，但也有一些不足，对此一些国家做了小的修改作为本国的标准试块。如德国和日本在 R100 圆心处两侧加开宽为 0.5 深为 2 的沟槽，借以获得 R100 圆弧面的多次反射，这就克服了ⅡW 试块调整横波探测范围和扫描速度不便的缺点。ⅡW2 试块也是荷兰代表提出来的国际焊接学会标准试块，由于外形类似牛角，故又称牛角试块。与ⅡW 试块相比，ⅡW2 试块重量轻、尺寸小、形状简单、容易加工和便于携带，但功能不及ⅡW 试块。ⅡW2 试块的材质同ⅡW。ⅡW2 试块的结构尺寸和反射特点见图 3-31。

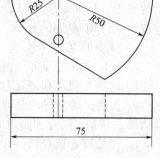

图 3-31　ⅡW2 试块

放斜探头对准 R25 时，R25 反射回波一部分被探头接收，显示 B1；另一部分反射至 R50，然后又返回探头，但这时不能被接收，因此无回波。当此反射波再次经 R25 反射回到探头时才能被接收，这时显示 B2，它与 B1 的间距为 R25＋R50。以后各次回波间距均为 R25＋R50。

ⅡW2 试块的主要用途如下：

a. 测定斜探头的入射点：利用 $R25$ 与 $R50$ 圆弧反射面测。

b. 测定斜探头的折射角：利用 $\phi5$ 横通孔测。

c. 测定仪器水平、垂直线性和动态范围：利用厚度 12.5 测。

d. 调整探测范围和扫描速度：纵波直探头利用 12.5 底面多次反射调，横波斜探头利用 $R25$ 和 $R50$ 调。

e. 测定仪器和探头的组合灵敏度：利用 $\phi5$ 或 $R50$ 圆弧面测。

3.2 超声波检测通用技术

3.2.1 检测仪的调节

（1）扫描速度的调节 仪器示波屏上时基扫描线的水平刻度值 τ 与实际声程 x（单程）的比例关系，即 $\tau : x = 1 : n$，称为扫描速度或时基扫描比例。如扫描速度 1：2 表示仪器示波屏上水平刻度 1mm 代表实际声程 2mm。检测前应根据探测范围来调节扫描速度，以便在规定的范围内发现缺陷并对缺陷定位。调节扫描速度的一般方法是根据探测范围利用已知尺寸的试块或工件上的两次不同反射波的前沿分别对准相应的水平刻度值来实现。由于始波与一次反射波的距离包括超声波通过保护膜、耦合剂（直探头）或有机玻璃斜楔（斜探头）的时间，这样调节扫描速度误差大，所以不能利用一次反射波和始波来调节，下面介绍纵波、横波、检测时扫描速度的调节方法。

① 纵波检测一般按纵波声程来调节扫描速度，具体调节方法是：将纵波探头对准厚度适当的平底面或曲底面，使两次不同的底波分别对准相应的水平刻度值。例如探测厚度为 400mm 的饼形锻件，扫描速度为 1：5，先利用ⅡW 试块来调节。将探头对准试块上厚为 100mm 的底面，调节仪器上"深度微调""脉冲移位"等旋钮，使底波 B2、B4 分别对准水平刻度 40、80。这时扫描线水平刻度值与实际声程的比例正好为 1：5。

② 横波扫描速度的调节。横波检测时，缺陷位置可由折射角 β 和声程 x 来确定，也可由缺陷的水平距离 l 和深度 d 来确定。一般横波扫描速度的调节方法有三种：声程调节法、水平调节法和深度调节法。

a. 声程调节法：声程调节法是使示波屏上的水平刻度值 τ 与横波声程 x 成比例，即 $\tau : x = 1 : n$。这时仪器示波屏上直接显示横波声程。按声程调节横波扫描速度可在 CSK-ⅠA、ⅡW2、半圆试块以及其他试块或工件上进行。例如在 CSK-ⅠA 试块上将横波探头对准 $R50$ 和 $R100$ 圆弧面，使回波 B1（$R50$）对 50，B2（$R100$）对 100，这样横波扫描速度 1：1 和"0"点就校准调好了。

b. 水平调节法：水平调节法是指示波屏上水平刻度值 τ 与反射体的水平距离 x 成比例，即 $\tau : x = 1 : n$。这时示波屏水平刻度值直接显示反射体的水平投影距离，简称水平距离，多用于薄板工件焊缝横波检测。按水平距离调节横波扫描速度可在 CSK-ⅠA 试块、半圆试块、横孔试块上进行。

利用 CSK-ⅠA 试块调节：先计算 $R50$、$R100$ 对应的水平距离 l_1、l_2，如式（3-52）所示。

$$l_1 = \frac{KR50}{\sqrt{1+K^2}}$$

$$l_2 = \frac{KR100}{\sqrt{1+K^2}} = 2l_1 \tag{3-52}$$

式中，K 为斜探头的 K 值（实测值）。

然后将探头对准 $R50$、$R100$，调节仪器使 B_1、B_2 分别对准水平刻度 l_1、l_2。当 $K=1.0$ 时，$l_1=35mm$，$l_2=70mm$，若使 B_1 对准水平刻度 35mm 处，B_2 对准 70mm 处，则水平 $1:1$。

利用 $R50$ 半圆试块调节：先计算 B_1、B_2 对应的水平距离 l_1、l_2：

$$l_1 = \frac{KR}{\sqrt{1+K^2}} \tag{3-53}$$

$$l_2 = \frac{3KR}{\sqrt{1+K^2}} = 3l_1$$

然后将探头对准 $R50$ 圆弧，调节仪器使 B_1、B_2 分别对准水平刻度 l_1、l_2。当 $K=1.0$ 时，$l_1=35mm$，$l_2=105mm$。先使 B_1、B_2 分别对准 0mm、70mm，再调"脉冲移位"使 B_1 对准 35mm，则水平为 $1:1$。

利用横孔试块调节：以 CSK-ⅢA 试块为例，设探头的 $K=1.5$，并计算深度为 20mm、60mm 的 $\phi1\times6$ 对应水平距离 l_1、l_2：

$$l_1 = Kd_1 = 1.5 \times 20 = 30$$

$$l_2 = Kd_2 = 1.5 \times 60 = 90$$

调节仪器使深度为 20mm、60mm 的 $\phi1\times6$ 的回波 H_1、H_2 分别对准水平刻度 30mm、90mm，这时水平 $1:1$ 就调好了。需要指出的是，这里 H_1、H_2 不是同时出现的，当 H_1 对准 30 时，H_2 不一定正好对准 90mm，因此往往要反复调试，直至 H_1 对准 30mm、H_2 正好对准 90mm。

c. 深度调节法：深度调节法是使示波屏上的水平刻度值 τ 与反射体深度 d 成比例，即 $\tau:d=1:n$，这时示波屏水平刻度值直接显示深度距离。常用于较厚工件焊缝的横波检测。按深度调节横波扫描速度可在 CSK-ⅠA 试块、半圆试块和横孔试块等试块上调节。

利用 CSK-ⅠA 试块调节：先计算 $R50$、$R100$ 圆弧反射波 B_1、B_2 对应的深 d_1、d_2：

$$d_1 = \frac{R50}{\sqrt{1+K^2}}$$

$$d_2 = \frac{R100}{\sqrt{1+K^2}} = 2d_1 \tag{3-54}$$

然后调节仪器使 B_1、B_2 分别对准水平刻度值 d_1、d_2。当 $K=2.0$ 时，$d_1=22.4mm$，$d_2=44.8mm$。调节仪器使 B_1、B_2 分别对准水平刻度 22.4mm、44.8mm，则深度 $1:1$ 就调好了。

利用 $R50$ 半圆试块调节：先计算半圆试块 B_1、B_2 对应的深度 d_1、d_2：

$$d_1 = \frac{R}{\sqrt{1+K^2}}$$

$$d_2 = \frac{3R}{\sqrt{1+K^2}} \tag{3-55}$$

然后调节仪器使 B_1、B_2 分别对准水平刻度值 d_1、d_2 即可，这时深度 $1:1$ 调好。

利用横孔试块调节：探头分别对准深度 $d_1=40mm$、$d_2=80mm$ 的 CSK-ⅠA 试块上的 1×6 横孔，调节仪器使 d_1、d_2 对应的 $\phi1\times6$ 回波 H_1、H_2 分别对准水平刻度 40mm、80mm，这时深度 $1:1$ 就调好了。这里同样要注意反复调试，使 H_1 对准 40mm 时的 H_2 正好对准 80mm。

（2）检测灵敏度的调节　检测灵敏度是指在确定的声程范围内发现规定大小缺陷的能力，一般根据产品技术要求或有关标准确定。可通过调节仪器上的"增益""衰减器""发射强度"等灵敏度旋钮来实现。调整检测灵敏度的目的在于发现工件中规定大小的缺陷，并对缺陷定量。检测灵敏度太高或太低都对检测不利。灵敏度太高，示波屏上杂波多，判伤困难。灵敏度太低，容易引起漏检。

实际检测中，在粗探时为了提高扫查速度而又不致引起漏检。常常将检测灵敏度适当提高，这种在检测灵敏度的基础上适当提高后的灵敏度叫作搜索灵敏度或扫查灵敏度。调整检测灵敏度的常用方法有试块调整法和工件底波调整法两种。

① 试块调整法。根据工件对灵敏度的要求选择相应的试块，将探头对准试块上的人工缺陷调整仪器上的有关灵敏度旋钮，使示波屏上人工缺陷的最高反射回波达基准高，这时灵敏度就调好了。例如，压力容器用钢板是利用 $\phi5$ 平底孔来调整灵敏度的。具体方法是：探头对准 $\phi5$ 平底孔，"衰减器"保留一定的衰减余量，调"增益"使 $\phi5$ 平底孔最高回波达示波屏满幅度80%或60%高，这时检测灵敏度就调好了。又如，超声波检测厚度为 100mm 的锻件，检测灵敏度要求是：不允许存在 $\phi2$ 平底孔当量大小的缺陷，检测灵敏度的调整方法是：先加工一块材质、表面光洁度、声程与工件相同的 $\phi2$ 平底孔试块，将探头对准 $\phi2$ 平底孔，仪器保留一定的衰减余量，调"增益"使 $\phi2$ 平底孔的最高回波达80%或60%高，这时检测灵敏度就调好了。

② 工件底波调整法。利用试块调整灵敏度，操作简单方便，但需要加工不同声程、不同当量尺寸的试块，成本高，携带不便，同时还要考虑工件与试块因耦合和衰减不同进行补偿。如果利用工件底波来调整检测灵敏度，那么既不要加工任何试块，又不需要进行补偿。利用工件底波调整检测灵敏度是根据工件底面回波与同深度的人工缺陷（如平底孔）回波分贝差为定值，这个定值可以由下述理论公式计算出来。

$$\Delta = 20\lg\frac{P_B}{P_f} = 20\lg\frac{2\lambda x}{\pi D_f^2} \quad (x \geqslant 3N) \tag{3-56}$$

式中　x——工件厚度；

　　　D_f——要求探出的最小平底孔尺寸。

由于理论公式只适用于 $x \geqslant 3N$ 的情况，因此利用工件底波调灵敏度的方法也只能用于厚度尺寸 $x \geqslant 3N$ 的工件，同时要求工件具有平行底面或圆柱曲底面，且底面光洁干净。当底面粗糙或有水油时，将使底面反射率降低，底波下降，这样调整的灵敏度将会偏高。利用工件底波调整检测灵敏度时，将探头对准工件底面，仪器保留足够的衰减余量，一般大于 $\Delta + (6 \sim 10)$dB（考虑扫查灵敏度），调"增益"使底波 B_1 最高达到基准高如80%，然后用"衰减器"增益配 ΔdB，这时检测灵敏度就调好了。

利用试块和底波调整检测灵敏度的方法应用条件不同。利用底波调整检测灵敏度的方法主要用于具有平底面或曲底面大型工件的检测，如锻件检测。利用试块调整检测灵敏度的方法主要用于无底波和厚度尺寸小于 3N 的工件检测，如焊缝检测、钢板检测、钢管检测等。

3.2.2　缺陷位置的测定

超声波检测中缺陷位置的测定是确定缺陷在工件中的位置，简称定位。一般可根据示波屏上缺陷波的水平刻度值与扫描速度来对缺陷定位。

(1) 纵波（直探头）检测时缺陷定位　仪器按 $1:n$ 调节纵波扫描速度，缺陷波前沿所对的水平刻度值为 τ_f，测缺陷至探头的距离 x_f 为：

$$x_f = n\tau_f \tag{3-57}$$

例如用纵波直探头检测某工件，仪器按 $1:2$ 调节纵波扫描速度，检测中示波屏上水平刻度值 50 处出现一缺陷波，那么此缺陷至探头的距离 x_f 为

$$x_f = n\tau_f = 2 \times 50 = 100\text{mm}$$

(2) 表面波检测时缺陷定位　表面波检测时，缺陷位置的确定方法基本同纵波。只是缺陷位于工件表面。并正对探头中心轴线。例如表面波检测某工件，仪器按 $1:1$ 调节表面波

扫描速度。检测中在示波屏水平刻度 60 处出现一缺陷波，则此缺陷至探头前沿距离 x_f 为：

$$x_f = n\tau_f = 1 \times 60 = 60\text{mm}$$

（3）横波检测面为平面时缺陷定位　横波斜探头检测平面时，波束轴线在探测面处发生折射，工件中缺陷的位置由探头的折射角和声程确定或由缺陷的水平和垂直方向的投影来确定。由于横波扫描速度可按声程、水平、深度来调节，因此缺陷定位的方法也不一样。下面分别加以介绍。

① 按声程调节扫描速度时。仪器按声程 $1:n$ 调节横波扫描速度，缺陷波水平刻度为 x_f。

直射波检测时，见图 3-32(a)，缺陷至入射点的声程 $x_f = n\tau_f$，如果忽略横孔直径，则缺陷在工件中的水平距离 l_f 和深度 d_f 为：

$$l_f = x_f \sin\beta = n\tau_f \sin\beta$$
$$d_f = x_f \cos\beta = n\tau_f \cos\beta \tag{3-58}$$

一次反射波检测时，见图 3-32(b)。缺陷至入射点的声程 $x_f = n\tau_f$，则缺陷在工件中的水平距离 l_f 和深度 d_f 为：

$$l_f = x_f \sin\beta = n\tau_f \sin\beta \tag{3-59}$$
$$d_f = 2T - x_f \cos\beta = 2T - n\tau_f \cos\beta$$

式中　T——工件厚度；

　　　β——探头横波折射角。

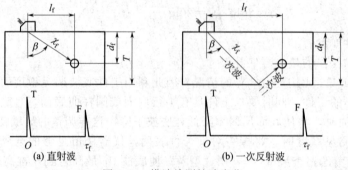

(a) 直射波　　　　　　　　　　(b) 一次反射波

图 3-32　横波检测缺陷定位

② 按水平调节扫描速度时。仪器按水平距离 $1:n$ 调节横波扫描速度，缺陷波的水平刻度值为 τ_f，采用 K 值探头检测。

直射波检测时，缺陷在工件中的水平距离 l_f 和深度 d_f 为：

$$l_f = n\tau_f$$
$$d_f = \frac{l_f}{K} = \frac{n\tau_f}{K} \tag{3-60}$$

一次反射波检测时，缺陷波在工件中的水平距离 l_f 和深度 d_f 为：

$$l_f = n\tau_f$$
$$d_f = 2T - \frac{l_f}{K} = 2T - \frac{n\tau_f}{K} \tag{3-61}$$

③ 按深度调节扫描速度时。仪器按深度 $1:n$ 调节横波扫描速度，缺陷波的水平刻度值为 τ_f，采用 K 值探头检测。直射波检测时，缺陷在工件中的水平距离 l_f 和深度 d_f 为：

$$l_f = Kn\tau_f$$
$$d_f = n\tau_f \tag{3-62}$$

一次反射波检测时，缺陷在工件中的水平距离 l_f 和深度 d_f 为：

$$l_f = Kn\tau_f$$

$$d_f = 2T - n\tau_f \tag{3-63}$$

（4）横波周向探测圆柱曲面时缺陷定位　当横波探测圆柱面时。若沿周向探测，缺陷定位则与平面不同。下面简单介绍外圆和内壁探测两种情况。

① 外圆周向探测。外圆周向探测圆柱曲面时，缺陷的位置由深度 H 和弧长 $\widehat{L}$ 来确定，见图 3-33。显然 H、$\widehat{L}$ 与平板工件中缺陷的深度 d 和水平距离 l 是有较大差别的。

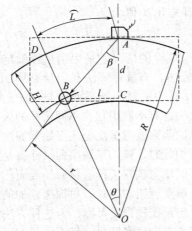

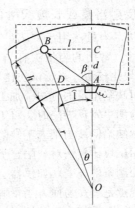

图 3-33　外圆周向探测定位　　　　图 3-34　内壁周向探测定位

图 3-33 中：

$AC = d$（平板工件中缺陷深度）；

$BC = d\tan\beta = Kd = l$（平板工件中缺陷水平距离）；

$AO = R$，$CO = R - d$。

$$\tan\theta = \frac{Kd}{R - d}, \quad \theta = \arctan\frac{Kd}{R - d}$$

$$BO = \sqrt{(Kd)^2 + (R - d)^2}$$

从而可得：

$$H = OD - OB = R - \sqrt{(Kd)^2 + (R - d)^2}$$

$$\widehat{L} = \frac{R\pi\theta}{180°} = \frac{R\pi}{180°}\arctan\frac{Kd}{R - d} \tag{3-64}$$

经对不同直径的工件和不同深度的 d 值的计算，得出当探头从圆柱曲面外壁做周向探测时，弧长 $\widehat{L}$ 总比水平距离 l 值大，但深度 H 却总比 d 值小，而且差值随 d 值增加而增大。

② 内壁周向探测。内壁周向探测圆柱曲面时，缺陷的位置由深度 h 和弧长 $\hat{l}$ 来确定见图 3-34，这里的 h 和 $\hat{l}$ 与平板工件中缺陷深度 d 和水平距离 l 是有较大差别的。

图 3-34 中：

$AC = d$（平板工件中缺陷的深度）；

$BC = d\tan\beta = Kd = l$（平板工件中缺陷的水平距离）；

$AO = r$，$CO = r + d$。

$$\tan\theta=\frac{BC}{OC}=\frac{Kd}{r+d},\quad \theta=\arctan\frac{Kd}{r+d}$$

$$BO=\sqrt{(Kd)^2+(r+d)^2}$$

从而可得：

$$h=OB-OD=\sqrt{(Kd)^2+(r+d)^2}-r$$

$$\hat{l}=\frac{r\pi\theta}{180°}=\frac{r\pi}{180°}\arctan\frac{Kd}{r+d} \tag{3-65}$$

经对不同直径的工件和不同深度的 d 值的计算，得出当探头从圆柱曲面内壁作周向探测时，弧长 $\hat{l}$ 总比水平距离 l 值小，但深度 h 却总比 d 值大。

3.2.3 缺陷反射当量或长度尺寸的测定

（1）当量法　当量法用于缺陷尺寸小于声束截面的情况，采用当量法确定的缺陷尺寸是缺陷的当量尺寸。常用的当量法有当量试块比较法、当量计算法和当量 AVG 曲线法。

① 当量试块比较法。当量试块比较法是将工件中的自然缺陷回波与试块上的人工缺陷回波进行比较来对缺陷定量的方法。加工制作一系列含有不同声程、不同尺寸的人工缺陷（如平底孔）试块，检测中发现缺陷时，将工件中自然缺陷回波与试块上人工缺陷回波进行比较。当同声程处的自然缺陷回波与某人工缺陷回波高度相等时，该人工缺陷的尺寸就是此自然缺陷的当量大小。利用试块比较法对缺陷定量要尽量使试块与被探工件的材质、表面粗糙度和形状一致，并且其他探测条件不变，如仪器、探头、灵敏度旋钮的位置、对探头施加的压力等。当量试块比较法的优点是直观易懂，当量概念明确，定量比较稳妥可靠。但这种方法需要制作大量试块，成本高，同时操作也比较烦琐，现场检测要携带很多试块，很不方便。因此当量试块比较法应用不多，仅在 $x<3N$ 的情况下或特别重要零件的精确定量时应用。

② 当量计算法。当 $x\geqslant 3N$ 时，规则反射体的回波声压变化规律基本符合理论回波声压公式。当量计算法就是根据检测中测得的缺陷波高的 dB 值，利用各种规则反射体的理论回波声压公式进行计算来确定缺陷当量尺寸的定量方法。应用当量计算法对缺陷定量不需要任何试块，是目前广泛应用的一种当量法。下面以纵波检测为例来说明平底孔当量计算法。

平底孔和大平底面的回波声压公式为

$$P_{\mathrm{B}}=\frac{P_0 F_{\mathrm{S}}}{2\lambda x_{\mathrm{B}}}\mathrm{e}^{-\frac{2\alpha x}{8.68}}（大平底\ x\geqslant 3N）$$

$$P_{\mathrm{f}}=\frac{P_0 F_{\mathrm{S}} F_{\mathrm{f}}}{\lambda^2 x_{\mathrm{f}}^2}\mathrm{e}^{-\frac{2\alpha x_{\mathrm{f}}}{8.68}}（平底孔\ x\geqslant 3N）$$

不同距离处的大平底与平底孔回波分贝差为

$$\Delta=20\lg\frac{P_{\mathrm{B}}}{P_{\mathrm{f}}}=20\lg\frac{2\lambda x_{\mathrm{f}}^2}{\pi D_{\mathrm{f}}^2 x_{\mathrm{B}}}+2\alpha(x_{\mathrm{f}}-x_{\mathrm{B}}) \tag{3-66}$$

式中　Δ——底波与缺陷波的 dB 差；

　　　　x_{f}——缺陷至探测面的距离；

　　　　x_{B}——底面至探侧面的距离；

　　　　D_{f}——缺陷的当量平底孔直径；

　　　　λ——波长；

　　　　α——材质衰减系数（单程）。

不同平底孔回波分贝差为

$$\Delta_{12}=20\lg\frac{P_{\mathrm{f}1}}{P_{\mathrm{f}2}}=40\lg\frac{D_{\mathrm{f}1}x_2}{D_{\mathrm{f}2}x_1}+2\alpha(x_2-x_1) \tag{3-67}$$

式中　Δ_{12}——平底孔1、2的dB差；

　D_{f1}、D_{f2}——平底孔1、2的当量直径；

　x_1、x_2——平底孔1、2的距离。

利用以上两式和测试结果可以算出缺陷的当量平底孔尺寸。

（2）测长法　当工件中缺陷尺寸大于声束截面时，一般采用测长法来确定缺陷的长度。测长法是根据缺陷波高与探头移动距离来确定缺陷的尺寸。按规定的方法测定的缺陷长度称为缺陷的指示长度。由于实际工件中缺陷的取向、性质、表面状态等都会影响缺陷回波高，因此缺陷的指示长度总是小于或等于缺陷的实际长度。

根据测定缺陷长度时的灵敏度基准不同将测长法分为相对灵敏度法、绝对灵敏度法和端点峰值法。

① 相对灵敏度测长法。相对灵敏度测长法是以缺陷最高回波为相对基准、沿缺陷的长度方向移动探头，降低一定的dB值来测定缺陷的长度，常用-6dB法和端点-6dB法。

a. -6dB法（又称为半波高度法）：由于波高降低-6dB后正好为原来的一半，因此-6dB法又称为半波高度法。半波高度法具体操作是移动探头找到缺陷的最大反射波，调节仪器使其达到某一基准高，然后沿缺陷的方向左右移动探头，当缺陷波高降低一半时，探头中心线之间距离就是缺陷的指示长度。-6dB法具体操作是移动探头找到缺陷的最大反射波，调节仪器使缺陷波高降至基准波高，然后将灵敏度提高6dB，沿缺陷的方向左右移动探头，当缺陷波高至基准波高时，探头中心线之间距离就是缺陷的指示长度，见图3-35。-6dB法和半波高度法适应于侧长扫查过程中缺陷波只有一个高点的情况。

b. 端点-6dB法：当缺陷各部分反射有很大变化时，测长采用端点-6dB法。具体操作是当发现缺陷后，探头沿缺陷的方向左右移动，找到缺陷两端的最大反射波，分别以这两个端点反射波高为基准，继续向左、向右移动探头，当端点反射波高降低6dB（或一半）时，探头中心线之间的距离就是缺陷的指示长度，见图3-36。端点-6dB法适应于侧长扫查过程中缺陷波有多个高点的情况。

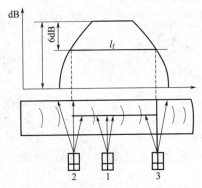

图3-35　-6dB法（半波高度法）测长

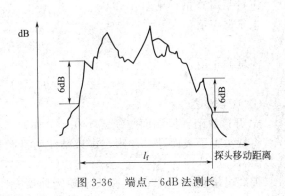

图3-36　端点-6dB法测长

② 绝对灵敏度测长法。绝对灵敏度测长法是在仪器灵敏度一定的条件下，探头沿缺陷长度方向平行移动，当缺陷波高降到规定位置时见图3-37所示B线，探头移动的距离即为缺陷的指示长度。绝对灵敏度测长法测得的缺陷指示长度与测长灵敏度有关，测长灵敏度高，缺陷长度大。在自动检测中常用绝对灵敏度法测长。

3.2.4　缺陷自身高度的测定

承压设备的安全可靠性除与缺陷长度有关外，还与缺陷自身高度有关。在脆性断裂破坏中，有时缺陷高度比长度更为重要。但缺陷高度的测定比长度的测定难度大。缺陷包括表面开口和未开口缺陷，表面开口缺陷又分为上表面开口和下表面开口两种情况。下面介绍常用的三种方法。

（1）采用超声端点衍射波法测定缺陷自身高度

① 一般要求。检测的人员，应接掌握一定的断裂力学和焊接基础知识；掌握端点衍射波法的传播特性，对检测中可能出现的问题能做出正确地分析、判断和处理。端点衍射波法测定应采用直射波法，如确有困难也可用一次反射回波法。灵敏度应根据需要确定，但应使噪声回波高度不超过荧光屏满刻度的 20%。探头原则上应选 K1，2.5～5MHz 探头为宜。双探头测高时，两只探头 K 值与楔块内纵波声程应相同。聚焦斜探头的声束宽度与声束范围等主要技术参数，均应满足所探测缺陷的要求。

② 端点衍射波测定方法。该方法主要根据缺陷端点反射波来辨认衍射回波，并通过缺陷两端点衍射回波之间的延迟时间差值来确定缺陷自身高度，见图 3-38。

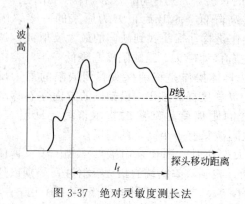

图 3-37 绝对灵敏度测长法

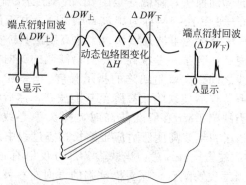

图 3-38 端点衍射回波法测缺陷自身高度

③ 测定程序。

在 CSK-ⅠA、CSK-ⅢA 试块上精确校正时基线。

进行距离修正，见图 3-39。

水平修正值：

$$\Delta L_1 = R\sin\beta \tag{3-68}$$

深度修正值：

$$\Delta H_1 = R\cos\beta \tag{3-69}$$

④ 测定方法。

a. 开口缺陷：探测面与缺陷不在同一面时，见图 3-39。

将探头置于表面开口背侧，声束轴线对准角镜，记录反射回波高度为荧光屏 80% 时的读数 ΔdB。

提高灵敏度 15～25dB，探头沿缺陷伸展方向扫查。声束轴线完全离开缺陷端点的第一个峰值回波，即是端点衍射波。记录端点距探测面距离 ΔDW。

按式（3-69）求出缺陷自身高度 ΔH：

$$\Delta H = \Delta C - \Delta DW \tag{3-70}$$

探测面与缺陷在同一面时：

$$\Delta H = \Delta DW \tag{3-71}$$

b. 焊接接头内部缺陷：单斜探头对焊接接头内部垂直缺陷测高。

探头置于任意探测面，前后缓慢移动探头扫查缺陷，当发现缺陷的上下端点反射波时，再微动探头使缺陷的上端点和下端点后毗邻出现上下端点衍射回波，记录回波位置，按式(3-72)计算缺陷高度。

$$\Delta H = \Delta DW_{下} - \Delta DW_{上} \tag{3-72}$$

单斜探头对焊接接头内部倾斜缺陷测高，如图3-40所示。

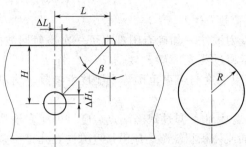

图 3-39 距离修正　　　　　图 3-40 单斜探头对焊接接头内部倾斜缺陷测高方法

在探测 A、B 端点时，使用探头缓慢移动扫查缺陷，在发现 A 点和 B 点衍射回波时，精确测量探头移动距离 L_1，然后再将探头移到对应侧，用以上相同方法测得 L_2。如果 L_1 和 L_2 移动的距离是对称的。这可解释为垂直缺陷。原则上 $L_1 > L_2$ 或者是 $L_2 > L_1$，则是倾斜缺陷。缺陷的倾角 θ 可按式(3-73)计算：

$$\theta = \tan^{-1}[(L - \Delta H \tan\beta)/\Delta H] \tag{3-73}$$

倾斜缺陷按式(3-74)计算其倾斜长度 AB：

$$AB = [(L - \Delta H \tan\beta)^2 + \Delta H_2]^{1/2} \tag{3-74}$$

式中　　　AB——缺陷倾斜长度，mm；

　　　　　ΔH——缺陷倾斜高度，mm；

　　　　　$\tan\beta$——斜探头折射角正切值；

$L(L_1$ 或 $L_2)$——探头从 B 点移动至 A 点的距离，mm。

在缺陷距探测面较深或者是端点衍射信号被端点部的散射波所淹没无法识别时，可选双斜探头 V 形串接法进行测高（见图3-41）。

操作步骤如下：

选择两只相同型号的球晶片聚焦斜探头（或常规探头），且 K 值相同。

用单斜探头确认缺陷的上下端点距探测面的深度。

将探头（探头1）置于缺陷上端点位置，另一只探头（探头2）置于缺陷的另一侧与之相对称的位置，把仪器转换成一发一收工作状态，将反射波辐射调至荧光屏的 80%。

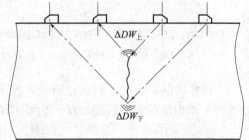

图 3-41 双斜探头 V 形串接法缺陷测高方法

移动探头2，使端点反射波辐射度至荧光屏的 80% 时，固定探头2，移动探头1寻找端点反射波。该信号波幅达到最高或其前方出现新的最高反射波时，固定探头1的位置，再次移动探头2，寻找上端点衍射回波，如此轮流移动两只探头直到最终确认缺陷端点衍射波为止。测定缺陷端点衍射波的时间延迟（时间差值）即可获得缺陷上端点距探测面的深度 $\Delta DW_{上}$。

依次轮流移动两只探头，按上述相同方法寻找缺陷下端点衍射波，即可获得缺陷下端点距探测面的深度 $\Delta DW_{下}$。

按式(3-75)计算缺陷高度：

$$\Delta H = \Delta DW_{\text{下}} - \Delta DW_{\text{上}} \tag{3-75}$$

⑤ 注意的事项。读取缺陷端点衍射回波幅度应为荧光屏纵轴满刻度10%以上的峰值位置。为了保证测高精度，测试值记读小数点后一位数。在记录缺陷高度时，应将仪器闸门确定在端点衍射回波峰值上。

（2）采用超声端部最大回波法测定缺陷自身高度

① 一般要求。端部最大回波法测定应采用直射波法，如确有困难也可一次反射回波法。灵敏度应根据需要确定，但应使噪声回波高度不超过荧光屏满刻度的20%。探头原则上应选K1，2.5~5MHz探头为宜；聚焦斜探头的声束宽度与声束范围等主要技术参数，均应满足所探测缺陷的要求。

② 测定方法。使探头沿缺陷延伸方向扫查，为保证不漏过缺陷端点，应尽可能多地从几个方面或用其他声束角度进行重复测量。对大平面或体积状缺陷，应沿长度方向在几个位置作测定。在测定缺陷高度时，应在垂直于缺陷长度的方向进行前后扫查。由于缺陷端部的形状不同，扫查时应适当转动探头，以便能清晰地测出端部回波，当存在多个杂乱波峰时，应把能确定出缺陷最大自身高度的回波确定为缺陷端部回波，如图3-42所示。注意当端部回波达到最大时即可测出缺陷的两边 A 和 A_1。测定时应以缺陷两端的峰值回波 A 和 A_1 作为基点。基点原则上是以端部回波波高为荧光屏满幅度50%时的回波前沿值的位置为准，见图3-43。

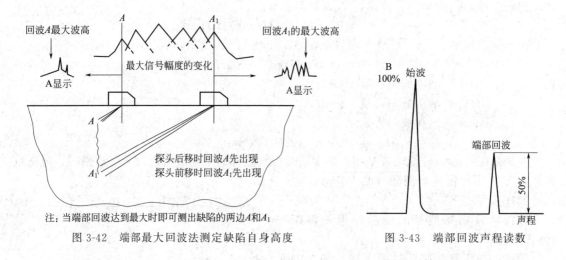

图3-42　端部最大回波法测定缺陷自身高度

图3-43　端部回波声程读数

a. 内部缺陷：如图3-44（a）所示，探头前后扫查，确定缺陷的上下端部回波位置，按式（3-76）求出缺陷自身高度 ΔH。也可用深度1:1调整时基线，直接测定。

$$\Delta H = (W_1 - W_2)\cos\theta \tag{3-76}$$

式中，W_1 和 W_2 分别为缺陷上下端部峰值回波处距入射点的声程；θ 为折射角。

b. 表面开口缺陷：如图3-44（b）所示，探测出缺陷端部的峰回波，按式（3-77）和式（3-78）求出缺陷自身高度 ΔH。缺陷开口处与检测面在同一侧时见图3-44（b）右半图。

$$\Delta H = W\cos\theta \tag{3-77}$$

式中，W 为缺陷端部峰值回波处距入射点的声程；θ 为折射角。

缺陷在探测面时见图3-44（b）左半图。

$$\Delta H = (t - W)\cos\theta \tag{3-78}$$

式中，W 为缺陷端部峰值回波处距入射点的声程；θ 为折射角；t 为壁厚。

③ 注意事项。检测横向缺陷时由于成群的横向缺陷造成超声束散射，使检测复杂化，应打磨掉有碍缺陷辨认的部位后，再增加X射线检测。对于气孔、夹渣等体积缺陷，由于

尺寸增加时回波高度的增加很小，比较复杂。如确需要，对这些缺陷应增加 X 射线复检。

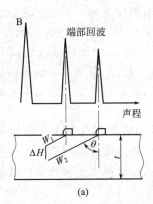 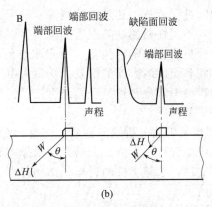

图 3-44　缺陷高度的测定方法

（3）采用－6dB 法测定缺陷自身高度

① 一般要求：－6dB 法测定应采用直射波法，如确有困难也可采用一次反射回波法。灵敏度应根据需要确定，但应使噪声回波高度不超过荧光屏满刻度的 20%。探头原则上应选 K1，2.5～5MHz 探头为宜；聚焦斜探头的声束宽度与声束范围等主要技术参数，均应满足所探测缺陷的要求。

② 测定方法：使探头垂直于焊接接头方向扫查，沿缺陷在高度方向的伸展观察回波包络线的形态。若缺陷的端部回波比较明显，则以端部最大回波处作为－6dB 法的起始点；若缺陷回波只有单峰，且变化比较明显，则以最大回波处作为起始点；若回波高度变化很小，可将回波迅速降落前的半波高值作为－6dB 法测高的起始点，见图 3-45 中的 A 和 A_1 点。测定时将回波高度的选定值调到满屏高的 80%～100%，移动声束使之偏离缺陷边缘，直至回波高度降低 6dB。根据已知的探头入射点位置、声束角度和声程长度，标出缺陷的边缘位置。

a. 内部缺陷：缺陷自身高度为

$$\Delta H = (W_2 - W_1)\cos\theta \qquad (3\text{-}79)$$

式中，W_1 和 W_2 分别为缺陷上、下边缘位置至入射点的声程；θ 为折射角。

b. 表面开口缺陷：

当缺陷开口处在检测面一侧时缺陷自身高度为

$$\Delta H = W\cos\theta \qquad (3\text{-}80)$$

式中，W 为缺陷下面边缘位置至入射点的声程；θ 为折射角。

当缺陷开口处在检测面另一侧时缺陷自身高度为

$$\Delta H = t - W\cos\theta$$

式中　t——壁厚，mm；

　　　W——缺陷上边缘位置至入射点的声程，mm；

　　　θ——折射角，(°)。

图 3-45　用－6dB 法测定缺陷自身高度

3.2.5 缺陷性质分析与非缺陷回波的判别

（1）缺陷性质分析 超声波检测除了确定工件中缺陷的位置和大小外，还应尽可能判定缺陷的性质。不同性质的缺陷危害程度不同，例如裂纹就比气孔、夹渣危害大得多。因此，缺陷定性十分重要。缺陷定性是一个很复杂的问题，目前的 A 型超声波检测仪只能提供缺陷回波的时间和幅度两方面的信息。检测人员根据这两方面的信息来判定缺陷的性质是有困难的。实际检测中常常是根据经验结合工件的焊接工艺、缺陷特征、缺陷波形和底波情况来分析估计缺陷的性质。

① 根据焊接工艺分析缺陷性质。工件焊缝内所形成的缺陷与焊接工艺密切相关。焊接过程中可能产生气孔、夹渣、未熔合、未焊透和裂纹等缺陷。检测前应查阅焊接工件的图纸和焊接工艺文件，了解工件的材料、结构特点、焊接工艺，这对于正确判定估计缺陷的性质是十分有益的。

② 根据缺陷特征分析缺陷性质。缺陷的特性是指缺陷的形状、大小和密集程度。对于平面形缺陷，不同的方向上探测，其缺陷回波高度显著不同。在垂直于缺陷方向探测，缺陷回波高；在平行于缺陷方向探测，缺陷回波低，甚至无缺陷回波。一般的裂纹、夹层等缺陷就属于平面形缺陷。对于点状缺陷，在不同方向探测，缺陷回波无明显变化。一般的气孔、小夹渣等属于点状缺陷。对于密集型缺陷，缺陷波密集互相彼连，在不同的方向上探测，缺陷回波情况类似。一般密集气孔、疏松等属于密集型缺陷。

③ 根据缺陷波形分析缺陷性质。缺陷波形分为静态波形和动态波形两大类。静态波形是指探头不动时缺陷波的高度、形状和密集程度。动态波形是指探头在探测面上的移动过程中，缺陷波的变化情况。

a. 静态波形。

气孔：气孔虽然反射率高，但由于大多呈球形，波峰不会很高。单个气孔波形为单峰。探头左右移动时，波形很快消失。当探头做环绕运动时，波幅变化不大，见图 3-46。

夹渣：由于反射率低，波幅一般不高。夹渣的波峰一般比较毛糙，且从各个方向探测时，当量明显不一样，见图 3-47。

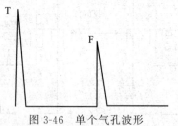

图 3-46 单个气孔波形

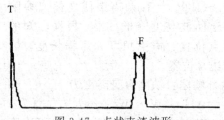

图 3-47 点状夹渣波形

未焊透：由于反射率高，反射波幅高。当探头左右移动时，波形稳定，波幅变化不大。从焊缝两侧检测时，往往波幅高度相差不大，见图 3-48。

裂纹：反射率高。当声束方向与裂纹面反射理想时，反射波幅很高，其陡峭程度比夹渣严重。由于裂纹面往往呈锯齿形，故波峰往往呈多峰出现，探头转动时，波幅起伏变化，见图 3-49。

未熔合：未熔合分为坡口未熔合和层间未熔合，坡口未熔合波形的主要特征是探头在焊缝的一侧检测时，由于反射面理想，故反射波幅很高。但在另一侧检测时由于反射条件很差，反射波幅很低。在有些情况下，由于探测条件和反射条件均很差，在焊缝某一侧很难发现未熔合的信号，而层间未熔合的波形与一般夹渣很难区别，见图 3-50。

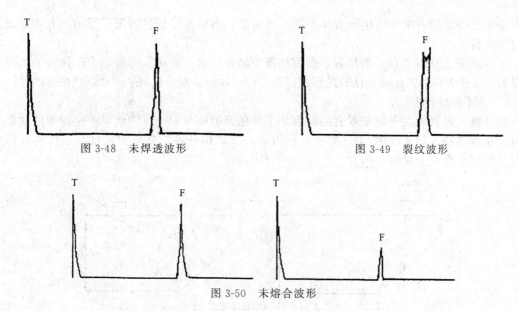

图 3-48 未焊透波形　　　　　　　　　　图 3-49 裂纹波形

图 3-50 未熔合波形

以上是各种缺陷的典型波形，在实际检测中依靠静态波形来区别缺陷的性质难度较高，我们只有不断总结经验，根据波形和实物解剖的经验积累才能较好地判断缺陷的性质。

b. 动态波形。

当探头左右、前后移动、定点转动和环绕运动时，缺陷的波形会发生变化并有某种规律可循。表 3-8 是三种典型缺陷的动态波形图。

表 3-8　三种典型缺陷的动态波形图

探头运动方式 包络线特征	左右移动	前后移动	定点转动	环绕运动
圆形缺陷 （如气孔）	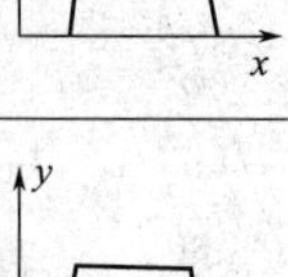	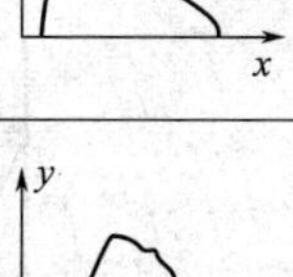	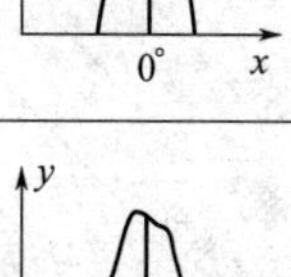	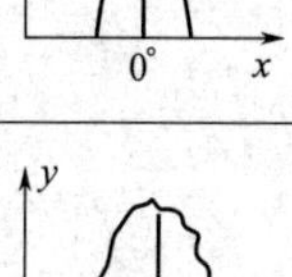
平直缺陷 （如未焊透）	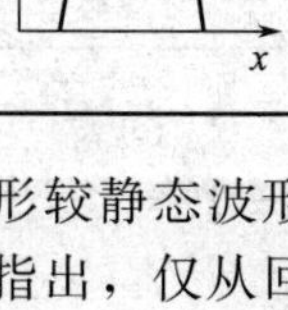	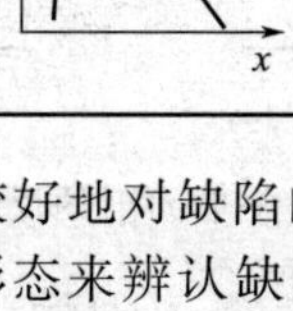	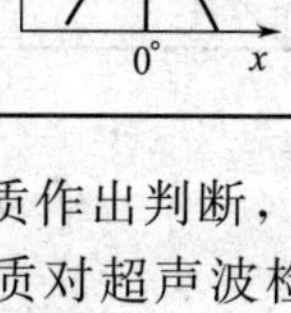	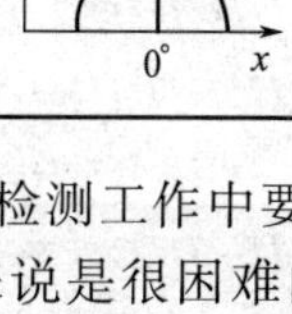
锯齿形缺陷 （如裂缝）	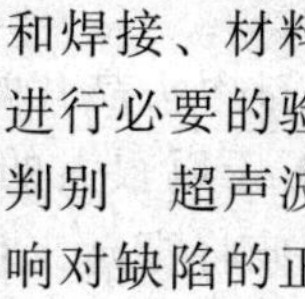	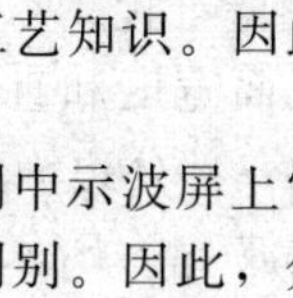	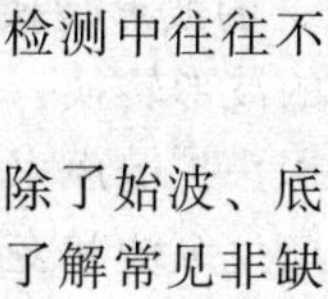	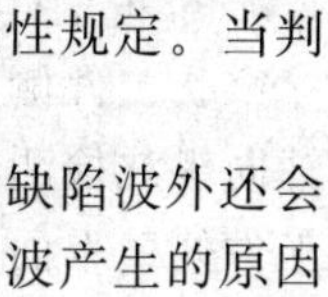

该说缺陷的动态波形较静态波形能较好地对缺陷的性质作出判断，实际检测工作中要熟练运用这种方法。必须指出，仅从回波形态来辨认缺陷性质对超声波检验来说是很困难的，必须有丰富的实践经验和焊接、材料、工艺知识。因此，检测中往往不便硬性规定。当判定为裂纹时，如有可能应进行必要的验证。

（2）非缺陷回波的判别　超声波检测中示波屏上常常除了始波、底波和缺陷波外还会出现一些非缺陷回波，影响对缺陷的正确判别。因此，分析了解常见非缺陷回波产生的原因和特点是十分必要的。由于气体和液体不能传播横波，所以不是任何情况下反射波和折射波都有波形的转换。

① 超声波在规则界面上的反射、折射和波型转换。超声波在实际检测中所遇到的实际工件界面是多种多样的，比较常见的规则界面有平面、倾斜平面、直角平面和圆柱面等四种。

a. 倾斜平面上的反射。

超声波入射到与主声束不垂直的面（如工件的倾斜底面和与探测面成一定倾角的缺陷），相当于超声波斜入射于固体/空气界面，将可能产生波形转换，其反射波波形、方向和声压反射系数均会变化。见图 3-51。

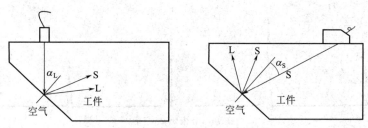

图 3-51　倾斜平面上的反射

b. 直角平面上的反射。

超声波在两个互相垂直的平面构成的端面或三个互相垂直平面构成的方角反射时，会产生角反射效应，在实际检测中也较为常见，这些反射波有以下规律：

倾斜入射到一个平面上的入射声束，经两次反射后，以平行于入射方向返回，并与过直角顶点且与入射声束平行的直线为轴对称，见图 3-52(a)。

倾斜入射的横波在端角平面内产生的声压反射系数以横波入射角 $\alpha_S = 35° \sim 55°$ 范围内最高，在此范围外最低。因此，横波检测时，对垂直于底面的裂缝、未焊透等根部缺陷，宜选用折射角度为 45°左右的斜探头，选用 60°角是很不利的。当斜探头折射角 $\beta_S = 60°$、端角平面上横波入射角 $\alpha_S = 30°$、探头距离端角恰当位置时，会产生回波信号超前的特殊情况。此时，因反射纵波较强，且它的纵波二次反射角 α_{L_2} 约为 24°，因此，探头就能接收到二次反射纵波 L_2 的回波信号，又因纵波声速大于横波声速，故该回波信号比端角内正常二次反射横波的回波信号在示波屏时间轴上要超前，见图 3-52(b)。

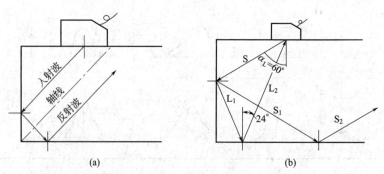

图 3-52　直角平面上的反射和波形转换

c. 窄长工件侧壁上的波形转换或侧壁干扰。

窄长工件侧壁上的波形转换：对截面宽度和直径 d 与探头晶片尺寸可比的长直工件进行轴向纵波检测时，探头扩散声束中的一部分边缘声束等于以很大的纵波入射角 α_L 斜入射至工件侧壁平面，并产生纵波和变形横波 S_1，S_1 变型横波将穿越工件成为另一侧壁平面上的入射横波，其中一部分经波形转换后成为变形纵波和横波，变形纵波经底面反射后被探头接收，见图 3-53。若工件足够长，则变形横波可能在工件厚度方向上做多次横穿，它们的波形转换情况与第一次横穿时类同。

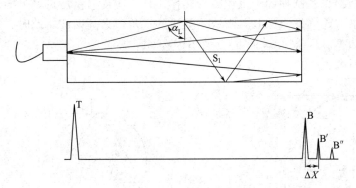

图 3-53　窄长工件侧壁上的波形转换和侧壁干扰

因为横波声速比纵波声速慢，这样经变形横波转换后探头接收到的回波显然滞后于单纯按纵波传播至底面返回的回波，这些滞后的变形波称为迟到回波，其滞后声程 ΔX 可用下式计算：

$$\Delta X = \frac{nd}{2}\sqrt{\left(\frac{C_L}{C_S}\right)^2 - 1} \tag{3-81}$$

式中　d——工件宽度（或直径）；

n——变型横波横穿工件次数。

将材料声速代入式(3-81)中，得到钢中迟到回波的滞后声程为

$$\Delta X = 0.76nd \tag{3-82}$$

铝中迟到回波的滞后声程：

$$\Delta X = 0.88nd \tag{3-83}$$

因此，当用纵波直探头探测狭长工件时，在工件底面回波后出现的同一间距的各个回波不是缺陷波，而是迟到回波。

与声束轴线平行的工件侧壁干扰：实践证明，位于工件侧壁附近的小缺陷，用与侧壁平行的声束很难检测，这是因为存在着工件侧壁干扰现象的缘故。这一干扰现象往往由经侧壁反射后的纵波（或横波）与不经反射的直射纵波之间的干涉引起的，见图 3-54。其结果是干扰了直射回波的返回声压，使探测灵敏度下降。因此，检测时，必须避免侧壁干扰。

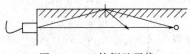

图 3-54　工件侧壁干扰

对于钢来说，纵波直探头离侧壁的距离 d 应满足下列条件：

$$d_{\min} > 3.5\sqrt{\frac{X}{f}} \tag{3-84}$$

式中　f——超声波探测频率，MHz；

X——声程，mm。

② 圆柱形底面的三角形反射。由于圆柱形工件有一定曲率，直探头与工件直接接触时，接触面为一很窄的条形区域，从而在圆柱的横截面内产生强烈的声束扩散。圆柱曲率越小，扩散越大。当扩散声束与探头声束轴线夹角为 30°时，扩散纵波声束经圆柱面反射两次后再返回探头接收，形成等边三角形的声束路径。实践证明，这种三角形反射回波的经过声程为

$$W_L = \frac{3}{2} d\cos 30° = 1.3d \tag{3-85}$$

即这种等边三角形反射声束比声束轴线附近直射声束所得底面回波声程滞后了 0.3d，见图 3-55。

如果纵波扩散声束在圆柱面上发生波形转换，且一次反射横波再经另一侧圆柱面波形转换后二次反射纵波，返回探头接收，形成不等边的三角形迟到回波，此时，这种三角形反射回波的经过声程为如式（3-86）及图 3-56 所示。

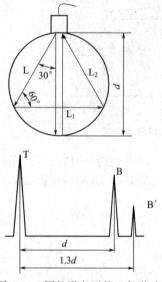 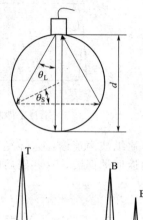

图 3-55　圆柱形底面的三角形反射　　图 3-56　圆柱形底面的波形转换产生的三角形反射

$$W_{LS} = d\cos\theta_L + \frac{d}{2} \times \frac{C_L}{C_S} \times \sin 2\theta_L \tag{3-86}$$

对于钢为 $W_{LS} = 1.67d$，对于铝为 $W_{LS} = 1.78d$。

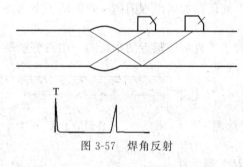

图 3-57　焊角反射

探头杂波：探头杂波是当探头与仪器连接后即出现。辨别的原则是当探头移动时，这些杂波并不移动，仅在原位置闪烁。

焊角反射：当焊缝余高有一定高度时，此焊角反射波在检测时总是伴随着出现在示波屏上，见图 3-57。

焊缝咬边和焊缝沟槽反射：焊缝咬边和焊缝沟槽在检测时会出现反射波，当焊缝表面打磨圆光滑时，此反射波就消失，见图 3-58。

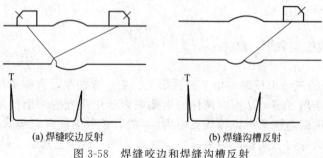

(a) 焊缝咬边反射　　　　　　(b) 焊缝沟槽反射

图 3-58　焊缝咬边和焊缝沟槽反射

焊缝上下不一，两面焊缝宽度不一致：在焊接时，由于焊道走偏、单面焊两面成形等造成见图 3-59 所示焊缝上下错位和宽度不一，检测时往往会在不该出现反射波的位置出现反射波（按照检测面一侧的焊缝宽度计算），但反射波的深度位置与板厚相同，而且在整个检测中总是伴随着波的反射，我们就要考虑可能是此类原因造成的反射波。

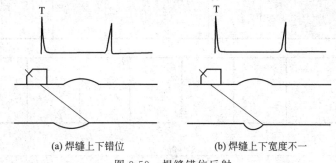

(a) 焊缝上下错位   (b) 焊缝上下宽度不一

图 3-59 焊缝错位反射

对以上焊缝检测中非缺陷回波的有效识别，实践中较好的方法是先获得该反射源的位置，然后手蘸油轻击该处，观察示波屏上该反射波是否跳动，如果跳动即为该处的反射波。

3.3 焊接结构用钢板检测技术

3.3.1 探头的选用

探头的选用应按表 3-9 的规定进行。

表 3-9 承压设备用板材超声检测探头选用

板厚/mm	采用探头	标称频率/MHz	探头晶片尺寸
6～20	双晶直探头	4～5	
>20～60	单晶直探头或双晶直探头	2～5	圆形晶片直径 $\phi10\sim\phi30$mm 方形晶片或单个方形晶片边长 10～30mm
>60	单晶直探头	2～5	

3.3.2 试块

用双晶直探头检测厚度 6～20mm 的板材时，采用的阶梯平底试块如图 3-60(a) 所示。用单直探头检测厚度大于 20mm 的钢板时，试块应符合图 3-60(b) 和表 3-10 的规定。试块厚度应与被检钢板厚度相近。经合同双方同意，也可采用双晶直探头进行检测。

表 3-10 板材超声用对比试块   单位：mm

试块编号	钢板厚度	检测面到平底孔的距离 s	试块厚度 T	试块宽度 b
1	>20～40	10,20,30	40	30
2	>40～60	15,30,45	60	40
3	>60～100	15,30,45,60,80	100	40
4	>100～160	15,30,45,60,80,110,140	150	60
5	>160～200	15,30,45,60,80,110,140,180	200	60
6	>200～250	15,30,45,60,80,110,140,180,230	250	60

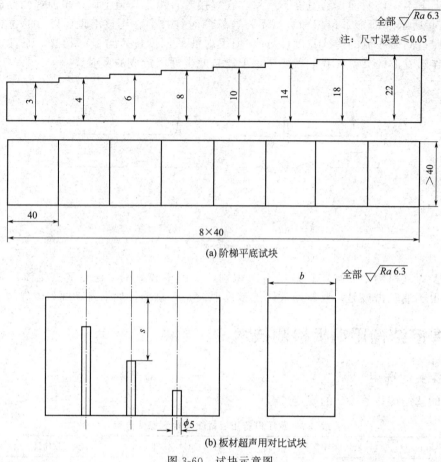

(a) 阶梯平底试块

(b) 板材超声用对比试块

图 3-60　试块示意图

　　板厚不大于 20mm 时，用阶梯平底试块将工件等厚部位第一次底波高度调整到满刻度的 50％，再提高 10dB 作为基准灵敏度。板厚大于 20mm 时，应采用板材超声用对比试块 ϕ5 平底孔制作距离-波幅曲线，并以此曲线作为基准灵敏度。如能确定板材底面回波与 ϕ5 平底孔反射波幅之间的关系，也可取钢板无缺陷完好部位的第一次底波来校准灵敏度。

　　耦合方式可采用直接接触法或液浸法。

　　探头沿垂直于钢板压延方向，间距不大于 100mm 的平行线进行扫查。在钢板剖口预定线两侧各 50mm（当板厚超过 100mm 时，以板厚的一半为准）内应做 100％扫查，扫查示意图见图 3-61。

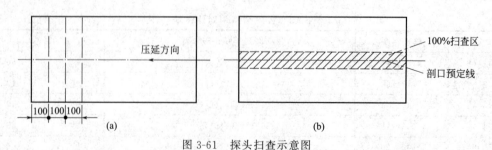

图 3-61　探头扫查示意图

　　缺陷的测定与记录按相应的检测技术标准执行。

3.4 焊接结构用钢管检测技术

钢管的检测主要针对纵向缺陷，可根据钢管规格选用液浸法或接触法检测。对于内、外径之比大于 80% 的钢管采用周向直接接触法横波检测，对比试块应选取与被检钢管规格相同、材质、热处理工艺和表面状况相同或相似的钢管制备。对比试块不得有大于或等于 $\phi 2$ 当量的自然缺陷。对比试块的长度应满足检测方法和检测设备要求。

钢管纵向缺陷检测试块的尺寸、V 形槽和位置应符合图 3-62 和表 3-11 的规定。

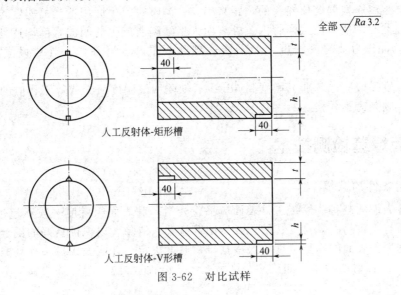

人工反射体-矩形槽

人工反射体-V形槽

图 3-62 对比试样

表 3-11 对比试样上人工缺陷尺寸 单位：mm

级别	深度			宽度	长度
	h/t/%	最小	允许偏差		
I	5	0.20	±15%	不大于深度的 2 倍，最大为 1.5	40
II	8	0.40	±15%		
III	10	0.40	±15%		

检测纵向缺陷时超声波束应由钢管横截面中心线一侧倾斜入射，在管壁内沿周向呈锯齿形传播（如图 3-63 所示）。检测横向缺陷时超声波束应沿轴向倾斜入射呈锯齿形传播（如图 3-64 所示）。

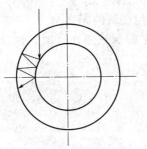

图 3-63 管壁内波束的周向传播

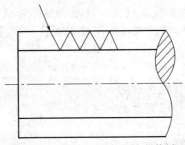

图 3-64 管壁内波束的轴向传播

探头相对钢管螺旋进给的螺距应保证超声波束对钢管进行 100% 扫查时，有不小于 15% 的覆盖率。自动检测应保证动态时的检测灵敏度，且内、外槽的最大反射波幅差不超过 2dB。每根钢管应从管子两端沿相反方向各检测一次。直接接触法横波基准灵敏度的确定，可直接在对比试样上将内壁人工 V 形槽的回波高度调到荧光屏满刻度的 80%，再移动探头，找出外壁人工 V 形槽的最大回波，在荧光屏上标出，连接两点即为距离-波幅曲线，作为检测时的基准灵敏度。

液浸法检测使用线聚焦或点聚焦探头。接触法检测使用与钢管表面吻合良好的斜探头或聚焦斜探头。单个探头压电晶片长度或直径小于或等于 25mm。液浸法基准灵敏度按下述方法确定：水层距离应根据聚焦探头的焦距来确定；调整时，一面用适当的速度转动管子，一面将探头慢慢偏心，使对比试样管内、外表面人工缺陷所产生的回波幅度均达到荧光屏满刻度的 50%，以此作为基准灵敏度。如不能达到此要求，也可在内、外槽设立不同的报警电平。

扫查灵敏度一般应比基准灵敏度高 6dB。若缺陷回波幅度大于或等于相应的对比试块人工缺陷回波，则判为不合格。

3.5 钢板焊缝检测技术

3.5.1 探测条件的选择

（1）工件表面的制备　焊接工件表面应平整光滑，其表面粗糙度一般不超过 $25\mu m$。如焊接工件表面有飞溅物、氧化皮、凹坑及锈蚀等应予以清除，以保证良好的耦合。

焊缝两侧工件表面的修整宽度一般根据母材厚度决定，并应大于探头移动宽度。

① 采用一次反射波检测（如检测厚度为 8～46mm 的焊缝）时，探头移动宽度应大于等于 $1.25P$。

$$P = 2Kt \tag{3-87}$$

或

$$P = 2t \times \tan\beta \tag{3-88}$$

式中　P——跨距，mm；

$\quad\ t$——工件厚度，mm；

$\quad\ K$——探头折射角的正切值；

$\quad\ \beta$——探头折射角，（°）。

② 采用直射法检测（如检测厚度大于 46mm 的焊缝）时，探头移动区宽度应大于或等于 $0.75P$。

（2）耦合剂的选择　常用的耦合剂有机油、糨糊等。

（3）探测频率的选择　探测频率一般为 2.5～5.0MHz。对于板厚较小的焊缝，可采用较高的频率；对于板厚较大、衰减明显的焊缝，应选用较低的频率。

（4）探头 K 值的选择　用直射波、一次反射波单面探测双面焊时，为保证能扫查整个焊缝截面，探头 K 值选择必须满足：

$$K \geqslant (a + b + l_0)/T \tag{3-89}$$

式中　a——上焊缝宽度的一半；

$\quad\ b$——下焊缝宽度的一半；

$\quad\ l_0$——探头的前沿距离；

$\quad\ T$——工件厚度；

$\quad\ K$——探头的 K 值。

$$d_1=(a+b+l_0)/K, d_2=b/K$$

如图 3-65 所示，为保证能扫查整个焊缝截面，必须满足 $d_1+d_2 \leqslant T$，从而得到 $K \geqslant (a+b+l_0)/T$。一般斜探头 K 值可根据工件厚度来选择，薄工件采用大 K 值，以便避免近场区检测，提高定位量精度；厚工件采用小 K 值，以便缩短声程，减少衰减，提高检测灵敏度，同时还可减少打磨宽

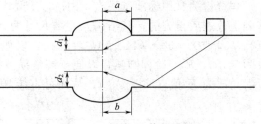

图 3-65　探头 K 值的选择

度。实际检测时，可按表 3-12 选择 K 值。在条件允许的情况下，应尽量采用大 K 值探头。

表 3-12　斜探头 K 值选择

T/mm	6~25	>25~40	>40
K	3.0~2.0	2.5~1.5	2.0~1.0

检测时要注意 K 值常因工件中的声速变化和探头的磨损而产生变化，所以检测前必须在试块上实测 K 值，并在以后的检测中经常校验。

（5）探测面的选择

① 纵向缺陷：为了发现纵向缺陷，常采用以下三种方式进行探测。

a. 板厚 $T=6\sim40$mm 的焊缝，以一种 K 值探头用直射波、一次反射波在焊缝单面双侧进行探测。

b. 板厚 40mm$<T\leqslant120$mm 的焊缝，以一种 K 值探头用直射波在焊缝两面双侧进行探测，如受几何条件限制，也可在焊缝两面单侧或焊缝单面双侧采用两种 K 值探头进行探测。

c. 板厚 $T\geqslant100$mm 的焊缝，用两种 K 值探头采用直射波焊缝两面双侧进行探测。两种探头的折射角相差应不小于 $10°$。

② 横向缺陷：为发现横向缺陷，常采用以下两种方式探测。

a. 在已磨平的焊缝及热影响区表面以一种（或两种）K 值探头用直射波在焊缝两面做正、反两个方向的全面扫查，见图 3-66(a)。

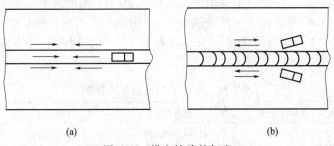

(a)　　　　　　　　　　　(b)

图 3-66　横向缺陷的扫查

b. 用一种（或两种）K 值探头的直射波在焊缝两面双侧做斜平行探测。声束轴线与焊缝中心线夹角成 $10°\sim20°$，如图 3-66(b) 所示。

3.5.2　距离-波幅曲线的绘制与应用

缺陷波高与缺陷大小及距离有关，大小相同的缺陷由于距离不同，回波高度也不相同，描述某一确定反射体回波高度随距离变化的关系曲称为距离-波幅曲线。它是 AVG 曲线的特例。距离-波幅曲线由评定线、定量线和判废线组成。评定线和定量线之间（包括评定线）称为Ⅰ区，定量线与判废线之间（包括定量线）称为Ⅱ区，判废线及其以上区域称为Ⅲ区。

焊缝检测常用标准试块有 CSK-ⅠA 试块。CSK-ⅠA 试块是标准试块，是在ⅡW 试块基础上改进后得到的，其结构及主要尺寸见图 3-67。CSK-ⅠA 试块有三点改进：首先，将直孔 φ50 改为 φ50、φ44、φ40 台阶孔，以便于测定横波斜探头的分辨力；其次，将 R100 改为 R100、R50 阶梯圆弧，以便于调整横波扫描速度和探测范围；最后，将试块上标定的折射角改为 K 值（$K=\tan\beta$），从而可直接测出横波斜探头的 K 值。

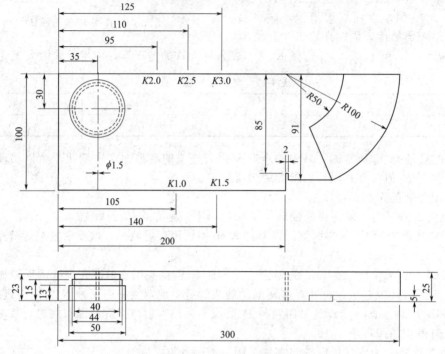

图 3-67　CSK-ⅠA 试块

NB/T 47013.3—2015 标准中规定的焊缝超声波检测用的对比试块主要采用 CSK-ⅡA、CSK-ⅢA 型横通孔试块，该试块主要用于测定横波距离-波幅曲线和设置灵敏度等。

距离-波幅曲线有两种形式。一种是波幅用 dB 值表示作为纵坐标、距离为横坐标。称为距离-dB 曲线。另一种是波幅是毫米（或％）表示作为纵坐标，距离为横坐标。距离-波幅曲线的灵敏度见表 3-13。

表 3-13　距离-波幅曲线的灵敏度

试块形式	板厚/mm	测长线	定量线	判废线
CSK-ⅡA	≥6~40	$\phi2\times40-18dB$	$\phi2\times40-12dB$	$\phi2\times40-4dB$
	>40~100	$\phi2\times60-14dB$	$\phi2\times60-8dB$	$\phi2\times60+2dB$
	>100~200	$\phi2\times60-10dB$	$\phi2\times60-4dB$	$\phi2\times60+6dB$

距离-波幅曲线与实用 AVG 曲线一样可以实测得到，也可由理论公式或通过 AVG 曲线得到，但 3 倍近场区内只能实测得到。由于实际检测中一般使用试块实测得到曲线，因此这里举例介绍距离-波幅曲线的绘制方法及其应用。

距离-波幅曲线（设板厚 $T=30mm$）：

① 距离-dB 曲线的绘制。

a. 测定探头的入射点和 K 值，并根据板厚按声程、水平或深度调节扫描速度，一般为

1∶1，这里按深度1∶1调节。

　　b. 探头置于CSK-ⅡA-1试块上，调"增益"使深度为10mm的$\phi2$孔的最高回波达基准80％高，记下这时"增益"读数和孔深。然后分别探测不同深度的$\phi2$孔，"增益"不动，用"增益"将各孔的最高回波调至80％高，记下相应的dB值和孔深填入表3-14。并将板厚$T=30$mm对应的定量线、判废线和评定线的dB值填入表中（实际检测中，只要测到2倍壁厚，即60mm孔深即可）。

　　c. 利用表3-14中所列数据，以孔深为横坐标，以dB值为纵坐标，在坐标纸上描点绘出定量线、判废线和评定线，标出Ⅰ区、Ⅱ区和Ⅲ区，并注明所用探头的频率、晶片尺寸和K值，见图3-68。

　　d. 用深度不同的两孔校验距离-dB曲线，若不相符，应重测。

　　很多市售的数字型超声检测仪，都有自动记录增益和绘制距离波幅曲线的功能。其操作简单很多，只需提前设置好评定线、定量线和判废线，进入曲线绘制功能后，按仪器设定依次测定不同孔深，点击完成即可自动完成距离-波幅曲线的制作。

表3-14　不同深度标准孔的反射当量

孔深/mm	10	20	30	40	50	60	70	80	90
$\phi1\times6$/dB	52	50	47	44	41	38	36	34	32
$\phi1\times6+5$(判废线)/dB	57	55	52	49	46	43	41	39	37
$\phi1\times6-3$(定量线)/dB	49	47	44	41	38	35	33	31	29
$\phi1\times6-9$(评定线)/dB	43	41	38	35	32	29	27	25	23

　　② 距离-dB曲线的应用。

　　a. 了解反射体波高与距离之间的对应关系。

　　b. 调整检测灵敏度。标准要求焊缝检测灵敏度不低于评定线。这里$T=30$mm，评定线为$\phi2\times40-18$dB，一次反射波检测最大深度为60mm。调节增益，扫查时应保证60mm处的评定线达到满屏20％高度。

　　c. 比较缺陷大小。例如，检测中发现两缺陷。缺陷1♯：$d_{f1}=30$mm，波高45dB。缺陷2♯：$d_{f2}=50$mm，波高为40dB。试比较两者的大小。由距离-波幅曲线可知，$d=30$mm，$\phi1\times6$波高为

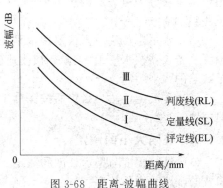

图3-68　距离-波幅曲线

47dB，所以缺陷1♯当量为$\phi1\times6+45-47=\phi1\times6-2$dB。$d=50$mm，$\phi1\times6$波高41dB，所以缺陷2♯当量为$\phi1\times6+40-41=\phi1\times6-1$dB。不难看出缺陷1♯小于缺陷2♯。

　　d. 确定缺陷所处区域。例如检测中发现一缺陷$d_{f1}=20$mm，波高45dB，另一缺陷$d_{f2}=60$mm，波高为40dB，由距离波幅曲线可知，$d=20$mm，定量线为46dB，缺陷1♯波高为45dB（＜46dB），在定量线以下，即Ⅰ区，故不必测长。$d=60$mm，定量线为35dB，缺陷2♯波高为40dB（＞35dB），在定量线以上，即Ⅱ区，应测定缺陷长度。

3.5.3　扫查方式

　　在焊缝中，扫查方式有多种，常用的扫查方式有以下几种。

　　（1）锯齿形扫查　见图3-69，探头沿锯齿形线路进行扫查，扫查时，探头要做$10°\sim15°$转动，这是为了发现焊缝倾斜的缺陷，此外，每次前进齿距d不得超过探头晶片直径，这是因为间距太大，会造成漏检。

（2）左右扫查与前后扫查　见图 3-70，当用锯齿形扫查发现缺陷时，可用左右扫查和前后扫查找到回波的最大值，用左右扫查来确定缺陷焊缝方向的长度，用前后扫查来确定缺陷的水平距离或深度。

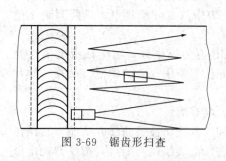

图 3-69　锯齿形扫查

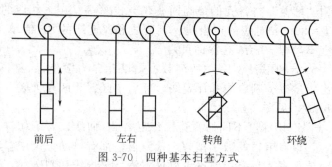

前后　　　左右　　　转角　　　环绕

图 3-70　四种基本扫查方式

（3）转角扫查　见图 3-70，利用它可以推断缺陷的方向。

（4）环绕扫查　见图 3-70，它可用于推断缺陷的形状，环绕扫查时，如回波高度几乎不变，则可判断为点状缺陷。

（5）平行或斜平行扫查　为了检验焊缝或热影响区的横向缺陷，对于磨平的焊缝可将斜探头直接放在焊缝上作平行移动；对于有加强层的焊缝可在焊缝两侧边缘，使探头与焊缝成一定夹角（0°～45°）做平行或斜平行移动，但灵敏度要适当提高。

3.5.4　缺陷位置的测定

检测中发现缺陷波以后，应根据示波屏上缺陷的位置来确定缺陷在实际焊中的位置。缺陷定位方法分为声程定位法、水平定位法和深度定位法三种，一般常用水平定位法和深度定位法。

（1）水平定位法　当仪器按水平 1：n 调节扫描速度时，应采用水平定位法来确定缺陷位置。若仪器按水平 1：1 调节扫描速度，那么示波屏上缺陷波前沿所对的水平刻度值，就是缺陷的水平距离。

（2）深度定位法　当仪器按深度 1：n 调节扫描速度时，应采用深度定位法来确定缺陷的位置。

3.5.5　缺陷大小的测定

（1）缺陷幅度与指示长度的测定　检测中发现位于定量线或定量线以上的缺陷要测定缺陷波的幅度和指示长度。

缺陷幅度的测定：首先找到缺陷最高回波，测出缺陷波达基准波高时的 dB 值，然后确定该缺陷波所在的区域。

缺陷指示长度的测定：NB/T 47013.3—2015 标准规定，当缺陷波只有一个高点时，用 6dB 法测其指示长度。当缺陷波有多个高点，且端部波高位于Ⅱ区时，用端点 6dB 法测其指示长度。当缺陷波位于Ⅰ区时，如有必要，可用评定线作为绝对灵敏度测其指示长度。

（2）缺陷长度的计量

① 当焊缝中存在两个或两个以上的相邻缺陷时，要计量缺陷的总长。NB/T 47013.3—2015 标准规定：当相邻两缺陷间距＜较小缺陷长度时，以两缺陷指示长度之和作一个缺陷的指示长度（不含间距）。

② 缺陷指长度小于 10mm 者，按 5mm 计。

3.5.6　焊缝质量评级

缺陷的大小测定以后，要根据缺陷的当量和指示长度结合有关标准的规定评定焊缝的质量级别。NB/T 47013.3—2015 标准将焊缝质量级别分为Ⅰ、Ⅱ、Ⅲ三级,其中Ⅰ级质量最高,Ⅲ级质量最低。具体分级规定如下。

① 焊缝中不允许存在裂纹、未熔合和未焊透缺陷;

② 评定线以下的缺陷评为Ⅰ级;

③ 按照Ⅰ型接头质量等级评定表 3-15 执行。

表 3-15　Ⅰ型接头质量等级评定　　　　　　　　单位:mm

等级	工件厚度 t	反射波幅所在区域	允许的单个缺陷指示长度	多个缺陷累计长度最大允许值 L'
Ⅰ	≥6~100	Ⅰ	≤50	—
	>100		≤75	
	≥6~100	Ⅱ	≤$t/3$,最小可为10,最大不超过30	在任意 $9t$ 焊缝长度范围内 L' 不超过 t
	>100		≤$t/3$,最大不超过50	
Ⅱ	≥6~100	Ⅰ	≤60	—
	>100		≤90	
	≥6~100	Ⅱ	≤$2t/3$,最小可为12,最大不超过40	在任意 $4.5t$ 焊缝长度范围内 L' 不超过 t
	>100		≤$2t/3$,最大不超过75	
Ⅲ	≥6	Ⅱ	超过Ⅱ级者	—
		Ⅲ	所有缺陷(任何缺陷指示长度)	
		Ⅰ	超过Ⅱ级者	—

注:1. 当焊缝长度不足 $9t$(Ⅰ级)或 $4.5t$(Ⅱ级)时,可按比例折算。当折算后的多个缺陷累计长度允许值小于该级别允许的单个缺陷指示长度时,以允许的单个缺陷指示长度作为缺陷累计长度允许值。

2. 用 NB/T 47013.3 规定的测量方法,使声束垂直于缺陷的主要方向移动探头测得的缺陷长度。

3.6　T 形焊缝结构及检测方法

T 形焊缝由翼板和腹板焊接而成,坡口开在腹板上,图 3-71(a)为单 V 形坡口,图(b)为 K 形坡口。

(1) T 形焊缝采用以下方式进行检测

① 采用直探头在翼板上进行探测,见图 3-71 中探头位置 3,用于探测 T 形焊缝中腹板

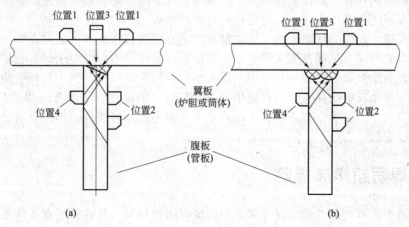

图 3-71　T 形焊接接头

与翼板间未焊透或翼板焊缝下层状撕裂等缺陷。

② 采用斜探头在腹板上利用直射波、一次反射波进行探测，见图 3-71 中探头位置 2。此方法与平板对接焊缝探测方法相似。

③ 采用斜探头在翼板外侧进行探测时，见图 3-71 中探头位置 1。探头于外测时利用直射波探测。

（2）探测条件的选择

① 探头。采用直探头检测时，探头的频率为 2.5MHz，探头的晶片尺寸不宜过大，因为翼板厚度有限，晶片尺寸小，可以减少近场区长度，常用的直探头有 2.5P10Z、2.5P14Z 等，也可选用双晶直探头（根据翼板的板厚选择双晶直探头的焦距）。采用斜探头检测时，斜探头的频率为 2.5～5.0MHz。在腹板上检测的探头折射角根据腹板厚度来选择。翼板外侧检测，常用斜探头的折射角为 45°。

② 耦合剂。T 形焊缝检测中，常用的耦合剂有机油、糨糊等。

（3）仪器的调整

① 时基线比例调整。直探头检测时，利用 T 形焊缝的翼板或试块调整。斜探头检测时，调整方法同平板对接焊缝。

② 距离-波幅曲线灵敏度确定。斜探头检测时，距离-波幅曲线以腹板的厚度按表 3-13 确定。

（4）扫查探测

① 确定焊缝的位置。在 T 形焊缝外测检测时，焊缝位置不可见，检测前要在翼板外侧测定并标出腹板的中心线及焊缝的位置，方法如下：斜探头在焊缝两侧移动，使焊角反射波在示波屏上同一位置出现，如图 3-72 所示，同时标记两探头前沿的位置和二者的中点，用同样的方法确定另一中点，则这两个中点的连线就是中心线。然后根据腹板厚度标出焊缝的位置。此外，也可用直探头来确定腹板中心线和焊缝位置，方法与斜探头类似，不同的地方是探头位置由底波下降一半来确定。

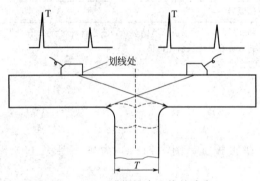

图 3-72　T 形焊缝中心线的确定

② 扫查方式。直探头检测时，探头应在焊缝及热影响区内扫查。斜探头检测时，探头需在焊缝两侧做垂直于焊缝的锯齿形扫查，每次移动的间距不大于晶片直径，同时在移动过程当中做 10°～15°转动。

为探测焊缝中的横向缺陷，探头还应沿焊缝中心线进行正反方向的扫查。

（5）缺陷的判别　采用直探头检测时，要注意区分底波与焊缝中未焊透和层状撕裂。发现缺陷后确定缺陷的位置，指示长度和当量大小。斜探头检测时，探头在焊缝两侧垂直于焊缝方向扫查，焊角反射波强烈。当焊缝中存在缺陷时，缺陷波一般出现在焊角反射波前面，焊缝中缺陷位置、当量大小和指示长度的测定方法同平板对接焊缝。焊缝质量分级和验收可参照平板对接焊缝。

3.7　堆焊层超声波检测

当工件既要求有较高的强度又要求有良好的耐腐蚀性时，往往需要在工件的表面堆焊一层不同的材料，堆焊的材料一般为不锈钢或镍基合金等。

（1）堆焊层中常见的缺陷

① 堆焊金属中的缺陷，如气孔、夹杂等。

② 堆焊层中母材（基板）间的未熔合（未结合），取向基本平行于母材表面。

③ 堆焊层下的母材热影响区的再热裂纹，取向基本垂直于母材表面。

（2）堆焊层晶体结构特点 奥氏体不锈钢和镍基合金堆焊层凝固过程中没有奥氏体向铁素体转变的相变，在室温下仍保留铸态奥氏体晶粒，因此晶粒较粗大，超声波衰减较为严重。此外，堆焊层金属在冷却时，母材方向的散热条件好，因此奥氏体晶粒生长取向基本垂直于母材表面。特别是采用带极堆焊工艺时，柱状晶更为典型，声学性能各向异性明显。对于这种材料，采用纵波直探头探测，声波沿柱状晶方向传播衰减较小。采用横波斜探头探测，散射衰减严重，示波屏上会出现草状回波，信噪比低。

（3）探头的选用

① 双晶探头。

a. 双晶探头（直、斜）两声束间的夹角应能满足有效声场覆盖全部检测区域，使探头对该区域具有最大的检测灵敏度。探头总面积不应超过 $325mm^2$，频率 2.5MHz。

b. 纵波双晶斜探头的 $K=2.75$（折射角 $\beta=70°$），焦点深度应位于堆焊层和母材的结合部位。

② 单直探头。探头面积一般不应超过 $625mm^2$，频率为 $2\sim5MHz$。

③ 纵波斜探头。探头频率为 $2\sim5MHz$，$K=1$（折射角 $\beta=45°$）。

（4）对比试块

① 对比试块应采用与被检工件材质相同或声学特性相近的材料，并采用相同的焊接工艺制成。其母材、熔合面和堆焊层中均不得有大于或等于 $\phi2$ 平底孔当量直径的缺陷存在。试块堆焊层表面的状态应和工件堆焊层的表面状态相同。

② 从堆焊层侧进行检测采用 T1 形试块，母材厚度 T 至少应为堆焊层厚度的 2 倍，T1 形试块见图 3-73 所示。

③ 从母材侧进行检测采用 T2 形试块，母材厚度 T 与被检母材的厚度差不得超过 10%，T2 形试块见图 3-74 所示。如果工件厚度比较大，T2 形试块的长度 L 应能满足检测要求。

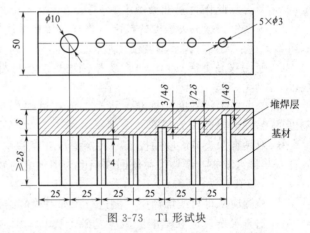

图 3-73 T1 形试块

④ 检测堆焊层和母材的未结合，采用 T3 形试块，见图 3-75。当从母材侧进行检测时，采用图 3-75 所示 T3 形试块，被检测的工件母材厚度和试块母材厚度差不多应超过 10%。

（5）检测方法及灵敏度校准

① 使用双晶直探头和纵波双晶斜探头从堆焊层侧对堆焊层进行超声检测，灵敏度校准采用 T1 形试块校准。

a. 纵波双晶斜探头灵敏度的校准：将探头放在试块的堆焊层表面上，移动探头使其从 $\phi1.5$ 横孔获得最大反射波幅，调节增益使回波幅度为满刻度的 80%，以此作为基准灵敏度。

b. 双晶直探头灵敏度的校准：将探头放在试块的堆焊层表面上，移动探头使其从 $\phi3$ 平底孔获得最大波幅，调整增益使回波幅度为满刻度的 80%，以此作为基准灵敏度。

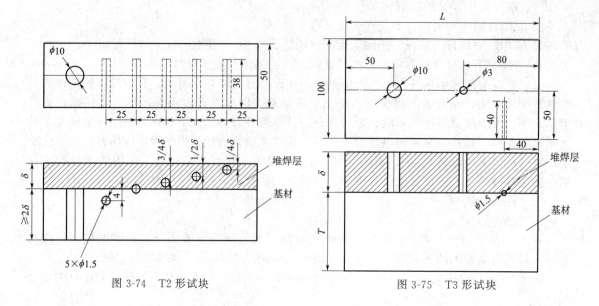

<table>
<tr><td>图 3-74　T2 形试块</td><td>图 3-75　T3 形试块</td></tr>
</table>

② 用单直探头和纵波单斜探头从母材侧对堆焊层进行超声检测，灵敏度校准采用 T2 形试块校准。

a. 单直探头灵敏度的校准：将探头放在试块的母材一侧，使 $\phi3$ 平底孔回波幅度为满刻度的 80%，以此作为基准灵敏度。

b. 纵波单斜探头灵敏度的校准：将探头放在试块的母材一侧，移动探头使其从 $\phi1.5$ 横孔获得最大反射波幅，调节增益使回波幅度为满刻度的 80%，以此作为基准灵敏度。

③ 使用双晶直探头和单直探头检测堆焊层和母材的未结合，灵敏度校准采用 T3 形试块校准。

a. 单直探头灵敏度的校准：将探头放在试块的母材一侧，使 $\phi10$ 平底孔回波幅度为满刻度的 80%，以此作为基准灵敏度。

b. 双晶直探头灵敏度的校准：将探头放在试块的堆焊层表面上，移动探头使其从 $\phi10$ 平底孔获得最大波幅，调整增益使回波幅度为满刻度的 80%，以此作为基准灵敏度。

（6）扫查方法

① 检测应从母材或堆焊层一侧进行。如对检测结果有怀疑，也可从另一侧进行补充检测。

② 扫查灵敏度应在基准灵敏度基础上提高 6dB。

③ 采用双晶斜探头检测时应在堆焊层表面按 90°方向进行两次扫查；采用双晶直探头检测时，应垂直于堆焊层方向进行扫查。进行扫查时，应保证分隔压电元件的隔声层平行于堆焊方向。

④ 缺陷当量尺寸应采用 6dB 法确定。

（7）质量分级　堆焊层质量可按 NB/T 47013.3—2015 标准中的规定分级，见表 3-16。

表 3-16　NB/T 47013.3—2015 标准对堆焊层质量分级的规定

缺陷等级	堆焊层内缺陷		堆焊层与基材未结合缺陷
	双晶直探头、直探头	纵波双晶斜探头、纵波斜探头	
I	当量<$\phi3$	当量<$\phi1.5-2$dB	缺陷长径小于等于 25mm 的未结合区域

续表

缺陷等级	堆焊层内缺陷		堆焊层与基材未结合缺陷
	双晶直探头、直探头	纵波双晶斜探头、纵波斜探头	
Ⅱ	当量≥$\phi3$～$\phi3+6$dB，且长度≤30mm	当量≥$\phi1.5$－2dB～$\phi1.5+4$dB且长度≤30mm	缺陷长径小于等于40mm的未结合区域
Ⅲ	缺陷当量或长度超过Ⅱ级或缺陷性质判为裂纹时		超过Ⅱ级

3.8　奥氏体不锈钢焊缝超声波检测

3.8.1　奥氏体不锈钢组织特点

奥氏体不锈钢焊缝凝固时未发生相变，室温下仍以铸态状奥氏体晶粒存在，这种柱状晶的晶粒粗大，具有明显的各向异性，给超声波检测带来许多困难。

奥氏体不锈钢焊钢焊缝的柱状晶粒取向与冷却方向、温度梯度有关。一般晶粒沿冷却方向生长，取向基本垂直于熔化金属凝固时的等温线。对于堆焊试样，晶粒取向基本垂直于母材板面，而对接焊缝晶粒取向大致垂直于坡口面。

柱状晶粒的特点是同一晶粒从不同方向测定有不同的尺寸，例如某奥氏体柱状晶粒直径仅0.1～0.5mm，而长度却达10mm以上。对于这种晶粒，从不同的方向探测引起的衰减与信噪比不同。当波束与柱状晶夹角较小时其衰减较小，信噪比较高。当波束垂直于柱状晶时其衰减较大、信噪比较低。这就是衰减与信噪比各向异性。

手工多道焊成的奥氏体不锈钢焊缝，由于焊接工艺、规范存在差异，致使焊缝中不同部位的组织不同，声速及声速阻抗也随之发生变化，从而使声束传播方向产生偏离，出现底波游动现象，不同部位的底波幅度出现明显差异，给缺陷定位带来困难。

3.8.2　探测条件的选择

(1) 波型　超声波检测中的信噪比及衰减与波长有关，当材质晶粒较粗，波长较短时，信噪比低，衰减大，而同一介质中纵波波长约为横波波长的2倍，因此在奥氏体不锈钢焊缝检测中，一般选用纵波检测。

(2) 探头　应采用高阻尼窄脉冲纵波单斜探头。在满足灵敏度和信噪比要求时，也可选用双晶片纵波斜探头或聚焦纵波斜探头。

① 探头角度。奥氏体焊缝中危险性缺陷方向大多与探测面成一定的角度，为了有效检出焊缝中这种危险性缺陷，要合理选择纵波斜探头的折射角。一般选用K1探头；使用双晶纵波斜探头或聚焦纵波斜探头检测时，应根据声束会聚范围和检测深度选择探头。当壁厚较厚时，可选用多探头厚度分区扫查，各分区范围应相互覆盖不低于15%。表3-17给出了不同检测深度下探头折射角（K值）和探声束会聚深度的推荐选择。

表3-17　双晶纵波斜探头或聚焦纵波斜探头选择推荐

工件厚度 t/mm	探头折射角（K值）	会聚深度/mm
10～30	45°～63°(1～2)	20
30～50	45°～56°(1～1.5)	40～50
50～80	35°～45°(0.7～1)	60～80

② 频率。探测奥氏体不锈钢焊缝时，频率对衰减的影响很大，频率愈高，衰减愈大，穿透力愈低。奥氏体不锈钢焊缝晶粒粗大，宜选用较低的检测频率，一般选2.5MHz。

（3）探头与仪器的组合性能　选择的检测仪应与选用的探头相匹配，以便获得最佳灵敏度和信噪比。声束通过母材和通过焊接接头分别测绘的两条距离-波幅曲线间距应小于 10dB。

3.8.3　对比试块

对比试块的材料应与被检材料相同，不得存在大于或等于 $\phi2mm$ 平底孔当量直径的缺陷。试块的中部设置一对接焊接接头，该焊接接头应与被检焊接接头相似，并采用同样的焊接工艺制成。对比试块的形状和尺寸见图 3-76，其中图（a）对比试块适用的工件厚度范围为 10～20mm，图（b）对比试块适用的工件厚度范围为 20～40mm，图（c）对比试块适用的工件度范围为 40～80mm。

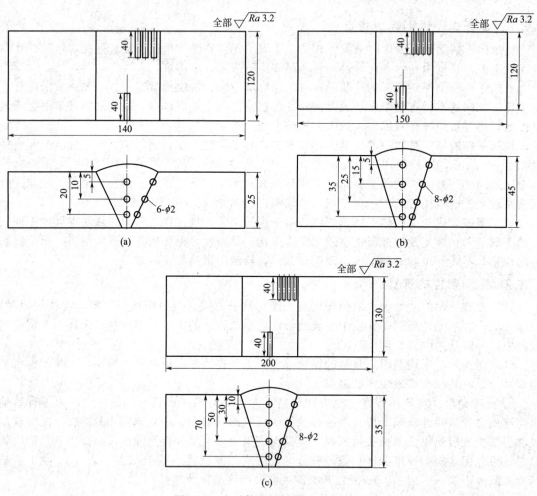

图 3-76　奥氏体不锈钢焊缝对比试块

3.8.4　仪器调节

① 按深度或水平 1∶1 调节检测仪时基线。

② 距离-波幅曲线。距离-波幅曲线由选定的探头、仪器组合在对比试块上实测数据绘制。测定横孔的回波高度时，声束应通过焊接接头金属。评定线至定量线以下区域为Ⅰ区；定量线至判废线以下区域为Ⅱ区；判废线及以上区域为Ⅲ区。判废线 RL、定量线 SL 和评定线 EL 的灵敏度见表 3-18。

表 3-18 NB/T 47013.3—2015 标准对奥氏体不锈钢焊缝灵敏度的规定

工件厚度 t/mm	$T \leqslant 50$	$50 < T \leqslant 80$
判废线	$\phi 2 \times 40 + 3\text{dB}$	$\phi 2 \times 40 + 6\text{dB}$
定量线	$\phi 2 \times 40 - 2\text{dB}$	$\phi 2 \times 40$
评定线	$\phi 2 \times 40 - 8\text{dB}$	$\phi 2 \times 40 - 6\text{dB}$

为比较焊接接头组织与母材的差异,可使声束只经过母材区域,测绘另一条距离-波幅曲线,见图 3-77(a) 线。

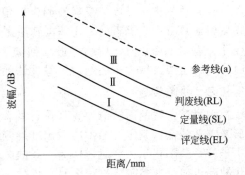

图 3-77 距离-波幅曲线示意图

3.8.5 检测准备

(1) 检测面 原则上采用单一角度的纵波斜探头在焊接接头的双面双侧实施直射波法(直射法)检测。受几何条件限制,只能在焊接接头单面或单侧实施检测时,应将焊接接头余高磨平或增加大角度纵波斜探头以两种声束角度探测,尽可能减少未检测区。

(2) 探头移动区

① 焊接接头两侧的探头移动区应清除焊接飞溅、铁屑、油垢及其他杂质。去除余高的焊接接头,应将余高打磨到与邻近母材平齐。

② 探头移动区 N 应满足式(3-90)。

$$N \geqslant 1.5KT \tag{3-90}$$

式中 T——母材厚度,mm;

K——$\tan\beta$,β 为探头折射角。

3.8.6 扫查要求

(1) 扫查灵敏度应不低于评定线灵敏度 如果信噪比允许,应再提高 6dB。对波幅超过评定线的回波,应根据探头位置、方向、反射波位置及焊接接头情况,判断其是否为缺陷回波,为避免变形横波的干扰,应着重观察荧光屏靠前的回波。

(2) 纵向缺陷探测 探测纵向缺陷,斜探头应在垂直焊接接头方向做锯齿型扫查。探头前后移动的距离应保证声束扫查到整个焊接接头截面及热影响区。扫查时探头还应做 10°~15°的转动。如不能转动,应适当增加探头声束的覆盖区。为确定缺陷位置、方向、形状,观察动态波形或区分缺陷波与伪信号,可使用前后、左右、转角、环绕等四种探头基本扫查方式。

(3) 横向缺陷探测 保留余高的焊接接头,可在焊接接头两侧边缘使探头与焊接接头中心线成 10°~20°,作两个方向的斜平行移动,见图 3-78(a)。去除余高的焊接接头,将探头

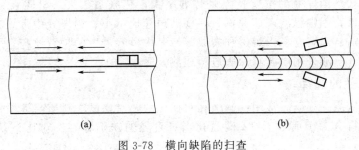

(a)   (b)

图 3-78 横向缺陷的扫查

置于焊接接头表面做两个方向的平行扫查，见图 3-78(b)。

3.8.7 缺陷记录

（1）缺陷记录内容 反射波幅位于定量线及以上区域的缺陷应予以记录。反射波幅位于Ⅰ区的缺陷，如被判为危险缺陷时，也应予以记录。以获得缺陷最大反射波幅的位置为准来测定缺陷位置。应分别记录缺陷沿焊接接头方向的位置、缺陷到检测上面的垂直距离以及缺陷偏离焊接接头中心线的距离。

（2）缺陷指示长度 反射波幅位于定量线及以上区域的缺陷，测定缺陷指示长度。当缺陷反射波只有一个高点时，用 $-6dB$ 法测长。在测长扫查过程中，如发现缺陷反射波峰起伏变化，有多个高点时，用端点最大回波 $-6dB$ 法测长。反射波幅位于Ⅰ区的缺陷，需记录时，以评定线灵敏度采用绝对灵敏度法测长。

3.8.8 缺陷评定

超过评定线的回波应注意其是否具有裂纹等危害性缺陷特征，并结合缺陷位置、动态波形及工艺特征做判定。如不能做出准确判断，应辅以其他方法做综合判定。相邻两缺陷间距小于较小缺陷指示长度时，作为一条缺陷处理，两缺陷长度之和作为单个缺陷指示长度。条状缺陷近似分布在一条直线上时，以两端点距离作为其间距；点状缺陷以两缺陷中心距离作为间距。

3.8.9 质量分级

焊接接头质量分级见表 3-19。

表 3-19 NB/T 47013.3—2015 标准对奥氏体不锈钢焊接接头质量分级的规定

等级	板厚/mm	反射波所在区域	单个缺陷指示长度 L/mm
Ⅰ	10～80	Ⅰ	≤40
		Ⅱ	$L \leqslant t/3$，最大可为 10
Ⅱ	10～80	Ⅰ	≤60
		Ⅱ	$L \leqslant 2t/3$，最小为 12，最大不超过 40
Ⅲ	10～80	Ⅱ	超过Ⅱ级者
		Ⅲ	所有缺陷(任何缺陷指示长度)
		Ⅰ	超过Ⅱ级者

注：板厚不等的对接接头，取薄板测厚度值。

3.9 铝焊缝超声波检测

3.9.1 铝焊缝特点与常见缺陷

与钢焊缝比较，铝焊缝的重要特点是热导率大，热胀系数大，材质衰减系数小，塑性好，强度低。此外，铝中纵波声速比钢大，横波声速比钢小。铝焊缝中常见缺陷与钢焊缝类似，如气孔、夹渣、未熔合、未焊透和裂纹等。其中危害最大的是裂纹与未熔合。为了有效检出危险性缺陷，一般采用横波斜探头进行检测。

3.9.2 探测条件的选择

（1）试块 探测铝焊缝时常用铝制横孔对比试块，对比试块材质与被检铝板声学性能相同或相近，且不得有大于或等于 $\phi2$ 横通孔当量直径的缺陷存在。对比试块形状、尺寸见图 3-79 和表 3-20。

表 3-20　对比试块尺寸　　　　　　　　　　　　　　　　　　单位：mm

试块编号	工件厚度 t	试块厚度 T	横孔位置	横孔直径
1	≥8~40	45	5、15、25、35	$\phi2.0$
2	>40~80	90	10、30、50、70	$\phi2.0$

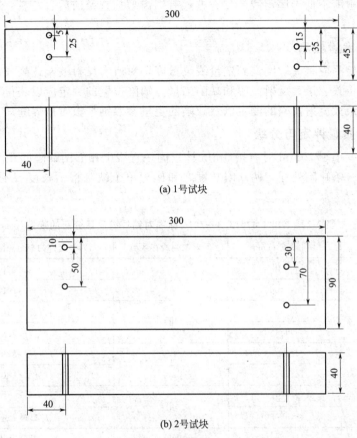

(a) 1号试块

(b) 2号试块

图 3-79　铝制横孔对比试块

（2）探头　在铝焊缝检测中一般选用频率为 2.5MHz、K2 的横波斜探头。如有必要，也可使用其他参数的探头。

（3）耦合剂　在铝焊缝检测中，常用的耦合剂有机油、变压器油、甘油和糨糊等。注意不宜使用碱性耦合剂，因为碱对铝合金有腐蚀作用。

3.9.3　检测准备

（1）检测面　焊接接头两侧的探头移动区应清除焊接飞溅、油垢及其他杂质。

（2）距离-波幅曲线的制作　距离-波幅曲线利用铝制横孔对比试块来测试制作，一般直接在检测仪中绘制。距离-波幅曲线的评定线（EL）、定量线（SL）和判废线（RL）见图 3-80，灵敏度表见表 3-21。

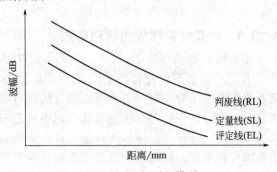

图 3-80　距离-波幅曲线

表 3-21　NB/T 47013.3—2015 标准对铝焊缝灵敏度的规定

评定线	定量线	判废线
$\phi2—18dB$	$\phi2—12dB$	$\phi2—4dB$

3.9.4　扫查要求

扫查探测灵敏度不低于评定线。扫查方式有锯齿型扫查及前后、左右、环绕和转角扫查等多种。

3.9.5　缺陷的定量检测

缺陷的定量检测应将灵敏度调到定量线灵敏度，对所有反射波幅达到或超过定量线的缺陷，均应确定其位置、最大反射波幅和缺陷当量。缺陷位置的测定应以获得缺陷最大反射波幅的位置为准。最大反射波幅的测定以及缺陷的定量参照钢平板对接焊缝。

3.9.6　铝焊缝质量评定与分级

缺陷指示长度小于 10mm 时，按 5mm 计。同一直线上相邻两缺陷间距小于较小缺陷指示长度时，作为一条缺陷处理，两缺陷长度之和作为单个缺陷指示长度（不含间距）。质量分级见表 3-22。

表 3-22　NB/T 47013.3—2015 标准对铝焊缝质量分级的规定

等级	工件厚度 t/mm	反射波幅所在区域	允许的单个缺陷指示长度
Ⅰ	8～40	Ⅰ	≤20
	>40～80		≤40
	8～40	Ⅱ	≤10
	>40～80		≤$t/4$,最大不超过 20
Ⅱ	8～40	Ⅰ	≤30
	>40～80		≤60
	8～40	Ⅱ	≤15
	>40～80		≤$t/3$,最大不超过 25
Ⅲ	8～80	Ⅱ	超过Ⅱ级者
		Ⅲ	所有缺陷
		Ⅰ	超过Ⅱ级者

3.10　小直径管对接焊缝超声波检测

3.10.1　小直径管焊缝的检测特点

小直径管是指外径 $D=32～159mm$，壁厚 $t=4～15mm$ 的管子，在 NB/T 47013.3—2015 标准中将其环向对接接头归类为 Ⅱ 型接头。小直径管对接焊缝一般采用手工电弧焊、氩弧焊打底手工焊填充或等离子焊等方法进行焊接。焊接接头中常见缺陷有气孔、夹渣、未焊透、未熔合和裂纹等。小直径管在锅炉制造安装中应用较广，承受较高的压力。小直径管曲率半径小，管壁厚度薄，常规超声波检测困难大。曲率半径小，普通探头探测接触面小，曲面耦合损失大。同时超声波在内表面反射发散严重，检测灵敏度低。壁薄，杂波多，判别难度大。试验表明，利用大 K 值小晶片短前沿横波探头在焊缝两侧进行探测，可以有效地检出焊缝中的各种缺陷。

3.10.2 探测条件的选择

（1）探头　通常采用线聚焦斜探头和双晶斜探头，其性能应能满足检测要求。探头频率一般采用 4～5MHz 的探头。探头主声束轴线水平偏离角不应大于 2°。斜探头 K 值的选取可参照表 3-23 的规定。如有必要，也可采用其他 K 值的探头。探头楔块的曲率应加工成与管子外径相吻合的形状。加工好曲率的探头应对其 K 值和前沿值进行测定，要求直射波至少扫查到焊接接头根部，保证直射波能扫查到焊缝根部。探头前沿长度应予以限制，一般要求前沿长度≤10mm，常用 5～8mm。为了减少散射的不利影响，晶片尺寸不宜太大，而且要求晶片装配的对中精度较高。目前实际检测中常用的晶片尺寸为 6mm×6mm、8mm×8mm 等几种。

表 3-23　斜探头 K 值的选择

管壁厚度/mm	探头 K 值	探头前沿/mm
4.0～8	2.5～3.0	≤6
>8～15	2.0～2.5	≤8
>15	1.5～2.0	≤12

（2）试块

① 试块应采用与被检工件声学性能相同或近似的材料制成，该材料用直探头检测时，不得有大于或等于 $\phi2$ 平底孔当量直径的缺陷存在。

② 试块的曲率应与被检管件相同或相近，其曲率半径之差不应大于被检管径的 10%。采用的试块型号 GS-1、GS-2、GS-3、GS-4，其形状和尺寸应分别符合图 3-81 和表 3-24 的规定。GS-1 试块适用于曲率半径大于 16mm 至 24mm 的承压设备管子和压力管道环向对接焊接接头的检测；GS-2 试块适用于曲率半径大于 24mm 至 35mm 的承压设备管子和压力管道环向对接焊接接头的检测；GS-3 试块适用于曲率半径大于 35mm 至 54mm 的承压设备管子和压力管道环向对接焊接接头的检测；GS-4 试块适用于曲率半径大于 54mm 至 80mm 的承压设备管子和压力管道环向对接焊接接头的检测。

表 3-24　试块圆弧曲率半径　　　　　　　　　　　单位：mm

试块型号	试块圆弧曲率半径 R_1	适用管外径范围	试块圆弧曲率半径 R_2	适用管外径范围
GS-1	18	32～40	22	40～48
GS-2	26	48～57	32	57～72
GS-3	40	72～90	50	90～110
GS-4	60	110～132	72	132～159

注：根据检测需要，可添加适用不同曲率和厚度范围的试块。

3.10.3 检测位置及探头移动区

一般要求从对接焊接接头两侧进行检测，确因条件限制只能从焊接接头一侧检测时，应采用两种或两种以上的不同 K 值探头进行检测，并在报告中加以说明。探头移动区应清除焊接飞溅、铁屑、油垢及其他杂质，其表面粗糙度 $Ra \leqslant 25\mu m$，探头移动区应大于 $1.5P$。

3.10.4 耦合剂

常用的耦合剂有机油、甘油和糨糊等。

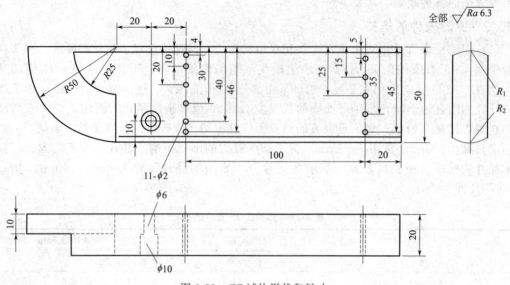

图 3-81　GS 试块形状和尺寸

3.10.5　距离-波幅曲线的绘制

与实际工件曲率相对应的对比试块，一般按水平 1∶1 调节扫描时基线。距离-波幅曲线按所用探头和仪器在所选的试块上实测的数据绘制而成，该曲线族图由评定线、定量线和判废线组成。评定线与定量线之间（包括评定线）为Ⅰ区，定量线与判废线之间（包括定量线）为Ⅱ区，判废线及其以上区域为Ⅲ区。不同管壁厚度的距离-波幅曲线灵敏度见表 3-25。检测时表面声能损失根据实测结果对检测灵敏度进行补偿，补偿量应记入距离-波幅曲线。扫查灵敏度不得低于最大声程处的评定线灵敏度。

表 3-25　NB/T 47013.3—2015 标准对小直径管焊缝距离-波幅曲线灵敏度的规定

管壁厚度 t/mm	评定线	定量线	判废线
≥4~8	$\phi2\times20-24dB$	$\phi2\times20-18dB$	$\phi2\times20-12dB$
>8~15	$\phi2\times20-20dB$	$\phi2\times20-14dB$	$\phi2\times20-8dB$
>15	$\phi2\times20-16dB$	$\phi2\times20-10dB$	$\phi2\times20-4dB$

3.10.6　扫查

应将探头从对接焊接接头两侧垂直于焊接接头作锯齿形扫查，探头前后移动距离应小于探头晶片宽度的一半。为了观察缺陷动态波形或区分伪缺陷信号以确定缺陷的位置、方向、形状，可采用前后、左右、转角等扫查方法。

3.10.7　缺陷定量检测

① 对所有反射波幅位于Ⅱ区或Ⅱ区以上的缺陷，均应对缺陷位置、缺陷反射最大反射波幅和缺陷指示长度等进行测定。缺陷位置的测定应以获得缺陷最大反射波的位置为准。测定缺陷最大反射波幅时应将探头移至缺陷出现反射波信号的位置，测定波幅大小，并确定它在距离-波幅曲线中的区域。

② 缺陷指示长度测定方法

a. 缺陷反射波只有一个高点，且位于Ⅱ区或Ⅱ区以上时，应以 −6dB 法测量指示长度。

b. 缺陷反射波峰值起伏变化，有多个高点，且位于Ⅱ区或Ⅱ区以上时，应以端点－6dB法测量指示长度。

c. 当缺陷最大反射波幅位于Ⅰ区，如认为有必要记录时，应以评定线绝对灵敏度法测量其指示长度。

d. 缺陷的指示长度 I 应按式(3-91) 计算：

$$I = L \times (R-H)/R \tag{3-91}$$

式中　L——探头左右移动距离，mm；

　　　R——管子外径，mm；

　　　H——缺陷距外表面深度（指示深度），mm。

3.10.8 缺陷的评定

超过评定线的信号应注意其是否具有裂纹等危害性缺陷特征，如有怀疑时，应改变探头 K 值、观察缺陷动态波形并结合焊接工艺等进行综合分析。相邻两缺陷在一直线上，其间距小于其中较小的缺陷长度时，应作为一条缺陷处理，以两缺陷长度之和作为其单个缺陷指示长度（间距计入缺陷长度）。

3.10.9 质量分级

小直径管焊缝的质量分级见表3-26。

表 3-26　NB/T 47013.3—2015 标准对小直径管焊缝的质量分级规定　　　单位：mm

等级	焊缝内部缺陷		焊缝根部未焊透缺陷	
	反射波所在区域	单个缺陷指示长度 L	缺陷指示长度	缺陷累计长度
Ⅰ	Ⅰ	≤40	≤$t/3$，最小为8	长度小于或等于焊缝周长的10%，且小于30
	Ⅱ	≤$t/3$，最小可为8，最大为30		
Ⅱ	Ⅰ	≤60	≤$2t/3$，最小为10	长度小于或等于焊缝周长的15%，且小于40
	Ⅱ	≤$t/3$，最小可为10，最大为40		
Ⅲ	Ⅱ	超过Ⅱ级者	超过Ⅱ级者	超过Ⅱ级者
	Ⅲ	所有缺陷		
	Ⅰ	超过Ⅱ级者		

注：1. 在 10mm 焊缝范围内，同时存在条状缺陷和未焊透时，应评为Ⅲ级。

　　2. 板厚不等的对接接头，取薄板测壁厚值。

　　3. 当缺陷累计长度小于单个缺陷指示长度，以单个缺陷指示长度为准。

3.11 T、K、Y形管节点焊缝的超声波检测

3.11.1 T、K、Y形管节点焊缝的结构与检测方法

T形、Y形和K形管节点焊缝的结构形式见图3-82所示。其中T形是Y形的特例，即主支管轴线夹角 $\phi=90°$ 的Y形。K形可视为两个Y形的组合。因此下面以Y形管节点焊缝为例来说明管节点焊缝的一般检测方法。

Y形管节点焊缝见图 3-82(c)，由主支管组成。工程上一般主管直径 $D_1=600\sim1200$mm，壁厚 $t_1=18\sim80$mm，支管直径 $D_2=400\sim900$mm，壁厚 $t_2=12\sim60$mm。主支管夹角 $\phi=20°\sim90°$。

Y形管节点焊缝结构不规则，主支管曲率半径小，坡口开在支管上，用手工焊接而成，见图3-83(b) 焊缝内的缺陷有一定的规律性，实验数据表明，70%的缺陷结构出现在支管

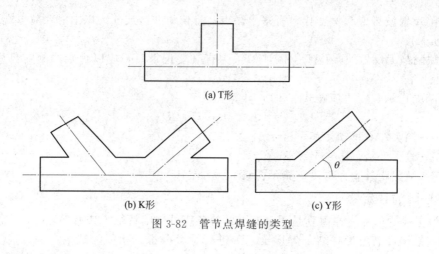

(a) T形

(b) K形　　　　　　　　　　(c) Y形

图 3-82　管节点焊缝的类型

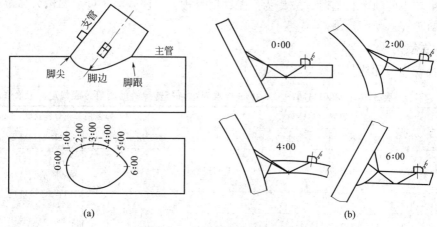

(a)　　　　　　　　　　(b)

图 3-83　Y形管节点焊缝检测

侧焊缝熔合区，且大多出现在焊缝跟部及中部，因此一般以横波斜探头从支管上进行探测为主，必要时可从主管上做辅助检测。检测时探头尽可能与焊缝保持垂直。

3.11.2　探测条件的选择

（1）探头

① 晶片尺寸。由于管节点的主支管直径较小，探测面曲率较大，因此探头的尺寸小一点好，以便改善耦合效果。常用 10mm×10mm、9mm×9mm、8mm×8mm 等几种晶片尺寸，又由于不同探测位置的截面曲率半径不同，见图 3-83(b)，所以探头斜楔不要修成与支管表面相吻合的曲面。

② 折射角。实践证明，Y形管节点焊缝检测中，采用折射角 $\beta=45°$、$60°$、$70°$的斜探头较好，其中 $\beta=70°$的斜探头缺陷检出率最高。

③ 频率。管节点焊缝的主支管材质晶粒细小，为了提高检测灵敏度和分辨力，宜选用较高的频率，一般为 5MHz。

（2）试块　Y形管节点焊缝检测中，采用的试块有图 3-84 所示的对比试块和图 3-85 所示的模拟试块两种。对比试块上加工有 1.6mm×1.6mm 的槽型人工缺陷，用于调整检测灵敏度和测试距离-波幅曲线。模拟试块材质、曲率半径、壁厚同工件，试块上加工有 $2-\phi 4×4$ 的柱孔、$2-\phi 2×40$ 横孔和 1.6mm×1.6mm 的方槽，用于调节检测灵敏度、时基线比例和测试距离-波幅曲线。

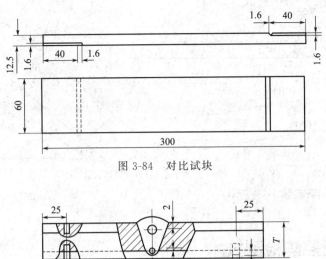

图 3-84 对比试块

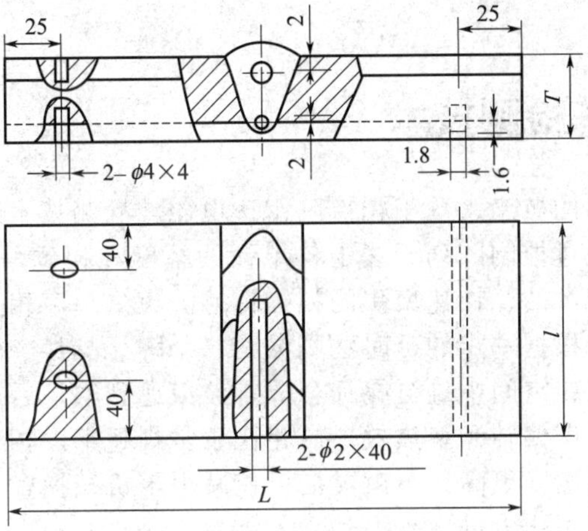

图 3-85 模拟试块

(3) 耦合剂　Y 形管节点焊缝检测中,一般采用黏度较大的耦合剂,如黄油、糨糊、20♯航空滑油等。

3.11.3 仪器的调整

(1) 时基线比例调整　在 Y 形管节点焊缝检测中,一般采用声程法调节仪器的时基线比例,不用深度法或水平法调整。因为声程法定位较方便。按声程法调节时,要事先大致确定探测范围,一般按 1.5 倍跨距声程在 CSK-ⅠA 试块或其他试块上调整。

(2) 灵敏度调整　Y 形管节点焊缝检测前,常利用对比试块或模拟试块来测试距离-波幅曲线,见图 3-86。检测基准灵敏度:探头置于 $0.5S'$(S' 为钢板厚度方向上的一次波声程)处,将 1.6×1.6 方槽回波调至 100% 即可。扫查灵敏度可在基准灵敏度的基础上再提高 6dB。当试块与工件存在耦合差时,要适当进行补偿。

3.11.4 缺陷的测定与判别

探头在支管上扫查的方式与平板对接焊缝类似,主要有锯齿型、前后、左右、环绕、转角扫查等。扫查时,波束轴线要垂直焊缝,相邻两次扫查要有 10% 的重叠,扫查速度不大于 150mm/s。扫查过程中发现缺陷后,要测定缺陷的位置、当量大小和指示长度。缺陷位置常用作图法确定。缺陷指示长度可用 6dB 法、20dB 法或端点峰值法测定。然后根据有关标准规定焊缝的级别,判别焊缝是否合格。在 Y 形管节点焊缝检测中,存在探测不到的"死区",见图 3-87,"死区"的大小与探头的折射角有关,折射角增大,"死区"1 区变小 2 区变大。采用不同折射角探头检测或从主管上进行辅助检测可以减少死区。

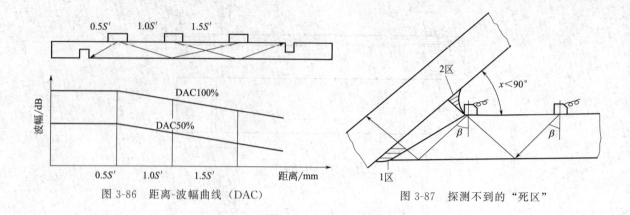

图 3-86 距离-波幅曲线（DAC）

图 3-87 探测不到的"死区"

3.12 超声相控阵检测技术

超声相控阵检测技术的概念来源于相控阵雷达电磁波探测技术。相控阵雷达是由许多辐射单元排成阵列组成，通过控制阵列天线中各单元的幅度和相位，调整电磁波的辐射方向，在一定的空间范围内合成灵活、快速聚焦的扫描雷达波束。超声相控阵检测通过计算机控制换能器中多个晶片阵元，根据一定的延时法则激励每个阵元晶片产生发射超声波信号，使得各个阵元产生的超声波束在空间中进行叠加合成，波束遇到缺陷后反射回来，按照接收聚焦法则将信号合成，实现声束偏转和聚焦效果。相比于常规超声，相控阵超声对埋藏缺陷的检测、定位和定量精度、灵敏度更高，声束灵活可控减少了机械扫查工作量，提高了效率，图像化的检测结果使缺陷识别能力进一步提升。

从 20 世纪 90 年代开始，超声相控阵检测技术凭借自身优势，逐渐成为无损检测技术重点研究对象。进入 21 世纪，计算机软硬件和电子信息技术快速发展，无损检测技术逐渐朝数字化和系统化的方向发展，超声相控阵检测广泛应用于电力、石化、核电、船舶、风电、航空等领域复杂或精密件无损检测。近几年，数字电子和 DSP（数字信号处理器）技术的发展，使得精确延时越来越方便，超声相控阵技术的发展尤为迅速。目前基于超声相控阵检测技术的研究主要集中在换能器的优化设计、检测系统的迭代更新、声场和缺陷的仿真模拟技术、超声信号处理以及成像算法研究等方面。

随着电子技术和计算机技术的快速发展，超声相控阵技术逐渐应用于工业无损检测，特别是在核工业及航空工业等领域。如锅炉汽包下降管管座角焊缝检测、PE 管电熔焊焊接接头检测、不锈钢焊接接头检测、核电站主泵隔热板的检测。

3.12.1 超声相控阵检测技术基本原理

3.12.1.1 基于波束控制的相控阵超声检测技术

基于惠更斯-菲涅耳原理设计的相控阵超声换能器，是由多个相互独立的阵元晶片组成的阵列。为适应不同的应用需求，相控阵超声换能器（探头）可以将若干个独立的阵元按照一定的排列方式组合成若干种阵列，包括环形探头、线阵探头、面阵探头、扇形阵列探头等，如图 3-88 所示。采用阵列换能器进行检测时，通过电子技术设置所选取激发阵元的数量和各阵元发射/接收的相位延时，即可实现对超声波束聚焦位置和偏转方向的控制。

基于波束控制的相控阵超声检测过程包括相控阵发射和相控阵接收两部分。相控阵发射是采用电子技术调整发射脉冲的相位、波形和强度，实现超声波在被测区域内声束方向和焦点位置的动态调节。相控阵发射原理如图 3-89(a) 所示，通过调整各个阵元发射信号的相位

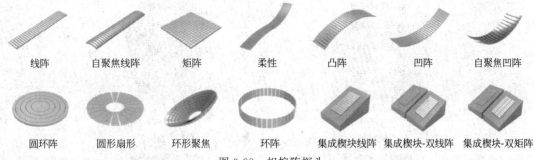

| 线阵 | 自聚焦线阵 | 矩阵 | 柔性 | 凸阵 | 凹阵 | 自聚焦凹阵 |

| 圆环阵 | 圆形扇形 | 环形聚焦 | 环阵 | 集成楔块线阵 | 集成楔块-双线阵 | 集成楔块-双矩阵 |

图 3-88 相控阵探头

延迟，使各阵元激发的超声波叠加形成一个新的波阵面，从而实现发射声束聚焦和偏转等效果。相控阵接收是相控阵发射的逆过程，它采用电子技术或数字信号处理技术对各阵元所接收的超声回波信号进行处理。相控阵接收原理如图 3-89(b) 所示，相控阵换能器发射的超声波遇到目标后产生反射回波信号，按照回波到达各阵元的时间差对各阵元接收信号进行延时补偿并相加合成，得到描述特定方向的超声回波信号，从而获得表征缺陷的特性信息。

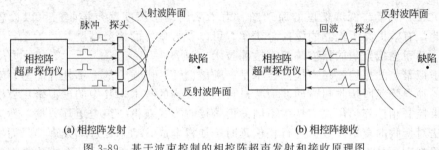

(a) 相控阵发射   (b) 相控阵接收

图 3-89 基于波束控制的相控阵超声发射和接收原理图

为了实现对被测试样一定区域范围的检测，往往需要进行声束电子扫描，相控阵超声检测的常见扫描方式有线形扫描、扇形扫描和动态深度聚焦。

(1) 线形扫描 相控阵线形扫描时，选取相控阵换能器中相邻几个阵元作为一个发射阵列孔径，每个阵列孔径采用相同的聚焦延时算法，则发射的超声波以恒定的传播角度和聚焦深度入射到被测试样内部，通过采用电子控制方式依次改变所选取阵列孔径的位置，使合成的超声波束沿相控阵换能器长度方向进行移动，从而实现换能器不移动而阵元晶片激发的超声波沿换能器长度方向平移的扫描。

如果对每个阵列孔径不施加聚焦延时算法，且各阵列孔径中各阵元接收的超声回波信号只做简单求和处理，即为最普通的线形扫描，如图 3-90(a) 所示。如果对每个阵列孔径施加相同的聚焦延迟算法，使合成波束聚焦到工件内某一深度，这样实现的线形扫描称为聚焦线形扫描，如图 3-90(b) 所示。

(2) 扇形扫描 相比线形扫描，相控阵扇形扫描每次作用于阵列孔径的聚焦延时算法是不同的。如图 3-90(c) 所示，扇形扫描通常将换能器中全部阵元晶片同时用于发射和接收，通过控制各阵元的延迟时间，可自由改变合成波束的偏转角度，以实现超声波在扇形区域的扫描。根据实际检测需要，扇形扫描不仅可以改变扫描范围，而且可以控制聚焦深度，因此扇形扫描能够实现对难以接近部位的检测。

(3) 动态深度聚焦 动态深度聚焦是一种数字信号处理方法，发射信号采用单点聚焦，而接收信号按照时间轴分段，将不同的聚焦延迟算法应用于接收回波的不同信号时间段上，从而使每段信号能够聚焦到特定的深度上，再将所有时间段组成一个合成信号作为接收信

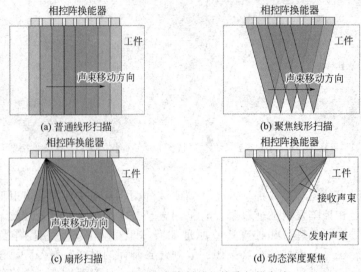

(a) 普通线形扫描　　　　　　　(b) 聚焦线形扫描

(c) 扇形扫描　　　　　　　(d) 动态深度聚焦

图 3-90　基于波束控制的相控阵扫描方式

号，图 3-90(d) 为动态深度聚焦的原理图。由于采用动态深度聚焦接收时可以设置多个聚焦点，因此，有效提高了检测的纵向分辨率，可以获得良好的检测精度。

3.12.1.2　基于虚拟聚焦的相控阵超声检测技术

基于虚拟聚焦的相控阵超声检测技术是一种借助计算机强大的运算处理能力，对相控阵换能器中各独立阵元所接收超声回波信号进行数据处理的技术，其中的虚拟聚焦算法是采用一种与波束控制相控阵超声检测技术不同的信号接收方式获得一组全矩阵数据，然后采用数据处理算法对接收的全矩阵数据进行相位延时、加权合成、动态变迹等处理，从而实现成像检测和缺陷判别。基于虚拟聚焦的相控阵超声检测技术的核心是如何从全矩阵数据中挖掘出缺陷特征信息并表征缺陷。

（1）全矩阵数据采集　全矩阵数据采集是指在检测过程中，通过控制相控阵换能器中各阵元晶片独立激励超声波，全部阵元独立接收超声回波信号的数据采集方法，如图 3-91 所

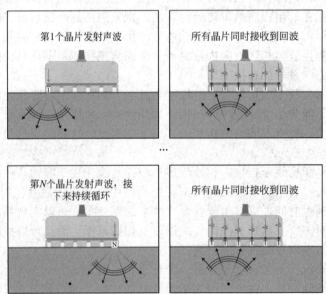

图 3-91　全矩阵数据采集

示，其所获得的原始超声检测信号非常丰富。假设某相控阵换能器有 N 个阵元晶片，检测回波数据的采样数为 M，则全矩阵数据采集可获得一个 $N \times N \times M$ 的三维数组，该三维数组即为全矩阵数据。在线性波动学的假设下可以证明，基于波束控制的相控阵超声检测技术中声束任意偏转及聚焦所获得的超声回波信号均可通过对全矩阵数据实行特定数据处理算法而生成。因此，假设将相控阵超声检测采集的全部超声回波数据作为一个线性空间，那么全矩阵数据即为该线性空间的基础，基于虚拟聚焦的相控阵超声检测技术的研究即为对全矩阵数据的数据处理算法研究。

（2）虚拟聚焦理论及全聚焦方法　虚拟聚焦理论就是利用全矩阵数据模拟相控阵换能器激发超声波在被测试样内某一预期位置的聚焦，声束聚焦不是真实声波的传播，而是对全矩阵数据的处理。全聚焦方法即利用特定数据处理算法对被测试样内任意一点进行虚拟聚焦，可同时获得被测区域中任意位置的声波幅值信息，因此提高了缺陷的检测精度和灵敏度。

3.12.2　超声相控阵检测的优点

超声相控阵检测技术可被用于几乎任何在传统意义上可以使用常规超声检测的场景中，其最大优点是能在一定范围内能自由控制声束，同时依靠计算机技术，实现扇形扫查、电子扫查和动态聚焦。超声相控阵的优势具体如下：

① 超声相控阵聚焦技术使得声波能量集中在一个很小的区域内，能极大地提高检测灵敏度和分辨率，从而提高缺陷定量精度和缺陷定性准确度。

② 通过自由控制声束，能检测到常规探头声束无法到达的盲区，常用于复杂工件的检测。

③ 相控阵探头能实现多个常规探头的功能，检测效率大大提高。如在厚度较大工件进行检测时，采用相控阵扇形检测只需要一次扫查就能实现对工件的全面检测，而常规超声检测中往往要进行分区扫查。

④ 通过计算机图像合成技术，使得超声相控阵检测系统能实现三维成像，使得超声检测结果更直观，降低超声检测中缺陷定性难度。

3.12.3　超声相控阵焊缝检测的应用

超声相控阵检测技术在焊缝检测方面得到了较为广泛的应用，在一些特殊领域该技术成为不可替代的方法。如在承压特种设备检测领域，可检测锅炉汽包集中下降管管座角焊缝、锅炉受热面小径管对接焊缝、超限厚度或复杂结构容器焊缝、长输管道对接焊缝等。

3.12.3.1　平板、管管对接接头检测

常规超声检测平板、管管对接接头时，根据相关标准要求，需要用一个或多个探头在焊缝双面或双侧进行多次频繁的扫查，检测过程烦琐。相控阵超声检测技术则可在有效声程范围建立模型对检测区域进行一次或多次全覆盖。如图 3-92 所示，当用 1 次波检测时，仅焊缝下部能被声束覆盖；当用底面 1 次反射法检测时，声束就能全部覆盖整个焊缝截面。探头

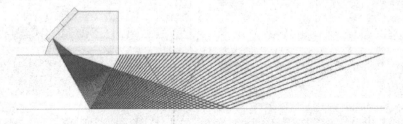

图 3-92　相控阵检测探头声束覆盖

在此位置就能对焊缝完成一次全覆盖。相对于常规超声检测（A型脉冲发射法），超声检测操作简单，图谱数据可保存，大大提高了检测效率，并可有效降低普通A型脉冲发射法超声检测对缺陷定性、定量的争议。

3.12.3.2 管座角接接头检测

石油化工装置、电站锅炉等承压特种设备存在大量的角接及T形焊接接头，在以往的检测过程中受射线检测及A型脉冲反射法超声检测的限制，现场实际检测过程中大部分仅进行了表面检测，给设备的安全运行留下了极大的隐患，很多设备在运行过程中出现角接焊接接头缺陷扩展引起失效的事故已经屡见不鲜。

角接及T形焊接接头相控阵超声检测按NB/T 47013.15—2021要求，采用扇形扫描和直探头组合检测，探头扫查示意图见图3-93和图3-94。相控阵建模宜优先采用实际几何结构尺寸，有效的建模及工艺优化，可保证焊缝区域声束全覆盖，角接接头相控阵声束覆盖仿真建模见图3-95。

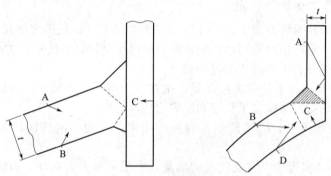

图 3-93　角接接头相控阵探头扫查示意图
A～D—推荐的探头放置位置

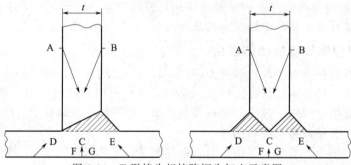

图 3-94　T形接头相控阵探头扫查示意图
A～G—推荐的探头放置位置

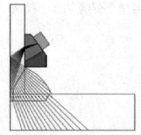 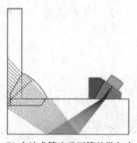 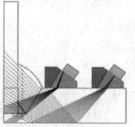 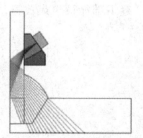

(a) 安放式管座接管侧扫查　　(b) 安放式管座承压管外壁扫查　　(c) 插入式管座承压管外壁扫查　　(d) 插入式管座接管侧扫查

图 3-95　角接接头相控阵声束覆盖仿真建模

3.12.3.3 奥氏体不锈钢焊接接头检测

随着承压特种设备高参数化，奥氏体不锈钢焊缝越来越多应用于承压部件。奥氏体不锈钢焊缝内部晶间组织与常规碳钢区别较大，其晶粒粗大、组织不均匀，各向异性较为明显。当进行常规超声波检验时，声束在焊缝内部传播时会受到晶间各向异性的影响，造成声束能量衰减严重以及其他声束特性的变化，奥氏体焊缝内的粗晶结构会增加声束的散射衰减，严重降低信噪比。因此横波检测奥氏体焊缝受到了一定程度的限制。采用检测可靠性高、检测分辨率好、检测速度快、检测效率高等优点的相控阵超声检测技术，为奥氏体不锈钢焊缝的无损检测带来新的思路。检测时应使用低频纵波探头，其声波波长较大，能部分解决或降低由于声波衰减大、信噪比低、焊缝声速不均匀等给检测带来的困难。图 3-96 为横波双面阵探头和纵波双面阵探头检测奥氏体不锈钢试块的效果对比，明显可以看出纵波探头效果更好。同时推荐使用双面阵或双线阵相控阵探头（DMA 和 DLA 探头），能进一步解决声波衰减大、信噪比低等问题。为降低检测和信号判断难度，提高缺陷的定位精度，推荐使用相同或相近材质焊缝制作专用对比试块进行工艺验证。

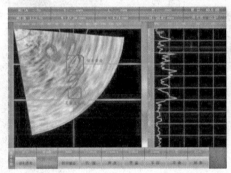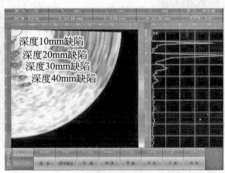

深度10mm缺陷
深度20mm缺陷
深度30mm缺陷
深度40mm缺陷

图 3-96 横波双面阵探头和纵波双面阵探头检测奥氏体不锈钢试块对比图

3.12.3.4 小径管焊接接头检测

大型火力发电锅炉小径管焊接接头数量巨大，是影响机组是否能够长周期稳定运行的关键，小径管一般壁厚较薄，超声检测时管壁超声波束产生的声距较短，容易受到声压不规则的近场区域的干扰，给缺陷的定性和定量带来困难。另外，管壁曲率较大，管道内外表面声能损失较大，声束传输路径较复杂。经过多次发散后，聚集的声压反射与常规不同，使声能有一定的损失，降低了超声检测灵敏度。在对小径管对接接头进行相控阵检测时，一般选用较小的激发孔径、高频率聚焦探头，以通过这样的方式来保证信噪比，还可以在一定程度上提高检测信号质量。在楔块选择时尽可能选择曲率半径与检测管件曲率半径一致的短前沿楔块以降低耦合损失，提高检测覆盖面。在正确建立仿真模型（图 3-97）的前提下，指导优化检测工艺，可实现高质量小径管焊接接头相控阵检测。目前，国内外很多厂商推出小径管焊接接头相控阵链式扫查器（图 3-98），可大幅提高检测效率，降低人工扫查误差。

图 3-97 小径管相控阵检测　　　　　　图 3-98 小径管相控阵检测扫查器

3.12.3.5 PE管电熔焊焊接接头检测

　　城镇天然气在运输上基本以管道运输为主，聚乙烯管道具有造价低、挠性大、耐腐蚀、可熔焊等特点，慢慢取代传统钢质管道在城市管网中的应用。PE管电熔焊接过程中熔合区部位往往会产生肉眼不可见的缺陷，如接头中的空洞、熔接面夹杂、冷焊、过焊、电阻丝错位等，这类问题使用常规方法较难发现，由于输送介质载荷等影响，缺陷部位会产生应力集中，导致焊接接头是聚乙烯管道最为薄弱的地方，形成极大的安全隐患。采用超声相控阵检测方法对聚乙烯管道电熔焊接接头进行检测的优点在于检测速度快、环境无辐射、成本低、缺陷显示直观，是一种可以对电熔焊接缺陷进行有效检测的方法，如图 3-99 所示。

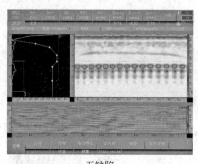

无缺陷　　　　　　　　　　　　　　大量未熔合缺陷

图 3-99　PE管未融合缺陷相控阵检测示意图

　　虽然超声相控阵检测技术在检测内部埋藏缺陷方面有很大的优势，但是由于上下表面存在盲区，所以对于表面和近表面缺陷，还必须与磁粉、渗透等表面检测技术相结合才能完成整个厚度范围内的检测。

3.13　TOFD 检测技术

　　衍射时差法超声检测（TOFD）技术是一种基于衍射信号实施检测的技术，由英国原子能管理局（AEA）国家无损检测中心哈威尔（Harwell）实验室的 Mauricsilk 于 20 世纪 70 年代提出，并且于 1993 年率先颁布了 BS7706 检测标准和指南，该技术不仅能准确地量化缺陷，而且能准确地定位缺陷。20 世纪 90 年代，我国研究机构和质检企业开始大量投入和引进 TOFD 检测技术，在近几十年内，随着我国炼化、核电、船舶、军工等行业装置大型化、高端化、集成化，反应器、分离器、管壳式换热器、球形储罐等承压设备逐渐向厚壁设计、分段制造、现场组焊的方向发展，TOFD 检测技术由于在厚壁焊缝内部缺陷的检出率方面优势突出被推广应用，已成为厚壁焊缝检测的重要手段。

3.13.1　TOFD 检测技术基本原理

3.13.1.1　超声波衍射现象

　　衍射现象是指超声波在传播过程中遇到障碍物后，绕开障碍物或缝隙时传播方向发生变化的现象。这种现象不同于反射，当入射波与裂纹相互作用时，不仅在裂纹表面产生超声波反射，而且在裂纹两端产生衍射。反射波较衍射波信号能量强，且反射波在焊缝内部发生散射，方向各异。如图 3-100 所示，超声波作用于裂纹时，裂纹中部表面产生反射波，上下两端产生衍射波。

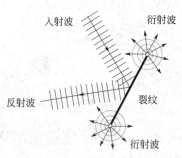

图 3-100　超声波衍射现象

3.13.1.2 TOFD 检测信号发射和采集

TOFD 技术利用了超声波在传播过程中遇到障碍物会发生衍射这一现象。TOFD 采用的纵波斜探头一发一收对称分布在焊缝的两侧，两探头频率、折射角度以及晶片尺寸相同。扫查方式一般有非平行扫查、偏置非平行扫查、平行扫查、斜向扫查等。对于无缺陷的工件，在超声波脉冲发射后被接收到的信号首先是直通波，然后是来自底面的反射波，当超声波从高阻抗介质入射到一个低阻抗介质时，其反射后的波形相位将会改变 180°，因此底面反射波和直通波的相位相差 180°；当工件内部存在缺陷时，在缺陷上下端点处产生衍射信号，其中缺陷上端衍射波如同底面反射波，波形相位改变了 180°，缺陷下端衍射波的相位不发生改变，可以理解为超声波是在缺陷下端环绕，并没有发生反射现象。从相位上可以知道缺陷上端衍射波的相位与底面反射信号相同，是从负向周期开始，缺陷下端衍射波的相位从正向周期开始，其相位与直通波相位相同。因此，能通过波形的相位对缺陷进行更加精准的判断。由于其下端点衍射信号传播时间长于上端点，可用这个时间差作为量值确定缺陷自身高度，缺陷深度也可同理得出，缺陷埋藏深度通过上端点信号延迟与直通波的差值来计算得出。最终，这些特征信息将按照一定的规则显示在图谱上，供质量评定。图 3-101 为 TOFD 检测原理示意图及对应波形图。

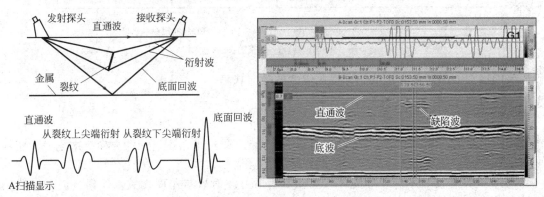

图 3-101 TOFD 检测原理图及对应波形

衍射时差法超声检测技术中有三种不同的显示方法：A 扫描显示、B 扫描显示和 D 扫描显示。待测件缺陷的评判可以根据 A 扫描显示方法进行，待测件缺陷定位则以 D 扫描显示和 B 扫描显示相结合进行。其中 A 扫描显示方式通常用于计算待测件的缺陷自身高度和深度。衍射时差法超声检测技术中的 B 扫描显示和 D 扫描显示图像可以较好地显示出缺陷的位置和状态，多种 A 扫描显示可以组合成为 D 扫描显示和 B 扫描显示，主要区别是声波传播方向及检测探头的移动方向不同，即扫查方式的差异性。TOFD 有非平行扫查、偏置非平行扫查、平行扫查和斜向扫查四种扫查方式。非平行扫查：是指探头对称布置于焊缝中心线两侧，沿焊缝长度方向（X 轴方向）进行扫查的方式，如图 3-102(a) 所示。偏置非平行扫查：是指探头对称于与焊缝中心线相距一定偏移距离，沿焊缝长度方向（X 轴方向）进行扫查的方式，如图 3-102(b) 所示。平行扫查：探头沿垂直于焊缝长度方向（Y 轴方向）的扫查方式，如图 3-102(c) 所示。斜向扫查：探头沿 X 轴方向运动，且探头对连线与焊缝中心线成 30°~60°夹角的扫查方式，如图 3-102(d) 所示。

一般采用非平行扫查作为基本扫查方式，非平行扫查所得 TOFD 图像为焊缝的纵断面显示，可以对缺陷长度、深度和缺陷自身高度进行确定。当非平行扫查的探头声束对检测区域不能有效覆盖时，可对该区域增加偏置非平行扫查。平行扫查提供焊缝横断面显示，可得到缺陷宽度和更精准的深度值，但是由于一般焊缝都存在余高，这种扫查方式中，余高会妨

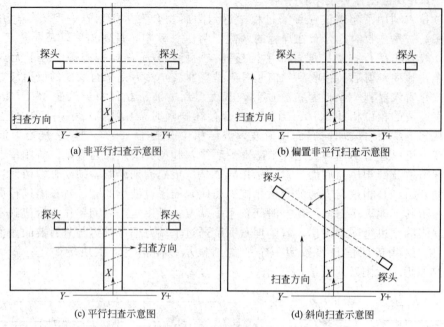

(a) 非平行扫查示意图　　　　(b) 偏置非平行扫查示意图

(c) 平行扫查示意图　　　　(d) 斜向扫查示意图

图 3-102　　TOFD扫查方式示意图

碍探头的移动。斜向扫查一般用于检测焊缝的横向缺陷。

3.13.2　TOFD 检测的优缺点

传统超声检测主要依靠从缺陷上反射的能量的大小来判断缺陷，超声 TOFD 法克服了常规超声检测的一些固有缺点，缺陷的检出和定量不受声束角度、探测方向、缺陷表面粗糙度、试件表面状态及探头压力等因素的影响，主要优点如下：

① TOFD 检测技术有较好的可靠性。由于衍射波信号与角度无关，任何方向的缺陷均可被有效地检测出，检测声波与缺陷之间的夹角不会影响检测的精度。

② TOFD 检测技术有较高的定量精度。采用超声 TOFD 对缺陷定量的精度高于传统的超声波检测技术。对裂纹等缺陷的自身长度定量误差将小于 1mm。

③ TOFD 检测系统具有自动或半自动的扫查功能，能通过扫查得到可靠的 TOFD 图像。图像包含的信息量很大，有利于对缺陷的识别和分析。

④ 现代 TOFD 检测配备的是性能很强的数字化仪器，记录信号的能力强，不但能记录检测过程中所有的扫查信号，而且可以将扫查记录长期保存并进行各种各样的后期信号处理。

⑤ TOFD 检测技术能监控工件缺陷的扩展状况，有效对裂纹等缺陷的尺寸扩展进行精度较高的测量。

⑥ 检测速度快，现场检测时只需对环焊缝进行一次简单的线性扫查而无须来回移动即可完成全焊缝的检测。

作为一项无损检测新技术，TOFD 在某些方面依然存在一定缺点：

① 焊缝的两边必须有足够安放用于 TOFD 检测的发射和接收探头的位置和空间。

② 对近表面缺陷检测的可靠性不够。上表面缺陷信号可能被埋藏在直通波下面而被漏检，而下表面缺陷则会因为被底面反射波信号掩盖而漏检。

③ TOFD 图像的识别和判读比较难，需要丰富的经验，且缺陷定性比较困难。

3. 13. 3 TOFD典型焊接缺陷图谱分析

焊接缺陷一般有裂纹、未焊透、未熔合、夹渣、气孔等。依据衍射时差法超声图谱对焊缝缺陷进行检测、定量和定性分析非常重要。

3. 13. 3. 1 裂纹

裂纹是焊接缺陷中危害性最大的一种缺陷，它能减少承载面积。裂纹端部有尖锐的缺口，应力高度集中，易扩展导致破坏工件，因此对裂纹准确判定尤其重要。TOFD检测中，裂纹一般有一定的自身高度，可区分上、下端点，焊接产生的裂纹上、下端点一般不太规则，上、下端点之间有些杂散信号，一般裂纹下端点衍射信号强于上端点，两端和主线有时伴有不规则的抛物线组，如图3-103所示。另外，TOFD检测中，扫查面开口裂纹和底面开口裂纹分别受直通波和底波影响，横向裂纹在采用常规非平行扫查时容易漏检或误判。上述裂纹种类应加以识别区分。

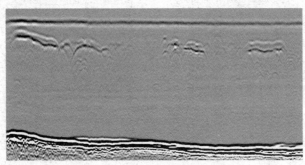

图3-103 TOFD埋藏裂纹图谱

（1）扫查面开口裂纹 扫查面开口裂纹（或其他缺陷）会引起直通波减弱、下沉、消失或变形，仅有下尖端信号且与直通波相位相同，相应的底波无变化，如图3-104所示。这样有些时候就无法观察到直通波和缺陷的上端点衍射信号，而看到的第一个信号便成了缺陷的下端点衍射信号，依据缺陷下端点信号下沉量来判定缺陷的深度。

（2）底面开口裂纹 底面开口裂纹（或其他缺陷）会引起底波减弱、下沉或消失，直通波显示正常，仅有上尖端信号且与直通波相位相反，如图3-105所示。通过缺陷上尖端信号深度可确定底面开口缺陷深度及高度。

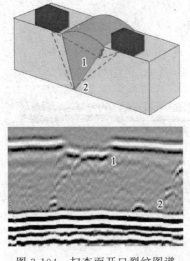

图3-104 扫查面开口裂纹图谱

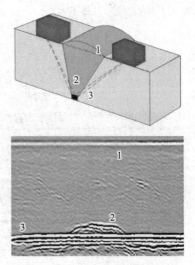

图3-105 底面开口裂纹图谱

（3）横向裂纹　横向裂纹图谱呈密集的点状缺陷波纹图，如图 3-106 所示。采用非平行扫查时扫描图谱呈现出一组具有代表性的双曲线。一般非平行扫查不易区分横向裂纹，若要更精确地判定缺陷的种类，需要磨平焊缝采用平行扫查，若余高不便磨平可以以斜 45°的方向实施斜向扫查。

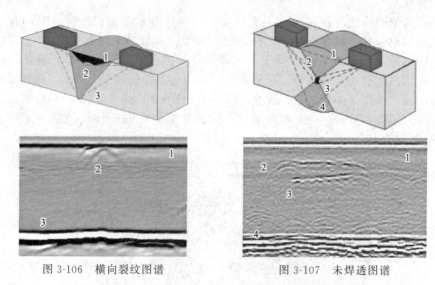

图 3-106　横向裂纹图谱　　　　　　图 3-107　未焊透图谱

3.13.3.2　未焊透

V 形坡口未焊透与底面开口缺陷图谱十分相似，X 形坡口未焊透图谱如图 3-107 所示。未焊透上下端点不平滑呈波浪或锯齿状，但上下端点形成的图像基本平行，这种缺陷会给出很强的衍射信号（或更正确地说是反射信号），其相位与底波信号相反。

3.13.3.3　未熔合

未熔合指焊缝金属和母材之间或焊缝金属之间未熔化结合在一起的缺陷。未熔合上、下端点信号较规则，图谱一般成较直或光滑过渡的主线，在主线上侧或下侧一般会伴有相位相反的不规则状线组（抛物线状或不连续的小段），杂散信号较少。坡口未熔合一般口开得小，两端处向中间微闭合，呈口唇状，衍射弱，边缘清楚，如图 3-108（a）所示；层间未熔合呈

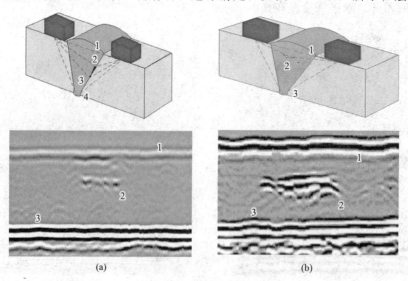

图 3-108　未熔合图谱

"黑白相间的条纹"，或长或短，如图 3-108(b) 所示。

3.13.3.4 夹渣

夹渣是指焊后熔渣残存在焊缝中的现象。夹渣上、下端点一般也无法分辨，呈弧形，上端点信号较强，有明显的亮点。条状夹渣往往会断成几节，图像黑白对比较为鲜明。条状夹渣图谱如图 3-109 所示。

3.13.3.5 气孔

单个气孔可视为点状缺陷（点状夹渣同理），在直通波与底波信号之间显示的点状缺陷图像常呈抛物线形，没有明显的长度，尾部向底面坠落，信号边缘的清晰度向两侧逐渐下降，缺陷自身衍射波相位反转不明显，下端衍射波波幅比上端衍射波波幅小。单个气孔 TOFD 图谱见图 3-110。密集气孔的信号图谱由一系列不同的双曲线组合而成，与点状缺陷信号有类似之处，如图 3-111 所示。但从图谱中可见，双曲线密集重合，这主要是因为各个气孔之间的距离很小，对这种信号图谱难以去挨个评判，但这种缺陷的图谱的外形较为有特点，其信号波纹外形为密集点状的小缺陷即可认定为密集气孔缺陷。

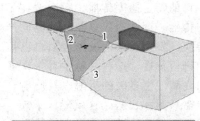

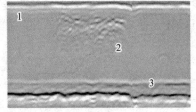

图 3-109　条状夹渣图谱

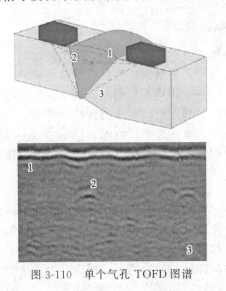

图 3-110　单个气孔 TOFD 图谱

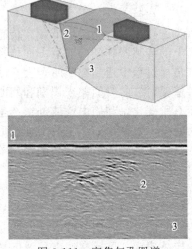

图 3-111　密集气孔图谱

3.14　超声导波检测技术

超声导波检测采用机械应力波沿着延伸结构传播，传播距离长而衰减小，对于导波在结构中传播的研究可以追溯到 20 世纪 20 年代（1920s），主要启蒙于地震学领域。如今，导波检测广泛应用于石化、热力、铁路运输等领域检测和扫查大量工程结构，特别是世界各地的金属管道检验。利用低频扭曲波或纵波可对管路、管道进行长距离检测，包括对于埋地管道不开挖状态下的长距离检测，有时单一的位置检测可达数百米。同时导波检测还应用于检测铁轨、棒材和金属平板结构。

3.14.1 超声导波检测技术基本原理

三维无限均匀固体中自由传播的波有两种：纵波（或称疏密波、无旋波、拉压波、P波）和横波（或称剪切波、S波）。纵波和横波是最基本的波，当固体参数固定时，它们以各自的特定速度传播。超声波在不同类型的材料中传播，比如在有界管道、板状结构以及棒中传播，会在边界以及其他界面产生反射以及透射的情况，致使波模态发生变化，称为波形转换。发生转换的波形会以自己恒定的速度继续传播。超声波在有边界的管道以及板状结构中进行传播，这些材料中有一个或者多个界面，此时会形成一定厚度的层，超声波在不同界面之间发生多次的折射以及反射，这样便形成了超声导波；可以在管状以及板状结构中向前传播（图3-112），这就形成了超声导波典型的波导结构有板状波导、圆柱状波导和圆管状波导。板状波导中的超声导波主要有SH波和兰姆波两种。圆柱状波导和圆管状波导中的超声导波包括纵向模式导波、扭转模式导波和弯曲模式导波三种。

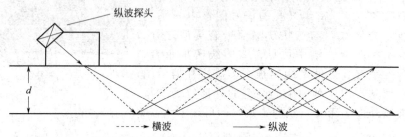

图 3-112 超声导波在管道中的传播原理图

对管道进行导波检测时以低频率传感器阵列覆盖管道的整个圆周，产生的轴向均匀的波沿着管道上的传感器阵列的前后方向传播。扭转波模式是最常使用的，纵向模式的使用有所限制。在传播过程中遇到缺陷时，会在缺陷处返回一定比例的反射波，利用探头传感器接收到的内外壁反射波的时间差来识别和判断缺陷，并对其定位。对于有缺陷的管道，缺陷处的壁厚必定有所变化，利用内壁或外壁产生反射信号，被传感器接收的返回信号——反射波就会产生时间差，根据缺陷产生的附加波形进行处理，可以识别回波信号，因此可以检测出管道内外壁由腐蚀或侵蚀引起的缺陷。

3.14.1.1 群速度和相速度

研究导波理论，其中有两个基本的概念需要进行讨论分析，分别是超声导波的群速度和相速度。导波在介质中传播，由于导波的频散特性以及介质边界原因，会出现多种频率的导波一起传播的情况。所谓的群速度，即一族频率相近的波向前传播的传播速度，是指整个波群的能量传播速度。显示在超声导波信号图中的振幅最大部分的运动速度称为群速度，也可以将群速度叫作信号包络速度。所谓的相速度，指的是超声导波中相位固定的一点的传播速度，是超声导波传播的相位速度。研究的超声导波的两种速度中，如图3-113所示导波的相速度要大于群速度，相速度是整个导波形状向前传播并变换的速度。导波相速度不仅取决于探头频率，还与板材或管材的特性包括材质的声学性质和规格尺寸有关，即使是同类材料，如果其壁厚和直径不同，其频散曲线也不同。这给导波技术的实际检测

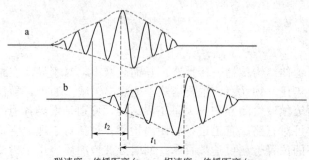

群速度：传播距离/t_1 相速度：传播距离/t_2

图 3-113 超声导波群速度和相速度

应用带来了很大的不便。在实验中可通过对探头频率的调节和探头结构的设计，选择适当的导波模式，并辅以信号处理和模式识别等工具，来解决实际工程检测问题。

3.14.1.2 多模态性和频散特性

超声导波的多模态性和频散特性是两个非常重要的性质，也是导致超声信号分析处理比较困难的主要原因。超声导波的多模态性指的是在同一中心频率下，导波在波导介质中传播时具有多种振动形态，每一种振动形态对应一种模态，模态的数量与信号的频率以及波导介质的形状有关，通常情况下，导波中心频率的增加和波导介质截面复杂度的增高，都会导致模态数量的增加。超声导波的频散现象指的是超声导波在波导介质中传播时，由于存在多个模态，各模态的相速度不同，且在介质中又会发生弥散现象，从而导致波群形态和能量发生变化，出现多个不同频率的波，在数学上的表现之一为相速度与群速度不一致。图 3-114 解释了导波的频散现象，随着传播距离的增加，导波信号发生变化，出现多个波包混叠的现象；当传播距离足够远，且信号能量没有发生过衰减的情况下，信号中的各个频率成分也会逐渐分开。

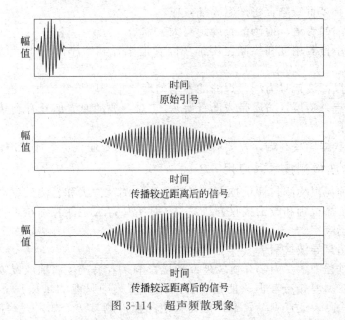

图 3-114 超声频散现象

在实际检测中，作为超声波传播介质的工件往往有很多声学性质不连续的交界面存在。当介质中有一个以上的交界面存在时，超声波就会在这些界面间产生多次往复反射，并进一步产生复杂的干涉作用，由于受到这些界面几何尺寸的影响，超声波的传播速度将依赖于波的频率，从而导致波的几何弥散。由于超声波在交界面上的复杂行为，如果工件的交界面复杂无规则，则导波信号很难识别，所以导波技术一般用于检测特殊的规则的工件，如板材、管材、棒材等。

3.14.2 超声导波检测的优缺点

超声导波检测与传统超声波检测相比，能利用单点激励产生沿全截面传播的弹性波，通过分析其与构件几何边界、损伤的相互作用产生的信号变化来检测构件内外的损伤。因此超声导波检测技术能实现单点激励下的长距离全截面检测，且衰减小、速度快。

由于超声导波在管材或板材的表面和中部均有质点的振动，声场遍及整个壁厚，因此，利用超声导波可以同时检测构件内部和表面的缺陷。根据现有超声导波技术的特点，可以看出超声导波检测技术相对传统检测技术来说具有以下优势：

① 能够在一个探测点同时检测或扫描很长距离的构件，如板、管道系统等；

② 能够同时检测构件的整个界面，实现很长距离上的100%的检测；

③ 无须复杂而昂贵的插入/旋转机械装置，因为检测期间探头不需要移动；

④ 能够检测水下、埋地或绝缘层下的管道而无精度损失；

⑤ 一次安装后，进行预处理的检测点可以保留，便于以后的定期复查，如果是重要管段可安放导波检测仪器全天候监测；

⑥ 结构简单，不易受外界温度、压力和内部介质影响，大大减少了检测所需费用。

超声导波检测虽然相对于传统常规的检测方法有很明显的优势，但也有它自身的缺陷和不足。如导波技术不能检测出壁厚的直接测量值；对管壁深度和环向宽度的缺陷都十分敏感，只能在一定范围内测得缺陷的轴向长度，这是因为沿管壁传播的圆周导波会在每一点与环状截面相互作用，即截面的减小比较灵敏。局限性如下：

① 导波检测所选择的检测频率必须先通过实验获得，这对检测造成了不必要的时间和精力的损失；

② 如果管道有多重缺陷，将产生叠加效应；

③ 有严重缺陷的管道，检测的长度距离大大缩短；

④ 缺陷的最小检测精度和检测范围都会因管道半径和壁厚而变化，很难发现小的点蚀缺陷；

⑤ 检测主要以回波信号为准，焊缝的不均匀度严重影响导波检测的准确程度；

⑥ 如果管道有外覆层（防腐带或沥青层），它对导波的回波信号有衰减效果，使导波检测的距离大大减短；

⑦ 导波检测数据比较高端，需要有管道检测经验的专业人员，才能解读。

3.14.3 超声导波检测技术的应用

导波作为一种无损检测与评价技术，因其具有检测范围大和检测效率高的特点而备受关注。随着对导波传播机理和激励接收方法的深入研究，导波检测技术在工程结构的检测与评价方面得到了广泛应用。

3.14.3.1 管道超声导波检测

管道在运行过程中，受内部介质及外部环境影响，容易产生腐蚀或侵蚀，引起的金属缺损量可通过超声波测厚排查，但只能集中在局部区域，即只能测量探头下面局部区域的厚度。对于大面积检测，逐点测厚效率太低。其他无损检测方法，如射线检测、涡流检测等，也有类似的局限性。超声导波只需在管道的某一处将包覆层剥离，即可实现管道的长距离检测，提高了检测效率并降低了检测成本。另外，超声导波可对充液管道实施有效检测。在导波检测图上一般有以下几种特征反射波：焊缝、法兰、焊接件（支承、接管等）、腐蚀坑、其他缺陷（损伤、裂纹等）。通过对导波检测图中各种反射波的识别，来判定管道中是否有腐蚀、裂纹等缺陷的存在。比较缺陷反射回波的高度可以估计缺陷在环截面上的大小比例和大概位置及严重程度。图3-115为管道超声导波检测装置示意图。

导波模态和频率选择对导波技术在管道中的应用至关重要。利用导波的多模态特性和模态转换效应，可实现不同类型、不同损伤程度缺陷的检测。同时，这也使得导波信号容易出现混叠，难以提取有效的信号特征。为保证获取包络清晰的导波信号，须尽量激励单一模态的导波。在某一频率下可能出现多个具有传播能力的导波模态，其位移分布和振动速度、应力和应变场分布会随质点位置变化而变化。即使是同一模态，在不同频率下也会产生不同的场分布。因此进行导波检测应用时，针对被检试件，需结合频散曲线、波结构特征、激励频率、衰减效应等因素综合考虑导波模态的选择。管道超声导波检测实施步骤一般如下。

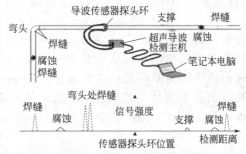

图 3-115　管道超声导波检测装置

第一步：将反馈得到的射频信号录入分析软件，观察其信噪比以及其他几何特征，选择导波检测的检测频率。根据管线上事先标记好的几何距离来计算导波在检测管线的实际速率。管道上的弹性涂层以及焊缝处往往会造成超导声波的衰减，在数据计算时通常会对检测范围内涂层位置以及焊缝区域进行一定的衰减补偿，从而使检测保持统一灵敏度。

第二步，校准信号振幅，并对缺陷部位设置检测阈值。信号的振幅范围必须在反射体尺寸范围内校准，结合设备检测系统的最小可检测尺寸，选择缺陷尺寸阈值。检测过程中超声导波沿着管壁进行传播。导波遇到管道上的轴对称结构（如焊缝）时，会产生一定能量的发射波。如果遇到非轴对称的结构（如缺陷），在产生对称反射信号的同时，还会发生波形模式转换，产生非对称反射信号。通过比较这两种信号的强度，即可判断该结构是否为腐蚀缺陷及腐蚀程度。

第三步，根据信号振幅（反射百分比），找出异常信号。之后，对异常信号进行进一步详细分析，来判断腐蚀区域的大小。然后，利用常规检测来进行验证，在场站管道检测现场进行壁厚测量，与超声导波检测结果进行对比。

3.14.3.2　板状结构超声导波检测

板类构件在航空航天、船舶、汽车、石油化工等行业中有着广泛的应用。超声导波检测技术是进行大型板状构件无损检测的有效手段。与管道导波检测类似，首先要根据导波模态特性选用合适的激励方式，激励单一模态导波，并对缺陷处的反射和透射信号进行分析，提取缺陷的位置、形状、尺寸等相关信息，图 3-116 为板材超声导波检测装置示意图。

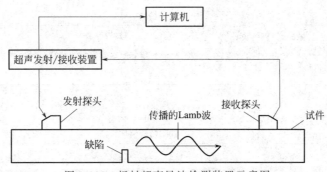

图 3-116　板材超声导波检测装置示意图

在板状结构检测中，Lamb 波是应用最广泛的超声导波之一。基于 Lamb 波的无损检测研究始于 20 世纪 40 年代，随后这种检测技术开始引起广大研究人员的注意并得到快速发展。除 Lamb 波外，SH 波也在板状结构无损检测中发挥着重要作用。由于波结构的特殊性，SH波不仅对裂纹非常敏感，对腐蚀、焊缝缺陷、表面附着物等其他损伤形式也十分敏感。

目前，成像技术已广泛应用于板状结构的缺陷检测和健康监测中。导波成像技术是利用传感器阵列激励和接收导波信号，通过分析携带有缺陷特征信息的信号，结合相关算法进行成像，对缺陷进行直观地定位和识别。导波成像检测方式可分为透射型和反射型两种。透射型是利用导波透过缺陷区域时对直达波的影响，分析直达波的参数变化进行成像。反射型是利用缺陷对导波的散射，通过分析不同传感器接收信号的渡越时间进行成像。

另外，当频率在特定倍频关系中，相速度和群速度相等状态下，可产生能量流的转移，这种现场可产生非线性超声的特性，非线性超声突破了常规超声的半波长理论，可对材料微损伤、微观组织的演化过程进行表征。现阶段的非线性超声主要用于板材的微裂纹检测、经历高温蠕变的材料性能及寿命评估、多次循环加载的板材结构安全性评估。

3.14.3.3　其他超声导波应用

从检测对象来说，除上述的管、板结构之外，导波技术还可应用于钢绞线、铁轨、螺栓、非标准杆类构件的无损检测。一些特殊形状的构件，如弹簧、列车转向架等也可采用导波进行检测。

将超声导波技术应用在管道监测上，利用专用的监测换能器和特殊设计的监测算法，可以更好地对管道腐蚀情况进行分析判断。超声导波监测技术拥有实时性好、灵敏度高等优势。在管道上应用超声导波监测技术后，即可经常性地对被监测管道进行信号采集，结合历史信号进行分析可发现逐渐生长的缺陷以及监视已知缺陷的情况，从而实时掌握被监测管线的整体健康信息。

超声导波监测技术拥有更高灵敏度的原因在于：相对于检测技术，其只关注于监测区域内情况的变化，如图 3-117(b) 所示，检测信号中除了存在缺陷信号外，还存在三通和弯管

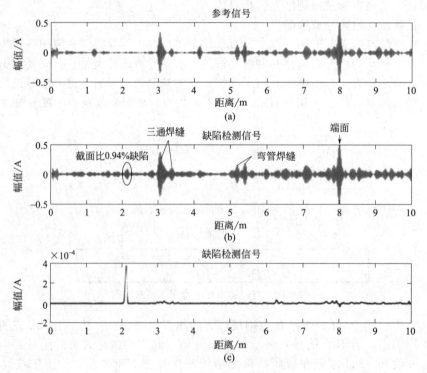

图 3-117　超声导波监测信号

的焊缝回波信号以及端面的回波信号，检测信号的复杂性使得对缺陷存在与否的判定变得困难；而监测信号忽略了管线中原本存在的特征产生的信号，如图 3-117(c) 所示，体现的仅是检测信号中因缺陷存在以及环境因素的影响而引起的变化，由此，缺陷信号更加容易凸显出来，从而表现出更高的灵敏度。

3.15 全聚焦检测技术

全聚焦（Total Focusing Method，TFM）是近几年来发展起来的一项新技术，它是基于全矩阵采集（Full Matrix Capture，FMC）或全激发平面波（Plane Wave Imaging，PWI）所得到的数据，经过延迟和求和处理对目标网格化成像区域内的每一个网格进行聚焦计算的一种全新的聚焦算法，本质上属于相控阵聚焦技术的一种。该算法可以将缺陷产生的回波进行相干求和，使缺陷的波幅最大化，将信号合成聚焦于成像区的网格点上，再输出为波幅图，若不同的回波信号间存在相关性，产生的波幅会更高。相比较于相控阵技术，全聚焦的焦点数量多了几十甚至几百倍，成像精度和图像清晰度大大提升，且近表面盲区大大减小。全聚焦技术目前更多地被用来做实验室研究，在对精度要求较高的行业中有很好的推广应用前景，其全面工程化迫在眉睫。

在全聚焦成像技术方面，英国、法国、美国、日本等国家对其有着较为深入的研究及应用。2005 年，英国布里斯托大学的 Caroline Holmes 等首次提出了全聚焦成像技术。在之后的十几年中，各国学者不断从成像算法的改进、定量分析阵列探头参数对全聚焦成像的影响、全聚焦成像算法的处理速度、激光超声在全聚焦成像中的运用等方面开展研究并取得了成果。

3.15.1 全聚焦技术的基本原理

全聚焦的数据采集分为 FMC 和 PWI 两种：FMC 方法是依序激发超声探头的每个阵元，所有阵元接收声场回波信号，遍历激发所有阵元之后获得采集数据；而 PWI 是同时激发超声阵列探头的所有阵元，全部阵元接收声场回波信号之后获得数据。全聚焦根据显示型式不同，又分为全聚焦 2D 型显示 [对设定的二维检测目标区域（$Y \times Z$）采用全聚焦计算并显示，图像中的 Y 坐标表示扫描的宽度，Z 坐标表示扫描的深度] 和全聚焦 3D 型显示 [对设定的三维（$X \times Y \times Z$）检测目标区域采用全聚焦计算并显示，图像中的 X 坐标表示扫描的长度，Y 坐标表示扫描的宽度，Z 坐标表示扫描的深度]。目前 PWI 技术还未得到广泛推广，研究较多的仍旧是 FMC 的数据采集模式。

FMC 全聚焦采集方式是采用全矩阵捕捉，把采集数据储存到一个 $Tx\text{-}Rx$ 的矩阵中。以成像区中的声程数据为依据对采集的矩阵数据进行处理，达到在成像区中各点能量高度聚焦的效果。如图 3-118 所示为 4 阵元的全聚焦采集与合成示意图，红色阵元为当前激发阵元，T 代表发射，R 代表接收。信号激发和采集的模式为：1 阵元发射，1～4 阵元同时接收数据；2 阵元发射，1～4 阵元全部接收……直至 4 个阵元全部发射完成，最后形成了一个 4×

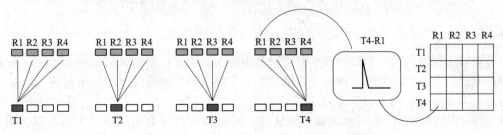

图 3-118 全聚焦数据采集与合成方式示意图

4 的矩阵数据。

形成一幅完整的全聚焦图像，一般需要内部经过一系列的设置和计算过程。首先，需要定义一个检测范围或者是成像范围用于数据重建，设定该范围内的像素点数或者成像分辨率；其次针对某一个像素点，计算所有阵元信号到达此点的信号延迟量，并获取所有 A 扫描的幅度值；再次将该像素对应的所有 A 扫描幅度值进行相应的延迟处理后叠加，达到相同的检测效果；最后遍历所有的像素点，形成全聚焦图像。

3.15.2 全聚焦技术的优势

全聚焦成像算法开创了基于全矩阵数据的虚拟聚焦后处理算法的先河，成为近几年来相控阵超声检测领域的研究热点。文献表明，在全聚焦成像的基础上，可解决常规相控阵超声都不容易解决的小于半波长微小缺陷特征（缺陷类型、缺陷方向、缺陷大小）高精度自动识别，以及复杂结构试件的高精度缺陷成像，未来发展趋势良好。

与传统的相控阵技术相比，TFM 技术具有近场区灵敏度和分辨力高、表面盲区小等优势，但采集的数据量大，成像计算量大，效率较低。

B 型相控阵试块全聚焦成像效果见图 3-119。

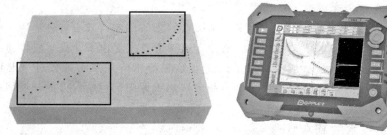

图 3-119　B 型相控阵试块全聚焦成像效果示意图

为了研究全聚焦成像优势及特点，进行了全聚焦检测和相控阵检测的效果对比试验。首先定制了一个带有不同高度底面开口刻槽的试块（如图 3-120 所示），试块规格为 50mm×50mm×300mm，刻槽都为贯通槽，槽宽为 0.2mm，其垂直刻槽高度分别为 0.5mm、1.0mm、2mm、4mm、6mm、8mm，带角度刻槽长度为 8mm。使用 NOVASCAN 仪器对该试块进行传统相控阵技术检测和全聚焦技术检测，得到的效果对比如图 3-121 所示。

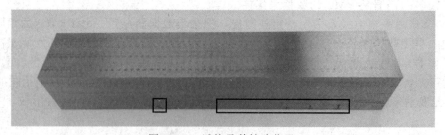

图 3-120　试块及其缺陷位置

分析以上检测结果，相控阵技术可以检测出每个底面开口刻槽缺陷，图像清晰，但无论是斜的刻槽还是垂直的刻槽，相控阵仅能检测出下端角反射信号及上端点衍射信号，图谱形状与缺陷本来的形貌相差较大，这也是相控阵技术的局限性之一。且经过量化发现，高度 1mm 以下的下表面开口缺陷（垂直）无法将下端角反射信号及上端点衍射信号区分开来，1mm 以上的能够很好地区分开，如图 3-121(b) 所示。

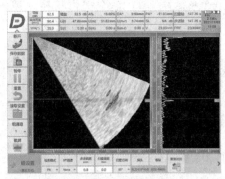

(a) PA-底面开口刻槽-带角度

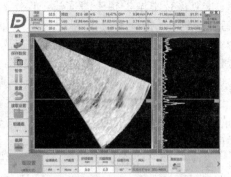

(b) PA-底面开口刻槽-垂直

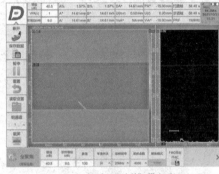

(c) TFM-底面开口刻槽-带角度

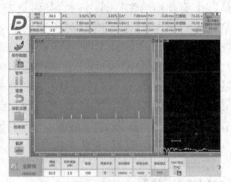

(d) TFM-底面开口刻槽-垂直

图 3-121　相控阵与全聚焦检测效果对比

在全聚焦实验中发现，利用单一的全聚焦模式不能将全部下表面刻槽缺陷很好地检测出来，而全聚焦技术提供了多种模式可供选择，针对试块上有角度的刻槽选用 TTTT 模式，垂直刻槽选用 TTT 模式，成像效果清晰可辨，且很好地还原了缺陷的原始形貌。

综合以上，传统相控阵技术与全聚焦技术相比较，两者在聚焦原理、成像效果等方面存在不同。在成像方面，全聚焦的成像分辨率比相控阵技术要好，因此得到的图像质量也较高，在检测要求较高的情况下，全聚焦成像技术要更胜一筹；但在目前实际应用中，相控阵技术更加快捷方便，扫查速度快，也是其自身的优势所在。具体选用哪种技术，还是应从需求入手，适合的才是最好的。

3.15.3　全聚焦技术的研究进展

全聚焦技术近几年来成为超声行业的研究热点之一，但 FMC 的数据采集存在一定缺点，采集的矩阵数据量太大，受限于硬件系统的数据处理能力，大多数设备都存在扫查图像刷新慢、PRF 偏低的问题。而 PWI 技术能较好地解决此问题，PWI 技术采用所有阵元同时发射和接收的方式，因此在扫查速度上更有优势，而且 PWI 一般仅仅采用几个角度的平面波进行扫查，相比 FMC 的采集模式数据量大大减少。

除了 2D 全聚焦之外，目前 3D 全聚焦技术也得到了较为深入的研究，甚至某些国产厂家也实现了 3D 实时高分辨率全聚焦智能超声相控阵技术。该技术可实现百万聚焦点的实时全聚焦成像，成像范围更大、缺陷表征精度能力更强，可以满足更多更新的检测要求，突破普通相控阵检测难以解决的检测难题。

一个技术的广泛应用离不开标准的推广和支持，虽然目前国内全聚焦技术还是以科研应用为主，但全聚焦技术已经写入美国 ASNT 相关标准中，中国能源行业标准 NB/T

47013.15 也对该技术做了相应的描述：J.4.2.1.2 条款提到，2D 全聚焦相控阵超声检测仪能够支持全聚焦 2D 型显示，并行硬件通道推荐不少于 16 通道，聚焦点数目推荐不少于 65536(256×256) 点，能够对成像结果进行分析测量；J.4.2.1.2 条款提到，3D 全聚焦相控阵超声检测仪能够支持全聚焦 3D 型显示，并行硬件通道推荐不少于 64 通道，聚焦点数目推荐不少于 65536(256×256) 点，能够对成像结果进行分析测量，能够提供 B、C、D 型显示。

相信随着 TFM 技术不断发展以及相应标准的完善，应用场合也会逐步增多，与相控阵、TOFD 技术一起推动着行业技术进步。

3.15.4 全聚焦技术的应用

3.15.4.1 小螺钉的全聚焦检测案例

小螺钉作为常用的紧固件之一，其质量安全对于整体设备运行安全至关重要，如何快速有效地检测螺钉质量也是无损检测研究的热点之一。一般来说，螺钉检测经常使用的检测方法有超声波检测法和磁粉检测法，相比常规超声的检测速度以及检测准确度和磁粉检测所需要的检测时长、要求工作人员有相当的经验等方面，全聚焦检测技术有其明显的优势。试验用小螺钉如图 3-122 所示，在待检螺钉的螺纹区加工了深度约 0.5～0.7mm 的小刻槽缺陷。考虑到螺钉头端部有内六角凹槽或刻字，故均选择在螺纹侧的端头检测，同时将端头处的凹坑打磨平整，提高探头与接触面的耦合效果。

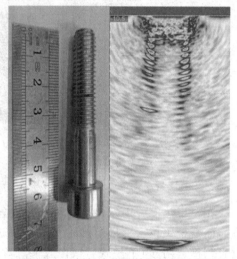

图 3-122　螺钉全聚焦检测效果示意图

3.15.4.2 金属腐蚀全聚焦检测案例

金属材料在长期服役过程中往往会发生腐蚀，存在一定的安全隐患，严重的情况下甚至会造成灾难性事故。因此对腐蚀进行前期的检测、及时预防整治，以保证企业生产安全是十分必要的。

试验样品为普通钢试块，底部加工有弧形的腐蚀坑模拟缺陷。选用 NOVASCAN 全聚焦相控阵检测仪，搭配大阵元数相控阵探头，大大提高了检测效果。经全聚焦检测发现，该技术能很好地实现腐蚀坑成像，相对相控阵技术而言，可以最大限度还原腐蚀原始形貌，对保障设备安全、防范安全事故发生起到了积极作用。腐蚀检测如图 3-123 所示。

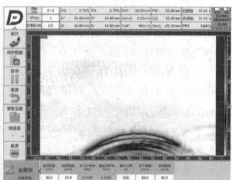

图 3-123　腐蚀检测示意图

3.16 焊缝超声波检测工艺文件的编制

在超声波检测中，委托单位将对被检工件的检验要求写在委托书中，提交给检验单位。检验单位根据委托书的要求和工艺规程的规定制定操作指导书，检验人员根据操作指导书对工件进行具体检验，最后将检验结果填入检验报告，交给委托单位。检测工艺文件分为工艺规程和操作指导书两种，下面分别加以介绍。

3.16.1 工艺规程

工艺规程是检验单位根据本单位的资源条件情况，结合工件的结构特点及有关法规、标准等而编制的。工艺规程应至少不低于相关法规标准的要求，并体现本单位的能力和特色。工艺规程包括以下内容：

(1) 总则　该规程的适用范围，所用法规、标准的名称代号，对检验人员的要求等。

(2) 仪器、探头、试块和耦合剂、检测仪规格型号名称　主要性能指标；探头类型、晶片尺寸、频率、标准试块及对比试块型号名称。

(3) 被检工件　工件材质、形状、尺寸、热处理状况、表面状况等。

(4) 被检方法　检测时机、检验方法、探测方向、扫查方式、检验部位范围、抽检率、仪器时基线比例和检测灵敏度调整等。

(5) 缺陷的测定和评价　测定缺陷位置、当量和指示长度的方法，工件质量级别评定、工件是否合格、返修方法等。

例A：高压加热器焊缝超声波检验规程

1　总则

1.1　适用范围：本规程适用于高压加热器焊缝超声检验。

1.2　依据：编制本规程的依据如下：

1.2.1　委托书及图纸技术要求。

1.2.2　NB/T 47013—2015《承压设备无损检测标准》第三篇超声检测。

1.3　协商事项：委托书中未明确或需要变更的地方应与委托单位进行协商，得到承认后再执行，并将协商的意见记录成文。

1.4　检验人员：应是取得承压设备无损检测人员资格考核委员会颁发的超声Ⅱ级及Ⅱ级以上人员，对检查对象焊缝特性有足够的认识。

2　仪器、探头、试块与耦合剂

2.1　所用检测仪器必须满足 NB/T 47013.3—2015 标准中 3.2 条关于仪器的要求。

2.2　所用探头必须满足 NB/T 47013.3—2015 标准中 3.2 条关于探头的要求。

2.3　所用试块为 NB/T 47013.3—2015 标准中 3.5 条关于 CSK-ⅠA、CSK-ⅢA 试块。

2.4　耦合剂为机油或糨糊。

3　检测

3.1　距离-波幅曲线：利用 CSK-ⅢA 试块测试距离-波幅曲线，评定线、定量线和判废线满足 NB/T 47013.3—2015 标准中 5.1.5 条的要求。

3.2　检测灵敏度：不低于评定线，扫查灵敏度在基准灵敏度的基础上提高 6dB。

3.3　检测时机：焊后 24h。

3.4　探测面经打磨及外观检查合格后进行检测。

3.5　探测方式与扫查方式：在焊缝单面双侧利用直射、一次反射波同时探测，扫查方式有锯齿形扫查和前后、左右、环绕、转角扫查等几种方式。

3.6　检查部位与检验比例：检查全部焊缝，检验比例100%。

4　缺陷的测定

扫查探测中发现缺陷时要根据缺陷反射波高度测定缺陷当量大小，根据探头的位置、声程测定缺陷的位置，根据探头移动距离测定缺陷的指示长度。具体方法见NB/T 47013.3—2015标准中5.1.7条。

5　质量评级

根据NB/T 47013.3—2015标准中5.1.8条，5.1.9条对焊缝质量进行评级。

6　合格判定

根据委托书和图纸技术要求判定焊缝质量是否合格，这里规定焊缝质量级别不低于Ⅰ级为合格。

7　返修

检测中发现超过规定的缺陷时，要分析缺陷产生的原因，制订切实可行的返修方案进行返修。补焊前，缺陷必须彻底清除干净。补焊24h后应重新进行超声检查，要求焊后热处理的工件，补焊后要进行热处理。热处理后24h才检测，避免延迟裂纹的漏检。同一位置返修次数不超过三次。

8　检测报告

工件经检测后，要如实认真填写检测报告提交给委托单位。

3.16.2　操作指导书

操作指导书是指导操作人员对具体工件进行生产的工艺文件。工厂中有多种操作指导书，例如，焊工根据焊接工艺卡进行焊接，机械加工的工人根据机械加工工艺卡按步骤对工件进行加工。超声波检测也有相应的检测操作指导书，用于指导检测人员对工件进行检测。不同的工件有不同的操作指导书，要求做到一物一书，对号入座。检测人员根据检测操作指导书所规定的内容实施检测，来保证产品质量。

检测操作指导书主要内容包括工件情况、仪器、探头、试块和耦合剂情况、探测条件、检验方法、探测时机、时基线比例、灵敏度要求、探测比例、验收标准、对检验人员级别的要求等，最后注明编制、审核、批准单位负责人签字日期。检测操作指导书与工艺规程的主要区别是：工艺规程是根据法规标准和单位的资源条件而编制的通用规范，内容多为一些原则性的条款，不一定很具体，要具有通用性、覆盖性，检验对象一般是某一类工件。检测操作指导书是根据工艺规程结合实际情况针对某一具体工件编写的，用于指导检测人员对工件进行检测，要求内容具体，一物一书。此外工艺规程以文字说明为主，检测操作指导书多为图表形式。

3.17　超声检测标准

GB/T 2970—2016《厚钢板超声检测方法》

GB/T 6519—2013《变形铝、镁合金产品超声波检验方法》

GB/T 7734—2015《复合钢板超声检测方法》

GB/T 7736—2008《钢的低倍缺陷超声波检验法》

GB/T 8651—2015《金属板材超声板波探伤方法》

GB/T 11259—2015《无损检测　超声检测用钢参考试块的制作和控制方法》

GB/T 11345—2013《焊缝无损检测　超声检测　技术、检测等级和评定》

GB/T 12604.1—2020《无损检测　术语　超声检测》

GB/T 19799.1—2015《无损检测　超声检测1号校准试块》

GB/T 19799.2—2012《无损检测　超声检测2号校准试块》

NB/T 47013.3—2015《承压设备无损检测　第3部分　超声检测》

JB/T 8931—1999《堆焊层超声波探伤方法》

JB/T 9212—2010《无损检测　常压钢质储罐焊缝超声检测方法》

JB/T 9214—2010《无损检测　A型脉冲反射式超声检测系统工作性能测试方法》

JB/T 10061—1999《A型脉冲反射式超声探伤仪通用技术条件》

JB/T 10062—1999《超声探伤仪用探头性能测试方法》

GB/T 19799.1—2015《无损检测　超声检测1号校准试块》

JB/T 8428—2015《无损检测　超声试块通用规范》

JG/T 203—2007《钢结构超声波探伤及质量分级法》

SY/T 4109—2020《石油天然气钢质管道无损检测》

SY/T 6423.4—2013《石油天然气工业钢管无损检测方法　第4部分：无缝和焊接钢管分层缺欠的自动超声检测》

JB/T 10662—2013《无损检测　聚乙烯管道焊缝超声检测》

GB/T 11344—2021《无损检测　超声测厚》

GB/T 11259—2015《无损检测　超声检测用钢参考试块的制作与检验方法》

GB/T 15830—2008《无损检测　钢制管道环向焊缝对接接头超声检测方法》

GB/T 5777—2019《无缝和焊接（埋弧焊除外）钢管纵向和/或横向缺欠的全圆周自动超声检测》

GB/T 6402—2008《钢锻件超声检测方法》

GB/T 4162—2022《锻轧钢棒超声检测方法》

第4章 渗透检测

4.1 渗透检测原理与设备

4.1.1 渗透检测原理

渗透检测是一种以毛细作用原理为基础的检查表面开口缺陷的无损检测方法。它与射线检测、超声检测、磁粉检测和涡流检测一起，并称为5种常规的无损检测方法，是一门综合性科学技术。渗透检测始于21世纪初，是目视检查以外最早应用的无损检测方法。

由于渗透检测的独特优点，其应用遍及现代工业的各个领域。国外研究表明：渗透检测对表面点状和线状缺陷的检出概率高于磁粉检测，是一种最有效、最直观的表面检查方法。

渗透检测工作原理：渗透剂在毛细作用下，渗入表面开口缺陷内，在去除工件表面多余的渗透剂后，通过显像剂的毛细作用将缺陷内的渗透剂吸附到工件表面，形成痕迹而显示缺陷的存在，这种无损检测方法称为渗透检测。

4.1.2 渗透检测的种类和渗透检测剂

（1）渗透检测的分类

① 根据渗透剂所含染料成分分类：荧光渗透检测、色渗透检测、荧光着色渗透检测。

② 根据渗透剂去除方法分类：水洗型、亲油型后乳化型、溶剂去除型、亲水型后乳化型。

③ 根据显像剂类型分类：干粉显像剂、水溶解显像剂、水悬浮显像剂、溶剂悬浮显像剂、自显像。

④ 根据渗透检测灵敏度分类：低级、中级、高级、超高级。

（2）渗透检测剂　渗透检测剂主要由渗透剂、去除剂和显像剂三大类组成。

① 渗透剂。

a. 渗透剂的分类。

按溶剂分类：水基渗透剂、油基渗透剂。

按去除方法分类：自乳化型渗透剂、后乳化型渗透剂、剂去除型渗透剂。

按染料成分分类：荧光液、着色液、荧光着色液。

按灵敏度水平分类：低、中、高、超高四类。

特殊类型的渗透剂有如下四种：

• 水基渗透剂：是一种以水作为渗透溶剂，在水中溶解染料的一种渗透剂。众所周知，水的渗透能力是较差的，但如果在水中加进适量的表面活性剂以降低水的表面张力，增加水对固体的润湿能力，水是可以变成一种好的渗透溶剂的。其特点是环保、无毒。

• 着色荧光渗透剂：该类渗透剂中的染料不仅能在白光下呈鲜艳的暗红色，而且也能在紫外线下发出明亮的荧光。

• 化学反应型着色渗透剂：将无色的染料溶解在无色的溶剂中制成一种无色或淡黄色的着色渗透剂，与显像剂接触时发生化学反应，产生鲜艳的颜色，从而产生清晰的缺陷显示。其特点是可避免颜色污染问题。

• 高温渗透剂：可在高温下使用的渗透剂。其特点是渗透剂能短时间与高温工件接触而不被破坏。

b. 渗透剂的组成。大多数渗透剂是溶液，它们由溶质和溶剂组成。

溶液型渗透剂一般由染料、溶剂、乳化剂和多种改善渗透剂性能的附加成分所组成。在实际的渗透剂配方中，一种化学试剂往往同时起几种作用。

• 着色染料。着色渗透剂中所用染料多为红色染料，因为红色染料能与显像剂的白色背景形成鲜明的对比，产生较好反差，以引起人们注意。着色渗透剂中的染料应满足色泽鲜艳，易溶解、易清洗、杂质少、无腐蚀和对人体基本无毒的基本要求。

• 荧光染料。荧光染料的种类很多，在黑光的照射下从发蓝光到发红色荧光的染料均有，荧光渗透剂选择在黑光的照射下发出黄绿色荧光的染料，这是因为人眼对黄绿色荧光最敏感，从而可以提高检测灵敏度。

• 溶剂。溶剂有两个主要作用：一是溶解染料；二是起渗透作用。渗透剂中所用溶剂应具有渗透能力强，对染料溶解性能好，挥发性小、毒性小、对金属无腐蚀等性能，且经济易得。

煤油是较早使用的溶剂，它具有表面张力小，润湿能力强等优点，但其对染料的溶解能力小。

着色渗透剂中也常用二甲苯或苯作溶剂，这些溶剂具有渗透能力强，对染料溶解能力大等优点，但它们有一定的毒性，挥发性也较大。

其他附加成分：表面活性剂、互溶剂、稳定剂、增光剂、抑制剂和中和剂等其他附加成分，主要用于改善渗透剂性能。如，表面活性剂能增加染料在溶剂中的溶解度和增强渗透剂对固体表面的润湿能力，作为乳化剂添加到渗透剂中，使渗透剂容易被水洗掉。互溶剂用于促进染料的溶解，起增溶的作用。稳定剂主要用于防止染料在低温下从溶剂中分离出来。增光剂用于增强渗透剂的光泽，提高对比度。抑制剂用于抑制挥发。中和剂用于中和渗透剂的酸碱性，使 pH 值接近于 7。

c. 渗透剂的性能。渗透剂的综合性能包括如下。

渗透力：渗透力强，容易渗入工件表面缺陷。

亮度和色泽：荧光渗透剂具有鲜明的荧光，着色渗透剂具有鲜艳的色泽。

清洗性：容易从工件表面清洗掉。

润湿性能：润湿显像剂的性能好，容易从缺陷中被显像剂吸附到工件表面，而显示缺陷。

腐蚀：对工件和设备无腐蚀或腐蚀小。

稳定性：在日光（或黑光）与热作用下，材料成分和荧光亮度或色泽能维持较长时间。

毒性：毒性小。

其他：检测钛合金、奥氏体钢材料时要求低氯低氟；检测镍合金材料时要求低硫；检测与氧、液氧接触的工件时，要求渗透剂与氧不发生反应，呈化学惰性。

物理性能包括表面张力与接触角。表面张力用表面张力系数表示。接触角表征渗透剂对工件表面或缺陷的润湿能力。从液体在毛细管中上升高度计算公式中可以看出，渗透剂的渗透能力与表面张力和接触角的余弦的乘积成正比，用静态渗透参量（SPP）表示：

$$SPP = \alpha \cos\theta \tag{4-1}$$

式中 α——表面张力（一般用表面张力系数表示）；

θ——接触角。

SPP 值越大，渗透液的渗透能力越强。当接触角 θ 小于 5° 时，$\cos\theta \approx 1$，$SPP \approx \alpha$。从这个意义上讲，静态渗透参量是当接触角小于 5° 时的表面张力。

H 黏度：是流体分子间存在内摩擦力而互相牵制的表现，与液体的流动性有关。

黏度影响渗透剂渗入缺陷的速度。黏度大小影响渗透剂在缺陷中的保留性能及重复显示性能，渗透剂的黏度不宜太高、也不宜太低。

渗透剂的渗透速率常用动态渗透参量（KPP）来表征，黏度是影响渗透剂渗透速度的主要因素，它影响渗透剂施加到受检工件表面所需要的相对停留时间，KPP 常用下式表示：

$$KPP = \alpha\cos\theta / \eta \tag{4-2}$$

式中　α——表面张力；

　　　θ——接触角；

　　　η——黏度。

从上式可知，黏度与动态渗透参量成反比。黏度越高，动态渗透参量越小，渗透剂渗入表面开口缺陷所需的时间就越长。黏度对渗透剂的运动性能有很大的影响，因而黏度也是衡量渗透剂性能的一项重要指标。

密度：单从毛细管中液体上升高度上看，液体密度愈小上升高度越高。对实际检测对象来说，液体密度大小对液体进入不同方位表面开口缺陷的量有着不同的影响。温度不同，渗透剂的密度不同。

挥发性：渗透剂的挥发性应当适中。易挥发的渗透剂容易干在工件表面，给清洗带来困难，容易干在缺陷中不能回渗到工件表面难以形成缺陷显示。因此渗透剂不宜挥发较好，但渗透剂应具有一定的挥发性。在工件表面滴落时，挥发成分挥发掉，染料浓度得以提高，有利于缺陷检出。

闪点和燃点：可燃性液体温度升高时，液面上方会挥发出大量可燃蒸气，与空气混合，接触火种会产生爆炸闪光现象。刚刚出现爆炸闪光时液体的最低温度称为闪点。燃点是指液体加热到能被接触的火种点燃并能继续燃烧时液体的最低温度。对可燃性液体而言，闪点低，燃点也低，着火危险性也就大。

化学性能包括如下。

• 化学惰性：渗透剂对被检测材料和盛装容器应尽可能是惰性的或无腐蚀性的。油基渗透剂在大部分情况下是符合这一要求的。

但应当注意，在特殊场合或检测特殊材料时，渗透剂中的某些元素可能引起严重后果。如在运行中的氧气或液氧管道、储罐的应用场合，油基的或类似的渗透剂不能满足这一要求，需要使用与氧相容的渗透剂。

• 清洗性：渗透剂的清洗性是十分重要的，如果清洗困难，工件上会造成不良背景，影响检测效果。溶剂去除型渗透剂用有机溶剂去除工件表面多余渗透剂，要求渗透剂能被去除用溶剂所溶解。

• 含水量和容水量：渗透剂中含水量超过某一极限时，渗透剂会出现分离、混浊、凝胶或灵敏度下降现象，这一极限值称为渗透剂的容水量。渗透剂的含水量越小越好。渗透剂的容水量指标越高，抗水污染能力越好。

• 毒性：渗透剂应是无毒的。

• 溶解性：渗透剂是将染料溶解到溶剂中配制而成的，溶剂对染料的溶解能力高，就可以得到染料浓度高的渗透剂，可提高渗透剂的着色和发光强度，提高检测灵敏度。

• 腐蚀性能：渗透剂应对工件和设备无腐蚀或有可以接受的腐蚀。

d. 着色渗透剂。着色渗透剂中含有着色染料。着色渗透剂一般分为三种：水洗型、后乳化型和溶剂去除型。

水洗型着色渗透剂分类：水基着色渗透剂、油基自乳化着色渗透剂。

其中，水基着色渗透剂特征如下：

溶剂：水。

溶质：红色染料。

优点：无色，无臭，无味，无毒，不可燃，来源方便，使用安全，不污染，价格低。

缺点：灵敏度低。

适用于：同油类接触易引起爆炸的部件，如液态氧容器。

典型配方：见表 4-1。

表 4-1 水基着色渗透剂的典型配方

成分	比例	作用
水	100ml	溶剂、渗透
表面活性剂	2.4g/100ml	—
氢氧化钾	0.4～0.8g/100ml	中和
刚果红	2.4g/100ml	染料

油基自乳化着色渗透剂特征：

溶剂：高渗透性油基溶剂＋乳化剂。

溶质：油溶性红色染料。

优点：灵敏度比水基高，清洗方便。

缺点：容易吸收水分，使着色液浑浊。

典型配方：见表 4-2。

表 4-2 油基自乳化着色渗透剂的典型配方

成分	比例	作用
油基红	1.2g/100ml	染料
二甲基萘	15％	溶剂
甲基萘	20％	溶剂
200#溶剂汽油	52％	渗透、溶剂
萘	1g/100ml	助溶
吐温-60	5％	乳化
三乙醇胺油酸皂	8％	乳化

后乳化型着色渗透剂特征：

溶剂：高渗透性油基溶剂。

溶质：油溶性红色染料。

优点：灵敏度高、渗透力强。

适用于：浅而宽的表面缺陷。

不适用于：表面粗糙的零件。

典型配方：见表 4-3。

表 4-3 后乳化型着色渗透剂的典型配方

成分	比例	作用
苏丹红Ⅳ	0.8g/100ml	染料
乙酸乙酯	5％	渗透、溶剂
航空煤油	60％	溶剂、渗透
松节油	5％	渗透、溶剂
变压器油	20％	增光
丁酸丁酯	10％	助溶

溶剂去除型着色渗透剂特征：

溶剂：高渗透性油基溶剂。

溶质：油溶性红色染料。

去除用溶剂：多数用丙酮。

优点：渗透力强、灵敏度高。

典型配方：见表4-4。

表4-4 溶剂去除型着色渗透剂的典型配方

成分	比例	作用
苏丹红Ⅳ	1g/100ml	染料
萘	20%	溶剂
煤油	80%	渗透、溶剂

着色渗透剂灵敏度较低，不能用于检测临界疲劳裂纹、应力腐蚀裂纹或晶间腐蚀裂纹。着色渗透剂能渗透到细微裂纹中去，但是要形成用荧光渗透剂能得到的显示，就需要体积比之大得多的着色渗透剂才行。

e. 荧光渗透剂。水洗型荧光渗透剂成分如下：

溶剂：油基溶剂＋乳化剂。

溶质：油溶性荧光染料。

灵敏度：

低灵敏度：适用于表面粗糙零件。

中灵敏度：适用于光洁表面。

高灵敏度：适用于良好加工面。

典型配方：见表4-5。

表4-5 水洗型荧光渗透剂的典型配方

成分	比例	作用
灯用煤油或5♯机械油	31%	渗透、溶剂
邻苯二甲酸二丁酯	19%	互溶
乙二醇单丁醚	12.5%	稳定
MOA-3	12.5%	乳化
TX-10	25%	乳化
YJP15	4g/L	荧光染料
PEB	11g/L	荧光增白

后乳化型荧光渗透剂成分如下：

溶剂：油基溶剂。

溶质：油基荧光染料。

添加：互溶剂、润滑剂等。

灵敏度：

中灵敏度：适用于变形材料机加工件。

高灵敏度：适用于要求较高的变形材料机加工件。

超高灵敏度：适用于特殊构件。

典型配方：见表4-6。

表 4-6　后乳化型荧光渗透剂的典型配方

成分	比例	作用
灯用煤油或 5♯机械油	25％	渗透、溶剂
邻苯二甲酸二丁酯	65％	互溶
LPE305	10％	润湿
PEB	20g/L	增白
YJP15	4.5g/L	荧光染料

溶剂去除型荧光渗透剂成分：与后乳化型荧光渗透剂的成分基本相同。

灵敏度等级：与水洗型和后乳化型荧光渗透剂基本同级。

典型配方：见表 4-7。

表 4-7　溶剂去除型荧光渗透剂的典型配方

成分	比例	作用
YJP1	0.25g/ml	荧光染料
煤油	85％	渗透、溶剂
航空煤油	15％	增光

f. 水洗型着色荧光渗透剂。成分如下：

溶剂：乙醇。

溶质：醇溶性染色剂（罗丹明 B）——荧光着色染料。

添加：保护剂（火棉胶，防止过洗）、乳化剂。

典型配方：见表 4-8。

表 4-8　水洗型着色荧光渗透剂配方（供参考）

成分	比例	作用
罗丹明 B	50g/L	荧光着色染料
乙醇	65％	溶剂
乙二醇	34％	附加
火棉胶	1％	保护
浓乳(100♯)		乳化

g. 渗透剂使用过程的常规质量检查。

外观检查：清晰、透明、色泽鲜艳、无污染。

光照下检查：

着色渗透剂（白光照）：红色鲜艳。

荧光渗透剂（紫外光照）：黄绿色清晰。

着色荧光渗透剂：白光下红色、橙色或紫色，紫外下黄绿色。

综合性能检查：用 A 型试块与标准渗透剂进行对比实验，应达到标准渗透剂性能要求。也可使用 B 型标准试块进行试验，在试块表面应有良好的润湿性能和去除性能，显像后能形成清晰的人工裂纹显示。

② 去除剂。渗透检测中，用来去除工件表面多余渗透剂的物质叫去除剂。水洗型渗透剂去除剂是水，溶剂去除型渗透剂去除剂是溶剂，后乳化型渗透剂去除剂是乳化剂和水。

a. 乳化剂：乳化剂用于乳化不溶于水的后乳化型渗透剂，使其能够用水清洗。

组成：表面活性剂和添加剂。以表面活性剂为主体，添加剂的作用是调节黏度、与其他成分的互溶性等。

分类：

亲水型乳化剂：HLB值8～18，水包油型，将油分散在水中。黏度较高需用水稀释，黏度通常在5%～20%。

亲油型乳化剂：HLB值3.5～6，油包水型，将水分散在油中。

b. 乳化剂的性能。乳化剂的综合性能要求为：

外观：色泽、荧光颜色能与渗透剂明显区别。

抗污染：受水或渗透剂污染时不降低乳化去除性能。

乳化时间合理：表面活性、黏度、浓度适中。

温度稳定性好：储存中温度不影响其性能。

腐蚀性：对检测件和盛装容器不腐蚀。

其他：毒性小，闪点高，挥发性低。

乳化剂的物理性能为：

黏度：乳化剂的黏度对渗透剂的乳化时间有直接影响。黏度高的乳化剂在渗透剂中扩散较慢，可以更精确地控制乳化的程度，黏度低的乳化剂在渗透剂中扩散较快，控制会困难些。此外，还要考虑其经济性。

闪点：从安全角度，要求乳化剂材料的闪点要高于50℃。

挥发性：主要是从经济性考虑，挥发性低一些会减小挥发损失。

化学性能要求为：

毒性：乳化剂中所用材料必须是无毒的，不能对人体产生不良作用。

溶水性：乳化剂应能容许混入5%（体积比）的水，而无凝胶、分离或水浮在表面等现象产生。

与渗透剂的相容性：乳化剂应能容许混入20%（体积比）的渗透剂而不变质。减小乳化剂受渗透剂污染的方法，是增加渗透剂的滴落时间、加强滴落后乳化前的预水洗、减小进入乳化剂的渗透剂。

c. 溶剂去除剂分类。按溶剂去除剂与受检材料的相容性，分为卤化型溶剂去除剂、非卤化型溶剂去除剂和特殊用途溶剂去除剂三类。性能：溶剂去除剂与溶剂去除型着色或荧光渗透剂配合使用。其性能要求是：溶解渗透剂适度，去除时挥发适度，储存保管中稳定，不使金属腐蚀或退色，无不良气味、毒性小。一般使用丙酮、乙醇、汽油或三氯乙烯等多组分有机溶剂。

非卤化型溶剂去除剂中卤素元素例如氯、氟等受到严格控制，主要用于奥氏体不锈钢及钛合金材料的检测。

d. 去除剂使用过程的常规质量检查。

外观检查：乳化剂不能出现明显沉淀及黏度增大现象。

乳化能力和可去除性检查：用B型标准试块进行试验或使用中，如发现乳化能力下降或可去除性不良，则不准使用。

③ 显像剂。显像的目的是从缺陷中吸附出渗透剂显示缺陷的存在。用于实现上述目的的渗透检测材料称为显像剂。

a. 显像剂的种类、组分及特点。

显像剂分为干式显像剂和湿式显像剂两大类。

干式（干粉）显像剂为白色无机物粉末，如氧化镁、碳酸钠、氧化锌、氧化钛粉末等。

干粉显像剂一般与荧光渗透剂配合使用。

适用范围：螺纹、粗糙表面零件。

性能如下：

轻质、细微、松散、干燥，尺寸：$\leqslant 3\mu m$；较好的吸水、吸油性能；易被渗透剂润湿，能把缺陷中微量的渗透剂吸附出；易吸附在干燥零件上形成薄层；在紫外灯下不发荧光；无毒、无腐蚀。

湿式显像剂又分为水悬浮显像剂、水溶性显像剂、溶剂悬浮显像剂及塑料薄膜显像剂。

水悬浮显像剂组成：将干粉显像剂按一定比例加入水中配制而成。一般是每升水中加进30～100g的显像剂粉末。为满足性能要求，还要添加：润湿剂，改善对工件表面润湿作用；分散剂，防止沉淀和结块；限制剂，防止无限制扩散，保证较好的分辨力；防锈剂，防止对工件和存放容器的锈蚀。适用范围：不适用于水洗型渗透检测剂体系，要求零件有较高的表面光洁度。

水溶性显像剂组成：将显像剂可溶性结晶粉末溶解在水中配制而成。添加有润湿剂、分散剂、限制剂、防锈剂等。克服了水悬浮显像剂易沉淀、结块、不均匀等缺点，具有易清洗、使用安全等优点，但白色背景不如水悬浮显像剂。适用范围：不适用于水洗型渗透检测剂体系，要求零件有较高的表面光洁度。

溶剂悬浮显像剂组成：将显像剂粉末加在挥发性的有机溶剂中配制而成。常用的有机溶剂有丙酮、苯及二甲苯等。该类显像剂中也加有限制剂及稀释剂等。常用的限制剂有火棉胶、醋酸纤维素、过氯乙烯树脂等；稀释剂是用来调节显像剂黏度以及溶解限制剂的。特点：因其有机溶剂有较强的渗透能力，能渗入到缺陷中去，挥发过程中把缺陷中的渗透剂带回到工件表面，故显像灵敏度高。另外，有机溶剂挥发快，缺陷显示扩散小，显示轮廓清晰，分辨力高。

塑料薄膜显像剂由显像剂粉末和透明清漆组成，可剥下作永久记录。

b. 显像剂的性能。显像剂的综合性能为：

吸湿能力：吸湿能力要强，吸湿速度要快。

显像粉的粒度：细微，对工件表面有一定黏附力，能形成均匀的覆盖层。

对比性能：用于荧光法的显像剂不发荧光，用于着色法的显像剂能形成较大的色差。

腐蚀性：对工件和存放容器不腐蚀，对人体无害。

清洗性：使用方便，易于清洗，价格便宜。

显像剂的物理性能为：

颗粒度：显像剂的颗粒应研磨得很细，颗粒过大会影响细小缺陷的检出。

干粉显像剂的密度：松散状态$<0.075g/cm^3$，包装状态$<0.13g/cm^3$，颗粒度应$\leqslant 1\sim 3\mu m$。

水悬浮式或溶剂悬浮式的沉淀率：显像剂粉末在水中的沉淀速度称为沉淀率。粒度细微、均匀的显像剂沉淀速度慢且均匀。为确保悬浮性好，应选择细微均匀的显像剂粉末。

显像剂的化学性能为：

毒性：各种显像剂材料必须是无毒的，使用中不能对人体产生不良作用。二氧化硅干粉是被禁止使用的。

腐蚀性：显像剂不应对被检工件在检测期间及以后的使用中产生腐蚀。

温度稳定性：水悬浮显像剂和水溶解显像剂不能在冰冻情况下使用，高温或相对湿度特别低的环境会使溶剂悬浮显像剂成分过度蒸发，而影响显像效果。

污染：渗透剂污染会引起伪显示。油及水的污染，会使工件表面粘上过多显像剂而掩盖显示。

显像剂的特殊性能为：

荧光：在紫外灯下检查应无荧光。

分散性：沉淀后搅拌能迅速、均匀地分散而不留结块。

显像剂的去除性：由于显像剂留在受检工件表面可能产生有害作用，所以应能很好地从零件上去除。

润湿能力：显像剂应能很好地润湿受检工件表面，不会剥落、卷曲。

c. 显像剂使用过程的常规质量检查。

外观检查：在良好的对比背景下，有较强的反差；在荧光下，达到标准荧光显像剂的荧光亮度。

干粉显像剂的质量检查：不应出现明显的荧光及凝聚现象；施加后能良好分散；使用 A 型标准试块进行试验，如显像能力下降或失去附着力，则不能使用。

湿式显像剂的质量检查：容易形成显像剂薄层；不影响荧光发光亮度；能与渗透剂显示形成鲜明的对比；使用 A 型标准试块进行试验，如显像能力下降或失去附着力，则不能使用。

（3）渗透检测剂系统

① 渗透检测剂系统的定义及同族组。

a. 渗透检测剂系统。概念：由渗透剂、乳化剂、去除剂、显像剂所构成的适用于某一特定对象的渗透检测剂组合，称为渗透检测剂系统。系统中每种材料不仅需要满足各自特定的要求，而且作为一个整体，还需要做到系统内部相互兼容。

b. 渗透检测剂系统同族组。概念：由同一企业生产的同批量渗透剂、去除剂和显像剂所构成的渗透检测剂系统称为"同族组"。非"同族组"渗透检测剂不能混用，否则，可能出现渗透剂、去除剂和显像剂等材料各自都符合规定要求，但它们之间不相容，最终导致渗透检测结果失败的情况。如确需混用，则必须通过验证。

② 渗透检测剂选择原则。

a. 同族组要求：渗透检测剂系统应同族组。

b. 灵敏度应满足检测要求：不同的渗透检测材料组合系统，其灵敏度不同，一般后乳化型灵敏度比水洗型高，荧光渗透剂灵敏度比着色渗透剂高，溶剂去除型着色有较高的检测灵敏度。

c. 被检工件状态：对表面光洁的工件，可选择后乳化型渗透检测系统；对表面粗糙的工件，可选择水洗型渗透检测系统；对大型工件的局部检测，可选择溶剂去除型着色渗透检测系统。

d. 经济性、毒性、易清洗性：在灵敏度满足检测要求的前提下，应尽量选择价格低、毒性小、易清洗的渗透检测材料组合系统。

e. 腐蚀性：选用的渗透检测材料组合系统对被检测工件应无腐蚀。

f. 化学稳定性：渗透检测材料应能长期使用，受到阳光照射或遇高温时不易分解和变质。

g. 其他：使用安全，不易着火。

③ 国内渗透检测剂简介。表 4-9 介绍国内部分厂商生产的携带式喷罐着色渗透检测剂。

表 4-9　携带式喷罐着色渗透检测剂

型号	厂商	特征
《大铜锣》DPT-3	中日合资美柯达公司	可水洗型、溶剂去除型
《大铜锣》DPT-5	中日合资美柯达公司	可水洗型、溶剂去除型
《船牌》HD-G	上海沪东造船厂检测剂分厂	溶剂去除型

型号	厂商	特征
《金睛》GE 国际型	上海日用化学制罐厂	溶剂去除型
《破浪牌》通用型	上海奉贤工具二厂	溶剂去除型
《金盾牌》SM-1	上海材料研究所上海沪东化工厂	溶剂去除型

4.1.3 渗透检测设备、仪器和检测试块

（1）便携式设备及压力喷罐

便携式渗透检测设备通常是由装在密闭喷罐内的渗透检测剂（包括渗透剂、去除剂和显像剂）组成。喷罐一般由检测剂的盛装容器和检测剂的喷射机构两部分组成。

喷罐携带方便，适用于现场检测。罐内装有渗透检测剂和气雾剂，气雾剂通常采用乙烷或氟利昂，在液态时装入罐内，常温下气化，形成高压。使用时只要按下头部的阀门，检测剂液体就会呈雾状从头部的喷嘴中自动喷出。喷罐内压力因检测剂和温度不同而异，温度越高，罐内压力越大。40℃左右可产生 0.29～0.49MPa 的压力。

压力喷罐内盛装溶剂悬浮或水悬浮显像剂时，喷罐内还装有玻璃弹子，使用前应充分摇晃喷罐，罐内弹子起搅拌作用，会使沉淀的固体显像剂粉末悬浮起来，形成均匀的悬浮液。使用喷罐的注意事项：喷嘴应与工件表面保持一定距离，太近会使检测剂施加不均匀；喷罐不宜放在靠近火源、热源处，以防爆炸；处置空罐前，应先破坏其密封性。

（2）检测场地及光源

① 检测场地。检测场地应为检测者目视评价检测结果提供一个良好的环境。

着色渗透检测时，检测场地内白光照明应使被检工件表面照度不低于1000lx，野外检测时被检工件表面照度应不低于500lx。

荧光渗透检测时，应有暗室或满足要求的暗度。暗室或暗处的白光照度应不超过20lx，用于检测的黑光强度要足够，一般规定距离黑光灯 380mm 处，其黑光强度应不低于 $1000\mu\text{W}/\text{cm}^2$。暗室或暗处还应备有白光照明装置，作为一般照明使用。

② 检测光源。

a. 白光灯：着色渗透检测时用日光或白光照明。光源可提供的照度应不低于1000lx。在没有照度计测量的情况下，可用 80W 日光灯在 1m 处的照度为 500lx 作为参考。

b. 黑光灯：用于提供荧光渗透检测所需要中心波长为 365nm 的紫外线（黑光）灯具。

紫外线（紫外光）：其实质是电磁波，波谱位于 X 射线和可见光之间。紫外线可分三个范围：波长 320～400nm 的紫外线称为 UV-A，或称为黑光紫外线或长波紫外线，适于荧光渗透检测；波长 280～320nm 的紫外线称为 UV-B，或称为中波紫外线或红斑紫外线，UV-B 能使皮肤变红，引起晒斑和雪盲，故不能用于渗透检测；第三种波长 100～280nm 的紫外线称为 UV-C，或称为光化、杀菌紫外线或短波紫外线，能引起猛烈的燃烧，伤害眼睛。

黑光灯的组成：两个主电极、一个辅助启动电极、储有水银的内管（石英管水银蒸汽可达 4～5 个大气压）及外管（深紫色玻璃罩）。

黑光灯的光线：黑光灯发出的光包括不可见的紫外光和可见光。不可见的紫外光波长峰值在 365nm 附近。这正是激发荧光渗透剂发出荧光（所发荧光波长范围为 510～550nm，黄绿色）所需的波长。不需要的可见光、红外线和短波紫外线可通过深紫色玻璃罩滤掉，仅让波长 320～400nm 的紫外线通过。

黑光灯的要求和使用：荧光渗透检测时，所使用的黑光灯在工件表面的黑光辐照度应大于等于 $1000\mu\text{W}/\text{cm}^2$，波长 320～400nm，中心波长 365nm。

使用黑光灯时应注意：刚点燃时输出达不到最大，至少 5min 后使用；减少开关次数；使用一定时间后辐射能量下降，应定期测量紫外辐照度；电压波动对黑光灯影响大，必要时应装稳压器；滤光片如损坏或脏时，应及时更换；避免溶液溅到黑光灯泡上发生炸裂；不要对着人眼直照；滤光片如果有裂纹，应及时更新，因为会使可见光和中、短波紫外光通过，对人体有害。

（3）检测光源测量设备

① 黑光辐射强度计。直接测量法，测量波长 315～400nm、峰值波长 365nm 的黑光辐照度。常用仪器为 UV-A，量程是 0～199.9MW/cm^2，分辨率 0.1MW/cm^2。

② 黑光照度计。间接测量法，可用来比较荧光渗透剂的亮度。

③ 白光照度计。直接测量法，测量被检工件表面的白光照度值。

④ 荧光亮度计。是一种一定波长范围的可见光照度计。其主要用途是比较两种荧光渗透检测材料性能时，做出较视觉更为准确一些的判断，不能作为荧光显示亮度的真实测定，所测的数值也不是真正的荧光亮度值。

（4）渗透检测试块

渗透检测试块是指带有人工缺陷或自然缺陷的试件。用于比较、衡量、确定渗透检测材料、渗透检测灵敏度等。

常用渗透检测试块有铝合金淬火试块和不锈钢镀铬试块。这两种试块上都带有人工缺陷。

JB/T 6064—2015《无损检测　渗透试块通用规范》标准，于 2015 年 10 月 1 日实施。该标准替代了 JB/T 6064—2006《无损检测　渗透检测用试块》。其对试块分类为：A 型试块（铝合金淬火裂纹参考试块）、B 型试块（镀铬辐射裂纹参考试块）、C 型试块（镀镍铬横裂纹参考试块）。

① 铝合金淬火试块（也称 A 型试块）。见图 4-1，A 型试块上的裂纹具体要求：开口裂纹、呈不规则分布；裂纹宽度≤3μm、3～5μm、>5μm；每块试块上≤3μm 的裂纹不得少于 2 条。

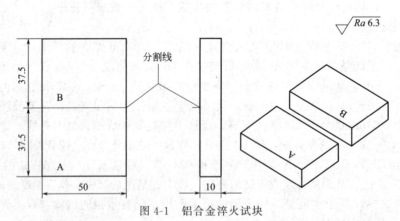

图 4-1　铝合金淬火试块

质量要求：用金相法逐块测量试块上的裂纹宽度；把测量结果和测量位置正确记录在测试参数卡片上。

铝合金试块的用途：在正常使用情况下，检验渗透检测剂能否满足要求，以及比较两种渗透检测剂性能的优劣；对用于非标准温度下的渗透检测方法作出鉴定。

铝合金试块的保存：由于铝合金试块的使用频率不高，JB/T 6064—2015 标准建议清洗后放入丙酮或乙醇溶液中浸渍 30min，晾干或吹干后置入试块盒内，并放置在干燥处保存。

② 不锈钢镀铬试块（也称 B 型试块）。见图 4-2，JB/T 6064—2015《无损检测 渗透试块通用规范》标准，将 B 型试块（镀铬辐射裂纹参考试块）分为五点式和三点式两种。

五点式 B 型试块与 JB/T 6064—1992 形式上一致，但试块表面裂纹区长径进行了一定的放大，见表 4-10。

表 4-10 JB/T 6064—1992 与 JB/T 6064—2015 五点式 B 型试块裂纹区长径比较　　单位：mm

标准	次序	1	2	3	4	5
JB/T 6064—1992	直径	4.5~5.5	3.5~4.5	2.4~3.0	1.6~2.0	0.8~1.0
JB/T 6064—2015	直径	5.5~6.3	3.7~4.5	2.7~3.5	1.6~2.4	0.8~1.6

三点式 B 型试块虽被纳入新标准中，但标准未对试块表面裂纹区长径尺寸作出要求，仅规定了辐射裂纹制作方法。由于新标准推荐的三点式 B 型试块厚度尺寸为 3~4mm，在标准规定的三个固定负荷作用下产生的人工辐射裂纹长径尺寸，对不同试块将是一个在较大范围变动的不定值。

a. 镀铬试块的制作：不锈钢材料采用奥氏体不锈钢，单面磨光后镀硬铬。从未镀层面以一定直径的钢球用布氏硬度法按不同重量打三点（图 4-2）或五点硬度，使在另一侧的镀层上形成三处或五处辐射状裂纹。

b. 镀铬试块的作用：确定检测灵敏度、检验渗透检测剂系统灵敏度及操作工艺正确性。

c. 镀铬试块的保存：用沾有饱和状态清洗剂的柔软的布先擦拭试块，再用亲水的乳化剂作适当的清洗，然后用喷射水漂洗，以消除试块上的显像剂和某些渗透剂。将试块浸没在丙酮中，以某种方式搅动几分钟，每隔几分钟再重复搅动一次，以将渗入裂纹的渗透剂清除。晾干或吹干后置入试块盒内，并放置在干燥处保存。

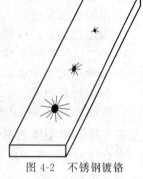

图 4-2 不锈钢镀铬试块（三点式）

4.2 渗透检测方法和工艺

4.2.1 水洗型渗透检测方法

水洗型渗透检测法是广为使用的渗透检测方法之一，它包括水洗型着色渗透检测法和水洗型荧光渗透检测法两种。

水洗型渗透检测法的工艺程序：

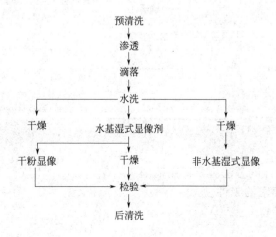

（1）水洗型渗透检测方法适用范围

① 灵敏度要求不高；

② 检测大体积零件；

③ 检测开口窄而深的缺陷；

④ 检测表面粗糙的零件；

⑤ 检测螺纹零件和带有键槽的零件；

⑥ 大面积零件的检测。

（2）水洗型渗透检测方法优缺点

① 优点。

a. 表面多余的渗透剂可以直接用水去除，操作简便，检测费用低。

b. 检测周期较其他方法短。

c. 较适合于表面粗糙的工件检测。

② 缺点。

a. 灵敏度相对较低，对浅而宽的缺陷容易漏检。

b. 重复检测时再现性差。

c. 如果清洗方法不当，易造成过清洗。

d. 渗透剂配方复杂。

e. 抗水污染的能力差。

f. 酸的污染将影响检测灵敏度，尤其是酸和铬酸盐的影响很大。

4.2.2 后乳化型渗透检测方法

后乳化型渗透检测法也是较为广泛使用的渗透检测方法之一，这种方法只是比水洗型渗透检测方法多了一道乳化工序。它包括后乳化型着色渗透检测法和后乳化型荧光渗透检测法两种。

后乳化型渗透检测法的工艺程序：

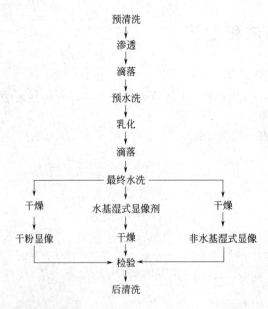

（1）后乳化型渗透检测方法主要适用范围

① 有较高灵敏度要求的工件。

② 检测灵敏度可控。

③ 检测开口浅而宽的缺陷。

④ 检测大体积零件。

（2）后乳化型渗透检测方法优缺点

① 优点：

a. 有较高的检测灵敏度；

b. 能检出浅而宽的缺陷；

c. 重复检测时再现性好。

② 缺点：

a. 要进行单独的乳化工序，操作周期长，检测费用大；

b. 必须严格控制乳化时间，才能保证检测灵敏度；

c. 要求工件表面有较低的粗糙度。

4.2.3 溶剂去除型渗透检测方法

溶剂去除型渗透检测法是焊接结构最为广泛使用的渗透检测方法，它也包括溶剂去除型着色渗透检测法和溶剂去除型荧光渗透检测法两种。

溶剂去除渗透检测法的工艺程序：

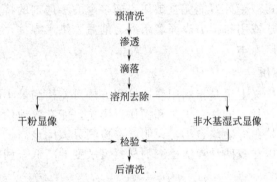

（1）溶剂去除型渗透检测方法适用范围

① 大零件的局部。

② 焊接件和表面光洁的零件。

③ 非批量零件。

④ 现场检测。

（2）溶剂去除型渗透检测方法优缺点

① 优点：

a. 设备简单，渗透剂、去除剂和显像剂一般装在喷罐中使用，携带方便；

b. 操作简便，对局部检测速度快；

c. 检测周期短；

d. 可在没有水的情况下检测；

e. 与溶剂悬浮型显像剂配合使用，能检出很细小的开口缺陷。

② 缺点：

a. 所用的材料多数是易燃和易挥发的，要注意防火；

b. 不适合大批量检测；

c. 不太适合表面粗糙工件的检测；

d. 擦除表面多余渗透剂要细心，否则容易将浅而宽缺陷中的渗透剂擦掉，而造成漏检。

4.2.4 特殊的渗透检测方法

（1）加载法 对于细小缺陷，如疲劳裂纹等普通渗透检测方法检验困难。加上扭转载荷或弯曲载荷后，渗透剂就比较容易渗入。一种是在渗透工序施加载荷，周期性施加一个大的载荷。另一种是在渗透和检查两个工序施加载荷，一般不用显像剂，采用自显像，在反复载荷的作用下裂纹一张一合，在黑光灯下一闪一闪地发光，所以也叫"闪烁法"。加载法检测效率低。

（2）渗透剂与显像剂相互作用法 渗透剂中不含染料，干粉显像剂中含有染料。渗透剂从缺陷中被吸附出来，与显像粉中的染料作用后，产生缺陷显示。特点：渗透剂应有较强的渗透力能检测到细微缺陷，渗透剂溶解显像剂能力强，染料粒度小，污染小。

（3）逆荧光法 采用着色渗透剂和含低亮度荧光的溶剂悬浮显像剂，着色渗透剂中着色染料与显像剂中荧光染料作用后，猝灭了显像剂中的荧光。检测时在黑光灯下观察零件表面发出低亮度的荧光，而缺陷处呈暗色显示。

（4）酸洗显示的染色法 中等强度的酸可腐蚀掉裂纹的开口边缘，如果将化学试剂涂覆在腐蚀过表面上，化学试剂与裂纹中渗出的酸洗液起反应而使裂纹处染上颜料。如果将铝合金浸入稀释的氢氟酸中，由于缺陷处酸的作用，可使缺陷染上颜色。

（5）消色法 利用短波紫外线能完全破坏表面多余的渗透剂的特点，采用高灵敏度的后乳化型渗透剂，用水洗法或用布擦去表面多余渗透剂后，烘干零件，再在短波紫外线下进行辐射，显像后可得到缺陷显示。

4.2.5 渗透检测灵敏度

渗透检测灵敏度，广义上讲是指利用渗透检测方法所能检测最小缺陷的能力。狭义上讲是指受具体的渗透检测材料、方法、工艺和操作者影响，能有效地检出工件表面某一规定尺寸大小缺陷的能力。可检出的缺陷愈小，说明渗透检测灵敏度愈高。

利用铝合金试块可以比较两种渗透检测剂材料灵敏度的高低，利用镀铬试块可以确定渗透检测剂系统灵敏度。

NB/T 47013—2015《承压设备无损检测》标准将渗透检测灵敏度等级划分为 3 级，各级别的判定见表 4-11。

表 4-11 渗透检测灵敏度等级划分

灵敏度等级	可显示的裂纹区数
1级	1～2
2级	2～3
3级	3

承压类特种设备渗透检测，采用三点式不锈钢镀铬试块，灵敏度等级应达到 3 级（高级），即要能够清晰发现试块上的第 3 区位人工裂纹显示。

4.2.6 渗透检测方法选用

（1）渗透检测方法的选择原则 渗透检测方法的选择，首先应满足检测缺陷类型和灵敏度的要求，在此基础上，可根据被检工件表面粗糙度、检测工作量大小、检测现场的水源、电源等条件来决定。此外，还要考虑经济性，应选用相容性高而又价廉的渗透检测系统。

（2）具体渗透检测方法选择参考

① 疲劳裂纹、磨削裂纹或其他微细裂纹的检测，宜选用后乳化型荧光。

② 大零件的局部检测，应选用溶剂去除型荧光或着色。

③ 表面光洁度好的零件，宜选用后乳化型荧光。

④ 表面粗糙零件的检查，宜选用水洗型荧光或着色。

⑤ 着色渗透检测剂系统不适用于干粉显像剂和水溶解湿式显像剂。

4.2.7 渗透检测工艺

（1）渗透检测基本程序　根据不同类型的渗透剂、不同的表面多余渗透剂的去除方法和不同的显像方式，可以组合成多种不同的渗透检测方法。尽管这些方法存在若干差异，但其渗透检测工艺过程至少包括以下六个基本程序：

① 表面准备——检测前试件表面的预处理及预清洗；

② 渗透——渗透剂的施加及滴落；

③ 去除——多余渗透剂的去除；

④ 干燥——自然干燥、吹干、烘干；

⑤ 显像——显像剂的施加；

⑥ 观察和评定——观察和评定显示的痕迹。

（2）渗透检测工序的安排　为确保渗透检测的有效性，工序的安排是相当重要的，工序安排一般应遵循如下原则：

① 渗透检测应在喷丸、吹砂、涂层、镀层、阳极化、氧化或其他表面处理工序前进行，表面处理后还需局部机加工的，对加工表面应再次进行检测；

② 凡制造过程中要进行浸蚀检测的零件，渗透检测应紧接在浸蚀工序后进行；

③ 经过多次热处理的零件（焊接件），渗透检测应在温度较高的一次热处理后进行；

④ 无特殊规定要求渗透检测的零件，应在所有加工完成之后，最终进行渗透检测；

⑤ 焊接件，及热处理后有氧化皮的表面，允许在吹砂后进行渗透检测；

⑥ 使用过的零件，在去除表面积炭层、漆层及氧化层后进行检测；

⑦ 若渗透检测和磁粉检测或超声检测都要进行时，应首先采用渗透检测，因为磁粉或耦合剂会阻塞或堵塞表面缺陷且不容易去除；

⑧ 疲劳开裂或压缩载荷下开裂的裂纹，不宜安排渗透检测方法，应采用其他合适的检测方法；

⑨ 焊缝的渗透检测应在焊接完工后或焊接工序完成后进行。对有延迟裂纹倾向的材料，至少应在焊接完成 24h 后进行焊缝的渗透检测。

（3）表面准备和预清洗　检测部位的表面状况在很大程度上影响着渗透检测的检测质量。任何渗透检测成功与否，在很大程度上取决于受检表面的污染程度及粗糙程度。所有污染会阻碍渗透剂进入缺陷；另外，清理污染过程的残余物反过来也能同渗透剂起反应，影响渗透检测灵敏度；同时，受检表面的粗糙程度也会影响渗透检测效果。

渗透检测前，受检零件的整个表面应无锈蚀、氧化皮、焊渣飞溅、铁屑、毛刺、油脂、镀层、灰尘等杂物，故必须进行表面准备和预清洗，清除被检零件表面所有污染。受检表面的粗糙度一般要求机加工表面 $Ra \leqslant 12.5\mu m$；非机加工表面粗糙度可以适当放宽；但不得影响渗透检测结果。对被检零件表面进行局部检测时，也应在渗透检测前，进行表面准备和预清洗。一般渗透检测工艺方法标准规定：渗透检测准备工作范围应从检测部位四周向外扩展 25mm。

① 污物类别。表面准备是指工件在渗透检测前的表面清理，包括清理如下固体污物：

a. 铁锈、氧化皮、腐蚀产物；

b. 焊接飞溅、焊渣、铁屑、毛刺；

c. 油漆及其他有机防护层；

d. 发蓝层、阳极化层及磷酸盐、铬酸盐转化的涂层。

预清洗是渗透检测的第一道工序，用于清洗零件表面如下液体污物：

a. 防锈油、机油、润滑油及含有有机组分的其他液体；

b. 水和水蒸发后留下的化合物；

c. 强酸、强碱及包括卤素在内的有化学活性的残留物。

应该指出，清除污物不仅包括清除受检面上原来的污物，而且包括表面清理过程中所产生的污物残余物，它们同样影响渗透检测灵敏度。

② 清除污物的目的。渗透检测前，必须清除零件表面所有污物，以保证渗透检测效果。因为这些污物会妨碍渗透剂对零件表面的润湿，妨碍渗透剂渗入缺陷，甚至完全堵塞缺陷；这些污物会妨碍渗透剂从缺陷中回渗，影响缺陷显示；缺陷中的油污与渗透剂混合，使荧火亮度或颜色强度降低；有些污物还会引起伪显示；有些污物却会掩盖显示；所有污物都会污染渗透剂。

③ 清除污物的方法。清除污物的方法一般可分为机械方法、化学方法和溶剂去除方法。

a. 机械方法：包括振动光饰、抛光、干吹砂、湿吹砂、钢丝刷、砂轮磨及超声波清洗等。

振动光饰适用于去除轻微的氧化皮、毛刺、锈等，不能用于铝镁、钛等软金属材料。

抛光适用于去除零件表面的积炭、毛刺等。

干吹砂适用于去除氧化皮、熔渣、喷涂层和积炭等。

湿吹砂用于清除沉积物比较轻微的情况。只要不会使金属表面硬化或使表面缺陷被磨料封堵或污染，可以用吹砂打磨来清理金属表面。

钢丝刷和砂轮磨用于去除氧化皮、溶渣、铁屑、铁锈等。涂层应用化学法来去除，而不能用打磨法来去除。

超声波清洗是利用超声波的机械振动，去除零件表面的油污，它常与洗涤剂或有机溶剂配合使用，适用于大批量小零件的清洗。

由于机械方法清除污物时产生的金属细末、砂末等可能堵塞缺陷，所以，经过机械处理的零件，一般在渗透检测前应进行清洗。焊接件吹砂后可不酸洗或碱洗而进行渗透检测。不允许采用喷丸法清理表面，因为可能堵塞缺陷开口。所以，通常最终渗透检测应在喷丸前进行。

b. 化学方法：包括碱洗和酸洗。

碱洗适用于去除油污、抛光剂、积炭等，多用于铝合金。

强酸溶液用于去除严重的氧化皮，中等强度的酸溶液用于去除轻微氧化皮，弱酸溶液用于去除零件表面薄层金属。

浸蚀时，要严格控制时间，防止零件表面腐蚀严重。经过机加工的软金属应酸洗，以去除可能掩盖开口缺陷的金属粉末。高强度钢酸洗时，容易吸进氢气，产生氢脆现象，因此应进行去氢处理，以去除氢气，去氢条件一般为200℃左右，烘烤3h。去氢应在酸洗后尽快进行。浸蚀后要进行中和处理，然后在流动水中进行彻底的清洗，清洗后要烘干零件，以去除零件表面和可能渗入缺陷中的水分。

c. 溶剂去除方法：包括溶剂蒸汽除油和溶剂液体清洗。溶剂蒸汽除油通常为三氯乙烯蒸汽除油。溶剂液体清洗通常用乙醇、丙酮或汽油、三氯乙烯等溶剂清洗或擦洗。此方法常用于大零件局部区域的清洗。

注意：蒸汽除油、超声清洗及水基清洗剂在内的溶剂洗涤是用于去除油脂及蜡等污染物的。化学清洗是用于清除油漆、釉子、锈皮、积炭或用溶剂清洗法去不掉的其他污染物的。机械清理是用于清除焊渣、飞溅、泥土或用溶剂清洗和化学清洗不能清除的其他污染物的。

在渗透检测的表面准备和预清洗中，要防止由于清理和清洗方法的不当，造成缺陷的堵塞。人们往往忽视清洗方法的正确运用。采用化学方法和溶剂去除方法时，应尽量避免浸泡或刷洗法，杜绝压力水喷的方式。在不得已采用浸泡、刷洗或压力水喷时，必须注意随后的干燥，防止可能造成的浸润堵塞，因为任何残余的液体都会阻碍渗透剂的渗入，所以必须采取相应措施，例如烘烤或吸附方法，使缺陷重新暴露、其间只充满空气。

其他方法：当污物是无机物时，可用去污剂清洗。去污剂是一种不可燃的水溶性化合物，含有经特殊选择的能润湿、乳化、皂化各种污物的表面活性剂；它可能是酸性、碱性或中性、但对金属无腐蚀。清除无机污物也可用水蒸气清洗。去除漆层时，可以采用热碱溶液清洗，还可采用特殊的去漆剂清洗。应该特别注意：为个别部位选择的清洗用物质，例如化学清除剂、溶剂及腐蚀剂等，应与被清除的污染物相容，而且不应损伤受检部件表面及其他的预期功能。

（4）渗透

① 渗透剂施加方法。渗透剂施加方法应根据零件大小、形状、数量和检查部位来选择。所选方法应保证被检部位完全被渗透剂覆盖，并在整个渗透时间内保持润湿状态。具体施加方法如下：

喷涂：静电喷涂、喷罐喷涂或低压循环泵喷涂等。适用于大零件的局部或全部检查。

刷涂：刷子、棉纱、抹布刷涂。适用于局部检查、焊缝检查。

浇涂（流涂）：将渗透剂直接浇在零件表面上。适用于大零件的局部检查。

浸涂：把整个零件全部浸入渗透剂中。适用于小零件的表面检查。

② 渗透时间及温度。渗透时间指施加渗透剂到开始去除处理之间的时间。对浸涂施加方法还应包括排液所需的时间，具体指施加渗透剂时间和滴落时间之和。零件浸涂渗透剂后应进行滴落，以减少渗透剂的损耗。使用滴落的方法，排除零件表面流淌的渗透剂所需的时间称滴落时间。因为渗透剂在滴落过程中仍在继续往缺陷中渗透，所以滴落时间是渗透时间的一部分。渗透时间又称接触时间或停留时间。零件不同，要求发现的缺陷种类和大小不同，零件表面状态不同及所用渗透剂不同，渗透时间的长短也不同。一般渗透检测工艺方法标准规定：在 10～50℃ 的温度条件下，施加渗透剂的渗透时间一般不得少于 10min。对于怀疑有缺陷的零件，渗透时间可相对延长，或者额外施加渗透剂，以保证所有缺陷全部检测出来。应力腐蚀裂纹特别细微，渗透时间需更长，甚至长达 1～2h。

渗透温度一般控制在 5～50℃ 范围内。温度太高，渗透剂易于干枯在零件上，影响渗透剂渗入缺陷，也给清洗带来困难；温度太低，渗透剂变稠，会影响渗透速度。为提高检测细小裂纹的灵敏度，可将渗透温度控制在 5～50℃ 范围内的上限值。当渗透检测不可能在 5～50℃ 的标准温度范围内进行时，则应用铝合金淬火试块做对比试验，对操作方法进行修正。

a. 温度低于 5℃ 条件下渗透检测方法的鉴定。在试块和所有渗透检测材料都降到预定温度后，将拟采用的低温检测方法用于 B 区。在 A 区用标准方法进行检测，比较 A、B 两区的裂纹显示迹痕。如果显示迹痕基本上相同，则可以认为准备采用的方法经过鉴定是可行的。

b. 温度高于 50℃ 条件下渗透检测方法的鉴定。如果拟采用的检测温度高于 50℃，则需将试块 B 加温并在整个检测过程中保持在这一温度，将拟采用的检测方法用于 B 区。在 A 区用标准方法进行检测，比较 A、B 两区的裂纹显示迹痕。如果显示迹痕基本上相同，则可以认为准备采用的方法是经过鉴定可行的。

为提高渗透检测灵敏度，施加渗透剂前，可将零件预热到 60℃ 左右。预热时，所使用的方法和温度不应对零件产生有害的影响。

（5）去除　去除工序要求从零件表面上尽可能去除所有的渗透剂，而又不将已渗入缺陷中的渗透剂清洗出来。水洗型渗透剂直接用水去除，后乳化型渗透剂先乳化后再用水去除，溶剂去除型渗透剂用有机溶剂擦除。去除或擦除渗透剂时，要防止过清洗或过乳化；同时，为取得较高灵敏度，应使荧光背景或着色底色保持在一定的水准上。但也应防止欠洗，防止荧光背景过浓或着色底色过浓。

① 水洗型渗透剂的去除。水洗型渗透剂可用水喷法清洗，一般渗透检测工艺方法标准规定：水喷法的水压不得大于 0.34MPa，水温 10～40℃。水洗型荧光剂用水喷法清洗时，应由下而上进行，以避免留下一层难以去除的荧光薄膜。水洗型渗透剂中含有乳化剂，所以水洗时间长、水洗压力高、水洗温度高时，都有可能把缺陷中的渗透剂清洗掉，产生过清洗。水洗时间在得到合格背景的前提下，愈短愈好。荧光渗透剂的去除可用黑光灯控制。着色渗透剂的去除应在白光下进行。喷洗时，应使用粗水柱，喷头距离零件 300mm 左右，并注意不要污染邻近槽中的乳化剂。

② 后乳化型渗透剂的去除。后乳化型渗透剂的去除方法因乳化剂不同而不同。施加亲水型乳化剂的操作方法是先用水预清洗，然后乳化，最后再用水冲洗。施加乳化剂时，只能浸涂、浇涂或喷涂（喷涂浓度不超过 5%），不能刷涂。因为刷涂不均匀。施加亲油型乳化剂的操作方法是直接用乳化剂乳化，然后用水冲洗；施加乳化剂时，只能用浸渍法或流涂法，不能用刷涂法或喷涂，而且也不能在零件上搅动。要防止过乳化，在保证允许的荧光背景和着色底色的前提下，乳化时间应尽量短。对过渡的背景可通过补充乳化的办法予以去除，经过补充乳化后仍未达到一个满意的背景时，应将工件按工艺要求重新处理。出现明显的过清洗时要求将工件清洗并重新处理。

乳化时间取决于乳化剂和渗透剂的性能及被检工件表面粗糙度。乳化时间具体指从施加乳化剂到开始清洗去除处理的时间。它可表示为：对于检测浅而宽的缺陷，去除多余渗透剂所必需的最少时间；对于检测细微裂纹，从机加工刀痕、凹痕或其他浅的表面粗糙状态上去除多余渗透剂所必需的最少时间。渗透检测灵敏度、表面粗糙度及乳化剂的表面活性、污染、黏度等都会影响乳化时间。在具体零件上应用实验方法来确定，或按生产厂的使用说明书和实验选取。一般渗透检测工艺方法标准规定：油基乳化剂的乳化时间在 2min 之内，水基乳化剂的乳化时间在 5min 之内。

③ 溶剂去除型渗透剂的去除。溶剂去除型渗透剂用清洗剂去除。除特别难清洗的地方外，一般应先用干燥、洁净不脱毛的布依次擦拭，直至大部分多余渗透剂被去除后，再用蘸有清洗剂的干净不脱毛布或纸进行擦拭，直至将被检面上多余的渗透剂擦净。但应注意，不得往复擦拭，不得用清洗剂直接在被检面上冲洗。

④ 去除表面多余渗透剂的方法与从缺陷中去除渗透剂的可能性的关系。图 4-3 表示采用不同的去除表面多余渗透剂的方法与从缺陷中去除渗透剂的可能性关系图，从关系图中看出，用不蘸有机溶剂的干布擦除时，缺陷中的渗透剂保留最好；后乳化型渗透剂的乳化去除法较好；水洗型渗透剂的水洗去除法较差；有机溶剂冲洗去除法最差，缺陷中的渗透液被有机溶剂清洗掉很多。

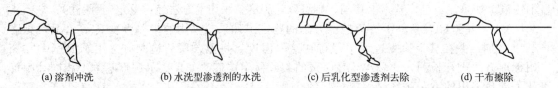

(a) 溶剂冲洗　　　　(b) 水洗型渗透剂的水洗　　　　(c) 后乳化型渗透剂去除　　　　(d) 干布擦除

图 4-3　去除表面多余渗透剂的方法与从缺陷中去除渗透剂的可能性关系示意图

在去除操作过程中，如果出现欠洗现象，则可采取补救措施，增加清洗去除，使荧光背景或着色底色降低到允许水准上；或重复处理，即从预清洗开始，按顺序重新进行渗透、乳化、清洗去除及显像全过程。如果出现过乳化、过清洗现象，则必须进行重复处理。

（6）干燥

① 干燥的目的和时机。干燥的目的是除去工件开口缺陷内或表面的水分、有机溶剂等，使渗透剂充分地渗透进缺陷或回渗到工件表面。

干燥的时机与表面多余渗透剂的去除方法和使用的显像剂密切相关。原则上，溶剂去除法渗透检测时，不必进行专门的干燥处理，应自然干燥，不得加热干燥。用水清洗的零件，采用干粉显像或非水基湿式显像时，零件在显像前必须进行干燥处理；若采用水基湿式显像，水洗后直接显像，然后进行干燥处理。

② 常用干燥方法。干燥的方法有干净布擦干、压缩空气吹干、热风吹干、热空气循环烘干等方法。实际应用中可将多种干燥方法组合进行，例如零件水洗后，先用干净布擦去零件表面明显的水分，或用经过过滤的清洁干燥的压缩空气吹去零件表面的水分，尤其要吹去盲孔、凹槽、内腔部位及可能积聚水分部位的水，然后用热空气循环干燥装置干燥。另一种方法是在室温下使用环流风扇，用这种方法的渗透检测灵敏度通常不及使用加热的干燥法，这种方法只有在因零件尺寸或重量原因不能使用烘箱时才使用。

③ 干燥温度和时间。干燥温度不能太高，干燥时间不能太长，否则会使缺陷中渗透剂干枯，影响渗透剂的回渗，进而影响缺陷检出。过度干燥还会造成渗透剂中染料变质。允许的最高干燥温度与所用渗透剂种类及零件材料有关。正确的干燥温度需经试验确定。一般规定：金属零件干燥温度不宜超过 80℃，塑料零件通常用 40℃ 以下的温风吹干。干燥时间越短越好，一般规定不宜超过 10min。干燥时间与零件材料、零件尺寸、零件水分的多少、零件初始温度和烘干装置的温度等因素有关，还与每批干燥零件的数量有关。为控制最短干燥时间，应控制每批放进烘干装置中的零件数量。另外，薄截面零件或高导热性零件不应与干燥速率缓慢的零件放在一起干燥，否则，干燥温度及干燥时间很难控制。

一般渗透检测工艺方法标准常作总体规定：干燥时被检面的温度不得大于 50℃，干燥时间 5～10min。

干燥时，要防止零件筐、吊具上的渗透检测材料及操作者手上的污物对零件造成污染，而产生伪显示或遮盖缺陷显示。为防止污染，应将干燥后的操作与干燥前的操作隔离开来，例如在自动线上采用分离的两条流水线，第一条线进行除油、渗透和水洗，第二条线进行干燥和显像。在只有一条线操作的情况下，从干燥工序开始，换一种干净零件筐，这种零件筐用于干燥以后的工序，这种效果也很好。

（7）显像　显像的过程是在工件表面施加显像剂，利用毛细作用原理将缺陷中的渗透剂吸附至工件表面，从而产生清晰可见的缺陷显示图像。

① 显像方法。常用的显像方法有干式显像、非水基湿式显像、水基湿式显像和自显像等。

a. 干式显像。干式显像也称干粉显像，主要用于荧光渗透检测法。

使用干式显像剂时，工件表面须先经干燥处理，再用适当方法将显像剂均匀地喷洒在整个被检工件表面上，并保持一段时间。多余的显像剂通过轻敲或轻气流清除方式去除。干粉显像可将零件埋入显像粉中进行，也可用喷枪或喷粉柜喷粉显像，对于体积较小零件，最好采用喷粉柜进行喷粉显像。喷粉柜喷粉显像是将零件放入显像粉末柜中，用经过过滤的干净干燥的压缩空气或风扇，将显像粉末吹扬起来，使呈粉雾状，将零件包围住，在零件上均匀地覆盖一层显像粉末，滞留的多余显像剂粉末，应用轻敲法去除或用干燥的低压空气吹除。

显像时间不能太长，显像剂不能太厚，否则缺陷显示会变模糊。一般渗透检测工艺方法标准规定：显像时间一般不少于 10min，显像剂厚度为 0.05～0.07mm。针对具体的检测对象、检测方法、环境条件确定显像时间时，应根据具体情况通过实验确定。

b. 非水基湿式显像（也称溶剂悬浮显像）。非水基湿式显像主要采用压力喷罐喷涂。喷涂前应摇动喷罐中的弹子，使显像剂重新悬浮且固体粉末重新呈细微颗粒均匀分散状。喷涂时要预先调节好，调节到能够形成均匀显像剂薄膜的程度。喷嘴离被检面距离为 300～400mm，喷涂方向与被检面夹角为 30°～40°。非水基湿式显像有时也采用刷涂或浸涂，浸涂要迅速，刷涂笔（刷）要干净，一个部位不允许往复刷涂几次。

c. 水基湿式显像。水基湿式显像分为水悬浮湿式显像和水溶解湿式显像两种。

使用水基湿式显像剂时，在被检面经过去除处理后，可直接将显像剂喷洒或涂刷到被检面上或将工件浸入到显像剂中，然后再迅速排除多余显像剂，并进行干燥处理。

水基湿式显像可采用浸涂、流涂或喷涂，多数采用浸涂。涂覆后进行滴落，然后采用热空气烘干装置烘干。干燥过程就是显像过程，为防止显像粉末的沉淀，显像时要不定时地进行搅拌。零件在滴落和干燥期间，零件位置放置应合适，以确保显像剂不在某些部位形成过厚的显像剂层，并因此可能掩盖缺陷显示。

d. 自显像。对灵敏度要求不高的检测，也可采用自显像法的显像工艺。即在干燥后不施加显像剂，停留 10～120min，等缺陷中的渗透剂重新回渗及漫延到零件表面上后，再进行检验。为保证足够的灵敏度，通常采用较高等级的渗透剂进行渗透，在更强的黑光灯下进行检测。自显像法省掉了显像操作，简化了工艺，节约了检测费用。

使用自显像法时必须经过灵敏度试验验证。

② 显像时间。所谓显像时间，不同的显像方式对其定义是不同的。对干式显像剂而言，是指从施加显像剂起到开始观察检查缺陷显示的时间。对湿式显像剂而言，是指从显像剂干燥起到开始观察检查缺陷显示的时间。显像时间取决于显像剂种类、缺陷大小以及被检工件温度。对于非水基湿式显像（即溶剂悬浮式显像剂），由于有机溶剂挥发较快，显像时间则很短。

显像时间是很重要的，必须给予足够的显像时间让显像作用充分进行，但也应在渗透剂明显扩散及缺陷显示变得模糊之前完成评定和记录。检查非常小的缺陷时，较长的显像时间是有利的。显像时间过长会使缺陷显示严重扩散，特别是缺陷中渗透剂回渗现象严重时，显像后更应当尽快地完成检测。显像时间取决于显像剂种类、需要检测的缺陷大小以及被检工件温度等，一般不应少于 7min。

③ 干式显像与湿式显像比较。干式显像与湿式显像相比，干式显像剂只吸附在缺陷部位，即使经过一段时间后，缺陷轮廓图形也不散开，仍然能够显示出清晰的图像，所以使用干式显像剂时，可以分开互相接近的缺陷显示。另外通过缺陷轮廓图像进行等级分类时，误差也小。即干式显像剂，显像分辨力较高。

溶剂悬浮显像剂中含有常温下易于挥发的有机溶剂，有机溶剂在工件表面上迅速挥发，能够吸热。由于显像剂的吸附是放热过程，所以溶剂迅速挥发，能促进显像剂对缺陷中回渗的渗透剂的吸附，加快并加剧了吸附作用，使显像灵敏度得以提高。即溶剂悬浮显像剂显像灵敏度较高。

④ 显像剂的选择原则。显像剂应根据渗透剂种类、工件表面状态、检测灵敏度要求等进行选择。

就荧光渗透剂而言，光洁光滑表面应优先选用溶剂悬浮湿式显像剂；粗糙表面应优先选用干式显像剂；其他表面应优先选用溶剂悬浮湿式显像剂，然后是干式显像剂，最后考虑水悬浮湿式显像剂或水溶性湿式显像剂。

就着色渗透剂而言，任何表面状态，都应优先选用溶剂悬浮湿式显像剂，然后是水悬浮湿式显像剂，最后考虑干式显像剂。

注意：水溶性湿式显像剂不适用于着色渗透检测系统和水洗型荧光渗透检测体系。

（8）观察和缺陷显示记录

① 观察时机。观察显示应在显像剂施加后 10～60min 内进行。如显示的大小不发生变化，也可超过上述时间。对于溶剂悬浮显像剂，应遵照说明书的要求或试验结果进行操作。

原则上，当显示开始形成时观察也应随即进行。

观察显示的目的是确定显示的类型和性质，为评定做准备。

② 观察光源。着色渗透检测时，缺陷显示的评定应在白光下进行，通常工件被检面处白光照度应大于等于1000lx；当现场采用便携式设备检测，由于条件所限无法满足时，可见光照度可以适当降低，但不得低于500lx。

荧光渗透检测时，缺陷显示的评定应在暗室或暗处的黑光灯下进行，暗室或暗处白光照度应不大于20lx。暗室中黑光强度要足够，一般规定：距离黑光灯380mm处，其强度不低于$1000\mu W/cm^2$。自显像检测时，距离黑光灯150mm处，其强度不低于$3000\mu W/cm^2$。

便携式荧光渗透检测，其观察区域（暗室）可利用黑色帐篷、照相用黑布等方法形成，也可以选择晚间检测，检测时将可见光背景降低到满足标准对检测环境要求。黑光强度应符合检测要求。进行其他步骤时还应保证足够的白光照明，以保证操作效果。

③ 注意事项。

a. 检测人员不能戴对检测有影响的眼镜。荧光渗透检测时，检测人员进入暗区，至少经过3min的黑暗适应。

b. 检测人员在黑光灯下发现显示后，需判别显示的类型。用干净的布或棉球蘸一点乙醇，擦拭显示部位。如果被擦去的是真实缺陷显示，显像后，显示能再现；若在擦拭后撒上少许显像剂粉末，可放大缺陷显示，提高细微缺陷的重现性。如果被擦去的显示不再重现，一般是伪显示。在黑光灯下确定为缺陷显示后，要进一步确定缺陷性质，记录缺陷显示及尺寸。缺陷迹痕显示尺寸比缺陷实际尺寸要大。

c. 渗透检测一般不能确定缺陷的深度。因为深的缺陷渗入的渗透剂多，显像时回渗的渗透剂也多，有时可根据这一现象来粗略地估计缺陷的深浅。渗透检测时，为确定宏观指示的特征和大小，可使用5～10倍放大镜观察。

d. 在暗室里检测，检测者容易疲劳，所以检测人员在暗室里连续检测的时间不能太长，否则会影响检测结果。检测时，黑光不能直射或反射到检测者的眼睛，尽管检测用黑光对人的细胞组织和眼睛没有永久性损伤，但黑光可使人的眼睛疲劳，进而影响检测结果。

e. 检测完毕，应按有关文件规定，对受检工件加以标记。标记的方式和位置应对受检工件无损，并能在以后工序中清晰识别。

④ 显示记录。缺陷的显示记录可采用照相、录像和可剥性塑料薄膜等方式记录，同时用草图标示缺陷具体位置。实验证明使用透明胶带不能完整记录和长时间保存缺陷显示。

（9）后清洗 渗透检测完成之后，应当去除显像剂涂层、渗透剂残留痕迹及其他污物，这就是后清洗。一般来说，去除这些渗透检测剂残留物质及污物时间越早，则越容易去除。

后清洗的目的是为保证渗透检测后，不发生对受检件的损害或危害，并且去除任何会影响后续处理和生产工艺的残余物。例如显像剂涂层会吸收或容纳促进腐蚀的潮气，可能造成腐蚀，并且影响例如阳极化处理等后续处理。对于要求返修的焊缝，渗透检测剂残留物会对焊接质量造成影响。

后清洗操作不论安排在检测部门还是安排在生产部门，都应掌握如下操作方法：

① 干式显像剂可粘在湿渗透剂或其他液体物质的地方，或滞留在缝隙中，可用普通自来水冲洗，也可用压缩空气吹等方法去除。

② 水基湿式显像剂的去除比较困难。因为该类显像剂经过80℃左右干燥后黏附在受检件表面，故去除的最好方法是用加有洗涤剂的热水喷洗，有一定压力喷洗效果更好，然后用手工擦洗或用水漂洗。

③ 水溶性显像剂用普通自来水冲洗即可去除，因为该类显像剂可溶于水中。

④ 溶剂悬浮显像剂的去除，可先用湿毛巾擦，然后用干布擦，也可直接用清洁干布或

硬毛刷擦；对于裂缝或表面凹陷，可用加有洗涤剂的热水喷洗。

⑤ 碳钢渗透检测后清洗时，水中应添加硝酸钠或铬酸钠化合物等防锈剂，洗涤后还应用防锈油防锈。镁合金材料也很容易腐蚀，渗透检测后清洗时，常需要铬酸钠溶液处理。

（10）复验　当出现下列情况之一时，需进行复验：

① 检测结束时，用标准试块验证检测灵敏度不符合要求；

② 发现检测过程中操作方法有误或技术条件改变时；

③ 合同各方有争议或认为有必要时。

需要复验时，必须对工件进行彻底清洗，以去掉缺陷内残余渗透检测剂，否则会影响检测灵敏度。

4.2.8　显示的解释与缺陷评定

显示的解释和分类：

① 显示的解释。渗透检测显示（又称为迹痕、迹痕显示）的解释是对肉眼所见的着色或荧光迹痕显示进行观察和分析，确定产生这些迹痕显示原因的过程。即通过渗透检测显示迹痕的解释，确定出肉眼所见的迹痕显示究竟是由真实缺陷引起的，还是由工件结构等原因所引起的，或仅是由于表面未清洗干净而残留的渗透剂所引起的。渗透检测后，对于观察到的所有显示均应做出解释，对有疑问不能做出明确解释的显示，应擦去显像剂直接观察，或重新显像、检查，必要时可从预处理开始重新检测。

形成迹痕显示的很多原因中，只有与影响工件有效使用的缺陷或不连续相关联、反映缺陷或不连续存在的迹痕显示才有必要进行评定。因此，渗透检测人员应具有丰富的工程实际经验，并能够结合工件的材料、形状和加工工艺，熟练掌握各类迹痕显示的特征、产生原因及鉴别方法，必要时还应采用其他无损检测方法进行验证，尽可能使检测评定结果准确可靠。

② 显示的分类。渗透检测显示一般可分为三种类型：由真实缺陷引起的相关显示、由于工件的结构等原因所引起的非相关显示、由于表面未清洗干净而残留的渗透剂等所引起的伪显示。

a. 相关显示。相关显示又称为缺陷迹痕显示、缺陷迹痕和缺陷显示，是指从裂纹、气孔、夹杂、未熔合、未焊透等缺陷中渗出的渗透剂所形成的迹痕显示，它是缺陷存在的标志。

b. 非相关显示。非相关显示又称为无关迹痕显示，是指与缺陷无关的、外部因素所形成的渗透剂迹痕显示，通常不能作为渗透检测评定的依据。其形成原因可以归纳为三种情况：工艺过程中所造成的显示，例如装配压印、铆接印和电阻焊时未焊接的搭接部分等所引起的显示，这类迹痕显示在一定范围内是允许存在的，甚至是不可避免的；工件的结构外形等所引起的显示，例如键槽、花键、装配结合的缝隙等引起的显示，这类迹痕显示常发生在工件的几何不连续处；工件表面的外观（表面）缺陷引起的显示，包括机械损伤、划伤、刻痕、凹坑、毛刺、焊波或氧化皮等，由于这些外观（表面）缺陷经目视检验可以发现，通常不是渗透检测的对象，故该类显示通常也被视为非相关显示。

非相关显示引起的原因通常可以通过肉眼目视检验来证实，故对其的解释并不困难。通常不将这类显示作为渗透检测质量验收的依据。

c. 伪显示。伪显示是由于不适当的方法或处理产生的显示，或称为操作不当引起的显示。其不是由缺陷引起的，也不是由工件结构或外形等原因所引起的，有可能被错误地解释为由缺陷引起的，故也称为伪显示。产生伪显示的常见原因包括：操作者手上的渗透剂污染、被检工件上的渗透剂污染、显像剂受到渗透剂的污染、清洗时渗透剂飞溅到干净的工件上、擦布或棉花纤维上的渗透剂污染等。

渗透检测时，由于工件表面粗糙、焊缝表面凹凸、清洗不足等原因而产生的局部过度背景也属于伪显示，它容易掩盖相关显示。从迹痕显示特征上来分析，伪显示是能够很容易识别的。若用沾湿少量清洗剂的棉布擦拭这类显示，很容易擦掉，且不重新显示。

渗透检测时，应尽量避免引起伪显示。一般应注意：渗透检测操作者的手应保持干净，应无渗透剂污染；应使用干净不脱毛的无绒布擦洗工件；荧光渗透时应在黑光灯下清洗。

d. 不同迹痕显示的区别。虽然相关显示、非相关显示和伪显示都是迹痕显示，但其区别在于：相关显示和非相关显示均是由某种缺陷或工件结构等原因引起的、由渗透剂回渗形成的渗透检测真实迹痕显示，而伪显示不是。相关显示影响工件的使用性能，需要进行评定；而非相关显示和伪显示都不是由缺陷引起、并不影响工件使用性能，故不必进行评定。

4.3 焊接结构渗透检测常见缺陷及其显示特征

4.3.1 缺陷迹痕显示的分类

缺陷迹痕显示的分类一般是根据其形状、尺寸和分布状况进行的。渗透检测的质量验收标准不同，对缺陷显示的分类也不尽相同。通常应根据受检工件所使用的渗透检测质量验收标准进行具体分类。

仅仅依据缺陷迹痕显示的图形来对缺陷进行评定，通常是困难的。所以，渗透检测标准等对缺陷迹痕显示进行等级分类时，一般将其分为线状缺陷迹痕显示、圆形缺陷迹痕显示和分散状缺陷迹痕显示等类型。显示分类示意图见图4-4。

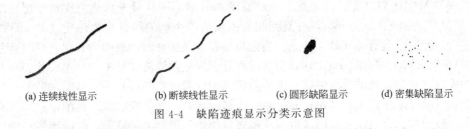

    (a) 连续线性显示   (b) 断续线性显示   (c) 圆形缺陷显示   (d) 密集缺陷显示

图 4-4　缺陷迹痕显示分类示意图

对于承压类特种设备的渗透检测而言，通常将缺陷迹痕分为线性、圆形、密集、纵（横）向显示等类型。

（1）线性缺陷迹痕显示　线性（也称为线状）缺陷迹痕显示，通常是指长度（L）与宽度（B）之比（L/B）大于3的缺陷迹痕显示。裂纹、未熔合、未焊透等缺陷通常产生典型的连续线性缺陷迹痕显示。

线性缺陷迹痕显示包括连续和断续线状缺陷迹痕显示两类。断续线状缺陷迹痕显示可能是排列在一条直线或曲线上的相邻很近的多个缺陷引起的，也可能是单个缺陷引起的。当工件进行磨削、喷丸、吹沙或机加工时，原来表面上的连续线性缺陷被部分堵塞住了，渗透检测时也会呈现为断续的线状迹痕显示。对于这类缺陷显示，应作为一个连续的长缺陷处理，即按一条线性缺陷进行评定。

（2）圆形缺陷迹痕显示　圆形缺陷迹痕显示通常是指长度（L）与宽度（B）之比（L/B）不大于3的缺陷迹痕显示。即除了线性缺陷迹痕显示之外的其他缺陷迹痕显示，均属于圆形缺陷迹痕显示。圆形缺陷迹痕显示通常是由工件表面的气孔、针孔、缩孔等缺陷产生的。较深的表面裂纹在显像时能渗出大量的渗透剂，也可能在缺陷处扩散成圆形缺陷迹痕。小点状显示是由针孔、显微疏松产生的，由于这类缺陷较为细微，深度较小，故显示较弱。

（3）密集缺陷迹痕显示　对于在一定区域内存在多个圆形缺陷的迹痕显示，通常称为密集缺陷显示。由于不同类型工件的质量验收等级要求不同，对一定区域的大小规定也不同，缺陷迹痕大小和数量的规定也不同。

（4）纵（横）向缺陷迹痕显示　对于轴类、棒类等工件的缺陷显示，当其迹痕显示的长轴方向与工件轴线或母线存在一定的夹角（一般为大于等于 30°）时，通常按横向缺陷迹痕显示处理，其他则可按纵向缺陷迹痕显示处理。

4.3.2 焊接结构常见缺陷及其显示特征

（1）焊接气孔　焊接气孔是指焊接时，熔池中的气体未在金属凝固前逸出、残存于焊缝之中所形成的空穴。其气体可能是熔池从外界吸收的，也可能是焊接冶金过程中反应生成的。焊接气孔是焊接件一种常见的缺陷，可分为表面气孔（外气孔）和埋藏气孔（内气孔）两种。根据分布情况不同，又可分为分散气孔、密集气孔和连续气孔等多种类型。气孔的大小差异也很大。

渗透检测时，表面气孔的显示一般呈圆形、椭圆形或长圆条形红色亮点或黄绿色荧光亮点，并均匀地向边缘减淡。由于回渗现象较为严重，气孔的缺陷痕迹显示通常会随显像时间的延长而迅速扩展，如图 4-5 所示。

（2）焊接裂纹　焊接裂纹是指在焊接过程中或焊接以后，在焊接接头出现的金属局部破裂现象。焊接裂纹除了降低接头强度外，还由于裂纹端有尖锐的缺口，将引起较高的应力集中，因而使裂缝继续扩展，由此导致整个结构件的破坏。特别是承受动载荷时，这种缺陷是很危险的。因此，焊接裂纹是焊接接头中不能允许的缺陷。

焊接裂纹按其产生的部位不同，可分为纵向裂纹、横向裂纹、熔合区裂纹、根部裂纹、火口裂纹及热影响区裂纹等。按裂纹产生的温度和时间不同，可分为热裂纹和冷裂纹两种。

① 热裂纹。金属从结晶开始，一直到相变以前所产生的裂纹都称为热裂纹，又称为结晶裂纹。它沿晶开裂，具有晶间破坏性质。当它与外界空气接触时，表面呈氧化色彩（蓝色、蓝黑色）。热裂纹常产生在焊缝中心（纵向），或垂直于焊缝鱼鳞波纹呈不规则锯齿状；也有产生在断弧的弧坑（火口）处的呈放射状。微小的弧坑裂纹用肉眼往往是不容易发现的。渗透检测时，热裂纹迹痕显示一般呈略带曲折的波浪状或锯齿状红色细条线或黄绿色细条状。但火口裂纹呈星状，较深的火口裂纹有时因渗透剂回渗较多使相似扩展而呈圆形，但如用沾有清洗剂的棉球擦去显示后，裂纹的特征可清楚地显示出来，见图 4-6、图 4-7、图 4-8。

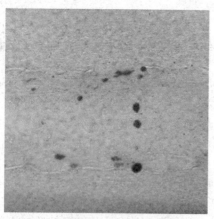

图 4-5　焊缝上焊接气孔的迹痕显示

图 4-6　焊缝纵向热裂纹迹痕显示

② 冷裂纹。冷裂纹是指在相变温度下的冷却过程中和冷却以后出现的裂纹。这类裂纹多出现在有淬火倾向的高强钢中。一般低碳钢工件，在刚性不大时不易产生这类裂纹。冷裂纹通常产生在焊接接头的热影响区，有时也在焊缝金属中出现。冷裂纹的特征是穿晶开裂。冷裂纹不一定在焊接时产生，它可以延迟几个小时，甚至更长的时间以后才发生，所以又称延迟裂纹。由于其有延迟特性和快速脆断特性，所以它具有很大的危害性。它常产生于焊层

下紧靠熔合线处，并与熔合线平行；有时焊根处也可能产生冷裂纹，这主要是由于缺口处造成了应力集中，如果此时钢材淬火倾向较大，则可能产生冷裂纹。

图 4-7 焊缝弧坑热裂纹迹痕显示

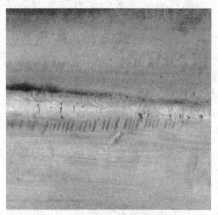

图 4-8 焊缝横向热裂纹迹痕显示

渗透检测时，冷裂纹的显示一般呈直线状红色或明亮黄绿色细线条，中部稍宽，两端尖细，颜色或亮度逐渐减淡，直到最后消失，见图4-9。

（3）未熔合 未熔合是指焊缝金属和母材之间或焊缝金属与焊缝金属之间未熔合在一起的缺陷。按其所在部位，未熔合可分为坡口未熔合、层间未熔合和根部未熔合。未熔合是虚焊，是一种面积型

图 4-9 焊缝纵向冷裂纹迹痕显示

缺陷，受外力作用时极易开裂，其危害性很大，因此是不允许存在的缺陷。

渗透检测通常无法发现层间未熔合，坡口未熔合延伸到表面时渗透检测能发现。未熔合的迹痕显示呈现为直线状或椭圆状的红色条状或黄绿色荧光亮条线。

（4）未焊透 未焊透是指母材金属未被电弧熔化，焊缝金属没有进入焊接接头根部的现象。产生未焊透的部位也往往存在夹渣。未焊透能降低接头的力学性能，未焊透的缺口与尖角易产生应力集中，严重降低焊接接头的疲劳强度。

渗透检测时，能发现的未焊透显示呈一条连续或断续的红色线条或黄绿色荧光亮线条，宽度一般较均匀。

（5）其他缺陷 焊接夹渣也较为常见，缺陷形状多种多样，很不规则，夹渣露出表面时，渗透检测有可能发现。

4.3.3 缺陷迹痕显示的等级评定

（1）基本原则 渗透检测缺陷迹痕显示等级评定是对渗透检测显示做出解释之后，确定其是否符合规定的验收标准的过程。其目的是对渗透检测确定为缺陷迹痕显示的，按照相关标准或技术文件等的要求进行分类和质量等级评定，并在此基础上进行质量验收，判定受检工件是否质量合格。

评定时，对缺陷显示均应进行定位、定量及定性。由于渗透剂的扩展，渗透检测缺陷迹痕显示尺寸通常均大于缺陷实际尺寸，显像时间对缺陷评定的准确性有明显影响，这在定量评定中应特别注意。当显像时间太短时，缺陷迹痕显示甚至不会出现。而在湿式显像中，随着显像时间的延长，缺陷迹痕显示呈不断扩散、放射状；相邻缺陷的迹痕显示图形，可能就好像一个缺陷一样。随着显像时间的延长，不断地观察缺陷迹痕显示的形貌的变化，才能够比较准确地评价缺陷大小和种类。因此，在进行缺陷迹痕显示的等级分类和评定时，按照渗

透检测标准或技术说明书上所规定的渗透检测显像时间进行观察和评定是十分必要的。

缺陷迹痕显示的等级评定均只针对由缺陷引起的迹痕显示进行，即只针对相关显示进行。当能够确认迹痕显示是由外界因素或操作不当等因素造成时，不必进行迹痕显示的记录和评定。缺陷迹痕显示评定等级后，需按指定的质量验收等级验收，对受检工件做出合格与否的结论。对于明显超出质量验收标准的超标缺陷迹痕显示，可立即做出不合格的结论。对于那些尺寸接近质量验收标准的缺陷迹痕显示，需在适当的观察条件下（必要时借助放大镜）进一步仔细观察，测出缺陷迹痕显示的尺寸和确定缺陷的性质后，才能做出结论。发现超标缺陷而又允许打磨或补焊的工件，应在打磨后再次进行渗透检测，确认缺陷已经被消除后，然后进行补焊。补焊后还需要再次进行渗透检测或采用其他无损检测方法再次进行验收确认。

（2）一般要求　对能够确定是由裂纹类缺陷引起的缺陷迹痕显示，由于其严重影响工件结构的安全性、完整性，是最危险的缺陷类型，绝大多数渗透检测标准均不对其进行质量等级分类，而直接评定为不允许的缺陷显示迹痕。

对于小于人眼所能够观察的极限值尺寸的渗透检测迹痕显示，难于进行定量测定和性质判断，一般可以忽略不计。例如小于 0.5mm 的显示。

进行渗透检测缺陷显示迹痕的评定时，长度与宽度之比大于 3 的，一般按线性缺陷处理；长度与宽度之比小于或等于 3 的缺陷显示迹痕，一般按圆形缺陷评定、处理。圆形缺陷显示迹痕的直径一般是指其在任何方向上的最大尺寸。

对于线性缺陷显示的长轴方向与工件（轴类或管类）轴线或母线的夹角大于或等于 30°时，一般按横向缺陷进行评定、处理，其他按纵向缺陷进行评定、处理。

对于两条或两条以上线性缺陷显示迹痕，当在同一条直线上且间距不大于 2mm 时，应合并为一条缺陷显示迹痕进行评定、处理，其长度为两条缺陷显示迹痕之和加间距。

4.3.4 渗透检测记录和报告

（1）缺陷的记录　非相关显示和伪显示不必记录和评定。

对缺陷显示迹痕进行评定后，有时需要将发现的缺陷形貌记录下来，缺陷记录方式一般有以下几种：

① 草图记录。画出工件草图，在草图上标注出缺陷的相应位置、形状和大小，并说明缺陷的性质。这是最原始、最常见的缺陷迹痕显示的记录方式。

② 照相记录。在适当光照条件下，用照相机直接把缺陷拍照下来。着色渗透显示在白光下拍照，最好用数码照相机，这样记录的缺陷迹痕显示图像更真实、方便。荧光渗透检测显示需在紫外线灯下拍照，拍照时，镜头上要加黄色滤光片，且采用较长的曝光时间。可先在白光下极短时间曝光以产生工件的外形，再在不变的曝光条件下，继续在紫外线下进行曝光，这样可得到在清楚的工件背景上的缺陷迹痕显示图像的荧光显示。

③ 可剥性塑料薄膜等方式记录。采用溶剂挥发后会留下一层带有显示的可剥离薄膜层（或称可剥性塑料薄膜）的液体显像剂显像后，将其剥落下来，贴到玻璃板上保存起来。剥下的显像剂薄膜包含有缺陷迹痕显示图像，着色渗透检测时在白光下、荧光渗透检测时在紫外线灯下，可看见缺陷迹痕显示图像。

④ 录像记录。对于渗透检测过程和缺陷，也可以在适当的光照条件下，采用模拟或数字式录像机完整记录缺陷迹痕显示的形成过程和最终形貌。

（2）渗透检测记录和报告　渗透检测时应做好检测原始记录，渗透检测完成后应在原始记录的基础上出具渗透检测报告。按照无损检测质量管理的一般要求，通常检测记录的信息量应不少于检测报告的信息量。渗透检测原始记录及报告应至少包括如下内容：

① 受检工件基本信息：委托单位，被检工件名称、编号、规格、形状、坡口型式、焊

接方式和热处理状态。

② 检测方法及条件：检测设备，渗透检测剂名称和牌号，检测比例、检测灵敏度校验及试块名称、预清洗方法、渗透剂施加方法、乳化剂施加方法、去除方法、干燥方法、显像剂施加方法、观察方法和后清洗方法，渗透温度、渗透时间、乳化时间、水压及水温、干燥温度和时间、显像时间。

③ 检测结论：缺陷名称、大小及等级，检测结果及质量分级、检测标准名称和验收等级。

④ 示意图：渗透检测部位、缺陷迹痕显示记录及工件草图（或示意图）。

⑤ 其他：检测和审核人员签字及其技术资格、检测日期等。

渗透检测报告格式如表 4-12 所示，可供参考。

表 4-12 渗透检测报告示例

单位内编号/设备代码：   报告编号：

渗透剂型号		表面状况	
清洗剂型号		环境温度	℃
显像剂型号		对比试块	
渗透时间	min	显像时间	min
检测标准		检测比例	%　mm

检测部位(区段)及缺陷位置示意图：

渗透检测结果评定表					
区段编号	缺陷位置	缺陷尺寸/mm	缺陷性质	评定	备注

检测结果：

检测：	日期：	审核：	日期：

4.4 焊接结构的渗透检测

4.4.1 焊缝的渗透检测

焊缝进行渗透检测时，多采用溶剂去除型着色法，也可采用水洗型荧光法。在灵敏度等级符合要求时，也可采用水洗型着色法。对于一些重要设备，已有溶剂去除型荧光法的应用案例。

焊缝的表面准备需借助于机械方法，如角磨砂轮机和钢丝刷来清除焊缝表面的焊渣、飞溅、焊药和氧化皮等脏物。打磨时应避免铁屑堵塞缺陷，生锈的工件需除锈后进行渗透检测。

焊缝的溶剂去除型着色法渗透检测操作：

① 采用喷涂法或刷涂法施加渗透剂，小型零件可采用浸涂法。

② 去除时应用棉布或纸蘸清洗剂，擦拭焊缝表面检测区，尽量缩短有机溶剂的清洗时间，以避免产生过洗现象。

③ 采用喷洒的方法施加显像剂，保证显像剂层薄而均匀。

④ 做好下游处理工作，避免影响以后的焊接或产生其他缺陷。

4.4.2 坡口的渗透检测

坡口常见缺陷是分层和裂纹。前者是轧制缺陷，分层平行于钢板表面，一般分布在板厚中心附近。裂纹有两种：一种是沿分层端部开裂的裂纹，方向大多平行于板面；另一种是火焰切割裂纹，无一定方向。

由于坡口的表面比较光滑，采用溶剂去除型着色法对其进行渗透检测，可得到较高的灵敏度。因坡口面一般比较窄，所以检测操作时可采用刷涂法施加检测剂，以减少检测剂的浪费和环境污染。

4.4.3 焊接过程中的渗透检测

焊接过程中有时需进行清根和层间检测，对于焊缝清根一般采用碳弧气刨法和砂轮打磨法。两种方法都有局部过热的情况，碳弧气刨法还有增碳产生裂纹的可能。所以，渗透检测时应注意这些部位。因清根面比较光滑，可采用溶剂去除型着色法进行检测。

某些焊接性能差的钢种和厚钢板要求每焊一层检测一次，发现缺陷及时处理，以保证焊缝质量，减小焊缝整体形成后返修工作难度和工作量。层间检测时可采用溶剂去除型着色法，如果灵敏度满足要求，也可采用水洗型着色法，操作时一定注意不规则的部位，不能漏掉缺陷也不能误判缺陷，造成不必要的返修。

焊缝清根经渗透检测后，应进行认真的后清洗。多层焊焊缝，每层焊缝经渗透检测后的清洗尤为重要，必须处理干净，否则，残留在焊缝上的渗透检测剂会影响随后进行的焊接，而导致焊接缺陷产生。

4.4.4 渗透检测操作指导书与应用实例

（1）渗透检测操作指导书

① 实施渗透检测的人员应按渗透检测操作指导书进行操作。

② 渗透检测操作指导书是针对某一具体产品或产品上的某一部件，依据渗透检测工艺规程、安全技术规范、技术标准、有关技术文件的要求编制的，一般应包括以下基本内容：

a. 操作指导书编号：一般为年号加流水顺序号。

b. 产品部分：产品名称，产品编号，制造、安装或检验编号，设备类别，规格尺寸，材料牌号，热处理状态及表面状态。

c. 检测设备、器材和材料：检测用仪器设备名称、型号、试块名称、检测附件、检测材料。

d. 检测工艺参数：检测方法、工艺规范、检测部位、检测比例。

e. 检测技术要求：执行标准、验收级别、注意事项。

f. 检测部位示意图：包括检测部位、缺陷部位、缺陷分布等。

g. 编制人（级别）和审核人（级别）。

h. 编制日期。

③ 渗透检测操作指导书的编制、审核应符合相关法规、安全技术规范或技术标准的规定。

④ 一般"渗透检测操作指导书"的表格格式如表4-13所示。

表 4-13 渗透检测操作指导书示例

产品(或工件)名称		规格尺寸		热处理状态		检测时机	
被检表面要求		材料牌号		检测部位		检测比例	
检测方法		检测温度		标准试块		检测方法标准	
观察方式		渗透剂型号		乳化剂型号		清洗剂型号	
显像剂型号		渗透时间		干燥时间		显像时间	
乳化时间		检测设备		黑光辐照度		可见光照度	
渗透剂施加方法		乳化剂施加方法		多余渗透剂去除方法		显像剂施加方法	
水洗温度		水压		验收标准		合格级别	
渗透检测质量评级要求							
示意草图							

工序号	工序名称	操作要求及主要工艺参数
1	预清洗	
2	渗透	
3	去除	
4	干燥	
5	显像	
6	观察及评定	

备注	

编制人及资格		审核人及资格	
日期		日期	

⑤ 渗透检测操作指导书的填写。

产品（或工件）名称：设计图纸提供的产品或工件名称。

规格尺寸：设计图纸提供的产品或工件规格尺寸。

热处理状态：从委托方获取。

检测时机：一般焊缝为"焊接完工后"；对有延迟裂纹倾向的材料，为"焊后至少 24h 后"或其他具体要求。

被检表面要求：根据预处理要求填写。如果被检工件表面漆层厚，可填写"除去漆层，露出金属光泽""清除油污"等。

材料牌号：设计图纸或委托方提供的具体材料牌号。

检测部位：明确具体检测部位。

检测比例：根据技术文件或委托方的要求填写具体的检测百分比。

检测方法：具体选用的渗透检测方法名称或代号。

检测温度：要求实施检测时的温度范围。

标准试块：镀铬试块（B型试块）是必需的，根据具体情况需要时还要使用铝合金试块（A型对比试块）。

检测方法标准：设计图纸或委托方要求使用的检测方法标准号。

观察方式：荧光渗透剂检测时，为黑光下（灯）、目视；着色渗透剂检测时，为白光下（灯）、目视。

渗透剂、乳化剂、清洗剂、显像剂型号：具体给出要求使用的渗透检测剂型号。

渗透、干燥、显像、乳化时间：根据检测方法标准、通用工艺、检测剂使用说明书、实验等确定的具体时间。

检测设备：根据工件尺寸、形状等选用的设备，如固定式设备型号、便携式喷罐、黑光灯型号等。

黑光辐照度：检测方法标准要求的具体黑光强度值。

可见光照度：检测方法标准要求的具体白光强度值。

渗透剂施加方法："喷涂""刷涂""浇涂""浸涂"等方法中具体选用的方法。

乳化剂施加方法："喷涂""浇涂""浸涂"等方法中具体选用的方法。

多余渗透剂去除方法："擦洗""水喷洗"等方法中具体选用的方法。

显像剂施加方法："喷涂""刷涂""流涂""浸涂"等方法中具体选用的方法。

水洗温度：具体给出采用水清洗时所要求水的温度。

水压：具体给出采用水清洗时所要求水的压力。

验收标准：设计图纸或委托方要求选用的验收标准号。

合格级别：根据设计图纸或委托方要求，所采用验收标准的具体级别。

渗透检测质量评级要求：验收标准具体级别对应的具体内容。

编制和审核：符合相关法规、安全技术规范、技术标准或技术文件规定的编制和审核者。

（2）渗透检测操作指导书编制举例　一般每件产品或工件只编写一份"渗透检测操作指导书"。

这里列举一个编制操作指导书的范例。对于某一检测对象，检测单位根据自己不同的设备、条件以及对某种方法的应用习惯，在满足检测缺陷种类和灵敏度要求前提下，会有不同的渗透检测方法可选，从而形成多种操作指导书。这里提供的操作指导书范例并不代表唯一形式，也不一定是最佳的，仅供参考。

例：某在用 $10m^3$ 储罐，设备编号 R05，Ⅱ类容器，工作压力 2.0MPa，盛装腐蚀性介质。壳体材质为 16MnR+304L 复合钢板，直径 φ1600mm，板厚（16+3）mm，内表面有垢状物。要求检测内表面所有焊接接头。如图 4-10 所示，图中 A1、B1 等为纵环焊缝编号。渗透检测工艺卡见表 4-14。

表 4-14　渗透检测工艺卡　　　　　　　编号：PT08-01

工件名称	储罐	规格	φ1600×4200×(16+3)	编号	R05	工序安排	表面质量检查合格后
表面状况	有垢状物	工件材质	16MnR+304L	检测部位	焊接接头内表面	检测比例	100%
检测方法	溶剂去除型着色（ⅡC-d）	检测温度	10~50℃	标准试块	B型镀铬试块	检测方法标准	NB/T 47013.5—2015

续表

观察方法	目视	渗透剂型号	DPT-5	乳化剂型号	/	去除剂型号	DPT-5
显像剂型号	DPT-5	渗透时间	10min	干燥时间	5min	显像时间	10min
乳化时间	/	检测设备	便携式喷罐	黑光照度	/	可见光照度	≥1000lx
渗透剂施加方法	喷涂	乳化剂施加方法	/	去除方法	擦拭	显像剂施加方法	喷涂
示意图	略			质量验收标准	NB/T 47013.5—2015	合格级别	Ⅰ级

工序号	工序名称	操作要求及主要工作参数	工艺质量控制措施说明
1	表面准备	酸洗或用不锈钢丝刷刷除,范围为焊缝及两侧各25mm	
2	预清洗	用清洗剂将受检面洗擦干净	
3	干燥	自然干燥	
4	渗透	喷涂施加渗透剂,使之覆盖整个被检表面,渗透时间应大于等于10min	
5	去除	先用不脱毛的布或纸擦拭,大部分多余渗透剂去除后,再用喷有去除剂的布或纸擦拭,擦拭时应按一个方向进行,不得往复擦拭	1. 因被检材料为不锈钢,渗透检测剂应控制氯、氟含量,且为同族组。 2. 质量控制:每周检测前、过程中、结束或认为必要时,应用镀铬试块验证检测剂、工艺及操作方法的正确性。 3. 应注意在渗透时间内始终保持受检面湿润。 4. 去除之后的干燥处理,在满足干燥效果前提下,时间应尽量短。 5. 显像剂施加应薄而均匀,不可同一地点反复多次施加。 6. 当显示开始形成时就应进行观察。 7. 容器内检测时,注意通风、用电安全、防火、监护
6	干燥	自然干燥,时间5min或试验确定	
7	显像	喷涂法施加,喷嘴距被检面300～400mm,喷涂方向与被检面夹角约为30°～40°,使用前应将喷罐摇动使显像剂均匀。显像时间应≥10min	
8	观察	显像剂施加后10～60min内进行观察,受检面的可见光照度应≥1000lx,必要时可用5～10倍放大镜观察	
9	复验	按NB/T 47013.5—2015进行	
10	后清洗	用湿布擦除或水冲洗	
11	评定与验收	根据缺陷显示尺寸及性质按NB/T 47013.5—2015进行等级评定,Ⅰ级合格	
12	报告	出具报告内容至少包括NB/T 47013.5—2015规定的内容	

编制	×××(PTⅡ)	审核	×××(PTⅢ)	批准		技术负责人	
日期	×××	日期	×××	日期		×××	

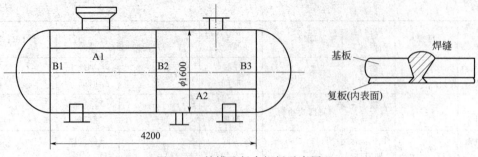

图 4-10　储罐及复合钢板示意图

4.5 渗透检测标准

4.5.1 渗透检测标准的含义和种类

在渗透检测全过程中，需要对材料、设备和工艺等一些重要的但又是可测量控制的变量进行控制，并且提出合格或不合格的界限，这就是渗透检测技术标准。

渗透检测技术标准的种类一般有以下几种：综合性标准、工艺方法标准、材料标准、设备标准、术语标准、试块标准、质量控制标准和质量验收标准等。

4.5.2 国内焊接结构渗透检测技术标准

（1）渗透检测综合性标准

国家标准 GB/T 5616—2014《无损检测　应用导则》

特种设备行业标准 NB/T 47013.1—2015《承压设备无损检测　第 1 部分：通用要求》

（2）渗透检测工艺方法标准

机械工业标准 JB/T 9218—2015《无损检测　渗透检测方法》

特种设备行业标准 NB/T 47013.5—2015《承压设备无损检测　第 5 部分：渗透检测》

核工业标准 NB/T 20003.4—2021《核电厂核岛机械设备无损检测　第 4 部分：渗透检测》

航空工业标准 HB/Z 61—1998《渗透检测》

船舶工业标准 CB/T 3802—2019《船体焊缝表面质量检验要求》

（3）渗透检测材料标准

机械工业标准 JB/T 7523—2010《无损检测　渗透检测用材料》

机械工业标准 GB/T 18851.1—2012《无损检测　渗透检测　第 1 部分：总则》

航空工业标准 HB 7681—2000《渗透检验用材料》

（4）渗透检测设备标准

国家标准 GB/T 5097—2020《无损检测　渗透检测和磁粉检测　观察条件》

（5）渗透检测术语标准

国家标准 GB/T 12604.3—2013《无损检测　术语　渗透检测》

（6）渗透检测试块标准

国家标准 GB/T 18851.3—2008《无损检测　渗透检测　第 3 部分：参考试块》

机械工业标准 JB/T 6064—2015《无损检测　渗透试块通用规范》

（7）渗透检测质量验收标准

特种设备行业标准 NB/T 47013.5—2015《承压设备无损检测　第 5 部分：渗透检测》

船舶工业标准 GB/T 3802—2019《船体焊缝表面质量检验要求》

第5章 涡流检测

5.1 涡流检测的原理和方法

5.1.1 涡流检测原理

涡流检测是建立在电磁感应原理基础之上的一种无损检测方法，它适用于导电材料的检测。如果我们把一块导体置于交变磁场之中，在导体中就有感应电流存在，即产生涡流。导体自身各种因素（如电导率、磁导率、形状、尺寸和缺陷等）的变化会导致感应电流的变化，利用这种现象而判知导体性质、状态的检测方法，叫作涡流检测方法。

5.1.2 涡流检测方法

涡流检测是把导体接近通有交流电的线圈，由线圈建立交变磁场，该交变磁场通过导体，并与之发生电磁感应作用，在导体内建立涡流。导体中的涡流也会产生自己的磁场，涡流磁场的作用改变了原磁场的强弱，进而导致线圈电压和阻抗的改变。当导体表面或近表面出现缺陷时，将影响到涡流的强度和分布，涡流的变化又引起了检测线圈电压和阻抗的变化，根据这一变化，就可以间接地知道导体内缺陷的存在。

由于试件形状不同、检测部位不同，所以检验线圈的形状与接近试件的方式也不尽相同。为了适应各种检测需要，人们设计了各种各样的检测线圈和涡流检测仪器。

（1）检测线圈及其分类 在涡流检测中，是靠检测线圈来建立交变磁场，把能量传递给被检导体；同时又通过涡流所建立的交变磁场来获得被检测导体中的质量信息。所以说，检测线圈是一种换能器。

检测线圈的形状、尺寸和技术参数对于最终检测结果是至关重要的。在涡流检测中，往往是根据被检试件的形状、尺寸、材质和质量要求（检测标准）等来选定检测线圈的种类。常用的检测线圈有三类，它们的适用范围见表 5-1。

表 5-1 检测方法与应用分类

类型	检测对象	应用范围
穿过式线圈	管、棒、线	在线检测
内插式线圈	管内壁、钻孔	在役检测
探头式线圈	板、坯、棒、管、机械零件	材质和加工工艺检查

① 穿过式线圈。穿过式线圈是将被检试样放在线圈内进行检测的线圈，适用于管、棒、线材的检测。由于线圈产生的磁场首先作用在试样外壁，因此检出外壁缺陷的效果较好，内壁缺陷的检测是利用磁场的渗透来进行的。一般说来，内壁缺陷检测灵敏度比外壁低。厚壁管材的内壁缺陷是不能使用外穿过式线圈来检测的。

② 内插式线圈。内插式线圈是放在管子内部进行检测的线圈，专门用来检查厚壁管子内壁或钻孔内壁的缺陷，也用来检查成套设备中管子的质量，如热交换器管的在役检验。

③ 探头式线圈。探头式线圈是放置在试样表面上进行检测的线圈，它不仅适用于形状

简单的板制、板坯、方坯、圆坯、棒材及大直径管材的表面扫描检测，也适用于形状较复杂的机械零件的检查。与穿过式线圈相比，由于探头式线圈的体积小、磁场作用范围小，所以适于检出尺寸较小的表面缺陷。

（2）检测线圈的结构　由于使用对象和目的的不同，检测线圈的结构往往不一样。有时检测线圈只由1只线圈组成，即绝对检测方式；但更多的是由2只反相连接的线圈组成，即差动检测方式；有时为了达到某种检测目的，检测线圈还可以由多只线圈串联、并联或相关排列组成。这些线圈有时绕在一个骨架上，即所谓自比较方式；有时则绕在二个骨架上，其中一个线圈中放入已知样品，另一个用来进行实际检测，即所谓他比较方式（或标准比较方式）。

检测线圈的电气连接也不尽相同，有的检测线圈使用一个绕组，既起激励作用又起检测作用，称为自感方式；有的则激励绕组与检测绕组分别绕制，称为互感方式；有的线圈本身就是电路的一个组成部分，称为参数型线圈。

（3）涡流检测显示方式　涡流检测的显示方式与用途关系很大，一般小型便携式仪器（如裂纹检测仪、测厚仪等）多采用表头显示方式，小巧轻便。在冶金企业中使用的在线涡流检测设备大多采用示波器、记录仪加声、光报警多种显示方法。示波器显示又有时基式、椭圆式和光点式几种，这些显示一般在现场用样件调试设备时使用。其中矢量光点式更多地用于科研及在役设备（如热交换器管道）的检查，以便利用阻抗变化判断伤的大小和深浅；记录仪则可对样件或可疑件留下永久性的显示，以便记录存档；而声光报警则往往是和自动分选配合使用，以便提醒操作人员注意。

5.1.3　涡流检测的应用范围

因为涡流检测方法是以电磁感应为基础的检测方法，所以原则上说，所有与电磁感应有关的影响因素，都可以作为涡流检测方法的检测对象。下面我们列出的就是影响电磁感应的因素及可能作为涡流检测的应用对象。

① 不连续性缺陷：裂纹、夹杂物、材质不均匀等。
② 电导率：化学成分、硬度、应力、温度、热处理状态等。
③ 磁导率：铁磁性材料的热处理、化学成分、应力、温度等。
④ 试件几何尺寸：形状、大小、膜厚等。
⑤ 被检件与检测线圈间的距离（提离间隙）、覆盖层厚度等。

除了上述应用之外，涡流法还可以在特定的条件下进行特定的开发。表5-2给出了涡流检测应用范围的分类情况。

表 5-2　涡流检测应用范围

分类		目的
在线检测	工艺检查	在制造工艺过程中进行检测，可在生产中间阶段剔除不合格产品，或进行工艺管理
	产品检查	在产品最后工序检验，判断产品好与不好
在役检测		为机械零部件及热交换器管等设施的保养、管理进行检验。在大多数情况下为定期检验
加工工艺的监督		主要指对某个加工工艺的质量进行检查，如点焊、滚焊质量的监督与检查
其他应用		薄金属及涂层厚度的尺寸测量，材质分选，电导率测量金属液面检测，非金属材料中的金属搜索

5.1.4　涡流检测的优缺点

（1）涡流检测的优点
① 对于金属管、棒、线材的检测，不需要接触，也无须耦合介质，所以检测速度高，

易于实现自动化检测，特别适合在线普检。

② 对于表面缺陷的探测灵敏度很高，且在一定范围内具有良好的线性指示，可对大小不同缺陷进行评价，所以可以用作质量管理与控制。

③ 影响涡流的因素很多，如裂纹、材质、尺寸、形状及电导率和磁导率等。采用特定的电路进行处理，可筛选出某一因素而抑制其他因素，由此有可能对上述某一单独影响因素进行有效的检测。

④ 由于检查时不需接触工件又不用耦合介质，所以可进行高温下的检测。由于探头可伸入到远处作业，所以可对工件的狭窄区域及深孔壁（包括管壁）等进行检测。

⑤ 由于是采用电信号显示，所以可存储、再现及进行数据比较和处理。

（2）涡流检测的缺点

① 涡流检测的对象必须是导电材料，且由于电磁感应的原因，只适用于检测金属表面缺陷，不适用于检测金属材料深层的内部缺陷。

② 金属表面感应的涡流的渗透深度随频率而异，激励频率高时金属表面涡流密度大，随着激励频率的降低，涡流渗透深度增加，但表面涡流密度下降，所以检测深度与表面伤检测灵敏度是相互矛盾的，很难两全。当对一种材料进行涡流检测时，要根据材质、表面状态、检验标准作综合考虑，然后再确定检测方案与技术参数。

③ 采用穿过式线圈进行涡流检测时，线圈覆盖的是管、棒或线材上一段长度的圆周，获得的信息是整个圆环上影响因素的累积结果，对缺陷所处圆周上的具体位置无法判定。

④ 旋转探头式涡流检测方法可准确探出缺陷位置，灵敏度和分辨率也很高，但检测区域狭小，在检验材料需作全面扫查时，检验速度较慢。

⑤ 涡流检测至今仍处于当量比较检测阶段，对缺陷做出准确的定性定量判断尚待开发。

尽管涡流检测存在许多不足之处，但它独特的专长是其他无损检测方法所无法取代的。因此它在无损检测技术领域中具有重要的地位。

5.2　涡流检测设备

作为五大常规无损检测方法之一的涡流检测，由于其技术上的进步，愈来愈受到人们的重视。其检测仪器也经历了以分立元件为主、以电脑为主体的、采用涡流阻抗平面分析技术，以多频涡流技术为基础的智能化仪器，以及数字电子技术、频谱分析技术和图像处理技术有机结合的智能多频涡流仪等多代产品。越来越先进的仪器突破了常规涡流仪使用中的某些局限，大大强化了仪器的性能。

5.2.1　涡流检测线圈

涡流检测线圈又称探头。在涡流检测中，工件的情况是通过涡流检测线圈的变化反映出来的。根据涡流检测原理，涡流检测线圈首先需要一个激励线圈，使交变电流通过并在其周围和受检工件内激励形成电磁场；同时，使用检测线圈把在电磁场作用下反映工件各种特征的信号检测出来。通常把激励线圈和检测线圈统称为检测线圈，或称为涡流检测线圈。一般地说，涡流检测线圈具有下列基本结构和功能。

（1）基本结构　涡流检测线圈根据其用途和检测对象的不同，其外观和内部结构各不相同，类型繁多。但是，不管什么类型的检测线圈，其结构总是由激励绕组、检测绕组及其支架和外壳组成，有些还有磁芯、磁饱和器等。

（2）功能　涡流检测线圈的功能有下列三个：激励形成涡流的功能，即能在被检工件中建立一个交变电磁场，使工件产生涡流的功能；检取所需信号的功能，即检测获取工件质量情况的信号并把信号送给仪器分析评价；抗干扰的功能，即要求涡流检测线圈具有抑制各种不需要信号的能力，如检测时要抑制直径、壁厚变化引起的信号，而测量壁厚时，要求抑制伤痕的信号等。

检测线圈的类型多种多样，分类方法也很多，常见的分类方法有以下几种。

① 按检测线圈输出信号的不同分类，有参量式和变压器式两种，见图5-1。参量式线圈输出的信号是线圈阻抗的变化，一般它既是产生激励磁场的线圈，又是拾取工件涡流信号的线圈，所以又叫自感式线圈。变压器式线圈，输出的是线圈上的感应电压信号，一般由两组线圈构成，一个专用于产生交变磁场的激励线圈（或称初级线圈），另一个用于拾取涡流信号的线圈（或称次级线圈），又叫互感式线圈。

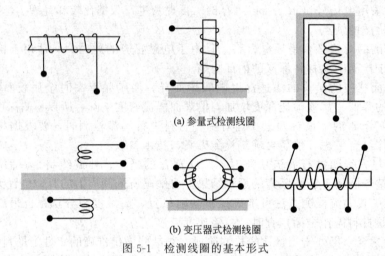

(a) 参量式检测线圈

(b) 变压器式检测线圈

图 5-1 检测线圈的基本形式

② 按检测线圈和工件的相对位置分类，有外穿过式线圈、内通过式线圈和放置式线圈三类。

a. 外穿过式线圈。这种线圈是将工件插入并通过线圈内部进行检测（见图5-2）。它能检测管材、棒材、线材等，可以从线圈内部通过导电试件。由于采用穿过式线圈，容易实现涡流检测的批量、高速检验，且易实现自动检测，因此，其广泛地应用于小直径的管材、棒材、线材试件的表面质量检测。

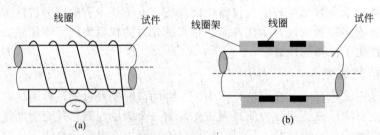

图 5-2 外穿过式线圈的结构示意图

b. 内通过式线圈。在对管件进行检验时，有时必须把探头放入管子的内部，这种插入试件内部进行检测的探头称为内通过式探头（见图5-3），也叫内穿过式线圈，它适用于冷凝器管道（如钛管、铜管等）的在役检测。

c. 放置式线圈。又称点式线圈或探头，如图5-4所示。在检测时，把线圈放置于被检测工件表面进行检验。这种线圈体积小，线圈内部一般带有磁芯，因此具有磁场聚焦的性质，灵敏度高。它适用于各种板材、带材和大直径管材、棒材的表面检测，还能对形状复杂的工件某一区域作局部检测。

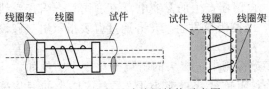

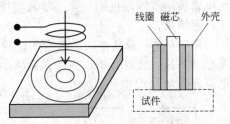

图 5-3　内通过式线圈结构示意图　　　　图 5-4　放置式线圈结构示意图

③ 按线圈的绕制方式分类，有绝对式、标准比较式和自比较式三种。只有一个检测线圈工作的方式称绝对式，使用两个线圈进行反接的方式称差动式。差动式按试件的放置形式不同又有标准比较式和自比较式两种。

a. 绝对式。如图 5-5(a) 所示，直接测量线圈阻抗的变化，在检测时可用标准试件放入线圈，调整仪器，使信号输出为零，再将被试工件放入线圈，这时，若仍无输出，表示试件和标准试件的有关参数相同。若有输出，则依据检测目的不同，分别判断引起线圈阻抗变化的原因是裂纹还是其他因素。这种工作方式可用于材质的分选和测厚，又可进行检测。

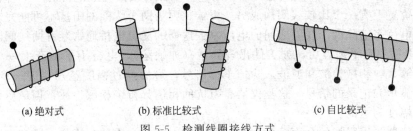

(a) 绝对式　　　　　　　(b) 标准比较式　　　　　　(c) 自比较式

图 5-5　检测线圈接线方式

b. 标准比较式。典型的差动式涡流检测，采用两个检测线圈反向连接成为差动形式。如图 5-5(b) 所示，一个线圈中放置被检试件（与被测试件具有相同材质、形状、尺寸且质量完好），而另一个线圈中放置被检试件。由于这两个线圈接成差动形式，当被检试件质量不同于标准试件（如存在裂纹）时，检测线圈就有信号输出，因而实现对试件的检测目的。

c. 自比较式。是标准比较式的特例。采用同一检测试件的不同部分作为比较标准，故称为自比较式。如图 5-5(c) 所示，两个相邻安置的线圈，同时对同一试件相邻部位进行检测时，该检测部位的物理性能及几何参数变化通常是比较小的，对线圈阻抗影响也比较微弱。如果将两个线圈差动连接，这种微小变化的影响便几乎被抵消掉，如果试件存在缺陷，当线圈经过缺陷（裂纹）时将输出相应急剧变化的信号，且第一个线圈或第二个线圈分别经过同一缺陷时所形成的涡流信号方向相反。

绝对式探头对影响涡流检测的各种变化（如电阻率、磁导率以及被测材料的几何形状和缺陷等）均能作出反映，而差动式探头给出的是材料相邻部分的比较信号。当相邻线圈下面的涡流分布发生变化时，差动式探头仅能产生一个不平衡的缺陷信号。因此，表面检测一般都采用绝对式探头，而对管材和棒材的检测，绝对式探头和差动式探头都可采用。

5.2.2　涡流检测系统

(1) 涡流检测系统的基本结构　根据不同的检测目的和应用对象，研制出各种类型的涡流检测仪器。尽管各类仪器的电路组成和结构各不相同，但工作原理和基本结构是相同的。涡流检测仪的基本原理是：信号发生器产生交变电流供给检测线圈，线圈产生交变磁场并在工件中感生涡流，涡流受到工件性能的影响并反过来使线圈阻抗发生变化，然后通过信号检出电路检出线圈阻抗的变化，检测过程包括信号拾取、信号放大、信号处理、消除干扰和显示检测结果。

图5-6是一最基本的涡流检测仪器原理图。振荡器产生的交变电流流过线圈，当探头线圈移动到裂纹处时，所产生的涡流减小，因此，线圈阻抗发生变化并通过电表指示出（假设电流保持常数）。

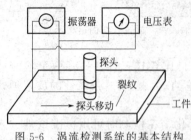

图5-6 涡流检测系统的基本结构

在大多数检测中，探头的阻抗变化很小。例如，探头经过缺陷，阻抗变化可能小于1%，这样小的变化采用图5-6所示的检测系统，测量绝对阻抗或电压是很难实现的。所以在涡流仪器中，广泛地采用了各种电桥、平衡电路和放大器等以检测永久线圈的阻抗变化。

由于线圈阻抗变化是工件各种参数的（形状、尺寸、材质和缺陷等）影响的综合反映，所以在检测时，需要采用各种电路，如相敏检波、滤波等以消除干扰信号，取出所需要的信号（如缺陷等）。

常用的比较典型的涡流仪有如下两种。一种是常用于管、棒、丝材检测的涡流仪器。其原理如图5-7所示。振荡器产生交变信号供给电桥和探头线圈构成电桥的一个桥臂，一般在电桥的对应位置上有一个比较线圈构成另一桥臂。因为两个线圈的阻抗不可能完全相等，所以一般采用电桥来消除两个线圈之间的电压差。这样的交流电桥通常容许两线圈阻抗相差不大于5%。电桥一旦平衡以后，如工件出现异常（如缺陷），电桥不平衡产生一个微小信号输出，经过放大、相敏检波和滤波，除掉干扰信号，最后经过幅度鉴别器进一步除掉噪声，以取得所要显示和记录的信号。这类仪器有阻抗的相位分析、相敏检波，但最后结果的显示是以信号的幅度为主的。

另一种仪器是以阻抗的全面分析为基础的，所以又称为阻抗分析仪。其基本结构和原理如图5-8所示。正弦振荡器产生一个一定频率的正弦电流，通过变压器耦合到检测线圈，因为两个线圈的阻抗不可能完全相等，需要采用平衡电路以消除两个线圈之间的电压差。大多数涡流仪采用交流电桥或自动平衡电路来实现平衡，即用一个相位相反、幅度相等的电压来自动抵消这个不平衡电压。电桥一旦平衡，输出信号接近于零。如果缺陷出现在一个线圈的下面，则产生一个很小的不平衡信号，这个信号被放大，然后经过相敏检波和滤波变成一个包含有线圈阻抗变化的相位和幅度特征的直流信号。随后将这个信号分解成 X 和 Y 两个相互垂直的分量，在 X-Y 监视器上进行显示。信号的两个分量能同时旋转，因此，可以选择任意的参考相位对信号进行相位和幅度分析。信号也可以记录在 X-Y 磁带或纸带记录仪上，供人工或计算机进行分析评价。这种仪器与第一类仪器相比，因为除了幅度分析外，还可以进行相位分析，技术上更进一步。

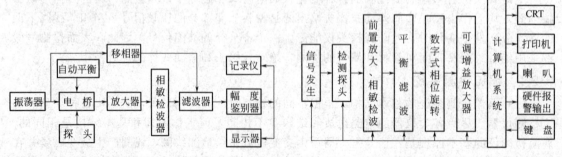

图5-7 管、棒、丝材涡流检测模式图   图5-8 涡流阻抗平面分析系统模式图

比较上面两类仪器，大部分基本电路是一致的。为了进一步了解涡流仪的工作原理，有必要对基本电路做一些说明。

（2）涡流检测仪器的基本电路

① 电桥。大多数涡流仪器采用交流电桥来测量线圈之间或者线圈和参考线圈之间的微小阻抗变化。

图 5-9 是涡流仪器中典型的电桥线路。这个线路多了两个附加的桥臂，探头线圈和可变电阻并联以调节可变电阻，可以使电压矢量的幅度和相位满足平衡条件。电位器 R_2 使得两个线圈产生的电压矢量的相位角相等，电位器 R_1 平衡电压矢量的幅值。

图 5-10 是裂纹检测仪的电桥电路。探头线圈与一个电容并联，工作频率接近于谐振。当探头放置到工件上时，电表指示出不平衡电压并通过电位器尺调节电桥至平衡。

近年来，自动平衡技术（包括机械的和电子的）得到了越来越多的应用，这样，电桥就可以借助伺服电动机或电子线路实现自动平衡。

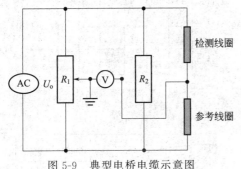

图 5-9 典型电桥电缆示意图

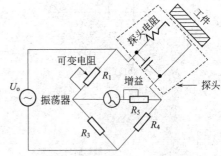

图 5-10 裂纹检测仪电桥电路

② 移相器。在前面已提到，检测时仪器参数或工件诸因素的变化将引起阻抗变化，如工件的某一参数改变，阻抗矢量沿着一定的相位变化。这一特征有利于在涡流检测中区别不同的参数，选择需要的检测参数。这在涡流检测仪中是通过相敏检波来实现的。要进行相敏检波，需要有一个可供选择的参考相位，这一点是通过移相器来实现的。

③ 相敏检波器。图 5-11 是常用的相敏检波电路。图 5-11（a）采用场效应管作为开关元件，图 5-11（b）则采用二极管，前者为半波检波，后者为全波检波，效率较高。电路中电容作平滑滤波用。

控制信号是一方波，如图 5-12 所示，正半周时，开关接通。图 5-12（a）表示控制信号输入同相，这和二极管整流情况基本相同，输出信号如图中阴影所示。图 5-12（b）表示输入信号和控制信号相差 90°的情况，这时输出电压（阴影所示）正相和负相对称，互相抵消，输出为零。如果控制信号和输入信号相位差在 0°到 90°之间，输出从最大逐渐减小直到零。由此可见，只要我们选择控制信号和干扰信号相差 90°进行检波，就能在输出信号中消除干扰信号而保留有用信号（因为有用信号和干扰信号之间存在相位差）。这就是采用相敏检波来消除干扰信号的原理。

④ 幅度鉴别器。在经过相位分析和频率分析后，除了有用信号以外，还伴有被检测信号同一数量级的杂波干扰信号，见图 5-13（a）。这些杂波的存在会给缺陷信号的观察带来很大的不便。利用幅度鉴别器，即限幅器，建立一个鉴别电平，这样，在此电平以下的噪声信号都除掉了，提高了信噪比［见图 5-13（b）］。这既有利于缺陷信号的观察和分析，也提高了检测结果判断的准确性。

⑤ 提离效应抑制电路。在使用放置式检测线圈的涡流仪中，试件和线圈之间的间隙变化对检测线圈阻抗产生的影响称为提离效应（如图 5-14 所示）由于提离效应引起线圈阻抗

的变化往往大于裂纹或电导率改变对线圈阻抗的影响，因此，不加以抑制，检测难以正确进行。提离效应的抑制方法很多，在涡流仪中常用谐振电路法和不平衡电桥法来进行抑制。

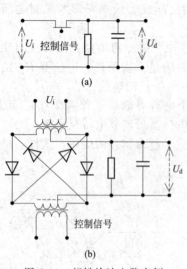

图 5-11　相敏检波电路实例

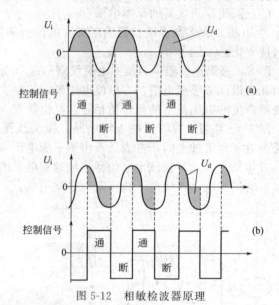

图 5-12　相敏检波器原理

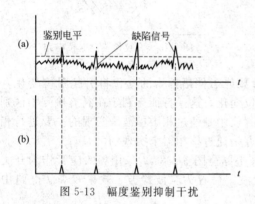

图 5-13　幅度鉴别抑制干扰

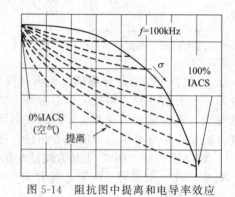

图 5-14　阻抗图中提离和电导率效应

⑥　残余电压补偿电路。涡流仪在采用差动电路作信号检出电路时，由于检测线圈不可能严格对称，当检测线圈空载或内含试件无差异时（即物理性能相同且无缺陷），反接的差动线圈仍然会有微弱的残余电压（或称不平衡电压）输出，从而影响检测的正常进行。因此，在采用差动线圈作信号检出电路的涡流仪中，通常都装有消除残余电压干扰的补偿器。

⑦　相位放大器。信号的相位和幅度是涡流检测中的两要素。对远场涡流检测来说，相位（即检测线圈的感应电压和激励信号间的相位差）是获取信息的依据。对于铁磁性管道在役检测，通常选用内通过式涡流传感器，信号自管内壁向外壁渗透距离 x，滞后相位角 θ_x 为

$$\theta_x = x\sqrt{\pi f \mu_r \sigma} \qquad (5\text{-}1)$$

为了提高涡流的渗透能力，检出钢管内外壁的缺陷，必须采用低频激励，一般仅数百赫兹。从式(5-1)可见，涡流信号相位角 θ_x 的大小与检测频率 f 的平方根成正比，即频率越低，相位角越小，灵敏度也低。为了提高远场涡流检测的灵敏度，有必要对相位进行放大。相位放大的功能可以采用数字电路结合软件的方法来实现。

⑧　滤波器。涡流检测过程中常常受到各种干扰因素的影响。这些干扰信号需经滤波器

予以滤除。仪器的滤波功能可用硬件完成,也可用软件的方法——数字滤波程序来实现。现代仪器通常采用软件、硬件综合滤波方法,以达到提高信噪比的目的。

⑨ 显示器和记录装置。显示器是用来显示经过放大和处理后的检测信号,提供检测结果。目前,用于涡流检测系统的显示器主要有指针式电表、数字显示器、示波器等。

5.2.3 涡流检测辅助装置

涡流检测设备要对试件进行自动高效地检测,通常还包括一些辅助装置,如进给装置、报警装置、磁饱和装置等。

(1)进给装置 进给装置主要用于自动检测,例如试件的自动传送装置,探头绕试件做圆轨迹旋转的驱动装置,试件的自动上、下料装置,自动分选装置等。

由于检测对象不同(如管材、丝材、球体等),各种进给装置的结构型式各不相同。但是,为了保证得到良好的检测效果,涡流仪对进给装置有一些共同的基本要求。

① 传动装置的传动速度要稳定,一般要求传动速度的误差在5%以内。在检测时,由于试件和探头之间的相对运动,在检测信号中会产生各种调制频率,需要利用频率分析法(即采用滤波器)来抑制干扰频率的杂波,提取有用信息。但是传动机构的不平稳、振动或速度不匀,不仅会产生大量各种频率的杂波干扰信号,而且会导致所需要检出信息的频率发生变化,影响检测的正常进行,因此,往往要在电机线路内接入各种反馈电路,以保证电机的转速稳定。

② 传动机构的速度要可调。为了满足对各种型号、尺寸规格的试件进行涡流检测,要求在调换新的检测品种或进行新的检测试验时,传动装置的速度可以调节,以便一机多用,扩大仪器的使用范围。

调速可由简单的齿轮来完成,也可以采用变速箱装置,但较多采用的是晶闸管调速,它具有简单、方便,可以实现无级调速等多种优点。

③ 要求试件在传送过程中能保持和检测线圈的同心度。在传送过程中保持试件和线圈的同心度与检测灵敏度有着直接的关系。当采用穿过式线圈时,试件和线圈的不同心会使线圈阻抗发生不应有的变化;而旋转探头运转圆轨迹和试件的不同心则会产生提离效应。这些影响都会使检测灵敏度大大降低,因此,必须要求传送装置能保持试件和线圈之间的同心度。因此,常常在涡流仪中增加一个自动增益控制电路,以消除由于试件和线圈的不同心而引起的干扰信号。

(2)报警装置 在自动检测仪中装备的报警器,当检测到大于标准伤痕的缺陷时,能提供音响或灯光指示信号,有的还可以输出信号使传动机构停车,这样,操作人员就可以及时判断检测结果,对不符合质量要求的试件进行处理。

(3)磁饱和装置 铁磁性金属在经过加工处理后,会引起金属体内部磁导率分布不均匀。在涡流检测中,金属磁导率的变化会产生噪声信号。一般来讲,磁噪声对线圈阻抗的影响往往远大于缺陷的影响,给缺陷的检出也带来困难。另外,铁磁性金属或非铁磁性金属带有磁性后,它的趋肤效应很强而透入深度很浅,可探测深度大约只是非铁磁性金属的1/100到1/1000。由此可见,铁磁性金属大而变化的磁导率对检测有害无益。

克服铁磁性金属磁导率对擦伤影响的方法是对试件进行饱和磁化。铁磁性金属经过饱和磁化后既消除了磁导率不均匀的现象,也使涡流的透入深度大大增加。经过磁饱和处理后铁磁性材料可作为非铁磁材料对待。

在涡流检测中使用的磁饱和装置中有代表性的是通过式和磁轭式,前者主要用于穿过式线圈的检测,而后者主要用于扇形线圈或放置式线圈的检测。图 5-15 是这两种磁饱和装置的示意图,它们都是利用线圈来产生稳恒磁场,并借助于导体或磁轭等高导磁部件将磁场疏导到被检试件的检测部位,使之达到磁饱和状态。

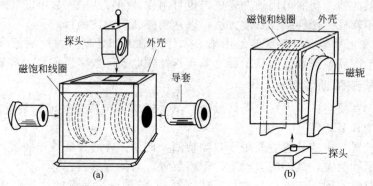

图 5-15　磁饱和装置示意图

经饱和磁化后的工件，在去除磁化场后，会保留有剩磁。一些要求较高的产品需要进行退磁处理。通常采用通有交流电的退线圈进行消磁。它是让带有剩磁的工件通过退磁线圈，在试件逐渐远离线圈的过程中，工件上各部位都受到一个幅值逐渐减小、方向在正负之间反复变化的磁场的作用。在这个磁场的作用下，材料的磁化状态将沿着磁滞回线回到未磁化状态 O 点，其过程如图 5-16 所示。

一般来说，使用交流线圈的退磁处理，还不能把磁去除得特别干净，为了提高退磁效果，有时需要使用直流电线圈进行退磁。

5.2.4　涡流检测设备智能化

涡流检测虽然具有许多其他检测方法所不具备的独到特点，但由于其各种检测参数的设定、检测结果的分析处理是一项比较烦琐的工作，并需要具有较高知识层次的工程技术人员才能胜任。因而使涡流检测技术的应用和推广受到一定的影响。涡流检测的智能化正是这一问题的有效解决方法。智能涡流测体系结构如图 5-17 所示，其系统功能及其特点如下。

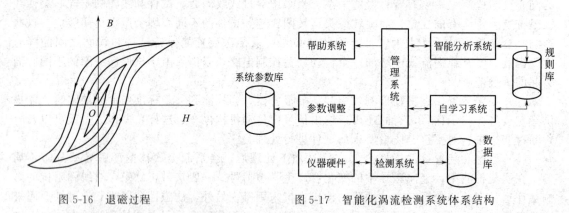

图 5-16　退磁过程　　　　图 5-17　智能化涡流检测系统体系结构

（1）管理系统　管理系统是系统的核心部分，负责系统中各个子系统之间的协调控制和调度。系统具有友好的人机界面，采用基于事件驱动的中枢用户接口管理系统进行多进程通信，用户只需在自然语言环境下向系统输入检测任务及逻辑信息，而无须详细了解系统的具体结构和软件设计。系统可自主完成用户指定涡流检测任务的参数设置与调整、检测信号的分析处理及特征参数的提取、并利用规则库中的专家知识进行涡流检测的无损评价。

（2）智能分析系统　智能分析系统是系统完成涡流无损评价的软件包，其包含信号的时域分析、频谱分析、人工神经网络分析、平面阻抗分析、三维图像分析等多种信号分析处理程序，是具有多种推理模式的智能推理机。

（3）自学习系统 自学习系统是智能系统的一个重要方面。它可以在检测、评价的实际工作中不断完善和充实自己的知识库，不断提高系统检测的灵敏度和无损评价的准确度。

（4）检测系统 检测系统是直接驱动仪器硬件系统完成信号采集、转换与存储的软件系统，它可根据不同的检测任务，采用最佳的控制参数和控制程序实现涡流检测，并实现检测结果的显示报警、打标及分选等控制。

（5）帮助系统 帮助系统指导用户正确操作检测系统，包括探头的正确安装、信号线的连接方法、各种外部设备的安装与使用等。

（6）知识库智能系统 该系统功能强弱在很大程度上取决于系统知识库的容量和推理机制。而知识库的数据结构及其知识表达方式对系统的功能也起着直接的制约作用。

随着电脑技术的迅速发展，特别是微型计算机（简称微机）的出现并广泛地应用于各个领域，使涡流检测技术的智能化从理论走向现实。这种与微机结合的涡流仪器常称为数字化涡流仪（或称智能涡流仪）。智能化涡流仪以其高精度的运算、便捷的控制和强大的逻辑判断能力代替大量的人工劳动，减少了人为因素造成的误差，提高了检测可靠性和稳定性。

智能化使涡流检测仪器向着"傻瓜"化方向发展。"傻瓜"涡流仪具有类似现代傻瓜相机的一些特性——操作人员无须长时间的特别培训，无须具备太多的专业知识和经验，它能自动设定诸如仪器频率、增益、相位、采样速率等仪器参数。

在涡流检测中，主要应用微型计算机的数控功能、数据存储和处理功能。前者促进了检测仪器的自动化和多功能化，后者用来处理检测拾取的数据以提高检测的可靠性和精确性。涡流技术与电脑技术相结合模式图见图5-18。

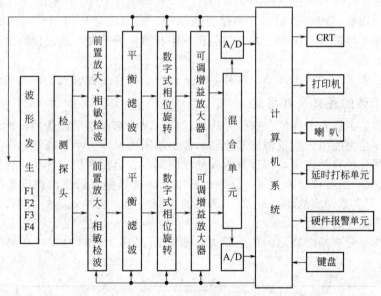

图5-18 涡流技术与电脑技术相结合模式图

涡流技术智能化的特点如下：

① 增强抗干扰能力，提高信噪比。由于噪声一般是随机的，而信号是有序的，因此可以通过算术平均值法、滑动平均值法（包括中值滤波）和一阶滞后滤波等程序进行相关处理，平均处理以排除噪声。

② 检测精度高、速度快。计算机化的涡流检测仪器能以人们期望的检测精度对模拟信号进行高速数据采集、量化、计算和判别，其精度远高于传统仪器检测结果，并可根据预设

置的程序进行高速运算，而且其计算所需的信息量远少于传统仪器以及人工检测所需的信息量，因此检测速度明显提高。

③ 客观、全面地采集、存储和分析数据。可以对采集的数据进行实时处理和后处理，对信号进行时域分析，频域分析或图像分析处理，为提高检测的可靠性，亦可通过模式识别对工件的质量分级或对缺陷进行定性定量评价。

④ 记录和存档。微机系统可存储和记录检测的原始信号和检测结果，甚至可将各种检测方法的检测结果存入计算机，对工件质量进行自动综合评价，亦可对在役设备定期检测结果进行分析处理，为材料评价和寿命预测提供新的手段。

⑤ 可编程性。计算机化涡流仪的性能和功能的最优化程度取决于是否有高级软件系统的支持。

⑥ 数控操作。将预先编好的操作程序存入机内，以实现人机对话，数控操作；并可根据需要进行自动调整各种参变量，使仪器处于最佳检测状态。

5.3 标准试样与对比试样

涡流检测不能对试件自然伤的深度作直接的定性定量判断，是一种相对的检测方法。检测时，为了调节仪器的试验状态（如灵敏度、干扰抑制等）和确定验收标准，需要借助对比试件对仪器进行调试，进行材质试验时，需要借助标准试件校准涡流导电仪的平衡状态。

随着试验目的、试验要求以及试验材质、形状和大小的不同，对比试件是不同的，其种类和形式多种多样，通常在涡流试验前，必须根据相应涡流标准（或规范）中的有关规定，选用和制作对比试件——对比试件的标准伤或称"校准人工伤"。检测时将自然伤的信号与标准工件的人为刻痕、凹陷和钻孔等的信号相比较，即可间接地得到自然伤的定量定性结果。因此，标样工件形状、尺寸、人工伤制作方法和测量的精度对涡流检测结果的分析和正确判断有直接影响。

涡流检测一般采用两种校准伤：一种叫性能校准伤；另一种叫人工校准伤。

5.3.1 标样工件的意义及其用途

（1）检验和鉴定设备的性能　制作专用的试件，以检测和鉴定设备的各种性能。例如：

灵敏度：即检测能力，指仪器能够检测的最小缺陷的尺寸大小。通常标样工件上具有多种人工伤痕或某几种自然伤痕，如管材内外壁纵向刻痕、自然凹坑、环状伤、钻孔（穿孔或非穿孔）、管材壁厚的阶梯状减薄等，这些伤是用来检验和测定涡流检测设备所具有的性能（如探测各种不同类型伤痕的能力）、对内部伤的检测能力、边缘效应的大小、对直径变化、应力变化等的抑制能力等。

分辨力：能够分辨两个缺陷的最小距离，图 5-19 是用于管材检测时测定分辨力的对比试件。

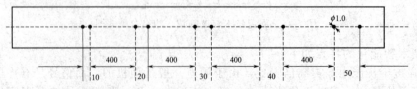

图 5-19　用于测定分辨力的对比试件

末端不可检测长度：由于末端效应引起的管棒材料端头、末端不可检测区域长度，可用图 5-20 所示的对比试件进行测定。

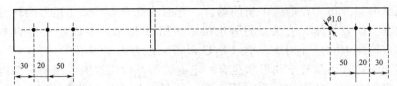

图 5-20 用于检测末端效应的对比试件

其他性能：如内部缺陷的检测能力、区分不同种类缺陷的能力以及缺陷位置的辨别能力等都可用相应的对比试件进行测定。

（2）设备的调节和检查 试验前，利用对比试件进行预调，选择试验条件，确定最佳试验状态。试验中利用对比试件检查仪器的工作是否正常。

（3）产品的验收标准 涡流检测是以按标准（或规范）制定的对比试件人工缺陷（或标准伤）来调节仪器的，并以该缺陷的信号为基准，判断试件是否合格的。但是要注意，当试件有一个与人工缺陷相同的指示信号时，不能认为试件中的缺陷与人工缺陷几何尺寸相同，因为人工缺陷只是作为调整仪器的标准当量，而不是实际存在的自然尺寸的度量标准。

校准人工伤主要用来调整涡流检测仪器和设备。校验检测性能，用来鉴别不同涡流检测方法或设备的性能好坏，以及做被检试件的判废或验收。

5.3.2 人工缺陷

在对比试件上按照一定规格加工的缺陷称为人工缺陷（或称标准伤）。在选择和制作人工缺陷时，一般要满足以下几个要求。

① 涡流检测应采用什么形状的校准人工伤，这应由生产过程中可能产生的最典型的伤形来确定。在自然伤以细长裂纹为主的产品中，如钢棒的校准人工伤应选用纵向人工刻痕；而在对焊缝进行检测时，采用孔状伤作为校准人工伤形，更能代表未焊透的自然伤；而在以横向断裂和凹坑为主的管材中，采用横向刻槽更具代表性。

② 容易制作，通常采用便于加工的钻孔、切槽、刻痕作为人工缺陷。

③ 制作过程中必须严格按尺寸加工，不允许产生几何变形、不致改变试件的物理性能、表面状态以及在加工处留下残余应力。

④ 与被检缺陷的几何位置要相似，例如，当对管件内外表面都有检测要求时，应在对比试件的内、外表面都制作人工缺陷。

⑤ 在仪器中产生的信号与自然缺陷相类似。

表 5-3 列出了常用人工缺陷的种类，图 5-21 是它们的图形。在实际应用中，以通孔和矩形槽最为常用。在一般产品中，校准人工伤的形状通常是一种，而在重要的产品中，有时也采用几种形状的校准人工伤，例如在关键设备中应用的管材，既要有纵向、横向的外壁人工刻痕伤作为校准伤，同时还要采用纵向、横向的内壁人工刻痕伤作为校准伤。

表 5-3 对比试件常用缺陷种类

种类		形状	尺寸标注
人工缺陷	槽 （切口、刻痕）	矩形槽	深、长、宽
		圆形槽（圆片铣刀加工）	深、长、宽
		V形槽	深、长、角度
	钻孔	通孔	孔径
		平底孔	孔径、深度
	自然缺陷	裂纹、夹杂等	缺陷种类、尺寸

在用人工纵向刻痕作为校准人工伤的场合，刻痕的截面形状采用矩形的较为合适，因为涡流检测灵敏度与伤痕的体积有关。另外也由于采用 V 形槽，要确定夹角的大小，制作困难，所以在涡流检测中大多采用矩形槽（即 U 形槽）作为人工刻痕伤。

涡流检测线圈的选用与校准伤形状也有一定的关系，检测线圈的结构应选得使在试件中产生的涡流垂直于人工校准伤的截面。用于管、棒材的校准人工伤形状有如图 5-21 所示的几种。在试件应用中，以通孔和矩形槽最为常用。通常在产品验收中，一种试件只需一种形状的人工缺陷，但在重要产品中，也可以同时选用几种形状或几个方向、几种位置的人工缺陷。

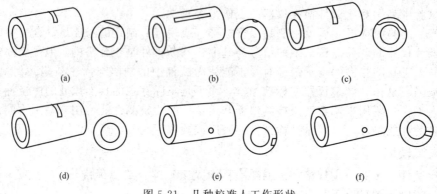

图 5-21　几种校准人工伤形状

随着涡流检测技术的推广，许多国家对人工缺陷进行了规范化工作，并在涡流检测标准中就人工缺陷的标记、形式和尺寸都做了明确的规定。这给选用和制作对比试件人工缺陷带来了方便，并对涡流检测的通用化具有一定的指导意义。

5.3.3　校准人工伤的加工及测量

（1）材料选择　在选择对比试件的材料时应尽可能满足下列条件：

① 材料成分及热处理状态与被检试件相同；

② 尺寸、类型、牌号一致；

③ 加工工艺、程序、表面粗糙度与试件相同；

④ 由成形、弯曲及其他冷加工引起的残余应力大小应与试件相近。

显然，理想的对比试件可以从同一批量的被检试件中选取，因为上述条件它们都能满足，但在挑选时，先要用肉眼或其他无损检测的方法对试件进行检测，找出若干经过试验确认没有自然缺陷的试件，然后在试件上加工人工缺陷作为对比试件。有自然缺陷（尤其是在准备加工人工缺陷的部位）的试件不宜选用。

在选用对比材料时，还应避免选用经过磁化而未退磁的材料。对比试件的金属性能可用金相检验、硬度试验以及其他适当的试验得到。

（2）校准人工伤的加工　校准人工伤的加工方法有好几种，粗略地说可分为机械加工式、化学腐蚀式和电火花加工式。机械加工应由精密机床加工，制作比较方便，但它对微小的伤形难以保证精度，成品率低，化学腐蚀是利用腐蚀的时间长短来控制缺陷深浅的，难以达到较低的粗糙度。电火花加工能适应各种缺陷形状的加工，同时又不受材料限制。因此，目前用得最普遍的是电火花加工式及钻孔式。

人工缺陷的加工方法可以根据实际条件和检测要求的高低决定，加工人工缺陷时，不允许试件产生变形、材质变化、留有残余应力，不允许加热研磨。缺陷加工完毕之后，不允许有金属粉末等杂物嵌入缺陷内。

（3）校准人工伤的测量　人工缺陷的尺寸应严格检查，用于精密试验的对比试件人工缺陷尺寸应由计量部门进行测量。

加工好的校准人工伤必须对其特征尺寸进行测量，通常采用光学显微镜进行测量，而对宽度较大的校准伤也可采用探针法、涡流法等裂纹测深仪进行测量。而对在管材内壁等处刻好的校准伤，可用硅橡胶覆膜法进行测量，采用这种方法时，校准伤的深度、宽度等就是覆膜上凸痕的高度和宽度。在没有条件自己测量的单位可请计量局代为测定校准伤尺寸，但不管是自己测还是计量部门测，一般对一个特征尺寸至少测三次（或测三点）取其平均值为校准伤尺寸。

5.3.4　采用自然缺陷的对比试样

采用人工缺陷模拟自然缺陷，在形状上总是困难的，例如，要在试件上加工发纹之类的缺陷是难以办到的，当要采用这一类缺陷作为对比缺陷时，可以选择具有代表性自然缺陷的试件作为对比试件。

但是，由于自然缺陷有着各不相同的形状、表面特征、取向和深度等，要想在不破坏试件的情况下测得自然缺陷的真实特性是不可能的，因此，难以得到具有理想响应效果的试件。为了解决指示信号与缺陷的对应关系，通常解剖许多含有同类缺陷的试件，检查指示信号与缺陷之间的对应关系，并做出统计推测，选取具有代表性缺陷指示信号的试件作为对比试件。

这种方法虽然工作量很大，但可以获得指示信号与缺陷之间有较好对应关系的对比试件。

5.4　涡流检测的基本试验技术

进行涡流检测，除了要了解它的特点、原理及仪器设备的性能外，更重要的是，还必须能正确地制定和执行操作规程，有效地调节和使用仪器设备，这样才能取得正确、可靠的试验结果。

5.4.1　试验规范

为了有效进行检测并得出可靠的检测结果，试验前必须对每一具体的试验根据其检测的种类、目的和要求，就试验方法、仪器设备、检测条件及验收标准等一系列与试验有关的细则做出明确的规定。这种细则的拟定称为规范的制定。

作为规范的项目和内容随应用的不同是有差异的，较为通用的内容有以下几种：

① 试验目的（检测、材质鉴别、测厚）；

② 试件（名称、材料、材料规格以及数量等）；

③ 验收标准（或试验要求）；

④ 检测装置（仪器、线圈、附加装置等）；

⑤ 试验条件（如检测时要求的试验频率、灵敏度、试验速度及试件的表面粗糙度等）；

⑥ 标准试件或对比试件（如检测时对比试件的材料、形状、尺寸以及人工缺陷的种类、尺寸和加工方法等）；

⑦ 试验所要求的记录内容、试验人员的资格等。

5.4.2　试验准备

为了保证试验的顺利进行和提高检测结果的可靠性，试验前应做必要的准备工作，其内容包括：

（1）试验方法和设备的选择　试验方法和设备应在全面分析下列因素之后加以确定：

① 试验目的；

② 试验材质；

③ 试验的形状、大小及数量；

④ 检测参数及其大小。

（2）线圈选择 线圈是涡流检测的信号检测线圈，它的性能直接影响测量精度和试验结果的可靠性。选择线圈的主要考虑因素是：

① 试件的形状和大小；

② 线圈的参数及拾取信号的方式必须与仪器适配；

③ 检测时要适合于被检缺陷。

（3）试件条件 试验前，必须对黏附在试件上的金属粉、氧化皮、油脂等进行清除，否则，这些黏附物干扰仪器的检测信号，影响检测结果尤其是非铁磁性材料试件上的磁性黏附物，对试验的影响是很严重的。

（4）对比试件的准备 对比试件（或标准试件）作为调节检测仪器和判废标准的工具，对试验结果影响极大，所以，制作时应予以足够的重视，如试验规范已做了明确规定，则必须严格按照规范进行制作。

（5）仪器预调 在正式试验前，应对仪器进行预调，以便使仪器的性能趋于稳定，保证试验结果的可靠性和良好的重复性。仪器预调时间一般为 20～30min（如果仪器使用说明书有专项说明，则按仪器说明书进行）。通常试验条件（参数）的选择应在仪器经过预调、性能稳定后进行。

（6）附加装置的调整 配备有进给装置的自动检测仪，为了减少管棒材试件通过线圈时的偏心和振动，需要调节进给装置的滚轮高度和动作机构。

5.4.3 试验条件的选择

在试验的准备工作完毕之后，需要调节仪器，确定和选择试验条件（参数、状态）。这里，以采用穿过式线圈的管棒材自动检测为例，其试验条件的主要内容有以下几项。

（1）试验频率的选择 涡流检测的灵敏度在很大程度上依赖于试验频率。通常，试验频率依据下列因素进行选择。

① 趋肤效应（渗透深度）和检测灵敏度。由于趋肤效应，在导体中流动的高频电流将趋于导体表面。要对试件表面下某一深度进行检测时，所选的频率要低于某一值。但是降低试验频率会使线圈与试件之间的能量耦合效率降低，从而降低检测灵敏度。所以，在依据渗透深度选择频率时，应兼顾到检测灵敏度。

② 检测因素的阻抗特性。利用检测因素对线圈阻抗的影响选择频率的方法可分两种。

a. 选择检测因素产生最大阻抗变化时的频率。图 5-22 是采用穿过式线圈对非磁性棒材检测时，不同深度的人工表面裂纹引起的阻抗变化（垂直于直径效应方向的分量）与频率比之间的关系曲线。由图中可以看出，裂纹引起的阻抗变化最大时的频率值，较深的裂纹处于 $f/f_g=15$ 的附近，而对较浅的裂纹在 $f/f_g=50$ 附近。在这种情况下，检测频率应在 $f/f_g=15～50$ 范围内选取。图 5-23 是含有皮下裂纹的圆棒试件，在不同频率比下其裂纹埋藏深度对阻抗产生的效应（同样是沿垂直直径效应方向的分量）。由图可知频率越高，内部缺陷引起的阻抗变化越小，也即检测能力越低。这时的检测频率应该在 $f/f_g=4～20$ 的范围内选取。如果需要兼顾内、外表面缺陷的检测，则试验频率应选取在 $f/f_g=15$ 附近。

图 5-24 是当电导率有 1% 的变化时，线圈阻抗随频率比变化的关系曲线。如图所示，在频率比 $f/f_g=7$ 附近阻抗变化最大。因此，在做电导率试验时，其频率一般选取在 $f/f_g=5～20$ 的范围内。

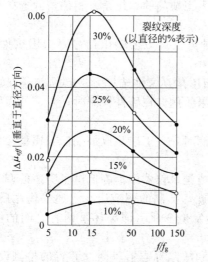

图 5-22　表面裂纹的阻抗变化与
频率比之间的关系

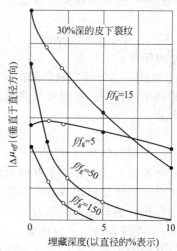

图 5-23　深度为直径 30％皮下裂纹所产生的阻抗
随埋藏深度和频率比的变化关系

图 5-25 是圆棒试件直径变化 1％时，线圈阻抗随频率比变化的关系。从图中可以看到，随着频率的升高，阻抗变化随之增大。所以在做尺寸检测时，宜采用较高的试验频率。

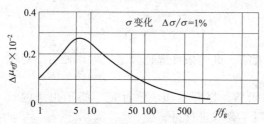

图 5-24　非磁性圆棒试件电导率变化 1％时
线圈阻抗随频率比变化关系曲线

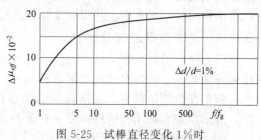

图 5-25　试棒直径变化 1％时
线圈阻抗随频率比变化的关系曲线

b. 选取检测因素与其他干扰因素所引起的阻抗变化之间有最大相位差时的频率，这种频率选择方法适用于具有相位分析功能的检测设备。这种设备可以利用被检信号与干扰信号之间在相位上的差异，通过相敏技术抑制干扰信号，取得较好的检测效果。例如，在检测时需要抑制由于直径少量变化所引起的干扰，可以采用提取垂直于直径效应方面的分量来进行检测。

此外，在进行自动检测，进给速度达到每分数米以上时，选择频率还应考虑到检测速度的影响。如果缺陷很短，而进给速度又很大，此时必须提高试验频率以提高检测灵敏度。

（2）平衡回路的调节　平衡回路的调节是指在采用对比试样的无缺陷部位（或标准试件）进行试验时，对平衡回路进行的调节。以使在检测空载或对无缺陷试件检测时，检测线圈的输出信号为零。

（3）灵敏度的选择　灵敏度的确定与检测要求及使用的仪器有关。一般是根据要求检测的缺陷大小，调节与之相适应的人工缺陷指示的大小在指示仪表满刻度的 50％～60％的位置上（记录仪灵敏度也按这种方法调节）。这样，既可以在量程上留有余量，又能保证读数的精确。

（4）相位的设定　这里的相位，是指采用同步检波进行相位分析的检测仪中移相器的相位角。一般应该选取能够最有效地检出对比试件中人工缺陷的相位角。相位角的选择方法有两种。

① 把缺陷信号置于信噪比最大时的相位：这种方法可以使输出信号降低因试件摇摆、振荡产生的噪声。

② 选取能够区分并检测缺陷的种类和位置的相位角：这种选择方法必须兼顾到缺陷的检测效果和不同种类、不同位置缺陷的良好区分效果。例如在管件检测时，内、外表面裂纹位置的区分。

（5）滤波器的设定　是指在用对比试件进行检测时，人工缺陷以最大信噪比被检出时滤波器的中心频率和频带宽度的设定。

（6）抑制器的设定　抑制器的设定是指从显示或记录仪器中消除低电平噪声的调节。由于在相位设定和滤波器调节时抑制器必须置零，因此，抑制的调节应在上述操作之后进行。由于抑制作用，缺陷和缺陷信号的对应关系一般会发生变化（即破坏了两者之间的线性关系）。这一点在试验时应予以注意。

（7）其他附加装置的调节　在使用带有记录仪和缺陷标志器等附加装置的检测设备时，需要调节它们的灵敏度和动作电平。记录仪的灵敏度调节在人工缺陷信号占满刻度的$50\%\sim60\%$左右，用于报警的扬声器、红灯和缺陷标志器的动作电平通常是根据检测要求所能够允许的最大缺陷信号来决定。设定之前应经过动作试验。

在对铁磁材料进行检测需要采用磁饱和装置时，应恰当地选择使试件达到磁饱和所需要的磁化电流值。这个电流值一般是根据磁通密度的80%以上时试件的磁特性对检测的影响以及试件的尺寸来选取，并用对比试件进行校验。

5.4.4　试验结果及其处理

（1）试验结果的再试验　当试验的准备工作就绪，试验条件选择合适之后，便可以对试件做正式检验，然后对试验结果进行分析、处理。

例如在检测试验中，根据仪器的指示以及记录器、报警器和缺陷标记器指示出来的缺陷，分选出带有缺陷的试件。通常在下列两种情况下要求进行再试验：

① 怀疑缺陷信号是否确由缺陷产生；

② 试验条件发生了变化，使检测灵敏度受到了影响，因此，自上次试验条件复核后所检测的全部试件都必须进行再试验。

（2）退磁　试件在试验中如果经过磁饱和处理，要否退磁需根据情况决定。对下列几种情况，必须予以退磁：剩磁在试件的后续加工中，有带来不良影响的可能性；试件是用于摩擦部位或接近摩擦部位的产品时；剩磁将影响后续的试验和计量仪器工作。

（3）标记与记录

① 标记，根据试验结果，各类试件应分别涂上代表不同意义的各种字符标记。例如，经试验合格、不合格或待复查的试件，正品、次品及废品的试件，已经退磁的试件，等。

② 记录，试验结束后，需要根据试验要求记录的内容，主要有如下几项：

a. 试验日期；

b. 试验名称；

c. 试验的型号、规格、尺寸及数量等；

d. 仪器的型号、线圈的形式；

e. 试验条件，包括检测仪的试验频率、灵敏度、相位、滤波器、抑制器、报警灵敏度、试件进给速度、磁饱和电流等；

f. 验收标准（如检测判废标准）和对比试件编号、标准上的型式和尺寸；

g. 试验结果，包括各种数据、图表以及验收结论等；

h. 有关人员签名：操作者、报告签发者、审核者等。

此外，对试验中出现的事故、异常现象也要给予记录。

5.5　穿过式线圈涡流检测

涡流穿过式线圈主要用于金属管、棒、线材的在离线、役前和在役检测。根据线圈与工件的位置关系有穿过式线圈和内通过式线圈之别。

穿过式线圈形成涡流的方向和分布与检测的灵敏度密切相关，检测时为了获取较高的灵敏度，必须尽可能使涡流流动方向垂直于缺陷。

穿过式线圈所产生涡流的特征见图5-26。

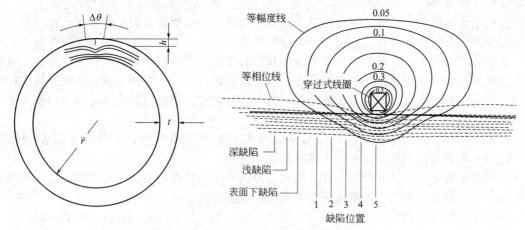

图 5-26　穿过式线圈在工件中形成的涡流场

线圈截面尺寸对检测灵敏度和分辨率具有很大的影响。一般来说，线圈长度越大，灵敏度越高，分辨率则相对较低。在分辨率和信号幅度之间最好的折中是选择线圈的长度和厚度等于缺陷的深度。一般地说，线圈的长度和厚度应该近似等于壁厚。差动探头中两线圈之间的跨度应该近似等于缺陷的深度或者壁厚。

探头与管子之间的间隙应尽量小，以提高检测灵敏度，但是间隙太小，会给传动带来困难，在大多数采用内穿过式探头检测管子时，通常耦合间隙为1/2的壁厚。

5.6　金属管道在线、离线涡流检测

钢管是一种金属管道。优质的金属材料，其化学成分、物理性能和几何形状都必须是连续的、单纯的和均匀的。如果这三方面存在不足或者受到破坏，该金属材料即为缺陷材料。为了确保钢管生产的质量，及时检测区分出低劣的产品，许多钢管生产厂家都相继配备了涡流检测设备。

（1）金属管道生产过程及其缺陷形成　无缝管是将圆管坯经穿孔机或挤压机加工成毛管，再经轧管机压延成形，小直管和薄壁管还要进行反复地冷轧-退火工艺。无缝管的常见自然伤有折叠、结疤（钢管表面的条状或块状折叠）、直道缺陷（钢管内外表面呈纵向的凹陷或凸起）、凹坑（压痕）、裂缝、导板划痕、横裂或分层等。

焊接管是将金属带材经变形加工成管状，在焊缝部位焊接成形。焊管常见的自然伤有夹渣、裂纹、气孔、焊接不良引起的表面裂纹、未熔合。

裂纹是最常见的自然伤，它是由于材质不良、加热不当、内应力、热处理不当或皮下气泡暴露于表面等因素造成的。折叠大都是轧制过程造成的缺陷，夹渣则是冶炼或加热时带入炉渣或耐火材料所致，夹渣或氧化皮脱落则形成麻点或凹坑。

（2）涡流设备和探头的选择　金属管道在、离线涡流检测的检测设备包括检测线圈和检测仪，检测仪器最好选用多通道的，也可根据实际情况选择双通道或者单通道涡流仪。探头（或称涡流检测线圈）性能的好坏与检测的灵敏度、可靠性密切相关。管材在、离线检测可采用多种形式的涡流检测线圈，如穿过式、扇形式、平面组合式、阵列式和旋转探头等。

一般地说，穿过式线圈在电和机械结构上都比较简单，形状试件吻合，能使用高速进给提高效率，穿过式线圈对试件表面和近表面缺陷有较好的反应。直径较小的管材（$D <$ 50mm）通常选用外穿过式线圈，以便对工件进行100％检查，且速度快、效率高。焊管在线检测时，由于焊接过程中焊缝不能保持一个方位，常发生偏转，严重时可超过180°。而焊管的缺陷主要发生在焊缝，使用穿过式线圈检测时，无论焊缝偏向角度多大，都可保证检测的可靠性。直径大的管材用穿过式探头检测灵敏度较低，由于直径大的被检工件的体积增大，缺陷体积所占的比例就小了，又因为焊缝不易扭曲，所以对于大直径的金属管道或检测要求高的工件，可采用新颖的平面的组合式探头或旋转探头，以方便安装、调试，减少检测线圈的投资。而对氩弧焊不锈钢管的检测，因其焊缝较宽，则可用新式高灵敏扇形探头予以检测。

如果工作频率高（高于100kHz）或者需要很长的信号电缆时，必须防止探头-电缆谐振，因为大多数通用涡流仪是不能工作在谐振状态的。

总之，最好的探头是要能在工件的检测范围内产生尽可能高的涡流密度并且使电流垂直于缺陷，因为缺陷的可检出性取决于它对涡流的阻抗程度。

若用于铁磁性材料检测时，应外加磁饱和装置。利用直流电对试件进行饱和磁化。但通常用的磁饱和电流不宜过强，否则，试件的推进有困难，一般是取在使试件磁饱和稍稍不足的程度。采用穿过式线圈时还应注意充填率的取值，充填率太小则灵敏度较低，太大则由于试件的不规则和进给时难以避免的跳动等很容易损坏线圈，取值通常以允许稍不规则的试件能顺利通过为准则。

（3）仪器设备参数的设定和调节　涡流自动检测装置中的机械装置包括三部分，即上料进给部分、检测部分和分选下料部分。试件从进给部分由滚轮等速同心地送入并通过线圈，由检测线圈拾取缺陷信号，然后根据检测结果由分选下料机构按质量分选为合格品、次品和废品（也可以二挡分选），并分别送入各自对应的三个料槽。

涡流自动检测装置中的机械构件一般包括有：传动系统、调速系统（如晶闸管调速）、控制系统（如光电控制上、下料）等部分。装置具有自动上下料、自动传送、自动分选、自动停车及进给速度可调等性能，必要时可配备自动报警、自动记录及缺陷部位自动标记的设备，采用头尾信号自动切除（消除末端效应）和缺陷信号记忆延迟（供标记）等自动化措施。在检测过程中，传动装置应能使进给平衡，无打滑、跳动和冲击现象，不损坏试件。滚轮的高度调节应能使被检试件与检测线圈保持同轴。

探头和金属管道的相对运动方式通常有三种，即管材前进、探头不动，管材推进、探头绕管旋转，管件做旋转推进、探头不动等。使用旋转探头时装置的电控设备和机械设备较复杂，调整时应注意各部的适配。

在检测中，频率往往是唯一可以改变的参数，通过改变频率来满足检测条件，得到满意的检测结果，因为材料的性能和几何形状是固定的，探头的选择往往是有限的。频率的选择取决于检测对象。如需测量直径的变化，则要求对提离有较高的灵敏度，这就要求使用较高的检测频率进行检测。检测缺陷则要求仪器对缺陷所处的位置有足够的穿透深度，表面缺陷可以使用更高的频率，对表面下的缺陷，既要保证有足够的穿透深度，即采用足够低的工作频率，又要使缺陷和其他干扰因素之间有足够的相位差，以便分辨。以上这些因素表明：检测频率的选择通常采用折中方法。

管材检测频率的选择要满足如下要求：缺陷信号和其他信号之间要有足够的相位差以便进行相位鉴别；内壁和外壁缺陷之间也要有相当的相位差以便分清内外壁缺陷。在实践中对各类型和尺寸的管子检测证明，工作频率 f_{90} 是比较合适的，即选择频率使得在填充因素变化（或内壁缺陷信号）和外壁缺陷信号之间产生 90°的相移，f_{90} 是根据经验从管子厚度和趋肤深度以一定的比例推导出来的，通常选择这个比略大于 1，即

$$t/\delta = 1.1$$

得到

$$f_{90} \approx \frac{3\rho}{t^2} \tag{5-2}$$

式中，ρ 为电阻率，$\mu\Omega \cdot cm$；t 是管子壁厚，mm。式(5-2)适用于穿过式线圈和内穿式线圈，而且与管子直径关系不大。使用工作频率 f_{90}，对外壁和内壁缺陷都有较高的灵敏度。

5.7 金属棒、线、丝材涡流检测

虽然涡流检测仅能检测工件的表面或近表面缺陷，但对于某些棒材、线材和丝材，表面质量十分重要，因此，涡流检测在这方面也得到广泛应用。对于批量的棒材、线材检测，可采用与管材相类似的自动检测装置。但是由于棒材中涡流分布与管材不一样，渗透深度更小，为了使试件达到良好的检测状态，应提高检测灵敏度，选择的工作频率比管材要低。同时，当试件是铁磁材料、需要采用直流磁化时，棒材的磁饱和比管材困难得多，即使直径比管材小，但截面积却不一定小，所以要达到可以较好地进行检测的磁饱和程度，需要较好的励磁电流。例如，要使 $\phi 3 \sim 8mm$ 的钢棒磁饱和，就需要约为 1500T 的磁场强度。

棒材检测可以采用穿过式线圈，但若棒材直径较大时，与管材一样，应改用平面组合探头或旋转探头。由于棒材表面一般比较粗糙，所以，选择线圈时要求采用对试件表面轻微凹凸不太敏感的线圈。棒材检测中的端头、端尾效应主要取决于试件的直径和速度，检测时应根据具体情况预先确定端头、端尾不检测的长度。

棒材通常由坯材轧制而成，试件的缺陷可以是坯材本身存在的缺陷，也可以是轧制加工引起的。由于缺陷的起因不同，它们的种类和形状也不同，涡流检测的效果也有差别。

金属丝材的检测与管材、棒材检测有所不同，因为丝材直径很小（$\phi 0.025 \sim 1mm$），都是成卷生产的，一般丝材长度很大，不便单独标记缺陷，一般用缺陷的统计方式来评价丝材的质量。可以用数字记录器记录以下数据：①每 10m 或 100m 细丝上的缺陷数目；②每 10m 或 100m 丝上的缺陷总长度。

然后根据缺陷的数量、总长度和缺陷分布情况，评价丝材的质量等级以及对缺陷的起因进行分析。

由于丝材直径小，检测时应选择比管材、棒材检测高得多的频率，一般所选频率高达数十兆，乃至上百兆赫。检测线圈都采用外穿过式线圈。为了保证在长期检测过程中导孔不被磨损，并保证丝材与线圈的同心度，检测线圈中的导孔常用红宝石等极硬的材料制成，然后将线圈架在两个导孔之间，让细丝穿过导孔和线圈进行检测。用作传动的卷丝装置，要求对丝材的张力恒定，以防在检测中拉断丝材。

5.8 金属管道在役涡流检测

5.8.1 管道在役检测

管道在役检测是涡流仪器的另一重要应用方面。在核能、电力和石油化工等领域，某些装置（如核反应堆、蒸汽发生器、冷凝器等）中都有许多金属管道，这些管道包括铜管、钛管、奥氏体不锈钢管以及无缝钢管等，它们在使用过程中由于高温、高压和强腐蚀介质的作用，管壁容易受到损伤和腐蚀破坏，产生裂纹、点蚀或减薄等，严重威胁着设备的安全运行。

采用涡流检测仪对这些管道系统进行定期的检测、检查称之为在役涡流检测。

（1）金属管道涡流检测信号的形成　管道的在役涡流检测多采用内穿过式自比差动线圈。差动式线圈的信号输出端是两个匝数相同缠绕方向相反的串接线圈的两端。当两个串接的检测线圈所处检测部位的电磁特性相同时，则在两个线圈两端产生大小相等而方向相反的感应电压，因此输出电压为零；当两个检测线圈所处检测部位的电磁特性出现差异时，则在两个线圈两端产生大小不等、方向相反的感应电压，因此在输出端形成不为零的电压信号。图 5-27 给出了检测线圈通过通孔缺陷时"8"字形信号的形成过程。

当探头在管中穿行，管壁上通孔缺陷开始进入线圈1的响应范围时，由于通孔相对于管壁材料电磁特性不同而引起涡流畸变，导致线圈1接收到不同于管壁内正常流动的涡流所产生的电磁场，从而打破两个检测线圈的平衡状态，在涡流仪的示波屏上形成如图 5-27(a) 所示的离开平衡位置的阻抗信号；当通孔缺陷处于线圈1正上方时，其涡流响应与管壁涡流场作用于线圈2的差异达到最大，形成如图 5-27(b) 所示的阻抗信号；探头继续推进，随着线圈1离开通孔缺陷距离逐渐增大和线圈2逐渐进入通孔缺陷涡流场的作用范围，两个线圈对于通孔缺陷感应产生的电压差值逐渐减小，当通孔处于两个线圈正中间时，线圈1、线圈2所感应产生的电压大小相等，方向相反，差动线圈输出端电压为零，达到如图 5-27(c) 所示的新的平衡状态。随探头继续推进，线圈1离开了对通孔缺陷的响应范围，而线圈2逐渐增大对通孔缺陷的响应，新的平衡状态又被打破，在涡流仪的示波屏上形成如图 5-27(d) 所示的离开平衡位置的阻抗信号，并在通孔缺陷处于线圈2正上方时，阻抗信号幅度达到最大值；当线圈2离开了通孔缺陷的影响范围时，两个差动连接的线圈都感应着来自管壁的涡流响应，线圈阻抗显示再一次回到如图 5-27(e) 所示的平衡位置。涡流检测信号的相位角的

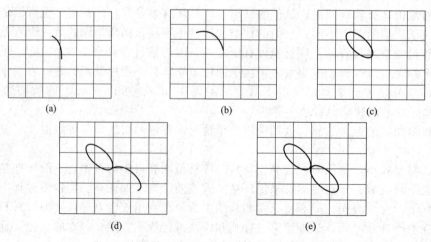

图 5-27　差动式线圈通过缺陷时涡流响应的变化

定义：取响应信号阻抗为最大值的两个点，用直线连接这两个点，该直线与水平方向的负方向所成夹角。

（2）热交换器管道的单频涡流检测　涡流在管壁中的分布密度不仅与涡流透入深度相关，而且涡流场的相位也随着涡流透入深度的改变而变化。对于形状规则的人工缺陷，比如不同深度的槽形缺陷或孔形缺陷，如果槽的宽度、长度相同或孔径相同，则涡流响应信号的幅值大小与槽伤或孔的深度存在良好的对应关系；同时对应不同深度的槽形缺陷或孔形缺陷，响应信号的相位角也呈现出规律性的对应关系，即距离检测线圈较近缺陷的响应信号的相位角较小，而距离线圈较远的缺陷的响应信号相位角较大。

但是热交换器管中出现的腐蚀、裂纹等自然缺陷并不像人工缺陷的形状那样规则。自然缺陷的实际长度、宽度、深度及取向各异，因此涡流响应信号的幅值与自然缺陷大小之间的对应关系远不及同人工缺陷之间的对应关系那么明确。对于热交换器的在役检测，人们最关注的是内、外壁腐蚀或磨损引起的管壁减薄是否会影响设备的安全运行；同时，热交换器管内外壁上的腐蚀或磨损也是设备运行过程中最为常见的缺陷。尽管由于磨损缺陷形状各异而引起的涡流响应信号的形状与规则的人工缺陷的响应信号形状有很大差异，但响应信号的相位角与腐蚀或磨损缺陷的深度之间总是存在良好的对应关系，且这种关系的对应性要明显优于响应信号幅度与缺陷深度之间的对应性，因此在热交换器管的在役检测中，人们通常采用以信号的相位角评定缺陷深度的方法。

对腐蚀缺陷深度的评价，是建立在利用一组不同深度人工缺陷绘制的"缺陷深度与响应信号相位角关系曲线"基础上的。为了从不同深度的孔形人工缺陷或周向环形槽缺陷上获得幅度大小一致的涡流响应信号，通常深孔缺陷的直径制作得较小，浅孔缺陷的直径加工得较大；同样，深槽缺陷的宽度较小，而浅槽的宽度较大。图 5-28（a）是一根典型的用于热交换器管涡流检测的对比试样，上面加工有不同深度且直径不等的平底孔和通孔缺陷。

图 5-28（b）是在工作频率 $f=400\text{kHz}$ 条件下，自比差动式线圈穿过整个样管时缺陷形成的涡流响应信号。可以看到，不同深度缺陷的响应信号按照随深度减小而相位角增大的规律依序排列。实际检测中，约定将通孔缺陷响应信号的相位角设为 $40°$，根据管材电、磁特性参数和壁厚尺寸选择合适的检测频率，使管材外表面上最浅人工缺陷（如壁厚的 25%）的相位角处于 $150°\sim160°$ 范围，以保证外表面上不同深度缺陷（管材壁厚的 0%～100%）在 $40°\sim180°$ 范围内显示，这是因为缺陷信号可能存在对称性（如人工缺陷），将不同深度缺陷响应信号的相位角控制在不超过 $180°$ 的范围，目的在于更容易识别信号的相位角和判定缺陷的深度。图 5-28（c）是根据图 5-28（b）绘制的缺陷深度与响应信号相位角的关系曲线。可以看到，如上所述，通孔缺陷响应信号的相位角为 $40°$，外表面上深度为管材壁厚 25% 的平底孔的相位角为 $152°$。相位角在 $0°\sim40°$ 范围的阻抗信号表示管材内壁上腐蚀深度不同的缺陷。阻抗信号的相位角越小，则腐蚀深度越浅；反之，相位角越大，腐蚀深度越深。

根据这一曲线，在相同的试验条件下（被检管材的材料、直径及规格与对比试样相同，且采用的检测频率与利用对比试样调定涡流仪器工作条件时的试验频率相同），即可通过对自然缺陷响应信号相位角的识别来判定缺陷的位置与深度。

为保证检测线圈在穿过管子时运行平稳且速度均匀，手动操作时，通常采取先将检测线圈插送到管子的另一端后再将线圈拉出的方式进行检测，而不是采取推进探头进行检测的方式，因此在对比试样上调整人工缺陷阻抗信号时，会发现缺陷信号响应轨迹与图 5-27 所描述的响应信号形成过程恰好相反。

自然缺陷响应信号的轨迹通常不是规则的"8"字图形，甚至差异很大，往往较难识别用以确定信号相位角的直线，这需要细致地观察信号形成的过程，特别是对信号形成时起始

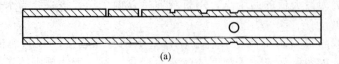

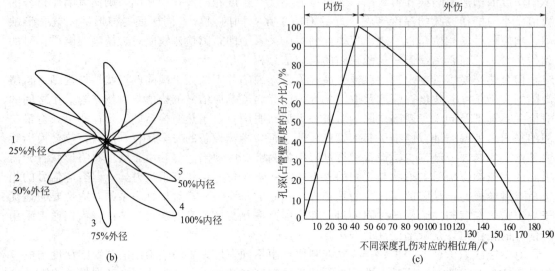

图 5-28 典型的热交换器管对比试样及不同深度人工缺陷响应信号的相位

位置与走向、平衡位置、终止位置与走向等关键点和阻抗曲线变化趋势的识别，这更多的是靠经验的日积月累。

对于仪器相位角的调节，阻抗平面式涡流仪器通常有用于调整检测信号相位角的按键或旋钮，并且按键或旋钮的调整对应确定的数值，但是通过调节相位调整按键或旋钮所给出的相位读数的增加值或减少值，并不一定是响应信号相位角的变化值，因此相位调整按键或旋钮的示值不代表响应信号相位角的实际值。

（3）热交换器管道的多频涡流检测　热交换器通常由几十根，甚至几百根相同材料和规格的管子构成，各管之间有一块或多块金属板支承以保持管子的整齐、稳固排列。热交换器运行过程中管道内部液体介质的流动和外界其他因素带来的振动，在支承板与交换器管外壁的接触部位容易产生磨损和电化腐蚀。当采用单一工作频率检测时，由于支承板多采用铁磁性钢板制作，检测线圈运行至支承板材所在位置时会受到来自支承板感应产生的强电磁信号干扰，这种干扰信号足以"淹没"该位置上热交换器管内、外壁可能存在的缺陷所引起的响应信号，因此必须消除支承板的干扰信号才能够正确地检测和评价热交换器管的质量。一种可有效消除支承隔板干扰信号的涡流检测技术就是下面要介绍的多频涡流检测技术。

多频涡流检测是指涡流仪具有多个工作通道，并能够同时以两个或两个以上的工作频率进行检测的技术。通过调整不同激励频率的涡流对隔板产生响应信号，再经过混频通道进行信号叠加，达到消除隔板响应信号、提取缺陷信号的目的。

如图 5-29(a) 所示，涡流仪通道 A 和通道 B 分别显示的是工作频率为 f_1 和 f_2 时隔板产生的涡流响应信号，可以注意到，通道 A、B 所获得的涡流响应信号已调整为幅度相等、相位相差 90°（该状态是通过分别调整涡流仪通道 A、B 的增益和相位获得的）。将幅度和相位满足上述条件的 A、B 通道的检测信号输入到另外一个工作通道进行混频处理，得到混频通道（通道"A＋B"）的响应信号。可以看到隔板的响应信号已被消除。以钛管在役检测为例，在实际检测中，经试验选取 400kHz 作为主检频率，100kHz 作为辅助频率，用这两个频率进行混合产生的混频通道抑制了支承板涡流信号，这样可以判断在支承板下的其附近的缺陷。从混频处理后得到的显示信号可以看到热交换器管在隔板支承处没有其他响应信号，因此可以判定该位置上没有出现腐蚀和磨损缺陷。图 5-29(b) 给出了仪器 A、B 通道在相同工作条件下在另一根热交换器管的隔板支承位置获得的涡流响应信号，经混频处理后得到一个相位角约为 110°的响应信号。从"缺陷深度与响应信号相位对应关系曲线"可以判定该缺陷为热交换器管外壁缺陷，缺陷深度约为管材壁厚的 60%。

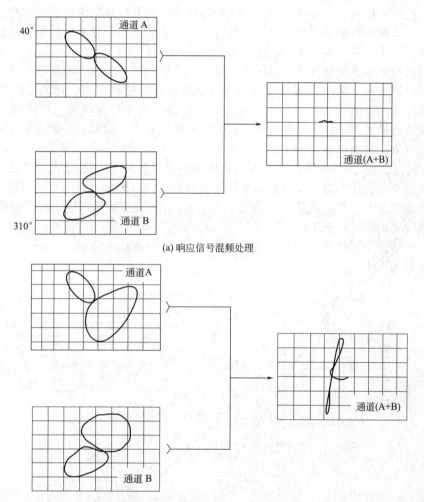

(a) 响应信号混频处理

(b) 经混频处理得到的支承板处磨损缺陷的涡流响应信号

图 5-29　涡流响应信号混频处理

5.8.2　放置式线圈涡流检测

　　放置式线圈多用于对汽轮机叶片、大轴中心孔和航空发动机叶片的表面裂纹、螺孔内裂纹、飞机的起落架、轮毂和铝蒙皮下缺陷的检测，也常常用于对板材、多面体金属成品、半成品等的检验。

　　放置式线圈常用于工件表面缺陷，工件厚度测量或者材料性质鉴定等。缺陷可以是表面的或者近表面的，如裂纹、气孔和夹杂等，由于放置式线圈用途广泛，所以形态、结构各异，据其特征可分为多种类型，如大饼式探头、平面探头、弹簧探头和笔式探头等。

（1）放置式线圈的性质

① 线圈中心的灵敏度。涡流及其磁通 Φ 正比于到线圈中心的距离。可见缺陷处于试件相对于线圈中心的不同位置，检出灵敏度不一样。在线圈的中心位置没有涡流，缺陷的检出灵敏度等于零。

② 探头的电感。通常探头的阻抗要求和仪器及其信号电缆的阻抗匹配。探头的电感是构成阻抗的主要成分，一般不需要精确计算。利用导线的直径和关系式 $L \propto N^2 D^2$ 可以比较容易地估计导线的尺寸和要达到一定的电感量所需要的圈数。

（2）影响缺陷检测灵敏度的参数　涡流检测的最大局限性是只能检测表面和近表面的缺陷。涡流对于表面的缺陷具有很高的灵敏度，但对于表面下埋藏较深的缺陷灵敏度较低。对于现在的涡流技术来讲，表面下 4～5mm 就已经是很深了。

影响涡流检测深度有两个主要的因素，第一个是检测频率，由于趋肤效应使得涡流随着深度的增加迅速衰减。所以，要提高检测深度，需要降低检测频率。第二个因素是探头直径，实际上涡流探头的直径都很小，磁通量也小。为了增加检测深度，可以增大探头的直径。但是探头直径增大，必定降低对短小缺陷的检测灵敏度，而涡流检测的深度一般小于探头直径。影响缺陷检测灵敏度的参数还有如下。

① 提离。线圈从工件表面离开，即提离增加时，线圈和工件之间的互感减小，工件中磁通密度也减小，这样，对缺陷的检出灵敏度就降低，可以想象，线圈直径不同，磁通密度随着提离的变化也不一样，灵敏度的变化也不一样。图 5-30 显示四种不同直径的探头的灵敏度随提离变化的情况。缺陷的尺寸是深 2mm、长 12.5mm 的电火花槽，由图可见，探头直径越小，灵敏度下降越快。例如，对于直径为 5mm 的探头，提离为 1mm 时，缺陷信号幅度下降到表面 1/4。

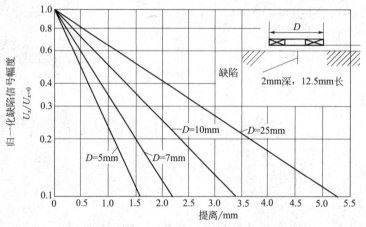

图 5-30　灵敏度随提离的变化曲线

② 缺陷埋藏深度。工件中内部缺陷埋藏深度越大，磁通密度越小，再加上趋肤效应引起的衰减，缺陷的检出灵敏度也会下降。图 5-31 显示灵敏度随着缺陷埋藏深度变化的情况，实线表示穿透深度（δ）为 10mm，虚线表示穿透深度（δ）为 2mm，由图可见，当穿透深度增大，即频率降低时，表面下缺陷灵敏度随深度的增加而降低，这与提离对检测灵敏度的影响类似，这意味着磁通密度随着距离的增加而减小。如果忽略趋肤效应的影响（因为频率很低），无论在空气中或在工件中是类似的（指 $\mu_r = 1$ 的材料）。在典型的检测频率，假设穿透深度 $\delta = 2mm$ 当缺陷埋藏深度为 2mm 时，信号幅度再降低 1/3 左右（和低频时的实线比较）。这是因为在一个穿透深度（δ）处，涡流密度降低到表面的 37% 所引起的。

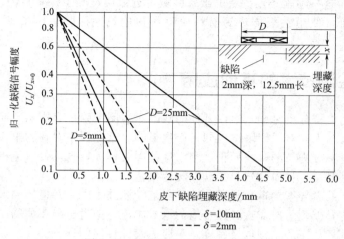

图 5-31 缺陷深度对灵敏度的影响

如果不考虑趋肤效应的衰减，灵敏度随检测深度而下降，在无限厚的工件中和有限厚的工件一样。如果考虑趋肤效应衰减，在无限厚工件中，灵敏度下降比较缓慢，介于图 5-31 虚线和实线之间。

一般来说，灵敏度随着深度的增加而下降主要决定于探头的尺寸，而不是趋肤效应衰减。因为大多数缺陷的长度不比工件的厚度大多少，因此也不可采用直径比工件厚度大得多的探头，因为一定长度的检测灵敏度随探头直径的增大而降低。所以用表面探头进行涡流检测通常局限于厚度小的工件（厚度小于 5mm）。

③ 缺陷长度。涡流的流动局限于探头磁场变化的区域，区域的大小是线圈尺寸和几何形状的函数。对放置式线圈而言，缺陷灵敏度反比于线圈直径；作为一般规律，为了得到高的灵敏度，探头直径应该等于或者小于所要检测的缺陷长度。缺陷长度对灵敏度的影响如图 5-32 所示。虚线表示采用 7mm 直径探头，缺陷长度对灵敏度的影响；实线表示探头直径为 1.3mm 的情况。从图可见，当缺陷长度等于探头直径时，信号幅度从 1/3 变到 2/3，不同频率，信号幅度也不一样。

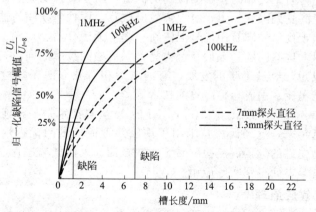

图 5-32 灵敏度随缺陷长度的变化曲线

探头敏感区域由于探头线圈磁场的发散，比探头直径大，一般来讲，这个有效直径（D_{eff}）近似等于探头直径加上四倍穿透深度，即

$$D_{eff} = D_c + 4\delta \tag{5-3}$$

在高频时，4δ 这一项很小，探头的敏感区域可近似假设等于探头直径。但是在低频时，磁场扩散很大，通常使用铁氧体环等材料使磁场集中，这样既集中了磁场又不影响穿透深度。

5.9　涡流检测技术的其他应用

通过对线圈的阻抗分析可知，不仅试件的缺陷对线圈的阻抗有影响，而且其他诸如电导率、磁导率、提离等因素对线圈阻抗也同样产生影响。这些因素对检测来说是不利的，需要抑制；但事物都是一分为二的，我们正是利用这些因素作为依据，使涡流检测技术能应用于电阻、温度、厚度测量、材质分选、振动和转速测量等领域。

非铁磁性金属的电导率测量和材质分选是涡流检测技术的主要应用领域之一。电导率的测量是利用涡流电导仪测量出非铁磁性金属的电导率值，通过电导率值的测量结果可以进行材质的分选、热处理状态的鉴别以及硬度、耐应力腐蚀性能的评价。

材质分选可以是通过利用电导仪测量出不同材料的电导率值进行，也可以是利用其他类型涡流仪器（如涡流检测仪、涡流测厚仪）检测出由于材料导电性的差异引起的涡流响应的不同，并据此进行不同材质的分选。这种检测往往不是准确的定量测量，而是定性的测试分析。铁磁性材料的电磁分选也是一种定性测试技术。

覆盖层厚度测量也是涡流检测的应用之一。根据覆盖层及其附着的基体材料的电磁特性，覆盖层厚度测量技术分为涡流测厚与磁性测厚两种方法。涡流法适用于基体材料为非铁磁性材料，如常见的铜及铜合金、铝及铝合金、钛及钛合金以及奥氏体不锈钢等，覆盖层为非导电的绝缘材料，如漆层、阳极氧化膜等。磁性法适用于基体材料为铁磁性材料（如碳钢），覆盖层为非铁磁性材料（包括非导电的漆层、阳极氧化膜、珐琅层和导电的铜、铬、锌的镀层等）的产品检测。

5.10　远场涡流检测技术

随着工业的发展，对材料、产品检测要求的不断提高。由于涡流检测自身的特点，对解决某些问题显得无能为力。例如高频磁场激励的涡流，由于极强的集肤效应，使它对更深层缺陷和材料特性的检测受到限制；由于对提离效应敏感，而检测线圈与被检试件间精确、稳定的耦合十分困难；干扰信号同有用信号混淆在一起，无法分离、辨别；检测易受工件形状限制；等等。针对以上这些问题，人们在努力完善涡流检测技术的同时，提出了很多新的基于电磁原理的检测设想，经过逐步的发展，有的成为相对独立的新的检测方法，如远场涡流、电流扰动、磁光涡流、涡流相控阵检测技术等。

远场涡流（Remote Field Eddy Current，RFEC）检测技术是一种能穿透金属管壁的低频涡流检测技术。近年来，远场涡流技术用于铁磁性管道检测的优越性得到人们的广泛认可，并且出现了一些先进的远场涡流检测系统，在石油、天然气输送管道、城市燃气供应管道及核反应堆压力管等方面得到实际应用。

5.10.1　远场涡流效应原理

远场涡流效应原理如图 5-33 所示。图 5-33（a）是远场涡流检测探头示意图，它一般是内通过式探头，由激励线圈和检测线圈构成，激励线圈与检测线圈相距 2～3 倍管内径的长度。激励线圈通以低频交流电，产生磁场，检测线圈用以接收发自激励线圈的磁场、涡流信号，利用接收到的信号能有效地判断出金属管道内外壁缺陷和管壁的厚薄情况。

当在图 5-33（a）中的激励线圈通以低频交流电时，在线圈的周围空间会产生一个缓慢变

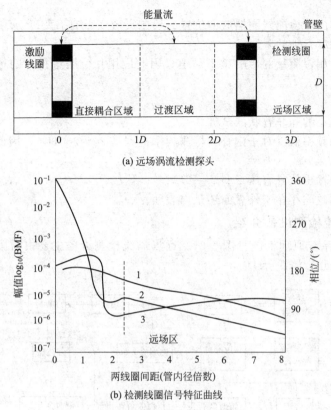

图 5-33　远场涡流效应示意图

1—管外壁检测信号幅值；2—管内壁检测信号幅值；3—管内壁检测信号相位曲线

化的交变磁场 B，由于电磁感应，交变磁场 B 又会激发出一个交变涡旋的电场 E，在该电场的作用下，在金属管壁内会形成涡流 J_e，同样由于电磁感应，涡流会在其周围产生一个交变的磁场，因此，金属管壁内外的磁场是由线圈内的传导电流 J 和金属管壁内的涡流 J_e 产生的磁场的矢量和。通常不是检测线圈阻抗的变化，而是测量检测线圈的感应电压与激励电流之间的相位差；激励信号功率较大，但检测到的信号十分微弱（一般为微伏级）。

从图 5-33(b) 中可以看出，随着两线圈间距的增大，检测线圈感应电压的幅值开始急剧下降，然后逐渐变缓，并且相位存在跃变。通常把信号幅值急剧下降后变化趋缓而相位发生跃变之后的区域称为远场区，信号幅值急剧下降区域称为近场区，近场区与远场区之间的相位发生较大跃变的区域称为过渡区。远场涡流的能量耦合存在两种方式；一是在管子内部对激励线圈的直接耦合；二是通过管壁与激励线圈间接耦合。近场区直接耦合占优势，远场区间接耦合占优势。

5.10.2　远场涡流技术的特点

与常规涡流检测方法相比，远场涡流技术有其自身的一些特点。

（1）优点

① 检测系统的制造与操作十分简单；

② 具有较高的检测灵敏度；

③ 对于低磁性材料管的内外壁缺陷和管壁变薄情况具有相同的检测灵敏度；

④ 壁厚与相位滞后之间存在线性关系；

⑤ 污物、氧化皮、探头提离以及相对于管子轴线位置的不同等因素对检测结果影响

很小；

⑥ 在远场范围内，检测线圈摆放的位置对检测灵敏度影响不大；

⑦ 不受趋肤深度条件的限制；

⑧ 由于温度对相位测量的影响微不足道，因此应用相位测量技术的远场涡流特别适用于高温、高压状态。

（2）缺点

① 不适用于短小的和非管状的试件；

② 检测的激励频率低（对于钢管，检测频率范围是 20～200Hz），因而大大限制了检测速度；

③ 检测线圈的输出信号电压很弱，一般只有微伏级；

④ 不能够辨别缺陷存在于外表面还是内表面。

5.10.3 远场涡流检测设备介绍

远场涡流检测系统原理框图见图 5-34。远场涡流检测设备主要由激励信号源、探头及信号处理及显示单元三大部分组成：

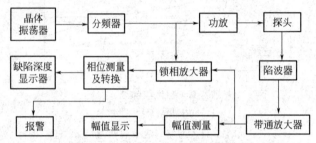

图 5-34 远场涡流检测系统原理框图

（1）激励信号源 主要由振荡器、分频器、功放等组成，用于产生频率和幅值稳定的可调激励信号，它一方面驱动激励线圈提供激励信号，另一方面作为信号处理单元的参考相位。

（2）探头 由一个环绕的激励线圈和一个检测线圈组成，它们相距 2～3 倍管径的长度。激励线圈产生激励电磁场，检测线圈用于接收与远场区管壁变化相对应的电磁场信息。

（3）信号处理及显示单元 主要将检测线圈接收到的微伏级信号实现高增益、低噪声放大，将接收相位与参考相位之差用填充脉冲计数及幅值处理，并直接显示与相位差对应的缺陷深度百分比及其幅值。

5.11 阵列涡流检测技术

5.11.1 阵列涡流基本原理

阵列涡流检测技术是由多个涡流线圈按照一定的物理构造方式排布组成阵列，按照特定的工作模式、信号响应方式组成若干个阵列线圈单元；阵列线圈单元是代表涡流检测工作模式、信号响应方式且能独立工作的最小单元（可视为"放置式涡流探头"），每个阵列线圈单元都含有发射线圈和接收线圈（包括自发自收线圈）；为避免阵列元之间的相互串扰，通常会采用多路切换技术分时、分批激活阵列元；编码器触发仪器将阵列元的涡流检测数据及其位置数据保存；这些数据经过软件处理，形成直观的 C 扫图。

简而言之阵列涡流是一项新的涡流检测技术，其检测线圈按一定条件进行排列分布，然后通过计算机分析计算实现快速及高灵敏度的检测，最终生成 C 扫描图像或 3D 图像。与常规单线圈探头相比，阵列涡流探头是由多个独立线圈构成，如图 5-35 所示。由于激励线圈和检测线圈排列方向不同，可发现不同方向的线性缺陷。

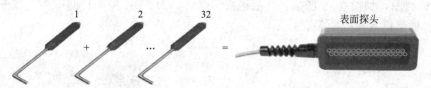

图 5-35　阵列涡流探头

如图 5-36 所示，当给激励线圈 A 加载正弦交流信号时，试件中将产生涡流，该涡流产生磁场，磁场和电场的叠加使得周围线圈 B 和线圈 C 的磁通量发生变化，产生感应电动势。在理想情况下，忽略线圈直流阻抗，感应电动势表达如下：

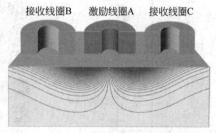

接收线圈B　激励线圈A　接收线圈C

$$U_A = jwL_A I_A + jwM_{AB}I_B + jwM_{AC}I_C$$
$$U_B = jwL_B I_B + jwM_{BA}I_A + jwM_{BC}I_C$$
$$U_C = jwM_{CB}I_B + jwM_{CA}I_A + jwL_C I_C$$

图 5-36　阵列涡流探头检测模型

由于检测线圈 B 与检测线圈 C 未通电，所以 I_B 与 I_C 为 0，所以检测线圈的感应电动势能够反映线圈 A 对线圈 B 和线圈 C 的互感值 M_{BA} 和 M_{CA}。当被检测工件表面或近表面存在缺陷时，涡流分布发生畸变，导致涡流产生的磁场变化，使得线圈之间互感作用相应改变。因此可通过检测线圈电动势的变化来判断是否存在缺陷。

5.11.2　阵列涡流成像技术

涡流阵列探头是由多个线圈按一定规律排列组合而成。这些线圈根据工作模式（桥式、收发式）和信号响应模式（绝对式、差动式）组成若干个阵列元（最小工作单元）。其排列分布的不同，将直接影响检测灵敏度以及缺陷分辨率，如图 5-37 为当前主要的涡流阵列探头线圈排列分布模式。

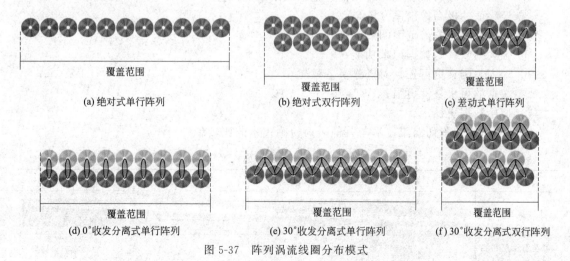

图 5-37　阵列涡流线圈分布模式

为了提高检测效率以及避免相邻线圈同时激发产生的串扰，通常采用多路复用器，它允许单个通道连接到多个通道上获得各个信号，实现对各线圈进行分批激发。多路复用器的使用可以大大提高检测效率，简化检测分析结果同时也能够降低设备的复杂性和仪器成本。图 5-38 为 8 通道收发分离式多路复用器示意图。一般采用外置编码器或基于时间来生成 ECA-C 扫描视图，如图 5-39 所示，C 扫描视图纵坐标为 ECA 探头检测范围，其颜色对应输出幅值，而横坐标为扫查距离。

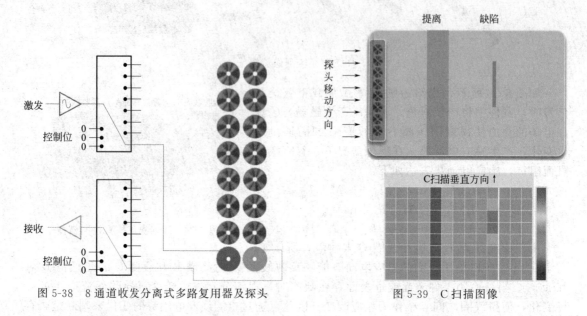

图 5-38　8 通道收发分离式多路复用器及探头　　　　图 5-39　C 扫描图像

5.11.3　阵列涡流技术的特点

线圈优化排布与多路复用技术的灵活应用可以有效地提高分辨率和覆盖范围，并且可以针对复杂工件形式实现定制化开发。同时也具备以下一些重要特点。

① 针对不同的材质（非铁磁性、铁磁性）与缺陷性质（裂纹、腐蚀、点释等）选用不同的工作模式；

② 利用集成编码器实现动态扫描且记录缺陷准确位置；

③ 经验证的极高检出率（PoD）；

④ 检测速度与覆盖范围的极大提升；

⑤ 强大的软件与数据记录功能；

⑥ 让人为因素更可控，对操作员依赖更小；

⑦ 数据的可重复性更强；

⑧ 原始数据更稳定。

表 5-4 给出了阵列涡流技术与其他表面检测技术的比较。

表 5-4　阵列涡流技术与其他表面检测技术的比较

比较项目	PT 渗透	MT 磁粉	ECT 常规涡流	ECA 阵列涡流
主要显示形式				
可在有涂层和油漆表面进行	否	是	是	是
数字化记录	否	否	部分	是

比较项目	PT 渗透	MT 磁粉	ECT 常规涡流	ECA 阵列涡流
3D/高级成像	否	否	否	是
对人员要求	较高	较高	较高	较低
检测速度	很慢	很慢	慢	很快
表面清洁度	较高	较高	根据应用	根据应用
可供后期分析	否	否	是	是
化学物质/耗材	是	是	否	否

5.12 涡流检测工艺和相关标准

5.12.1 涡流检测工艺实例

A1 总则

A1.1 为规范涡流检测工作，保证检测工作质量和安全操作，特制定本细则。

A1.2 本细则适用于导电材质的表面及近表面缺陷的检测工作。

A2 检验依据

本细则引用标准未注年号的，应使用最新版本。

A2.1 NB/T 47013.1—2015《承压设备无损检测 第1部分：通用要求》。

A2.2 NB/T 47013.6—2015《承压设备无损检测 第6部分：涡流检测》。

A2.3 有关规范、规程、标准。

A3 检验前准备

A3.1 检验时机：按有关规范、规程、标准相应条款执行。

A3.2 现场条件：实施检测的场地温度和相对湿度应控制在仪器设备和被检工件允许的范围内。检测场地附近不得有影响仪器设备正常工作的磁场、振动腐蚀性气体及其他干扰。

A3.3 人员要求

检测人员应取得该项目的无损检测人员资格，并从事与资格级别相应的无损检测工作。

A3.4 设备要求：仪器设备需按照 GB/T 14480 方法进行测试。

A3.5 检测准备

A3.5.1 检测人员详细了解被检工件的设计、制造、使用、检验情况。

A3.5.2 被检工件表面应清洁，无毛刺，不应有影响实施涡流检测的粉尘及其他污物，特别是铁磁性粉屑。

A4 现场检测操作：检测仪器通电后，须经过必要的稳定时间（系统预运转时间一般应大于10min），方可选定试验规范并进行检测。

A5 检验技术

A5.1 检测频率的选择

检测频率的选择应考虑深度和缺陷及其他参数的阻抗变化，利用对比试块上的人工缺陷找出阻抗变化最大的频率和缺陷与干扰因素阻抗变化之间相位差最大频率。

A5.2 线圈的选择

线圈的选择要使它能探测出指定的对比试块上的人工缺陷，并且所选择的选圈要适合于试件的形状和尺寸，如线材、棒材、管材的检测一般选用穿过式线圈；对于局部检测通常选用探头式（放置式）线圈放在板材、棒材等表面上使用；对于管子或孔的内壁缺陷的检测，通常选用插入式线圈（也称作内部探头）等。

A5.3　检测灵敏度的选择

检测灵敏度的选择应在其他调整步骤完成之后进行，信噪比应不小于 6dB，须将对比试块的人工缺陷响应信号的幅度调整在检测仪器荧光屏满刻度的 30%～50%。

A5.4　平衡调整

在实际检测状态下，在试样无缺陷部位进行电桥的平衡调整。

A5.5　相位角的选定

调整移相器的相位角使得指定的对比试块的人工缺陷能最明显地被探测出来，而杂乱信号最小。

A5.6　直流磁场的调整

对铁磁性材料进行检测时，用磁饱和装置对被检测的区域施加强直流磁场，使试件磁导率的不均匀性所引起的杂乱信号降低到不影响检测结果的水平上。

A6　结果的判定与处理

A6.1　当检测工作无故中止时，检验人员应重新进行准备工作。

A6.2　在选定的检测规范下进行检测，如果发现检测规范有变化时，应立即停止检测，重新调整相关参数，满足规定要求后再继续检测。

A6.3　检验人员在检测过程中，发现产品有一般质量问题时，可以依据规程、标准以及受检单位实际情况进行处理。产品有严重问题时，检验人员必须向质量技术负责人汇报后，进行处理。

A6.4　检验人员在检测过程中，发现产品有重大质量问题时，检验人员应提出"重大技术问题请示"和"例外许可申请"，并经相关人员审批，不得擅自处理。

A7　记录与报告

A7.1　记录、报告格式

A7.1.1　记录格式见附件 1 涡流检测记录。

A7.1.2　报告格式见附件 2 涡流检测报告。

A7.2　检测原始记录应清晰完整，各项数据完整，评定级别均应填写清楚。

A7.3　检测报告内容应符合标准要求，其编制、审核、批准按《检验报告控制程序》执行。

A7.4　检测报告、记录等应一起归档保存，按《档案管理规定》执行。

5.12.2　涡流检测相关标准

GB/T 5126—2013《铝及铝合金冷拉薄壁管材涡流探伤方法》

GB/T 5248—2016《铜及铜合金无缝管涡流探伤方法》

GB/T 7735—2016《无缝和焊接（埋弧焊除外）钢管缺欠的自动涡流检测》

GB/T 12604.6—2021《无损检测　术语　涡流检测》

GB/T 12969.2—2007《钛及钛合金管材涡流探伤方法》

GB/T 14480.3—2020《无损检测仪器　涡流检测设备　第 3 部分：系统性能和检验》

NB/T 47013.6—2015《承压设备无损检测　第 6 部分：涡流检测》

第6章 磁粉检测

6.1 磁粉检测原理与设备

6.1.1 磁粉检测中的几个物理量

① 磁场。物理学中，磁场是空间中的一种螺线矢量场，环绕在移动中的电荷以及磁偶极周围，例如出现在电流与磁铁周围。当这样的场存在时，对于其他相似的物体会有磁力作用在其上。

磁场是具有磁力作用的空间，磁场存在于被磁化物体或通电导体的内部或周围，见图 6-1 和图 6-2。磁体间相互作用是通过磁场来实现的，它是由运动电荷形成的。磁场的特征是对运动电荷（或电流）具有作用力，在磁场变化的同时也产生电场。

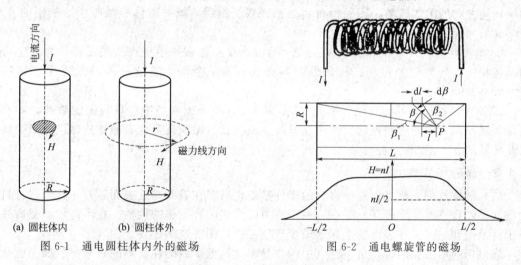

图 6-1 通电圆柱体内外的磁场   图 6-2 通电螺旋管的磁场

磁场是有方向性的，它可以透过磁偶极来表示；磁场中的磁偶极方向与磁力线相切，其中的一个显著例子就是磁铁周围的铁屑分布。与电场不同，磁场对一带电粒子所施的力垂直于磁场本身。磁场的能量密度与场强度的平方呈比例关系。在国际单位制中，磁场强度的单位是特斯拉。

② 磁力线。为了形象地表示磁场的大小、方向和分布情况，我们可以用假想的磁力线来反映磁场各点的磁场大小和方向。在磁力线每点的切线方向就是该点的磁场方向，单位面积上的磁力线数目与磁场的大小成正比，因此可用磁力线的疏密反映磁场的大小。磁力线密的地方磁场大，磁力线疏的地方磁场就小。

磁力线具有以下特征：磁力线在磁体外，是由 N 极出发穿过空气进入 S 极，在磁体内是由 S 极到 N 极的闭合线；磁力线互不相交；同性磁极相斥、因同性磁极间磁力线有相互排挤的倾向；异性磁极相，因异性磁极间磁力线有缩短长度的倾向。

③ 磁场强度。磁场具有大小和方向，磁场的大小和方向的总称叫磁场强度。磁场强度

用 H 来表示，单位是：安培/米（A/m）。

④ 磁通量和磁感应强度。磁通量简称磁通（以希腊字母 Φ 表示），是磁场中垂直穿过某一截面的磁力线的条数，是度量磁大小的物理量。磁通量的单位是韦伯（Wb）。

磁感应强度也被称为磁通量密度，是一个表示贯穿一个标准面积的磁通量的物理量，其符号是 B。磁感应强度的大小等于穿过与磁力线垂直的单位面积上的磁通，所以磁感应强度又称作磁通密度。

磁场强度与磁感应强度不同的是，磁场强度与励磁电流有关，而磁感应强度还与被磁化的铁磁性材料的性质有关，如和磁导率 μ 有关，因为 $B＝\mu H$，所以铁磁性材料的磁感应强度 B 远大于磁场强度 H。

⑤ 磁导率。磁感应强度 B 与磁场强度 H 的比值称为磁导率，或称绝对磁导率，用符号 μ 表示。磁导率表示材料磁化的难易程度。磁导率的单位是亨利/米（H/m）。磁导率不是常数，而是随磁场大小改变而变化的变量，有最大值和最小值。磁导率还有真空磁导率（μ_0）和相对磁导率（μ_r）。真空磁导率（μ_0）是在真空中的磁导率，是个不变的恒定值，$\mu_0＝4\pi\times10^{-7}$ H/m。相对磁导率（μ_r）是为了比较各种材料的导磁能力，把任何一种材料的磁导率和真空磁导率相比的比值，用 μ_r 表示，是一常数，无单位。

根据相对磁导率，材料可分为顺磁性材料、抗磁性材料、铁磁性材料三种。

a. 顺磁性材料，其相对磁导率 μ_r 略大于1，在外加磁场中呈现微弱磁性，并产生与外加磁场同方向的附加磁场。顺磁性材料如铝、铬、锰等，能被磁体轻微吸引（如铝的 $\mu_r＝$ 1.000021）。

b. 抗磁性材料，其相对磁导率 μ_r 略小于1，在外加磁场中呈现微弱磁性，并产生与外加磁场相反方向的附加磁场。抗磁性材料如铜、银、金等，能被磁体轻微排斥（如铜的 $\mu_r＝0.999993$）。

c. 铁磁性材料，其相对磁导率 μ_r 远远大于1，在外加磁场中呈现很强的磁性，并产生与外加磁场同方向的附加磁场。铁磁性材料如铁、钴、镍及其合金，能被磁体强烈吸引（如工业纯铁的 $\mu_r＝5000$ 左右）。

6.1.2 漏磁场

（1）漏磁场的形成　铁磁性材料的工件被磁化后，在表面或近表面如有不连续（材料的均质状态及致密性受到破坏）存在，由于磁力线形成闭合回路的性质，在不连续处磁力线离开工件表面和进入工件表面发生局部畸变产生磁极，而形成漏磁场。

漏磁场的形成原因，是由于空气中的磁导率远远低于铁磁性材料的磁导率。如果磁化了铁磁性工件上存在着不连续或面积性缺陷，则磁感应线优先通过磁导率高的工件，这就迫使一部分磁感应线从缺陷底部通过，形成磁感应线的压缩。但是工件上这部分可容纳的磁感应线数目是有限的，又由于同性磁感应线相互排斥，因此一部分磁感应线从不连续中通过，另一部分磁感应线穿出工件表面进入空气绕过缺陷又回到工件中，这样在工件表面就形成磁场，也就是漏磁场，参见图6-3。

（2）漏磁场的大小　漏磁场的大小对检测缺陷的灵敏度至关重要。由于真实的缺陷具有复杂的几何形状，准确计算漏磁场的大小是难以实现的，测量又受其仪器设备的限制，因此定性地讨论影响漏磁场的大小的因素具有现实意义。

① 外加磁场强度的影响。缺陷的漏磁场大小与工件磁化程度有关。通常情况下，外加磁场强度一

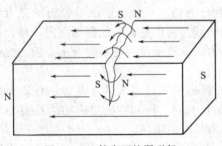

图 6-3　工件表面的漏磁场

定要大于产生最大磁导率对应的磁化强度 $H_{\mu m}$，此时磁导率减小，磁阻增大，漏磁场增大。当铁磁性材料的磁感应强度达到饱和值的 80% 左右时，漏磁场会迅速增大。

② 缺陷位置及形状的影响。

a. 缺陷埋藏深度的影响：缺陷的埋藏深度，即缺陷上端距工件表面的距离，对产生漏磁场有很大影响。同样的缺陷，位于工件表面时，产生的漏磁场大，漏磁场的大小随着缺陷深度的增大而减小，缺陷到一定深度时，将不会在表面产生漏磁场。因此，磁粉检测不能检测工件内埋藏深度大的内部缺陷。

b. 缺陷方向的影响：缺陷垂直于磁场方向时，漏磁场最大，利于吸附磁粉和缺陷的检出；若缺陷与磁场方向平行时，工件内的磁力线就不会被"切割"，也就不产生漏磁场，因此，缺陷与磁场方向的夹角（θ）小于 90° 时，漏磁场的大小随 θ 的增大而增大；当 θ 等于 90° 时，漏磁场最大；当 θ 大于 90° 时，漏磁场的大小随 θ 的增大而减小。

c. 缺陷的深宽比的影响：同样宽度的表面缺陷，如果深度不同，产生的漏磁场也不同。在一定范围内，漏磁场的增加随缺陷深度的增加而增加，当深度增大到一定值的时候，漏磁场就会随深度的增加而减小，甚至不产生漏磁场。

当缺陷的宽度很小时，漏磁场随宽度的增加而增加；当缺陷的宽度增加到一定值时，漏磁场反而随宽度的增加而减小。如浅而宽的表面划伤，产生漏磁场很小，难以形成明显的磁痕，检出缺陷灵敏度较低。

6.1.3　磁粉检测

磁粉检测（Magnetic Particle Testing，MT），是在各个领域应用非常广泛的常规无损检测方法之一。磁粉检测的原理就是不连续处的漏磁场与磁粉相互作用。

（1）磁粉检测原理　铁磁性材料在磁场中被磁化时，材料表面或近表面由于存在的不连续或缺陷会使磁导率发生变化，即磁阻增大，使得磁路中的磁力线（磁通）相应发生畸变，在不连续或缺陷根部磁力线受到挤压，除了一部分磁力线直接穿越缺陷或在材料内部绕过缺陷外，还有一部分磁力线会离开材料表面，通过空气绕过缺陷再重新进入材料，从而在材料表面的缺陷处形成漏磁场。当采用微细的磁性介质（磁粉）铺撒在材料表面时，这些磁粉会被漏磁场吸附聚集形成在适合光照下目视可见的磁痕，从而显示出不连续的位置、形状和大小，磁粉检测的物理基础是漏磁场，如图 6-4 和图 6-5 所示。

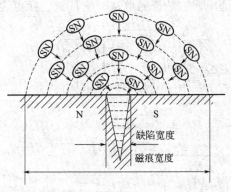
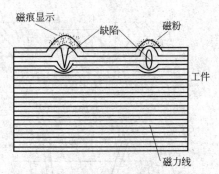

图 6-4　磁粉受漏磁场吸引　　　　图 6-5　不连续处的漏磁场和磁痕分布

（2）磁粉检测适用范围　磁粉检测适用于检测铁磁性材料表面和近表面尺寸很小、间隙极窄（如可检测出长 0.1mm、宽为微米级的裂纹）、目视难以看出的不连续性。

磁粉检测具有其他常规无损检测无法替代的优点：可检测出铁磁性材料表面近表面的缺陷；能直观地显示出缺陷的位置、形状、大小；具有很高的检测灵敏度，可检测微米级宽度的缺陷；检测速度快，工艺简单、便于操作；检测成本低、污染小；综合几种磁化方法，基本不受工件大小和几何形状的影响。

磁粉检测能够发现焊接结构中母材或焊缝表面、近表面的裂纹、夹杂、发纹、折叠、根部未焊透、根部未熔合等面积性缺陷，而对表面浅的划伤、埋藏较深的气孔、夹渣和与工件表面夹角小于20°的分层及折叠不甚敏感。

磁粉检测具有局限性，只能对铁、钴、镍这几种铁磁性材料形成的工件进行磁粉检测，但不能检测非铁磁性材料、奥氏体不锈钢工件和奥氏体不锈钢焊条所形成的焊缝，但马氏体不锈钢及铁素体不锈钢具有磁性，因此可以进行磁粉检测。

6.2 磁化方法和磁化电流

6.2.1 磁化方法的分类

磁粉检测方法分类见表6-1。

表6-1 磁粉检测方法分类

分类方法	分类内容
按磁化方向分	1. 纵向磁化法(线圈法、磁轭法)；2. 周向磁化法(轴向通电法、触头法、中心导体法、平行电缆法)；3. 旋转磁场法；4. 综合磁化法
按磁化电流分	1. 交流磁化法；2. 直流磁化法；3. 脉动电流磁化法；4. 冲击电流磁化法
按施加磁粉的磁化时期分	1. 连续法；2. 剩磁法
按磁粉种类分	1. 荧光磁粉；2. 非荧光磁粉
按磁粉施加方法分	1. 干法；2. 湿法
按移动方式分	1. 携带式；2. 移动式；3. 固定式

根据所要产生磁场的方向，一般将磁化方法分为周向磁化、纵向磁化和复合磁化。所谓的周向和纵向，是相对被检工件上的磁场方向而言的。

周向磁化：是指给工件直接通电，或者使电流流过贯穿空心工件孔中导体，旨在工件中建立一个环绕工件的并与工件轴垂直的周向闭合磁场，用于发现与工件轴平行的纵向缺陷，即与电流方向平行的缺陷。如图6-6所示，轴向通电法、芯棒通电法、支杆法、穿电缆法均

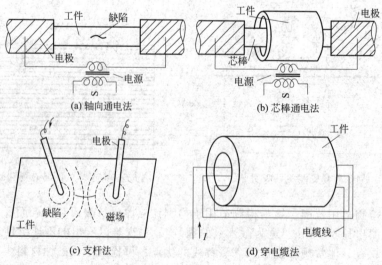

(a) 轴向通电法　　　　(b) 芯棒通电法

(c) 支杆法　　　　(d) 穿电缆法

图6-6 周向磁化法

可产生周向磁场，对工件进行周向磁化。芯棒通电法与芯电缆法原理是相同的，但是芯电缆法用于无专用通电设备的现场检测较多。

纵向磁化：是指将电流通过环绕工件的线圈，使工件沿纵长方向磁化的方法，工件中的磁力线平行于线圈的中心轴线。用于发现与工件轴垂直的周向缺陷。利用电磁轭和永久磁铁磁化，使磁力线平行于工件纵轴的磁化方法也属于纵向磁化。如图 6-7 所示线圈法、电磁轭法。

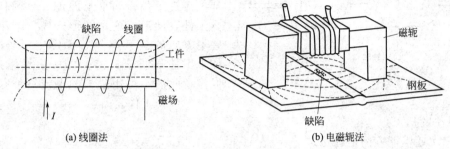

(a) 线圈法 (b) 电磁轭法

图 6-7 纵向磁化法

复合磁化：是指通过多向磁化，在工件中产生一个大小和方向随时间呈圆形、椭圆形或螺旋形变化的磁场。因为磁场的方向在工件中不断变化，所以可发现工件上所有方向的缺陷，见图 6-8。

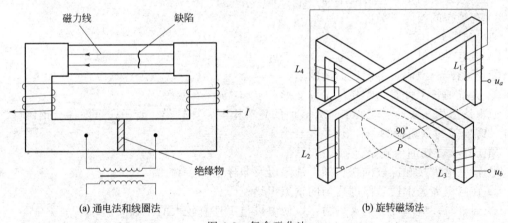

(a) 通电法和线圈法 (b) 旋转磁场法

图 6-8 复合磁化法

6.2.2 磁化方法与工件和缺陷的关系

选择磁化方法时应对工件进行分析，包括工件的尺寸大小、工件的外形结构、工件的表面状态等。根据工件过去断裂的情况和各部位的应力分布，分析可能产生缺陷的部位和方向，选择合适的磁化方法。检测工件是平面且检测面较大的可用磁轭法、支杆法；若检测工件是圆柱状的表面，可用通电法；若检测工件有中空部分表面的，可用芯棒法、穿电缆法等。

影响磁粉检测检出能力的有关因素有：外加磁场的大小、磁场方向与缺陷的夹角 θ 的大小、缺陷的深宽比等。当工件磁化时，外加磁场越大，θ 角越接近 90°，缺陷的深宽比越大，漏磁场也就越大，缺陷减除的灵敏度也越高。由于随着外加磁场加大，会产生非相关显示，反而会造成误判，因此外加磁场应该根据公式计算；在检测工件时，缺陷的位置和方向是未知的，因此应根据工件的几何形状，采取不同的磁化方法，在工件上建立我们检测所需的周向磁场、纵向磁场或多向磁场，以便发现各个方向上的缺陷。

6.2.3 常用磁化方法的特点和适用范围

（1）通电法 通电法是将工件夹在两个磁化夹头之间，使电流从被检工件上直接流过，在工件的表面和内部产生一个闭合的周向磁场，用于检测与磁场方向垂直而与电流方向平行的纵向缺陷。通电法可对工件进行有效的磁化，是常用的磁化方法之一，如图6-9所示。

使用通电法时，磁化电流直接通过夹持部位流过工件。如果工件是一个圆柱体，那么工件表面形成一个圆形磁场，电流方向与磁场方向的关系遵守右手定则。通电法时，如果工件不便于夹持，可采用夹钳通电法，但注意此法不可用过大的电流，否则会引起打火、烧伤工件表面。

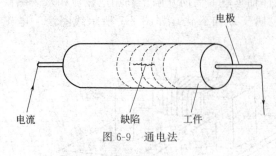

图6-9 通电法

通电法的优点是：

① 一次通电能方便地磁化；

② 在通电过程中产生周向磁场，磁场强度在工件的外表面达到最大，由表面往轴心逐渐减小，轴心的磁场强度为零，对于管子的检测，只能检测其外表面；

③ 通电时即可以对工件的全长进行检测，无须多次通电，节约能源；

④ 磁化规范容易计算，只需知道工件的直径即可；

⑤ 工艺方法简单，检测效率高；

⑥ 有较高的检测灵敏度。

通电法的缺点是：

① 通电时接触不良会造成电弧烧伤工件；

② 不能检测空心工件内表面的缺陷；

③ 夹持细长工件时，容易使工件变形。

通电法适用于实心、空心工件外表面的磁粉检测，如轴类、管子、钢锻件、钢铸件、焊接件、螺栓等的磁粉检测。

预防打火烧伤的措施是：

① 清除电极接触部位的锈、油、油漆层及非导电覆盖物；

② 在电极夹头上覆盖厚度均匀的铜编织垫；

③ 通电时，应有足够的夹持力，以便电极与工件有较大的接触面积；

④ 操作时，确认工件已夹持完好后，再通电或断电；

⑤ 使用合理的磁化规范，电流过大时会引起打火烧伤。

（2）芯棒通电法 芯棒通电法又分为中心导体法、偏置芯棒法和穿电缆法，如图6-10和图6-11所示。

① 中心导体法。是将导体（如芯棒）穿入空心工件的空中，并置于孔的中心，电流从导体上通过，形成周向磁场。导体产生的磁场将工件磁化，可以检测工件的内、外表面与芯棒电流平行的纵向缺陷和工件端部的径向缺陷。由于工件内部的磁场强度较工件外部的大，因此检测内部缺陷纵向有更高的灵敏度。

中心导体法的导体材料通常采用导电良好的铜棒、铝棒和钢棒。若使用钢棒，在磁粉检测操作时，一旦与工件接触会产生磁场，影响判断，因此，往往在铁棒上覆盖一层绝缘材料。

中心导体的优点：磁化电流从导电材料通过，不直接接触工件，不会产生电弧打伤人；在空心工件的内、外表面都可以形成磁场，一次可以检测内、外两个面；一次通电，可以使工件全长度磁化；一些小的环形工件，可以穿在芯棒上一次磁化；工艺简单，便于操作；有较高的检测灵敏度。

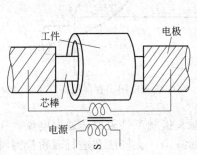

图 6-10　芯棒通电法（中心导体法）

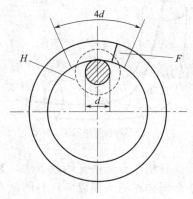

图 6-11　偏置芯棒法检测有效区
H—磁场；F—缺陷

中心导体的缺点：

a. 对于厚壁工件，由于外表面的磁场强度较内部低得多，因此检测灵敏度受到影响；

b. 对于直径大的管件，采用中心导体法时，用电流就必须大，浪费电能；

c. 仅适合有孔工件的检测。

中心导体法适合于各种有孔的工件如管子、环形工件、法兰、螺母灯空心工件。

② 偏置芯棒法。当空心工件的直径太大时，用中心导体法必须用较大的电流才能使工件表面达到满足检测灵敏度的磁化强度，既浪费电能，又需要购置更大功率的设备，造成更大的浪费。因此，可以用偏置芯棒法，将芯棒穿过空心工件的孔，并贴近工件内壁放置，工件电流从导体上通过并形成周向磁场，使工件内、外表面都可以获得满足检测灵敏度的磁化强度，和中心导体法一样，也可以检测工件的内、外表面与芯棒电流平行的纵向缺陷和工件端部的径向缺陷。

偏置芯棒法的优点同中心导体法。偏置芯棒法适合于用中心导体法检测时设备功率达不到的大型环状工件的检测。

应当注意的是，偏置芯棒法的检测不是一次通电就可以全部检验的，而是根据工件的大小分几次才能完成的，因为一次检测只能检测一部分，也就是有效磁化区。根据 NB/T 47013.4—2015 标准规定，有效磁化区的范围约为芯棒直径的 D 的 4 倍。检测时工件和芯棒做相对运动，以检查整个圆周，并确保相邻检查区域有 10% 的重叠。

③ 穿电缆法。用于中心导体法和偏置芯棒法的芯棒是铜棒、铝棒、铁棒等，但如果工件的内孔是曲面的话，芯棒无法穿过，我们可以用挠性电缆，根据曲面的形状对工件进行磁粉检测，如对弯头、钢制分叉管件等。见图 6-12。

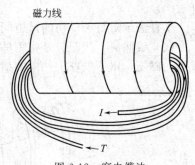

图 6-12　穿电缆法

穿电缆法的优点：非电接触，安全；方法简单，操作容易，可在现场进行检测大型工件的局部检测，如大型压力容器的接管角焊缝检测等。

穿电缆法适合于检测内表面为曲面的空心工件、用中心导体法和偏置芯棒法无法进行检测的工件。如图 6-13 和图 6-14 所示。

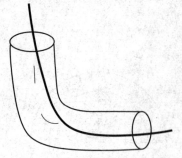

图 6-13　穿电缆法检测实例

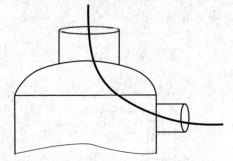

图 6-14　穿电缆法应用于容器的接管角焊缝检测

（3）支杆法　支杆法又叫触头法，是用两支杆触头接触工件表面，通以电流，在工件表面产生一个周向磁场，用以发现与两触头连线平行的缺陷。支杆法在进行磁粉检测时灵敏度高，操作方便。支杆法可以用较小的电流就可以在触头周围的工件上获得必要的周向磁场，磁场强度随触头间距的增加而减小，触头的间距一般在 75～200mm 为宜，不可过大或过小，因为触头间距过小时，触头附近磁化电流密度过大，磁场强度就过大，易产生非相关显示；间距过大，磁场强度就会减弱，就会影响到缺陷的检出，灵敏度就会下降。两次磁化触头间距应重叠不小于 10%。

支杆法的优点：

① 设备灵活轻便、携带容易，可在现场进行检测工作；

② 现场检测时，可以任意选择容易出现缺陷的区域进行检测，受检测面的制约小；

③ 检测灵敏度高。

支杆法的缺点：

① 检测时，接触不良会造成打火烧伤；

② 由于触头间距的局限，其有效磁化区域较小，一次磁化只能检测较小区域，因此大面积检验时，费时费力。

支杆法适用于焊接件、大中型结构件的局部检测，不适合用于检测抛光工件，因为触头会引起工件表面打火烧伤，也不适合盛装易燃易爆的容器的在用检验，尤其是内部检测。易燃介质浓度高，操作不当会引起火灾事故，如液化石油气球罐的在用检验，就不能使用支杆法。

支杆法预防打火烧伤的措施同通电法相同。

（4）线圈法　线圈法是将工件放在通电线圈中，或用软电缆缠绕在工件上通电磁化，形成纵向磁场，用于发现工件中的横向不连续，见图 6-15。

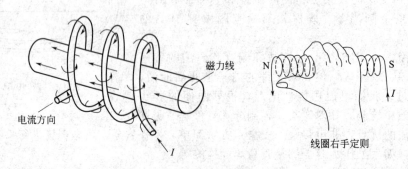

图 6-15　通电线圈产生的纵向磁场

线圈法包括螺管线圈法和绕电缆法两种。线圈法纵向磁化的要求如下。

① 线圈法纵向磁化会在工件两端形成磁极，产生退磁场，工件直径越大、越短，退磁场的磁路越短，退磁场的强度就越大；而直径小而长的工件退磁场磁路长，磁场强度就相对低得多，因此检测工件时将工件的长度加长，其退磁场的磁路加长，退磁场强度就会减小；工件在线圈中磁化与工件的长度 L 和直径 D 之比（L/D）有密切关系，L/D 越小越难磁化，所以 L/D 必须 $\geqslant 2$，若 $L/D < 2$，应采取措施进行磁化：把外径相似的两个或多个工件首尾对接起来，使整个磁化长度加长，以使 $L/D \geqslant 2$；另外，也可使用与工件外径相似的铁磁性延长块将工件接长，以使 $L/D \geqslant 2$。

② 工件的轴线应平行于线圈的轴线。

③ 为了得到较大的磁场强度，可将工件紧贴线圈内壁放置进行磁化。

④ 对于长工件，应分段磁化每一个有效磁化区，并应有 10% 的有效磁场重叠。NB/T 47013.4—2015 标准规定：线圈的有效磁化区与充填系数有关，不同的充填系数其有效磁化区不同，超出规定区域时，应采用标准试片确定。

⑤ 对于不能放到螺管线圈里的大型工件，可采用绕电缆法对工件进行磁化。

线圈法的优点：非电接触，安全；方法简单、便于操作，尤其是对长的工件，检测效率高；大型工件用绕电缆法；具有较高的检测灵敏度。

线圈法的缺点：工件的长径比（L/D 值）对退磁场和灵敏度有很大的影响；对工件端部的缺陷检出灵敏度低。

(5) 磁轭法 用螺线管包产生一个较强的磁场，在线包中间放置纯铁（称为磁轭）以聚集磁力线，增强线包中间的磁场；固定式电磁轭是用两磁极夹住工件进行整体磁化，或用便携式电磁轭两极接触工件表面进行局部磁化，用以发现与两极连线垂直的缺陷。

磁轭法分为整体磁化和局部磁化两类。整体磁化（图 6-16）的要求：

① 只有磁极截面大于工件截面，才有较好的检测效果，否则工件得不到足够的磁化，检测灵敏度受到影响；

② 工件与电磁轭之间应避免空气隙，否则磁阻增大，降低磁化效果；

③ 极间距大于 1m 时，工件的磁场强度会降低，磁化效果变差；

④ 对于形状复杂而且较长的工件，磁化效果不好，不宜采用整体磁化。

局部磁化（图 6-17）的要求：

用便携式电磁轭或永久磁铁的两极接触工件的表面，使工件局部得到磁化，两极间的磁力线大体平行两磁极的连线，有利于发现与两极连线垂直的缺陷。

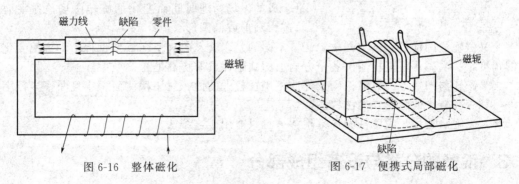

图 6-16 整体磁化　　　　　　　图 6-17 便携式局部磁化

① 局部磁化时，存在有效磁化区的问题，NB/T 47013.4—2015 标准规定，检测的有效磁化区宽度为两极连线两侧各 1/4 极距的范围内，磁化区域每次应有不少于 10% 的重叠。

② 工件上的磁场强度与磁轭间的距离成反比，磁轭间距过大，磁场强度就较小，最终

无法形成检测缺陷的磁场；磁轭间距过小，刺激附近的磁通密度过大，会吸附过多磁粉产生非相关显示。NB/T 47013.4—2015 标准规定，磁轭的磁极间距应控制在 75～200mm 之间。

③ 便携式电磁轭通过测量提升力来控制检测灵敏度，NB/T 47013.4—2015 标准规定，当使用磁轭最大间距时，交流电磁轭至少应有 45N 的提升力，直流电磁轭至少应有 177N 的提升力。

④ 磁极与工件应充分接触，如果其存在间隙，势必磁极与工件的接触面就会减小，对磁场强度有一定影响，并且在间隙处会吸附磁粉，形成非相关显示。

⑤ 由于交流电的趋肤效应，交流电磁轭对表面缺陷灵敏度高，而对近表面缺陷不如直流电磁轭检测灵敏度高。但直流电磁轭不能检测厚工件，由于直流电磁轭产生的磁通均匀分布在被磁化的工件截面上，工件越厚，单位截面上的磁通越小，工件表面的磁场强度也越小，使检测灵敏度降低。

磁轭法的优点：非电接触；便携式电磁轭携带方便，操作简单、灵活；可对大型工件进行局部检测，改变磁轭方向基本能检测出各个方位的缺陷；工件的检测面不在同一平面上时，如检测压力容器接管角焊缝时，可用带活动关节的便携式电磁轭检测；检测灵敏度较高；在允许情况下，可以在工件不清除漆层情况下进行检测，NB/T 47013.4—2015 标准规定，如果被检工件表面残留涂层，当涂层厚度均匀不超过 0.05mm，且不影响检测结果时，经检测单位（机构）技术负责人同意且标准试片验证不影响磁粉显示后，可以带涂层进行磁粉检测。

磁轭法的缺点：对大型且检测面较为平整的工件，检测效果好，对于几何形状复杂的工件的检测较困难；检测垂直检测面的缺陷最灵敏，当缺陷与检测面的夹角小于 30° 时，缺陷的检出较困难；便携式电磁轭每次只能检测很小的区域，大面积检测时费时费力。

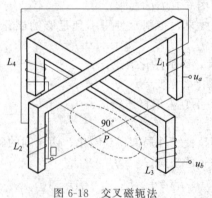

图 6-18　交叉磁轭法

适用范围：磁轭法用于焊接件的焊缝检测，或大型工件的局部检测。

（6）交叉磁轭法　交叉磁轭法（见图 6-18）根据磁场强度叠加的原理，用两个便携式单磁轭形成十字交叉。若两磁轭都通以交流电，则方向、大小变化的交流电而形成了方向、大小变化的旋转磁场，仅用一次磁化就可以检测被检表面各个方向的缺陷。

旋转磁场形成的原理：用两个幅值相等、相互交叉并具有一定电流相位差的交流电对工件磁化，其矢量合成的磁场为随时间而变化的旋转磁场，在平面的轨迹为圆形或椭圆形。

交叉磁轭法的优点：基本同磁轭法。不同的是，交叉磁轭法在操作过程中，不用变化磁轭的角度，一次磁化就能检测出各个方向上的缺陷，具有更高的检测效率。

交叉磁轭法的缺点：只能检测工件曲率半径较大的面，对于检测面积小且曲率半径小的工件（如直径较小的管子）无法检测。

交叉磁轭法适用于大工件的局部检测，且只能用于连续法。

6.3　设备的分类与设备组成部分

6.3.1　磁粉机的命名方法

磁粉检测设备是产生磁场、对工件实施磁化并完成检测的专用装置，通常我们叫它磁粉机。根据 JB/T 10059—1999《试验机与无损检测仪器型号编制方法》的规定，磁粉机应以以下方式命名：

$$C \quad \times \quad \times \quad - \quad \times$$
$$\downarrow \quad\quad \downarrow \quad\quad \downarrow \quad\quad\quad \downarrow$$
$$1 \quad\quad 2 \quad\quad 3 \quad\quad\quad 4$$

第1部分——C，代表磁粉机；

第2部分——字母，代表磁粉机的磁化方式；

第3部分——字母，代表磁粉机的结构形式；

第4部分——数字或字母，代表磁粉机的最大磁化电流或探头形式。

常见的磁粉机的命名参数意义见表6-2。

表 6-2　磁粉机命名的参数

第一个字母	第二个字母	第三个字母	第四个字母(或数字)	代表含义
C				磁粉探伤机
	J			交流
	D			多功能
	E			交直流
	Z			直流
	X			旋转磁场
	B			半波脉冲直流
	Q			全波脉冲直流
		X		携带式
		D		移动式
		W		固定式
		E		磁轭式
		G		荧光磁粉探伤
		Q		超低频退磁
			如 1000	磁化电流 1000A

如 CJE-1000 型为交流磁轭式磁粉机，最大磁化电流为 1000A；CDX-500 型为多功能携带式磁粉机。

6.3.2　设备的分类

根据磁粉检测的原理，制造了许多满足各种工件检测需求的磁粉检测设备。通常使用中，设备按移动性质分为固定式、移动式、便携式以及专用设备等几大类。

(1) 固定式磁粉机　固定式磁粉机一般安装在固定场所，其最大磁化电流为 1~10kA 以上，电流可以是直流电流，也可以是交流电流。随着电流的增大，设备的输出功率、外形尺寸和重量都相应增大。最常用的是湿法卧式磁粉机，为方便工件磁化而设置了水平床身，适用于中、小型工件的磁粉检测，主要可以用通电法和中心导体法进行周向磁化，用线圈法和固定磁轭法进行纵向磁化，工件水平或竖立夹持在磁化夹头之间，通以电流进行磁化，施加磁粉或磁悬液进行检测。

固定式磁粉机的使用功能较为全面，有分立式和一体式两种。各个主要部分都紧凑地安装在一台设备上的为一体型，在固定式磁粉机中应用最多。

固定式磁粉机一般装有一个低电压大电流的磁化电源和可移动的线圈（或线圈形成的磁

轭），可以对被检工件进行多种方式的磁化。如直接通电法、中心导体法、线圈法、整体磁轭法等，也可以对工件多向磁化，使其产生复合磁场，也可用交流电进行退磁，也可用纵向磁化对周向磁场进行退磁等。磁化时，工件水平（卧式）或垂直（立式）夹持在磁化夹头之间，通过对磁化电流的调节而获得所需要的磁场强度。磁化夹头间距可以调节，以适应不同长度工件的夹持。

固定式磁粉机通常用于湿法检查。磁粉机有储存磁悬液的容器及搅拌用的液压泵和喷枪。喷枪上有可调节的阀门，喷洒压力和流量可以调节。这类设备还常常备有支杆触头和电缆，以便对大型、不便搬运的工件实施支杆法或绕电缆法进行磁粉检测。

常见的国产通用固定式磁粉机有 CJW、CEW、CXW、CZQ 等多种形式，它们的功能比较全面，能采取多种方法对工件实施磁粉检测。

固定式磁粉机一般包括以下几个主要部分：磁化电源、工件夹持装置、指示装置、磁粉或磁悬液喷洒装置、照明装置和退磁装置等，根据检测方法不同，有的配以螺管磁化线圈、芯棒等，根据检测对象不同，设备的设置也可采用不同的组成。

（2）移动式磁粉机　移动式磁粉机是一种分立式的检测装置，它的体积、重量较固定式要小，能在许可范围内自由移动，便于适应不同的检测需求。该类设备的磁化电流为 1～6kA，有的甚至可达到 10kA，磁化电流可采用交流电和半波整流电。

移动式磁粉机包括磁化电源、工件夹持部分、照明装置、指示装置、喷洒装置等。

（3）便携式磁粉机　便携式磁粉机比移动式更灵活，体积更小，重量更轻，轻便携带，适合于外场和空中作业。一般多用于锅炉和压力容器的焊缝检测、飞机的现场检测以及大、中型工件的局部检测。

便携式磁粉机包括磁化电源、工件磁化触头部分（合并照明装置）、指示装置等。

便携式设备有磁轭法、支杆法等。磁轭法有单磁轭和十字交叉旋转磁轭等，也可用永久磁铁磁轭式的。

6.3.3　设备的组成部分

不管是一体化磁粉机还是分立式磁粉机，它们都是由磁化电源装置、夹持装置、知识与控制装置、磁粉施加装置、照明装置和退磁装置所组成。

磁化电源是磁粉机的核心组成部分，它的作用是提供磁化电流，使工件得到磁化，磁化电源主要是由变压器组成的，输出的电流可用于工件磁化。磁化电源的主要及辅助结构有：低压大电流产生装置、磁化线圈、交叉线圈、固定式或便携式磁轭。

工件夹持装置是固定磁粉机夹持工件的夹头或触头，夹头的间距是可调节的，以适应不同尺寸的工件。在轴向通电法、中心导体法中通电时为避免对工件打火烧伤，磁化夹头上应包上铜编制垫。

指示装置主要包括电流表和电压表，在磁化过程中，为了保证所使用磁化规范的准确性、能够得到满足检测要求的磁场强度，在设备上安装电流表和电压表。

磁粉和磁悬液喷洒装置：干磁粉可利用电动式送风器或空压机将干磁粉吹到工件表面；也可将干磁粉装在插有小孔的橡皮球内，手动压缩橡皮球将磁粉喷洒于工件表面。

6.3.4　标准试片与标准试块

标准试片主要用于检验磁粉检测设备、磁粉和磁悬液的综合性能，了解被检工件表面有效磁场强度和方向、有效检测区以及磁化方法是否正确。标准试片有 A_1 型、C 型、D 型和 M_1 型四种。其规格、尺寸和图形见表6-3。A_1 型、C 型和 D 型标准试片应符合 JB/T 6065 规定。

磁粉检测时一般应选用 A_1-30/100 型标准试片。当检测焊缝坡口等狭小部位，由于尺寸关系，A_1 型标准试片使用不便时，一般可选用 C-15/50 型标准试片。为了更准确地推断出被检工件表面的磁化状态，当用户需要或技术文件有规定时，可选用 D 型或 M_1 型标准试片。

表 6-3　标准试片的类型、规格和图形

类型	规格：缺陷槽深/试片厚度/μm		图形和尺寸/mm
A_1 型	A_1-7/50		
	A_1-15/50		
	A_1-30/50		
	A_1-15/100		
	A_1-30/100		
	A_1-60/100		
C 型	C-8/50		
	C-15/50		
D 型	D-7/50		
	D-15/50		
M_1 型	ϕ12mm	7/50	
	ϕ9mm	15/50	
	ϕ6mm	30/50	

注：C 型标准试片可剪成 5 个小试片分别使用。

6.4　焊接结构磁粉检测工艺与应用

6.4.1　预处理及工序安排

从事磁粉检测的人员，必须持有技术监督部门颁发的与其工作相适应的资格证书，除具有良好的身体素质外，不得有色盲和色弱，矫正视力不得低于 1.0 且每年检查一次。

磁粉检测仪必须符合相应产品标准的规定，现场检测一般采用交流电磁轭。为保证电磁轭的可靠性，电流表在正常情况下，至少半年检验一次；当电磁轭的间距为 200mm 时，至少应有 45N 的提升力。

磁粉应具有高磁导率、低矫顽力和低剩磁，并应与被检工件表面颜色有较高的对比度。磁粉粒度和性能的其他要求应符合 JB/T 6063 的规定。湿法载体应采用水或低黏度油基载体作为分散媒介。若以水为载体时，应加入适当的防锈剂和表面活性剂，必要时添加消泡剂。油基载体的运动黏度在 38℃ 时小于或等于 $3.0\text{mm}^2/\text{s}$，最低使用温度下小于或等于

$5.0mm^2/s$，闪点不低于94℃，且无荧光和无异味。配制的磁悬液浓度应根据磁粉种类、粒度、施加方法和被检工件表面状态等因素来确定。一般情况下，磁悬液浓度范围应符合表6-4的规定。测定前应对磁悬液进行充分的搅拌。

表6-4 磁悬液浓度

磁粉类型	配制浓度/(g/L)	沉淀浓度(含固体量)/(ml/100ml)
非荧光磁粉	10～25	1.2～2.4
荧光磁粉	0.5～3.0	0.1～0.4

循环使用的磁悬液，应每周测定一次磁悬液污染。测定方法是将磁悬液搅拌均匀，取100ml注入梨形沉淀管中，静置60min检查梨形沉淀管中的沉淀物。当上层（污染物）体积超过下层（磁粉）体积的30%时，或在黑光下检查荧光磁悬液的载体发出明显的荧光时，即可判定磁悬液污染。检测前，应进行磁悬液润湿性能检验。将磁悬液施加在被检工件表面上，如果磁悬液的液膜是均匀连续的，则磁悬液的润湿性能合格；如果液膜被断开，则磁悬液中润湿性能不合格。

焊接接头的磁粉检测应安排在焊接工序完成之后进行。对于有延迟裂纹倾向的材料，磁粉检测应根据要求至少在焊接完成24h后进行。对于紧固件和锻件的磁粉检测应安排在最终热处理之后进行。

被检工件表面不得有油脂、铁锈、氧化皮或其他黏附磁粉的物质。表面的不规则状态不得影响检测结果的正确性和完整性，否则应做适当的修理。如打磨，则打磨后被检工件的表面粗糙度$Ra \leqslant 25\mu m$。如果被检工件表面残留有涂层，当涂层厚度均匀不超过0.05mm，且不影响检测结果时，经检测单位（机构）技术负责人同意且标准试片验证不影响磁粉显示后，可以带涂层进行磁粉检测。

采用轴向通电法和触头法磁化时，为了防止电弧烧伤工件表面和提高导电性能，应将工件和电极接触部分清除干净，必要时应在电极上安装接触垫。

为增强对比度，可以使用反差增强剂。被探工件上的孔隙在检测后难以清除磁粉时，则应在检测前用无害物质堵塞。

6.4.2　焊接件的磁化

根据工件的材料、热处理状态和磁特性，确定采用连续法还是剩磁法检验，制定相应的磁化规范；根据工件的几何形状、尺寸大小和欲发现缺陷的方向而在工件上建立磁场方向。磁化方法一般分为周向磁化、纵向磁化和多向磁化三种。

6.4.3　焊件的磁粉检测方法

根据不同的分类条件，磁粉检测方法的分类如表6-1所示。干法通常用于交流和半波整流的磁化电流或磁轭进行连续法检测的情况，采用干法时，应确认检测面和磁粉已完全干燥，然后再施加磁粉。磁粉的施加可采用手动或电动喷粉器以及其它合适的工具来进行。磁粉应均匀地撒在工件被检面上。磁粉不应施加过多，以免掩盖缺陷磁痕。在吹去多余磁粉时不应干扰缺陷磁痕。湿法主要用于连续法和剩磁法检测。采用湿法时，应确认整个检测面被磁悬液湿润后，再施加磁悬液。磁悬液的施加可采用喷、浇、浸等方法，不宜采用刷涂法。无论采用哪种方法，均不应使检测面上磁悬液的流速过快。

采用连续法时，被检工件的磁化、施加磁粉的工艺以及观察磁痕显示都应在磁化通电时间内完成，通电时间为1～3s，停施磁悬液至少1s后方可停止磁化。为保证磁化效果应至少反复磁化两次。采用剩磁法时，磁粉应在通电结束后再施加，一般通电时间为0.25～1s。施加磁粉或磁悬液之前，任何强磁性物体不得接触被检工件表面。剩磁法主要用于矫顽力在

1kA/m 以上，并能保持足够的剩磁场（剩磁在 0.8T 以上）的被检工件。

磁粉检测常用的电流类型有：交流、整流电流（全波整流、半波整流）和直流。磁化规范要求的交流磁化电流值为有效值，整流电流值为平均值。磁粉检测用的磁化电流的波形、电流表指示及换算关系参见表 6-5。

表 6-5 各种磁化电流的波形、电流表指示及换算关系

电流波形	电流表指示(I)	换算关系	峰值为 100A 时的电流表读数
交流 I / O / t	有效值(I_e)	$I_m = \sqrt{2}\,I_e$	70A
单相半波 I / O / t	平均值(I_d)	$I_m = \pi I_d$	32A
单相全波 I / O / t	平均值(I_d)	$I_m = \pi I_d/2$	65A
三相半波 I / O / t	平均值(I_d)	$I_m = \dfrac{2\pi}{3\sqrt{3}} I_d$	83A
三相全波 I / O / t	平均值(I_d)	$I_m = \pi I_d/3$	95A
直流 I / O / t	平均值(I_d)	$I_m = I_d$	100A

注：I_m——电流峰值；I_d——电流平均值；I_e——电流有效值。

不同的电流类型适应的检测设备和检验范围见表 6-6。

表 6-6 不同磁化电流的磁粉机适用范围

电流类型	适用范围
交流	原则上只限于探测表面缺陷,除非采用断电相位控制,原则上只能适用于连续法
直流 脉动电流	能探测表面及近表面的内部缺陷,并适用于连续法和剩磁法,但脉动电流中包含的交流成分越大则探测内部缺陷的能力越差
冲击电流	只适于剩磁法,仅限于探表面缺陷

6.4.4 焊接接头的典型磁化方法

磁轭法和触头法的典型磁化方法见表 6-7，绕电缆法和交叉磁轭法的典型磁化方法见表 6-8。

表 6-7 磁轭法和触头法的典型磁化方法

磁轭法的典型磁化方法	参数	触头法的典型磁化方法	参数
	$L \geqslant 75mm$ $b \leqslant L/2$ $\beta \approx 90°$		$L \geqslant 75mm$ $b \leqslant L/2$ $\beta \approx 90°$
	$L \geqslant 75mm$ $b \leqslant L/2$		$L \geqslant 75mm$ $b \leqslant L/2$
	$L_1 \geqslant 75mm$ $b_1 \leqslant L_1/2$ $b_2 \leqslant L_2 - 50$ $L_2 \geqslant 75mm$		$L \geqslant 75mm$ $b \leqslant L/2$
	$L_1 \geqslant 75mm$ $L_2 \geqslant 75mm$ $b_1 \leqslant L_1/2$ $b_2 \leqslant L_2 - 50$		$L \geqslant 75mm$ $b \leqslant L/2$
	$L_1 \geqslant 75mm$ $L_2 \geqslant 75mm$ $b_1 \leqslant L_1/2$ $b_2 \leqslant L_2 - 50$		$L \geqslant 75mm$ $b \leqslant L/2$

表 6-8 绕电缆法和交叉磁轭法的典型磁化方法 单位: mm

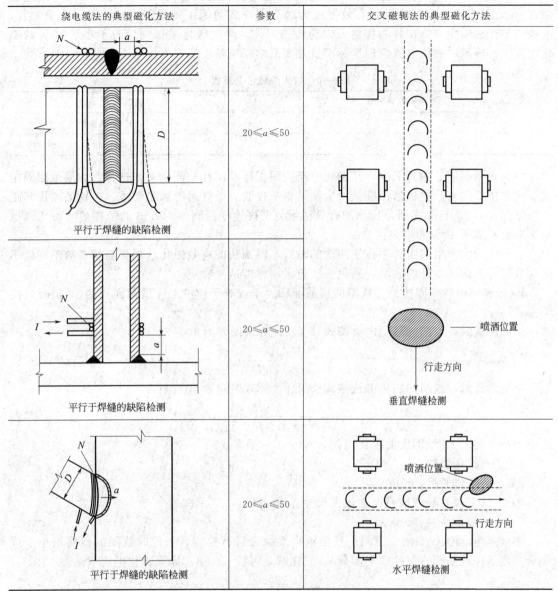

绕电缆法的典型磁化方法	参数	交叉磁轭法的典型磁化方法
平行于焊缝的缺陷检测	$20 \leqslant a \leqslant 50$	垂直焊缝检测（喷洒位置、行走方向）
平行于焊缝的缺陷检测	$20 \leqslant a \leqslant 50$	
平行于焊缝的缺陷检测	$20 \leqslant a \leqslant 50$	水平焊缝检测（喷洒位置、行走方向）

注: 1. N——匝数; I——磁化电流（有效值); a——焊缝与电缆之间的距离。

2. 检测球罐环向焊接接头时, 磁悬液应喷洒在行走方向的前上方。

3. 检测球罐纵向焊接接头时, 磁悬液应喷洒在行走方向。

6.4.5 磁化规范

（1）轴向通电法和中心导体法的磁化规范 按表 6-9 中公式计算。

表 6-9 轴向通电法和中心导体法磁化规范

检测方法	磁化电流计算公式	
	交流电	直流电、整流电
连续法	$I = (8 \sim 15)D$	$I = (12 \sim 32)D$
剩磁法	$I = (25 \sim 45)D$	$I = (25 \sim 45)D$

注: D 为工件横截面上最大尺寸, mm。

（2）采用触头法局部磁化大工件　磁化规范见表 6-10。采用触头法时，电极间距应控制在 75～200mm 之间。磁场的有效宽度为触头中心线两侧 1/4 极距，通电时间不应太长，电极与工件之间应保持良好的接触，以免烧伤工件。两次磁化区域间应有不小于 10% 的磁化重叠区。检测时磁化电流应根据标准试片实测结果来校正。

表 6-10　触头法磁化电流值

工件厚度 T/mm	电流值 I/A
$T<19$	$(3.5\sim4.5)$倍触头间距
$T\geqslant19$	$(4\sim5)$倍触头间距

（3）采用磁轭法磁化工件　其磁化电流应根据标准试片实测结果来选择；如果采用固定式磁轭磁化工件时，应根据标准试片实测结果来校验灵敏度是否满足要求。磁轭的磁极间距应控制在 75～200mm 之间，检测的有效区域为两极连线两侧各 50mm 的范围内，磁化区域每次应有不小于 10% 的重叠。

（4）线圈法产生的磁场平行于线圈的轴线　线圈法的有效磁化区根据充填系数不同而不同，规定有效区域以外的区域，磁化强度应采用标准试片确定。

① 低充填因数线圈法。当线圈的横截面积大于或等于被检工件横截面积的 10 倍时，使用公式(6-1)、公式(6-2)。

偏心放置时，线圈的磁化电流按式(6-1) 计算（误差为 10%）：

$$I=\frac{45000}{N(L/D)} \tag{6-1}$$

正中放置时，线圈的磁化电流按式(6-2) 计算（误差为 10%）：

$$I=\frac{1690R}{N[6(L/D)-5]} \tag{6-2}$$

式中　I——施加在线圈上的磁化电流，A；

　　　N——线圈匝数；

　　　L——工件长度，mm；

　　　D——工件直径或横截面上最大尺寸，mm；

　　　R——线圈半径，mm。

② 高充填因数线圈法。用固定线圈或电缆缠绕进行检测，若此时线圈的截面积小于或等于 2 倍工件截面积（包括中空部分），磁化时，可按式(6-3) 计算磁化电流（误差 10%）：

$$I=\frac{35000}{N(L/D+2)} \tag{6-3}$$

式中各符号意义同式 (6-1)。

③ 中充填因数线圈法。当线圈大于 2 倍而小于 10 倍被检工件截面积时，

$$NI=[(NI)_{h}(10-Y)+(NI)_{l}(Y-2)]/8 \tag{6-4}$$

式中　$(NI)_{h}$——式(6-3) 高充填因数线圈计算的 NI 值；

　　　$(NI)_{l}$——式(6-1) 或式(6-2) 低充填因数线圈计算的 NI 值；

　　　Y——线圈的横截面积与工件横截面积之比。

④ 上述公式不适用于长径比 (L/D) 小于 2 的工件。对于长径比 (L/D) 小于 2 的工件，若要使用线圈法时，可利用磁极加长块来提高长径比的有效值或采用标准试片实测来决定电流值。对于长径比 (L/D) 大于等于 15 的工件，公式中 (L/D) 取 15。当被检工件太长时，应进行分段磁化，且应有一定的重叠区。重叠区应不小于分段检测长度的 10%。检测时，磁化电流应根据标准试片实测结果来确定。计算空心工件时，此时工件直径 D 应由

有效直径 D_{eff} 代替。

对于圆筒形工件：

$$D_{eff} = (D_o^2 - D_i^2)^{1/2} \tag{6-5}$$

式中 D_o——圆筒外直径，mm；

     D_i——圆筒内直径，mm。

对于非圆筒形工件：

$$D_{eff} = 2\sqrt{\frac{A_t - A_h}{\pi}} \tag{6-6}$$

式中 A_t——零件总的横截面积，mm^2；

     A_h——零件中空部分的横截面积，mm^2。

使用交叉磁轭装置时，四个磁极端面与检测面之间应尽量贴合，最大间隙不应超过0.5mm。连续拖动检测时，检测速度应尽量均匀，一般不应大于 4m/min。

6.4.6 检测灵敏度

标准试片适用于连续磁化法，使用时，应将试片无人工缺陷的面朝外。为使试片与被检面接触良好，可用透明胶带将其平整粘贴在被检面上，并注意胶带不能覆盖试片上的人工缺陷。标准试片表面有锈蚀、褶皱或磁特性发生改变时不得继续使用。

磁场指示器是一种用于表示被检工件表面磁场方向、有效检测区以及磁化方法是否正确的粗略的校验工具，不能作为磁场强度及其分布的定量指示。其几何尺寸见图 6-19。

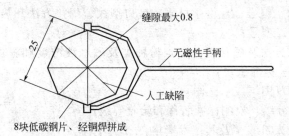

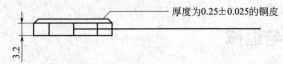

图 6-19 磁场指示器

6.5 磁痕观察与记录和报告

磁痕的观察和评定一般应在磁痕形成后立即进行。使用非荧光磁粉检测时，被检工件表面可见光照度不得低于 1000lx，条件所限时，不得低于 500lx。用荧光磁粉检测时，在暗室内进行，暗室的环境可见光照度应不大于 20lx，被检工件表面的黑光辐照度应大于或等于 $1000\mu W/cm^2$。当辨认细小磁痕时可用 $2\sim10$ 倍放大镜。

工件上的磁痕有时需要连同检测结果保存下来，作为永久性记录。磁痕记录包括磁痕显示的位置、形状、尺寸和数量等。记录方法有：

① 照相、录像法：用照相、录像记录缺陷磁痕。

② 贴印法：利用透明胶纸粘贴复印磁痕。

③ 橡胶铸型法：橡胶铸型镶嵌缺陷磁痕。

④ 临摹：在草图上或表格上临摹缺陷磁痕显示的位置、形状、尺寸和数量。

磁痕显示分为相关显示、非相关显示和伪显示。由缺陷产生的漏磁场形成的磁痕显示称为相关显示；由工件截面突变和材料磁导率差异产生的漏磁场形成的磁痕显示称为非相关显示；不是由漏磁场形成的磁痕显示称为伪显示。

长度与宽度之比大于 3 的缺陷磁痕，按条状磁痕处理，长度与宽度之比不大于 3 的磁痕，按圆形磁痕处理。两条或两条以上缺陷磁痕在同一直线上且间距不大于 2mm 时，按一条磁痕处理，其长度为两条磁痕之和加间距。缺陷磁痕长轴方向与工件（轴类或管类）轴线或母线的夹角大于或等于 30°时，按横向缺陷处理，其他按纵向缺陷处理。

下列缺陷不允许存在：a. 焊接接头和其他部件均不允许存在任何裂纹；b. 紧固件和轴类零件不允许任何横向缺陷显示。焊接接头的磁粉检测质量分级见表 6-11。

表 6-11　焊接接头的磁粉检测质量等级

等级	线性缺陷磁痕	圆形缺陷磁痕（评定框尺寸为 35mm×100mm）
Ⅰ	$l \leqslant 1.5$	$d \leqslant 2.0$，且在评定框内不大于 1 个
Ⅱ		大于 Ⅰ 级

注：l 表示线性缺陷磁痕长度，mm；d 表示圆形缺陷磁痕长径，mm。

磁粉检测报告至少应包括以下内容：

a. 委托单位；

b. 被检工件：名称、编号、规格、材质、坡口型式、焊接方法和热处理状况；

c. 检测设备：名称、型号；

d. 检测规范：磁化方法及磁化规范，磁粉种类及磁悬液浓度和施加磁粉的方法，检测灵敏度校验及标准试片、标准试块；

e. 磁痕记录及工件草图（或示意图）；

f. 检测结果及质量分级、检测标准名称和验收等级；

g. 检测人员和责任人员签字及其技术资格；

h. 检测日期。

6.6　下游处理与退磁

铁磁性材料和工件一旦磁化，即使除去外加磁场后，某些磁畴仍保持新的取向而不回复到原来的随机取向，于是该材料就保留了剩磁，剩磁的大小与材料的磁特性、材料的最近磁化史、施加的磁场强度、磁化方向和工件的几何形状等因素有关。在不退磁时，纵向磁化由于在工件的两端产生磁极，所以纵向磁化较周向磁化产生的剩磁有更大的危害性。而周向磁化（如对圆钢棒磁化），磁路完全封闭在工件中，不产生漏磁场，但是在工件内部的剩磁周向磁化要比纵向磁化大。这可以在周向磁化过的工件上开一个纵向的深槽并测量其中剩磁来证实，但用测剩磁仪器测出工件表面的剩磁很小。工件上保留剩磁，会对工件进一步的加工和使用造成很大的影响：会影响装在工件附近的磁罗盘和仪表的精度和正常使用；会吸附铁屑和磁粉，在继续加工时影响工件表面的粗糙度和刀具寿命；会给清除磁粉带来困难；会使电弧焊过程电弧偏吹，焊位偏离；会吸附铁屑和磁粉，影响供油系统畅通；滚珠轴承上的剩磁，会吸附铁屑和磁粉，造成滚珠轴承磨损；电镀钢件上的剩磁，会使电镀电流偏离期望流通的区域，影响电镀质量；当工件需要多次磁化时，有时上一次磁化会给下一次磁化带来不良影响。由于上述影响，应该对工件进行退磁。退磁就是将工件内的剩磁减小到不影响使用程度的工序。有些工件上虽然有剩磁，但不影响进一步加工和使用的，就可以不退磁。

退磁是将工件置于交变磁场中，产生磁滞回线，当交变磁场的幅值逐渐递减时，磁滞回线的轨迹也越来越小，当磁场强度降为零时，使工件中残留的剩磁 B_r 接近于零。当有要求时，工件在检测后应进行退磁。退磁一般将工件放入等于或大于工件磁场强度的磁场中，然后不断改变磁场方向，同时逐渐减小磁场强度使其趋于零。

① 交流退磁法：将需退磁的工件从通电的磁化线圈中缓慢抽出，直至工件离开线圈1m以上时，再切断电流。或将工件放入通电的磁化线圈内，将线圈中的电流逐渐减小至零。

② 直流退磁法：将需退磁的工件放入直流电磁场中，不断改变电流方向，并逐渐减小电流至零。

③ 大型工件退磁：大型工件可使用交流电磁轭进行局部退磁或采用缠绕电缆线圈分段退磁。周向磁化的零件如无特殊要求或检测后尚需进行热处理时，一般可不进行退磁。工件的退磁效果一般可用剩磁检查仪或磁强计测定。

6.7 各种磁化方法的选用优缺点

各种磁化方法的选用原则及优缺点见表6-12。

表 6-12 各种磁化方法的选用原则及优缺点

磁化方法	适用工件	优点	缺点
两端直接通电电磁化法	实心的比较小的工件（铸件、锻件、机加工件）是能在卧式湿法磁粉机上检测的	a. 迅速易行 b. 凡通电处均有完整的环状磁场 c. 对于表面和近表面缺陷有较高灵敏度 d. 简单和复杂的工件通常都可在一次或多次通电后检测完 e. 完整的磁路有助于使材料剩磁特性达到最大值	a. 接触不良时会产生放电火花 b. 为使施加磁悬液方便，对于长工件应分段磁化，而不能用长时间通电来完成
	大型铸、锻件	在较短时间内，可对大面积表面进行检测	要专门的直流电源供给大电流（16000～20000A）
	管状工件，如管子和空心轴	通过两端接触可使全长被周向磁化	a. 有效磁场限制在外表面，不能用于内表面检测 b. 端部必须有利于导电并在规定电流下不发生过热
触头法	焊缝	a. 通过触头位置的摆放，可使周向磁场指向焊缝区域 b. 使用半波整流电和干磁粉对表面和近表面缺陷提供了很高的灵敏度 c. 柔性电缆和电流装置可携带到检测现场	a. 一次只能探测到较小面积 b. 接触不好会产生电弧火花 c. 当使用干磁粉时，工作表面必须是干燥的 d. 触头间距应根据磁化电流大小来决定
	大铸件锻件	a. 用额定电流值以小增量值可对全部表面进行检测 b. 可将环状磁场集中在易于产生缺陷的区域 c. 检测设备可以携带到工件不易搬动的地方 d. 对那些用其他方法不易检测出来的近表面缺陷，使用半波整流电流和干磁法进行检测，灵敏度很高	a. 大面积探测时需要多向通电，很费时 b. 由于接触不好，可能产生电弧火花 c. 当使用干磁粉时工作表面应是干燥的

续表

磁化方法	适用工件	优点	缺点
中心导体法	有孔的复杂工件，这些工件能让导体通过，如空心圆柱体、齿轮、大型螺母、大型吊钩、管道连接器	a. 工件不通电，消除了产生电弧的可能性 b. 在导体周围所有面上均产生环状磁场（包括内外表面及其它表面） c. 理想的情况下可使用剩磁法 d. 较轻的工件可直接用导体来支承 e. 可将多个环状工件一起检测以减少用电量	a. 导体尺寸必须满足电流要求的大小 b. 理想的情况下，导体应处于孔的中心 c. 大直径的工件需要反复磁化，可将中心导体贴着内表面并旋转工件，此时应对工件反复磁化，在每次磁化后都应检查
	管状工件，如管子、空心轴	a. 工件不直接通电 b. 内表面可像外表面一样检查 c. 工件的全长都可以周向磁化	对大直径和管壁很厚的工件，外面的灵敏度比内表面有所下降
	大型阀门壳体和类似的工件	对于检测内表面的缺陷有较好的灵敏度	壁厚大时外表面灵敏度比内表面有所降低
线圈法	长度尺寸为主要尺寸的工件，如曲轴	通常所有纵向表面均能被纵向磁化，这样就可以有效地发现横向缺陷	由于线圈位置的改变，要进行多次通电磁化
	大型铸、锻件或轴类工件	用缠绕电缆可方便地获得纵向磁场	由于工件的外形，需要进行多次磁化
	各种各样小型工件	a. 方便而迅速特别是可用剩磁法 b. 工件不直接通电 c. 比较复杂的工件也可像简单横截面工件那样进行检测	a. 在决定适当的安匝数时，L/D（长径比）的值是很重要的 b. 可用等截面面积的试片来改变有较长径比（L/D）的值 c. 要得到高强漏场就要使用较小的线圈 d. 由于存在磁场泄磁，工件端部的灵敏度有所下降 e. 在 L/D 较小的工件上，为使端部效应减至最小，需要有"快断电路"
感应电流装置	检测环形工件中的周向缺陷	a. 不直接通电 b. 工件的所有表面都可产生周向磁场 c. 一次就可检测完所有被检区域 d. 可自动检测	a. 要用铁芯通过环中 b. 磁化电流的类型必须与所用方法相一致 c. 必须避免其他导体的周向磁场 d. 大直径工件需要特殊条件
磁轭法	检测大面积表面缺陷	a. 不直接通电 b. 携带很方便 c. 只要取向合适，可发现任何位置的缺陷	a. 费时 b. 由于缺陷取向不定，必须有规则地变换磁轭位置
	需要局部检测的复杂工件	a. 不直接通电 b. 对表面缺陷灵敏度高 c. 携带很方便 d. 干、湿磁粉均可使用 e. 在某些情况下，通以交流电，可作为退磁器	a. 与缺陷取向之间的位置必须合适 b. 工件和磁轭之间的接触必须很好 c. 工件几何形状复杂检测困难 d. 近表面缺陷的检测灵敏度不高，除非在孤立区域

6.8 磁粉检测质量控制标准与通用工艺

6.8.1 磁粉检测标准

GB/T 15822.1—2005《无损检测 磁粉检测 第1部分：总则》

GB/T 15822.2—2005《无损检测 磁粉检测 第2部分：检测介质》

GB/T 15822.3—2005《无损检测 磁粉检测 第3部分：设备》

GB/T 5097—2020《无损检测 渗透检测和磁粉检测 观察条件》

NB/T 47013.1—2015《承压设备无损检测 第1部分：通用要求》

NB/T 47013.4—2015《承压设备无损检测 第4部分：磁粉检测》

GB/T 11533—2011《标准对数视力表》

JB/T 6063—2006《无损检测 磁粉检测用材料》

JB/T 8290—2011《无损检测仪器 磁粉探伤机》

GB/T 9444—2019《铸钢铸铁件 磁粉检测》

GB/T 10121—2008《钢材塔形发纹磁粉检验方法》

ASTM E709—2021《磁粉检测的标准指南》

JIS Z2320-1：2017《无损测试 磁粉性能试验 第1部分：一般原则》

EN 1290：2003《焊缝无损检测——焊缝磁粉检测》

ASTM E1444—2005《磁粉检验标准操作法》（最新版为 ASTM E1444/E1444M—2022a《航空航天磁粉检测标准规程》）

HB/Z 72—1998《磁粉检验》

CB/T 3958—2004《船舶钢焊缝磁粉检测、渗透检测工艺和质量分级》

SY/T 4109—2020《石油天然气钢质管道无损检测》

6.8.2 磁粉检测通用工艺规程实例

A1 目的

A1.1 本通用工艺规定了××××锅炉、压力容器、压力管道的磁粉检测的人员资格、设备条件、工艺和检测程序要求、质量评定规定，以保证无损检测结果的正确性，确保锅炉、压力容器、压力管道检验工作质量。

A2 适用范围

A2.1 本通用工艺规程适用于××检验资格范围内铁磁性材料制造的锅炉、压力容器、压力管道的原材料、零部件、焊接接头、支承件和结构件表面和近表面缺陷的磁粉检测。

A2.2 采用湿连续法进行检验。

A2.3 对本规程不适用的工件的检测，应另编专用工艺，并经无损检测责任工程师审核、质量负责人批准后使用。

A3 引用标准、法规

A3.1 TSG 11—2020《锅炉安全技术规程》

A3.4 TSG 21—2016《固定式压力容器安全技术监察规程》

A3.6 TSG D7005—2018《压力管道定期检验规则——工业管道》

A3.7 TSG Z8001—2019《特种设备无损检测人员考核规则》

A3.8 NB/T 47013.1—2015《承压设备无损检测 第1部分：通用要求》

A3.9 NB/T 47013.4—2015《承压设备无损检测 第4部分：磁粉检测》

A3.10 JB/T 6063—2006《无损检测 磁粉检测用材料》

A3.12　JB/T 8290—2011《无损检测仪器　磁粉探伤机》

A4　检测人员资格及要求

A4.1　从事射线检测人员必须经过技术培训，磁粉检测工作应由按"特种设备无损检测人员考核与监督管理规则"考核合格的人员承担，并由无损检测责任师审签检验报告。

A4.2　无损检测人员资格级别分为高（Ⅲ）级、中（Ⅱ）级和初（Ⅰ）级。取得不同的无损检测方法各资格级别的人员，只能从事与该方法和该资格级别相应的无损检测工作，并负相应的技术责任。检测人员必须认真负责，严格执行工艺规定和标准。

A4.3　从事磁粉检测的工作人员，除具有良好的身体素质外，视力必须满足：矫正视力不低于1.0，并1年检查1次；不得有色盲。

A4.4　检测人员应熟悉有关的专业标准，具有实际检测经验并掌握一定的锅炉、压力容器、压力管道及特种设备结构及制造基础知识；检测人员应了解受检工件的材质、规格、焊接工艺、缺陷可能产生的部位等。

A4.5　检测责任工程师，有责任保证检测方法有效实施，有权拒绝不符合本指导书规定的工况条件下的检测工作。

A5　检测设备、器材和材料

A5.1　磁粉检测仪

A5.1.1　磁粉检测设备应符合JB/T 8290的规定。

A5.1.2　我院采用仪器型号为某型号。

A5.1.3　当使用磁轭最大间距时，交流电磁轭至少应有45N的提升力，直流电磁轭至少应有177N的提升力，交叉磁轭至少应有118N的提升力（磁极与试件表面间隙为0.5mm）。

A5.1.4　黑光辐照度及波长

当采用荧光磁粉检测时，使用的黑光灯在工件表面的黑光辐照度应大于或等于$1000\mu W/cm^2$，黑光的波长应为320～400nm，峰值波长约为365nm，黑光源应GB/T 5097的规定。

A5.1.5　辅助器材

一般包括：磁场强度计，A_1型、C型、D型和M_1型试片，磁悬液浓度沉淀管，2～10倍放大镜，白光照度计，黑光灯，黑光辐照计，毫特斯拉计。

A5.2　磁粉、载液及磁悬液

A5.2.1　磁粉

磁粉应具有高磁导率、低矫顽力和低剩磁，并应与被检工件表面颜色有较高的对比度。磁粉粒度和性能的其他要求应符合JB/T 6063的规定。

A5.2.2　载液

湿法应采用水或低黏度油基载液作为分散媒介。若以水为载液时，应加入适当的防锈剂和表面活性剂，必要时添加消泡剂。油基载液的黏度在38℃时小于或等于$3.0mm^2/s$，使用温度下小于或等于$5.0mm^2/s$，闪点不低于94℃，且无荧光和无异味。

A5.2.3　磁悬液

磁悬液浓度应根据磁粉种类、粒度、施加方法和被检工件表面状态等因素来确定。一般情况下，磁悬液浓度范围应符合表A1的规定。测定前应对磁悬液进行充分的搅拌。

表 A1　磁悬液浓度

磁粉类型	配制浓度/(g/L)	沉淀浓度(含固体量)/(ml/100ml)
非荧光磁粉	10～25	1.2～2.4
荧光磁粉	0.5～3.0	0.1～0.4

A5.3　标准试片

A5.3.1　标准试片主要用于检验磁粉检测设备、磁粉和磁悬液的综合性能，了解被检工件表面有效磁场强度和方向、有效检测区以及磁化方法是否正确。A 型、C 型和 D 型标准试片应符合 GB/T 23907 的规定。

A5.3.2　磁粉检测时一般应选用 A-30/100 型标准试片。当检测焊缝坡口等狭小部位，由于尺寸关系，A 型标准试片使用不便时，一般可选用 C-15/50 型标准试片。用户需要时可用 D 型试片，为了更准确地推断出被检工件表面的磁化状态，当用户需要或技术文件有规定时，可选用 M_1 型标准试片。

A5.3.3　标准试片使用方法

标准试片适用于连续磁化法，使用时，应将试片无人工缺陷的面朝外。为使试片与被检面接触良好，可用透明胶带将其平整粘贴在被检面上，并注意胶带不能覆盖试片上的人工缺陷。

标准试片表面有锈蚀、褶皱或磁特性发生改变时不得继续使用。

A6　磁化方法选择

A6.1　纵向磁化

检测与工件轴线方向垂直或夹角大于或等于 45° 的缺陷时，应使用纵向磁化方法。纵向磁化可用下列方法获得：线圈法、磁轭法。

A6.2　周向磁化

检测与工件轴线方向平行或夹角小于 45° 的缺陷时，应使用周向磁化方法。周向磁化可用下列方法获得：轴向通电法、触头法、中心导体法。

A6.3　复合磁化

复合磁化可以发现工件上所有方向的缺陷。复合磁化法包括交叉磁轭法和交叉线圈法等多种方法。

A6.4　焊缝的典型磁化方法

磁轭法、触头法、绕电缆法和交叉磁轭法的典型磁化方法参见 NB/T 47013.4—2015 标准附录 B。被检工件的每一被检区至少进行两次独立的检测，两次检测的磁力线方向应大致垂直。

A7　确定磁化规范

A7.1　磁场强度

磁场强度可用标准试片来确定磁场强度是否合适。

A7.2　触头法

当采用触头法局部磁化大工件时，磁化规范见表 A2。

表 A2　触头法磁化电流值

工件厚度 T/mm	电流值 I/A
$T<19$	(3.5～4.5)倍触头间距
$T\geq19$	(4～5)倍触头间距

采用触头法时，电极间距应控制在 75～200mm 之间。磁场的有效宽度为触头中心线两侧 1/4 极距，通电时间不应太长，电极与工件之间应保持良好的接触，以免烧伤工件。两次磁化区域间应有不小于 10% 的磁化重叠区。检测时磁化电流应根据标准试片实测结果来校正。

A7.3 磁轭法

磁轭的磁极间距应控制在 75～200mm 之间，检测的有效区域为两极连线两侧各 50mm 的范围内，磁化区域每次就有不少于 10% 的重叠。

采用磁轭法磁化工件时，其磁化电流应根据标准试片实测结果来选择；如果采用固定式磁轭磁化工件，应根据标准试片实测结果校验灵敏度是否满足要求。

A7.4 线圈法

线圈法产生的磁场平行于线圈的轴线。其有效磁化区域：低充填因数线圈法为从线圈中心向两侧分别延伸至线圈端外侧各一个线圈半径范围内；中充填因数线圈法为从线圈中心向两侧分别延伸至线圈端外侧各 100mm 范围内；高充填因数线圈法或缠绕电缆法为从线圈中心向两侧分别延伸至线圈端外侧各 200mm 范围内。超出该规定区域的有效磁化区应采用标准试片进行验证。

A8 质量控制

磁粉检测用设备、仪表及材料应定期校验。

A8.1 综合性能试验

每天检测工作开始前，用标准试片、标准试块检验磁粉检测设备及磁粉和磁悬液的综合性能（系统灵敏度）。

A8.2 磁悬液浓度测定

对于新配制的磁悬液，其浓度应符合表 A1 的要求。

A8.3 磁悬液润湿性能检验

每天工作前，进行磁悬液润湿性能检验。将磁悬液施加在被检工件表面上，如果磁悬液的液膜是均匀连续的，则磁悬液的润湿性能合格；如果液膜被断开，则磁悬液中润湿性能不合格。

A8.4 电磁轭提升力校验

电磁轭的提升力至少半年校验一次。在磁轭损伤修复后应重新校验。

A8.5 辅助仪表校验

磁粉检测用的辅助仪表，如黑光辐照计、照度计、磁场强度计、毫特斯拉计等，至少每年校验一次。

A9 安全防护

A9.1 通电法和触头法检验不应在易燃易爆的场合使用；使用在其他地方，也应该预防意外烧伤。

A9.2 使用水磁悬液检测锅炉、压力容器及压力管道时，应防止绝缘不良或电器短路。

A9.3 使用荧光磁粉检测时，黑光灯的滤光板不得有裂纹，应避免黑光灯直接照射人的眼睛。

A10 磁粉检测程序

A10.1 被检工件表面的准备

A10.1.1 工件表面

被检工件表面不得有油脂、铁锈、氧化皮或其他黏附磁粉的物质。表面的不规则状态不得影响检测结果的正确性和完整性，否则应做适当的修理。如打磨，则打磨后被检工件的表面粗糙度 $Ra \leqslant 25\mu m$。如果被检工件表面残留有涂层，当涂层厚度均匀且不超过 0.05mm、不影响检测结果时，经合同各方同意，可以带涂层进行磁粉检测。

使用水磁悬液，工件表面要彻底除油。

使用油磁悬液，工件表面要彻底除水。

A10.1.2 安装接触垫

采用通电法和触头法磁化时，为了防止电弧烧伤工件表面和提高导电性能，应将工件和电极接触部分清除干净，必要时应在电极上安装接触垫。

A10.1.3　封堵

若工件有盲孔和内腔，宜加以封堵。

A10.1.4　反差增强剂

为增强对比度，可以使用反差增强剂。

A10.1.5　检测时机

焊接接头的磁粉检测应安排在焊接工序完成之后进行。对于有延迟裂纹倾向的材料，磁粉检测应根据要求至少在焊接成24h后进行。除另有要求，对于紧固件和锻件的磁粉检测应安排在最终热处理之后进行。

A10.2　检测方法

A10.2.1　连续法

采用连续法时，被检工件的磁化、施加磁粉的工艺以及观察磁痕显示都应在磁化通电时间内完成，通电时间为1~3s，停施磁悬液至少1s后方可停止磁化。为保证磁化效果应至少反复磁化两次。

A10.2.2　湿法

湿法用于连续法和剩磁法检测。采用湿法时，应确认整个检测面被磁悬液湿润后，再施加磁悬液。

A10.2.3　磁悬液的施加可采用喷、浇、浸等方法，不宜采用刷涂法。无论采用哪种方法，均不应使检测面上磁悬液的流速过快。

A10.2.4　交叉磁轭法

使用交叉磁轭装置时，四个磁极端面与检测面之间应尽量贴合，最大间隙不应超过0.5mm。连续拖动检测时，检测速度应尽量均匀，一般不应大于4m/min。

A10.2.5　荧光磁粉法

在用承压设备检测时，其内壁宜采用荧光磁粉方法进行检测。如制造时采用高强度钢以及对裂纹（包括冷裂纹、热裂纹、再热裂纹）敏感的材料；或长期工作在腐蚀介质环境下，有可能发生应力腐蚀裂纹的场合，其内壁采用荧光磁粉方法进行检测。

A10.3　磁痕显示的观察和记录

A10.3.1　磁痕的分类

磁痕显示分为相关显示、非相关显示和伪显示。

A10.3.2　长度与宽度之比大于3的磁痕，按条状磁痕处理，长度与宽度之比不大于3的磁痕，按圆形磁痕处理。

A10.3.3　长度小于0.5mm的磁痕不计。

A10.3.4　两条或两条以上磁痕在同一直线上且间距不大于2mm时，按一条磁痕处理，其长度为两条磁痕之和加间距。

A10.3.5　磁痕的观察应在磁痕形成后立即进行。

A10.3.6　非荧光磁粉检测时，磁痕的评定应在可见光下进行，通常工件被检表面可见光照度应大于等于1000lx；当现场采用便携式设备检测，由于条件所限无法满足光照要求时，可见光照度可以适当降低，但不得低于500lx。

A10.3.7　荧光磁粉检测时，所用黑光灯在工件表面的辐照度大于或等于$1000\mu W/cm^2$，黑光波长应在320~400nm的范围内，磁痕显示的评定应在暗室或暗处进行，暗室或暗处可见光照度应不大于20lx。

检测人员进入暗区，至少经过5min的黑暗适应后，才能进行荧光磁粉检测。观察荧光磁粉检测显示时，检测人员不准戴对检测有影响的眼镜。

A10.3.8　除能确认磁痕是由于工件材料局部磁性不均或操作不当造成的之外，其他磁痕显示均应作为缺陷处理。当辨认细小磁痕时，应用 2～10 倍放大镜进行观察。

A10.3.9　磁痕记录

照相：用照相摄影记录缺陷磁痕时，要尽可能地拍摄工件的全貌和实际尺寸，也可以拍摄工件的某一特征部位，以便了解磁痕的位置。为了了解磁痕的大小和形状，应和刻度尺一起拍摄，以便读取尺寸。

贴印：利用透明胶纸粘贴复印磁痕的方法。将工件表面有缺陷部位清洗干净，施加用乙醇配制的低深浓度黑磁粉磁悬液，在磁痕形成后，轻轻漂洗掉多余的磁粉，待磁痕干后用透明胶纸粘贴复印磁痕显示，均匀按压后揭下，再贴在记录格上，连同表明磁痕在工件上位置的资料一起保存。

摹绘：在草图上或表格中摹绘，记录缺陷磁痕的位置、形状、尺寸和数量。

A10.4　复验

当出现下列情况之一时，需要复验：

a. 检测结束时，用标准试片或标准试块验证检测灵敏度不符合要求时；

b. 发现检测过程中操作方法有误或技术条件改变时；

c. 合同各方有争议或认为有必要时；

d. 对检测结果有怀疑时。

A10.5　下游处理

工件磁粉检测完成后应作下游处理：清洗工件表面，包括孔中、裂缝和通路中的磁粉；使用水磁悬液检验，为防止工件生锈，可用脱水防锈油处理；如果使用过封堵，应去除；如果涂覆了反差增强剂，应清洗掉；不合格工件应隔离。

A11　磁粉检测质量分级

A11.1　不允许有任何裂纹显示；紧固件和轴类零件不允许有任何横向缺陷显示。

A11.2　焊接接头的磁粉检测质量分级

焊接接头的磁粉检测质量分级见表 A3。

表 A3　焊接接头的磁粉检测质量等级

等级	线性缺陷	圆形缺陷（评定框尺寸 35mm×100mm）
Ⅰ	$l \leqslant 1.5$	$d \leqslant 2.0$，且在评定框内少于或等于 1 个
Ⅱ	大于Ⅰ级	

注：l 表示圆形缺陷磁痕长度，d 表示圆形缺陷磁痕长径，单位为 mm。

A11.3　材料和零部件的磁粉检测质量分级

材料和零部件的磁粉检测质量等级见表 A4。

表 A4　材料和零部件的磁粉检测质量等级

等级	线性缺陷	圆形缺陷（评定框尺寸 2500mm²，其中一条矩形边的最大长度为 150mm）
Ⅰ	不允许	$d \leqslant 2$，且在评定框内少于或等于 1 个
Ⅱ	$l \leqslant 4$	$d \leqslant 4$，且在评定框内少于或等于 2 个
Ⅲ	$l \leqslant 8$	$d \leqslant 6$，且在评定框内少于或等于 4 个
Ⅳ	大于Ⅲ级	

注：l 表示圆形缺陷磁痕长度，d 表示圆形缺陷磁痕长径，单位为 mm。

A12　磁粉检测报告

磁粉检测报告至少应包括以下内容：

a. 委托单位、被检工件名称和编号；

b. 被检工件材质、热处理状态及表面状态；

c. 检测装置的名称和型号；

d. 磁粉种类及磁悬液浓度和施加磁粉的方法；

e. 磁化方法及磁化规范；

f. 检测灵敏度校验及标准试片、标准试块；

g. 磁痕记录及工件草图（或示意图）；

h. 检测结果及质量等级评定、检测标准名称和验收等级；

i. 检测人员和审核人员签字及其技术资格；

j. 检测日期。

检测记录和报告应准确、完整，并经相应责任人员签字认可。

检测记录和报告等保存期不得少于 7 年。7 年后，若用户需要可转交用户保管。

A13　相关记录

磁粉检测工艺记录卡。

磁粉检测报告。

第7章 声发射检测

7.1 声发射检测原理与检测仪器

7.1.1 声发射检测的基本原理

材料中局域源快速释放能量产生瞬态弹性波的现象称为声发射（Acoustic Emission, AE），有时也称为应力波发射。材料在应力作用下的变形与裂纹扩展，是结构失效的重要机制。这种直接与变形和断裂机制有关的源，被称为声发射源。流体泄漏、摩擦、撞击、燃烧等与变形和断裂机制无直接关系的另一类弹性波源，被称为其他或二次声发射源。

声发射是一种常见的物理现象，各种材料声发射信号的频率范围很宽，从几赫兹的次声频、20Hz～20kHz 的声频到数兆赫兹的超声频；声发射信号幅度的变化范围也很大，从 10～13m 的微观位错运动到 1m 量级的地震波。如果声发射释放的应变能足够大，就可产生人耳听得见的声音。大多数材料变形和断裂时有声发射发生，但许多材料的声发射信号强度很弱，人耳不能直接听见，需要借助灵敏的电子仪器才能检测出来。用仪器探测、记录、分析声发射信号和利用声发射信号推断声发射源的技术称为声发射技术，人们将声发射仪器形象地称为材料的听诊器。

7.1.2 传感器与信号电缆

声发射源（缺陷）是在外力诱导下材料微观滑移和断裂发出的一种微观脉冲机械振动。声发射检测就是检测和接收这种机械振动，进行分析并判断声发射源（缺陷）的信息。每个声发射信号都包含着很宽的频率谱，其频率范围可以从几赫兹到几百兆赫，因此，在进行声发射检测工作时，应根据缺陷产生的声发射的大致频率范围，选择一个最适合的频率窗口，以便滤去噪声的干扰，进行频率滤波。目前，普遍采用的方法是根据材料压电效应原理进行声发射信号的采集。

（1）压电效应 当某些电介质沿一定方向受外力作用而变形时，在其一定的两个表面上产生正负异号电荷，当外力去掉后，又恢复到不带电的状态，这种现象就被称为正压电效应。当在电介质的极化方向施加电场，某些电介质在一定的方向上将产生机械变形或机械应力，当外电场撤去后，变形或应力也随之消失，这种物理现象称为逆压电效应。压电效应是可逆的，它是正压电效应和逆压电效应的总称。习惯上把正压电效应称为压电效应。电介质受力所产生的电荷与外力的大小成正比，比例系数为压电常数，它与机械形变方向有关，对一定材料一定方向则为常量。电介质受力产生电荷的极性取决于变形的形式（压缩或伸长）。

具有明显压电效应的材料称为压电材料，常用的有石英晶体、铌酸锂 $LiNbO_3$、镓酸锂 $LiGaO_3$、锗酸铋 $Bi_{12}GeO_{20}$ 等单晶和经极化处理后的多晶体如钛酸钡压电陶瓷、锆钛酸铅系列压电陶瓷 PZT。新型压电材料有高分子压电薄膜（如聚偏二氟乙烯 PVDF）和压电半导体（如 ZnO、CdS）。单晶材料的压电效应是由于这些单晶受外应力时其内部晶格结构变形，使原来宏观表现的电中性状态被破坏而产生电极化。经极化（一定温度下加以强电场）处理后的压电陶瓷、高分子压电薄膜的压电性是电畴、电极偶子取向极化的结果。

利用正压电效应制成的压电式传感器，将压力、振动、加速度等非电量转换成电量，从而进行精密测量。利用逆压电效应可制成超声波发生器、压电扬声器、频率高度稳定的晶体振荡器（如每昼夜误差$<2\times10^{-5}$ s 的石英钟、表）等。声发射检测元件就是利用压电效应原理将机械应力转换为电信号的。在声发射检测过程中，通常使用的是压电效应。

压电转换元件是一种典型的力敏元件，能测量最终可变换成力的那些物理量，例如压力、加速度、机械冲击和振动等，因此在声学、力学、医学和宇航等领域广泛应用，可根据检测目的和环境选择不同类型、不同频率和灵敏度的传感器。压电转换元件的主要缺点是无静态输出，要求有很高的电输出阻抗，需用低电容的低噪声电缆，很多压电材料的工作温度只有 250℃ 左右。

（2）传感器　当前，传感器通常由敏感元件、转换元件和转换电路组成，输出电学量。

敏感元件：直接感受被测量，并以确定关系输出某一物理量（包括电学量）。

转换元件：将敏感元件输出的非电物理量，如位移、应变、应力、光强等转换为电学量（包括电路参数量、电压、电流等）。

转换电路：将电路参数（如电阻、电感、电容等）量转换成便于测量的电量，例如电压、电流、频率等。

有些传感器只有敏感元件，如热电偶，它在测量物体温度时，热敏元件便产生电动势，因而在回路中形成一个一定大小的电流。有些传感器由敏感元件和转换元件组成，无须转换电路，例如压电式加速度传感器。还有些传感器由敏感元件和转换电路组成，如电容式位移传感器。有些传感器，转换元件还不止一个，要经若干次转换才输出电量。

目前，由于空间的限制或者技术等原因，转换电路一般不和敏感元件、转换元件装在一个壳体内，而是装在电箱内。但不少传感器需通过转换电路才能输出便于测量的电量，而转换电路的类型又与不同工作原理的传感器有关。因此，把转换电路作为传感器的组成环节之一。

传感器的种类繁多，应用极广。但为了满足各种参数的检测，除了需要研制新型敏感元件、增加元件品种以及改善其性能外，还需用正确的构成传感器的方法，即用敏感元件、转换元件、转换电路的不同组合方法，去达到检测各种参数的目的。

声发射传感器一般由壳体、保护膜、压电元件、阻尼块、连接导线及高频插座组成。压电元件通常采用锆钛酸铅、钛酸钡和铌酸锂等。根据不同的检测目的和环境采用不同结构和性能的传感器。其中，谐振式高灵敏度传感器是声发射检测中使用最多的一种。单端谐振式传感器的结构简单，如图 7-1 所示。将压电元件的负电极面用导电胶粘贴在底座上；另一面焊出一根很细的引线与高频插座的芯线连接，外壳接地。

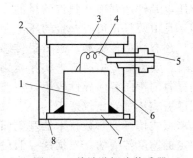

图 7-1　单端谐振式传感器

1—压电元件；2—壳；3—上盖；4—导线；
5—高频插座；6—吸收剂；7—底座；8—保护

① 传感器的耦合和安装。声发射信号经传输介质、耦合介质、换能器、测量电路而获取，以下可看出接收到的信号影响因素很多。因此，在传感器表面和检测面的耦合以及传感器的安装等细节方面都要严格要求。

声发射源$s(t), S(\omega)$ →　| 传输介质$m(t), M(\omega)$
耦合介质$c(t), C(\omega)$
传感器$x(t), X(\omega)$ |　→ 输出信号$f(t), F(\omega)$

a. 耦合剂。使用耦合剂的目的首先是充填接触面之间的微小空隙，不使这些空隙间的微量空气影响声波的穿透；其次是通过耦合剂的"过渡"作用，使传感器与检测面之间的声阻抗差减小，从而减小能量在此界面的反射损失。另外，还起到"润滑"作用，减小传感器面与检测面之间的摩擦。

耦合剂的好坏与得到的信号质量密切相关。质量不好的耦合剂可使声波能量损失，分辨力降低，甚至损坏传感器。耦合剂的性能要求如下：

声衰减系数小，透声良好；声阻抗介于传感器的面材与检测面之间，匹配良好；黏附力低，容易擦掉；黏滞性适中，使用时不会流淌，又容易挤出；保湿性适中，不容易干燥；外观上色泽鲜明，透明度高，不含气泡；均匀性好，不含颗粒或杂质，使用时不堵塞管口；稳定性好，不变色、不改变稠度、不分层、不析出、不变质；不腐蚀或损坏传感器。

因此，提高检测率、减少耦合影响、降低检测成本有着重要意义。常用耦合剂为硅脂。

b. 固定方法。传感器的固定方法主要包括机械固定、黏接固定和磁吸附固定方式。选择何种固定方式主要根据传感器的类型、待测面表面情况和对声发射信号的影响情况所决定。

c. 波导。有些情况不能将声发射传感器直接放在被测试对象的表面，例如高温、高压、低温、表面疏松等，而需要通过波导实现声连接，即通过波导接收声发射信号。常见的波导有金属棒或金属管组成的波导，一端固定（焊接或机械连接）在检测对象表面，另一端面上放置声发射传感器。

② 传感器的分类及用途。传感器是声发射检测系统的重要部分，是影响系统整体性能的重要因素。传感器设计不合理，或许使得接收到的信号和希望接收到的声发射信号有较大差别，直接影响采集到的数据真实度和数据处理结果。在声发射检测中，大多使用的也是谐振式传感器和宽带响应的传感器。传感器的主要类型有：高灵敏度传感器，是应用最多的一种谐振式传感器；宽频带传感器，通常由多个不同厚度的压电元件组成，或采用凹球面形与楔形压电元件达到展宽频带的目的；高温传感器，通常由铌酸锂或钛酸铅陶瓷制成；差动传感器，是由两只正负极差接的压电元件组成的，输出相应的差动信号，信号因叠加而增大；此外，还有微型传感器、磁吸附传感器、低频抑制传感器和电容式传感器等。

就声发射源定位而言，实际运用中大量遇到的是结构稳定的金属材料（如压力容器等），这类材料的声向各向异性较小，声波衰减系数也很小，频带范围大多是 $25\sim750$ kHz，因此选用谐振式传感器比较适合。

谐振式传感器参数技术的基础归结于两个基本假设：声发射是阻尼正弦波；声波是以某一固定的速度传播的。根据这一假设，对声发射信号参数，如上升时间、峰值幅度、持续时间等测量、记录所得到的声发射特征是合理的。传播特性上，谐振传感器技术参数的假设意味着传播信号除了单纯衰减以外，它的声波形状是不变的。它是以不变的波形和不变的声速获取声发射信号的参数。

事实上，大部分在工程应用的构件是厚度为 $2\sim30$ mm 的板材，在板材中，包括使用广泛的实验室试件，传输的声波都不是一个单一的传播模式，而是在每一种模式中包括以不同波速传播的多种频率在内的多种波形模式，其中在某一特定情况下，某种传播模式占优。

a. 宽带传感器。在失去了与源有关的力学机理的情况下，用谐振式传感器来测量声发射信号有其他的局限性。为了测量到更加接近真实的声发射信号来研究声源特性，就需使用宽带传感器（图 7-2）来获取更广频率范围的信号。宽带响应的传感器的主要优点是采集到的声发射信号丰富、全面，当然其中也包含着噪声信号。传感器是宽带、高保真位移或速度传感器，以便捕捉到真实的波形。

b. 谐振传感器。金属材料和其他应用场合常使用公称频率 150kHz 的谐振式窄带传感器来测量工程材料的声发射信号，采用计数、幅度、上升数据、持续数据、能量这些传统的声发射参数。窄带谐振式传感器灵敏度较高并且有很高的信噪比，价格便宜，规格多，如知晓声源传播基本特性、想获取某一频带范围的AE信号来进行处理或想提高系统灵敏度，选择合适型号的谐振式传感器比较好，如声源定位。应当指出所谓谐振式窄带传感器并不是只对某频率信号敏感，而是对某频率带信号敏感，对其他频率带信号灵敏度较低。

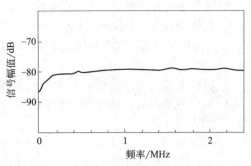

图 7-2　宽带传感器的幅频特性曲线

c. 特殊传感器。凡是能将物体表面振动声波转变成电量的传感器都可作为声发射传感器，因此那些在超声检测领域中的各种类型传感器都有可能作为声发射传感器，例如光学原理测物体表面微小位移的传感器、电磁原理测物体表面微小位移的传感器等。但由于声发射信号相对而言更弱小，大多数非压电原理的传感器灵敏度不够，只能用于特殊情况。

另一类采用压电原理的特殊声发射传感器为转变指定声波振动方向的振动量，如平行测试物体表面的振动量和垂直测试物体表面的振动量等。由于这类传感器的实际效果有待验证，目前仅见用于研究和特殊情况。

d. 传感器的选择。传感器的选择应根据被测声发射信号来确定。首先是了解被测声发射信号的频率范围和幅度范围，包括有可能存在的噪声信号。可以是经验了解，如钢材中焊接缺陷产生的声发射源实验结果认为信号频率范围在 $25\sim750\mathrm{kHz}$ 内等，但有条件最好实际测试确定，然后选择对感兴趣的声发射信号灵敏、对噪声信号不灵敏的传感器进行检测。

（3）信号电缆　从前置放大器到声发射检测仪主体，往往需要很长的信号传输线和前置放大器的供电电缆，在前置放大器和主放大器也需要进行信号传输，通常需要采用信号电缆实现。信号电缆包括同轴电缆、双绞电缆和光导纤维电缆。

① 同轴电缆。同轴电缆是由一根空心的外圆柱导体和一根位于中心轴线的内导线组成，内导线和圆柱导体及外界之间用绝缘材料隔开。根据传输频带的不同，可分为基带同轴电缆和宽带同轴电缆两种类型：

基带：数字信号，信号占整个信道，同一时间内能传送一种信号。

宽带：可传送不同频率的信号。

广泛使用的同轴电缆有两种：一种为 50Ω（指沿电缆导体各点的电磁电压对电流之比）同轴电缆，用于数字信号的传输，即基带同轴电缆；另一种为 75Ω 同轴电缆，用于宽带模拟信号的传输，即宽带同轴电缆。同轴电缆以单根铜导线为内芯，外裹一层绝缘材料，外覆密集网状导体，最外面是一层保护性塑料。金属屏蔽层能将磁场反射回中心导体，同时也使中心导体免受外界干扰，故同轴电缆比双绞线具有更高的带宽和更好的噪声抑制特性。

同轴电缆的这种结构，使它具有高带宽和极好的噪声抑制特性。声发射仪器中使用的同轴电缆为高质量的 75Ω 或 50Ω 同轴电缆，用于传感器与前置放大器之间和前置放大器与主放大器之间的模拟声发射信号传输。当被测物体温度较高时，传感器与前置放大器之间用于信号传输的同轴电缆采用耐高温电缆，以抵御高温的影响。

由于声发射信号幅度值通常很小，传感器输出端一般不超过 $100\mathrm{mV}$，为避免过大的信号衰减和信噪比降低，同轴电缆的应用一般不超过 $100\mathrm{m}$。

主要电气参数：

a. 同轴电缆的特性阻抗：同轴电缆的平均特性阻抗为 $(50\pm2)\Omega$，沿单根同轴电缆的阻抗的周期性变化为正弦波，中心平均值±3Ω，其长度小于 2m。

b. 同轴电缆的衰减：一般指 500m 长的电缆段的衰减值。当用 10MHz 的正弦波进行测量时，它的值不超过 8.5dB（17dB/km）；而用 5MHz 的正弦波进行测量时，它的值不超过 6.0dB（12dB/km）。

c. 同轴电缆的传播速度：需要的最低传播速度为 0.77C（C 为光速）。

d. 同轴电缆直流回路电阻：电缆的中心导体的电阻与屏蔽层的电阻之和不超过 10mΩ/m（在 20Ω 下测量）。

② 双绞电缆。双绞电缆（TP）：将一对以上的双绞线封装在一个绝缘外套中，为了降低信号的干扰程度，电缆中的每一对双绞线一般是由两根绝缘铜导线相互扭绕而成，也因此把它称为双绞线。双绞线是现在最普通的传输介质，它由两条相互绝缘的铜线组成，典型直径为 1mm。两根线绞接在一起是为了防止其电磁感应在邻近线对中产生干扰信号。

双绞线分为非屏蔽双绞线（UTP）和屏蔽双绞线（STP）两类。目前市面上出售的 UTP 分为 3 类、4 类、5 类和超 5 类四种：

3 类：传输速率支持 10Mbps，外层保护胶皮较薄，皮上注有 "cat3"。

4 类：网络中不常用。

5 类（超 5 类）：传输速率支持 100Mbps 或 10Mbps，外层保护胶皮较厚，皮上注有 "cat5"。

超 5 类双绞线在传送信号时比普通 5 类双绞线的衰减更小，抗干扰能力更强，在 100Mb 网络中，受干扰程度只有普通 5 类线的 1/4，目前较少应用。

屏蔽式双绞线具有一个金属甲套（Sheath），对电磁干扰 EMI（Electromagnetic Interference）具有较强的抵抗能力。

声发射仪器中仅用双绞电缆传输数字信号，如采用前端数字化的声发射检测系统。

③ 光导纤维电缆。光导纤维电缆是由一组光导纤维组成的用来传播光束的、细小而柔韧的传输介质。应用光学原理，由光发送机产生光束，将电信号变为光信号，再把光信号导入光纤，在另一端由光接收机接收光纤上传来的光信号，并把它变为电信号，经解码后再处理。与其他传输介质比较，光纤的电磁绝缘性能好、信号衰减小、频带宽、传输速度快、传输距离大。主要用于要求传输距离大于 100m 的声发射应用。

光纤为圆柱状，由 3 个同心部分组成——纤芯、包层和护套，每一路光纤包括两根，一根接收，一根发送。用光纤作为网络介质的 LAN 技术主要是光纤分布式数据接口（Fiber-optic Data Distributed Interface，FDDI）。与同轴电缆比较，光纤可提供极宽的频带且功率损耗小、传输距离长（2km 以上）、传输率高（可达数千 Mbps）、抗干扰性强（不会受到电子监听），是构建安全性网络的理想选择。

光纤传输相对同轴电缆结构复杂，两端需要光电编码器和解码器，目前应用较少，但有可能成为长距离传输声发射信号的最佳选择。

④ 电缆中的噪声问题。电子设备中噪声有从信号电缆和电源电缆上产生的传导噪声和空间辐射的辐射噪声两大类。这两大类又分为共模噪声和差模噪声两种。差模传导噪声是电子设备内噪声电压产生的与电源电流或信号电流相同路径的噪声电流。减小这种噪声的方法是在电源线和信号线上串联电感（差模扼流圈）、并联电容或用电感和电容组成低通滤波器，减小高频的噪声。

共模传导噪声是在设备内噪声电压的驱动下，经过设备与大地之间的寄生电容，在电缆与大地之间流动的噪声电流。减小共模噪声的方法是在电源线或信号线中串联电感（共模扼流圈）、在导线与地之间并联电容器、使用 LC 滤波器。共模扼流圈是将电源线的火线和零线（或信号线和回流线）同方向绕在铁氧体磁芯上构成的，它对线间流动的差模电源电流和信号电流阻抗很小，而对两根导线与地之间流过的共模电流阻抗很大。

共模辐射是由于电缆端口上有共模电压，在这个共模电压的驱动下，从电缆到大地之间有共模电流流动而产生的。辐射的电场强度与观测点到电缆的距离成反比，（当电缆长度比电流的波长短时）与电缆的长度和频率成正比。减小这种辐射的方法有：通过在线路板上使用地线网格降低地线阻抗，在电缆的端口处使用共模扼流圈或 LC 低通滤波器。另外，尽量缩短电缆的长度和使用屏蔽电缆也能减小辐射。

⑤ 阻抗匹配。一件器材的输出阻抗和所连接的负载阻抗之间应满足某种关系，以免接上负载后对器材本身的工作状态产生明显的影响。对电子设备互连来说，例如信号源连放大器，前级连后级，只要后一级的输入阻抗大于前一级的输出阻抗 5~10 倍以上，就可认为阻抗匹配良好；对于放大器连接音箱来说，电子管机应选用与其输出端标称阻抗相等或接近的音箱，而晶体管放大器则无此限制，可以接任何阻抗的音箱。

⑥ 接头。同轴电缆两端可以连接 BNC 接头，BNC 接头由 BNC 接头本体、屏蔽金属套筒、芯线插针由三件组成，芯线插针用于连接同轴电缆芯线；剥好线后请将芯线插入芯线插针尾部的小孔中，用专用卡线钳前部的小槽用力夹一下，使芯线压紧在小孔中。

7.1.3　信号调理

（1）转换系数和灵敏度　传感器的输入端是力、位移或者速度，输出则为电压。可以认为力、位移或者速度转化为电压的整个系统为线性系统。在分析线性系统时，并不关心系统内部的各种不同的结构情况，而是要研究激励和响应同系统本身特性之间的联系。

一般的线性系统的激励与响应所满足的关系，可以用图 7-3 来表示：

传感器输出 $u(t)$ 是电学量的电压标量，输入 $d(t)$ 可以是表面原子的位移、力学量的力矢量 $F(x,t)$、速度矢量 $V(x,t)$ 等。简化处理假定只有垂直分量作用在传感器上，这样就可以建立输入与输出两组标量之间的转换关系。

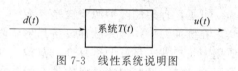

图 7-3　线性系统说明图

传感器有一定的大小，作用在每一点上的力学量不同，而实际测出的是作用在作用面上的平均值。传感器的输入和它所在的位置有关，假定传感器所在区域的输入参量是均匀的，就可排除与位置的相关性。

传感器是否存在会改变所在部位的输入的大小，假定传感器的输入就是无传感器时的输入。

传感器与标定试块的机械阻抗匹配影响传感器的标定结果，通常声发射传感器采用钢材进行标定。

根据以上假定，传感器的灵敏度可以定义为：

$$|T(\omega)| = \left| \frac{U(\omega)}{D(\omega)} \right|$$

这里 T 为灵敏度，可用对数表示；ω 为频率；U 为传感器的输出电压；D 为表面原子的垂直位移分量或表面压力垂直分量。

（2）频率-灵敏度曲线和标定方法　传感器可以根据特定的校准方法，给出频率-灵敏度曲线，据此可根据检测目的和环境选择不同类型、不同频率和灵敏度的传感器。图 7-4 表示标定的频率-灵敏度曲线，表示铌酸锂传感器的频率特性，这条曲线是采用传感器接收表面单位时间产生的位移与传感器由此产生的电压之比表示灵敏度的方法测定的，在 0.4MHz 附近灵敏度最高，为 $7.5 \mathrm{kV/m \cdot s^{-1}}$。

在一般情况下，传感器的灵敏度要求不低于 $0.5 \mathrm{kV/m \cdot s^{-1}}$。由传感器接收到的信号转换为电信号后，由同轴屏蔽电缆馈送给前置放大器。在前置放大器中信号得到放大，提高信噪比。一般要求前置放大器具有 40~60dB 的增益，噪声电平不超过 $5\mu V$，并有比较大的输

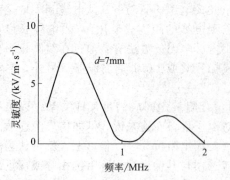

图 7-4　传感器的频率-灵敏度曲线

出动态范围和频率宽度。

声发射源的物理变化过程引起具有不同幅度、波形和频率的声发射信号，声发射传感器应真实地检测出声发射源的所有信息，也就是说，传感器将检测到的信号转换为电信号时，应尽量地减少畸变。

传感器的标定方法因激励源和传播介质不同，可以组成多种多样的方法，但是不管哪一种方法，目前都没有被普遍承认。激励源可分为噪声源、连续波源和脉冲波源三种类型。属于噪声源的有氢气喷射、应力腐蚀和金镉合金相变等；连续波源可以由压电传感器、电磁超声传感器和磁致伸缩传感器等产生；脉冲波源可以由电火花、玻璃毛细管破裂、铅笔芯断裂、落球和激光脉冲等产生。传播介质可以是钢、铝或其他材料的棒、板和块。

作为传感器标定的激励源，在测量的频率范围内，希望具有恒定的振幅。显然，没有一个模拟噪声源可以认为是真正的白噪声，提供一个振幅恒定的包括各种频率单纯正弦连续波也是难以做到的。单位脉冲函数 $\delta(t)$ 的振幅频谱为：

$$G(\omega) = \int_{-\infty}^{\infty} \delta(t) e^{-j\omega t} \, dt = 1$$

可见，理想的激励源应该是 δ 源。

在脉冲源中，激光脉冲设备昂贵，限制了它的应用；玻璃毛细管很难做到壁厚均匀，在使用中难以获得良好的重复性；落球法获得的信号频率低；电火花法受气候、湿度和其他因素影响；铅笔芯断裂法受操作人和材料表面条件影响。上述几种方法，都有人在进行研究。激光脉冲法的标定原理如图 7-5 所示，在一个大的铝块上置一水箱，利用二氧化碳脉冲激光器发出的激光光束与水的表面作用，在水中产生冲击波，用非接触的光学方法测量冲击波的压力，控制冲击波的强度。置于铝块下表面的待定传感器接收冲击波。

玻璃毛细管破裂方法是 C. C. Feng 等人提出的。这种方法的工作原理示见图 7-6，标定块为 762mm×762mm×381mm、质量为 2t 的软钢块，内部无缺陷（经无损检测），模拟源和待定传感器置于中心位置附近。传感器接收到信号的记录时间是 130μs，在记录时间内应不受边界反射波的影响。传感器接收的信号经放大和滤波后，由瞬态记录仪存储记录，经计算机进行频谱分析，其结果由 X-Y 记录仪记录。玻璃毛细管的直径为 0.25～0.3mm，用一个石英力规测量压破玻璃管的力。用电容传感器作为标准传感器测量由于玻璃毛细管破裂产生脉冲波的垂直位移 δ，实际测得的结果与根据以下理论计算公式得出的结果进行比较：

$$\delta = \frac{F(1 - \sigma^2)}{\pi E r}$$

其中，F 为作用力；σ 为标定块的泊松比；E 为弹性模量；r 为传感器与加载点的距离。

电火花法是在两个电极上加高压电源，使极间的空气击穿，空气击穿产生的声波入射到固体介质表面转换为表面波。也可以将标定块（金属介质）作为一个电极，另一个电极和它之间直接产生火花（图 7-7）。当入射角满足

$$\sin\alpha = \frac{C_{空气}}{C_{表面}}$$

时（$C_{空气}$ 与 $C_{表面}$ 分别为空气与标定块表面的声速），将在固体表面激励出频率丰富的表面波。对钢或铝一类的标定块来说，α 大约在 7°。这种方法容易使标定块表面受蚀。

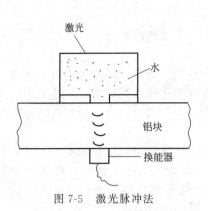

图 7-5 激光脉冲法

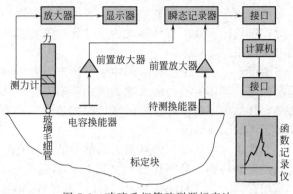

图 7-6 玻璃毛细管破裂源标定法

断裂铅笔芯也可以产生一个阶跃函数形式的点源力。采用直径为 0.3mm 的 2H 石墨铅笔芯代替图 7-6 中的玻璃毛细管，就是铅笔芯断裂源的标定方法。这种方法简单、经济、重复性好，而且调节铅笔芯直径、长度和倾角就可以改变力的大小和方向。载荷突然释放的时间与玻璃毛细管

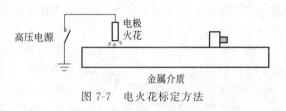

图 7-7 电火花标定方法

相近（<0.1μs），适当地配用力规也可以测出力的大小，铅笔芯断裂源的大致结构如图 7-8 所示。采用阶跃点力产生弹性波的格林函数数值计算方法，计算 40μs 接收波形结果与实验相一致。铅笔芯断裂源设备简单、容易携带，常应用于工程应用现场的传感器标定。

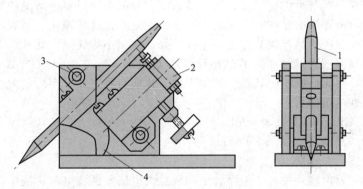

图 7-8 铅笔芯模拟声源

1—铅笔；2—应力规；3—支点；4—弹簧

在实际标定传感器的工作中，标定块尺寸总是有限的，但是只要标定块的厚度大于三倍瑞利波波长，在标定块表面传播的波形主要就是瑞利波。对于每一个 δ 源的作用，传感器响应的振铃持续时间约为 100μs，在这段时间内，需要避免边界反射波的干扰，就是说标定块尺寸应足够大。对传感器的响应函数 $u(t)$ 频谱分析，即傅氏展开如下

$$Fu(t) = U(\omega) = \int_{-\infty}^{\infty} u(t)\mathrm{e}^{-\mathrm{j}\omega t}\,\mathrm{d}t$$

考虑到响应函数的持续时间（几百毫秒），积分限可由 $-\infty \sim \infty$ 变为 $b \sim a$，b 是传感器开始响应的时间，a 是响应终了的时间，即

$$Fu(t) = U(\omega) = \int_{b}^{a} u(t)\mathrm{e}^{-\mathrm{j}\omega t}\,\mathrm{d}t$$

这样可避免边界反射波的影响，有人称积分限为"时间窗口"。

对标定块除了要求有足够大的尺寸外，还要求其表面具有足够的光洁度，以避免表面对波的衰减作用。

多通道声发射系统工程应用中还常用声发射传感器自身产生声发射信号来进行传感器性能简易标定。具体方法是输入给系统中某声发射传感器电脉冲使其产生声信号并在应用对象中传播，其他传感器接收这个信号，根据接收信号的有无、幅度大小、波形频率特征等情况判断传感器的工作情况。

（3）前置放大器　传感器输出的信号的电压有时低至微伏数量级，这样微弱的信号，若经过长距离的传输，信噪比必然要降低。靠近传感器设置前置放大器，将信号提到一定程度，常用有 34dB、40dB 或 60dB 三种，再经过高频同轴电缆传输给信号的处理单元。前放的输入是传感器输出的模拟信号，输出是放大后的模拟信号。前放是模拟电路。

传感器的输出阻抗比较高，前置放大器需要具有阻抗匹配和变换的功能。有时传感器的输出信号过大，要求前置放大器具有抗电冲击的保护能力和阻塞现象的恢复能力。并且具有比较大的输出动态范围。

前置放大器的一个主要技术指标是噪声电平，一般应小于 $7\mu V$。有些特殊用途的前置放大器，噪声电平应小于 $2\mu V$。对于单端传感器要配用单端输入前置放大器，对于差动传感器要配用差动输入前置放大器，后者比前者具有一定的抗共模干扰能力。前置放大器一般采用宽频带放大电路。频带宽度可以在 50kHz 到 2MHz 范围内，在通频带内增益的变动量不超过 3dB。使用这种前置放大器时，往往插入高通或者带通滤波器抑制噪声。这种电路结构的前置放大器适应性强，应用较普遍。但也有采用调谐或电荷放大电路结构的前置放大器。

综上所述，在声发射系统中，前置放大器占有重要的地位，整个系统的噪声由前置放大器的性能所左右。前置放大器在整个系统中的作用就是要提高信噪比，要有高增益和低噪声的性能。除此以外，还要具有调节方便、一致性好、体积小等优点。此外，由于声发射检测通常在强的机械噪声（频带通常低于 50kHz）、液体噪声（通常 100kHz～1MHz）和电气噪声的环境中进行，因此前放还应具有一定的强抗干扰能力和排除噪声的能力。

前放的主要性能指标为：

放大倍数：34dB、40dB 或者 60dB。

通频带：50～300kHz、20～1000kHz 等。

输入噪声电压：$<5\mu V$。

前置放大器主要由输入级放大电路、中间级放大电路、滤波电路、输出级电路组成。输入级前置放大是控制噪声的关键部分，最好选用超低噪声的宽带集成放大器；中间级放大电路主要作用是提高放大电路，采用宽带、高增益、低噪声运算放大器，主要问题是如何防止和消除自励；滤波电路是有效地监测出我们所关心的声发射信号；输出级放大电路要选择低输出阻抗的运放，以便提高带负载能力。

前置放大器也可与传感器组成一体化的带前置放大器的传感器，即将前置放大器置入传感器外壳内，通常需要设计体积小的前置放大器电路。

① 主放大器。AE 信号经前置放大器前级放大后，通常需进行二级主放大以提高系统的动态范围。主放大器的输入信号是前放输出的模拟信号，输出是放大后的模拟信号，因此主放大器是模拟电路。

要求主放大器具有一定的增益，与前置放大器一样，要具有 50kHz～1MHz（或 2MHz）的频带宽度，在频带宽度范围内增益变化量不超过 3dB。另外，还要具有一定的负载能力和较大的动态范围。

通常主放大器提供给前置放大器直流工作电源，交流 AE 信号经隔直流后再进行主放大。为了更好地适应不同信号幅度大小、不同频带的 AE 信号，主放大器往往具有放大倍数调整、频带范围调节等功能。

② 滤波器。在声发射检测工作中，为了避免噪声的影响，在整个电路系统的适当位置（例如主放大器之前）插入滤波器，用以选择合适的"频率窗口"。滤波器的工作频率是根据环境噪声（多数低于 50kHz）及材料本身声发射信号的频率特性来确定的，通常在 $60\sim500$kHz 范围内选择。若采用带通滤波器，在确定工作频率 f 后，需要确定频率窗口的宽度，即相对宽度 $\Delta f/f$。若 $\Delta f/f$ 太宽，易于引入外界噪声，失去了滤波作用；若 $\Delta f/f$ 太窄，检测到的声发射信号太少，降低了检测灵敏度。因此，一般采用 $\Delta f = +0.1f\sim +0.2f$。此外，在确定滤波器的工作频率时，应注意滤波器的通频带要与传感器的谐振频率相匹配。滤波器可采用有源滤波器，也可采用无源滤波器，一般都要求衰减大于每倍频程 24dB。

也可采用软件数字滤波器进行信号滤波。软件数字滤波器的特点是设置使用灵活方便、功能强大，但需要首先要求信号波形数字化，有时会导致数据量过大，目前多通道情况下软件数字滤波实时性能较差。

（4）信号探测硬件设置

① 门槛比较器。为了剔除背景噪声，设置适当的阈值电压，也称为门限电压。低于所设置阈值电压的噪声被剔出，高于这个阈值电压的信号则通过。门槛比较器就是将输入声发射信号与设置的门槛电平进行比较、高则通过低则滤掉的硬件电路，通常是在模拟电路部分，但也可在数字电路中进行门槛比较。

② 门槛测量单元。门槛测量单元通常由声发射信号输入、门槛电平产生、门槛比较器及信号输出 4 部分组成，其中主要部分为门槛电平产生和门槛比较器。

门限电压可以分为固定门限电压和浮动门限电压两种。对于固定门限电压，可在一定信号水平范围内连续调整或者断续调整，可采用 D/A 数模转换器件产生需要的门槛电压。早期的门槛比较器电路采用施密特触发电路，由于电子器件集成化的发展，目前多采用电压比较器电路。

浮动门限的阈值电压随背景噪声的高低而浮动，如图 7-9 所示，能够最大限度地检测真正有用的声发射信号，基本上不受噪声起伏的影响。此外，也可以采用浮动门限表示连续型声发射信号的大小，观察其活动随时间的变化规律。

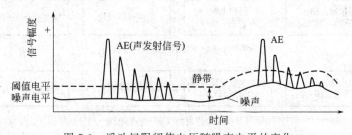

图 7-9　浮动门限阈值电压随噪声电平的变化

图 7-10 示出浮动门限的工作原理（电路方框图），它由一个噪声电平检波器、无倒向电压相加器和一个门限比较器组成。放大器的输出包括声发射信号和背景噪声信号，由噪声电平检波器检出噪声电平包络信号，这个信号与一个可控制的参考门限电平在无倒向电压相加器中相加，其输出就是浮动门限电平，将其作为参考电平输入给门限比较器，与主放大器的输出信号比较，若主放大器的输出信号高于浮动门限电平，比较器就有信号输出，反之则没有。

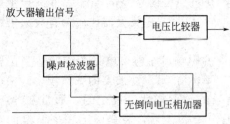

放大器输出信号

电压比较器

噪声检波器

无倒向电压相加器

图 7-10　浮动门限电路方框图

③ 由增益或门限确定的灵敏度。传感器灵敏度的定义是传感器电压幅度输出与给定声发射信号输入的比值，例如对某传感器采用声发射铅笔芯折断方式在指定的材料，如钢板，相距一定的距离（如 15m）产生的声发射信号使传感器输出 10mV 幅度电压信号。如同样条件对另一个传感器得到 12mV 输出信号，则认为后者比前者灵敏度高，是前者的 1.2 倍。声发射系统的灵敏度是对给定声发射信号系统输出的可分辨的输出信号，分辨率高、信号幅度大则认为灵敏度高，反之则灵敏度低。声发射系统的灵敏度主要由传感器灵敏度和放大器的增益或门限确定。

声发射检测中人们约定传感器输出的电信号 $1\mu V$ 为 0dB。其他经过增益放大得到的信号幅度和设在不同部位的门槛电压都可依此推算。例如 40dB 经前放后即放大 100 倍，得到 10V 幅度的信号，可推算出是 100dB 信号，而该前放后设置门槛电压 1V 则是 80dB 门槛电压。应该注意上述规定和推算没有考虑信号频率的影响，实际标定测试中会有一定误差。通常高频信号实际放大要小于标称放大。

由增益或门限确定灵敏度时要注意避免出现仅使用部分系统动态范围和超出动态范围两种情况，前者使信号分辨率降低，后者使部分大幅度信号处于饱和状态。

7.1.4　声发射检测系统

声发射检测系统按硬件获取并输出存储的数据区分可分为参数和波形两大类声发射仪。参数声发射仪硬件获取并输出存储的数据是幅度、计数等声发射波形信号的特征参数，数据量小，信息相对波形数据少，但数据通信存储容易，通常只有波形数据的几千分之几。波形声发射仪硬件获取并输出存储的数据是波形数据，数据量大信息丰富，但数据通信存储困难。获得参数数据的方法又有三种：硬件模拟电路获得参数，其特征是获得参数前没有将模拟声发射波形信号经过 A/D 模数转换成为数字波形信号；硬件数字电路获得参数，其特征是获得参数前已经将模拟声发射波形信号经过 A/D 模数转换成为数字波形信号；软件分析产生参数，其特征是硬件只获取波形数据不产生参数，又称全波形声发射仪。图 7-11 是典型声发射仪的特征结构框图。

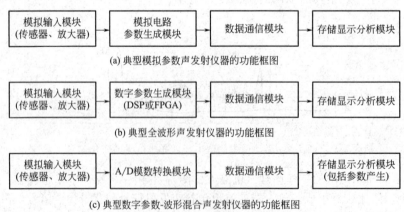

模拟输入模块
（传感器、放大器）→ 模拟电路
参数生成模块 → 数据通信模块 → 存储显示分析模块

(a) 典型模拟参数声发射仪器的功能框图

模拟输入模块
（传感器、放大器）→ 数字参数生成模块
（DSP或FPGA）→ 数据通信模块 → 存储显示分析模块

(b) 典型全波形声发射仪器的功能框图

模拟输入模块
（传感器、放大器）→ A/D模数转换模块 → 数据通信模块 → 存储显示分析模块
（包括参数产生）

(c) 典型数字参数-波形混合声发射仪器的功能框图

图 7-11　典型声发射仪特征结构框图

早期的声发射系统都是硬件模拟参数声发射仪，而没有波形数据存储记录，现在的大多数声发射系统是全部通道硬件数字参数＋部分通道波形数据存储记录声发射仪，也有硬件仅

获取波形数据不产生参数而采用软件处理获得参数的全波形声发射仪。

(1) 单通道系统 单通道系统声发射检测仪一般采用一体结构,也可以采用组件组合结构。模拟参数声发射仪由传感器、前置放大器、衰减器、主放大器、门槛电路、声发射率计数器、总数计数器以及数模转换器组成。对于组合结构的仪器,也可以增加峰值振幅、有效值电压和能量等多功能测量插件。声发射信号由传感器接收并转化为电信号,传感器根据特定的校准方法,给出频率-灵敏度曲线,据此可根据检测目的和环境选择不同种类、不同频率和灵敏度的传感器。在一般情况下,传感器的灵敏度要求不低于1kV/ms。由传感器接收到的信号转换为电信号后,由同轴屏蔽电缆馈送给前置放大器。在前置放大器中信号得到放大,提高信噪比。一般要求前置放大器具有 $40\sim60dB$ 的增益,噪声电平不超过 $7\mu V$,并有比较大的输出动态范围和频带宽度。在工作频率范围内增益变化量不超过3dB。前置放大器的输出信号,由相当长的同轴电缆输送给仪器的主体。由衰减器调节输入信号的大小,经过滤波器滤掉工作频率以外的信号。根据噪声和声发射信号性质可以选用高通滤波器,也可以选择带通滤波器。滤波器的阻滞衰减一般要求每倍频程24dB以上。信号再由主放大器放大 $40\sim60dB$,使整个系统增益达到80dB乃至120dB。主放大器也应具有足够的动态范围和频带宽度,一般在50kHz到1MHz的范围内增益变动量不超过3dB,动态范围为10V左右。信号越过门限的阈值电平便形成振铃脉冲信号或事件脉冲信号,供声发射率计数器和总数计数器计数。声发射率和总数计数器除具有数字显示外,尚有模拟量输出,供 X-Y 函数记录仪绘制声发射率、总数和时间(或力或应变)之间的关系曲线。对于插件组合式结构的仪器,也可以根据需要增加峰值振幅、有效值电压和能量等各种表征参数的测量和显示插件。

(2) 多通道系统 随着计算机技术和信号处理技术的迅速发展,声发射仪器也从早期模拟式仪器发展到现在的全数字式仪器;仪器的功能也由过去简单的采集声发射参数进行有限的分析处理,发展到今天的全数字式声发射波形的采集、参数和波形分析的深入数据处理。声发射仪器按采集数据方式分可分为模拟和数字两种。模拟仪器主要由传感器、前置放大器、主放大器、模拟参数产生电路、通道控制器、集总通道控制器,主机和外部设备以及软件部分等组成,仅采用声发射参数来进行源定位和信号分析;数字仪器主要由传感器、前置放大器、主放大器、A/D数据采集卡、FPGA可编程逻辑器件或/和DSP数字信号处理提取声发射参数硬件、主机和外部设备以及响应的分析处理软件等部分组成。还有仅硬件采集波形数据经软件处理得到声发射参数的全波形声发射系统即只有传感器、前置放大器、主放大器、A/D数据采集卡、主机和外部设备以及响应的分析处理软件等部分。

多通道声发射系统的软件按数据类型来说可分为两大类:基于参数数据的分析软件和基于波形数据的分析软件。按分析内容划分可分为特征分析、定位分析和模式识别三类。

参数分析软件的输入数据是参数,其特征分析主要是各种参数关联图分析,如幅度分布、撞击数在时间的分布等。定位分析有多种不同的定位方法,如线性定位、平面定位、三维定位、三角形定位、矩形定位区域定位等。模式识别有两大类:有教师训练和无教师训练。

波形分析软件的输入数据是波形数据,其特征分析主要是各种波形数据的时域和频域分析,如小波分析频谱分析等。由于波形数据可以产生参数数据并可任意设置产生参数的条件,如门槛电压撞击定义时间等,甚至设计新的参数,因此波形分析软件可以包括所有参数分析的功能,并具有更大的灵活性。

(3) 专用的工业系统 很多情况需要专用声发射系统,如应用于地质等结构测试的低频信号声发射监测系统,应用于桥梁等设备监测的遥测声发射检测系统等。这些专用系统和通用系统的主要差异在传感器的差异、前端数字化的要求及遥测要求等特殊需要。

（4）数据显示和记录附件

① 扬声器记录。扬声器实际上是一种把一定范围内的音频电功率信号通过换能器（扬声器单元）转变为具有足够声压级的可听声音的器件。通常希望能用相对较小的信号功率输入获得足够大的声压级，即要求扬声器具有高效率将电功率转换成声压的能力。还要求扬声器系统在输入信号适量过载的情况下，不会受到损坏，即要有较高的可靠性。声发射检测系统中可把声发射信号幅度转换成音频电功率信号使扬声器发声，即声音的大小对应于声发射信号幅度的大小。同样道理可使声音大小对应于其他声发射参数如计数、撞击数率、过门限信号指示等。通常扬声器记录输出作为辅助的报警和提醒功能，使检测人员及时注意到当时的声发射信号基本状态。

② X-Y 和长条纸记录仪。X-Y 和长条纸记录仪可实时打印记录声发射信号参数和波形，适用于长时间监测情况不允许停机处理分析显示数据和不能可靠长时间存储数据情况。随着计算机的发展、功能不断加强，现在已很少使用 X-Y 和长条纸记录仪的方式。

③ 示波器。示波管由电子枪、偏转系统和荧光屏三部分组成，可用于显示模拟声发射信号波形。实验室和早期的声发射仪有用示波器显示模拟声发射信号波形。现在的声发射系统通常不用示波器做数据显示，但常作为检查工具检查声发射系统模拟信号部分的工作状态。

④ 磁记录仪。磁记录仪可直接记录声发射模拟波形信号，但不能实时显示数据，且随着通道数频率范围及记录速度的上升价格急剧上升，目前仅用于少通道遥测情况，如地质状态监测等情况。

7.2 声发射检测技术应用

7.2.1 经典信号处理方法

（1）波形特性参数　图 7-12 为突发型标准声发射信号简化波形参数的定义。由这一模型可以得到如下参数：

门槛电压、振铃计数、能量、幅度、持续时间、上升时间。

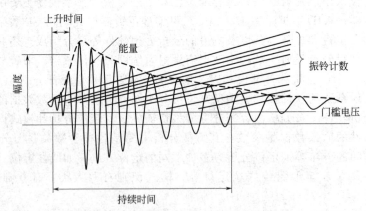

图 7-12　声发射信号简化波形参数的定义

对于连续型声发射信号，上述模型中只有振铃计数和能量参数可以适用。为了更确切地描述连续型声发射信号的特征，由此又引入了两个参数：平均信号电平、有效值电压。

声发射信号的幅度通常以 dB 表示，定义传感器输出 $1\mu V$ 时为 $0dB$，则幅值为 Vae 的声发射信号的 dB 幅度可由下式算出：

$$dB = 20\lg(Vae/1\mu V)$$

表 7-1 列出了常用整数幅度 dB 对应的传感器输出电压值。

表 7-1 常用整数幅度 dB 对应的传感器输出电压值

dB	0	20	40	60	80	100
V_{ae}	$1\mu V$	$10\mu V$	$100\mu V$	$1mV$	$10mV$	$100mV$

对于实际的声发射信号，由于试样或被检构件的几何效应，声发射信号波形为如图 7-13 所示的一系列波形包络信号。因此，对每一个声发射通道，通过引入声发射信号撞击定义时间（HDT）来将一连串的波形包络画入一个撞击或划分为不同的撞击信号。对于图 7-13 的波形，当仪器设定的 HDT 大于两个波包过门槛的时间间隔 T 时，这两个波包被划归为一个声发射撞击信号；但如仪器设定的 HDT 小于两个波包过门槛的时间间隔 T 时，则这两个波包被划归分为两个声发射撞击信号。

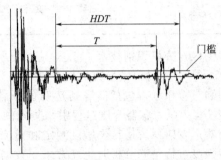

图 7-13 声发射撞击信号的定义

表 7-2 列出了常用声发射信号特性参数的含义和用途。这些参数的累加可以被定义为时间或试验参数（如压力、温度等）的函数，如总事件计数、总振铃计数和总能量计数等。这些参数也可以被定义为随时间或试验参数变化的函数，如声发射事件计数率、声发射振铃计数率和声发射信号能量率等。这些参数之间也可以任意两个组合进行关联分析，如声发射事件-幅度分布、声发射事件能量-持续时间关联图等。

表 7-2 声发射信号参数

参数	含义	特点与用途
撞击(Hit)和撞击计数	超过门槛并使某一通道获取数据的任何信号称之为一个撞击。所测得的撞击个数,可分为总计数、计数率	反映声发射活动的总量和频度,常用于声发射活动性评价
事件计数	产生声发射的一次材料局部变化称之为一个声发射事件。可分为总计数、计数率两种。一阵列中,一个或几个撞击对应一个事件	反映声发射事件的总量和频度,用于源的活动性和定位集中度评价
计数	越过门槛信号的振荡次数,可分为总计数和计数率两种	信号处理简便,适于两类信号,又能粗略反映信号强度和频度,因而广泛用于声发射活动性评价,但受门槛值大小的影响
幅度	信号波形的最大振幅值,通常用 dB 表示(传感器输出 $1\mu V$ 为 0dB)	与事件大小有直接的关系,不受门槛的影响,直接决定事件的可测性,常用于波源的类型鉴别、强度及衰减的测量
能量计数(MARSE)	信号检波包络线下的面积,可分为总计数和计数率	反映事件的相对能量或强度。对门槛、工作频率和传播特性不甚敏感,可取代振铃计数,也用于波源的类型鉴别
持续时间	信号第一次越过门槛至最终降至门槛所经历的时间间隔,单位为 μs	与振铃计数十分相似,但常用于特殊波源类型和噪声的鉴别
上升时间	信号第一次越过门槛至最大振幅所经历的时间间隔,单位为 μs	因受传播的影响而其物理意义变得不明确,有时用于机电噪声鉴别
有效值电压(RMS)	采样时间内,信号的均方根值,单位为 V	与声发射的大小有关,测量简便,不受门槛的影响,适用于连续型信号,主要用于连续型声发射活动性评价

参数	含义	特点与用途
平均信号电平（ASL）	采样时间内,信号电平的均值,单位 dB	提供的信息和用途与 RMS 相似,对幅度动态范围要求高而时间分辨率要求不高的连续型信号,尤为有用。也用于背景噪声水平的测量
到达时间	一个声发射波到达传感器的时间,单位为 μs 表示	决定了波源的位置、传感器间距和传播速度,用于波源的位置计算
外变量	试验过程外加变量,包括时间、载荷、位移、温度及疲劳周次等	不属于信号参数,但属于波击信号参数的数据集,用于声发射活动性分析

（2）分析识别技术

① 声发射信号参数的列表显示和分析。列表显示是将每个声发射信号参数进行时序排列和直接显示,包括信号到达时间、各个声发射信号参数、外变量、声发射源的坐标等。表 7-3 为压力容器升压过程中采集到的裂纹扩展声发射信号的参数数据列表。在声发射检测前对声发射系统进行灵敏度测定和模拟源定位精度测试时,直接观察数据列表。对声发射源的强度进行精确分析时也经常采用数据列表显示和分析。

表 7-3　声发射信号特征参数数据列表

到达时间	压力	通道	上升时间	计数	能量	持续时间	幅度
MM:SS. mmmuuun	PARA1	CH	RISE	COUN	ENER	DURATION	AMP
01:18. 9101730	36. 60	3	81	92	57	3222	59
01:18. 9103205	36. 60	12	133	49	48	6243	51
01:18. 9104999	36. 60	4	69	62	86	6899	55
01:18. 9112070	36. 60	8	29	27	53	1947	51

② 声发射信号单参数分析方法。由于早期的声发射仪器只能得到计数、能量或者幅度等很少的参数,因此人们早期对声发射信号的分析和评价通常采用单参数分析方法,最常用的单参数分析方法为计数分析法、能量分析法和幅度分析法。

a. 计数分析法：计数分析法是处理声发射脉冲信号的一种常用方法。目前应用的计数法有声发射事件计数率与振铃计数率及它们的总计数,另外还有一种对振幅加权的计数方式,称为"加权振铃"计数法。声发射事件是由材料内局域变化产生的单个突发型信号。声发射计数（振铃计数）是声发射信号超过某一设定门槛的次数,信号单位时间超过门槛的次数为计数率。声发射计数率依赖于传感器的响应频率、换能器的阻尼特性、结构的阻尼特性和门槛的水平。对于一个声发射事件,由换能器探测到的声发射计数为：

$$N = \frac{f_0}{\beta} \ln \frac{V_p}{V_t}$$

式中,f_0 是换能器的响应中心频率；β 为波的衰减系数；V_p 是峰值电压；V_t 为阈值电压。计数法的缺点是易受样品几何形状、传感器的特性及连接方式、门槛电压、放大器和滤波器工作状况等因素的影响。

b. 能量分析法：由于计数法测量声发射信号存在上述缺点,尤其对连续型声发射信号更明显,因而通常采用测量声发射信号的能量来对连续型声发射信号进行分析。目前,声发射信号的能量测量是定量测量声发射信号的主要方法之一。声发射信号的能量正比于声发射波形的面积,通常用均方根电压（V_{rms}）或均方电压（V_{ms}）来进行声发射信号的能量测量。但目前声发射仪器多用数字化电路，因此也可直接测量声发射信号波形的面积。对于突发型声发射信号可以测量每个事件的能量。

一个信号 $V(t)$ 的均方电压和均方根电压定义如下：

$$V_{ms} = \frac{1}{\Delta T} \int_0^{\Delta t} V^2(t)\,dt$$

$$V_{rms} = \sqrt{V_{ms}}$$

式中，ΔT 是平均时间；$V(t)$ 是随时间变化的信号电压。根据电子学中的理论，可以得到 V_{ms} 随时间的变化就是声发射信号的能量变化率，声发射信号从 t_1 到 t_2 时间内的总能量 E 可由下式表示：

$$E \propto \int_{t_1}^{t_2} V_{rms}^2\,dt = \int_{t_1}^{t_2} V_{ms}\,dt$$

声发射信号能量的测量可以直接与材料的重要物理参数（如发射事件的机械能、应变率或形变机制等）直接联系起来，而不需要建立声发射信号的模型。能量测量同样解决了小幅度连续型声发射信号的测量问题。另外，测量信号的均方根电压或均方电压也有很多优点。首先，V_{rms} 和 V_{ms} 对电子系统增益和换能器耦合情况的微小变化不太敏感，且不依赖于任何阈值电压，不像计数技术一样与阈值的大小有紧密关系。其次，V_{rms} 和 V_{ms} 与连续型声发射信号的能量有直接关系，但对计数技术来说，根本不存在这样的简单关系。第三，V_{rms} 与 V_{ms} 很容易对不同应变率或不同样品体积进行修正。

c. 幅度分析法：信号峰值幅度和幅度分布是一种可以更多地反映声发射源信息的处理方法，信号幅度与材料中产生声发射源的强度有直接关系，幅度分布与材料的形变机制有关。声发射信号幅度的测量同样受换能器的响应频率、换能器的阻尼特性、结构的阻尼特性和门槛电压水平等因素的影响。通过应用对数放大器，既可对声发射大信号也可对声发射小信号进行精确的峰值幅度测量。

人们对声发射信号的幅度、事件和计数得到如下经验公式：

$$N = \frac{Pf\tau}{b}$$

式中　N——声发射信号累加振铃计数；

　　　P——声发射信号事件总计数；

　　　f——换能器的响应频率；

　　　τ——声发射事件的下降时间；

　　　b——幅度分布的斜率参数。

③ 经历图分析方法。声发射信号经历分析方法通过对声发射信号参数随时间或外变量变化的情况进行分析，从而得到声发射源的活动情况和发展趋势。最常用和最直观的方法是图形分析，如图 7-14 所示为一台压力容器上的裂纹在加压过程中裂纹扩展并最终导致泄漏的声发射信号随时间的变化图。采用经历图分析方法对声发射源进行分析可达到如下目的：

a. 声发射源的活动性评价；

b. 费利西蒂（Felicity）比和凯塞（Kaiser）效应评价；

c. 恒载声发射评价；

d. 起裂点测量。

④ 分布分析方法。声发射信号分布分析方法是将声发射信号撞击计数或事件计数按信号参数值进行统计分布分析。一般采用分布图进行分析，纵轴选择撞击计数或事件计数，而横轴可选择声发射信号的任一参数。横轴选用某一个参数即为该参数的分布图。如幅度分布、能量分布、振铃计数分布、持续时间分布、上升时间分布等，其中幅度分布应用最为广

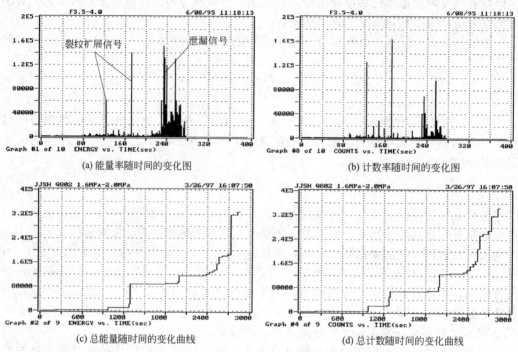

(a) 能量率随时间的变化图　　　　　　　　　(b) 计数率随时间的变化图

(c) 总能量随时间的变化曲线　　　　　　　　(d) 总计数随时间的变化曲线

图 7-14　压力容器加压过程中声发射信号随时间的变化经历图

泛。分布分析可用于发现声发射源的特征，从而达到鉴别声发射源类型的目的，例如金属材料的裂纹扩展与塑性变形、复合材料的纤维断裂与基材开裂等；该方法也经常用于评价声发射源的强度。图 7-15 为一台压力容器在加压过程中裂纹扩展声发射信号撞击数和定位源事件的部分参数分布图。

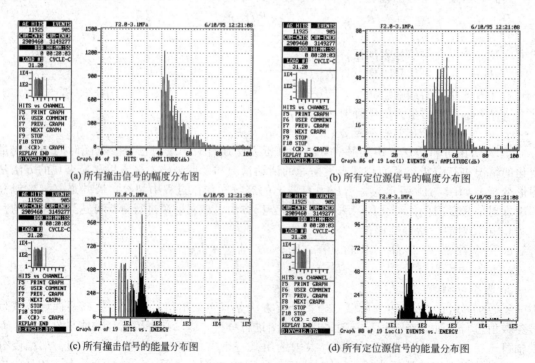

(a) 所有撞击信号的幅度分布图　　　　　　　(b) 所有定位源信号的幅度分布图

(c) 所有撞击信号的能量分布图　　　　　　　(d) 所有定位源信号的能量分布图

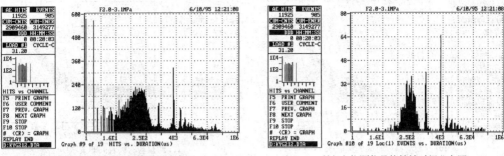

(e) 所有撞击信号的持续时间分布图　　　　(f) 所有定位源信号的持续时间分布图

图 7-15　压力容器在加压过程中裂纹扩展声发射信号的参数分布图

⑤ 关联分析方法。关联分析方法也是声发射信号分析中最常用的方法，对任意两个声发射信号的波形特征参数可以作它们之间的关联图进行分析，图中二维坐标轴各表示一个参数，每个显示点对应于一个声发射信号撞击或事件。通过作出不同参量两两之间的关联图，可以分析不同 AE 源的特征，从而能起到鉴别 AE 源的作用。如有些电子干扰信号通常具有很高的幅度，但能量却很小，通过采用幅度-能量关联图即可将其区分出来；对于压力容器来说，内部介质泄漏信号与容器壳体产生的信号相比，具有长得多的持续时间，通过应用能量-持续时间或幅度-持续时间关联图分析，很易发现压力容器的泄漏。美国 MONPAC 声发射检验俱乐部以声发射信号计数与幅度的关联图的形态来评价金属压力容器声发射检验数据的质量。

图 7-16 为一台压力容器在加压过程中裂纹扩展声发射信号撞击数的部分典型的关联图。图 7-17 所示为一台压力容器上的裂纹在加压过程中裂纹扩展并最终导致泄漏的声发射信号能量和计数与持续时间的关联图。从图中可见，在同等能量和计数值的情况下，泄漏信号的持续时间比裂纹扩展信号的持续时间大得多。

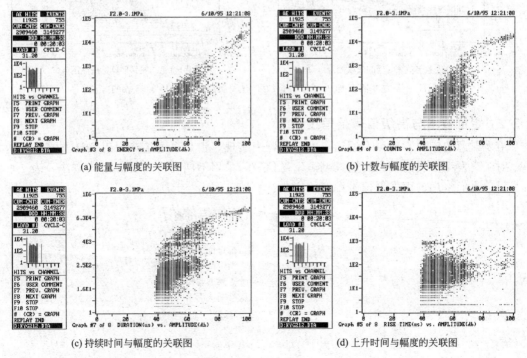

(a) 能量与幅度的关联图　　　　　　　　(b) 计数与幅度的关联图

(c) 持续时间与幅度的关联图　　　　　　(d) 上升时间与幅度的关联图

图 7-16

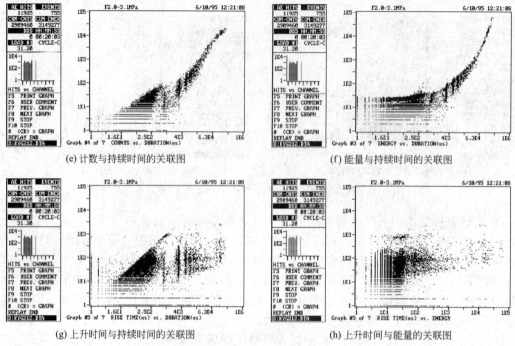

(e) 计数与持续时间的关联图   (f) 能量与持续时间的关联图

(g) 上升时间与持续时间的关联图   (h) 上升时间与能量的关联图

图 7-16　压力容器在加压过程中裂纹扩展声发射信号参数的关联图

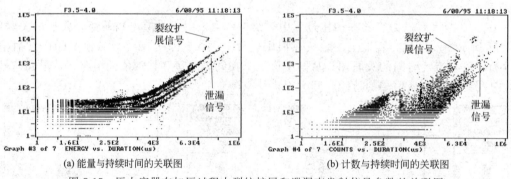

(a) 能量与持续时间的关联图   (b) 计数与持续时间的关联图

图 7-17　压力容器在加压过程中裂纹扩展和泄漏声发射信号参数的关联图

7.2.2　定位技术与高级信号处理技术

声发射源的定位，需由多通道声发射仪器来实现，也是多通道声发射仪最重要的功能之一。对于突发型声发射信号和连续型声发射信号需采用不同的声发射源定位方法，表 7-4 列出了目前人们常用的声发射信号源定位方法。

表 7-4　声发射信号源定位方法分类

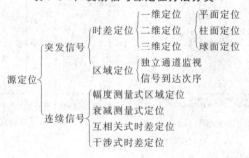

时差定位是经对各个声发射通道信号到达时间差、波速、探头间距等参数的测量及复杂的算法运算，来确定波源的坐标或位置的方法。时差定位是一种精确而又复杂的定位方式，广泛用于试样和构件的检测。不过时差定位易丢失大量的低幅度信号，其定位精度又受波速、衰减、波形、构件形状等许多易变量的影响，因而，在实际应用中也受到种种限制。

区域定位是一种处理速度快、简便而又粗略的定位方式，主要用于复合材料等由于声发射频度过高或传播衰减过大或检测通道数有限而难以采用时差定位的场合。

连续声发射信号源定位，主要用于带压力的气液介质泄漏源的定位。

（1）定位技术

① 独立通道定位。由于传播衰减的影响，每个传感器主要接收其周边区域发生的声发射波。区域，是指围绕一传感器的区域，而来自该区的声发射波首先被该传感器接收。区域定位，按传感器监视各区域的方式或按声发射波到达各传感器的次序，粗略确定声发射源所处的区域。当仅考虑首次到达波击信号时，可提供波源所处的主区域，而该区域以首次接收传感器与邻近传感器之间的中点连线为界。当考虑第二次或第三次到达波击信号时，可进一步确定主区中的第二或第三分区。在复合材料检测中常用的区域定位原理示意如图 7-18 所示。

② 线定位。当被检测物体的长度与半径之比非常大时，宜采用线定位进行声发射检测，如管道、棒材、钢梁等。时差线定位至少需要两个声发射探头，其定位原理如图 7-19（a）所示。如在 1 号和 2 号探头之间有 1 个声发射源产生 1 个声发射信号，到达 1 号探头的时间为 T_1，到达 2 号探头的时间为 T_2，因此，该信号到达两个探头之间的时差为：$\Delta t = T_2 - T_1$，如以 D 表示两个探头之间的距离，以 V 表示声波在试样中的传播速度，则声发射源距 1 号探头的距离 d 为：

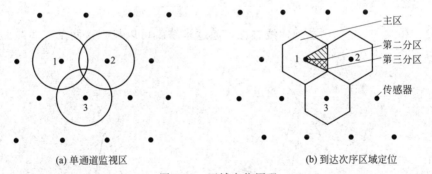

(a) 单通道监视区　　　　　　　　(b) 到达次序区域定位

图 7-18　区域定位原理

$$d = \frac{1}{2}(D - \Delta t V)$$

由上式可以算出，当 $\Delta t = 0$ 时，声发射信号源位于两个探头的正中间；当 $\Delta t = D/V$ 时，则声发射源位于 1 号探头处；当 $\Delta t = -D/V$ 时，则声发射源位于 2 号探头处。

图 7-19（b）所示为声发射源在探头阵列外部的情况，此时，无论信号源距 1 号探头有多远，时差均为 $\Delta t = T_2 - T_1 = D/V$，声发射源被定位在 1 号探头处。

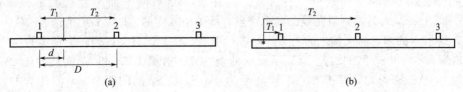

(a)　　　　　　　　　　　　　　(b)

图 7-19　声发射源时差线定位原理图

③ 平面定位。

a. 两个探头阵列的平面定位计算方法。考虑将两个探头固定在一个无限大平面上，假设应力波在所有方向的传播均为常声速 V，两个探头的定位结果如图 7-20 所示，由此得到如下方程：

$$\Delta tV = r_1 - R$$
$$Z = R\sin\theta$$
$$Z^2 = r_1^2 - x(D - R\cos\theta)^2$$

由上面三个方程可以导出如下方程：

$$R = \frac{1}{2} \times \frac{D^2 - \Delta t^2 V^2}{\Delta tV + D\cos\theta} \tag{7-1}$$

式（7-1）是通过定位源（X_s，Y_s）的一个双曲线，在双曲线上的任何一点产生的声发射源到达两个探头的次序和时差是相同的，而两个探头位于这一双曲线的焦点上。

b. 三个探头阵列的平面定位计算方法。图 7-20 中两个探头的 AE 源定位显然不能满足平面定位的需要，然而，如果增加第三个探头即可以实现平面定位。如图 7-21 所示，可获得的输入数据为 3 个探头的声发射信号到达次序和到达时间及两个时差，由此可以得到如下系列方程：

$$\Delta t_1 V = r_1 - R$$
$$\Delta t_2 V = r_2 - R$$
$$R = \frac{1}{2} \frac{D_1^2 - \Delta t_1^2 V^2}{\Delta t_1 V + D_1 \cos(\theta - \theta_1)} \tag{7-2}$$
$$R = \frac{1}{2} \frac{D_2^2 - \Delta t_2^2 V^2}{\Delta t_2 V + D_2 \cos(\theta_3 - \theta)} \tag{7-3}$$

式（7-2）和式（7-3）为两条双曲线方程，通过求解就可以找到这两条双曲线的交点，也就可以计算出声发射源的部位。

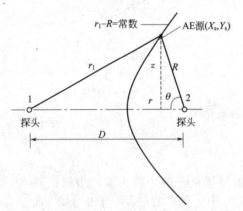

图 7-20　在无限大平面中两个探头的 AE 源定位

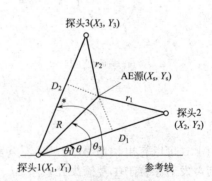

图 7-21　三个探头阵列的 AE 源平面定位

c. 四个探头阵列的平面定位计算方法。对任意三角形的平面声发射源定位求解方程式（7-2）和式（7-3）有时得到双曲线的两个交点，即 1 个真实的 AE 源和 1 个伪 AE 源，但如采用由图 7-22 所示的四个探头构成的菱形阵列进行平面定位，则只会得到一个真实的 AE 源。

若由探头 S_1 和 S_3 间的时差 ΔtX 所得双曲线为 1，由探头 S_2 和 S_4 间的时差 ΔtY 所得双曲线为 2，AE 源为 Q，探头 S_1 和 S_3 间距为 a，S_2 和 S_4 的间距为 b，波速为 V，那么，AE 源就位于两条双曲线的交点 $Q(X,Y)$ 上，其坐标可表示为：

$$X=\frac{L_x}{2a}\left[L_x+2\sqrt{(X-\frac{a}{2})^2+Y^2}\right]$$

$$Y=\frac{L_y}{2b}\left[L_y+2\sqrt{(Y-\frac{b}{2})^2+X^2}\right]$$

式中：

$$L_X=\Delta t XV,L_y=\Delta t YV$$

④ 影响声发射信号定位源精度的因素。引起突发性声发射信号定位源误差的原因有两大类，即信号处理过程产生的误差和自然现象产生的误差。处理过程误差可以通过调整探头的数量和间距、采用合适的时钟频率、用三个以上的通道判断定位源的位置等来进行控制，但诸如波的衰减、波型转换、反射、折射和色散等自然现象引起的误差是不可控制的。总之，由单一源产生的声发射信号逐次计算得到的定位源不是一个单一的点，而是围绕真实源部位的一个定位集团，这一定位集团的大小和集中度依赖于定位源在探头阵列中的位置以及上述提到的所有影响因素。下面分别对一些主要影响因素加以介绍。

a. 不唯一解。对于任何一个给定的由三个探头组成的阵列，式(7-2) 和式(7-3) 可能得到双曲线的两个交点，即得到一个真实的声发射定位源和一个伪声发射定位源，如图 7-23 所示。为了判别两个声发射源的真伪，一般增加第 4 个探头以声源到达次序来识别。图 7-23 中真实定位源的声发射信号到达次序为 1、2、3 号探头，而伪定位源部位如产生声发射信号的到达次序为 1、4、3 号探头。另外，如对整个结构进行整体监测，则可以只考虑三角阵列内部的定位源。

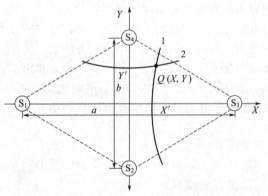

图 7-22　四个探头阵列的 AE 源
平面定位

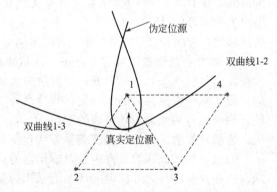

图 7-23　两个双曲线交点产生的真实
定位源和伪定位源示意图

b. 图形畸变。进行声发射检测时，通常在计算机内画一个图形来表示真实的被检测物体，除平板和管道等线状结构不产生畸变外，其他大部分三维物体被展开到二维平面上进行定位都将产生畸变。例如将圆柱形容器或球形容器展开为平面图，上下部位的畸变就很严重。另外，在这些压力容器上还存在着一些人孔、接管等开孔，从而使声波不能按直线进行传播，导致定位源的精度有偏差。为解决这一问题，在实际检测中一般采用断铅信号等模拟声发射源校核的方法，在被检测物体上找到真实的声发射源部位。

c. 弱声发射源。对于大型结构的声发射检测和监测，声发射探头之间都有一定的间距，例如对于压力容器的检测，声发射探头间距一般为 3～5m。对于弱信号的声发射源，由于衰减的原因，如不能被至少三个探头探测到，则声发射仪器不能计算出声发射定位源。在某些应用情况下，这一因素是导致声发射定位源误差的主要原因。

d. 探头位置。在声发射检测中，探头自身几何尺寸的大小几乎不影响定位精度。然而，探头阵列覆盖了很大的区域，探头部位的精确程度严重影响定位源的精度。因此，在进行声发射检测时，应尽量将声发射探头布置为等腰或等边三角形，而且在探头安放时应尽可能准确。

e. 波速。目前采用的所有声发射仪最基本的计算过程是输入一个假设已知的常数波速，比如钢板为 $3000\mathrm{m/s}$。如果被检测物体的真实波速为常数，但不同于已输入的波速，计算的位置误差将依赖于测量的时差值。在探头阵列的中间部位，探头间的时差很小，波速的差异不容易被发现。然而，声发射信号源越靠近探头，时差越大，声发射定位源的误差也越大。为解决这一问题，推荐在进行声发射检测时实测声速。

在实际的声发射检测中，变声速的情况也经常被遇到，例如一个探头收到的是纵波，而另一个探头收到的是瑞利波分量。另一种情况是色散，即波速为声波频率的函数。在波的传播过程中如遇到焊缝、开孔接管、外焊附件等不连续结构，可以引起声波传播路径的变化，并最终引起声速的变化。

总之，目前的多通道声发射系统还不能处理变声速的情况，因此，在检测过程中这必须引起操作者的注意，一般采用折中方案。

f. 时差测量。现代声发射仪的时差测量是以各通道的到达时间为基础，而每个通道到达时间的测量与触发电平的设置和仪器的时钟频率有关。目前仪器的采样时间可以精确到250ns以上，因此对时差测量已不会产生大的影响。然而，仪器触发电平设置的不同，可以引起几微秒到几十微秒以上的误差，从而导致测量时差的误差，最终影响定位源的计算精度。

⑤ 连续声发射源定位。流体的泄漏和某些材料在塑性变形时均产生连续型声发射信号。对于连续型声发射信号，突发型声发射信号常用的声发射参数（计数、计数率、上升时间、持续时间、幅度分布、时差等）已变得毫无意义。突发型声发射信号采用的时差定位方法，连续型声发射信号也无法应用。根据连续型声发射信号的特点，人们发展了基于信号幅度衰减测量的区域定位方法、基于波形互相关式时差测量的定位方法和基于波形干涉的定位方法。

a. 幅度衰减测量区域定位方法。区域定位方法只需要确定最大输出信号的探头和第二大输出信号的探头，十分简便，但这种方法的缺点是得到的定位区域太大，有时无法接收。如果除了对声发射信号的大小进行排序之外，还测量声发射信号的幅度及被测物体的衰减特性，则可以得到泄漏源较精确的定位。

连续声发射源定位的幅度测量方法包括如下三个步骤：

通过识别最高和第二高声发射输出信号，从声发射探头阵列中找到最靠近泄漏源的两个探头。在探头阵列之外的泄漏源不能采用幅度测量法进行定位。

以分贝来确定两个探头输出的差值，并与被测物体的衰减特征进行比较。

对于二维平面，两个探头确定了一条通过泄漏源的双曲线，因此需要第三个探头来得到另一条双曲线，两个双曲线的交点即为泄漏源部位。此方法与突发性声发射信号的时差定位原理一致。

b. 互相关式定位方法。常用的测量两个突发型声发射波之间时差的技术不适用于连续型声发射源，而互相关技术既适用于断续波之间的时差或时间延迟测量，也适用于连续波之间的时差或时间延迟测量，这一技术已被成功地应用于管道声发射检测的泄漏源定位。

任意一个波 $A(t)$ 和另一个延迟时间为 τ 的波 $B(t+\tau)$ 之间的互相关函数（CCF）可由式(7-4) 给出：

$$R_{AB}(\tau) = \frac{1}{T}\int_0^T A(t)B(t+\tau)\mathrm{d}t \tag{7-4}$$

式中，T 是一个有限的时间间隔。从式(7-4) 可见，如果 τ 是变化的，则互相关函数是 τ 的函数。$R_{AB}(\tau)$ 的特性可以通过将 $A(t)$ 和 $B(t)$ 分为 n 个小的相等时间段的积来观察。

令 $t=t_i$，$A(t)=a_i$，$B(t)=b_i$，$i=0,1,2,\cdots,n$，如果 $B(t)$ 相对于 $A(t)$ 有一时间延迟 τ'，当 $j=0,1,2,\cdots,n$ 时：

$$R_{AB}(\tau_j)=\sum_{i=0}^{n}a_{i+j}b_i \tag{7-5}$$

当 $j=-1,-2,\cdots,-n$ 时：

$$R_{AB}(\tau_j)=\sum_{i=0}^{n}a_i b_{i-j}$$

当 $j=0$ 时：

$$R_{AB}(\tau_j)=\sum_{i=0}^{n}a_i b_i$$

式(7-5) 中 a_{i+j} 和 b_{i-j} 的下标随 $R_{AB}(\tau_j)$ 中 τ_j 的变化而变化。

互相关函数是在有限时间范围内的积分。在实际应用中，数据采样仅利用了每个波的有限部分，而在被利用部分之外的波幅为零，即如果 $i>n$，$a_i=b_i=0$。如果 $j>0$ 且 $i+j>n$，则 $a_{i+j}=0$。如果 $j<0$ 且 $i-j>n$，则 $b_{i-j}=0$。因此，当 $|j|$ 增加时，$i+j$ 增加。随着 $|j|$ 的增加，求和项数将越来越少，$R_{AB}(\tau_j)$ 的幅值逐渐下降。最终，当 $|j|>n$，所有 a_{i+j} 和 b_{i-j} 项为 0，$R_{AB}(\tau_j)=0$。当 $\tau_j=\tau'$ 时，由于 A 和 B 为同相位，则 $R_{AB}(\tau')$ 达到最大值。因此，从 $R_{AB}(\tau_j)$ 的最大峰值部位可以获得 $B(t)$ 相对于 $A(t)$ 的时差或时间延迟 τ'。

c. 干涉式定位方法。上述介绍的衰减测量方法和互相关方法都是先探测到泄漏，然后确定泄漏源的位置。然而，在某些情况下可以反向进行，即通过源定位处理的结果来指示出泄漏的存在。这一方法已被人们用于液态金属热交换器泄漏的定位和探测。

这一方法假设由探头阵列探测到的泄漏信号是相干的，在无泄漏的情况下探测的信号是噪声，相干性很低。干涉式定位方法的步骤如下：

第 1 步：在感兴趣的二维或三维空间内定义一个位置。

第 2 步：计算信号从定义位置到所有探头之间的传播路径长度，通过已知波速计算波到达阵列中所有探头的传播时间和各个探头的时间延迟。

第 3 步：按预定的时间同时捕捉每一个探头的输出，按照第 2 步计算的延迟时间推迟各通道的采样时间。

第 4 步：确定所有延迟的探头间的相干性，高水平的相干性指出在假设的源部位有泄漏发生。

第 5 步：如果相干性较低，假设另外一个部位从第 2 步重复进行。

这一处理过程依赖于源位置的预定义，然后再验证声发射信号是否与泄漏一致。

⑥ 三维立体定位。三维立体定位至少需要 4 个传感器。现在建立一个三维的坐标系，以四只传感器中 T_2 为基准，测量其他三只传感器与基准信号的时间差。假设声发射信号在该三维空间的传播速度已知为恒定值。根据空间的几何关系列方程得出声源到各个传感器的距离差，进而计算出声源的相对空间坐标，如图 7-24 所示。

其中 $T_0 \sim T_3$ 为四只接收传感器位置，位于同一平面之内（z 轴坐标均为 0），S 为声源位置。设 T_2 位坐标原点 $(0,0,0)$，T_0 为 (X_0,Y_0,Z_0)，T_1 为 (X_1,Y_1,Z_1)，T_3 为 (X_3,Y_3,Z_3)，S 为 (X,Y,Z)，则可列出距离差：

$$|ST_0|-|ST_2|=d_{02}$$
$$|ST_1|-|ST_2|=d_{12}$$
$$|ST_3|-|ST_2|=d_{32}$$

于是化简后可得

$$\sqrt{(x-x_0)^2+(y-y_0)^2+(z-z_0)^2}-\sqrt{x^2+y^2+z^2}=d_{02}$$

$$\sqrt{(x-x_1)^2+(y-y_1)^2+(z-z_1)^2}-\sqrt{x^2+y^2+z^2}=d_{12}$$

$$\sqrt{(x-x_3)^2+(y-y_3)^2+(z-z_3)^2}-\sqrt{x^2+y^2+z^2}=d_{32} \qquad (7-6)$$

由以上表达式共可得到两个解，两个解在 z 方向坐标为相反数。可以根据实际情况取得其中一个正确解。虽然以上从空间解析几何关系可以获得推导，但工程应用中因实际存在各种干扰，使得时延估计有偏差。因此由上式往往无法定位。另外，还可以采用牛顿迭代法来解式(7-6)。

由以上我们可以知道该种算法传感器布置需要 4 个，而且在解方程的过程中会出现错误解，所以通过该种传感器布置方法一般来说要布置 7～8 个传感器。因此，根据传感器的个数的选择就可以得到不同的算法和程序。传感器布置示意图见图 7-25。

（2）高级信号处理技术　除声发射经典信号处理方法之外，近 20 年来人们开发了许多基于波形分析基础的声发射信号高级处理技术和人工神经网络模式识别技术，来进一步分析声发射源的特性。

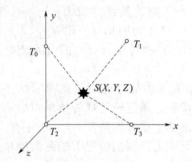

图 7-24　三维坐标系中传感器和声源的位置

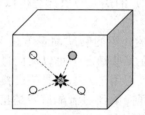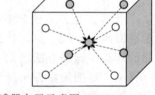

图 7-25　传感器布置示意图

波形分析是通过分析所记录的信号时域波形来获取声发射信号所蕴含信息的一种方法，AE 波形分析的目的是了解所获得的声发射波形的物理本质，其研究重点是将 AE 波形与 AE 源机制相联系，其主要研究对象是声发射的源机制、声波的传播过程和传播介质的响应。在波形分析中，信号处理方法是提取波形信息的重要手段，好的处理方法才能获取准确的信号信息。基于波形的信号处理方法可以分为时域分析和频域分析。时域分析是描述信号在时间域的完全信息，常用的统计特征参数有波形时域特征描述参数，比如最大幅值，相关函数等。频谱分析是建立在傅里叶变换基础上，通过数学变换描述信号在频域上特征的方法。频谱分析又分为基于 FFT 的频谱分析和谱估计。小波变换是近 20 年来发展起来的一种信号处理方法，与前面提及的时域分析和频域分析不同的是，小波变换具有同时在时域和频域表征信号局部特征的能力，既能够刻画某个局部时间段信号的频谱信息，又可以描述某一频谱信息对应的时域信息。

① 模态声发射。模态声发射（MAE）是利用兰姆波理论研究板中 AE 波的特点，从而将 AE 波形与特定的物理过程相联系，它于 1991 年首先由美国学者 Gorman 提出。模态声发射（MAE）究其本质是一种基于波形分析的 AE 信号处理技术。虽然对研究对象做了大量简化处理且技术本身仍在完善之中，但由于其着眼于将 AE 信号波形与 AE 的物理过程相联系，所以，它已表现出极强生命力。MAE 理论的基本点是，对于工程上大量使用的板状结构，由于板厚远小于声波波长，声发射源在板中主要激励起扩展波（最低阶对称波 S0）、弯曲波（最低阶反对称波 A0）和水平切变（SH）波三种模式的声波。板平面内（IP）声源

主要产生的是扩展波，而平面外（OOP）声源，主要会产生弯曲波。两种声源都有可能产生 SH 波。大量的非 AE 源或噪声没有这种特征。MAE 技术本身要比参数分析复杂，但带来的结果却是 AE 信号处理方法的简单化。这种基于 AE 源物理机制的分析可以极大地帮助我们区分 AE 信号和噪声信号，因此，在很多工程应用问题中，它可以是一种十分有效的 AE 信号处理方法。

确定声源的位置在 AE 检测中占有很重要的地位，因为 AE 源总是同损伤源相联系，确定了 AE 源就等于是确定了损伤位置。时差定位是 AE 源定位中用得最多的办法。时差定位的前提条件应当是材料中的声传播速度 C 已知。对超声检测，这不应当成为问题，因为根据所用声波的种类（纵波、横波、表面波等），声速容易确定。但对 AE 检测而言，情况则完全不同。即使对可认为是各向同性的航空铝合金结构件，由于板厚、声源性质、声源与接收传感器之间的距离等因素，到达传感器的声波可以是纵波、横波、表面波、扩展波和弯曲波等不同形式的声波。前 4 种波的传播速度分别是 6370m/s、3110m/s、2910m/s、5700m/s，而弯曲波速度与频率有关。图 7-26 示出一个 OOP 声发射源在薄板中产生的典型信号，主要是弯曲波，但并不是没有扩展波，只是扩展波幅度相对较小而已。显然，取决于阈值电平 V_t（图中横线），计算时差的电路有可能采用扩展波，也有可能利用弯曲波。当考虑介质中的声能量衰减以及不同传感器离声源的距离后，对同一阈值，有的（离声源较近）传感器所在通道是被扩展波触发，而另一些则很有可能是被弯曲波触发。如不加区分地利用同一声速来求时差，无疑会产生很大定位误差。因此，模态声发射的一个最基本应用是根据同一模态的 AE 波来进行定位，这样可大大减小定位误差。

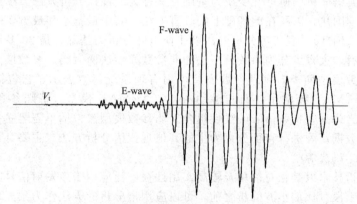

图 7-26　OOP 声发射源在薄板中产生的典型信号（弯曲波为主）

当然，解决实际工程应用问题时不可能采用观察波形的方法。由于扩展波和弯曲波的频率成分不同，在工程上可以采用选取不同频率段信号的办法。经验表明，经过高通滤波器（低频截止频率 100kHz）或高频带通滤波器（通带范围 100～1000kHz），可主要获得扩展波和 SH 波成分，而低频带通滤波器（带通范围 20～70kHz），主要给出弯曲波分量。Dunegan 在三种不同厚度钢板上进行了模拟 IP 和 OOP 声发射源试验，并分别使信号通过高、低通滤波器，其试验结果见图 7-27，验证了上述设想。IP 源信号通过高频带通滤波器后，虽然板厚不同，主要频率不一样，但主要给出扩展波，其速度基本不变（5500m/s）。OOP 源信号通过低频带通滤波器后，主要成分是弯曲波（零阶反对称波），频率-板厚积越高 [图 7-27(b) 中，从上到下三条曲线分别相应于 0.285MHz·mm、0.35MHz·mm 和 0.563MHz·mm]，声速也越高。显然，利用这样获得的信号来进行定位可大大减小定位误差，并使定位误差的主要来源变为材料各向异性对声速的影响。

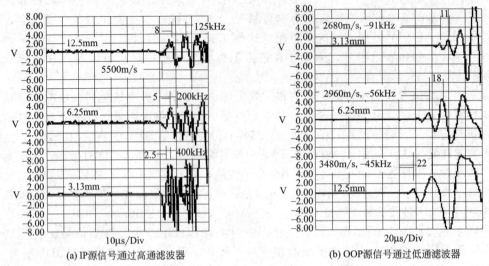

图 7-27　钢板中模拟 AE 信号经过滤波器后的波形（图中 mm 数表示板厚，无单位数是 μs 数）

目前，人们利用模态声发射已经在复合材料损伤、疲劳裂纹萌生与扩展、航空材料日历损伤（腐蚀）的 AE 监测和评估等方面取得了成功的应用。

② 频谱分析。频谱分析方法可以获得信号的谱特征。谱分析可分为两大类，经典谱和现代谱分析。经典谱分析以傅里叶变换为基础，又称为线性谱分析方法。经典谱分析主要包括相关图法和周期图法，以及在此基础上的改进方法。其中最基本和最重要的方法就是快速傅里叶变化变换（FFT）。现代谱分析方法以非傅里叶分析为基础，是 20 多年来迅速发展起来的一门新兴学科，大致可分为参数模型法和非参数模型法两大类。参数模型法包括有理参数模型和特殊参数模型两类，有理参数模型可用有理系统函数表示，它包括自回归（AR）模型、滑动平均（MA）模型和自回归滑动平均（ARMA）模型。特殊参数模型即指数模型，它把信号定义为一些指数信号的线性组合。非参数模型法包括不需建立参数模型的以基于自相关矩阵或数据矩阵进行特征分离为主的其他现代谱分析方法，主要有最小方差法、迭代滤波法、皮萨年科法等。

频域的谱分析技术以其相对简单及较高实用性被广泛应用于声发射信号的研究，并作为重要的辅助分析手段。比如小波分析之前，可以应用谱分析的方法作为预处理手段，人工神经网络也如此。而更为普遍应用的方法就是以 FFT 为主的谱分析方法。FFT 算法将时域的数字信号迅速地变换为它所对应的谱，从谱中便可以得到关于信号的各种特征，经典谱估计速度快，方便简便。而时域的相关技术以其同样的简单和实用被广泛采用作为分析信号的手段。下面主要结合应用的实例来阐述基于 FFT 技术的应用。

a.FFT 的原理。离散傅里叶变换（DFT）的定义为：

$$X(k) = \sum_{n=0}^{N-1} x(n) e^{-j2\pi nk/N} \qquad (k=0,1,\cdots,N-1)$$

$$x(n) = \frac{1}{N} \sum_{k=0}^{N-1} X(k) e^{+j2\pi nk/N} \qquad (n=0,1,\cdots,N-1)$$

其中，$X(k)$ 是离散频谱的第 k 个值；$x(n)$ 是时域采样的第 n 个值。时域与频域的采样数目是一样的（＝N）。频域的每一个采样值（谱线）都是从对时域的所有采样值的变换而得到的，反之亦然。

直接的 DFT 运算，对 N 个采样点要作 N^2 次运算，速度太慢。1965 年，Cooley 和

Tukey 提出规范化的快速算法，被定名为快速傅里叶变换，简称 FFT。FFT 算法把 N^2 步运算减少为 $(N/2)\lg2N$ 步，极大地提高了运算速度，给数字信号处理带来了革命的进步。FFT 是 DFT 的一种快速算法，并没有对 DFT 做任何近似，因此精度没有任何损失。

离散傅里叶变换是对于在有限的时间间隔（称为时间窗）里的采样数据的变换，这有限的时间窗既是 DFT 的前提，同时又会在变换中引起某些不希望出现的结果，即谱泄漏和栅栏效应。

b. 窗函数的加权。为了消除谱泄漏，最理想的方法当然是选择时间窗长度使它正好等于周期性信号的整数倍，然后做 DFT，但这实际上不可能做到。实际使用的办法是把时间窗用函数加权，使采样数据经过窗函数处理再做变换。其中加权函数称为窗函数或者简称为窗。在加权的概念下，我们所说的时间窗就可以看作是一个加了相等权的窗函数，即时间窗本身的作用相当于宽度与它相等的一个矩形窗函数的加权。

选择窗函数的简单原则如下：

使信号在窗的边缘为 0，这样就减少了截断所产生的不连续的效应。

信号经过窗函数加权处理后，不应该丢失太多的信息。

基于上述分析，在声发射信号的处理中，通常在进行 FFT 时，将窗函数作为预处理方法，以实现信号的谱连续性。

c. 基于 FFT 分析方法的应用。谱分析的特点是在频域上提取声发射信号的各种特征，其中，谱分析技术中最基本和最主要的方法就是 FFT。

在实际生产中，压制的轻重或者说压力的大小、金具的性能和外形、芯棒的性能和外形都会对绝缘子的质量产生直接的影响。如果金具的塑性变形和（或）芯棒的弹性变形太小，不能产生足够的预压力（称这种情况为"欠压"），当加载时，不能产生足够的轴向摩擦力和轴向剪切力，就会在额定或低于额定机械负荷的情况下出现端部金具滑移的现象。如果金具的塑性变形和（或）芯棒的弹性变形太大，将可能导致芯棒发生塑性变形乃至断裂（分别称之为"过压"和"断裂"）。这三种绝缘子都属于不合格的产品，应该通过一定的检测手段将其筛选出来，再重新进行处理。应用声发射的手段，经过对大量不同状态（欠压、正常、过压以及断裂）的研究，我们发现压接时的信号具有一定的规律。下面以 160kN 级绝缘子的压接过程采集的典型声发射信号为例说明。

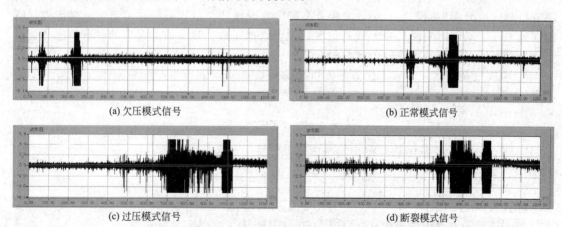

(a) 欠压模式信号　　　　　　　　　　　(b) 正常模式信号

(c) 过压模式信号　　　　　　　　　　　(d) 断裂模式信号

图 7-28　各种质量模式下的绝缘子压接声发射信号

图 7-28 为各种不同模式下绝缘子压接声发射信号在时域中典型例子，从上述图形中我们可以清楚地分辨出处于欠压和过压状态时信号的不同点。对于绝缘子的不同状况，波包出现的时间有相当明显的差别：欠压时，波包出现最早；正常时，波包出现较晚；而过压和断

裂时，波包出现最晚。这主要是和压力上升的速度有关。

在做了大量重复性实验并经过反复的观察和计算分析，提出了可以通过判断选取频段范围为 [140,160]kHz 和 [40,60]kHz 两个同等带宽的能量比是否大于某个预先设定的域值来判断过压和断裂模式。通过实验确定一个合适的比值作为分界，凡是超过该值即损坏，没有超过就只是过压状态。图 7-29 所示为过压和断裂两种模式声发射信号的频谱。

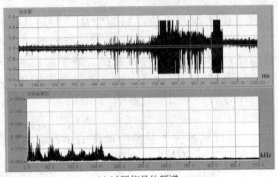

(a) 过压信号的频谱

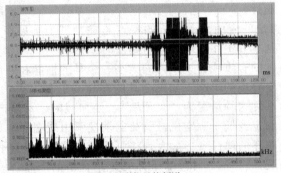

(b) 断裂信号的频谱

图 7-29　两种模式声发射信号的频谱

（3）小波分析　小波变换是近 20 年来发展起来的一种信号处理方法，与前面提及的时域分析和频域分析不同的是，小波变换具有同时在时域和频域表征信号局部特征的能力，既能够刻画某个局部时间段信号的频谱信息，又可以描述某一频谱信息对应的时域信息。这对于分析含有瞬态现象的声发射信号是最合适的。

① 小波变换的定义。对于任意平方可积的函数 $\psi(t)$，其傅里叶变换为 $\psi(w)$，若 $\psi(w)$ 满足：

$$\int_R \frac{|\psi(w)|^2}{|w|}\mathrm{d}w < \infty$$

则称 $\psi(t)$ 为小波基函数，将小波基函数进行伸缩和平移后得到：

$$\psi_{a,b}(t) = a^{-\frac{1}{2}}\psi\left(\frac{t-b}{a}\right), a,b \in \mathbf{R}; a \neq 0$$

称其为一个小波序列。其中，a 为尺度因子；b 为时间因子。

对于任意平方可积的函数 $f(t) \in L^2(R)$，其连续小波变换的定义为：

$$W_f(a,b) = \langle f, \psi_{a,b} \rangle = |a|^{-\frac{1}{2}}\int_R f(t)\psi^*\left(\frac{t-b}{a}\right)\mathrm{d}t \tag{7-7}$$

若对式(7-7) 中的尺度因子 a 和时间因子 b 进行离散化，即取 $a = a_0^m$ （$a_0 > 1$），$b = nb_0a_0^m$ （$b_0 \in \mathbf{R}; m,n \in \mathbf{Z}$），则可定义函数 $f(t)$ 的离散小波变换，为了便于计算机运算，尺

度因子 a 通常取为 2。

② 小波变换的时频局部分析。

a. 小波变换对信号的频域分析。令小波基函数 $\psi(t)$ 的频谱函数为 $\psi(\omega)$，根据傅里叶变换的性质，小波序列 $\psi_{a,b}(t)$ 的频谱函数为 $a^{\frac{1}{2}}\psi(aw)\mathrm{e}^{-jwb}$。由此可见，时间因子 b 只是改变信号在频域的相位，而尺度因子 a 则对信号起着频限的作用：信号被分成不同的频带成分，尺度因子越大，频率越小，频带越窄。

假定用采样率 $2f_s$ 对信号 $f(t)$ 进行 j 尺度小波分析，则 $f(t)=\sum\limits_{i=1}^{j}D_i+A_j$；其中 A_j 的频带范围是 $\left\lfloor 0 \quad \dfrac{f_s}{a^j}\right\rfloor$，$D_i$ 的频带范围是 $\left\lfloor \dfrac{f_s}{a^i} \quad \dfrac{f_s}{a^{i-1}}\right\rfloor$，$1\leqslant i\leqslant j$。

b. 小波变换对信号的时频分析。式(7-7) 表明小波序列函数可以看作一系列窗函数，在 b 时间点对 $f(t)$ 进行局部分析。设小波基函数 $\psi(t)$ 的中心为 t^*，时窗宽为 $2\Delta t$，则式(7-7) 是在式(7-8) 所示的时间窗内对 $f(t)$ 进行时域局部分析：

$$\lfloor at^*+b-a\Delta t,at^*+b+a\Delta t\rfloor \tag{7-8}$$

类似的，令小波基函数 $\psi(t)$ 的频谱函数 $\psi(w)$ 的中心频率为 w^*，频带宽 $2\Delta w$，则根据傅里叶变换的性质，与式(7-8) 时间窗对应的频窗为：

$$\lfloor w^*/a-\Delta w/a,w^*/a+\Delta w/a\rfloor \tag{7-9}$$

对于较小的尺度 a，对应的是高频信号，根据式(7-8) 和式(7-9) 可知，小波变换对函数 $f(t)$ 的局部分析在时域采用较小的时窗，而在频域采用较大的频窗；对于较大的尺度 a 所对应的低频信号的分析则刚好相反。正是因为小波函数具有可变的时窗和频窗，使得小波变换在时域和频域同时具有良好的局部化特性，对于含有瞬态变化的信号具有好的分析能力。

(4) 模式识别　模式识别（Pattern Recognition，PR）是近 30 年来得到迅速发展的一门新兴边缘学科。关于什么是模式或者机器所能辨认的模式，迄今还没有一个确切而严格的定义。有些专家提出："模式是对种种物质的或精神的对象进行的分类、描述和理解。"在一些应用领域中，有些专家则干脆将模式识别称为数量（数值）分类学。模式识别的过程包括首先对已知样品进行特征提取和选择，以找出合适的分类器，然后对未知类型的样品进行识别和分类。虽然模式识别技术的理论还很不完善，但它作为人的能力的辅助和延伸已起着相当重要的作用。到目前为止，模式识别技术已在语音识别、文字识别、语音合成、目标识别与分类、图像分析与识别等领域得到应用。近几年来模式识别技术在声发射信号分析中也得到广泛应用。

针对模式特征的不同选择及其判别方法的不同，人们发展出了不同类型的模式识别方法，这些方法主要包括：模板匹配法、统计特征法、句法结构方法、逻辑特征方法、模糊模式识别方法和人工神经网络模式识别方法。根据声发射数据的结构特点分析发现，统计特征法和人工神经网络模式识别方法比较适合对声发射信号特征参数进行分析。

统计特征法是对已知类别的模式样本进行各种特征的提取和分析，选取对分类有利的特征，并对其统计均值等按已知类别分别进行学习，按贝叶斯最小误差准则，根据以上统计特征设计出一个分类误差最小的决策超平面，识别过程就是对未知模式进行相同的特征提取和分析，通过决策平面方程决定该特征相应的模式所属的类别。

图 7-30 为采用本征矢量映射模式识别方法对现场压力容器的声发射源进行的典型模式识别的图谱。图 7-31 为采用 Fisher 线性分类模式识别方法对现场压力容器的声发射源进行的典型模式识别的图谱。

(5) 人工神经网络模式识别　近年来，人们对声发射信号进行大量的人工神经网络模式

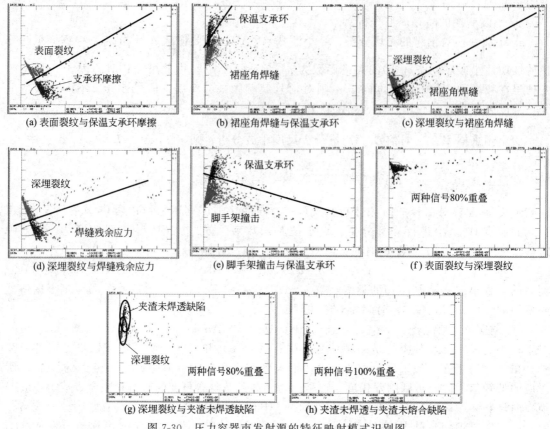

(a) 表面裂纹与保温支承环摩擦　　(b) 裙座角焊缝与保温支承环　　(c) 深埋裂纹与裙座角焊缝

(d) 深埋裂纹与焊缝残余应力　　(e) 脚手架撞击与保温支承环　　(f) 表面裂纹与深埋裂纹

(g) 深埋裂纹与夹渣未焊透缺陷　　(h) 夹渣未焊透与夹渣未熔合缺陷

图 7-30　压力容器声发射源的特征映射模式识别图

识别分析研究，可以判断一些声发射源的性质，下面给出一个采用人工神经网络直接分析声发射信号的特征参数来确定压力容器声发射源的性质的实例。

BP 模型即误差后向传播神经网络是神经网络模型中使用最广泛的一类。图 7-32 给出了一个 11 个输入模式、3 个输出模式、输入层和隐层皆为 5 个神经元以及输出层为 3 个神经元的三层 BP 网络结构，图 7-33 是误差后向传播原理图。

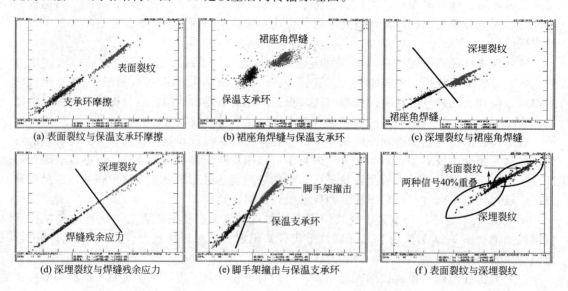

(a) 表面裂纹与保温支承环摩擦　　(b) 裙座角焊缝与保温支承环　　(c) 深埋裂纹与裙座角焊缝

(d) 深埋裂纹与焊缝残余应力　　(e) 脚手架撞击与保温支承环　　(f) 表面裂纹与深埋裂纹

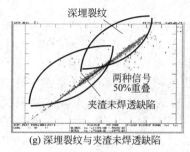 

(g) 深埋裂纹与夹渣未焊透缺陷　　　　(h) 夹渣未焊透缺陷与夹渣未熔合缺陷

图 7-31　压力容器声发射源的 Fisher 映射模式识别图

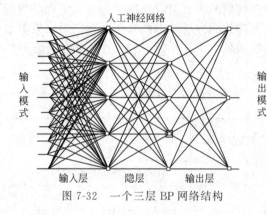

图 7-32　一个三层 BP 网络结构

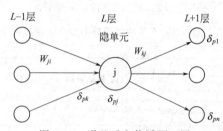

图 7-33　误差后向传播原理图

　　经大量测试分析发现，对每一个声发射撞击取如下 11 个特征作为神经网络的输入是较佳的选择，这 11 个参数中前 6 个为原始波形特征参数，后 5 个为它们之间组合派生出的特征参数：上升时间、计数、能量、持续时间、幅度、到峰计数、上升时间/持续时间、计数/持续时间、能量/持续时间、到峰计数/计数、幅度×上升时间。

　　根据现场压力容器声发射检测的需要，设计以焊接表面裂纹、焊接深埋裂纹、夹渣与未焊透、焊缝残余应力释放和机械碰撞摩擦 5 种声发射源为最终识别分类模式，考虑到在 PC机应用方便，网络为 $50 \times 50 \times 5$ 的三层结构。对每个典型声发射源各抽取大约 500 个声发射信号对网络进行培训。在培训到第 400 次时其均方差为 0.14，而识别正确率为 93%。

　　由表 7-5 可见，这一已训练好的网络对于培训数据的最低正确识别率为 86.5%。对于测试数据，由表 7-6 可见，表面裂纹和夹渣与未焊透的正确识别率最低，但仍为 84%。由此证明该网络的训练效果较好，具有较高的泛化能力。

表 7-5　人工神经网络对 5 种声发射源模式的培训结果

输出模式	表面裂纹	深埋裂纹	夹渣未焊透	残余应力	机械撞击
输出分类率/%	89.0	97.5	86.5	98.1	99.5

表 7-6　人工神经网络对 5 种声发射源测试数据的识别结果　　　　　　单位：%

输入数据＼输出模式	表面裂纹	深埋裂纹	夹渣未焊透	残余应力	机械撞击
机械撞击	0	0	0	0	100
残余应力	0	0	0	100	0
表面裂纹	84	0	16	0	0
深埋裂纹	2.4	94.2	1.5	1.9	0
夹渣未焊透	0	0	84	16	0

表 7-7 列出了应用这一已培训好的人工神经网络对表 7-8 给出的 6 种现场压力容器的声发射源进行模式识别分析的结果。由表可见，总共 6 个声发射源有 5 个源的识别结果与表 7-8 所给出的复验结果基本一致，总的正确识别率为 83%。只有 2 号 AE 源被 100% 识别为机械碰撞摩擦信号，与表 7-8 中复验结果给出的焊疤表面裂纹的存在不符。分析其原因是该表面裂纹的最大深度只有 3mm，在 2.0MPa 的试验压力下是不会产生裂纹扩展的，而本网络用于培训的表面裂纹信号，大部分是由于裂纹扩展产生的，因此两种源的模式确实不应该相同，另外，这一结果也说明，该表面裂纹产生的声发射信号与裂纹面的摩擦有关。

从表 7-7 中可以发现另外一个较有意义的结果是采用神经网络方法可以对产生声发射源信号的各种机制进行定量分析，但由于培训此网络使用的表面裂纹数据中包含夹渣物断裂的分量，而焊接缺陷的声发射信号中又包含残余应力释放的分量，因此采用此网络对声发射信号的分析不能得到各种机制产生声发射信号的准确结果，由此，针对产生声发射信号各种机制的鉴别，设计出了一种新的网络。

表 7-7　人工神经网络对表 7-8 给出的 6 种现场压力容器的声发射源的模式识别应用分析结果

单位：%

输出模式 输入数据	表面裂纹	深埋裂纹	夹渣未焊透	残余应力	机械撞击摩擦
1 号 AE 源	9.8	82.5	5.4	2.3	0
2 号 AE 源	0	0	0	0	100
3 号 AE 源	10.8	0	83.8	5.4	0
4 号 AE 源	0	0	0	0	100
5 号 AE 源	0	0	25.2	13.0	61.8
6 号 AE 源	0	0	39.6	25.5	34.5

表 7-8　现场压力容器的声发射源及复验结果

编号	AE 源的描述	常规 NDT 复验结果
1	1000m³ 球罐纵缝上出现的声发射信号源	超声波检测发现 1 个 15mm 长、10mm 高、距外表面 5mm 深的深埋裂纹和一些夹渣缺陷
2	1000m³ 球罐焊疤部位出现的声发射信号源	磁粉检测发现 3 条长度分别为 15mm、20mm 和 30mm 的表面裂纹，最大深度 3mm
3	400m³ 球罐纵缝上出现的声发射信号源	射线检测在附近 3 个部位发现大量气孔、夹渣、未熔合、未焊透等超标缺陷和 1 条 20mm 长的深埋裂纹等
4	换热器裙座垫板与筒体的角焊缝部位出现的大量声发射信号源	磁粉检测没有发现表面裂纹
5	120m³ 球罐支柱与球壳的角焊缝部位产生的声发射信号源	磁粉检测发现 1 条长为 10mm 深度小于 0.5mm 的浅表面裂纹
6	氢气钢瓶上的保温支承环部位出现的声发射信号源	目视检查发现该处的保温支承环已严重腐蚀，支承环与筒体之间存在大量氧化物

7.2.3　检测仪器选择的影响因素

在进行声发射试验或检测前，需首先根据被检测对象和检测目的来选择检测仪器，主要应考虑的因素如下。

① 被监测的材料：声发射信号的频域、幅度、频度特性随材料类型有很大不同，例如，金属材料的频域约为数千赫兹到数兆赫兹，复合材料约为数千赫兹到数十万赫兹，岩石与混凝土约为数赫兹到数十万赫兹。对不同材料需考虑不同的工作频率。

② 被检测的对象：被检对象的大小和形状、发射源可能出现的部位和特征的不同，决定选用检测仪器的通道数量。对实验室材料试验、现场构件检测、各类工业过程监视等不同的检测，需选择不同类型的系统，例如，对实验室研究多选用通用型，对大型构件采用多通道型，对过程监视选用专用型。

③ 需要得到的信息类型：根据所需信息类型和分析方法，需要考虑检测系统的性能与功能，如信号参数、波形记录、源定位、信号鉴别及实时或事后分析与显示等。

表 7-9 列出了选择检测系统时需要考虑的主要因素。

表 7-9 影响检测仪器选择的因素

性能及功能	影响因素
工作频率	材料频域、传播衰减、机械噪声
传感器类型	频响、灵敏度、使用温度、环境、尺寸
通道数	被检对象几何尺寸、波的传播衰减特性、整体或局部监测
源定位	不定位、区域定位、时差定位
信号参数	连续信号与突发信号参数、波形记录与谱分析
显示	定位、经历、关系、分布等图表的实时或事后显示
噪声鉴别	空间滤波、特性参数滤波、外变量滤波及其前端与事后滤波
存储量	数据量，包括波形记录
数据率	高频度声发射、强噪声、多通道多参数、实时分析

7.2.4 检测仪器的设置和校准

（1）校准信号的产生技术　声发射检测系统的校准包括在试验室内对仪器硬件系统灵敏度和一致性的校准与在现场对已安装好传感器的整个声发射系统灵敏度和定位精度的校准。对仪器硬件系统的校准需采用专用的电子信号发生器来产生各种标准函数的电子信号，直接输入前置放大器或仪器的主放大器。对现场已安装好传感器的整个声发射系统灵敏度和定位精度的校准采用在被检构件上可发射机械波的模拟声发射信号，模拟声发射信号的产生装置一般包括两种，一种是采用电子信号发生器驱动声发射压电陶瓷传感器发射机械波，另一种是直接采用铅笔芯折断信号来产生机械波，铅笔芯模拟源如图 7-34 所示。

（2）校准的步骤

① 仪器硬件灵敏度和一致性的校准：对仪器硬件系统的校准直接采用专用的电子信号发生器来产生各种标准函数的电子信号，直接输入前置放大器或仪器的主放大器，来直接测量仪器采集这些信号的输出。比如，NB/T 47013.9—2015 标准规定：仪器的门槛精度应控制在±1dB 范围内；处理器内的幅度测量电路测量峰值幅度值的精度为±2dB，同时要满足信号不失真的动态范围不低于 65dB；处理器内的能量测量电路测量信号能量值的精度为±5%；

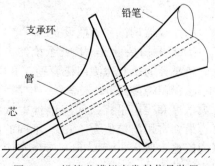

图 7-34　铅笔芯模拟声发射信号装置

系统测量外接参数电压值的精度为满量程的 2%。

② 现场声发射检测系统灵敏度的校准：通过直接在被检构件上发射声发射模拟源信号来进行校准。灵敏度校准的目的是确认传感器的耦合质量和检测电路的连续性，各通道灵敏度的校准为在距传感器一定距离[离传感器中心（100±5）mm]发射三次声发射模拟源信号，分别测量其响应幅度，三个信号幅度的平均值即为该通道的灵敏度，多数金属压力容器的检测规程规定，每通道对铅笔芯模拟信号源的响应幅度与所有传感器通道的平均值偏差为±3dB 或±4dB，而玻璃钢构件为±6dB。

③ 现场声发射检测系统源定位的校准：通过直接在被检构件上发射声发射模拟源信号来进行校准。源定位校准的目的是确定定位源的唯一性和与实际模拟声发射源发射部位的对应性，一般通过实测时差和声速以及设置仪器内的定位闭锁时间来进行仪器定位精度的校准。定位校准的最终结果为，所加模拟信号应被一个定位阵列所接收，并提供唯一的定位显示，区域定位时，应至少被一个传感器接收到。多数金属容器检测方法中规定，源定位精度应在两倍壁厚或该传感器阵列中最大传感器间距的 5% 以内。

（3）传感器的选择和安装

① 传感器响应频率的选择：应根据被检测对象的特征和检测目的选择传感器的响应频率，比如金属压力容器检测用传感器的响应频率为 100～400kHz，压力管道和油罐底泄漏检测传感器的响应频率为 30～60kHz 等。

② 传感器间距和阵列的确定：构件声发射检测所需传感数量，取决于试件大小和所选传感器间距。传感器间距又取决于波的传播衰减，而传播衰减值又来自用铅笔芯模拟源实际测得的距离-衰减曲线。时差定位中，最大传感器间距所对应的传播衰减，不宜大于预定最小检测信号幅度与检测门槛值之差，例如，门槛值为 40dB，预定最小检测信号幅度为 70dB，则其衰减不宜大于 30dB。区域定位比时差定位可允许更大的传感器间距。在金属容器中，常用的传感器间距约为 1～6m，传感器阵列采用三角平面或曲面定位，多数容器的检测需布置约 8～40 个传感器。

③ 传感器的安装：传感器表面与试件表面之间良好的声耦合为传感器安装的基本要求。试件的表面须平整和清洁，松散的涂层和氧化皮应清除，粗糙表面应打磨，表面油污或多余物要清洗。对半径大于 150mm 的曲面可看成平面，而对小半径曲面应采取适当措施，例如，可采用转接耦合块或小直径传感器。对于接触界面，应填充声耦合剂，以保证良好的声传输。耦合剂不宜涂得过多或过少，耦合层应尽可能薄，表面要充分浸湿。耦合剂的类型对声耦合效果影响甚少，多采用真空脂、凡士林、黄油、快干胶及其它超声耦合剂。对高温检测，也可采用高真空脂、液态玻璃及陶瓷等。但是，须考虑耦合剂与试件材料的相容性，即不得腐蚀或损伤试件材料表面。多用机械压缩来固定传感器。常用固定夹具包括松紧带、胶带、弹簧夹、磁性固定器、紧固螺栓等。所加之力应尽可能大一些，约为 0.7MPa。

（4）仪器调试和参数设置

① 检测门槛设置：检测系统的灵敏度，即对小信号的检测能力，决定于传感器的灵敏度、传感器间距和检测门槛设置。其中，门槛设置为其主要的可控制因素。

检测门槛多用 dB 来表示。检测门槛越低，测得信息越多，但易受噪声的干扰，因此，在灵敏度和噪声干扰之间应做折中选择。多数检测是在门槛为 35～55dB 的中灵敏度下进行，最为常用门槛值为 40dB。不同的门槛设置与适用范围见表 7-10。常用金属压力容器检测的门槛一般为 40dB，但长管拖车的检测门槛为 32dB，纤维增强复合材料压力容器的检测门槛一般为 48dB。

表 7-10 门槛设置与适用范围

门槛/dB	适用范围
25～35	高灵敏度检测,多用于低幅度信号或高衰减材料或基础研究
35～55	中灵敏度检测,广泛用于材料研究和构件无损检测
55～65	低灵敏度检测,多用于高幅度信号或强噪声环境下的检测

② 系统增益设置:增益是仪器主放大器对声发射波形信号放大倍数的设置,一些 20 世纪 70 年代生产的老的声发射系统中通常有分开的可变增益(dB)和门槛电压(V),在某些系统中,增益或门槛中的一个可能被固定,通过提高增益或降低门槛电压能获得较高的灵敏度。

20 世纪 80 年代以后生产的仪器,均采用集成电路系统,对于操作者设定的增益(dB)和门槛(dB),系统能计算出合适的电压,把它放在门槛比较器上。因此,门槛的功能为主要控制灵敏度,改变增益设置将不改变灵敏度。增益的设置并不影响所测量的计数、持续时间、上升时间或幅度。但增益设置也是十分是重要的,它直接影响能量的测量和声发射信号的能量计数。

对于目前常用声发射仪器,为了保持系统在一合适的操作范围内,应根据检测灵敏度的要求来选定门槛,而增益门槛应处于一定的范围,比如有些设备在 55～88dB 之间。

③ 系统定时参数设置:定时参数,是指撞击信号测量过程的控制参数,包括:峰值定义时间(PDT)、撞击定义时间(HDT)和撞击闭锁时间(HLT)。

峰值定义时间,是指为正确确定撞击信号的上升时间而设置的新最大峰值等待时间间隔。如将其选得过短,会把高速、低幅度前驱波误作为主波处理,应尽可能选得短为宜。

撞击定义时间,是指为正确确定一撞击信号的终点而设置的撞击信号等待时间间隔。如将其选得过短,会把一个撞击测量为几个撞击,而如选得过长,又会把几个撞击测量为一个撞击。

撞击闭锁时间,是指在撞击信号中为避免测量反射波或迟到波而设置的关闭测量电路的时间间隔。

声发射波形随试件的材料、形状、尺寸等因素而变,因而,定时参数应根据试件中所观察到的实际波形进行合理选择,其推荐范围如表 7-11 所示。

表 7-11 定时参数选择

材料与试件	PDT/μs	HDT/μs	HLT/s
复合材料	20～50	100～200	300
金属小试件	300	600	1000
高衰减金属构件	300	600	1000
低衰减金属构件	1000	2000	20000

7.2.5 加载程序与特殊检测的程序

(1)加载准备 多数情况下,加载操作仅有一次机会,关系到声发射检测的成败,须做充分的准备。

① 加载方式。应尽量模拟试件的实际受力状态,包括内压、外压、热应力及拉、压、弯。

② 加载设备。试压泵、材料试验机等,应尽量选择低噪声设备。

③ 加载程序。主要决定于产品的检测规范，但有时因声发射检测所需，要做些调整。常用的加载参数包括升压速率、分级载荷和最高载荷及其恒载时间，有时需要增加重复加载程序。

④ 应确定声发射检测人员与加载人员之间的联络方法，以实时控制加载过程。

⑤ 应确定记录载荷的方法。多用声发射仪记录载荷传感器的电压输出。

（2）载荷控制

① 升载速率。慢速加载会过分延长检测周期，而快速加载也会带来不利的影响。首先，会使机械噪声变大，如低压下的流体噪声；其次，会引起高频度声发射活动，以致因超过检测仪的极限采集速率而造成数据丢失；再则，应变对应力的不平衡而会带来试验安全问题。压力容器的加载，多采用较低的加载速率，且要保证均匀加载。

② 恒载。多数工程材料，在恒载下显示出应变对应力的滞后现象。一些材料在恒载下可产生应力腐蚀或氢脆裂纹扩展。恒载周期又为避免加载噪声或鉴别外来噪声干扰提供了机会。近年来，恒载声发射时序特性已成为声发射源严重性评价和破坏预报的一主要依据，必要时，可忽略升载声发射，而只记录恒载声发射。对于压力容器，分级恒载时间约设定 2～10min，而最高压力下约恒载 10～30min。

③ 重复加载。对一些新制容器，当首次加载时常常伴随大量无结构意义的声发射，包括局部应力释放和机械摩擦噪声，这给检测结果的正确解释带来很大困难，为此需进行二次加载检测。另外，在役容器的定期检测，原理上也属于重复加载检测，以发现新生裂纹。费利西蒂效应为重复加载检测提供了基本依据。因此，对首次加载声发射过于强烈的构件、复合材料及在役构件，宜采用重复加载检测方法。

（3）特殊检测的程序　声发射特殊的检测一般包括高温或低温下的检测、间歇性的检测（包括周期疲劳）、长期检测和高噪声环境的检测等。这些特殊的检测对传感器的安装和信号的采集有一些特殊的要求。

在高温或低温检测中，多采用由金属或陶瓷制成的波导杆转接器。它是通过焊接或加压方式固定于试件表面，可使试件表面高温或低温端的声发射波传输到常温端的传感器。这一结构会引起一定的传输衰减和波形畸变，其接触面为主要的衰减因素。

长期监测的传感器固定方式一般采用一些快干式黏结剂，包括快干胶、环氧树脂，既可固定传感器，而又起着声耦合作用。这种耦合方法在高应变、高温环境下可能发生脱黏问题。包括周期疲劳在内的周期性的检测对仪器采集数据的时间会有一些特殊的要求，比如疲劳试验，在拉伸与压缩载荷转换时会有试样夹具松动产生的噪声信号，在这一段时间，会设置声发射仪器停止信号采集。

对于高噪声环境的检测，可能会采用提高门槛，或者采用警卫传感器等排噪的方法。

7.2.6　数据显示

在进行声发射检测过程中，信号数据的实时显示方式包括声发射信号参数列表、参数相对于时间的经历图、参数的分布图、参数之间的关联图、声发射源定位图和直接显示声发射信号的波形。在实际的检测过程中，根据检测目的的不同可选用不同的显示模式。比如，进行压力容器检测时，一般同时选用参数列表、参数相对于时间的经历图、参数的分布图、参数之间的关联图和声发射源定位图来进行实时显示。

7.2.7　噪声源的识别、拟制和排除

（1）噪声源的识别　噪声的类型包括机械噪声和电磁噪声。

机械噪声，是指由于物体间的撞击、摩擦、振动所引起的噪声；而电磁噪声，是指由于静电感应、电磁感应所引起的噪声。常见的噪声来源如表 7-12 所示。

表 7-12 噪声源

类型	来源
电磁噪声	1. 前置放大器噪声,是不可避免的白色电子噪声 2. 地回路噪声,因检测仪和试件的接地不当而引起 3. 电台和雷达等无线电发射器、电源干扰、电开关、继电器,电机、焊接、电火花、打雷等引起的电磁干扰
机械噪声	1. 摩擦噪声,多因加载时的相对机械滑动而引起,包括:试样夹头滑动、施力点摩擦、容器内外部构件的滑动、螺栓松动、裂纹面的闭合与摩擦 2. 撞击噪声,包括:雨、雪、风沙、振动及人为敲打 3. 流体噪声,包括:高速流动、泄漏、空化、沸腾、燃烧

(2) 噪声的拟制和排除　噪声的拟制和排除,是声发射技术的主要难题,现有许多可选择的软件和硬件排除方法。有些需在检测前采取措施,而有些则要在实时或事后进行。噪声的排除方法、原理和适用范围见表 7-13。

表 7-13　噪声的排除方法

方法	原理	适用范围
频率鉴别	滤波器	600Hz 以下机械噪声
幅度鉴别	调整固定或浮动检测门槛值	低幅度机电噪声
前沿鉴别	对信号波形设置上升时间滤波窗口	来自远区的机械噪声或电脉冲干扰
主副鉴别	用波到达主副传感器的次序及其门电路,排除先到达副传感器的信号,而只采集来自主传感器附近的信号,属空间鉴别	来自特定区域外的机械噪声
符合鉴别	用时差窗口门电路,只采集特定时差范围内的信号,属空间鉴别	来自特定区域外的机械噪声
载荷控制门	用载荷门电路,只采集特定载荷范围内的信号	疲劳试验时机械噪声
时间门	用时间门电路,只采集特定时间内的信号	点焊时电极或开关噪声
数据滤波	对撞击信号设置参数滤波窗口,滤除窗口外的波击数据,包括:前端实时滤波和事后滤波	机械噪声或电磁噪声
其他	差动式传感器、前放一体式传感器、接地、屏蔽、加载销孔预载、隔声材料、示波器观察等	机械噪声或电磁噪声

7.2.8　数据解释、评价与报告

(1) 数据解释　数据解释,是指所测的数据中分离出与检测目的有关的数据。除简单情况外,多采用事后分析方法。数据解释的步骤一般如下。

① 在声发射数据采集和记录过程中,标识出检测过程中出现的噪声数据。

② 采用软件数据滤波方法剔除噪声数据,常用的方法包括:时差滤波或空间滤波、撞击特性参数滤波、外参数滤波。

③ 识别出有意义和无意义的声发射信号和声发射源,识别方法包括:分布图、关系图和定位图分析等。

(2) 数据评价

① 排序分级和接受/不接受的方法。对数据解释识别出的有意义声发射信号及其声发射源,一般先按它们的平均撞击特征参数(幅度、能量或计数)进行强度排序和分级,然后按其不同阶段声发射源出现的次数对活性进行排序和分级,最后将声发射源的强度和活性进行综合考虑确定声发射源的级别。

目前评价声发射源接受或不接受的判据是声发射技术中尚不够成熟的部分。在现行的构件检测规程中，多采用简便的接受/不接受式判据。这种判据主要指示结构缺陷的存在与否，而不指示缺陷的结构意义，但可为接受或后续复检及其处理提供依据。

表7-14列出了一些美国和我国现行检测标准中选用的评价判据。

表 7-14　声发射检测数据常用评价判据

评价判据	ASTM E-1067 增强塑料容器	ASTM E-118 增强塑料管道	ASME V-11 增强塑料容器	ASME V-12 金属容器	GB/T 18182—2000 金属容器	NB/T 47013.9—2015 金属容器
恒载声发射	有	有	有	有	有	有
费利西蒂比	有	有	有	有	无	无
振铃计数或计数率	有	无	无	有	有	有
高幅度事件计数	有	有	有	有	有	有
长持续时间或大能量事件计数	无	有	有	无	有	无
事件计数	无	无	有	无	有	有
能量或幅度随载荷变化	无	无	有	无	有	无
活动性	无	无	有	有	有	有

② 与校准信号的比较。对于有意义的声发射源还要通过在实际构件上发射模拟信号进行定位校准，最终找到声发射源在实际构件上对应的具体部位。

③ 其他无损检测方法对源的评价。声发射检测给出的声发射源的级别，只是对源所产生的声发射信号的强度和活度进行评价，并不能识别产生声发射源的机制，对于绝大部分构件进行的声发射检测，其最终目的是发现活性缺陷，而诸如塑性变形和氧化皮剥落等产生的声发射源并无活性缺陷存在，因此，为了进一步评价声发射源部位是否存在活性缺陷，通常采用超声、射线、磁粉和渗透等常规无损检测方法对有意义的声发射源进行复验。

（3）报告　声发射检测报告应具备下列内容：

——构件名称、编号、制造单位、设计压力、温度、介质、最高工作压力、材料牌号、公称壁厚和几何尺寸；

——加载史和缺陷情况；

——执行与参考标准；

——检测方式、仪器型号、耦合剂、传感器型号及固定方式；

——检测日期；

——各通道灵敏度测试结果；

——各通道门槛和系统增益的设置值；

——背景噪声的测定值；

——衰减测量结果；

——传感器布置示意图及声发射定位源位置示意图；

——源部位校准记录；

——检测软件名及数据文件名；

——加载程序图；

——检测结果分析、源的综合等级划分结果及数据图；

——结论；

——检测人员、报告编写人和审核人签字及资格证书编号。

7.3 压力容器检测

压力容器声发射检测是目前声发射技术应用最成功和普遍的领域之一，压力容器的声发射检验的步骤一般包括对被检容器进行资料审查、现场勘察、检验方案的制定、声发射探头的安装、声发射仪器的调试、加载试验过程中的声发射监测和信号采集、声发射数据的分析和源的分类及检验报告的编制等过程，下面分别加以介绍。

7.3.1 资料审查

资料审查应包括下列内容：

① 产品合格证、质量证明书、竣工图；

② 运行记录、开停车情况、运行参数、工作介质、载荷变化情况以及运行中出现的异常情况等资料；

③ 检验资料、历次检验报告；

④ 有关修理和改造的文件。

通过资料审查了解压力容器的结构、几何尺寸、材料、设计压力、日常操作压力、加载史、存在缺陷的情况等，为制订检验方案做好准备。

7.3.2 现场勘察

检测开始前，应进行现场勘察，具体进行如下方面的工作：

① 观察压力容器表面具体情况和周围环境条件，确定传感器的布置阵列；

② 找出所有可能出现的噪声源，如电磁干扰、振动、摩擦和流体流动等，应对这些噪声源设法予以排除；

③ 确定加压方式、最高试验压力和各个保压台阶等加压程序；

④ 记录建立声发射检测人员和加载人员的联络方式。

7.3.3 检验方案的制定

在资料审查和现场勘察的基础上制定声发射检验方案，最终确定采用的通道数、传感器阵列布置图、探头在压力容器上的安装部位和加载程序，并准备好检验记录表格。

构件声发射检测所需传感数量，取决于压力容器的大小和所选传感器间距。传感器间距又取决于波的传播衰减，而传播衰减值又来自用铅笔芯模拟源实际测得的距离-衰减曲线。时差定位中，最大传感器间距所对应的传播衰减，不宜大于预定最小检测信号幅度与检测门槛值之差，例如，门槛值为40dB，预定最小检测信号幅度为70dB，则其衰减不宜大于30dB。区域定位比时差定位可允许更大的传感器间距。在金属容器中，常用的传感器间距约为1~5m，多数容器的检测需布置约8~32个探头。

应根据被检件相关法规、标准和（或）合同的要求来确定最高试验压力和加压程序。升压速度一般不应大于0.5MPa/min。保压时间一般应不小于10min。新制造压力容器或压力管道和在役压力容器或压力管道检测，一般应进行两次加压循环过程，第二次加压循环最高试验压力 P_{T2} 应不超过第一次加压循环的最高试验压力 P_{T1}，建议 P_{T2} 为97% P_{T1}。对在役压力容器或压力管道检测时，一般试验压力不小于最大操作压力的1.1倍；当工艺条件限制声发射检测所要求的试验压力时，其试验压力也应不低于最大操作压力，并在检测前一个月将操作压力至少降低15%，以满足检测时的加压循环需要。应尽可能进行两次加压循环。

7.3.4 传感器的安装

传感器的安装程序如下：

① 在压力容器壳体上标出传感器的安装部位；

② 对传感器的安装部位进行表面打磨，去除油漆、氧化皮或油垢等；

③ 将传感器与信号线连接好；

④ 在传感器或压力容器壳体上涂上耦合剂；

⑤ 安装和固定传感器。

7.3.5 仪器的调试

（1）仪器硬件工作参数设置　在仪器开机后，应根据被检测对象，首先设置仪器硬件的工作参数，这些参数一般包括增益、门槛、峰值鉴别时间（PDT）、撞击鉴别时间（HDT）、撞击闭锁时间（HLT）、定位闭锁时间、采样率、外接参数采样率等。

在开始检测之前进行背景噪声的测定，然后在背景噪声的水平上再加 5～10dB 作为仪器的门槛电平值。多数检测是在门槛为 35～55dB 的中灵敏度下进行，最常用的门槛值为 40dB。

为确保传感器的耦合质量和前置放大器与仪器主机各通道处于良好的工作状态，检测前后应检查各信号通道对模拟信号源的响应幅度。模拟信号一般采用直径 0.3mm 的 2H 笔芯断铅信号，其伸长量约为 2.5mm，笔芯与构件表面夹角为 30°左右，响应幅度取三次响应的均值。多数金属压力容器的检测规程规定，每通道对铅笔芯模拟信号源的响应幅度与所有传感器通道的平均值偏差为 ±3dB 或 ±4dB。

（2）衰减测量　对被检容器采用模拟声发射信号进行衰减测量，画出距离-声发射信号幅度衰减曲线。

（3）源定位校准　多通道检测时，应在构件的典型部位上，用模拟源进行定位校准。通过实测探头之间的时差，计算出实际声速并输入定位计算软件，最终达到每一模拟信号均能被一个定位阵列所接收，并提供唯一的定位显示，定位精度应在 2 倍壁厚或该传感器阵列中最大传感器间距的 5% 以内。区域定位时，应至少能被一个传感器接收到。

7.3.6 加载试验过程中的声发射监测和信号采集

检测时及时存储采集到的声发射信号数据并做好记录，应实时观察声发射撞击数随载荷或时间的变化趋势，声发射撞击数随载荷或时间的增加呈快速增加时，应及时停止加载，在未查出声发射撞击数增加的原因时，禁止继续加压。检测中如遇到强噪声干扰时，应暂停检测并在数据记录表上加以说明，排除强噪声干扰后再进行检测。

7.3.7 声发射数据的分析和源的分类

压力容器声发射检测数据的分析和源的分类均是基于时差声发射源定位的基础上进行，声发射源的等级按源的活度和强度划分，划分方法是先确定源的活度等级和强度等级，然后再确定源的综合等级。

（1）源的活度划分　源的活度划分为强活性、活性、弱活性和非活性四个等级。如果源区的事件数随着升压或保压呈快速增加时，则认为该部位的源具有超强活性；如果源区的事件数随着升压或保压呈连续增加时，则认为该部位的源具有强活性；如果源区的事件数随着升压或保压呈间断出现时，根据不同加压阶段出现的次数来划分活度的级别。

（2）源的强度划分　源的强度分高强度、中强度和弱强度三个级别，源的强度 Q 可用能量、幅度或计数参数来表示。源的强度计算取源区前 5 个最大的能量、幅度或计数参数的平均值（幅度参数应根据衰减曲线加以修正）。源的强度划分参考表 7-15 进行。表 7-15 中

的 a、b 值应由试验来确定，Q345R 钢采用幅度参数划分源的强度的推荐值为 $a = 60\text{dB}$ 和 $b = 80\text{dB}$。

表 7-15 源的强度划分

源的强度级别	源强度
弱强度	$Q < a$
中强度	$a \leqslant Q \leqslant b$
高强度	$Q > b$

（3）源的综合等级划分 源的综合等级根据活性和强度划分见表 7-16，共分为 Ⅰ、Ⅱ、Ⅲ、Ⅳ 四级。

表 7-16 源的综合等级划分

等级	超强活性	强活性	中活性	弱活性
高强度	Ⅳ	Ⅳ	Ⅲ	Ⅱ
中强度	Ⅳ	Ⅲ	Ⅱ	Ⅰ
弱强度	Ⅲ	Ⅲ	Ⅱ	Ⅰ

7.3.8 检验数据记录和报告

压力容器声发射检验记录和报告应包括如下内容：

① 资料审查记录：包括压力容器的名称、编号、使用单位、设计参数、日常操作压力、加载史、存在缺陷的情况等；

② 执行、参考标准；

③ 声发射仪器及传感器记录：包括仪器型号、通道数、检测方式、检测频率、传感器型号、耦合剂及传感器固定方式等；

④ 背景噪声的测定值；

⑤ 模拟信号衰减测量记录；

⑥ 门槛、增益的设置值；

⑦ 传感器灵敏度校准记录；

⑧ 传感器阵列布置图及传感器之间的距离记录；

⑨ 传感器阵列的定位校准记录；

⑩ 使用的检测软件、检测状态设置软件及存储的声发射信号数据文件名称；

⑪ 实际加载程序图；

⑫ 检测数据的分析与声发射源的分级结果；

⑬ 检验结论；

⑭ 检验人员和审核人员的签字；

⑮ 检验日期。

7.4 压力管道检测

压力管道的声发射检测目前也在国内外得到广泛应用，人们采用声发射技术对压力管道进行检测的主要目的是发现压力管道可能存在的泄漏源。由于压力管道为细长状的结构，因此传感器的布置均采用一维定位阵列；由于压力管道的长度很大，为了一次监测较长的距离，传感器之间的间距也相对较长，考虑到声发射高频信号衰减更快的因素，需要采用传感器的工作频率相对较低，一般为 30～60kHz；另外，由于压力管道内流体介质的泄漏信号为连续型声发射信号，突发型声发射信号常用的声发射参数（计数、计数率、上升时间、持续时间、幅度分布、时差等）已变得毫无意义，突发型声发射信号采用的时差定位方法，连续型声发射信号也无法应用，根据连续型声发射信号的特点，人们发展了基于信号衰减幅度测量的区域定位方法、基于波形互相关式时差测量的定位方法和基于波形干涉的定位方法。

传感器的工作频率对压力管道声发射信号的衰减特性有强烈的影响，频率越高，衰减越大，频率越低，衰减越小。

7.5 钢结构与起重机械检测

声发射技术在起重机械的监测和完整性评价方面有一些成功应用的实例，国外在这方面做了很多研究和试验工作。1985 年，ASTM 制定了"绝缘高耸载人设备的声发射检测的标准测试方法"。这种测试方法提供了在固定载荷作用下，绝缘载人高耸设备中的局部声源因快速释放能量而导致的瞬态应力波的评价方法。在受控预定载荷作用下产生了能量释放，这些释放的能量能被检测并且被有资格的工程技术人员解释。该方法要求检测到的声发射源，要么用更精确的声发射测试方法进行再次测试，要么用常规无损检测方法进行复验，比如说渗透试验法、X 射线检测、超声波检测、磁粉检测等。在绝缘高耸载人设备中的缺陷区域应该得到修复并恰当地进行再次测试。

根据 ASTM 制定的方法，可以完成电话线、配电线工程用的载人高空作业车的声发射检测。图 7-35 表示作为检查对象的载人高空作业车的悬臂，它是 FRP 支持柱和金属结合部构成的复合构造物，试验时，用高频声发射探头进行区域位置定位，同时用低频波探头监视整个结构。利用声发射检测技术，可检出载人高空作业车悬臂中 FRP 部的树脂裂纹、层间剥离、纤维破裂、金属部分的裂纹发生等缺陷，悬臂部整体的完整性评价可通过一次试验进行。此时的载荷是通过将钢丝装入作业筐、升降悬臂而实现。

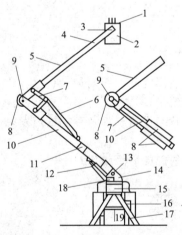

图 7-35　带关节高耸载人设备结构图

1—上端控制器；2—平台；3—平台销；4—上端梁顶端；5—上端梁；6—上端梁气缸；7—上端梁驱动机构；8—肘；9—肘销；10—下端梁；11—下端梁绝缘装置；12—下端梁气缸；13—下端梁销；14—转盘；15—基架；16—下端控制器；17—舷外支架；18—舷外支架控制器；19—稳定器

ASTM 制定的标准测试方法，主要是针对可延伸梁高耸载人设备、有关节连接梁高耸载人设备和有关节连接梁的任何组合结构进行声发射检测。声发射方法用来检测声源并进行区域定位。此时还需要采用其他一些无损检测方法来查证声源，比如说射线、超声、磁粉、渗透以及视觉检查。

在固定载荷作用下，这种测试方法提供了检测载人高耸设备中的局部声源和评价方法。这种测试方法允许对在受控载荷下的绝缘高耸载人设备的主要构件进行测试，能够检测到影响结构完整性或让绝缘高耸载人设备失效的缺陷所产生的声发射源、不规则产生的声发射源或者缺陷和不规则两者共同产生的声发射源。它利用客观的标准进行评价，可以在任何时间不连续地对相关特定区域进行研究，防止缺陷持续扩展直至失效。

（1）检测方法概要 这种测试方法包括在高耸载人设备上施加载荷。被测金属结构中缺陷被激活并传播，或是玻璃纤维加强塑料（FRP）中形成矩阵微裂纹、分层或纤维损伤，或两者皆有。

对高耸载人设备以恒定速率加载，直到达到预期的载荷值，整个过程需要一定的时间。接着卸载并按初始过程重复进行加载。对两个循环进行声发射监测并对数据进行评价。在声发射测试过程中，所采用的测试载荷应该是平台额定承载力的 2 倍。

（2）声发射仪器及性能检查 对高耸载人设备的声发射检测仪器必须至少具有 8 个通道可以进行数据采集，并且频率范围在 20～200kHz。当使用少于 8 个通道时，不需要像表 7-17 所示的那样将所有区域覆盖。声发射仪器应能够记录下所有的时间、事件、计数、幅度和载荷。

表 7-17 用声发射监测的高耸设备的组件

被测部件	平台	平台连接件	上端梁	上下梁连接件	下端梁上下连接点	下端梁绝缘器	转盘和旋转梁	基架	中间梁	下端梁
指定点	A	B	C	D	E	F	G	H	I	J
带关节高耸设备	X	X	X	X	X	X	X	X	NA	NA
可延伸高耸设备	X	X	X	NA	NA	NA	X	X	X	X

注：X、NA 表示开始和结束时间标识。

在施加测试载荷前，要使用声发射模拟源对声发射系统性能进行标定。模拟源应能产生典型的瞬态弹性波，而且强度足以被声发射仪记录。

检测到的模拟源的峰值信号幅度不得超过 90dB（传感器与信号源的距离为固定值，典型距离为 152～228mm），而且各个传感器在相同材料上的灵敏度差异不得超过 6dB。

（3）测试准备 在声发射检测之前，要对高耸提升设备进行外在检查，确保周围环境对设备没有干扰、设备处于自由状态，以免影响测试和测试结果。

高耸载人设备中被监测的部件应包括但不能仅限于表 7-17 中所列出的部件。可以通过增加通道和传感器的数目来增强定位效果。

在 FRP 和部件中的钢结构部分上固定传感器。覆盖程度由所布置的传感器数目和构件中信号的衰减特性所决定。可以用标准信号源进行标定。

（4）测试步骤 可以对表 7-17 所示的所有带关节的高耸载人设备和可延伸高耸载人设备进行监测。所施加载荷应该尽可能地模仿实际受载情况，加载过程如图 7-36 所示。在施加载荷前两分钟，用声发射仪器监测背景噪声。如果发现有背景噪声存在则确定噪声源，有可能的话，最好在加载前将噪声源屏蔽。如果背景噪声特别大，重新安排其他时间或地点进行检测以消除噪声影响。潜在的背景噪声源包括 EMI、邻近广播电台、不合适的地面、接头摩擦和冲击等。

（5）检测报告 在检测报告中要包括仪器校准、施加载荷、检测数据和图表、测试过程中的周围环境、怀疑的损坏的部位、检测结论等信息。报告要由有资格执行该次检测的测试

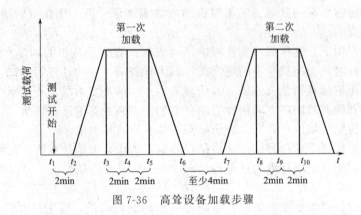

图 7-36　高耸设备加载步骤

人员签名，并标上日期。检测结论的可靠性是测试步骤、所采用的设备以及工业技术发展水平的函数。

7.6　其他焊接结构检测应用

7.6.1　裂纹扩展和断裂力学

带有缺陷金属材料的主要特点是在加载过程中应力要集中作用到缺陷位置上。例如，薄板上切口附近的应力要超过薄板中的平均应力。所以，在带有缺陷的金属材料在加载过程中，在载荷集中的部位要产生塑性变形、变形强化，最后达到破坏。近年来，利用声发射技术对裂纹的扩展进行了一系列的研究，在声发射参数与应力强度因子 K 之间建立了一定的联系，而应力强度因子决定于试件的几何形状、裂纹的尺寸、形式与所在的位置。

7.6.2　环境导致的开裂

环境导致的开裂是结构破坏的重要形式，这种裂纹的形成与扩展不仅取决于材料的状态和裂纹尖端的应力场，而且还与材料所处的环境有密切的关系。环境导致开裂的成因和机理比较复杂，以往常采用微观和宏观的方法研究这种开裂，其不足是不能连续观察和分析开裂的全过程。声发射技术是研究这种开裂的有力工具。由于它具有灵敏度高，可以提供开裂过程的细节，所以在应力腐蚀开裂和氢脆的研究方面得到广泛应用。

声发射技术用于材料应力腐蚀破裂过程中的监测，已取得显著的效果。目前声发射特性研究中，实验材料多为高强钢、不锈钢或铝合金。但在石油和石油化工行业中，压力容器、管道和其他结构多使用韧性很好的中、低强度合金钢。由应力腐蚀而引起这类材料的破裂事故时有发生。因此，用声发射技术研究这类钢材在应力腐蚀破裂过程中的声发射特性具有实际意义。

实验研究采用压力容器常用的 16MnR 钢，其腐蚀介质为 3.5%NaCl（质量分数）水溶液。利用慢应变速率应力腐蚀试验机模拟材料-介质系统所固有的应力腐蚀敏感性。在实验研究中，利用声发射系统监测不同实验条件下的全过程，得到了一些有意义的结果，可为现场压力容器声发射监测、评定提供依据。

7.6.3　位错运动

声发射现象是自然界的普遍现象。地震和裂纹的开裂就是其中的例子。在 20 世纪 50 年代初，德国科学家 Kaiser 第一个对声发射现象展开系统研究。60 年代，美国大规模开展相关理论和应用的研究工作。近二十年来，开展声发射研究工作的国家和地区越来越多，应用的领域越来越广，包括声发射现象的微观机理，材料的选择和评价，加工过程的控制，结构件的检验及设备运行时的安全监控、产品质量的控制等领域。

7.6.4 相变和相稳定

用声发射方法监测金属及合金的相转变过程是声发射技术的应用之一。相转变通常有成核和核长大、马氏体转变两种类型，这两种方式的主要差别在于相变过程的原子结构。成核和核长大方式主要依靠热激活和扩散的作用，而马氏体相变是无扩散的，以原子面的切变进行。因此，马氏体相变没有成分变化，但有变形。马氏体针片的形成非常快，通常在 $10^{-5}\sim$ 10^{-8} 秒内形成。一旦马氏体针形成，则产生新晶体而加速转变。由于周围基体的约束，高速形成的马氏体成为强的声发射源。实验结果表明，相变时的声发射总数和最强的声发射活动性与钢的结构类型有关。例如 Cr19Ni25Mo6W 钢不发生马氏体相变，几乎检测不到声发射，而高碳淬火钢 38CrN3MoWA 在马氏体相变时，声发射非常强烈。

研究马氏体相变的声发射有两个主要目的，一是测量马氏体相变点和研究马氏体相变的机构，二是许多结构钢在焊接后的冷却过程中也发生马氏体相变，为了进行焊后检验，需获得马氏体转变的资料。

7.6.5 常压储罐

在我国，石油和化工等领域拥有大量的立式金属储罐，这些储罐一般具有容积大、多个储罐集中坐落于同一罐区、储存介质易燃易爆、有毒等特点，其易发生泄漏甚至燃烧或爆炸，会威胁人身安全，引起财产的巨大损失，对环境造成巨大污染。一般来说，储罐所发生的安全事故主要是由腐蚀和泄漏引起的。长期以来，我国主要采用定期开罐检查的方法评价储罐的强度和安全性。这种方法需要停工、倒罐、清洗和置换后才能检测，费时费力，检测费用高，且可能引起一定的环境污染。由于生产需要等原因，许多储罐不能及时得到检查，而且有些储罐超期使用多年。被检储罐中仅有少数储罐存在问题。因此，开发出一种在线检测与评价技术，对到期的或怀疑的所有储罐进行在线检测和评价，仅对少数"不好"的储罐进行开罐检查，既方便了生产，又保证了安全，也节省了费用。

7.6.6 航空器

20 世纪 60 年代初，美国开始在火箭、核能反应堆的高压容器加压试验中使用声发射技术检测疲劳裂纹、焊接裂纹、应力腐蚀裂纹，并预防断裂。当时最成功的一个例子，是美国航空喷气通用公司采用声发射技术，监测北极星导弹的火箭发动机玻璃钢壳体在加压试验时裂纹的发生、发展和部位。

7.6.7 桥梁

声发射对活性缺陷的扩展情况有独一无二的检测能力，这对桥梁管理部门来说是极需要的。因为这种方法的高效性，所以也需要先进的噪声识别技术。已有的噪声识别技术包括频率、空间和载荷识别。在桥梁的声发射监测方面，国外做了很多研究和测试工作，其中典型的一例是美国物理声学公司对 Woodrow Wilson 桥上存在的三个单独缺陷进行的声发射监测。

通过在桥上正常运行的车辆来给桥梁加载载荷。采用 6 通道声发射仪对三个缺陷点的声发射源进行监测，滤波器带宽为 $100\sim1200kHz$，传感器为 R30I 型。监测结果很明显证明了桥梁的这些缺陷（主要是焊接夹渣和裂纹）是活性的（例如增长、开裂或摩擦），而且是恶性的。在检测过程中记录数据的同时得到了声源定位点。

这项研究的一个目的就是说明了用于疲劳情况（频率，空间和载荷确定）的经典声发射试验技术可以成功应用于实际桥梁的检测。研究结果很明显表明频率、空间辨别技术能很好地应用于实际桥梁，但是在此领域仍有许多工作要做。

7.6.8 焊接过程的声发射监测

焊接接头主要缺陷之一是裂纹，焊接裂纹的产生与材料、焊接方法、焊接工艺参数、构件形状、厚度、热处理条件等多种因素有关，因此，监测焊接接头的质量是声发射技术的重要应用之一。由于在焊接时能及时监测出缺陷，对某些焊接方法（如电阻点焊）还可以反馈控制焊接参数，从而避免缺陷产生。在多层熔化焊时应用声发射检验更有意义，如果最初几道焊缝就有缺陷，则待整条焊缝焊完后再用超声波或射线监测，就会浪费大量材料及工时。

有些结构尺寸很大，焊缝可能长达几百米到几千米，采用超声或其他方法检验，检验的成本会明显提高，采用声发射源定位技术，则可以缩小用超声或 X 射线检测焊缝的区域，从而大大降低成本。这些优点，吸引着许多焊接工作者和声发射技术工作者共同，应用声发射技术研究焊接过程中的裂纹形成和焊后裂纹的扩展，以控制构件的焊接质量。

7.7 声发射检测标准及通用工艺实例

7.7.1 声发射检测标准

GB/T 12604.4—2005《无损检测术语　声发射检测》

GB/T 18182—2012《金属压力容器声发射检测及结果评价方法》

GB/T 19800—2005《无损检测　声发射检测　换能器的一级校准》

GB/T 19801—2005《无损检测　声发射检测　声发射传感器的二级校准》

JB/T 6916—1993《在役高压气瓶声发射检测和评定方法》

JB/T 7667—1995《在役压力容器声发射检测评定方法》

NB/T 47013.9—2012《承压设备无损检测　第 9 部分：声发射检测》

7.7.2 声发射检测通用工艺实例

A1　目的和适用范围

本通用工艺规定了锅炉、压力容器、压力管道等特种设备声发射检测的人员资格、设备条件、工艺和检测程序要求、质量评定规定，以保证无损检测结果的正确性。确保锅炉、压力容器、压力管道检验工作质量。

本通用工艺适用于本单位检验资格范围内的锅炉、压力容器、压力管道等特种设备声发射检测。

A2　引用标准

A2.1　GB/T 18182—2012《金属压力容器声发射检测及结果评价办法》

A2.2　GB/T 12604.4—2005《无损检测术语　声发射检测》

A2.3　NB/T 47013.9—2012《承压设备无损检测　第 9 部分：声发射检测》

A2.4　固定式压力容器安全技术监察规程

A2.5　压力容器定期检验规则

A2.6　在用工业管道定期检验规程

A2.7　特种设备无损检测人员考核规则

A3　人员要求

A3.1　从事声发射检测的检验人员要求掌握一定的声发射检测知识，具有现场检验经验，并掌握一定的压力容器知识。

A3.2　发射检测工作应由按"特种设备无损检测人员考核与监督管理规则"考核合格的人员承担，并由 AE-Ⅱ级以上人员签发检验报告。

A3.3 从事声发射检测的检验人员必须认真负责，严格执行工艺规定和标准。

A4 仪器设备

A4.1 声发射检测系统采用 DISP32 通道声发射系统，包括换能器、前置放大器、主放大器、处理器和记录显示装置等。检测系统的性能应符合附录 A（标准的附录）的要求。

A4.2 换能器的谐振频率范围在 $100\sim400kHz$ 之间，其灵敏度不小于 60dB[相对于 $1V/(m\cdot s^{-1})$]，应能屏蔽无线电波或电磁噪声干扰。换能器在检测带宽和使用温度范围内灵敏度变化应不大于 3dB。换能器与被检容器表面之间应保持电绝缘。现场选用 R15 高频带换能器（中心频率 150kHz），应考虑灵敏度降低的因素，以确保高频带范围内有足够的接收灵敏度。

A4.3 前置放大器短路噪声有效值电压不大于 $7\mu V$。在工作频率和工作温度范围内，前置放大器的频率响应变化不超过 3dB。前置放大器的频率响应与换能器的频率响应相匹配，其增益一般采用 40dB。

A4.4 数据处理仪器。滤波器、主放大器、处理器由 PAC 公司 DISP32 通道声发射系统集成。

A4.4.1 放置在前置放大器和处理器内的滤波器的频率响应应与换能器的频率响应一致。

A4.4.2 主放大器的增益应是线性的。在 $0\sim50℃$ 温度范围内其线性变化应控制在 3dB 之内。

A4.4.3 处理器内的计数电路对越过阈值的声发射信号计数测量值的精度应控制在 $\pm5\%$ 范围，同时要满足信号能量的动态范围不低于 40dB。仪器的阈值精度应控制在 $\pm1dB$ 范围内。处理器内的幅度测量电路测量峰值幅度值的精度为 $\pm2dB$。

A4.4.4 声发射检测系统采用实时显示和记录功能，有覆盖检验区域的足够通道数，至少能记录超过系统检测阈值的撞击数、幅度、计数或能量参数。采用时差定位方法记录信号的到达时间。

系统测量外接参数电压值的精度为满量程的 2%。从信号撞击开始算起 10s 之内，声发射系统应对每个通道具有采集、处理、记录和显示不少于每秒 20 个声发射撞击信号的短时处理能力；当连续监测时，声发射系统对每个通道在采集、处理、记录和显示过程中应具有处理不少于每秒 10 个声发射撞击信号的能力。当出现大量数据以致发生堵塞情况时，系统应能发出报警信号。

A4.5 换能器到前置放大器之间的信号电缆长度应不超过 2m，且能够屏蔽电磁干扰。

A4.6 信号电缆应能屏蔽电磁噪声干扰。信号电缆衰减损失应小于 1dB/30m。信号电缆长度为 100m 或 20m。

A4.7 耦合剂应能在试验期间内保持良好的声耦合效果。应根据容器壁温选用无气泡、黏度适宜的耦合剂。选用真空脂、凡士林或黄油。

A5 声发射检测方法规定

A5.1 资料审查。

资料审查包括下列内容。

A5.1.1 审查设备出厂资料是否符合有关规程、规定的要求，内容包括：产品竣工图、产品质量证明书、产品合格证、产品安全质量监检证书以及设计、安装、使用说明书、主要受压元件的强度计算书等。

A5.1.2 审查设备技术档案是否齐全并符合有关规定，内容包括：设备的使用运行参数记录是否符合操作工艺参数（含最高工作压力、最高工作温度、介质）、设备开停车记录、承装介质及载荷变化情况。

A5.1.3 审查设备使用登记情况、定期检验的技术文件和资料（含检验、检测、修理记录）、每年所进行的外部检验资料、安全附件的校验、修理、更换记录、有关事故的记录资料和处理报告等。

A5.2 确定声发射检测条件。

A5.2.1 勘查现场，找出电磁干扰、振动、摩擦和流体流动，并设法予以排除。

A5.2.2 确定声发射检测的加载程序。

A5.2.3 记录声发射检测人员与加载人员的联络方式。

A5.2.4 确定检测的定位方式。

A5.2.5 被检表面需要安放传感器的部位应清洁、干燥并露出金属光泽，表面曲率应与传感器探头直径相适应。

A5.2.6 对声发射检测的基本条件进行设置。

A5.3 进行处理器校准。

采用 PAC 公司 DISP32 通道声发射系统声发射信号发生功能（AST）作为模拟源发射声发射信号，各通道依次发射声发射信号，其余传感器接收。考察各传感器的耦合及响应情况，其响应幅度值应取三次以上响应平均值，检查每个通道是否正常。

A5.4 通道灵敏度校准。

在检测开始之前进行通道灵敏度校准。采用 $\phi0.3mm$、硬度为 2H 的铅笔芯折断信号作为模拟源。铅芯伸出长度约为 2.5mm，在距换能器（100±5）mm 范围内，与容器或管道表面夹角为 30°左右。其响应幅度值应取三次以上响应平均值。每个通道响应的幅度值与所有通道的平均幅度值之差要求不大于 4dB。

A5.5 背景噪声测量。

在加载检测前，应进行背景噪声的测量，测量时间不少于 15min。

A5.6 衰减测量。

检测开始之前，应进行声发射信号的衰减测量。在传感器定位区域内最大传感器间距对应的传播衰减，应不小于预定的检测门槛值。

A5.7 定位校准。

在被检测区域阵列的任何部位，声发射模拟源产生的信号至少能被该时差定位阵列收到，并得到唯一定位结果。

A5.8 声发射检测过程。

A5.8.1 检测时应观察声发射撞击数随载荷或时间的变化趋势，声发射撞击数随载荷或时间的增加呈快速增加时，应及时停止加载，在未查出撞击数增加的原因时禁止继续加压。

A5.8.2 在试验过程中应避免外部对罐体的碰击、振动、电磁干扰。检测中如遇到强噪声干扰时，应暂停检测，排除强噪声干扰后再进行检测或中止检测。

A5.8.3 试压过程中压力应缓慢上升，升压速度一般不大于 0.5MPa/min。保压时间不小于 10min。

A5.8.4 尽可能进行两次加压循环，第一次试验压力不小于最大操作压力的 1.1 倍。当有条件限制时，试验压力也应不低于最大操作压力，并在检测前一个月将最大操作压力至少降低 15%。第二次加压循环为第一次加压循环最高试验压力的 97%。

A5.9 声发射检测记录。

A5.9.1 及时记录所进行的声发射操作所形成的数据文件。定时记录实际试验压力随时间变化的关系。

A5.9.2 如在检测中遇到不可排除的干扰因素，如风、雨及泄漏等，应如实记录，并在检测报告中注明。

A5.9.3　检测记录和声发射数据应至少保存 7 年。

A5.10　通道灵敏度校准。

在检测结束之后进行通道灵敏度校准。在模拟源距换能器（100±5）mm 范围内，每个通道响应的幅度值与所有通道的平均幅度值之差要求不大于 4dB。

A5.11　声发射源部位校准。

对需要进一步确认的声发射源应通过校准来确定声发射源部位。在容器或管道壁上发射一个模拟源，若得到的定位显示与检测到的声发射源部位显示一致，则该模拟源的位置为检测到的声发射源的位置。

A5.12　声发射检测结果评价。

A5.12.1　根据声发射源的幅度或能量确定声发射源的强度等级。

A5.12.2　根据两次加压循环中源部位声发射信号的频度确定声发射源的活度等级。

A5.12.3　将得到的声发射源的强度与活度按照 GB/T 18182—2012《金属压力容器声发射检测及结果评价方法》中 8.4 的要求进行综合等级划分。

A5.13　声发射源的常规无损检测方法复验。

对Ⅰ级声发射源不需要复验，对Ⅱ级声发射源由检验人员根据现场设备情况决定是否需要复验。对Ⅲ、Ⅳ级声发射源需要用常规无损检测方法进行复验。

A6　声发射检测报告

声发射检测结束后，根据"在用压力容器定期检验规程""压力管道定期检验规则——工业管道"等有关规程、规定的要求结合检验中发现质量问题，对确定性质的缺陷结合返修情况给出安全状况等级，并出具声发射检测报告一式三份。

第8章　焊接接头的化学成分和金相组织检测

8.1　焊接接头的成分分析

金属材料的成分是决定其组织和性能的基础，熔化焊时从填充金属过渡到母材上的熔化金属称为熔敷金属，其合金元素的含量是由填充金属的合金元素含量考虑了合金过渡系数后决定的，熔敷金属与母材上熔化的金属混合并凝固后便形成了焊缝，焊缝金属的合金元素的含量取决于两者之间的混合比例，该比例与熔池的尺寸有密切关系，对于不同的接头形式，当母材与填充材料选定后，改变工艺参数或坡口形式都可以使焊缝金属的化学成分和性能发生改变。因而熔化焊的焊缝成分既不同于母材金属也不完全等同于焊缝填充金属，而呈现极大不均匀性，尤其是异种钢焊接接头其成分不均匀性更为突出，由此也引起金相组织和性能发生变化。除了可以对母材和焊缝进行成分分析外，还需要进行混料判断，如判断合金钢母材的焊缝是否错用了碳钢焊材，或者碳钢母材是否错用了合金钢焊材。也可以通过焊缝金属的化学成分分析，进行定性的区分判断。另外当难以确定显微组织中某个相时，也可以借助能谱仪、离子探针等进行微区成分分析。

8.2　焊接接头化学成分的分析方法

金属材料常用的成分分析方法有化学分析法、光谱分析法和火花鉴别法等几种，其中光谱分析法和火花鉴别法又可称为物理分析法。化学分析法和光谱分析法是材料检验和焊接接头成分分析中经常使用的方法。

8.2.1　化学分析法

化学分析法是利用化学反应来对被测材料的化学成分进行定性和定量检测，是确定材料成分的重要方法。化学分析法又分为定性分析和定量分析两种，定性分析是为了鉴别材料的元素组成，确定所含元素种类，但不能确定各种元素的含量；而定量分析则能准确确定出组成材料的各元素及杂质含量，在生产中大量采用。该方法烦琐但是精度高，费用较高，是仲裁分析或验证其他日常分析法准确度时必须采用的，也是制作标准样品时必须采用的方法。

化学分析法可分为以下三种方法。

① 滴定法。将标准溶液（已知浓度的溶液）滴入被测物质的溶液中，使之发生反应，待反应结束后，根据所消耗的标准溶液的体积，计算出被测元素的含量。

② 分光光度法。基于溶液中物质对光的选择性吸收程度而建立。利用光线分别透过有色的标准溶液和被测物质溶液，比较透过光线的强度，以测定被测元素的含量，由于高灵敏度、高精度的分光光度计和新型显色剂的出现，这种方法在工业生产中得到广泛应用。

③ 现场化学试验。方法很多而且简单，通过在试件表面涂抹某些化学试剂并观察其变化情况就可初步判别材料种类。

8.2.2 光谱分析法

光谱分析是根据物质的光谱来鉴别物质及确定其化学组成和相对含量的方法。1859 年秋，德国的物理学家基尔霍夫（Gustav Robert Kirchhoff）与化学家本生（Robert Wilhelm Bunsen）在合作研究光谱的实验中发现：每种元素被加热时，其蒸气都会产生特有的彩色亮线。这意味着每种化学元素都有它自己的特征性光谱，因而任何物质的基本成分都可以根据该物质所发射的光谱来测定，由此诞生了光谱分析法。基尔霍夫和本生的工作开创了物理学的一个新领域——光谱学。光谱分析法也很快成为化学、物理学和天文学研究的重要手段。

（1）光谱分析的原理 金属是由原子组成的，在外界的高能激发下，不同原子有确定的辐射能，它代表该元素所特有的固定光谱，光谱能表征每一种元素，并且它是元素原子量的基本特征。原子在激发状态下是否具有这种光谱，是这种元素是否存在的标志，谱线的强度大小是元素含量多少的标志。光谱分析法有原子发射光谱分析法、原子吸收光谱法、X 射线荧光光谱法、光电光谱分析法和直读光谱法等。

光谱分析的特点是具有相当高的灵敏度，有较好的选择性，能同时测定多种元素，准确度高，检测范围广，分析速度快，成本低，试料用料少。由于光电光谱分析法的快捷方便因而在生产中逐渐得到越来越广泛的应用。

（2）光谱分析的仪器装置 光谱分析的仪器装置是由激发光源、分光系统和检测系统三部分组成的。

① 激发光源——常用的有直流电弧、交流电弧、高压火花及电感耦合高频等离子体（ICP），作用是使试样蒸发、解离、激发、跃迁产生光辐射。

a. 直流电弧。接触引燃，二次电子发射放电，电极头温度比其他激发光源高，试样损耗多，适宜于难挥发的试样。

b. 交流电弧。高频电压引燃，低压放电，弧焰温度比直流电弧高，适用于金属、合金低含量元素的定性、定量分析。

c. 高压火花。高频电压引燃并放电，弧焰瞬间温度很高，激发能量大，稳定性和再现性好，适用于低熔点金属合金、高含量元素和难激发元素的分析。

d. 电感耦合高频等离子体。由 ICP 高频发生器、炬管、样品引入系统组成，激发能力强，灵敏度高，是较理想的激发光源，对非金属的灵敏度低，仪器昂贵、维护费高。

② 分光系统——分为狭缝、准直镜、棱镜或光栅、全聚透镜四部分。

③ 检测系统——常用的检测方法有三种：照相法、目视法、光电法。

a. 照相法。也叫摄谱法，是用感光板来记录光谱，用摄谱仪接收被分析试样的光谱记录感光板，然后用映谱仪观察谱线的位置和强度，来对光谱进行定性和定量分析。

b. 目视法。直接用眼睛来检测和观察谱线强度的方法，称为看谱法，常用的仪器为看谱镜。

c. 光电法。又叫光电直读法，是利用光电池、光电管或光电倍增管将光强度信号转换为电信号来检测谱线强度的方法。其中光电池又叫硒光电池，是用半导体材料制成，可不需外接电源就能产生较强的光电流，常用于便携式仪器中。

常用的检测记录光谱的方法是照相法和光电直读法。

（3）原子发射光谱分析法 通常所称的原子发射光谱法是指以电弧、电火花和电火焰（如 ICP 等）为激发光源来得到原子光谱的分析方法。是利用原子或离子在一定条件下受激而发射的特征光谱来研究物质化学组成的分析方法。

① 原理。在通常的情况下，原子处于最低能量基态，基态原子在激发能量作用下，受

到激发跃迁到能量较高的激发态。激发态原子是不稳定的，平均寿命为 $10^{-10} \sim 10^{-8}$ s。随后激发原子就要跃迁回到低能态或基态，同时释放出多余的能量，若此能量以光的形式出现，即得到发射光谱，称为线光谱。

根据激发机理不同，原子发射光谱有 3 种类型：原子的核外电子在受热能和电能激发而发射的光谱，以化学火焰为激发光源得到原子发射光谱的称为火焰光度法；原子核外电子受到光能激发而发射的光谱，称为原子荧光（该种分析方法叫原子荧光光谱分析法）；原子受到 X 射线光子或其他微观粒子激发使内层电子电离而出现空穴，较外层的电子跃迁到空穴，同时产生次级 X 射线即 X 射线荧光（该种分析方法叫 X 射线荧光光谱分析法）。

根据谱线的特征频率和特征波长可以进行定性分析。常用的光谱定性分析方法有铁光谱比较法和标准试样光谱比较法。

原子发射光谱的谱线强度与试样中被测组分的浓度成正比。据此可以进行光谱定量分析，通常用分析线和内标线强度比对元素含量的关系来进行光谱定量分析，称为内标法。常用的定量分析方法是标准曲线法和标准加入法。

② 过程。原子发射光谱法包括了三个主要的过程，即：由光源提供能量使样品蒸发、形成气态原子、并进一步使气态原子激发而产生光辐射；将光源发出的复合光经单色器分解成按波长顺序排列的谱线，形成光谱；用检测器检测光谱中谱线的波长和强度。由于待测元素原子的能级结构不同，因此发射谱线的特征不同，据此可对样品进行定性分析，进而可实现元素的定量测定。原子发射光谱仪分为棱镜摄谱仪、光栅摄谱仪、单通道扫描光电直读光谱仪和多通道扫描光电直读光谱仪四种。

③ 特点。原子发射光谱分析的优点是：灵敏度高，许多元素绝对灵敏度为 $10^{-11} \sim 10^{-13}$ g；选择性好，许多化学性质相近而用化学方法难以分别测定的元素，如铌和钽、锆和铪、稀土元素，其光谱性质有较大差异，用原子发射光谱法则容易进行各元素的单独测定；分析速度快，可进行多元素同时测定；试样消耗少（毫克级），适用于微量样品和痕量无机物组分分析，广泛用于金属、矿石、合金和各种材料的分析检验。

（4）光电直读光谱法　将复色光分解为光谱，并利用光电池或光电倍增管将光强度信号转换为电信号来检测谱线强度并进行记录的精密光学仪器（在可见光和紫外光区域，过去常用照相法记录光谱，故也称摄谱仪，现在各个波段均采用光电接收和记录的方法，比较直接、灵敏）称为"光电记录光谱仪"。在光谱仪中除采用光电接收方法外，还配有专用计算机，计算物质中各元素含量。可以快速从显示器的荧光屏读出结果。这种仪器称为光电直读光谱仪。光电直读光谱法因其样品制备简单，检测快速、准确等特点，广泛应用于金属材料的化学成分分析。目前在检测不锈钢中元素含量的众多方法中，该方法能够同时准确定量分析不锈钢中包括 C 元素在内的多种元素。直读光谱仪应用范围非常广泛，尤其适合压铸、熔铸、钢铁或有色金属行业的炉前金属分析要求，进、出厂材料检验以及汽车、机械制造等行业的金属材料分析。

直读光谱仪采用现代最先进的 CCD 数码技术，实现了分析光谱的全谱直读。特殊设计的激发光源，使金属材料的成分分析进入了一个新的时代。卓越的分析性能、极短的分析时间、极低的运行维护成本、智能化的操作模式，使样品分析简单易行。

① 移动式直读光谱仪适用于黑色金属、有色金属的现场定性、定量分析，胜任大量连续的现场分析要求。具有移动方便、分析精度高、速度快且不受外部环境影响的优点，适合各金属行业现场鉴别、金属成分定性定量分析。

② 便携式直读光谱仪具有世界先进水平，适用于铁合金、铜合金、铝合金、铜铁合金、铅锡合金等金属成分的定量分析以及现场的快速材料鉴定和分选，已被广泛应用于汽车、机械、电力、石化等行业的部件制造和检验以及金属加工、五金制造等行业。便携式直读光谱

仪是在上一代产品的基础上进行的全新的升级版本，除了结构更加精密紧凑及坚固耐用以外，仪器功能和分析能力都有了巨大的提升。

（5）电感耦合等离子体原子发射光谱法（感应耦合等离子体发射光谱）　电感耦合高频等离子体（ICP）是 20 世纪 60 年代提出、70 年代获得迅速发展的一种新型的激发光源。电感耦合等离子体发射光谱分析是一种新型原子发射光谱分析法，它是以电感耦合等离子体光源代替经典的激发光源（电弧、火花），而其后的分光检测系统与原有光谱法并无两样。

等离子体在总体上是一种呈中性的气体，由离子、电子、中心原子和分子所组成，其正负电荷密度几乎相等。

电感耦合高频等离子体装置通常由高频发生器、等离子矩管和雾化器等三部分组成。

高频发生器的作用是产生高频振荡磁场，供给等离子体能量。典型的电感耦合高频等离子体是一个非常强而明亮的白炽不透明的"核"，尾焰区在内焰的上方，呈无色透明，温度约 6000K，仅激发低能态的试样。

在近代物理学中，把电离度大于 0.1% 电离气体，都称为等离子体，也即电子和离子浓度处于平衡状态的电离气体。"等离子矩"就是由等离子体形成的"电火矩"。电感耦合等离子体矩是利用高频感应加热原理，使流经石英管的工作气体（通常为 Ar）电离而产生火焰状的离子体。"等离子矩"火焰温度高达 4000～10000K，其温度取决于高频发生器的功率及工作气体，火焰的稳定性比较高，因而有检出限低、精密度好、动态范围宽、基体效应小、无电极污染等特点，而获得广泛的应用。

雾化器供给试样的气溶胶，使其在等离子矩中进行蒸发、原子化和激发。

电感耦合高频等离子体光源稳定性好、线性范围宽，可达 4～6 个数量级，检测限低，应用范围广。但由于 ICP-AES 的光源特点、适用范围、分析方法等均与经典的光谱分析有所不同，它已形成一种独立的分析手段。目前 ICP-AES 主要用于溶液分析。

（6）X 射线荧光分析　X 射线荧光分析又称 X 射线次级发射光谱分析。本法系利用原级 X 射线光子或其他微观粒子激发待测物质中的原子，使之产生次级的特征 X 射线（X 射线荧光）而进行物质成分分析和化学态研究的方法。1948 年由 H. 费里德曼（H. Friedmann）和 L. S. 伯克斯（L. S. Birks）制成第一台波长色散 X 射线荧光分析仪，至 20 世纪 60 年代本法在分析领域的地位得以确立。现代 X 射线荧光光谱分析仪由以下几部分组成：X 射线发生器（X 射线管、高压电源及稳定稳流装置）、分光检测系统（分析晶体、准直器与检测器）、计数记录系统（脉冲辐射分析器、定标计、计时器、积分器、记录器）。不同元素具有波长不同的特征 X 射线谱，而各谱线的荧光强度又与元素的浓度呈一定关系，测定待测元素特征 X 射线谱线的波长和强度就可以进行定性和定量分析。本法具有谱线简单、分析速度快、测量元素多、能进行多元素同时分析等优点，是目前大气颗粒物元素分析中广泛应用的三大分析手段之一（其他两方法为中子活化分析和质子荧光分析）。

① 根据数据采集方式的不同，可分为波长色散型和能量色散型两种类型。

a. 波长色散型 X 射线荧光分析仪。分为 X 射线光源、分光晶体（晶体分光器）、检测器（计数器）和记录显示四部分。

X 射线光源：分析重元素使用钨靶，分析轻元素使用铬靶。靶材的原子序数越大，X 射线光管压越高，连续谱强度越大。

晶体分光器：起到晶体色散作用，有平面晶体分光器和弯面晶体分光器两种。

检测器：即计数器，有正比计数器、闪烁计数器和半导体计数器三种。

记录显示：由放大器、脉冲高度分析器和显示器组成。

由三种检测器给出脉冲信号，脉冲高度分析器来分离次级衍射线、杂质线、散射线。

b. 能量色散型 X 射线荧光分析仪。高分辨半导体探测器分光采用半导体检测器、多道脉冲分析器（1000 多道），直接测量试样产生的 X 射线能量；无分光系统，仪器紧凑，灵敏度比波长色散型高出 2～3 个数量级；无高次衍射干扰，可同时测定多种元素，适合现场快速分析，检测器在低温（液氮）下保存使用，连续光谱构成的背景较大。

② 应用。

a. 定性分析。根据波长与元素间的对应关系和特征谱线来查表确定某个元素是否存在。

b. 定量分析。由于谱线强度与含量成正比，因而可以根据谱线强度来定量分析元素的含量。有标准曲线法、增量法、内标法三种方法。

c. 可测原子序数 5～92 的元素，可多元素同时测定，还具有以下特点：制样简单，固体、液体、粉末样品都可进行分析；分辨率高；分析速度快，测定用时与精密度有关，一般在 5min 内可完成样品中全部元素的检测；分析精密度高；非破坏性，测定过程中样品不会发生化学状态的改变，也不会出现试样飞溅；同一样品可反复多次测量，结果重现性好。

（7）电子探针微区分析法　电子探针是由一束能量足够高的聚集电子束轰击样品，在试样表面的有效深度微区内激发产生特征 X 射线信号，采用波谱仪或能谱仪及检测测量系统测量被激发的特征 X 射线的波长或能量的强度，以检测微区的元素及浓度，常与扫描电镜综合使用，对析出相和夹杂物进行定性、定量分析，直观方便又准确。

离子探针、俄歇能谱仪和 X 射线扫描等都可以用于微区的化学成分分析。

（8）原子吸收光谱法　早在 1802 年，伍朗斯顿（W. H. Wollaston）在研究太阳连续光谱时，就发现了太阳连续光谱中出现的暗线。1817 年，弗劳霍费（J. Fraunhofer）在研究太阳连续光谱时，再次发现了这些暗线，由于当时尚不了解产生这些暗线的原因，于是就将这些暗线称为弗劳霍费线。1859 年，克希荷夫（G. Kirchhoff）与本生（R. Bunson）在研究碱金属和碱土金属的火焰光谱时，发现钠蒸气发出的光通过温度较低的钠蒸气时，会引起钠光的吸收，并且根据钠发射线与暗线在光谱中位置相同这一事实，断定太阳连续光谱中的暗线，正是太阳外围大气圈中的钠原子对太阳光谱中的钠辐射吸收的结果。原子吸收光谱作为一种实用的分析方法是从 1955 年开始的，原子吸收光谱法根据蒸气相中被测元素的基态原子对其原子共振辐射的吸收强度来测定试样中被测元素的含量。它在地质、冶金、机械、化工、农业、食品、轻工、生物医药、环境保护、材料科学等各个领域有广泛的应用。

原子吸收光谱仪可测定多种元素，因原子吸收光谱仪的灵敏、准确、简便等特点，现已广泛用于冶金、地质、采矿、石油、轻工、农业、医药、卫生、食品及环境监测等方面的常量及微痕量元素分析。

① 原理。原子吸收是指呈气态的原子对由同类原子辐射出的特征谱线所具有的吸收现象。当有辐射通过自由原子蒸气，且入射辐射的频率等于原子中的电子由基态跃迁到较高能态（一般情况下都是第一激发态）所需的能量频率时，原子就要从辐射场中吸收能量，产生共振吸收，电子由基态跃迁到激发态，同时伴随着原子吸收光谱的产生。

原子吸收光谱法使用的仪器称为原子吸收光谱仪。原子吸收光谱仪的基本原理：仪器从光源辐射出具有待测元素特征谱线的光，通过试样蒸气时被蒸气中待测元素基态原子所吸收，由辐射特征谱线光被减弱的程度来测定试样中待测元素的含量。

② 原子吸收光谱仪的构成。原子吸收光谱仪是由光源、原子化系统、分光系统和检测系统组成。

a. 光源：发射被测元素的特征谱线以供气态基态原子吸收。作为光源要求发射的待测元素的锐线光谱有足够的强度和稳定性且背景小，一般采用空心阴极灯和无极放电灯。

b. 原子化系统：原子化器的功能是提供合适的能量将试样中的被测元素干燥，蒸发转变为处于基态的原子。可分为火焰原子化法和电热原子化法。原子化程序分为干燥、灰化、原子化、高温净化四步。原子化效率高，灵敏度高，试样用量少。

火焰原子化器：由喷雾器、预混合室、燃烧器三部分组成。特点：操作简便、重现性好。

电热原子化器：是将试样用电加热至高温实现原子化的系统，其中管式石墨炉是最常用的原子化器。

c. 分光系统（单色器）：分光器由入射和出射狭缝、凹面反射镜和色散元件组成，其作用是将所需要的共振吸收线分离出来。分光系统的关键部件是色散元件，色散元件为棱镜或衍射光栅，单色器的性能是指色散率、分辨率和集光本领。

d. 检测系统：由检测器（光电倍增管）、放大器、对数转换器和电脑组成。原子吸收光谱仪中广泛使用的检测器是光电倍增管，最近一些仪器也采用 CCD 作为检测器。

③ 原子吸收光谱法的特点。检出限低，灵敏度高，火焰原子吸收法的检出限可达到 ppb 级，石墨炉原子吸收法的检出限可达到 $10^{-10} \sim 10^{-14}$g；分析精度好，火焰原子吸收法测定中等和高含量元素的相对标准差可<1%，其准确度已接近于经典化学方法，石墨炉原子吸收法的分析精度一般为 3%～5%；分析速度快，原子吸收光谱仪在 35min 内，能连续测定 50 个试样中的 6 种元素；应用范围广，可测定的元素达 70 多个，不仅可以测定金属元素，也可以用间接原子吸收法测定非金属元素和有机化合物；仪器比较简单，操作方便。

原子吸收光谱法的不足之处是多元素同时测定尚有困难，有相当一些元素的测定灵敏度还不能令人满意。

④ 分析方法。

a. 标准曲线法。这是最常用的基本分析方法。配制一组合适的标准样品，在最佳测定条件下，由低浓度到高浓度依次测定它们的吸光度 A，以吸光度 A 对浓度 C 作图。在相同的测定条件下，测定未知样品的吸光度，从 $A\text{-}C$ 标准曲线上用内插法求出未知样品中被测元素的浓度。

b. 标准加入法。当无法配制成分匹配的标准样品时，使用标准加入法是合适的。分取几份等量的被测试样，其中一份不加入被测元素，其余各份试样中分别加入不同已知量 C_1、C_2、C_3，…，C_n 的被测元素，然后在标准测定条件下分别测定它们的吸光度 A，绘制吸光度 A 对被测元素加入量 C_i 的曲线，如果被测试样中不含被测元素，在正确校正背景之后，曲线应通过原点；如果曲线不通过原点，说明含有被测元素，截距对应的吸光度就是被测元素所引起的效应。外延曲线与横坐标轴相交，交点至原点的距离所对应的浓度 C_x，即为所求的被测元素的含量。

8.2.3 火花鉴别法

火花鉴别是基于钢材在磨削时由于成分的不同而产生特定类型的火花，通过观察火花的形态，可对材料的成分做初步分析，该方法快速简单，是现场鉴别常用的方法，火花是由砂轮磨削下的金属颗粒在空气中被氧化而发出的光，火花在空气中出现的轨迹为流线。这种方法只能定性地鉴别碳钢和合金钢，并且观察者要有较强的实践经验。

8.3 焊接接头成分分析的取样方法

焊接接头必须根据需要检查的内容和目的而选取具有代表性的试样，可以使用冷热两种方法切取，但一般采用冷剪法。必须保证所取的试样均匀且具有代表性，尤其焊缝金属的成分分析取样是关键。

8.3.1 化学分析法的取样

需要去除样品表面氧化物和脏物。取屑，样屑粉碎要混合均匀，还应注意取样的部位在焊缝中所处的位置和层次，不同层次的焊缝金属受母材的稀释作用不同，一般以多层焊或多层堆焊的第三层以上的成分作为熔敷金属的成分，用钻头钻取时钻头直径一般不小于 6mm。

8.3.2 物理分析法的取样

如果分析的样品表面有脱碳、氧化层或者镀层，则取样时必须去掉表面的覆盖层，以消除其对真实数据的影响，然后对样品使用专用砂带进行研磨使其表面露出均一的金属光泽，磨掉的厚度一般为 0.5～1mm，控制样品应和分析样品在同一条件下研磨，保证分析表面平整，无气孔、裂纹、油污、水、重皮和氧化层、脱碳层等覆盖层。分析样品必须根据分析仪器的不同切取合适的尺寸，使分析样品能够完全盖住发光孔。

直读光谱仪制样比较简单，可以用车床（有色金属用）或者用磨样机（黑色金属用），炉水钢锭取样有专用的钢液取样器，并使用光谱试样磨光机，也可以用样杯铸模切割后磨光。

8.4 金相检验技术

金相检验主要是用肉眼或显微镜观察金属的组织结构，其中焊接金相检验主要在于研究金属与合金焊接区域的化学成分、金相组织和力学性能之间的关系，通过组织分析，认识工艺因素对焊接接头金属缺陷的影响，探索影响焊接质量的冶金因素与力学因素，以便改进工艺，确保焊接构件的安全性。

8.4.1 金相检验的定义

金属的焊接是在不平衡的热力学条件下进行的，加热与冷却的速度快，同时加热与冷却又是在相当大的刚性拘束下进行，其应力复杂，其焊接接头会出现组织转变的不均匀性以及不平衡结晶凝固引起的物理与化学的不均匀性，因此焊接是最容易产生焊接裂纹等工艺缺陷的一种工艺，为解决焊接工艺缺陷，就需要进行焊接接头的金相组织分析和各种力学性能和结构等的分析。

焊接金相检验（或分析）是把截取自焊接接头上的金相试样经加工、磨光、抛光和选用适当的方法显示组织后，用肉眼或在显微镜下进行组织观察，并根据焊接冶金、焊接工艺、金属相图与相变原理和有关技术文件，对照相应的标准和图谱，定性或定量地分析接头的组织形貌特征，从而判断焊接接头的质量和性能，查找产生缺陷或断裂的原因以及与焊接方法或焊接工艺之间的关系。

8.4.2 金相检验的分类及使用设备

（1）金相检验的分类　金相检验分为宏观检验和微观检验，其中微观检验又包括光学金相检验和电子金相检验两种。

① 宏观检验又称为低倍组织检验，是用肉眼或借助于50倍以下放大镜对经侵蚀或不经侵蚀的金属材料及其制品的金属截面宏观组织和缺陷分布情况进行检验，以确定宏观组织及缺陷类型的一种方法，对于焊接接头，主要观察焊缝一次结晶（焊接熔池由液态凝固结晶成固态金属形成的高温下存在的奥氏体组织称为一次结晶组织）的方向、大小、熔池的形状和尺寸，各种焊接缺陷如夹杂物、裂纹、未焊透、未熔合、气孔、焊道成形不良，以及焊层断面形态、熔合线、焊接接头各区域（包括热影响区）的界限尺寸等。

焊接宏观检验主要检验常见的宏观缺陷有气孔、夹渣、未熔合、未焊透、咬边、焊瘤，还有熔深、成形情况、熔池形状、某些元素如 P、S 的宏观偏析和宏观裂缝等。宏观检验有断口检验、硫印检验、磷印检验、酸浸检验和塔形车削发纹检验，其中酸浸检验最常用。

宏观检验的优点是简便易行，供宏观检验的试样面积较大，观察区域大，可以综观全貌，检验方法、操作技术以及所需的检验设备比较简单，能较快较全面地反映出被检材料或产品的质量，但不足之处是人眼的分辨率有限，缺乏调查细微的能力。

② 微观检验。

a. 光学金相检验。利用光学金相显微镜（50～2000 倍之间）检查焊接接头各区域的微观组织偏析和分布，基于微观组织分析、研究母材、焊接材料与焊接工艺之间存在的问题及解决途径。该法利用较大倍率的光学金相显微镜来观察和研究金属的组织结构，放大倍数在100～2000 倍的检验称为高倍检验，主要观察焊接接头各区域的二次结晶（焊接接头冷却时奥氏体冷到 A_{r3} 温度以下发生的转变或分解形成各种各样转变产物或分解产物的相变过程称为二次结晶）的组织状态、显微裂纹、非金属夹杂物、微气孔、显微偏析、析出相等。

b. 电子金相检验。由于普通光学显微镜的放大倍数在某些方面已经不能满足需要，出现了更高放大倍率和分辨率的电子显微镜，其依靠电子束在电磁场内的偏转使电子束聚焦。

电子金相检验主要用来做断口分析，即对断裂试样或物件断裂的破断表面形貌进行研究，了解材料断裂时呈现的各种断裂形态特征，探讨其断裂机理和材料性能的关系。断口分析的目的有三个：判断断裂的性质、寻找破断的原因，研究断裂的机理，提出防止断裂的措施。

在焊接检验中主要是了解断口的组成、断裂的性质（塑性断裂还是脆性断裂）及断裂的类型（晶间、穿晶或复合）、组织与缺陷及其对断裂行为的影响等，断口主要来源于冲击、拉伸、疲劳等试样的断口或折断试验法的断口和结构破裂、失效断口等。

断口分析也包括宏观和微观分析，前者是用肉眼或 20 倍以下放大镜分析断口，后者是利用光学显微镜或电子显微镜来研究断口，宏观和微观分析不可分割、互相补充、不能互相代替。

(2) 金相检验使用的设备　宏观检验主要使用眼睛和放大镜进行，微观检验的设备有光学显微镜和电子显微镜两种。

① 光学显微镜。依靠光线通过透镜产生折射而聚焦，对金属磨面进行观察分析，可观察到金属组织结构（大小、形状和位置）、夹杂物、成分偏析、晶界氧化、表面脱碳、显微裂纹等。还可以观察钢的渗碳层、氮化层、渗铝层的厚度和特征。光学显微镜用于金相分析已经有百余年的历史，比较成熟，目前仍是日常生产金相检验的主要工具。

② 透射电子显微镜（TEM）。是利用电子枪发射的电子射线束，经过电磁透镜进行聚焦，聚焦后的电子束透过极薄的试件，借助电磁物镜放大成中间像，投射在中间像的荧光屏上，再经过一组电磁透镜将中间像放大后投射到荧光屏上进行观察，或投射到底片上感光，其实际分辨率可达 0.2～100nm，可观察到金属组织结构的细节，其景深大，分辨能力和放大倍数均很高，对于观察粗糙断口的细节很有效，因而可获得更多的有用信息，且得到的断口图像清晰，用透射电镜研究断口必须采用复型法，复型的制取法有一次复型和二次复型两种，在制备一次复型时，需要通过阳极溶解或化学溶解把复型从金属表面萃取下来，制备二次复型不会破坏试样，由于采用复型方法，因此不必切割试样，这为一些体积庞大的断口分析提供了便利。

③ 扫描电子显微镜（SEM）。扫描电子显微镜兼有光学显微镜和电子显微镜的优点，既能进行表面形貌的观察，又能进行成分分析和晶体分析等，因此得到了广泛应用，是一种先进的综合分析和监测仪器。扫描电子显微镜主要利用二次电子来成像，具有景深大、可分辨率高、可直接观察断口等特点，不需制备复型，图像清晰，且能从低倍到高倍、连续定点观察，这对寻找断裂源、跟踪断裂途径及研究细节很有用，故被广泛采用。但断口试件不能很大（直径 ϕ20mm 以下），且其分辨率低（约 10nm）。扫描电镜还常配有 X 射线波长色散谱仪和 X 射线能量色散谱仪，可用来分析断口上的微区化学成分，对断口表面的夹杂物、腐

蚀产物等进行分析，这对分析断裂原因很有用。为能顺利进行断口分析，必须保护断口不受损伤，否则影响分析和判断，甚至会得出错误的结论，为防止氧化可以将断口试样放于干燥缸内，长期保存者可涂层保护并与硅胶同时装入塑料袋内。

由于光学显微镜分辨率低的局限性，放大倍数更高的电子显微镜在金相分析中得到越来越广泛的应用。

8.4.3　焊接金相检验和制样

（1）试样的选取

① 取样部位。选择有代表性的金相试样是获得正确检验结果的重要环节，因此焊接接头的金相取样必须考虑其代表性，试样截取部位的选定应按检验要求而定，焊接接头的取样范围一般应包括整个焊缝、两侧热影响区及少部分母材的横截面。如果试样很大或很长时，热影响区每边留出 5～10mm 就可以了，如果试样过大不便于握持和磨抛，也可以把试样切割分为两部分分别进行研磨观察。研究焊接接头各区域焊接组织时，一定要切取焊态试样，不能取热处理或其他热加工后的试样；若对事故进行分析，应该在破损部位取样。

② 取样方法。取样时可以使用冷热两种方法切取，不同的截取方法应保证不使被观察截面由于截取而产生组织的变化，因此对不同材料应采取不同的截取方法，但一般采用以不影响性能和观察的冷剪法为宜，如手工锯切或机械方法切割，如用金相砂轮切割机切割时必须水冷；如果采用热切割法，必须保证热影响部分全部除去，热锯时检测面和切割面应保持一定的距离，热剪时剪切面和观察面之间的距离不小于材料直径或厚度的 1/2，最小不小于 20mm，热割时不小于 40mm。

（2）试样的制备

① 试样的大小。金相试验的截面尺寸以 15～25mm 的立方体，和 ϕ10～20mm、高度15～20mm 圆形试样为宜，以便于握持、易于研磨，对于由于形状特殊或尺寸细小的研磨时不易握持的试样可以进行镶嵌或机械夹持。

② 试样的镶嵌和夹持。过于细小或形状特殊的试样为便于研磨抛光时容易握持，或者表面有渗镀层的试样，为不影响面表渗镀层的观察，都只能进行镶嵌。常用的镶嵌法有热镶嵌法和冷镶嵌法两种。镶嵌时要注意以下几点。

a. 热镶嵌常用的材料有电木粉、聚氯乙烯等，镶嵌的温度压力视材料的不同而改变。

b. 冷镶嵌法适用于不能受热和受压且具有保护层的试样，如腐蚀层等。

c. 镶嵌料要贴紧试样表面，没有空隙，和试样连成一个整体。

d. 镶嵌料的硬度要稍低于或等于被测试样的硬度，如果镶嵌料的硬度太低，在磨制时会造成台阶，会使试样边缘磨圆，起不到保护作用，若硬度太高，则试样会过早磨掉产生凹陷，致使不能观察。

e. 镶嵌料在侵蚀时不能参与化学反应，以免生成腐蚀产物、污染试样，影响观察。

用夹具夹持试样，可同时夹持多个试样，每个试样中间要用金属垫片隔开，以便于区分试样的边界，同时也利于被夹持的相邻两个试样贴紧。垫片厚度一般 0.3～0.5mm，有一定的可塑性，一般选择电极电位高于被腐蚀观察的试样的金属，以免在腐蚀时垫片发生化学反应，如黑色金属一般用铜垫片。试样夹持的夹具可以是板形试样夹具，也可以是圆形试样夹具。试样夹持时要注意以下几点。

a. 夹具要贴紧试样表面，没有空隙，和试样连成一个整体。

b. 夹具的硬度要稍低于或等于被测试样的硬度，如果夹具的硬度太低，在磨制时会造成台阶，会使试样边缘磨圆，起不到保护作用，若硬度太高，则试样会过早磨掉产生凹陷，致使不能观察。

c. 夹具在侵蚀时要不参与化学反应，以免生成腐蚀产物，污染试样，影响观察。

③ 研磨。

a. 试样的研磨由粗磨到细磨,夹持或镶嵌好的试样可以用砂轮或粗砂带来打平,但打平时要垂直保护层或者渗层,尽量减少倾斜,同时要注意冷却,过分受热会使镶嵌物熔化。不作表面层组织分析的试样,磨面四周要倒角,以免刮坏后续细磨的砂纸和抛光布,如果试样观察面使用专用砂轮片切割则可以不用经过粗磨,直接进行细磨。

b. 细磨时使用水磨砂纸,粒度由粗到细,每次由粗到细更换砂纸时都要将试样的研磨方向旋转90°,研磨时要用力均匀,防止造成假象。铝合金等软性材料磨制时砂纸上的粗磨粒在磨制中会随时剥落,易划伤磨面,为此最好在砂纸上洒些汽油、石蜡或煤油,从而起到润滑作用。

④ 抛光。抛光的目的是获得光滑的镜面并去除细磨留下的磨痕,使磨面成为无磨痕的光滑镜面,抛光分机械抛光、电解抛光和化学抛光三种。

机械抛光是目前使用最广的抛光方法,可按不同要求选用不同的抛光织物和磨料。常用的抛光织物有短毛丝绒、呢子、绸布、毛毡和涤棉布等,黑色金属常用的抛光磨料有氧化铬等,有色金属可用氧化镁和三氧化二铝粉末,将磨料制成悬浮液使用。机械抛光时注意以下几点。

a. 机械抛光时要用力均匀、先轻后重、干湿适当,不时移动并保持清洁,同时抛光液的浓度要逐渐减小。

b. 铝合金等软性材料粗抛时可使用粗呢子布、帆布或毛毡,精抛时压力要比钢件适当减小,而且要在抛光盘的近中心部位研磨,抛光时样品可往返移动,但不可旋转。

c. 如在一个方向上长时间抛光,容易产生拖尾现象,对于软基体上有硬质点的表面保护层,如果抛光不当极易产生拖尾现象,因此在抛光时要轻轻转动,质点才会有清晰的轮廓。

d. 夹具夹持的试样抛光后吹风时间要稍长一些,以吹尽夹缝中的水分,防止其渗出污染试样表面,影响观察。

电解抛光是靠电化学的溶解作用使试样平整,电解抛光的质量好坏除取决于抛光材料、电解液外,主要与电解时的电压有关。对于不同的材料要通过试验摸索找出可行的抛光参数,电解抛光适用于铝铜和奥氏体钢,效果稳定,表面光整。常用的电解抛光液如表8-1所示。

表 8-1 电解抛光液及参数

电解液	参数			使用范围	备注
	空载电压/V	电流密度/(A/mm²)	时间/s		
高氯酸 20ml 乙醇 80ml	20~50	0.5~3	5~15	钢铁,铝及铝合金	温度≤40℃
磷酸 90ml 乙醇 10ml	10~20	0.3~1	20~50	铜及其合金	
硫酸 10ml 甲醇 90ml	10,电解时 电压降为3	0.4~1	30~70	耐热合金,钢	先倒入甲醇再 缓慢倒硫酸

化学抛光是将试样浸入溶液中,通过溶液对试样表面的溶解得到光亮的表面,方法简便但是容易腐蚀掉夹杂物。

⑤ 试样制备时的注意事项。

a. 做夹杂物分析时制样过程必须留意设法不使夹杂物脱落。

b. 夹杂物和裂纹分析试样不能使用电解抛光和电解腐蚀方法制样，因为电解过程易使夹杂物脱落，使裂纹变宽变圆钝和变大、失去本来面目，影响判断。

c. 如果一个试件既要做低倍组织检验，又要做显微金相检验，那么必须先做显微金相检验，然后做低倍组织检验，因为低倍侵蚀后试样会损坏，此时再做显微分析容易产生假象和误判。

d. 做夹杂物分析时应该在抛光和未腐蚀状态下先观察分析，由于焊接熔池化学和物理的不均匀性，当侵蚀过度时，在焊缝的柱状晶和树枝晶间偏析处容易形成由于成分偏析引起的侵蚀沟槽，常常被误认为是裂纹，因此进行焊接裂纹显微分析时，也要在抛光未腐蚀的状态下先观察。

e. 异种钢焊接接头的腐蚀应该考虑两种材质对腐蚀液的不同受蚀行为，通过化学和电解侵蚀相结合的办法巧妙结合以获得最佳的观察状态。

f. 试样若用机械镶嵌法夹持，则空隙处的腐蚀液在吹干过程中易污染观察面，故吹干时试样应远离风口，用冷风长时间吹干。

8.4.4　焊接组织的侵蚀

试样的侵蚀是一个电化学过程，是利用试样组织中各种不同部分对侵蚀剂的化学敏感度不同，使结果呈现高低不平的表面、在显微镜下各部分有不同的亮度。

侵蚀方法：试样经研磨后若宏观观察则不需要抛光即可侵蚀，粗晶和显微组织观察则需要进行抛光后侵蚀，侵蚀分为热酸侵蚀法、冷酸侵蚀法和电解侵蚀法三种。

① 热酸侵蚀法。不适用于焊接金相分析，一般用来分析宏观的表面缺陷，进行偏析区域、夹杂物等铸件钢锭的缺陷分析。

② 冷酸侵蚀法。也叫化学侵蚀法，具体操作有浸入法与擦拭法两种。在常温下将试件浸入侵蚀剂中或用脱脂棉蘸取侵蚀剂擦蚀，侵蚀时要不断用毛刷将试样表面的沉淀物刷掉，以使侵蚀继续。侵蚀前试样抛光面不能有油污，一般要求抛光后立即侵蚀，侵蚀后立即观察，抛光后的试样不论侵蚀与否，都要立即放入干燥缸中。侵蚀不足时应轻抛后再侵蚀，侵蚀过度时就应从细磨开始。

③ 电解侵蚀法。主要用于化学稳定性较高的一些合金，如不锈钢、耐热钢和镍基合金，由于化学侵蚀法很难清晰地显示该类合金的显微组织、故用电解侵蚀效果较佳。

侵蚀时的注意事项如下。

① 试样在侵蚀前必须保持干净，不得有污垢和指印以免影响腐蚀效果。

② 用反复抛光腐蚀方法，即抛光、腐蚀、反复三四次。第一次腐蚀要重一些，抛光时必须把变黑的表面抛亮，这样重复几次，以除去试样在磨制过程中形成的扰乱金属层，才能得到较理想的组织。

③ 腐蚀时间的长短，依钢的组织状态和观察倍数而定，组织越弥散越易侵蚀，单相合金和纯金属较难侵蚀，观察倍数高应浅些侵蚀。在侵蚀过程中，当看见原来光亮的镜面逐渐失去光泽，颜色变得灰白并逐渐发暗时，就可以冲洗吹干，在显微镜下观察。

常用侵蚀液的种类和应用：

侵蚀剂是为显示金相组织配制的特定的化学试剂。常用的侵蚀剂如表8-2～表8-4所示。

表 8-2　各种钢及焊接接头宏观腐蚀剂

试剂成分	腐蚀用法	用途	备注
50％工业盐酸水溶液	热煮 65～75℃，保持 10min	用于碳钢和合金钢焊缝	能很好地显示各区宏观组织，可以根据不同材料延长或缩短腐蚀时间

续表

试剂成分	腐蚀用法	用途	备注
10%～20%硝酸水溶液	室温腐蚀,5～20min	用于碳钢和合金钢焊缝	腐蚀后若再用10%过硫酸铵水溶液腐蚀,能很好地显示粗晶组织
二氯化铜:1g 氯化铁:3g 过氯化锡:0.5g 盐酸:50ml 水:500ml 乙醇:50ml	腐蚀到出现组织为止,在腐蚀过程中用棉花把铜从底片上擦掉	显示低碳钢焊缝	磷、硫富集区比其他要亮,建议多腐蚀及重复抛光
盐酸:水=1:1	加热至65～80℃后,将试样置于溶液中热浸5～40min	结构钢及各类不锈钢的低倍组织及缺陷组织	
盐酸10份 硝酸1份 水10份	加热至60～70℃后,将试样置于溶液中热浸5～40min	奥氏体型不锈耐酸和耐热钢的低倍组织及缺陷组织	
10%～40%硝酸	室温	碳素钢和低合金钢低倍组织	
盐酸:硝酸=3:1	放置24h后使用	奥氏体钢焊接接头的低倍检验	
NaOH 10g 苦味酸2g 水100ml	室温侵蚀	MnS及稀土硫化物腐蚀	

表8-3 各种钢及焊接接头的一次结晶组织腐蚀剂

试剂成分	腐蚀用法	用途	备注
氯化高铁加入盐酸和硝酸溶液中 (在盐酸的饱和溶液中加入少量硝酸)	室温侵蚀	各类不锈钢	
10%过硫酸铵 10%硝酸水溶液	双重侵蚀法	一次结晶组织	
三氯化铁200g 硝酸300ml 水100ml	双重侵蚀法	一次结晶组织	
苦味酸1g 盐酸0.5ml 甲醇100ml	侵蚀温度≤30℃, 时间5～20min	一次结晶组织	
苦味酸1g 三氯化铁1g 甲醇100ml	侵蚀温度≤30℃, 时间5～20min	一次结晶组织	
$CuCl_2$ 5g 盐酸2ml 水30ml 甲醇30ml	室温侵蚀0.5～1s	一次结晶组织	
10mL苦味酸饱和溶液中加入5ml 洗涤剂饱和水溶液		显示40Cr钢奥氏体晶粒度	

表 8-4　各种钢及焊接接头的二次结晶组织腐蚀剂

试剂成分	腐蚀用法	用途	备注
高锰酸钾 4g 苛性钠 4g	煮沸使用，侵蚀 1～10min	显示高合金钢中碳化物、σ 相	
10%～20% 过硫酸铵	室温	碳素钢和低合金钢	
氯化高铁 5g 盐酸 50ml 水 100ml	室温侵蚀 15～60s	奥氏体-铁素体不锈钢 18-8 型不锈钢	
硝酸 1～5ml 乙醇 100ml	室温侵蚀 3～20s	各类碳钢和低合金钢	
盐酸 50ml 硝酸 5ml 水 50ml	加热到出现蒸汽为止，棉花擦蚀或浸蚀	适用碳钢＋合金钢焊缝	
草酸 10% 水 90ml	电解侵蚀电压 4V，时间 10～20s	各类不锈钢的铁素体、碳化物、奥氏体	
10%醋酸水溶液	电解电压 4V，时间 120s	不锈钢和耐热钢	σ 不显示，K 相棕色
饱和三氯化铁 30g 硝酸 20ml 水 10ml	室温侵蚀 2～20min	碳钢和合金钢焊缝	作用强烈，组织清晰，低合金钢的粗晶、树枝晶的熔合线、热影响区均显示
50%氢氧化钾	电解电压 3V，时间 2s	不锈钢和耐热钢	σ 黄色，K 相棕色
三氯化铁 30g 10%盐酸 100ml	室温侵蚀	显示铝合金焊缝	
硝酸 300ml 盐酸 100ml	用棉花擦拭到出现组织	显示铝及铝合金焊缝	也适用于铜合金
氢氧化钠 10～20g 蒸馏水 100ml	60～70℃侵蚀 5～15min，然后用 5ml 稀硝酸清洗	适合铝合金及铝合金焊缝的显微组织	
在体积分数为 4%的硝酸乙醇溶液中加入 1g 苦味酸	室温侵蚀 3～10s	显示优质低碳钢组织	
高锰酸钾 4g 氢氧化钠 4g 水 100mL	煮沸侵蚀 1～3min	显示奥氏体不锈钢中 σ 相呈彩虹色，铁素体呈褐色	

8.4.5　焊接接头组织观察的侵蚀顺序

（1）宏观侵蚀　宏观侵蚀在试样精磨后不需要抛光就可以直接进行腐蚀，主要包括对焊缝金属一次结晶组织的宏观形貌、各特征组织区的几何外形及各类焊接缺陷的显示。显示焊缝金属不同取向的形态与不同成分、不同组织区域的差异，一般宜采用较为缓和的侵蚀过程。

（2）一次结晶组织的侵蚀　焊接接头的低倍组织并不能完整地表现焊缝金属凝固结晶时的特征形态，采用一种含铜离子的双重侵蚀方法可以显示 P、S 等杂质原子的偏聚分布情况，从而反映出凝固结晶组织的形态，双重侵蚀法的首次侵蚀在于最大限度把化学不均匀性显露出来，但同时也不可避免地附带地将冷却转变组织（γ→α）显示了出来，故需要采用二次侵蚀，以掩盖二次组织形态，突出 S、P 偏聚分布图案，以得出有明显对比度的一次结晶组织形态。

（3）二次结晶组织的侵蚀 二次结晶组织即显微组织的碳钢侵蚀常用的侵蚀剂为2%～5%的硝酸乙醇溶液，但是易产生氧化膜，故最好是将试样浸入，并不时用棉花擦拭，在苦味酸试剂中不易形成氧化膜，一般低碳低合金钢可用4%苦味酸乙醇或4%苦味酸乙醇＋4%硝酸乙醇溶液侵蚀；不锈钢多采用电解侵蚀，一般用10%草酸或10%铬酸。

8.5 焊接区域的组织特征

8.5.1 焊接接头的宏观特征

切取一个熔化焊的焊接接头，制成宏观试样，经过适当的侵蚀，可以清楚地看到焊接接头可以分为四个部分，见图8-1。

图8-1中，a为中心焊缝区；b是靠近焊缝的热影响区；c为两边未受影响的母材金属；d为熔合线，是液态金属与固态母材金属之间的交界面，从焊接接头的横截面上去看是一条曲线，一般低倍下都能清晰地显示，然而在高倍下有些一次结晶形貌被二次相变产物破坏，所以熔合线模糊不清，必须仔细分辨。焊缝组织的宏观特征是：焊缝金属的晶粒和熔合线附近的母材热影响区的晶粒是连结长大出来的，即焊缝金属的晶体是和液态金属相接触的母材热影响区的晶粒连结长大出来的；焊缝金属大都长成长长的柱状晶，成长方向垂直于熔合线；焊接条件不同，晶体成长的形态也不同，焊缝中的晶体形态主要是柱状晶和少量等轴晶。

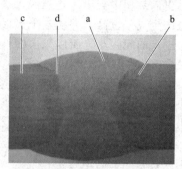

图8-1 焊接接头的宏观组织

8.5.2 焊接接头的微观特征

焊接接头的微观特征是指在金相显微镜下观察到的柱状晶和等轴晶内部的显微形态。根据金属所处的热力学状态与成分差异，焊接接头微观组织大体上可划分为焊缝区和母材热影响区，焊缝区是熔化状态下凝固结晶后冷却形成的，母材热影响区是在焊接过程中经快速加热到一系列峰值温度下然后快速冷却形成的。焊缝金属与母材金属的微观组织有很大的区别，不同合金成分的焊缝金属的显微组织是不一样的，柱状晶内部可以有胞状晶和树枝晶之分，而等轴晶内部则一般只有树枝晶的结晶形态。

一次结晶组织的特征：

① 焊接熔池的成分过冷的程度在各处是不一样的，因而即使是同一焊缝在凝固时不同区域也会存在不同的结晶形态。在焊缝的熔化边界由于温度梯度大、结晶速度小，故成分过冷接近于零，所以平面晶得到发展；随着晶粒从远离熔化边界向焊缝中心生长，温度梯度逐渐变小，结晶速度逐渐增大，过冷度也越来越大，结晶形态由平面晶开始逐渐转向胞状晶和树枝胞状晶，一直到等轴晶发展。实际焊缝中，由于化学成分、接头形式以及板厚和焊接工艺的不同，上述结晶形态不一定全部具有。当焊接速度增大时，焊接熔池中心的温度梯度下降很多，使熔池中心的成分过冷加大，因此快速焊接时在焊缝中心往往出现大量的等轴晶，低速焊接时在熔合线附近出现胞状树枝晶，在焊缝中心出现较细的胞状树枝晶；当焊接速度一定，焊接电流较小时，焊缝得到胞状组织，增加电流得到胞状树枝晶，电流继续增大，出现更为粗大的胞状树枝晶。

② 在焊缝金属凝固时，除了由于实际温度造成的过冷（温度过冷）之外，还存在由于固液界面处成分起伏而造成的过冷，称为成分过冷，所以焊缝结晶时不必很大过冷就可以结

晶，而且随过冷度的不同，晶体成长亦呈现不同的结晶形态，对焊缝性能及裂纹缺陷有很大的影响。成分过冷的大小决定了凝固组织的形态，使其具有柱状晶及其内部生成的结构：平面晶、胞状晶、胞状树枝晶、树枝状晶和等轴晶等多种形态。

a. 平面晶——结晶呈平面形态，界面平齐，称为平面结晶。这类凝固组织常见于高纯度金属焊缝、溶质质量分数低的液态合金和在熔合线附近温度梯度很高而结晶速度很小的边界层中，如铌板氩弧焊时，就是以平面晶的形态存在。

b. 胞状晶——当平面结晶界面处于不稳定状态，晶粒内部形成一束相互平行的棱柱体元，其横截面为近似六角形，如同细胞或蜂窝状，其主轴方向与成长方向一致，每一棱柱体前沿都有稍微突前的现象，这种组织形态称为胞状晶。

c. 胞状树枝晶——温度梯度进一步减小，成分过冷区增大，晶体成长加快，胞状晶前沿更向液相中突出，并能深入液相中较深的距离，凸起部分也向周围排除溶质，而在横向上也产生成分过冷，并从主干上横向长出二次枝，在晶粒内部形成较多十字棱柱形结构，但由于主干的间距小，所以二次横枝也较短，这样就形成了特殊的胞状枝晶，这种组织形态在钢铁焊缝中常见到。

d. 树枝状晶——温度梯度进一步减少，产生的成分过冷进一步增大，晶体成长速度更快，在一个晶粒内只产生一个很长的主干，其周围会突入过冷的液相中而形成二次枝晶，成为典型的树枝状"枝晶"，称为树枝状晶。枝晶的枝干间的间隙在随后的凝固中被填满，二次枝晶与附近枝晶接触时即停止生长，二次枝晶的接触面就是两个晶体的晶界，凝固的速度越大，枝晶的间距越小。

e. 等轴晶——当液相中的温度梯度很小时，能够在液相中形成很宽的成分过冷区，此时不仅在结晶前沿形成树枝状结晶，同时也能在液相的内部生核，产生新的晶粒，这些晶粒的四周不受阻碍，可以自由成长，从而形成等轴晶。五种不同的结晶形态，都具有内在的因素，其中平面晶、胞状晶、胞状树枝晶和树枝状结晶均可称为柱状晶。

但实际生产中，由于母材及焊接工艺不同，不一定具有上述全部结晶形态，如对于310不锈钢来说，其熔合线附近是胞状晶，而靠近焊缝中心则是树枝晶，如图8-2和图8-3所示。

图8-2 熔合线附近胞状晶组织

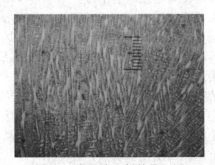

图8-3 焊缝中心树枝晶组织

随着连续冷却过程的进行，焊缝金属的一次结晶组织将进一步发生组织转变即二次相变，二次相变后获得的组织与母材和填充金属的成分及焊接规范有关。焊缝金属的组织转变机理与一般钢铁的转变机理是一致的，其组织特征因各种材料不同而各自不同，在后面进行详细的介绍。

8.5.3 焊接接头的组织鉴别

焊接过程是连续快速冷却的过程，与缓慢冷却和等温过程的差别就在于冷却速度的变化,因冷却速度的变化对合金平衡图的相变点即临界点和转变后所得到的组织有很大影响,因此焊接连续冷却到室温后,焊缝和热影响区的组织都和等温过程形成的组织不同。

缓慢冷却时,亚共析钢(焊接用的低碳钢和低合金钢)冷至 A_{r3} 温度以下,从奥氏体中析出铁素体,在 $A_{r3}\sim A_{r1}$ 区间铁素体数量不断增多,冷至 A_{r1} 以下,奥氏体全部转为珠光体,因为 A_{r1} 是共析分解的临界点,从奥氏体中析出两相(铁素体和渗碳体),它们交替形成结果得到片状珠光体。但是在冷却速度增加时,平衡图上的临界线和临界点都要改变其位置,如图 8-4 所示由图中可以看出,随着冷却速度的增加,转变线都要向下移(移向低温),而且共析成分不再是平衡图上的固定点(0.8%),而是随着冷却速度变化,在一个范围内变化,由此可见,平衡图不能用来反映连续冷却过程中组织转变情况。下面介绍具体的各个组织的形成。

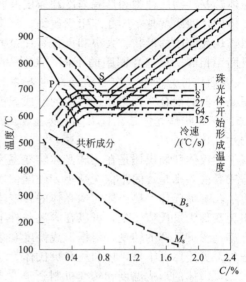

图 8-4 冷却速度对临界点的影响

(1)先共析铁素体 所谓先共析铁素体是亚共析钢在冷却过程中尚未发生共析转变(珠光体转变)的温度区间析出来的过剩相——铁素体。它包括晶界自由铁素体和魏氏组织铁素体两种。

晶界自由铁素体是在稍低于 A_{r3} 温度,在奥氏体晶界处形成完全扩散的高温转变产物——块状(多变形)或网络状的铁素体,称为自由铁素体。随着过冷度的增加,晶界自由铁素体形态自大块状变为厚薄不均的晶界网络,进一步增加过冷,晶界自由铁素体网络变薄但比较均匀,在一定过冷度下消失。在高温时铁素体呈块状,当转变温度较低时自由铁素体呈网络状分布在奥氏体晶界上,其边缘圆钝,厚薄不均匀。当形成温度更低时,棱角尖锐的梳子状或锯齿状的铁素体在局部地区形成,这种铁素体已经不是晶界自由铁素体,而是魏氏组织铁素体的一种。奥氏体的晶粒大小对形成晶界自由铁素体数量有影响,晶粒越粗大铁素体量越少,提高奥氏体均匀化的程度可以减少晶界自由铁素体的数量。

魏氏组织铁素体是冷却到 A_{r3} 以下 $100\sim200℃$ 时,在过冷度较大的条件下,沿奥氏体一定的惯性面析出来的铁素体,其具有形成温度(W_s)上限,含碳量越高,晶粒越细,W_s 越低。魏氏组织铁素体形成时,是以类似切变方式进行的,类似于马氏体的无扩散转变,在金相磨面上可以看到浮凸现象。由于以切变方式转变,因而形成温度比以扩散方式形成的晶界自由铁素体低得多。

在低碳钢焊缝中特别容易形成魏氏组织铁素体,因含碳量低和粗大的晶粒构成了形成魏氏组织铁素体的有利条件,常见的魏氏组织铁素体的形貌有两种,一种是交叉分布的粗大针状铁素体组织,局部有平行排列特征,另一种是晶内细瘦分散度大的针状铁素体。

(2)珠光体 珠光体的组织形态主要有片状珠光体和粒状珠光体两种,其中片状珠光体根据片间距的不同又分为普通珠光体、索氏体和屈氏体三种。

当冷却到 A_{r1} 以下温度,奥氏体即开始发生共析转变,即从奥氏体中同时析出渗碳体和铁素体两个相,但不是同时析出来,而是有个领先相,然后两相彼此交替析出。共析转变产物包括:珠光体、索氏体和屈氏体,它们都是渗碳和铁素体组成的混合物,区别只在于渗碳体的形状和尺寸以及它们的分散度不同。

① 片状珠光体是一片片渗碳体和铁素体彼此交替析出，互相依存成核和长大，结果就形成了片状珠光体，片状珠光体是铁素体和渗碳体的机械混合物，似手指纹的层状结构。珠光体转变产物的种类和形貌与冷却速度及转变温度有关，冷却速度越快、转变温度越低，珠光体的片间距就越小，亦即组织越细。通常把渗碳体和铁素体平行排列的集合体叫作珠光体团，珠光体团的形状、大小和方位是任意的，但其内部渗碳体和铁素体的排列是平行的，并且间距相等。根据片间距的不同，可分为细片状珠光体（又叫索氏体）、极细片状珠光体（又叫屈氏体）两种。在连续冷却的条件下，往往得不到单一的珠光体或索氏体或屈氏体，而是它们的混合体，也就是它们的形成温度没有分界线。

② 粒状珠光体是在铁素体基体上分布着细小的颗粒状的渗碳体的球化组织，综合性能比片状珠光体好。

索氏体和屈氏体是在比珠光体转变温度低的条件下依次形成的，珠光体、索氏体和屈氏体三者的差别是片间距依次减小，硬度依次升高。

（3）贝氏体　奥氏体在珠光体的转变温度下限到马氏体开始转变温度区间开始发生的组织转变称为贝氏体转变，可以在等温条件下形成也可以在连续冷却条件下形成。焊接冷却条件有利于贝氏体的转变，根据形成温度和条件的不同，贝氏体的形态和性能差别很大，通常分为上贝氏体、下贝氏体和粒状贝氏体。

贝氏体的形成温度和转变机制介于珠光体和马氏体之间，其领先相是铁素体，成核与珠光体一致也是扩散过程，长大是切变过程。在铁素体板条之间析出碳化物者称为上贝氏体，在铁素体片条内部析出碳化物者称为下贝氏体，在铁素体基体上分布着马氏体或马氏体＋残余奥氏体或奥氏体粒块者称为粒状贝氏体。温度较高时，碳从铁素体中穿过相界面扩散到奥氏体中，这时碳在奥氏体内扩散容易，因而不会在铁素体之间或其内沉淀碳化物或只有极少沉淀，于是形成了无碳贝氏体。贝氏体是在奥氏体基体上共格成核，共格长大，而珠光体是在奥氏体基体上共格成核，非共格长大。

① 上贝氏体形成上贝氏体的温度范围一般在 350～550℃，上贝氏体是成束大致平行排列的铁素体板条，板条之间夹有相互平行的渗碳体，渗碳体杆条断续地平行于铁素体板条组成的非层状组织。在光学显微镜下，当转变量不多时，可以观察到成束的自晶界向晶内生长的铁素体条，从整体看呈羽毛状，所以把上贝氏体也叫羽毛状贝氏体。转变温度越低，铁素体条越薄，渗碳体更小更密集，即贝氏体越密越细小，组织也变得较易侵蚀且其外形由羽毛状变得很不规则。低碳钢和低合金钢焊缝中都能出现上贝氏体，但低合金钢焊缝和热影响区产生贝氏体更加容易。由于焊接时的快速连续冷却特点，以及焊缝中合金元素的偏析（主要改变转变温度），造成焊缝的室温组织不可能获得单一的上贝氏体组织，总是掺杂着粒状贝氏体、下贝氏体和板条马氏体等。特别是上贝氏体和粒状贝氏体经常混合在一起，因为它们的转变温度区间非常接近并且连续过渡而没有明显界限。

② 350℃至 M_s 点之间为下贝氏体的形成温度区间，典型的下贝氏体的铁素体针交叉排列，碳化物呈高度弥散分布在铁素体针内，碳化物与针轴呈 55°～60°角度排列。在低碳钢和低合金钢焊缝中很难看到典型的下贝氏体针状特征，而是常常以平行排列的形式居多，即下贝氏体的铁素体与上贝氏体类似，差别仅在于铁素体条比上贝氏体细密。碳化物在铁素体内部沉淀而不是在条间，在光学显微镜下看，下贝氏体与高碳钢的回火马氏体非常相似，都呈暗黑色针状。在焊接连续冷却条件下，往往形成下贝氏体和马氏体的混合组织，很难区分下贝氏体和马氏体。

③ 粒状贝氏体的形成温度稍高于上贝氏体的形成温度，在低碳钢和低合金钢焊缝及热影响区中，往往会出现粒状贝氏体，其特点是在铁素体基体上分布着孤立的待转变的富碳奥氏体"小岛"，小岛在一定的合金成分和冷却速度下可转变为富碳的马氏体和残余奥氏体，

有时也有碳化物，称为 M-A 组元，M-A 组元形状不规则且多变，呈粒状分布时称为粒状贝氏体，以条状分布时，称为条状贝氏体。粒状贝氏体的产生和奥氏体的成分不均匀有很大关系，降低含碳量和提高锰含量都能促使粒状贝氏体增加，提高冷却速度也会促进粒状贝氏体的形成。

（4）马氏体　当奥氏体经过快速冷却时可以得到一种硬而脆的 α-过饱和固溶体，称为马氏体。马氏体的形成需要很大的过冷度和较低的转变温度，而且其转变不需要孕育期，转变速度极高，转变时不能得到 100% 的马氏体。同时奥氏体转变为马氏体要发生体积膨胀，伴随而来将产生相变应力，焊接时相变应力与热应力及其他结构应力叠加，足以导致冷裂纹，因而马氏体的存在将大大恶化焊接质量。

① 板条马氏体也叫位错马氏体，在光学显微镜下观察板条马氏体呈条状晶体，为单元组成定向排列，人眼不能分辨板条马氏体板条单元内的精细结构。在一个奥氏体内可以形成几个马氏体的板条束，每个马氏体板条之间交叉呈锐角，是低碳低合金钢焊缝中最常出现的马氏体形态，也称为低碳马氏体，这种马氏体具有较高的强度，同时也有良好的韧性，在马氏体中综合性能最好。

② 片状马氏体。光学显微镜下观察到的马氏体片不相互平行，初始形成的马氏体片往往贯穿整个奥氏体晶粒，呈双凸透镜状，由于金相磨面与马氏体交角不同，常常看到的是片状、针状或竹叶状，故又称为针状或竹叶状马氏体。由于含碳量较高（C≥0.4%）时，容易出现片状马氏体，故又称为高碳马氏体。这种马氏体硬而脆，容易产生冷裂纹。

③ 隐晶马氏体也叫隐针马氏体或无组织马氏体，多半是在快速加热和快速冷却的条件下产生的，在光学显微镜下无法分辨其组织形态，经过电镜研究表明，隐针马氏体是极细化了的马氏体组织，而并非新型的独特组织形态。

8.6　几种鉴别金相组织的方法

8.6.1　根据形成温度区别组织

冷却时，奥氏体将分别经过各个相变点和相变区，分别进行不同程度的各种组织转变。

过冷奥氏体从 A_3 温度到室温的连续冷却分解过程的顺序是：稍低于 A_3 温度沿晶间析出自由铁素体（对于低碳合金钢 750～1000℃），然后在稍低于上述温度下开始形成木梳或锯齿状的粗大魏氏组织铁素体（650～900℃），它从晶界处自由铁素体身边成核以切变方式向晶内伸展，与此同时，晶内也成核，形成粗大针状铁素体，彼此交叉，这是另一种魏氏组织铁素体，接着在 550～650℃ 温度区间晶内形成细小无方向的针状铁素体。与此同时，在魏氏组织铁素体改变后期可能发生无碳贝氏体转变（它与魏氏组合铁素体之间是连续过渡的，如果它的针条间是共析产物可判断为魏氏组织，如果是残余奥氏体和马氏体结构则判为粒状贝氏体），也就是说无碳贝氏体是魏氏组织铁素体与粒状贝氏体的过渡形式，所以它不能当作一种单独的组织形式，如果说粒状贝氏体是贝氏体转变的高温区产物，则无碳贝氏体是其始发者。继粒状贝氏体之后便是上贝氏体形成。最后在 M_s 偏上温度形成下贝氏体。到 M_s 点以后开始板条马氏体的转变，如果是高碳钢或富碳区域则在更低温度下发生片状马氏体转变，直到室温保留一定量的残余奥氏体。在上贝氏体形成过程中可能出现屈氏体，由于贝氏体形成是以铁素体作为领先相，因此在其周围的奥氏体中可能创造了屈氏体形成的条件，有时会在奥氏体晶界附近形成成排分布的针状屈氏体，其颜色较黑容易鉴别。连续冷却转变形成多种组织时，一般来说，形成温度越高的相，越倾向于在奥氏体晶界上形成。

8.6.2　根据形貌特征区别组织

① 铁素体魏氏组织和无碳贝氏体之间是连续过渡的，外观形态又很相似，即都是由平

行排列的粗大铁素体针组成，都从晶界出发向晶内扩展，这时需要区别它们针条之间或其周围的组织，如果是珠光体就表明该组织是铁素体魏氏组织，如果是 A＋M 组织就说明该组织是粒状贝氏体。

② 粗大的上贝氏体与板条形粒状贝氏体混合在一起可视其基底和分散相而定，凡是以白色铁素体为背景上面分布着各种形状的白亮残余奥氏体＋马氏体者均可判断为粒状贝氏体，而粗大铁素体针之间分布有平行分布的颗粒状、短杆状或长条状黑灰色碳化物者可判断为上贝氏体。

③ 在低碳钢和低合金钢焊缝和热影响区中都有可能产生上贝氏体和粒状贝氏体，但产生下贝的机会少，一般上贝的弥散度小，条间距离大，一条条粗大的铁素体板条清晰可见，往往比渗碳体宽大些，黑白度上白多于黑；而下贝氏体则相反，条间距小，平行排列弥散度大，看不清铁素体条的宽度，黑多于白。

④ 下贝和板条马氏体的区别：它们都呈平行排列，细密而分散度大，都有碳化物析出，光学显微镜下可以根据板条马氏体条束之间黑白程度不均匀辨别，一个晶粒内几束平行板条由于位向不同和自回火程度不同而具有不同的黑白度，并且取不同方向，而下贝只是某晶粒内部平行细密排列，不存在黑白差别，在低合金钢热影响区中可以看到"筐篮组织"即是形成的板条马氏体。

8.6.3 利用显微硬度区别组织

在实际观察中有时遇到形态完全相同的组织，仅凭外观形貌难以区别，这时可以借助于显微硬度计，来帮助判断组织类型。硬度由高到低依次排列的次序为针状马氏体＞板条马氏体＞下贝氏体＞屈氏体＞上贝氏体＞索氏体＞珠光体＞铁素体，各组织的硬度值的大体范围如表 8-5 所示。

表 8-5　几种典型组织的硬度范围

组织	马氏体	下贝氏体	上贝氏体	屈氏体	索氏体	珠光体
HRC	65～66	50～60	40～50	27～43	22～27	15～22

8.7　几种典型材料的焊接组织

8.7.1　低碳钢焊接组织

低碳钢的母材及焊缝金属含碳均比较低，故固态相变后金相所见均为二次组织。结晶组织主要是铁素体加少量珠光体和魏氏组织铁素体，但其焊接接头热影响区各区域的显微组织差别较大。

（1）热影响区组织　热影响区内的组织是与该处的合金成分、加热速度、加热最高温度、高温（A_{c3}）停留时间的长短和随后的冷却速度等因素相关的，低碳钢由于含碳量低，其淬硬倾向也比较小，因而也称之为不易淬火钢，其热影响区可以分为以下几个区域。

① 部分相变区（也叫不完全重结晶区），其加热范围在 A_{c1}～A_{c3} 之间，普通低碳钢的 A_{c1}～A_{c3} 大约在 750～900℃之间，加热时，该区域中的珠光体和一部分铁素体转变为晶粒比较细小的奥氏体，由于加热速度太快另外一部分铁素体未发生相变而保留下来，在以后的冷却时，奥氏体又转变为细小的珠光体和铁素体；而未转变为奥氏体的那部分铁素体则不发生任何转变（因此称为不完全重结晶区），但其晶粒比较粗大，并保留了原始组织的形貌特征。该区域冷却后的组织为未发生相变的粗大铁素体之间分布着部分重结晶相变的细小粒状珠光体和铁素体。

② 相变重结晶区 (也叫细晶粒区), 其加热温度范围 $A_{c3} \sim T_{ks}$ (T_{ks} 为晶粒开始急剧粗化的温度) 之间, 普通低碳钢一般在 900~1100℃之间, 由于焊接时该区域中的铁素体和珠光体全部转变为奥氏体, 焊接加热速度较快, 高温停留时间又很短, 所以奥氏体晶粒来不及长大就开始冷却, 因此冷却后的组织为均匀细小的铁素体+珠光体, 相当于热处理中的正火组织, 故又称为正火区。该区具有较高的综合力学性能, 甚至好于母材。

③ 过热区 (也叫粗晶粒区), 该区紧邻焊缝, 加热温度范围 $T_{ks} \sim T_m$ (T_m 为熔点) 之间, 普通低碳钢一般在 1100~1490℃之间, 由于加热温度很高, 一些难溶质点 (如碳化物和氮化物等) 也都溶入奥氏体, 故奥氏体晶粒长大粗大, 在较快的焊接冷却条件下会出现粗大的魏氏组织, 部分奥氏体转变为珠光体组织。魏氏组织的存在严重降低了焊接热影响区的韧性, 是低碳不易淬火钢变脆的一个主要原因。

④ 熔合区组织, 即熔合线附近焊缝金属到基体金属的过渡部分, 温度处于固相线和液相线之间。这部分金属处于局部熔化状态, 晶粒十分粗大, 化学成分和组织都极不均匀, 冷却后的组织为过热组织, 这段区域很窄, 有时金相观察很难明显区分开来。

(2) 焊缝组织 由于低碳钢焊缝的含碳量低, 其焊缝组织一般为晶界先共析铁素体加少量的珠光体, 其中铁素体一般都是首先沿原奥氏体晶界析出, 呈柱状晶粒, 十分粗大, 一般能描绘出焊缝柱状晶原奥氏体的晶界, 有的还具有魏氏组织的形态, 魏氏组织的特征是铁素体在奥氏体晶界呈网状析出, 也可从奥氏体晶粒内部沿一定方向析出, 具有长短不一的针状或片状, 可直接插入珠光体晶粒之中, 魏氏组织主要出现在晶粒粗大的过热的焊缝之中, 承受多层焊或热处理的焊缝金属将会得到改善, 使焊缝获得细小的珠光体并使柱状晶遭到破坏, 当焊接冷却速度增大时, 铁素体针变细还可能出现粒状贝氏体。

8.7.2 低合金钢焊接组织

焊接低合金钢一般都是低碳的, 如 16Mn、Q345、15CrMo 等, 由于合金元素的加入提高了淬透性, 因此不仅直接影响焊接的一次组织, 也影响其热影响区的组织, 铁素体、珠光体、贝氏体和马氏体都可能出现, 若合金元素加入量较多, 焊缝二次组织中则可能出现贝氏体和粗大的板条马氏体。

低合金钢焊缝的二次组织, 随匹配的焊接材料化学成分和冷却条件的不同, 可有不同的组织, 但由于含碳量普遍低于母材, 所以在多数情况下仍以铁素体和珠光体为主, 但低碳合金钢中的铁素体不同于低碳钢中的铁素体, 含有合金元素的铁素体称为合金铁素体。一般低合金钢焊缝由于是处在非平衡条件下进行组织转变, 很少能得到珠光体组织, 除非在更为缓慢的冷却条件下 (预热、缓冷等), 才有少量的珠光体转变。在焊接条件下, 由于珠光体转变受到抑制, 扩大了铁素体和贝氏体转变的温度范围。而在高强钢焊缝中, 可能会有贝氏体, 甚至还会出现马氏体组织, 以 16Mn 为例其组织如下。

(1) 热影响区组织 其组织组成为针状铁素体+索氏体+少量粒状贝氏体。也可以分为以下几个区:

① 部分相变区 (也叫不完全重结晶区), 其加热范围在 $A_{c3} \sim T_{ks}$, 普通低合金钢的温度范围一般为 700~900℃, 由于加热时有部分铁素体未发生相变, 而加热时奥氏体中含有较高的碳和合金元素, 故冷却后的组织为未发生相变的合金铁素体和经部分发生相变的珠光体, 同时冷却速度快时还会出现高碳马氏体。

② 相变重结晶区 (也叫正火区或细晶粒区), 其加热温度范围 $A_{c3} \sim T_{ks}$ 之间, 对普通低合金钢而言一般为 900~1080℃, 由于在加热和冷却过程中经受了两次重结晶相变的作用, 使晶粒得到显著细化, 相当于正火后的细晶组织, 冷却后的组织与低碳钢一样, 也为均匀细小的铁素体+珠光体, 不同的是珠光体数量稍多些, 如果合金元素种类和含量增加, 还会出现贝氏体。

③ 过热区（也叫粗晶粒区），加热温度范围 $T_{ks} \sim T_m$ 之间，对于普通低合金钢来说，一般为 $1080 \sim 1490℃$，由于该区加热温度很高，特别在固相线附近处，一些难熔质点（如碳化物和氮化物等）也溶入奥氏体，因而奥氏体晶粒长得十分粗大，在快速冷却情况下形成过热组织——魏氏组织，故该区组织一般为索氏体和少量的沿原奥氏体晶界分布的铁素体，甚至全部为铁素体。由于合金元素的加入提高了奥氏体的稳定性，还可能出现少量的粒状贝氏体，随着合金元素含量的增多，甚至会获得全部的粒状贝氏体。

④ 熔合区组织。即熔合线附近焊缝金属到基体金属的过渡部分，温度处于固相线和液相线之间。这部分金属处于局部熔化状态，晶粒十分粗大，化学成分和组织都极不均匀，冷却后的组织为过热组织，由于该区温度梯度大、碳化物充分溶解和晶粒粗大等因素导致奥氏体稳定性提高，淬硬倾向大，故该区比其他区域更容易形成粗大的马氏体组织，在许多情况下，是产生裂纹、局部脆性破坏的发源地。但是对于低合金钢而言，该区多半是魏氏组织和贝氏体。

（2）焊缝组织　低合金钢焊缝固态相变后的组织比普通低碳钢焊缝组织要复杂得多，由于含碳量低，而且还含有一定量的合金元素，随着匹配焊材的比例及与母材混合后的化学成分与冷却条件的不同，可出现不同的组织，其焊缝除了铁素体和珠光体外，还可能会出现多种形态的贝氏体和魏氏组织铁素体等混合组织，如果合金元素较多其淬透性好时，甚至可能出现马氏体。随化学成分和强度级别的不同，可出现不同的组织，一般情况下都是几种组织混合存在。实际低碳低合金钢组织主要是晶界铁素体、针状铁素体和侧板铁素体，合金元素较多的高强钢焊缝中会出现马氏体和粒状贝氏体。虽然低碳钢和低合金钢中都有铁素体和珠光体，但是两者在形态上有很大差异，因此会反映出两者不同的性能。与低碳钢相比：焊缝组织较细小；接头中易出现中温转变组织贝氏体和低温转变组织马氏体，硬化倾向大；相同的热输入条件下，母材过热区较低碳钢窄，晶粒长大倾向小；焊缝与热影响区往往是各种组织伴生呈现混合状态。

8.7.3　中碳调质钢

在焊接热循环作用下，中弹调质钢钢焊后冷却时很容易获得淬火组织，因而也叫易淬火钢，主要为马氏体与贝氏体的混合组织。下面以 30CrMnSi 为例来分析此类钢的焊接组织，该钢的母材组织为铁素体＋回火索氏体。

（1）热影响区组织

① 部分淬火区——其加热范围在 $A_{c1} \sim A_{c3}$ 之间，一般为 $750 \sim 900℃$ 之间。在快速加热条件下，铁素体很少熔入奥氏体，而铁素体等转变为奥氏体，在随后的冷却过程中，只有奥氏体转变为马氏体，而原铁素体不变，只有不同程度的长大，最终冷却下来的组织为马氏体和铁素体混合组织，也称为不完全淬火区，如果含碳量和合金元素不高或者冷却速度不大，则这部分奥氏体也可能转变为索氏体和珠光体。

② 完全淬火区——其加热温度在 A_{c3} 以上，相当于低碳钢焊接热影响区，由于加热到峰值温度不同，由此引起的晶粒度长大、合金碳化物和氮化物质点都熔入奥氏体，过热区加热的峰值最高，接近熔点，所以该区晶粒长得粗大，同时该区的冷却速度最大，故淬火倾向大于正火区，冷却后的组织很容易获得粗大的淬火马氏体组织，峰值处于正火区的则得到细小的马氏体组织，在紧靠近焊缝部分也可能会产生贝氏体，从而形成贝氏体与马氏体共存的混合组织。

③ 回火区——若焊前母材原始组织为铁素体和珠光体，则加热温度低于 A_{c1} 的区域，组织不会改变；若焊前母材处于淬火和回火状态，则该区的范围与焊前的回火温度有关，加热峰值温度超过母材回火温度，一直到 A_{c1} 之间的区域，即为焊接热影响区中的回火区，组织状态取决于加热峰值温度。随着回火区温度的提高，碳化物的析出越来越充分，其弥散

程度越来越小，碳化物粒子逐渐变粗，其回火组织为回火索氏体组织和碳化物。

（2）焊缝组织 焊缝区，由于含有的碳元素和合金元素较多，淬透性较好，故焊缝区一般为贝氏体与马氏体组织，其中马氏体的形态会出现板条状马氏体，在焊速低的条件下还有可能有少量的珠光体组织。

8.7.4 不锈钢耐酸钢焊接组织

不锈钢的焊接组织不能用简单的铁碳相图进行分析，其焊接组织一般保留了其一次结晶的组织形态，二次组织不发生相变，以 0Cr18Ni9 为例来分析此类钢的焊接组织。

（1）热影响区组织

① 过热区由于母材与焊缝均为 γ 组织，母材与焊缝化学成分存在的差异使其组织形态也出现不同的差异，在热影响区其晶粒改变原有的多面体形态，被拉长，显出熔化后凝固结晶的特征浮凸，同时存在一个粗大晶粒的过热区，在加热过程中长大了的晶粒在冷却过程中没有任何相变，因而不会有相变引起的重结晶细化作用，如果在以后的焊接中对同一部位进行重复焊接加热，将使晶粒越长越大。

② 重结晶区该区晶粒细小，相当于钢材正火后的细晶粒组织。如果母材的原始状态为冷轧状态，则还会出现一个晶粒较细的再结晶区，存在于母材与过热区之间，晶粒比母材组织细小，该区的综合性能优于母材。

（2）焊缝组织 18-8 型奥氏体不锈钢，焊缝组织为树枝状奥氏体＋枝晶间少量铁素体，焊缝区以柱状晶为主，也有等轴晶。焊缝组织是从高温液相转变为固相的单一的奥氏体组织。

8.7.5 异种钢焊接组织

异种钢焊接是指化学成分和性能差别很大的两种以上的金属与合金的焊接，主要指不锈钢、低合金结构钢、低碳钢、工具钢以及钢与有色金属如 Cu 等的焊接。

比如母材是铁素体为基的钢材，焊缝填充金属是奥氏体为基的钢材；或者母材之一是铁素体的钢材，另一个是奥氏体为基的合金，其他如铝与铜等的焊接都属于异种钢焊接。

异种钢焊接中所用的钢种按照金相组织分类主要有珠光体钢、马氏体-铁素体钢和奥氏体钢等三大类。同一种类型组织但不同类别的钢种由于其化学成分和力学性能有时存在很大差异，故也属于异种钢的焊接。

异种钢焊接接头的组织状态基本决定于两个方面因素的影响：一为成分差异在焊接接头熔合区产生的化学不均匀性；二是由焊接因素导致。

由于母材熔化稀释焊缝金属的量不多，因而异种钢焊接焊缝金属的组织基本上决定于焊缝填充金属的化学成分和焊接规范，焊缝与母材毗邻的熔合区金属层，由于存在着成分浓度的过渡，因而其组织状态既有别于焊缝区金属，又不同于近缝区母材的金属。异种钢焊接的熔合区组织较复杂，异种钢熔合区的成分既不同于母材也不同于焊缝，异种钢熔合区的平均成分往往是母材和焊缝金属成分之和的一半，以铁素钢＋奥氏体钢并添加奥氏体焊缝金属的焊接为例来分析异种钢的焊接组织。

（1）热影响区组织

a. 铁素钢侧的热影响区一般为铁素体加珠光体组织。焊缝为液态时，由于碳在液体金属中的溶解度大于固体金属中的溶解度，故促使碳由熔合线附近的母材向焊接熔池扩散，由此导致铁素体母材中的碳将向焊缝中扩散，铁素体母材将可能会出现"脱碳层"，而焊缝出现一个增碳层。

b. 奥氏体侧的热影响区一般为奥氏体组织，由于该侧没有碳浓度的差异和组织的结构不同，故不会出现碳的扩散。

（2）焊缝区组织　焊缝金属的组织（完全混合熔化区）和母材的大部分热影响区的组织基本上决定于给定的焊缝金属和母材的固有的化学成分及焊接工艺，但熔合线附近的熔合区的组织则比较复杂。

a. 铁素体钢侧的焊缝区一般为贝氏体组织，由于填充金属的稀释作用，往往在焊接接头的过渡区会产生脆性的马氏体组织。

b. 奥氏体侧的熔合区一般为奥氏体和铁素体组织，但焊缝区往往会由于碳的迁移产生增碳层。

8.7.6　铝及铝合金的焊接组织

铝及铝合金具有优异的物理特性、化学特性、力学性能及工艺性能，是宇宙航空、化工和交通运输等工业重要的结构材料之一，具有许多与其他金属不同的物理特性，因此具有与其他金属部件不同的焊接特点，焊接结构主要应用变形铝合金，且应用最广的是不能热处理强化的防锈铝。虽然已经应用铝及其铝合金焊制了许多重要产品，但还是存在很多困难，主要是焊缝中的气孔、焊接热裂纹、接头等强性的问题等。

做铝合金的金相分析时，应先参考有关相图，依合金的主要成分及冷却条件来分析它应有的基本组成相及它们的相应量，再依合金中的杂质含量分析可能出现的其他合金相，然后在金相显微镜下，对合金做仔细观察，对具有同样色泽、外形等不易区别的相，可进一步用各种腐蚀剂试验，并可配合偏光和显微硬度等测试方法来探测合金中的组成相。如铝-镁合金中加入镁可细化晶粒和提高合金的强度，根据 Al-Mg 合金相图可以看出，β 相为该合金的中间相，该相不经侵蚀在显微镜下呈白色，又无明显的相界，因此很难显示，但经轻微侵蚀可隐约观察到，其焊缝金相组织一般为树枝状的 α 固溶体，其上分布着 β 相（Al_8Mg_5 或 Al_3Mg_2）共晶体，并且有 α+β 二元共晶形态分布。

铝合金常规熔焊接头在不同热循环的作用下形成组织形态不同的区域，时效强化铝合金和非时效强化铝合金的熔焊接头由焊缝、熔化区（局部熔化区）、热影响区和母材组成，其中熔合区又可细分为半熔化区和未混合区，热影响区又可分为淬火区（固熔区）和软化区，对冷作硬化铝合金而言，焊接时加热温度高于 300℃ 以上的热影响区会发生软化（再结晶）形成所谓的软化区，冷作硬化程度愈大，软化区的宽度也越大。对于退火状态和非热处理强化的铝合金而言，在熔合线及其附近的热影响区中，由于过热会发生晶粒粗化现象。

铝及其铝合金的焊接接头内包括焊缝区、熔合区及母材热影响区三部分，焊缝区是母材与填充金属焊丝熔化后凝固结晶而成的铸造组织，其内可能产生气孔或结晶裂纹，母材热影响区内可能产生再结晶或过时效，从而软化去强，熔合区内可能发生过热、晶界熔化，还可能产生液化裂纹。

8.8　焊接接头的金相分析应用

8.8.1　分析内容和程序

焊接金相研究的内容包括焊接接头各区域金相组织分析、宏观和微观的焊接缺陷分析、各种焊接裂纹分析、焊接产品运行中失效原因分析、提高焊接质量和产品性能、延长寿命和发展新合金、新焊接材料等。

8.8.2　分析的程序

焊接金相分析首先从肉眼观察、低倍分析开始，然后利用光学显微镜作大量微观分析，当需要进一步明确时，需要采用更为先进的设备以得到更强大的微区辨别力，并辅以大量的化学分析、光谱分析和 X 射线衍射以及透射电镜、电子探针、激光探针分析等各种分析手段。至今，常规金相分析仍然是现代金相工作的基础，是占统治地位的分析方法。但是在放大倍数、鉴别能力、对微区分析上以及数据处理方面的不足，影响了金相分析的发展，因而近年来不断地发展电子光学和微区分析方法，现在已经日趋完善。虽然先进的仪器设备能够鉴别微区和精细方面的很多问题，但是它们也只是常规金相手段和分析方法的补充，而绝不能取代常规金相。常规金相分析是微区分析和定量分析的基础。

(1) 明确试验的目的、对象和原始条件　做好焊接金相分析工作的前提是明确所分析试样的材质、母材和焊材的化学成分、焊接结构和接头形式、焊接工艺规范和预热及冷却条件、环境条件、热处理规范、应力状态及其他已经完成的试验结果（检测、力学性能和应力检测等），对于失效分析的试件还要搞清运行条件、载荷性质和应力集中情况等，搞清上述内容的目的才能高效地进行后续的分析工作。其次是明确分析的对象和目的，知道试样的材质、试件的形式、需要解决的问题，因为这些关系到如何取样以及合理安排试验程序问题。

(2) 外观和低倍分析　外观即肉眼观察分析可以发现表面的气孔、夹渣、未焊透、未熔合、咬边、裂纹、焊瘤，还有熔深、熔池形状、宏观偏析、宏观裂纹等焊缝缺陷；而低倍分析即使用低倍显微镜观察分析可以观察分析一次结晶形态、分布、方向性。在不具备高级金相显微镜和电子光学微区分析手段的前提下，外观和低倍分析显得格外重要。实践证明，外观分析和低倍分析基本可以得出初步的检验结果和结论。

(3) 显微分析　在外观分析和低倍分析的基础上，感到某些问题需要细化、搞清细节和微观形态时，可在 100～2000 之间的适当倍数下观察下列内容：焊接接头各区的显微组织（类型、形态、尺寸、数量、分布）、显微裂纹（类型、形态、尺寸、位向、扩展）、非金属夹杂物（种类、形态、尺寸、数量、分布）、微气孔（形状、尺寸、分布）、显微偏析（柱状晶、胞状晶、树枝晶）、析出相（形态数量，分布与母材关系）、显微断口和定量金相分析等。显微分析是日常焊接分析中工作量最大、内容最丰富、最重要的分析项目。显微分析时，制样质量和方法对分析结果的真实性和正确性影响极大；显微观察和拍照时的放大倍数也很重要，放大倍数不当会直接影响观察效果。一般情况下不用使用电子显微镜观察。

(4) 微区精细分析　在光学显微组织分析时，发现一些疑难问题，如细小的组织、相、缺陷、夹杂物等，用光学显微镜常规方法不能进一步分析时，需要采取微区分析手段，以提供进一步的分析证据。微区分析能够分析的范围有：晶界的结构、位错的状态及行为、第二相的结构成分及其与母材的结晶学关系、夹杂物的种类和成分、显微偏析和晶间薄膜、脆性相、超显微的组织结构、微气孔的内部形貌、裂纹断口、破裂断口的形貌特征以及上面富集的物质腐蚀破坏断口形态及腐蚀产物、蠕变断裂、疲劳断裂、脆性破坏、摩擦磨损等过程形成条件和机理、钢中及焊缝中各种微量元素和轻元素的含量及分布等。

(5) 综合分析　对上述各方面的情况和数据进行整理、对比、分析、提炼后，可以得出实际的证据充分的规律性的东西并得出最后的结论。

8.8.3　金相检测工艺编制实例

A1　目的和适用范围

A1.1　本检测工艺适用于用 DSM-Ⅲ 型便携式金相显微镜及与其配套使用的 OLYMPUS C-3030ZOOM 型数码照相机，对锅炉、压力容器、压力管道上相应部件进行现场金相观察和照相的相关操作。

A1.2　本检测工艺同时适用于用上述装置对锅炉、压力容器、压力管道上相应部件的敷膜金相在试验室内进行观察和照相的相关操作。

A1.3　本检测工艺不包括现场金相及敷膜金相制备的相关工艺要求以及金相分析中应用的金相分析、评级标准。不同部件应该根据其材质情况，按相应标准规定的抛光、腐蚀工艺进行金相制备，并按相应的金相分析、评级标准进行评级。

A2　引用标准

DL/T 884—2019《火电厂金相检验与评定技术导则》

GB/T 6394—2017《金属平均晶粒度测定方法》

GB/T 226—2015《钢的低倍组织及缺陷酸蚀检验法》

GB/T 13299—2022《钢的游离渗碳体、珠光体和魏氏组织的评定方法》

A3　人员要求

人员应经专业训练，尽量取得机械系统金相检验资质证书。

A4　操作程序

A4.1　金相观察准备

A4.1.1　金相制备前，将部件待测点周围的灰尘清理干净；在金相制备、观察和照相过程中，应避免附近有其他无关人员施工和走动，以免扬尘污染金相表面，影响金相制备、观察和结果分析。

A4.1.2　将部件上待检部位的表面浮锈和氧化皮去除，露出金属光泽并磨出直径30～50mm的圆形平面供金相制备使用。

A4.1.3　根据待检部件的材质情况，用相应标准规定的抛光、腐蚀工艺进行金相制备。

A4.1.4　在部件上或部件旁相应部位固定便携式金相显微镜准备观察。部件材质为低碳钢、低合金钢等强磁性材料时可以使用磁性平台将显微镜固定于部件上预制金相部位旁；部件材质为弱磁性材料、有色金属时以及部件表面形状复杂不便使用磁性平台时，使用三脚架将金相显微镜固定在待检部件旁。上述两种固定方法均要保证金相显微镜能够进行方位调节，以便使显微镜物镜能够贴近金相表面并与金相表面平行。

A4.1.5　金相显微镜至少应具备10×目镜、40×物镜各一个，并附带调光器及相应的电源。

A4.1.6　显微镜配备的调光器应该使用指定的电池和电珠并具备亮度调节旋钮，不进行观察时应将调光器关掉，以免消耗电池和光源部发热时间过长烧毁光源电珠。

A4.2　金相观察

A4.2.1　待金相制备完成后，接通调光器电源，并将调光器电源输出线插入显微镜电源插口，接通显微镜观察、照相用光源的电源。

A4.2.2　将显微镜上滑动开关开到ON的位置，转动物镜旋转器选择物镜倍率。

A4.2.3　用磁性平台或三脚架将显微镜在部件上或部件旁固定好，调节磁性平台或三脚架，使金相显微镜物镜镜头贴近待观察金相平面并与金相平面平行，同时保证显微镜能够在观察面上二维自由调节。

A4.2.4　给金相显微镜装上目镜（10×），并将调光器开关打开。

A4.2.5　将眼睛对准目镜，调节显微镜调焦旋钮，使显微镜焦点落在待观察金相平面上，同时旋转调光器上的亮度调节旋钮调节光源亮度，直到可以清晰地看见金相中晶粒边界。再调节金相显微镜上的旋转器，使物镜在金相平面上移动，以便获得更清晰的金相组织供照相、分析使用。

A4.2.6　如果金相制备效果不理想，即整个抛光、腐蚀区域内晶界都比较模糊，则应该按照相应的抛光、腐蚀工艺重新进行金相制备，待制备完成之后再进行观察，直到获得最清晰的金相组织再进行照相。

A4.3　金相照相准备

A4.3.1　金相照相使用与DSM-Ⅲ型便携式金相显微镜配套使用的OLYMPUS C-3030ZOOM型数码照相机。

A4.3.2 OLYMPUS C-3030ZOOM 型数码照相机必须使用专用的电池，并保证电池电量充足，供照相曝光时闪光灯使用。

A4.3.3 OLYMPUS C-3030ZOOM 型数码照相机镜头使用专用的照相机转接器与金相显微镜目镜连接。

A4.4 金相照相

A4.4.1 打开 OLYMPUS C-3030ZOOM 型数码照相机镜头盖，在镜头上装上照相机转接器，再将照相机转接器插入显微镜目镜，并用固定旋钮将照相机转接器与显微镜目镜固定好。

A4.4.2 打开照相机快门，待照相机自动对焦后在取景器中看见清晰的金相组织时，进行摄影。在摄影前，在数码相机中给金相照片进行编号，同时做好现场记录，相应记录表格见附表。

A4.4.3 照相后应该将存储于数码相机中的金相照片备份到电脑中，并及时进行照片冲印，以免照片资料丢失。

A4.5 设备整理

A4.5.1 照相结束后，将照相机连同照相机转接器从金相显微镜目镜上卸下，再将照相机转接器从照相机镜头上取下，然后给照相机盖上镜头盖，将照相机装包。

A4.5.2 将显微镜从磁性平台或三脚架上取下，再将目镜从目镜筒上取下，擦拭显微镜上的灰尘（物镜、目镜要用专用的试纸进行擦拭），然后将照相机、目镜、照相机转接器、调光器（包括调光器电源）以及磁性平台或三脚架装入专用的箱包中。

A4.5.3 检验记录的填写按附表："现场金相检验记录表"的要求填写。

A5 金相检验资料的整理和存档

A5.1 检验完成后应及时出具检验报告。

A5.2 报告程序应符合"检验报告签署审批制度"的要求。

A5.3 检验报告按照管理制度归档，保存时间不少于七年。

A附表：现场金相检验记录表

部件名称	部件材质	检验部位	天气情况	环境温度	照片编号	检测人员	检测日期

8.9 焊接接头的成分分析和金相检验标准

GB/T 222—2006《钢的成品化学成分允许偏差》

GB/T 223—1993《钢铁及合金化学分析方法》

GB/T 4336—2016《碳素钢和中低合金钢 多元素含量的测定 火花放电原子发射光谱法（常规法）》

GB/T 11170—2008《不锈钢多元素含量的测定火花放电原子发射光谱法（常规法）》

GB/T 226—2015《钢的低倍组织及缺陷酸蚀检验法》

NB/T 47056—2017《锅炉受压元件焊接接头金相和断口检验方法》

GB/T 13298—2015《金属显微组织检验方法》

GB/T 13299—2022《钢的游离渗碳体、珠光体和魏氏组织的评定方法》

第9章 焊接结构的力学性能检验

9.1 焊接接头的力学性能试验取样

9.1.1 力学性能试验取样条件及取样位置

　　焊接接头包括母材、焊缝和热影响区三个部分，其特点是存在金相组织与化学成分的不均匀，从而导致力学性能的不均匀。另外，试件在焊接接头中的位置不同，焊接接头的力学性能测定值也不同，焊接接头力学性能试验取样方法在 1992 年 GB 2649 废止后，无新版标准更新，现可参考 NB/T 47014—2011，其中规定了金属材料熔焊及压力焊接头的拉伸、冲击和弯曲等试验的取样方法供参考，如图 9-1 所示。在焊接接头相关的标准中对试样加工有更为明确的要求。焊接试件所用的母材、焊接材料、焊接工艺条件和焊前预热及焊后热处理都应与产品相同或与构件的制造条件相同或符合有关技术条件。

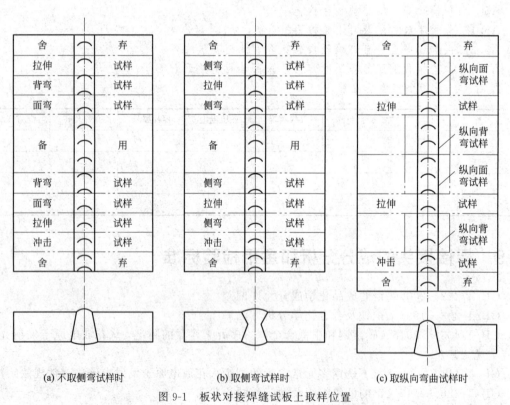

图 9-1　板状对接焊缝试板上取样位置

(a) 不取侧弯试样时　　　　(b) 取侧弯试样时　　　　(c) 取纵向弯曲试样时

9.1.2 取样方法及取样尺寸

　　正确取样是关系焊接接头力学性能试验最终结果是否正确合理的首要条件，因而掌握取样的原则十分重要。表9-1给出了不同厚度试板的单边宽度尺寸，试板长度则应根据试样的尺寸、数量和切割方法统一考虑，试板两端不能利用的长度最小应不低于25mm；试样切取可采用冷加工或热加工的方法，但采用热加工方法时，应注意留有足够的加工余量，保证火焰切割时的热影响区不能影响性能试验结果，如切取的试样发生弯曲变形，除非受试部位不受影响或随后要进行正火等处理，否则一般都不允许矫直。对于不同的力学性能试样，其取样方法也有不同的要求，需要根据相应的标准要求进行具体区分。

表 9-1 取样用焊接试板的最小宽度要求

试板厚/mm	试板单边宽度/mm
≤10	≥80
>10~24	≥100
>24~50	≥150
>50	≥200

9.2 拉伸试验

母材拉伸试验用来测定材料的强度和塑韧性，而焊接拉伸试验用于评定焊缝或焊接接头的强度和塑性性能。

9.2.1 母材的拉伸试验

母材金属沿纵向、横向和厚度方向的性能是各不相同的。故三个不同方向切取的拉伸试样可测取母材沿三个不同方向的强度和塑性。不同尺寸和断面的相同材料的拉伸试样测取的抗拉强度是相同的，而伸长率的数值在具有相同比例尺寸试样测试结果之间比较才有意义。按照 GB/T 228.1—2021 进行拉伸试验。

9.2.2 焊接接头及焊缝金属的拉伸试验

（1）焊接接头拉伸试验的形式和尺寸 焊接接头的拉伸试验包括母材、热影响区和焊缝三部分，有横向和纵向两种形式。在焊接检验中的拉伸试验用来测定焊接材料、焊缝金属和焊接接头在各种条件下强度、塑性和韧性的数值，根据这些数值来确定焊接材料和焊接规范是否满足设计和使用要求。抗拉强度和屈服强度的差值能定性说明焊缝或焊接接头的塑性储备量，伸长率和断面收缩率的比较可以看出塑性变形的不均匀程度，能定性说明焊缝金属的偏析和组织的不均匀性。

（2）焊接接头拉伸试验 焊接接头的拉伸试验应按照 NB/T 47014—2011《承压设备焊接工艺评定》或 GB/T 2651—2023《金属材料焊缝破坏性试验横向拉伸试验》标准执行。根据焊接产品的类型和要求，焊接接头的拉伸试验可采用板形（包括板接头和管接头）和整管两种。试样的形式根据需要进行选用，对于焊接接头来讲，常选用的是板形的拉伸试样，见图9-2和表9-2，按照图9-1上的位置截取试样。管接头的板形拉伸试样与板接头的板形拉伸试样相同，见图9-3和表9-2所示。试样厚度通常为板厚或管厚度，如果试板厚度超过30mm，可以制取一个或几个试样进行拉伸试验，每个试样的厚度一般要相等，以取代试板全厚度的单个试样。拉伸试样上的焊缝余高应用机械方法去除，使之与母材平齐，试样的棱角应倒圆，圆角半径不得大于1mm。

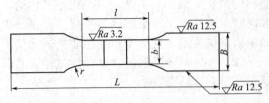

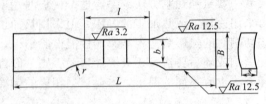

图 9-2　焊接板接头拉伸试样形状　　　　　图 9-3　管接头板形拉伸试样形状

表 9-2　板形拉伸试样的尺寸　　　　单位：mm

试样总长度		L	根据试验机而定
夹持部宽度		B	$b+12$
平行长度部分的宽度	板	b	$\geqslant 25$
	管	b	$D\leqslant 76：12$ $D>76：20$
平行部分长度		l	$>L_s+2S$ 或 L_s+12
过渡圆弧		r	$\geqslant 25$

注：L_s 为焊缝长度；S 为试样厚度；D 为管子外直径。

（3）焊缝金属的拉伸试验　焊缝金属的拉伸试验应按照 GB/T 2652—2022《金属材料焊缝破坏性试验熔化焊接头焊缝金属纵向拉伸试验》标准执行。焊缝及熔敷金属的拉伸试样按图 9-1 上的位置截取试样，按照 GB/T 2652—2022 规定，每个试样应加工成圆形横截面，d 应为 10mm，如无法满足，直径应尽可能大，且不应小于 4mm。实际尺寸应记录在试验报告中，试样的夹持端应满足所用拉伸试验机的要求，试样的形状和尺寸如图 9-4 所示。

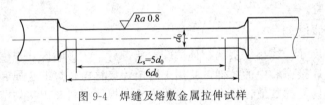

图 9-4　焊缝及熔敷金属拉伸试样

一般情况下圆棒试样能测得抗拉强度 R_m、屈服强度 R_{el}、伸长率 A 和断面收缩率 Z；而板条状和整管试样只能测出抗拉强度 R_m，焊接接头或焊缝金属的抗拉强度值不得低于母材金属的强度下限值。

上述拉伸试样的方法均按照标准 GB/T 228.1—2021《金属材料拉伸试验　第 1 部分：室温试验方法》的规定进行，试样头部根据试验机的夹具结构而定。

9.2.3　焊接接头的高温拉伸试验

焊接接头在高温下工作时，其力学性能与常温下有很大不同，根据焊接接头的高温工作条件进行高温短时拉伸试验时，按照标准 GB/T 228.2—2015《金属材料拉伸试验　第 2 部分：高温试验方法》的规定进行，以求得不同温度的抗拉强度、屈服点和伸长率以及断面收缩率。在高温下工作的构件虽然承受的应力小于工作温度的屈服点，但在长期的服役过程中可导致构件破裂，因此对于高温下工作的焊接接头也必须测定高温长期载荷下的持久强度，即在给定温度，材料经过规定时间发生断裂的应力值。

高温持久强度试验按照 GB/T 2039—2012《金属材料单轴拉伸蠕变试验方法》的规定进行。试验时测定试样在给定温度和规定应力作用下的断裂时间，然后用外推法求出数万小时甚至数十万小时的持久强度，同时还可测出高温时的持久塑性——伸长率及断面收缩率。

9.2.4 影响试验结果的主要因素

① 拉伸速度的影响。若试验加载速度过快，测得的屈服点和抗拉强度都有不同程度的提高。

② 试样形状、尺寸和表面粗糙度的影响。随试样的直径减小，其抗拉强度和断面收缩率会增大；对于脆性材料，随表面粗糙度的增加，其强度和塑性都会降低。

③ 应力集中的影响。应力越集中，测得的上屈服点越低，同时对抗拉强度也有一定程度的影响。

④ 试样装夹的影响。在拉伸试验时，一般不允许对试样施加偏心力，偏心会使试样产生附加弯曲应力，影响试验结果，对脆性材料更为显著。

9.3 焊接接头弯曲与压扁试验

9.3.1 弯曲试验

采用对接接头形式，用来评价焊接接头各区域的塑性差别，以暴露焊接缺陷和检验熔合线的接合质量等。侧弯试验可评定焊缝与母材之间的接合强度、双金属焊接接头过渡层及异种材料接头的脆性、多层间的层间缺陷等。

（1）试验方法 有横弯、侧弯和纵弯三种基本类型。对于横弯和纵弯试样，根据弯曲时受拉面的不同，又可分为正弯（受拉面为焊缝表面，双面焊时焊缝表面为焊缝较宽或焊接开始的一面）和背弯（受拉面为焊缝根部）两种。

（2）弯曲试验的取样及试样形式 按照图9-1上的位置截取，弯曲试样形式有板状和管接头条状两种。

板接头横弯试样的宽度应不小于板厚的1.5倍，至少为20mm，如果试板的厚度超过20mm，则可以在不同的厚度区取若干个试样以取代接头全厚度的单个试样，但每个试样的厚度不小于20mm。

管接头的弯曲试样的试样宽度 $B = t + D/20$（t 为试样厚度，D 为管子外径），并且最小为8mm，最大为40mm，试样的长度 $L \geqslant D + 2.5t + 2R$（$D$ 为压头直径，t 为试样厚度，R 为辊筒半径），当试样壁厚大于20mm时，$t = 20$mm。

侧弯试样的厚度应大于等于10mm，宽度应等于靠近焊接接头的母材厚度，当试件板厚超过40mm时，则可以在不同的厚度区取宽度相等的若干个试样以取代接头全厚度的单个试样，每个试样的宽度为20～40mm，试样的长度 $L \geqslant D + 2.5t + 2R$（$D$ 为压头直径，t 为试样厚度，R 为辊筒半径）。弯曲试样高于母材部分的焊缝应该用机械加工方法去除，试样的拉伸面应该平齐且保留焊缝两侧中至少一侧的母材原始表面，试样拉伸面的棱角应修磨成半径不大于3mm的圆角。

（3）弯曲试验方法 弯曲试验按照GB/T 2653—2008《焊接接头弯曲试验方法》进行，弯曲试样的焊缝中心对准弯轴的中心，按照有关标准规定弯曲到 α 角度，见表9-3。试验弯曲到规定角度后检查试样的拉伸表面，如发现表面有裂纹或气孔夹渣等缺陷，根据相应标准的要求进行结果的判定，一般棱角开裂不计，但确因夹渣或其他焊接缺陷引起的棱角开裂长度应记入评定。当焊接接头两侧的母材或母材与熔敷金属的强度相差较大或伸长率明显不同时，可以用纵弯试样代替横弯和侧弯，一般纵弯没有横弯和侧弯适用得普遍，多在科研试验和某些焊接工艺评定中使用。

表 9-3　弯曲试样的弯曲角度

钢种	弯轴直径 D	支点间距离	双面焊弯曲角度 α	单面焊弯曲角度 α
碳钢、奥氏体钢	$3t$	$5.2t$	180°	90°
其他低合金钢、合金钢	$3t$	$5.2t$	100°	50°
复合板或堆焊复层	$6.2t$	$4t$	180°	180°

注：t 表示试样厚度。

9.3.2　压扁试验

　　带纵焊缝和环焊缝的小直径管接头，不能取样进行弯曲试验时，需要进行压扁试验，用以测定管子焊接接头在压扁时的塑性，压扁试验是将管接头的外壁距离压至 H 时，检查焊缝受拉部位有无裂纹，H 按照下式计算，

$$H = (1+e)/(e+S/D)$$

　　式中，S 表示管壁厚；D 表示管外径；e 表示变形系数（按照产品规范规定，如 GB/T 3091）。如试验纵焊缝时，应注意使试验焊缝位于与作用力相垂直的半径平面内。

9.4　硬度试验

　　根据 GB/T 2654—2008《焊接接头硬度试验方法》标准执行，材料抵抗局部变形（特别是塑性变形）、压痕或划痕的能力称为硬度，是衡量金属材料软硬程度的一种性能，是各种零件和工具必须具备的性能，它反映材料的耐磨性，硬度越高耐磨性也越好。与拉伸试验相比硬度试验简便易行，硬度值又可以间接地反映金属的强度、化学成分、金相组织以及热处理工艺上的差异，因而硬度试验应用十分广泛，在焊接生产中硬度可以简略地衡量材料的可焊性，硬度越高，淬硬倾向越大，对氢越敏感，残余应力越高，裂纹倾向越大，因而焊接接头的硬度试验一般用来测定焊接接头各区的硬度差别、区域偏析和淬硬性倾向。金属的硬度测试方法有十几种，基本上分为压入法和刻画法两大类。在压入法中又分为静载压入法和动载压入法两种，通常所用的布氏硬度、洛氏硬度、维氏硬度和显微维氏硬度都属于静载试验法，肖氏硬度属于动载试验法。

　　压力载荷大于 9.81N（1kgf）时测试的硬度叫宏观硬度，压力载荷小于 9.81N（1kgf）时测试的硬度叫微观硬度，前者可用于较大尺寸的试件，希望反映材料宏观范围性能，后者用于小而薄的试件，希望反应微小区域的性能，如显微组织中不同的相的硬度、材料的表面硬度等。

9.4.1　布氏硬度

　　（1）布氏硬度原理　　布氏硬度是 1900 年由瑞典工程师布利涅尔（J. B. Brinell）提出的，是目前常用的硬度试验方法之一，用 HB 表示。其原理是采用一定直径的淬火钢球或硬质合金钢球，在球上加以一定大小的载荷 P 压入金属试样表面，保持规定时间后卸除载荷，根据载荷大小和压痕面积 F 计算出来平均压力，定义为布氏硬度，用如下公式计算：

$$HB = P/F = 0.102 \times 2P/\pi d(D - \sqrt{D^2 - d^2}) \tag{9-1}$$

　　式中　P——试验力，N；

　　　　　D——球体直径，mm；

　　　　　d——压痕平均直径，mm。

　　从上式中可以看出，当外载荷（试验力）P、压头球体直径 D 一定时，布氏硬度值仅与压痕平均直径 d 的大小有关，d 越小，布氏硬度值越大，也就是硬度越高，相反，d 越

大，布氏硬度值越小，硬度也越低。实际测量时只要用专用的带刻度的读数放大镜测出试样表面的压痕平均直径 d，从专门的硬度对应表（标准和材料手册中有）中即可查出相应的硬度值。

（2）布氏硬度的表示方法　由于压头材料不同，因此布氏硬度也用不同符号来表示，以示区别。当试验压头为淬火钢球时，其硬度符号用 HBS 表示；当试验压头为硬质合金球时，其硬度符号用 HBW 表示。布氏硬度值的表示方法为，符号 HBW 或 HBS 之前的数字为硬度值，符号后边按以下顺序用数字表示试验条件：球体直径、试验力、试验保持时间。如 202HBS10/3000/12 表示用直径 10mm 的钢球，在 29420N（3000kgf）的试验力作用下，保持 12s 时测得的布氏硬度值为 202。

布氏硬度一般不标注单位。

（3）布氏硬度与强度之间的关系　由于材料的硬度与塑性变形抗力有关，材料的强度越高，塑性变形的抗力越大，材料的硬度也越大，因此，布氏硬度与抗拉强度之间在数值上存在着近似的正比关系，$R_m \approx K(HB)$，低碳钢 $R_m \approx 0.362(HB)$，高碳钢 $R_m \approx 0.345(HB)$，灰铸铁 $R_m \approx 0.10(HB)$，铜合金 $R_m \approx 0.55(HB)$，纯铜 $R_m \approx 0.48(HB)$，硬铝 $R_m \approx 0.37(HB)$，调质合金钢 $R_m \approx 0.325(HB)$，这样可以利用布氏硬度值大体估计材料的抗拉强度。

（4）布氏硬度测试时的特点和注意事项

① 试样厚度不应小于压痕深度的 10 倍，压痕中心到试样边缘的距离不应小于 $2.5d$，相邻两压痕的中心距不小于 $4d$。

② 由于球体本身的变形会使测量结果不准确，因而一般布氏硬度用来测得硬度 ≤450 的材料，当硬度＞450 时，钢球变形严重，测得的结果误差较大，要用洛氏或维氏硬度。

③ 当焊接接头中存在淬硬组织（马氏体）时不宜用布氏硬度。

④ 布氏硬度一般用于焊后状态或退火、正火及高温回火件的测量，特别适合于软金属如铝、铅和锡等。

⑤ 压头直径 D、试验力 F 和试验力保持的时间应根据被测金属材料的种类、硬度值的范围及金属的厚度进行选择。

⑥ 布氏硬度具有很高的测量精度，它采用的试验力大，球体直径也大，因而压痕直径也大，能较真实地反映金属材料的平均性能，优点是测得的数据准确，但压痕较大，不适宜较薄的板、带材。

⑦ 布氏硬度和抗拉强度之间存在一定的近似关系，因而在工程上应用较广泛，常用于测定有色金属、退火、正火、调质状态的钢。

9.4.2　洛氏硬度

（1）洛氏硬度原理　洛氏硬度是美国洛克威尔（S. P. Rockwell 和 H. M. Rockwell）于 1919 年提出的，也是目前常用的硬度试验方法之一，用 HR 表示，其原理与布氏硬度相同，但不是测量压痕的面积而是测量压痕深度，以深度大小表示材料的硬度，压头采用锥顶角为 120°的金刚石圆锥或直径为 1.588mm 的淬火钢球，先加以初载荷后，然后加以主载荷，垂直压入试样表面后，卸除主载荷，在初载荷作用下引起残余压力深度，以此压痕深度作为计量洛氏硬度的基础。

（2）洛氏硬度标尺及试验规范　为了能用同一试验机测定极软到极硬的较大范围的材料硬度，采用了不同的压头和载荷，组成了各种不同的洛氏硬度标尺，它们之间互不联系，彼此不能换算，与布氏硬度 HB 之间也不能相互换算，我国常用的是 HRA、HRB 及 HRC 三种，试验规范见表 9-4。

表 9-4 洛氏硬度试验规范

符号	压头	初载荷 F_0/kg	总载荷 F/kg	硬度值有效范围	使用范围
HRA	120°金刚石圆锥	10	60	20~95HRA	硬质合金、表面淬火刚
HRB	直径 1.5875mm 淬火钢球	10	100	10~100HRB	有色金属、退火正火合金
HRC	120°金刚石圆锥	10	150	20~70HRC	调质钢、淬火钢

（3）洛氏硬度试验特点及注意事项

① 由于洛氏硬度试验所用载荷较大，可以测量硬度很高的材料，因此不宜用来测定极薄工件及氮化层和金属镀层等的硬度。

② 洛氏硬度操作简便迅速，硬度值可直接读出，不必测量压痕再查表，而且其压痕较布氏硬度小，不伤工件表面，因此生产中应用极广。

③ 缺点是测量极软或极硬材料时需要更换不同压头和选择不同标尺，且不同硬度值之间无法直接比较。

④ 测试洛氏硬度时也需要注意，试样厚度也要不小于压痕直径的 10 倍。

9.4.3 维氏硬度

为避免钢球压头变形，布氏硬度法只能用来测试硬度值小于 450HB 的材料，而洛氏硬度法测试软到硬的材料要互换不同的头和总负荷，有很多标度，彼此间不联系，也不换算，导致使用不便。为了给从软到硬的不同材料制定一个连续一致的硬度标度，便有了维氏硬度试验法。

（1）维氏硬度原理　维氏硬度是 1925 年由英国的史密斯（R. L. Smith）和桑德兰德（G. E. Sandland）提出的，由于按照此种方法试制成功第一台硬度计的是英国的维克斯（Vickers）公司，所以人们称之为维氏硬度试验法，用 HV 表示，其原理与布氏硬度相同，所不同的是其压头采用金刚石压头，制成锥面夹角为 136°的四方角锥体，底面为正方形，以压痕凹陷面积上作用的平均压力表示硬度，测量时是测量方形压痕的对角线长，取其平均值然后查表求得维氏硬度值。所选用的载荷有 1kg、5kg、10kg、20kg、30kg、50kg、100kg、120kg 等，负载的选择主要取决于试件的厚度。

（2）维氏硬度和布氏硬度的比较

① 和布氏硬度相比，维氏硬度有很多优点，由于它采用的压头为四方角锥，所以当载荷改变时，压入角恒定不变，因此载荷可以任意选择。

② 由于角锥压痕清晰，精确可靠，维氏硬度载荷小，可以测量表面处理件的表层硬度，如渗碳层、氮化层及焊接接头中不同特征区域的硬度。

③ 由于维氏硬度与布氏硬度测量原理相同，所以在材料硬度小于 450HV 时，维氏硬度值与布氏硬度值大体相同。

（3）维氏硬度的特点

① 测量维氏硬度时应注意的是相邻压痕中心距不小于压痕对角线长度的 3 倍，压痕中心到试样边缘的距离不应小于压痕对角线长度的 $2.5d$。

② 维氏硬度不存在洛氏硬度标尺不统一的问题。也不存在布氏硬度测试的负荷与压头直径比例关系的约束和压头变形的问题，只要载荷不太小，硬度值与所用载荷无头，即不同载荷的维氏硬度值可以统一进行比较。

③ 维氏硬度要求试样抛光，试标厚度至少是在压痕深度的 10 倍或不小于压痕对角线的 1.5 倍，在满足这个条件的情况下，尽可能选较大载荷，可减少测量误差，压痕的对角线长度测量是用附在硬度计上的显微测微器进行测量的。

④ 维氏硬度的范围可任意选择，根据工件的厚度，材料硬度范围和硬度层的深度来合

理选择，维氏硬度试验测量的范围广，对软的和硬的材料都能适应，特别适于测量焊接接头硬度分布及各区域的硬度和测量很薄材料以及表面层硬度。

（4）维氏硬度的表示方法 维氏硬度的表示方法为：HV 前为硬度值，HV 后面按载荷、载荷保持时间（10～15s 不标注）的顺序数值表示测验条件。

9.4.4 显微维氏硬度

当负荷≤0.2kgf 时测定的维氏硬度称为显微维氏硬度，试样需抛光腐蚀制成金相显微试样，以便测量显微组织中的各相的硬度，其测定过程在显微镜下进行，测量原理与维氏硬度相同，但载荷小得多，视被测组织或相的大小及硬度高低来决定选择载荷，可以用 HV 表示，但是必须标明载荷。显微维氏硬度可以测量一个极小范围内如金属中的个别晶粒、个别夹杂物或某种组成相的硬度，多层焊的硬度测量一般是在焊接接头横断面焊缝表面 2mm 以下测量，每隔 1～2mm 打一点。显微硬度为研究金属微观区域的性能提供方便的手段，广泛用于测定金属组成相硬度以及研究金属化学成分、组织状态与性能的关系。

影响显微硬度值的因素如下。

① 试样制备。

② 载荷——在允许的条件下，尽量选取较大的载荷，同一试验条件最好要始终选用相同的载荷。

③ 加载速度和保持时间——加载速度快，会使压痕加大，显微硬度值下降。一般载荷越小，加载速度的影响就越大。

9.4.5 肖氏硬度

肖氏硬度是一种动载荷试验法，用 HS 表示，将规定形状的金刚石冲头在自重作用下从固定高度 h_1 自由下落到试样的表面，根据冲头弹起一定的高度 h_2 来衡量金属硬度值的大小，因此也称为回跳硬度，回跳的高度越高，肖氏硬度便越高。肖氏硬度值只有在弹性模量相同的材料试验时才可进行比较。肖氏硬度试验法采用一种轻便的手提式硬度计，使用方便，可在现场测量大件金属制品的硬度，其缺点是试验结果的准确性受人为因素影响较大，不适用于精确度要求较高的生产和研究工作。主要用于测定橡胶、塑料、金属材料等的硬度。在橡胶、塑料行业中常称作邵尔硬度。肖氏硬度分为 C 型、D 型和 SS 型三类，按照操作方式分为手动、半自动和自动三种。

9.4.6 里氏硬度

（1）里氏硬度原理 用规定质量的冲击体在弹力作用下以一定速度冲击试样表面，用冲头在距离试样表面 1mm 处的回弹速度与冲击速度之比计算出的数值就是里氏硬度。里氏硬度计实际上是肖氏硬度计的改进型，它们测定的都是冲击体在试样表面经试样塑性变形消耗能量后的剩余能量。

（2）里氏硬度计的分类 里氏硬度计有 D、DC、D+15、C、G、E、DL 七种。

① D：属于通用型，用于大部分硬度测量。

② DC：主要用于非常局促的地方，如在孔内、圆筒内等。

③ D+15：头部非常小，用于沟槽或凹入的表面硬度测量。

④ C：冲击能量最小，用于测小轻、薄部件及表面硬化层。

⑤ G：仅限于布氏硬度范围，冲击能量大，对测量表面要求低。用于大、厚重及表面较粗糙的锻铸件。

⑥ E：用于硬度极高材料的测定。

⑦ DL：用于狭窄沟槽及齿轮面硬度的测定。

前四种探头对于 940HV 及 68HRC 以上的高硬度材料如硬质合金不能进行试验，否则将损坏冲击体球头。

（3）里氏硬度计使用时的注意事项

① 在现场工作中，经常遇到曲面试件，各种曲面对硬度测试结果影响不同，在正确操作的情况下，冲击落在试件表面瞬间的位置与平面试件相同，故通用支承环即可。

② 但当曲率小到一定尺寸时，由于平面条件的变形的弹性状态相差显著会使冲击体回弹速度偏低，从而使里氏硬度示值偏低。因此对试样，建议测量时使用小支承环。

③ 对于曲率半径更小的试样，建议选用异型支承环。

（4）影响里氏硬度计测试精度的因素

① 数据换算产生的误差。里氏硬度换算为其他硬度时的误差包括两个方面：一方面是里氏硬度本身的测量误差，这涉及按方法进行试验时试验结果数值的离散和对于多台同型号里氏硬度计的测量误差。另一方面是比较不同硬度试验方法所测硬度产生的误差，这是由于各种硬度试验方法之间不存在明确的物理关系，并受到相互比较中测量不可靠影响的原因。

② 特殊材料引起的误差。所有奥氏体钢、耐热工具钢和莱氏体铬钢（工具钢类）硬质材料会引起弹性模量增加，从而使 L 值偏低，这类钢应在横截面上进行测试；局部冷却硬化会引起 L 值偏高；磁性钢由于磁场影响，会使 L 值偏低；表面硬化钢，基体软，会使 L 值偏低，当硬化层大于 0.8mm 时（C 型冲击装置为 0.2mm）则不影响 L 值。

③ 材料弹性的影响。弹性明显受弹性模量 E 影响，当材料的静态硬度相同，而 E 值大小不同时，E 值低的材料，L 值较大。

④ 轧制方向的影响。当被测工件系热轧工艺成形时，测试方向应垂直于热轧方向。

⑤ 试样重量、粗糙度和厚度的影响。试样重量过轻和粗糙度都会影响 L 值的准确性，试样过轻和粗糙度过大，L 值偏低，因而要根据试样的具体类别选择合适的里氏硬度计。

⑥ 其他因素的影响。测量管件硬度时需注意：管件注意稳固支承，测试点应靠近支承点且与支承力平行，管壁较薄的钢管需在管内放入适当芯子。

（5）里氏硬度的测试　在采用不同种类的冲击装置时，其测试值不能互相代替，硬度值的表示方法为：硬度符号前为硬度值，硬度符号后为冲击装置型号。如 325HVLD＋15 表示采用 D＋15 型冲击装置测得的维氏硬度值为 325。

9.5　焊接接头的冲击试验

焊接结构的运行条件是复杂的，从高温到低温，从静载到动载，在承受载荷的情况下，必须考虑材料抵抗冲击载荷作用的能力，冲击试验就是用以测定金属材料抗缺口敏感性（韧性）的试验，能灵敏地反应材料内部组织结构变化对性能的影响，所以生产上常用来检验材料质量和热加工工艺质量，特别是焊接件冲击韧性尤为重要，因为材料和构件的韧性低劣，直接影响使用的安全可靠性，从焊缝金属和焊接热影响区的冲击试验结果可以了解：

① 焊缝金属和焊接热影响区的冲击韧性；

② 脆性破坏时从断口来判断破坏的性质和晶粒的大小；

③ 求得焊缝金属和焊接热影响区在低温冲击试验时的脆性转变温度，冲击试验结果与试验温度、速度、刻槽形状和尺寸有很大关系，故只在相同条件下得出的结果才有比较的意义。

9.5.1　冲击试验原理

制备有一定形状和尺寸的金属试样，使其具有 U 形缺口或 V 形缺口，在规定条件（包括高温，室温和低温）下，在夏比冲击试验机上处于简支梁状态，以试验机举起的摆锤作一次冲击，使试样沿缺口冲断，试件受冲击弯曲折断时消耗的功称为冲击吸收功，用折断时摆锤重新升起高度差计算试样的吸收功，U 形缺口即为 KU，V 形缺口为 KV，无缺口试样为

KW。吸收功值（焦耳）大，表示材料韧性好，对结构中的缺口或其他的应力集中情况不敏感。摆锤锤刃边缘曲率半径应为 2mm 或 8mm 两者之一。

用符号的下标数字表示：KV_2、KV_8、KU_2、KU_8、KW_2、KW_8。摆锤锤刃半径的选择应依据相关产品标准的规定。

根据试样的缺口不同，冲击功分别用 KV_2、KV_8、KU_2、KU_8、KW_2、KW_8 表示。对大多数焊接用钢，其冲击韧性受温度影响很大，常温下冲击韧性值可能很高，但随着温度的降低，冲击韧性值可能会急剧下降，材质变脆，因此对寒冷地区低温运行的结构，不仅要求常温冲击韧性，而且要求低温冲击韧性。冲击韧性急剧下降的温度称为脆性转变温度，以此来确切地表示钢的韧性。

9.5.2　冲击试样

冲击性能指标一般需指定缺口部位，视需求而定。采用哪种缺口形式，应按标准和技术条件要求而定，冲击试验测得的冲击韧性值不得低于母材规定值的下限。

根据 GB/T 2650—2022《金属材料焊缝破坏性试验冲击试验》规定，采用夏比 V 形缺口试样作为标准试样。根据技术条件规定，也允许采用 U 形缺口辅助试样。缺口应开在焊接接头欲测定冲击韧度的特定区域，以测取该区的冲击韧度。

（1）夏比 V 形缺口冲击试样　GB/T 229—2020《金属材料　夏比摆锤冲击试验方法》中采用的试样形状和尺寸与国际上是一致的，标准样品为 55mm×10mm×10mm，中间带 2mm 深的 V 形缺口，辅助试样采用 55mm×10mm×7.5mm 和 55mm×10mm×5mm 的中间带 2mm 深的 V 形缺口，V 形缺口的冲击吸收功用 KV_2、KV_8 表示。

（2）夏比 U 形缺口冲击试样　GB/T 229—2020 中采用的是 55mm×10mm×10mm，在长度中间带 2mm 深的 U 形缺口的试样，也可采用 5mm 深的 U 形缺口，U 形缺口的冲击吸收功用 KU_2、KU_8 表示。

（3）试样的影响　缺口表面粗糙度，加工方法对冲击值均有影响，缺口加工应采用成形刀具，以获得真实的冲击值，在专门的冲击试验机上进行，根据需要可做常温冲击试验、低温冲击试验和高温冲击试验，后两种试验需要把试样冷却和加热至规定温度下进行。

冲击试样的断口情况对接头是否处于脆性状态的判断很重要，常常被用于宏观和微观断口分析。

（4）冲击试验方法　按照 GB/T 229—2020《金属材料　夏比摆锤冲击试验方法》进行。

9.5.3　常温冲击试验

按照 GB/T 229—2020《金属材料　夏比摆锤冲击试验方法》标准进行试验。在室温下进行的冲击试验是常温冲击试验，可以测定材料在常温时的冲击韧性，以检验材料由于应力集中变形速率增加等原因所产生的脆性状态的倾向。根据冲击值可用来控制冶炼显微组织差异和工艺的质量，来判断工艺规范的执行情况。焊接接头的冲击试样按照图 9-1 上的位置截取，该位置取的冲击试样可以测定焊接接头应变时效敏感性。按照产品的不同要求，冲击试件的缺口需要开在不同的位置，有焊缝和热影响区两种开口位置，焊缝金属的冲击试样应在最后焊道的焊缝侧截取，缺口位于焊缝金属中央，热影响区的冲击试样的缺口轴线与熔合线交点间的距离 S 应大于零，且应尽可能通过热影响区，见图 9-5。

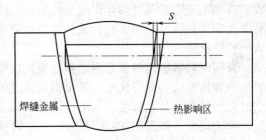

图 9-5　热影响区冲击试样取样位置

9.5.4 高温冲击试验

有些结构需要在高温或低温环境下工作，某些材料在某温度区间内会由韧性较好的状态转变为脆性状态，为防止长期在高温下服役的机件早期开裂，需要通过高温冲击试验来研究材料高温下的冲击韧性。使材料在较高的温度下进行冲击试验，以高温冲击韧性衡量材料在高温时承受冲击负荷下的力学性能。

9.5.5 金属韧脆转变温度及低温系列冲击试验

（1）金属韧脆转变温度 韧性是金属材料塑性变形和断裂全过程吸收能量的能力，是强度和塑性的综合体现。当试验温度低于某一温度 T_K 时，材料的性质由韧性转变为脆性，冲击值明显下降，此温度 T_K 即为韧脆转变温度，可以通过系列冲击试验来测定材料的韧脆转变温度。

（2）低温系列冲击试验 低温冲击试验是测定金属从韧性状态转变为脆性状态的温度，由于工作温度低于其本身的冷脆转变温度 T_K，因此测定材料的冷脆转变温度非常重要，低温冲击试验都是低温系列冲击试验，试验前将试样放入低温介质中降温，并在不同温度下进行冲击试验，得出不同的冲击韧性值，做出 α_K-T 曲线，从而确定 T_K。

低温冲击试验的目的——检查或研究低温脆性倾向，改进材料低温韧性，选择抗低温韧性，保证工程结构在低温下的安全。

（3）韧脆转变温度 T_t 的定义 依照试样断裂后消耗的功和断裂后塑性变形的大小以及断口的形貌可以求得 T_t。按照能量法定义 T_t 有以下几种。

① 以 $A_{KV}=20.3\text{N·m}$ 对应的温度作为 T_K，这个规定是根据大量的实践经验总结出来的。

② 当温度低于某一温度，金属材料吸收能量基本不随温度而变化，形成一个平台，该能量称为低阶能，从低阶能开始上升的温度定义为 T_t，并记为 NDT，称为无塑性或零塑性转变温度，这是最易确定 T_t 的判据。

③ 高于某一温度，材料吸收能量也基本不变，出现一个上平台，称为高阶能，以高阶能对应的温度定义为 T_t，记为 FTP。

④ 另外也有按照断口形貌来定义 T_t 的，冲击式样的断口也有纤维区、放射区和剪切唇三部分，在不同温度下，纤维区、放射区和剪切唇三者之间的相对面积是不同的，温度下降，纤维区面积突然减少，结晶区面积突然增大，材料由韧变脆，通常取结晶区面积占整个断口面积 50% 时的温度为 T_t，并记为 50%FATT。

焊接接头的冲击试样的关键是看缺口开在什么位置，也就是缺口尖头的位置，例如欲考察熔合线的韧性，就要设法使缺口尖端位于熔合线上，否则试验数据会非常分散。

9.5.6 应变时效敏感性试验

低碳构件用钢在冷加工或焊接后，在室温或稍高于室温的较低温度下放置过程中，其力学性能会随着时间的延长而发生变化，通常是强硬度增高、塑韧性降低，这种现象叫作时效。冷加工变形后的时效叫作应变时效，受热产生的时效叫热时效。时效造成钢的脆化，极易产生裂纹和脆性断裂事故，故构件用钢要求其时效敏感性要低，同时在使用前进行应变时效敏感性试验。

应变时效敏感性试验是测定钢经规定应变并人工时效后的冲击吸收功，将经受与未经受时效的冲击吸收功进行比较，得出钢的应变时效敏感性系数。应变时效敏感性试验应用的应变时效一般采用拉伸应变，也可以采用压缩应变，人工时效根据产品相关标准规定或协议规定，如未规定一般采用 250℃±10℃ 下均匀加热 1h 后空冷至室温。然后加工成规定的缺口形式在 10~35℃ 室温条件下进行冲击试验，测定其时效冲击功。

9.6 焊接接头及焊缝的疲劳试验

焊接构件在服役工程中如果承受载荷的数值和方向变化频繁时，即使载荷比静载的抗拉强度小，甚至比材料的屈服强度还低很多，仍然可能发生疲劳破坏。疲劳破坏一直被认为是船舶及海洋工程结构的一种主要的破坏形式，疲劳失效也频繁发生在铁路、公路、桥梁和发电站等的管道上。

（1）疲劳的定义及机理

a. 疲劳破坏——机械零部件或焊接结构件在静载下都是塑性性能很好的材料，除了在静载和冲击载荷作用下外，还常处于变动载荷作用下工作，他们工作时所承受的应力通常都低于材料的屈服强度，机件在变动载荷的作用下，经过较长时间工作，有的会发生突然断裂，这种现象叫作金属的疲劳破坏。疲劳断裂和静载荷下的断裂不同，无论是静载荷下显示脆性或韧性的材料，在疲劳断裂时都不产生明显的塑性变形，断裂是突然发生的。由于焊接接头焊缝根部的焊接缺陷、应力集中和残余拉伸应力的作用，其疲劳强度大幅度地低于基体金属的疲劳强度。所以焊接结构的疲劳强度取决于接头的疲劳性能，即焊接接头的抗疲劳性能关系着焊接结构能否安全使用。

b. 疲劳极限——也称为疲劳强度，在变动载荷作用下，材料能够承受的应力变动次数称为循环次数或寿命，用 N 表示，它与最大应力值有关，应力值越大，N 越小，反之 N 越大，当最大应力小于某一定值后，经受无数次循环而不破裂，该应力值称为材料的"疲劳极限"。

c. 疲劳曲线——在变动载荷作用下，材料承受的变动应力和断裂循环周次之间的关系就定义为疲劳曲线。可以以循环最大应力 σ 为纵坐标，破坏循环 N 周次为横坐标，绘出 σ-N 曲线，如为扭转疲劳试验，就得到 τ-N 曲线，在控制应变的条件下，可以得到 ε-N 曲线，三个曲线统称为 S-N 曲线。

对试样施加一个规定的平均载荷（可能为零）和一个交变载荷，并且记录下产生破坏（疲劳寿命）所需的循环次数。一般地，对同样试样施加不同交变载荷进行重复试验，可以施加轴向载荷、扭转载荷或者挠曲载荷。从疲劳试验中获得的数据可以用 S-N 曲线来表述，它是施加的循环应力幅值对试样失效前所需要的循环数的一条曲线。所施加的循环应力可以是应力幅值、最大应力或最小应力。

（2）焊接接头的疲劳试验　金属疲劳试验是指通过金属材料试验测定金属材料的 σ_{-1}，绘制材料的 S-N 曲线，进而观察疲劳破坏现象和断口特征，在对称循环下测定金属材料疲劳极限的方法。试验设备一般有疲劳试验机和游标卡尺。焊接接头及焊缝的疲劳试验方法分为旋转弯曲试验法和轴向循环疲劳试验法两类，并区分为高周疲劳（应力较低，应力循环次数大于 10^5 次情况下产生的疲劳，即通常所说的疲劳或高周疲劳）和低周疲劳（应力接近或高于材料的屈服强度，应力交变频率低，断裂时应力循环次数少于 10^5 的情况下产生的疲劳）。

疲劳试验在专门的试验机上进行，选用一定的应力（或应变）循环特性的载荷，进行多次反复加载试验，测得使试样破坏所需的加载循环次数 N，将破坏应力 σ 与 N 绘成疲劳曲线，从而获得不同循环下的疲劳强度与疲劳极限曲线。

① 旋转弯曲试验法。焊接接头及焊缝的旋转弯曲疲劳试验按照 GB/T 4337—2015《金属材料　疲劳试验　旋转弯曲方法》的规定进行，通过试验可以测出在对称载荷条件下的疲劳极限 σ_{-1} 和应力-循环次数曲线。

焊接接头疲劳试验的取样部位根据相应的技术条件规定进行，焊缝应位于试样的中间，试样的数量不少于 6 个。试样的度量、对试验机的要求、试验结果的计算，按照 GB/T 4337—2015《金属材料　疲劳试验　旋转弯曲方法》的规定进行。

② 轴向循环疲劳试验法。对于焊接接头轴向循环疲劳试验，按照 GB/T 2075—2021《金属材料　疲劳试验　轴向力控制方法》进行，有关疲劳试验的数据处理、应力、σ-N 曲线，以及条件疲劳极限等的确定，应按照标准 GB/T 2075—2021 标准规定执行。

（3）影响焊接结构疲劳强度的主要因素

① 静载强度对焊接结构疲劳强度的影响。对于焊接结构来说，因为焊接接头的疲劳强度与母材静强度、焊缝金属静强度、热影响区的组织性能以及焊缝金属强度匹配没有多大的关系，也就是说只要焊接接头的细节一样，高强钢和低碳钢的疲劳强度是一样的，具有同样的 S-N 曲线，这个规律适合对接接头、角接接头和焊接梁等各种接头型式，因而接头在一定应力幅值下的疲劳寿命，主要由疲劳裂纹的扩展阶段决定。

② 应力集中对疲劳强度的影响。

a. 接头类型的影响。焊接接头的形式主要有：对接接头、十字接头、T 形接头和搭接接头，在接头部位由于传力线受到干扰，因而发生应力集中现象。对接接头的力线干扰较小，因而应力集中系数较小，其疲劳强度也将高于其他接头形式。对接接头的疲劳强度在很大范围内变化，这是因为有一系列因素影响对接接头的疲劳性能的缘故。如试样的尺寸、坡口形式、焊接方法、焊条类型、焊接位置、焊缝形状、焊后的焊缝加工、焊后的热处理等均会对其发生影响。具有永久型垫板的对接接头由于垫板处形成严重的应力集中，降低了接头的疲劳强度。这种接头的疲劳裂纹均从焊缝和垫板的接合处产生，而并不是在焊缝根部产生，其疲劳强度一般与不带垫板的最不佳外形的对接接头的疲劳强度相等。

b. 十字接头或 T 形接头在焊接结构中得到了广泛的应用，在这种承力接头中，由于在焊缝向基体金属过渡处具有明显的截面变化，其应力集中系数要比对接接头的应力集中系数高，因此十字或 T 形接头的疲劳强度要低于对接接头。对未开坡口的用角焊缝连接的接头和局部熔透焊缝的开坡口接头，当焊缝传递工作应力时，其疲劳断裂可能发生在两个薄弱环节上，即基体金属与焊缝根部交界处或焊缝上。对于开坡口焊透的十字接头，断裂一般只发生在焊缝根部处。焊缝不承受工作应力的 T 形和十字接头的疲劳强度主要取决于焊缝与主要受力板交界处的应力集中，T 形接头具有较高的疲劳强度，而十字接头的疲劳强度较低。

c. 搭接接头的疲劳强度是很低的，这是由于力线受到了严重的扭曲。采用盖板的对接接头是极不合理的，由于加大了应力集中影响，采用盖板后，原来疲劳强度较高的对接接头被大大地削弱了。对于承力盖板接头，疲劳裂纹可发生在母材，也可发生在焊缝，另外改变盖板的宽度或焊缝的长度，也会改变应力在基本金属中的分布，因此将影响接头的疲劳强度，即随着焊缝长度与盖板宽度比率的增加，接头的疲劳强度增加，这是因为应力在基本金属中分布趋于均匀所致。

③ 焊缝形状的影响。无论是何种接头形式，它们都是由两种焊缝连接的，即对接焊缝和角焊缝。焊缝形状不同，其应力集中系数也不相同，因而疲劳强度具有较大的分散性。对接焊缝的形状对于接头的疲劳强度影响最大，角焊缝的形状对于接头的疲劳强度也有较大的影响。

④ 焊接缺陷的影响。焊缝根部存在有大量不同类型的缺陷，这些不同类型的缺陷导致疲劳裂纹早期开裂并使母材的疲劳强度急剧下降。焊接缺陷对接头疲劳强度的影响与缺陷的种类、方向和位置有关。

a. 焊接中的裂纹：裂纹除伴有具有脆性的组织结构外，还是严重的应力集中源，它可大幅度降低结构或接头的疲劳强度。

b. 未焊透和未熔合：其主要影响是削弱截面积和引起应力集中，其影响不如裂纹严重。

c. 咬边：影响疲劳强度的主要参量是咬边深度 h，目前可用深度 h 或深度与板厚 B 比值（h/B）作为参量评定接头疲劳强度。

d. 气孔：为体积缺陷，疲劳强度下降主要是由于气孔减少了截面积尺寸造成，它们之间有一定的线性关系。表面或表层下气孔将作为应力集中源起作用，而成为疲劳裂纹的起裂点。气孔的位置比其尺寸对接头疲劳强度影响更大，表面或表层下气孔具有最不利影响。

e. 夹渣：夹渣比气孔对接头疲劳强度影响要大。焊接缺陷对接头疲劳强度的影响，不但与缺陷尺寸有关，而且还决定于许多其他因素，如表面缺陷比内部缺陷影响大，与作用力方向垂直的面状缺陷的影响比其他方向的大；位于残余拉应力区内的缺陷的影响比在残余压应力区的大；位于应力集中区的缺陷（如焊缝根部裂纹）比在均匀应力场中同样缺陷影响大。

⑤ 焊接残余应力对疲劳强度的影响。焊接残余应力是焊接结构所特有的特征，焊接残余应力对接头疲劳强度的影响与疲劳载荷的应力循环特性有关，即在循环特性值较低时，影响比较大。此外，在试验过程中，试件的尺寸大小、加载方式、应力循环比、载荷谱也对疲劳强度有很大的影响。

9.7　焊接结构的力学性能试验标准

GB/T 150.2—2011《压力容器　第2部分：材料》

GB/T 151—2014《热交换器》

GB/T 228.1—2021《金属材料拉伸试验　第1部分：室温试验方法》

GB/T 228.2—2015《金属材料拉伸试验　第2部分：高温试验方法》

GB/T 229—2020《金属材料夏比摆锤冲击试验方法》

GB/T 230.1—2018《金属材料洛氏硬度试验　第1部分：试验方法》

GB/T 231.1—2018《金属材料布氏硬度试验　第1部分：试验方法》

GB/T 232—2010《金属材料弯曲试验方法》

GB/T 2650—2022《金属材料焊缝破坏性试验冲击试验》

GB/T 2651—2023《金属材料焊缝破坏性试验横向拉伸试验》

GB/T 2652—2022《金属材料焊缝破坏性试验熔化焊接头焊缝金属纵向拉伸试验》

GB/T 2653—2008《焊接接头弯曲试验方法》

GB/T 2654—2008《焊接接头硬度试验方法》

GB/T 4160—2004《钢的应变时效敏感性试验方法（夏比冲击法）》

GB/T 4337—2015《金属材料疲劳试验旋转弯曲方法》

GB/T 4341.1—2014《金属材料肖氏硬度试验　第1部分：试验方法》

GB/T 4340.1—2009《金属材料维氏硬度试验　第1部分：试验方法》

GB/T 2039—2012《金属材料单轴拉伸蠕变试验方法》

GB/T 3075—2021《金属材料疲劳试验轴向力控制方法》

GB/T 4337—2015《金属材料疲劳试验旋转弯曲方法》

第 10 章　其他检验检测技术

10.1　金属磁记忆检测技术

金属磁记忆是制品和焊接接头金属残余磁性的一种后效，形成于在弱磁场中制造和冷却的过程，或者表现为制品由于工作载荷造成的在应力集中和损伤区磁性的不可逆变化。金属磁记忆方法（Metal Magnetic Memory，MMM）是以对工件表面由于工作应力或者残余应力的作用产生于制品表面的位错滑移稳定带区或金属组织最大不均匀区域的漏磁场进行分析为基础，确定金属和焊接接头的应力、缺陷及组织不均匀集中区为目的的一种无损检测方法。

金属磁记忆检测是集无损检测、断裂力学、金相学等交叉学科于一体的新的无损检测技术。对铁磁性金属制品，特别是对锅炉、压力容器、压力管道、起重机械、钢结构等焊接部件，金属磁记忆检测方法既能查找宏观缺陷，又能确定应力集中部位，并通过观测其记忆磁势的变化梯度，间接地判断载荷部件的受力情况，实现对部件寿命的早期诊断，从而预防事故发生。

10.1.1　磁记忆检测原理

当一个物体承受外力而变形时，物体内的某一点将发生位移，离开原来没有载荷时所在的位置，应变就与这种位移有关。当物体内含有几何上不连续，如凹口、空洞、孔、刻槽等时，在不连续点的附近将造成应力的不均匀分布。靠近不连续点的区域内，应力要高于平均数值。这种物体内局部区域的应力高于平均应力的现象即为应力集中。在役设备的金属上存在着残余磁化及相应的散射磁场强度与分布，是由于磁弹性效应和磁致伸缩效应的作用所造成的。磁弹性效应是指当弹性应力作用于铁磁材料时，铁磁体不但会产生弹性应变，还会产生磁致伸缩性质的应变，从而引起磁畴壁的位移，改变其自发磁化的方向。产生磁弹性效应是因为铁磁体在受到外应力的作用后，会在磁晶体内增添应力能引起的。磁机械效应使得铁磁性金属工件在应力作用区表面的磁场增强，增强后的磁场"记忆"了部件应力集中的位置，这就是磁记忆效应。

处于地磁环境下的铁制工件受工作载荷的作用时，其内部会发生具有磁致伸缩性质的磁畴组织定向的和不可逆的重新取向，并在应力与变形集中区形成最大的漏磁场的变化。即磁场的切向分量具有最大值，而法向分量改变符号且具有零值点。这种磁状态的不可逆变化在工作载荷的消除后继续保留，从而通过漏磁场法向分量 H 的测定，可以准确地推断工件的应力集中。

铁磁体在载荷的作用下，产生磁记忆现象的内因取决于铁磁体的微观结构。铁质工件在经过熔炼、锻造和热处理等加工工艺时，温度超过居里点，构件内部的磁畴结构会重新组织，磁性消失。金属在冷却到居里点以下的继续冷却过程中，铁磁晶体在重新结晶的同时重新形成磁构造，同时由于材料内部的各种不均匀性（如形状、结构、夹杂、缺陷等）而形成组织结构不均匀的遗传性。这些组织结构的不均匀部位往往是缺陷或内应力集中的部位，磁机械效应会产生磁畴的固定节点，形成磁场，以微弱的散射磁场的形式在工件表面出现，表现为金属的磁记忆性。此时，若对铁磁构件实施载荷，动态应力的存在会使物体产生应变，会产生很高的应力能，并形成应力集中区。

在没有外应力和外磁场作用时，处于稳定状态的磁晶体内总自由能 E 为：

$$E = E_k + E_{ms} + E_{el} \tag{10-1}$$

式中　E_k——磁晶各向异性能；

　　　E_{ms}——磁弹性能；

　　　E_{el}——弹性能。

在铁磁体受到外力的作用下，构件中应力集中区的形成会聚集相当高的应力能，磁晶体的总自由能则应添加由外应力引起的应力能部分，即：

$$E = E_k + E_{ms} + E_{el} + E_\sigma \tag{10-2}$$

这时，根据"实际存在的状态必定是能量最小的状态"的原则，只有减小应力能，使其趋于最小，或者改变铁磁体原有的磁弹性能，才能使总的自由能趋于最小，从而使铁磁体处于新的稳定状态。

由式(10-2)可以看出，减小应力能 E_σ 的途径是改变磁化强度的方向。当存在外应力时，对于各向同性磁致伸缩的材料而言，当 $\lambda_S > 0$ 时，若 $\theta = 0$ 或 π 时都将使应力能最小，这说明对于磁致伸缩为正的材料，施加拉应力将使材料的磁化强度方向趋向于拉力方向，即拉力的方向是易磁化方向；而当 $\lambda_S < 0$ 时，若 $\theta = \pi/2$ 或 $3\pi/2$ 时才能使应力能为最小，这就是说，在负磁致伸缩材料中，施加拉应力将使材料的磁化方向趋向于垂直拉力方向。由此可见，外应力的存在将对铁磁体内磁化强度的方向产生影响，使磁化强度的方向不能任意取向。

当铁磁体受到外应力作用时，尽管铁磁体内磁化强度会在应力的作用下被迫改变方向以减小应力能，但应力存在或者应力消除后在铁磁体内存在的残余应力总会引起应力能的增加，这就势必要打破原有能量的平衡状态，促使磁弹性能量的增加。应力将改变铁磁体内磁畴的自发磁化方向以增加磁弹性能量，来抵消应力能的增加。在磁机械效应的作用下必将引起构件内部的磁畴在地球磁场中做畴壁的位移甚至不可逆的重新取向排列，从而，在铁磁构件内部产生大大高于地球磁场强度的磁场。根据金属应力学性能的研究表明，即使在金属材料的弹性变形区，完全没有能量耗损的弹性体是不存在。由于金属内部存在着多种内耗效应（如黏弹性内耗、位错内耗等），势必造成在动态载荷消除之后，加载时在金属内部形成的应力集中区会得以保留，特别是在动载荷、大变形和高温状况下尤为突出。保留下来的应力集中区同样具有较高的应力能，因此，为抵消应力能，在磁机械效应的作用下引发的磁畴组织的重新取向排列亦会保留下来，并在应力集中区形成类似缺陷的漏磁场分布形式、表现为磁场的切向分量 $Hp(x)$ 最大值，而法向分量 $Hp(y)$ 的符号发生改变，但具有过零值点。

简而言之，剩余磁场强度的法向分量 $Hp(y)$ 与载荷有单一关系，剩余磁场 $Hp(y)$ 的分布图形相当于工作应力的分布状态图。因此，磁记忆方法检测时使用的参数是自磁化漏磁场的法向分量 $Hp(y)$ 和磁场在长度方向上的梯度值。磁记忆方法检测的是应力变形状态以及按磁参数表现出的金属组织的不均匀性。磁记忆方法检测时确定的是应力集中区——破坏发展的根源、金属组织的损伤及金属的宏观缺陷。

10.1.2　金属磁记忆方法的优点

① 对受检对象不要求任何准备（清理表面等）。

② 不要求做人工磁化，因为它利用的是工件制造和使用过程中形成的天然磁化强度。

③ 金属磁记忆法不仅能检测修理的设备，也能检测正运行的设备。

④ 金属磁记忆方法是唯一能以 1mm 精度确定设备应力集中区的方法。

⑤ 金属磁记忆检测使用便携式仪表，独立的供电单元、记录装置、微处理器和存储器。

⑥ 对机械制造零件，金属磁记忆法能保证百分之百的质量检测和生产在线分选。

⑦ 和传统无损检测方法配合能提高检测效率和精度。

10.1.3 检测设备

磁记忆检测设备主要分为多通道应力集中测量仪、单通道应力集中磁检测仪和磁测式裂纹电磁指示仪等几种类型，常见磁记忆检测设备见图10-1。

(a) TSCM-2FM(MMT-2)　　　(b) EMIC-1M磁测式　　　(c) TSC-2M-8型　　　(d) TSC-4M-16型
　应力集中磁检测仪　　　　裂纹电磁指示仪　　　应力集中测量仪　　　应力集中测量仪

图 10-1　常用磁记忆检测设备

磁记忆检测仪一般由主机、扫查器及其他辅助设备组成，主要性能要求如下。

① 多通道测量，一般要求四通道以上。考虑到压力容器的焊缝宽度，需要扫查的面积比较大，采用多通道技术有利于快速扫查出缺陷。

② 高灵敏度、小体积和长寿命的扫查器。微磁状态下检测的关键部件是扫查器，目前常用的扫查器是磁阻元件和霍尔元件等。扫查器的检测灵敏度可$>4.0\times10^{-9}$ T。

③ 相应的辅助电路。一般要求仪器有温度补偿、地磁补偿和光电编码电路。温度补偿电路用于补偿温度的变化对测量精度的影响；地磁补偿电路用于补偿测量由于和地磁场方向发生偏差而产生的误差；光电编码电路则是测量扫查位移和控制数据采集，使扫查速度和采集数据量成正比例。

④ 具备存储、分析等功能。能实时分析和存储现场采集的数据，并能实现事后的数据回放功能。采集存储的数据能通过通信端口上传到计算机进行保存和进一步的数据处理。

检测过程中要根据具体的检测目的、被检工件具体参数等具体要求，选择适于被检部件形状和要求的扫查器形式及检测方式，以提高检测效率，常见磁记忆扫查器如图 10-2 所示。

(a) 埋地管道扫查器　　　(b) 汽轮机叶片常用扫查器　　　(c) 常用八通道扫查器　　　(d) 适合被检件形状的专用扫查器

图 10-2　磁记忆扫查器

（1）检测设备主要技术参数　磁记忆检测设备主要技术参数包括量程、测量误差、测量步长、扫描速度等。仪器常见参数如表 10-1 所示。

表 10-1 磁记忆检测仪基本参数

参数	技术指标
Hp 值量程	±2000A/m
磁场测量的相对误差	小于 5%
长度测量相对误差	小于 5%
测量步长	1~128mm
最大扫描速度(步长为 1mm 时)	0.2(0.5)m/s
工作温度范围	−15~+55℃

(2) 设备显示状态 磁记忆检测设备除了能直接给出被测量区域的漏磁场强度值和漏磁场梯度值,还能以二维图、三维图和极坐标显示图等多种方式直观地显示出被检测区域的漏磁场分布。如图 10-3 所示为某一区域磁记忆检测数据的三种不同显示。

(3) 使用注意事项 使用磁记忆设备检测过程中应注意以下事项:①远离强磁场环境,避免对检测结果产生影响;②检测前确定检测位置、方位的标记,以方便使用传统的检验方

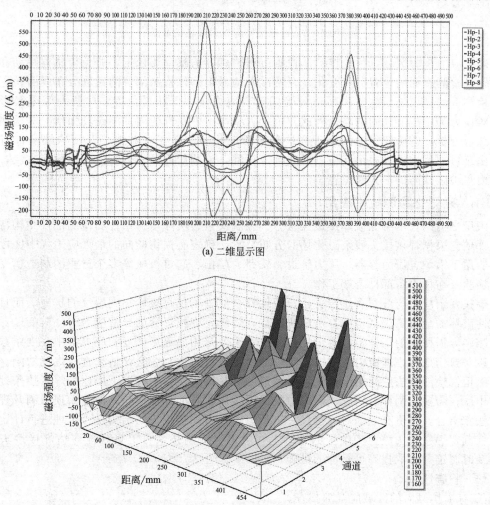

(a) 二维显示图

(b) 三维显示图

图 10-3

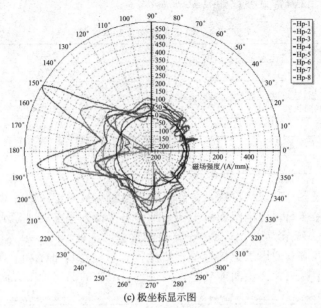

(c) 极坐标显示图

图 10-3　磁记忆检测数据常见显示图

法对确定应力集中区域进行校核；③检测过程传感器的移动要稳定，避免传感器跳动和传感器位置及检测表面的位置突然变化，以便准确地做出部件检测部位的磁场分布线图；④扫查器在检测部件金属表面接收磁强信号受探头与应力集中区相对位置、向位差等因素影响较大，对应力集中程度高的缺陷以外的，由于大壁厚工件及焊缝内部漏磁场强信号对检测的影响要综合分析；⑤磁记忆检测适于高检测量诊断检验和对于一些典型及特殊缺陷针对性检测。由于目前我国没有磁记忆检测缺陷判定标准，检测后需补充传统的无损检测方法，以确定应力集中区缺陷的形式和位置。

10.1.4　磁记忆检测技术应用

磁记忆检测技术可完成焊接接头状态、金属质量、实际运行条件和检测部件结构特点的综合评估。根据焊接接头残余磁化场的分布特点，确定有损伤倾向的最大应力集中区段，可广泛应用于锅炉、压力容器、压力管道、铁路、矿山、起重机械等多个行业的制造、安装质量的检验及在役设备部件普查工作。

焊接残余应力与开裂有直接关系，焊接残余应力不仅直接影响到裂纹的扩展，而且加速了脆性破坏。金属磁记忆检测方法能快速普查焊缝，查找焊缝的异常应力——应变区，从而大大减轻无损检测的工作量。磁记忆检测技术主要是用漏磁场梯度和应力集中强度系数测定焊接接头损伤根源，即应力集中区，对焊缝质量进行定性和综合评估来查找焊缝缺陷。

磁记忆检测方法广泛用于铁磁钢材制造的焊接接头。主要有以下用途：焊接接头处的应力集中区；需要切割样品而完成对应力集中区金属状态的评估；与其他的无损检测及理化检验方法相结合，可更有效地对焊接接头进行诊断；对焊接接头的结构是否合理进行评定。

在确定焊接接头应力集中区的基础上，磁记忆检测技术可更直观地评估焊接接头的强度，及时制定并采取提高可靠性的措施。

（1）扫查区域

① 有损伤倾向的区域应全部扫查。

② 对焊接接头，沿焊接接头长度分成若干区段扫查其残余磁场分布情况。数值有跳跃式变化时，在该区段上应作出标记，然后把检测结果记录下来。

③ 用箭头标明扫查装置和传感器的移动方向。

（2）最大应力集中区的确定　在弱磁化场中，铁磁性材料内部磁通量的波动基本上与材料磁导率因机械应力出现的起伏有关联。磁场强度 H_p 的变化梯度系数 $K_H = \Delta H/\Delta l_k$ 与机械应力变化梯度系数 $K_\sigma = \Delta\sigma/\Delta X$ 相等。K_H 表明铁磁性材料在某一区段上的应力集中程度。资料表明：

$$K_H = -\frac{\Delta\sigma}{\Delta X} = \frac{-8\pi\times10^{-7}H_p}{D}(\mathrm{d}B_X/\mathrm{d}x)_{H,T} \tag{10-3}$$

函数 $(\mathrm{d}B_X/\mathrm{d}x)_{H,T} = A^H$ 表示磁弹性过程灵敏度的参数。函数 A^H 通常在给定强度为 H 的磁化场和温度 T 条件下按经验数据加以确定。在一般情况下函数 A^H 取决于推导方程 $K_H = -\dfrac{\Delta\sigma}{\Delta X} = \dfrac{-8\pi\times10^{-7}H_p}{D}(\mathrm{d}B_X/\mathrm{d}x)_{H,T}$ 时未曾考虑的其他因素。如沿焊接接头截面应力和温度的不均匀性、历史上的磁化状态、金属磁化强度的时效等。

实际检测中，确定最大应力集中区只要比较不同区域的 $K_H = \Delta H/\Delta l_k$ 值即可。其中：

$$\Delta H_p = |H_p^1 - H_p^2| \tag{10-4}$$

式中　H_p^1——H_p 正值最大点；

$\quad\quad H_p^2$——H_p 负值最大点；

$\quad\quad \Delta l_k$——H_p^1 和 H_p^2 之间的距离。Δl_k 的数值与焊接接头的壁厚有一定的倍数关系。即：

$$\Delta l_k = \eta\delta \tag{10-5}$$

式中　δ——压力容器壁厚；

$\quad\quad \eta$——常数，与焊接接头的结构和受力状态有关。

（3）焊接接头检测　试验证明：在金属组织最不均匀处和有焊接工艺缺陷的地方，漏磁场 H_p 法向分量具有跳跃性变化。在许多情况下 H_p 改变为相反符号并具有零值，漏磁场符号变化线（$H_p = 0$）相当于残余应力和变形集中线。通过检测焊接接头的漏磁场，就可以鉴定其实际状态，而且该鉴定是整体性的，可在每个焊接接头中同时反映残余应力和变形的分布以及焊接缺陷。

对接接头检测：将对接接头划分成若干检测区段，并加以明确标注。采用多通道扫查器进行检测（如图 10-4 所示）。当发现 H_p 数值跳跃式变化时，在被检测区用记号笔作出标记，将检测结果存储于仪器中。为便于以后分析处理结果，应在存储时标注明确。

检测结果可以显示出被检测区段 H_p 最大梯度对应的最大应力集中区。应力集中位置的检测结果示意图如图 10-5 所示。可以看出，在检测过程中检查通道 2 和通道 8 所过区域先后发生 H_p 值跳跃式变化，即该区域有明显的应力集中。

上述的应力集中区既可以在对接接头制造时产生，也可以在工作负荷作用下产生。由焊接工艺造成的应力集中区与部件失稳位置相吻合是焊接接头损坏的最危险因素。

在完成对接接头磁记忆检测后，应对应力集中区显示可能有缺陷的部位进行常规方法（超声波、射线、磁粉检测、硬度及现场金相分析等）检测。

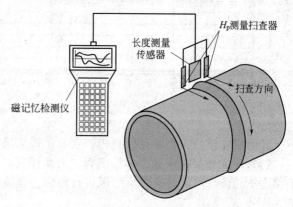

图 10-4　磁记忆检测对接焊缝示意图

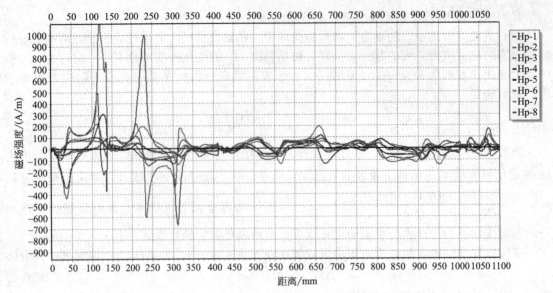

图 10-5 对接焊缝磁记忆检测应力集中区示意图

为了确定被检测区域是否有表面开口裂纹，可使用磁测式裂纹电磁指示仪对表面进行检测。

角接接头检测：对于结构复杂的部位（如角接接头），若采用常规无损检测方法（RT、UT、PT、MT 等）检测，要么无法实施，要么灵敏度不够，要么只能探测表面、近表面缺陷。角接接头中的缺陷为局部产生应力集中创造了条件，角接接头在运行中的受力情况比较复杂。因此，在用部件角接接头的检测非常重要。

角接接头可用多通道扫查器进行检测，对于口径过小的角接接头，可采用单通道扫查方式扫查。扫查过程中确定 $K_H = \Delta H / \Delta l_k$ 的最大区域。其中 Δl_k 是与 $(d_i\delta)^{1/2}$ 的倍数有关，d_i 为接管内径、δ 为接管壁厚。

图 10-6 为某再热器穿墙冠状密封处管板角焊缝磁记忆检测线图，2 号管样记录线图近 90～100 处一较强应力集中区，焊缝检测磁场 H_p 线正负极性变化幅度及范围较大，通过零值线范围大于被检部位壁厚数倍，应力强度系数大于 160(A/m)/mm 并且与过零值线的极大 H_p 值范围相近。

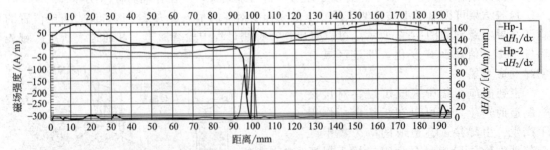

图 10-6 角接焊缝磁记忆检测应力集中区示意图

经磨后在该应力集中区发现内部裂纹扩展尖部。

（4）评估焊接接头状态 检测到应力集中区，应计算磁场梯度 K 值（或者直接测量磁场梯度 K 值），然后对应力集中区进行评估。焊缝整个周向段（或纵向段的）磁场梯度平均值为：

$$K_{av} = \frac{1}{n} \sum_{i=1}^{n} \frac{|\Delta H_p^i|}{\Delta l_k^i} \tag{10-6}$$

式中，$|\Delta H_p^i|$ 为 Δl_k^i 区间上两相邻点之间的 H_p 变化。

① 在应力集中区，最大磁场梯度 $K_{max} > NK_{av}$（系数 N 表征焊缝金属的强度性能，它由焊接工艺、钢材牌号以及焊接接头的规格所决定，目前常见焊接接头推荐经验 N 为 40），不允许存在，应进行处理；

② 在应力集中区，磁场梯度 $K_{max} \leq NK_{av}$，视常规无损检测复查结果而定，若复查发现应力集中区有超标缺陷的应进行处理，否则不用处理；

③ 已经产生严重塑性变形的区域应该进行处理；

④ 对常规无损检测方法发现缺陷的部位，但磁记忆检测未发现应力集中，表明结构强度未受影响，不用处理。

螺栓在长期运行过程中会产生断裂，造成螺栓断裂有运行过程中材质发生脆化的原因，还有设计、安装和检修工艺不当等原因。不论是哪种类型的断裂，早期都会产生应力集中。应用磁记忆检测技术可以在早期诊断应力集中的存在，预防断裂的产生。图 10-7 为螺栓扫查确定应力集中线的方法。用传感器在螺栓表面上扫查时，确定磁场强度 H_p 发生符号相反方向的变化，并得到 $H_p = 0$ 的一系列点，然后在螺栓的表面上沿着 $H_p = 0$ 的点做出标记。如果当传感器经过螺栓的母线扫查时 $H_p = 0$ 的点只有 1 个或 2 个，那么在这种情况下必须沿螺栓的周边不少于 3 个剖面测量磁场强度 H_p，测出 H_p 带有零点的值，然后沿着螺栓表面上的这些点标记应力集中线。在靠近梯度值（$K_H = \Delta H_p / \Delta l_k$）最大值的应力集中线段就是最大应力集中区。当 K_H 值很大时，即使螺栓未出现裂纹也不宜继续使用。

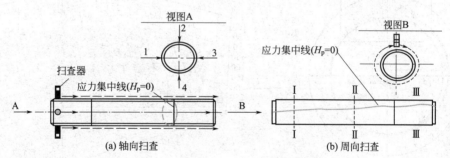

图 10-7 螺栓应力集中线的确定方法

图 10-8 是某企业沿双头螺栓螺纹部位 H_p 场的分布情况。

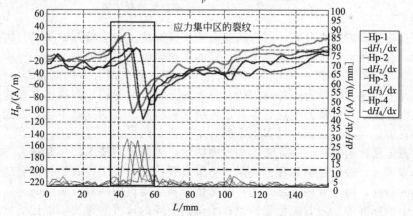

图 10-8 某企业螺栓螺纹部位磁记忆检测结果

　　复验发现在以 H_p 场多次符号交替变换为特征的最大应力集中区带最大梯度 dH/dx 值的部位有横向裂纹。

　　对某电厂锅炉检测过程中，5 号弯头（$\phi 168 \times 16$）沿拉伸母线方向磁记忆检测数据场符号变换且有最大梯度 dH/dx 值，H_p 场分布如图 10-9（a）所示。对该弯头加大磁记忆测量范围，测得 H_p 场在最大应力集中区沿弯头一周的分布如图 10-9（b）所示。H_p 场的梯度值说明，最大应力集中区的金属工作在塑性变形条件下，弯头倾向于发展破损。

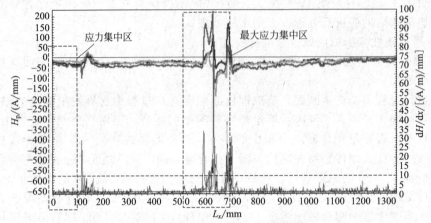

(a) 弯头沿拉伸母线方向磁记忆检测结果

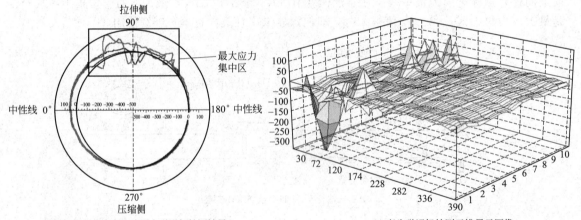

(b) 最大应力集中区弯头周向磁记忆检测结果　　　　　(c) 弯头磁记忆检测三维显示图像

图 10-9　某电厂锅炉弯头磁记忆检测结果

　　为了更直观地看出应力分布，将弯头应力集中区部位磁记忆检测结果以三维图像方式显示，如图 10-9（c）所示。该图清楚地表明，场的零值区组成封闭的椭圆线——应力集中线。

　　对最大应力集中区沿 $H_p = 0$ 线区域进行金相组织分析表明，金属内表面层已有损伤。

　　磁记忆无损检测技术作为一种新兴的、具有显著特点的无损检测技术，在探测铁磁性材料的应力集中方面有着独特的优点，弥补了传统无损检测方法的一些不足，使无损检测技术得到丰富和发展，因而它逐渐在许多国家的各个工业部门得到推广应用。

　　目前，磁记忆检测方法还不完善，为发展磁记忆无损检测技术，还有许多方面的研究工作值得进一步深入。磁记忆检测理论还需进一步发展、完善统一，其中包括金属物理、力学性能和力学的研究，特定条件下部件的磁记忆信号与应力集中的对应关系的建立，以及制定评判应力集中的标准等。随着磁记忆检测技术得到业界的认可与重视，磁记忆检测技术必将得到发展和完善，磁记忆检测技术的应用也会越来越广泛。

10.2 红外热成像检测

10.2.1 红外检测原理与设备

红外线或称红外辐射就是电磁波谱中比微波波长短、比可见光波长长的电磁波，波长范围在 $0.75 \sim 100 \mu m$，在光谱中的位置处于可见光和微波之间。红外线具有电磁波的共同特征，以横波的形式在空间传播，在真空中和光波的传播速度相同。任何物质在常规环境下都会产生自身的分子和原子无规则热运动，并不停地辐射出红外能量，分子和原子的无规则热运动越剧烈，辐射的能量就越大。自然界中任何物体，只要温度高于绝对零度（$-273.15℃$）就会产生自发的电磁波辐射。物体由于其自身分子的运动，不停地向外辐射红外热能，从而在物体表面形成一定的温度场，红外诊断技术是通过吸收这种红外辐射能量，测出设备表面的温度及温度场的分布。通过红外探测器将物体辐射的功率信号转换成电信号后，成像装置的输出信号就可以模拟扫描物体表面温度的空间分布，经电子系统处理，在显示屏上得到与物体表面热分布相应的热像图，实现对被检测目标进行远距离热状态图像成像和测温并进行分析判断其完好性。运用红外热像仪探测物体各部分辐射红外线能量，根据物体表面的温度场分布状况形成热像图，直观地显示材料、结构物及其结合上存在不连续缺陷的检测技术，称为红外成像检测技术。

物体的热辐射从辐射面上发出来，向辐射面之外的半球体各个方向发射出去，辐射的功率指的是所有各方向的辐射功率的总和，而一个物体的法向辐射功率与同样温度的黑体的法向辐射功率之比称为"比辐射率"，简称为辐射率。黑体，就是在任何情况下对一切波长的入射辐射吸收率都等于 1 的物体。黑体是理论研究者抽象出来的一种理想化物体模型。在自然界中完全的黑体是不存在的，为了表示某一物体与黑体辐射的偏离，用发射率 ε 表征。它表示实际物体辐射功率与黑体辐射功率之比，当 $\varepsilon = 1$ 时即为理想黑体；当 $\varepsilon = 0$ 即为完全透明体。发射率 ε 是与物体的材料、表面几何形状以及温度和表面加工程度有关的一个参数。

红外热像仪是通过非接触探测红外能量（热量），并将其转换为电信号，进而在显示器上生成热图像和温度值，并可以对温度值进行计算的一种检测设备。红外热像仪能够将探测到的热量精确测量，我们不仅能够观察热图像，还能够对发热的故障区域进行准确识别和严格分析。近年来的技术革新，尤其是探测器技术、内置可见光照相机、各种自动功能、分析软件的发展等，使得红外分析解决方案比以往更为经济有效。可以快速精确记录和存储图像、数据和文本注释，自动生成全面的检测报告等。

(1) 红外热像仪工作原理 红外热像仪是利用红外探测器、光学成像物镜和光机扫描系统（目前先进的焦平面技术则省去了光机扫描系统）接收被测目标的红外辐射能量分布图形，反映到红外探测器的光敏元上，由探测器将红外辐射能转换成电信号，经放大处理、转换或标准视频信号通过电视屏或监测器显示红外热像图。这种热像图与物体表面的热分布场相对应，实际上被测目标物体各部分红外辐射的热像分布图由于信号非常弱，与可见光图像相比，缺少层次和立体感，因此，在实际检测过程中为更有效地判断被测目标的红外热分布场，常采用一些辅助措施来增加仪器的实用功能，如图像亮度、对比度的控制，实标校正，伪色彩描绘等技术。

(2) 红外成像仪组成系统与特性分析 热像仪的基本工作原理犹如闭路电视系统，由摄像机拍摄图像，然后在监视器上显示图像，但两者有本质的不同。

① 普通电视摄像机接收的是可见光，不响应红外线，故夜间摄像需要灯光照明，而热像仪摄像器仅对红外线有响应，由于物体日夜均辐射红外线，因而，它在白天、夜间均可以工作。

② 普通电视摄像机摄像后显示的图像是人眼睛能感觉的物体亮度和颜色成分，大多数情况下，图像不反映物体的温度，而热像仪所显示的图像主要是反映物体的温度特性，可见的物体图像跟红外线热像没有直接的关系。

热像仪的光学系统由图 10-10 所示虚线框内部分组成。物镜的主要功能是接收红外线，保证有足够的红外线辐射能量聚集到热像仪系统，满足温度分辨率的要求。物镜往往还是一个望远镜或是近摄镜，起着变换系统视场大小的作用，如果物镜是一个望远镜，那么由扫描所决定的视场随望远镜的放大倍率而缩小，热像仪可以观察远处的目标，显示的图像将得到放大；如果物镜是一个近摄像，由扫描所决定的视场将以近摄镜的倍率而放大，热像仪可以观察近处大范围内物体，起到广角镜的作用。现代仪器的结构设计，使用者在现场即可以更换物镜，操作简便。

扫描器采用光学机械的方法改变光路，实现自左至右水平扫描，称行扫描，而自上至下垂直扫描，称为帧扫描，保证红外线探测器接收到视域范围内每一个单元的红外线辐射的能量，直至覆盖整个视场。由于光机扫描器的扫描速度是无法达到电视的电子扫描速度那么快，因而要提高帧频须采用多元探测器。马达驱动和扫描器通常做成一个部件，并需要使用特殊的驱动电路，与扫描工作密切相关的是同步电路，它能精确地取出行、帧扫描的位置信号，保证行、帧扫描之间严格的相关关系。同步电路能把同步信号输送给热像信号处理器，使监视器上显示的图像与目标图像相同，它是保证热像仪内几何成像质量的关键部件。

探测器透镜最靠近红外探测器，由物镜收集视场范围内物体辐射的红外线，经扫描器后，由探测器透镜会聚于红外探测器的敏感元上，探测器敏感元的几何尺寸跟探测器的透镜的焦距之比称为瞬时视场，是一个决定热像仪空间分辨本领的重要参数。

参考黑体是热像仪光学系统中不可缺少的部件，它提供一个基准辐射能量，热像仪据此能够进行温度的绝对测量，参考黑体应具有尽可能高的发射率（$\varepsilon \approx 1$）。参考黑体在某扫描瞬间充满探测器瞬时视场，探测器此时输出的信号电平即对应于参考黑体的辐射能量。

红外探测器的作用在于把聚焦在敏感元上的红外线转换成电的信号，信号大小与红外线的强弱成正比，它是热像仪内最为关键的部件，其性能直接影响热像仪的性能。红外探测仪仅有一个敏感元件，称为单元探测器，而包含 2 个或 2 个以上敏感元件的则称为多元探测器，休斯 probage 7000 系列热像仪采用 30 元锑化铟探测器。使用多元探测器即可提高仪器的性能，一个 n 元的探测器相当于性能提高了 $\sqrt{n}$ 倍的单元探测器，如果一个 n 元的探测器代替单元探测器，在并联使用情况下，若保持温度分辨率和空间分辨率不变，则可提高 n 倍扫描帧频，在串联使用情况下，若保持扫描速度不变，则可提高 $\sqrt{n}$ 倍温度分辨率。但多元的探测器，价格更高，是否采用，需进行系统设计的综合平衡，一般说来，测量室温或更低温度的目标，选用光谱响应在 $8 \sim 14 \mu m$ 波段的探测器。低温碲镉汞要求液氮冷却，若测量高温目标（400℃以上），选用光谱响应在 $3 \sim 5 \mu m$ 波段探测器，例如锑化铟、高温碲镉汞，且使用多极热电制冷器制冷。探测器工作制冷后，其性能会得到提高。制冷器是红外探测器配套使用的不可缺少的部件。

红外探测器的输出电信号是极其微弱的，一般在微伏数量级。前置放大器的作用就是将探测器输出的弱信号进行放大，同时几乎没有或者很少增加噪声成分，这就要求前置放大器具有比探测器低得多的噪声，除要求前置放大器与探测器有最佳的源阻抗匹配，前置放大器还应有优良抗干扰性能，通常前置放大器不具有很高的放大倍数，主放大器则担负着将信号放大的任务。

由红外探测器把红外线信号转换成电信号，热图像信号由前置放大器和主放大器放大达到一定电平后进入信号处理机，同时进入的还有同步信号、参考黑体温度信号等，信号处理机的主要任务是：恢复热图像信号的直流电平，使信号电平跟热图像所接收的能量有固定的关系，补偿摄像器因环境温度变化所引起的影响，使热像信号跟温度绝对值有一一对应的线性关系，操作时可随意改变热图像信号电平和灵敏度以进行图像处理，提供显示器显示的热图像视频信号，其工作框图见图 10-10。

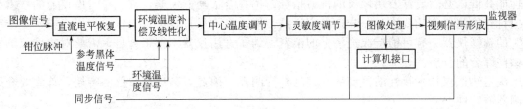

图 10-10　热像仪信号处理框图

由于红外探测器和前置放大器之间通常是采用交流耦合的，使信号失去了直流分量，信号电平不能代表辐射的绝对量，无法从所接收的辐射能量计算得到物体的温度。而热像仪不仅显示温度分布，还需要告知温度的绝对值，因而，信号处理的第一步必需设法恢复热图像信号的直流电平。参考黑体的辐射能量是已知的一个能量基准，在扫描中，当参考黑体充满探测器的瞬时视场时，使用钳位脉冲把热像信号恢复为直流电平。这个固定电平所对应的能量等于参考黑体的辐射能量，由其他物体的信号电平与固定电平之差，可以得到其他物体与参考黑体的辐射能量之差，推知其他物体辐射能量的绝对值。

环境温度补偿电路的作用就是当物体的表面辐射系统 $\varepsilon < 1$ 时，同时考虑物体周围环境的红外辐射影响，对信号电平作相应的修正，使其跟温度有一一对应的线性关系。为此，根据参考黑体的温度求得相对应的直流电平，并把此直流电平叠加到信号电平中去。采用数字计算方法是解决这一问题的途径。

热图像信号反映物体温度的差别，它的电平变化比较大，也就是信号的动态范围相当大，因而在一幅图像上往往不可能反映温度分布的细节，为了让使用者观察和分析热像，热像仪设置了中心温度和灵敏度两种调节电路，经过中心温度和灵敏度调节之后，监视器成为显示热图像的"窗口"。改变中心温度，即改变"窗口"的信号电平，热图像反映的温度在测温范围内的位置也改变，所以，调节中心温度可以从高温区看到低温区。选择灵敏度，就是改变热像仪电子系统的放大倍率，即改变"窗口"的宽度，此宽度对应于热图像上反映的最大温差，因而，调节灵敏度度量可以在热图像上从全貌看到细节。

热像处理是信号处理器能把热图像所包含的信号以各种人们易于接受的方式充分地显示出来，它所具有的功能反映了热像仪处理信息本领的大小。先进的热像仪采用数字方法对热图像信息进行处理，不仅大大增加了功能，其性能也得到了提高，例如，通过存储器的作用，获得热像的电视制式的彩色显示，通过积累图像信息提高信噪比和温度分辨率，运用内插方法提高显示图像的像元数目等，它还配有多种接口，实现热图像的输出记录和跟其他计算机的通信。

处理器的最后一部分是视频信号形成电路，把热图像和同步信号、消隐信号混合成一个视频信号。再输给监视器供显示热图像之用，也可以当记录信号输出，跟随电视复合同步信号混合形成电视制式的热图像信号。此信号即可输入监视器获得电视热图像。

监视器是显示热图像的终端设备，便携式的显示器往往与处理器连在一起，监视器的扫描速度要求跟摄像头部扫描器一致，便于实现同步成像。

先进的热像仪均采用彩色监视器显示热图像，用一种颜色表示温度或者一个等温区，这种假彩色显示使人们更容量区分热像上温度的差别，一般采用 4、8、16 种颜色显示热图像。此外，还有一些文字信息，如日期、图片、温度值、系统设置等，便于人机对话。

红外热像检测技术，由于测试往往是温度差异不大和现场环境复杂的因素，好的热像仪必须具备高像素、分辨率小于 0.06℃、空间分辨率小、具备红外图像和可见光图像合成功能，像元间距不大于 $25\mu m$，需要具备激光指示器和照明灯。

比较和分析热像仪的技术特性，是综合评价热像仪性能和适用性的基本观点。评价仪器的性能高低，必然要涉及热像仪的价格指标。选择合适功能仪器，首先应考虑仪器的技术指标应符合检测工作的要求。一味追求高科技性能，且不尽符合自身工作的需要，或"宽求窄用"的选择仪器，有可能造成经济上的浪费，为了选用仪器不至于盲目，需要对热像仪的特性做些综合的分析。

决定热像仪技术特性的关键部件是红外探测器，因此，分析热像仪的特性，首先要介绍探测器的特性。

（3）探测器的特性

① 红外探测器。能把红外辐射能转变为便于测量的电量的器件，称为红外探测器，从如下的特性参数，可区别红外探测器的优劣：

a. 探测器的敏感元面积 A。接收红外线产生信号的几何尺寸，光电型的探测器敏感元有碲镉汞（HgCdTe）三元化合物的半导体、锑化铟（InSb）探测器和硫化铅（PbS）探测器的。碲镉汞探测器的灵敏度高，响应速度快，能做成响应 $3\sim5\mu m$ 和 $8\sim14\mu m$ 的探测器，是大多数红外成像系统所使用的，也是世界上新型的红外探测器。1999 年日本 NEC 推出的 TH3105 型红外成像仪，选择 $5.5\sim8.0\mu m$ 波段的探测器，它的缺点是包含了水蒸气吸收红外线辐射能的波段，但与玻璃及主要建筑材料的低光谱反射相匹配，因而，其特点是降低了太阳光或天空反射对探测温度绝对值的影响。锑化铟探测器响应波长为 $3\sim5\mu m$，性能佳，价格贵。硫化铅探测器响应波长为可见光到 $2.5\mu m$，灵敏度低，一般适用于高温目标的探测，但也可在常温下工作，价格便宜。碲镉汞、锑化铟探测器的工作温度 77K，通常探测器工作时采用液氮、热电和氩气制冷。

b. 响应率 R。红外探测器的输出电压（V）和输入的红外辐射功率（W）之比，称为响应率，它反映一个探测器的灵敏度，单位为 V/W，通常用 $\mu V/\mu W$。

c. 响应时间。当红外线辐射照到探测器敏感元的面 A 上时，或入射辐射去除后，探测器的输出电压上升至稳定值，或降下来，这段上升或下降的延滞时间称为"响应时间"，它反映一个探测器对变化的红外辐射响应速度的快慢。

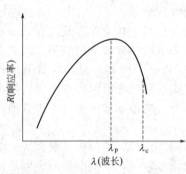

图 10-11　响应率和入射波长的关系

d. 响应波长范围。没有一个探测器能对所有波长的红外线都有响应，因而，在实际工作中根据接收红外线所在波段来选择合适的红外探测器，使系统对该波段的红外线产生响应。红外探测器的响应率和入射辐射的波长关系如图 10-11 所示，在波长为 λ_p 时，响应率最大；波长小于 λ_p 时，响应率缓慢下降；波长大于 λ_p 时，响应率急剧下降以至于零。通常把响应率下降到最大值的一半的波长 λ_c 称为"截止波长"，表明这个红外探测器使用的波长最长不得超过 λ_c。

e. 比探测率 D^*。定义为 $D^* = R\sqrt{A\Delta f}/V_N$，单位为 $cm^2 \cdot Hz^{1/2}/W$，V_N 为测量系统的频带宽度等于 Δf 条件下，所测量到的探测器噪声电压，比探测率是反映探测器分辨最小能量的本领，一般运用此参数表征一个探测仪性能的高低。

② 热像仪温度分辨率。它是热像仪温度分辨本领的基本参数，一般用噪声等效温差来表示，噪声等效温差定义为：当系统的信号跟噪声电压相等时热像仪所反映的温差，在热像

仪的性能指标中温度分辨率通常都是指噪声等效温差这一个量。噪声电压是红外探测器输出端存在的毫无规律、无法预测不可避免的电压起伏,因而,红外探测器只有辐射输出功率产生的电压信号至少大于探测器本身的噪声电压时,才能分辨和测量温度的变化,噪声等效温差用式(10-7)表示:

$$NETD = \frac{T - T_B}{V_S / V_N} \tag{10-7}$$

式中　　T——目标温度;

T_B——背景温度;

V_S——目标信号峰值电压;

V_N——热像仪系统噪声电压。

根据上式,同一数值的温差,在高温时相对有较大的辐射能量差别,在低温时则对应于较小辐射能量的差别,因而在噪声等效温差测量中高温目标的同等温差产生较大信号,信噪比变高,测量得到的噪声等效温差将变小,亦即温差分辨率更高,可见噪声等效温差是依赖于被测目标的温度,热像仪这一参数是在室温目标(30℃)情况下测量的结果。

③ 空间分辨率。它是表征热像仪在空间分辨物体线度大小的本领。一般用热像仪的瞬时视场来表示空间分辨率,所谓瞬时视场是热像仪静态时探测器元件通过光学系统在物体上所对应线度大小对热像仪的空间张角。瞬时视场或空间张角越小,热像仪越能分辨细小的物体,如果要观察远距离的目标,热像仪应该具有较小的瞬时视场,即较高的空间分辨率,在热像仪上添加望远物镜缩小瞬时视场,实现远距离观察的要求。

④ 视场范围。它表示在多大空间范围内热像仪能摄取热图像,用 X、Y 方向视场大小来表示,热像仪所包含的像元素等于视场范围除以瞬时视场,像元素越多,热图像越清晰,像质量越高,因此,成像清晰与否与视场范围或瞬时视场,以及像元素大小有关。

⑤ 帧频。它表示热像仪摄像器在 1s 内摄取多少帧热图像,帧频高,摄取的信息也多,能观察运动目标或温度变化快的过程。

⑥ 响应波段。目前热像仪响应波段有 $3\sim5\mu m$ 和 $8\sim14\mu m$ 两类,前者适用于测量高温物体的温度,后者适用于测量室温和低温物体的温度。

⑦ 热图像信号处理功能。热图像信号的处理是反映热像仪先进性的一个重要方面。

(4) 热像仪选用　选用热像仪是一项综合性的工作,除对仪器各个技术参数作比较分析之外,还要结合应用要求等考虑。上述诸多参数和性能中,温度分辨率和空间分辨率是最关键的,应用于低温环境,要求温度分辨率高一些;而用于高温环境,温度分辨率要求可以低一些,探测的目标移动快的,或被测物温度变化快的,采用帧频高一些,对于静目标或温度变化慢的场合,可以选择较低帧频,其价格相对就便宜些。而仪器处理机的功能和图像记录处理本领也是十分重要的。在选择热像仪时,最重要的应该根据自己应用领域和使用要求来决定,同时兼顾价格的高低。

热像仪功能先进,有利于检测工作获得最佳的热图像,对图像进行必要的处理,从而得到准确和满意的结果。根据检测工作需要,一般功能选配如下。

① 根据被摄对象的实际温度可选择最合适的温度范围,从而可提高检测精度;在满足需求的前提下,温度范围越窄越好。

② 根据被摄对象的远近,能自动调节焦距,使热图像的清晰度最高。

③ 根据被摄对象的温度,具有自动调节温度中心点,使得整幅热图像的色彩分布更为合理。

④ 根据被摄对象的温度范围,具有自动调节温度分辨率,使整个被摄对象以平均的色差显示出来。

⑤ 操作人员能够手动调节焦距、温度中心点、温度分辨率，使对感兴趣的那部分达到最高的清晰度，得到该部分的温度中心点和最佳温度分辨率。例如，由于背景的介入，整个被摄对象的温度范围为 $10\sim80℃$，这种情况下，红橙黄绿青蓝紫 7 种显示颜色（当然内部又有细分为几百种色调）每种颜色代表 $10℃$，即红为 $70\sim80℃$，橙为 $60\sim70℃$，……，紫为 $10\sim20℃$，则 $10℃$ 和 $11℃$ 一样都是以红色来显示，眼睛无法很直观地分辨出来，这时如果手动将分辨率调小，使得 $10℃$ 以紫色显示，而 $11℃$ 以蓝色显示，这样就能很直观地将这 $1℃$ 的差别分辨出来。

⑥ 在同一画面上显示多个点的温度及其辐射率，得出重要的点的温度，或进行温度比较。

⑦ 有广角镜头、特写镜头供特殊要求的选择，当使用特殊镜头时，仪器内部能自动进行红外线透过率的修正。

⑧ 在热图像上选择任何感兴趣的区域，并对该区域进行处理，从而消除背景干扰。

⑨ 对图像进行放大和缩小，以提高分辨率，或在同一屏上显示多幅热图像。

⑩ 以等温带的方式显示图像，即用彩色显示感兴趣的温度范围，而其他温度则用黑白颜色来显示。

⑪ 热图像的显示颜色要可以调整，能够进行多级彩色显示、黑白显示或反色显示。

⑫ 将两幅热图像相减，既可以消除由于室内供热造成的恒定温度噪声，又能突出缺陷部位与正常部位的温差，使得缺陷更容易被识别出来。例如上午缺陷部位比正常部位的温度高 $1℃$，到下午缺陷部位比正常部位的温度低 $0.5℃$，则将两幅热图像相减之后，缺陷部位比正常部位的温度要高 $1.5℃$，这样诊断的精度就得以提高。

⑬ 统计功能：软件能对整幅热图像进行统计计算，即计算平均温度、最高温度、最低温度以及每个温度在整幅热图像上所占的百分比。

⑭ 能够在图像的任何位置上标注文字注解。

⑮ 热图像要能进行存储、传输到计算机进行进一步的分析。

⑯ 仪器内部要有时钟，以显示正确的检测时间并和热图像一起记录下来。

⑰ 能设置声音报警，当温度高于或低于某一值时能发出报警声。

红外热像仪的核心参数如下：

首先是像元间距，这是红外热像仪的最核心参数，到目前为止，像元间距为 $25\mu m$ 的为最新一代探测器技术，比像元间距为 $64\mu m$、$51\mu m$、$38\mu m$ 的前几代探测器更为优异。因为像元间距越小，传感器越小，做成的仪器越轻便，传感器发热量越小；而发热量越小，仪器的稳定性越好，从而使得探测器的使用寿命（也就是仪器的使用寿命）增加。

其次是温度分辨率。到目前为止的红外热像仪的灵敏度能做到 $0.05℃$ 或 $0.06℃$。请注意这个温度分辨率是指不需要做任何处理探测器即能测试到 $0.05℃$ 或 $0.06℃$ 的温度差别。绝对不要取信于采用一些计算手段（比如 Σ 功能）所能到达的温度分辨率。

第三要注意仪器是否采用触摸屏式操作。采用触摸屏的红外热像仪人机对话非常方便，操作舒适性和交互性大大提升，可像手机手写笔一样操作，方便进行草图注释，非常实用。

第四是否集成了可见光 CCD。好的红外热像仪至少集成了 130 万像素的数码照相机。只有超过 100 万像素的照片才比较清晰。

第五是否提供红外和可见光图像叠加和画中画功能。此功能非常适用于温度异常点定位，只有最高端的红外热像仪才使用此功能。

第六，红外图像是否可以数字连续变焦，一般新一代仪器都可以进行 $1\sim4$ 倍或者 $1\sim8$ 倍连续变焦。

第七是要注意仪器的轻便型和便携性。越轻便的设备，在实际操作过程中越便捷。持续手持 1kg 的物品超过 15min 手就会有酸疼感，另外采用倾斜式镜头可以 120°旋转镜头，特别在测试角度较大的场合非常轻松适用。

最后就是要注意红外热像仪的光圈数和景深。仪器越先进，拍摄的温度场图像的立体感越强。

GB/T 19870—2005《工业检测型红外热像仪》国家标准规定了产品分类与基本参数、性能要求、功能要求及试验方法等。适用于工业检测型红外热像仪的设计定型、生产与检验。

目前国内常用的红外热像仪参数见表 10-2 和表 10-3。

表 10-2　美国 FLIR 红外热像仪参数

设备型号	B200	B250	B360	B400	S65	B640
视场角/最小对焦距离	25°×19°/0.4m	25°×19°/0.4m	25°×19°/0.4m	25°×19°/0.4m	25°×18°/0.3m	25°×18°/0.3m
像元间距	25μm	25μm	25μm	25μm	25μm	25μm
热灵敏度	100mK(30℃时)	80mK(30℃时)	60mK(30℃时)	50mK(30℃时)	0.08℃(30℃时)	0.06℃(30℃时)
探测器类型	微热量焦平面	微热量焦平面	微热量焦平面	微热量焦平面	微热量非制冷焦平面	微热量非制冷焦平面
空间分辨率	2.18mrad	2.18mrad	1.36mrad	1.36mrad	1.3mrad	0.65mrad
红外图分辨率	200×150	200×150	320×240	320×240	320×240	320×240
波长范围	7.5～13μm	7.5～13μm	7.5～13μm	7.5～13μm	7.5～13μm	7.5～13μm
数码变焦和全景缩放	1×～2×连续	1×～2×连续	1×～4×连续	1×～8×连续	2×、4×、8×	1×～8×连续
内置数码相机分辨率	1280×1024	1280×1024	1280×1024	1280×1024	640×480	1024×600
镜头	120°旋转	120°旋转	120°旋转	120°旋转	120°旋转	120°旋转
测量温度范围	−20～+120℃(可扩到高温)	−20～+120℃(可扩到高温)	−20～+120℃(可扩到高温)	−20～+120℃(可扩到高温)	−20～+120℃(可扩到高温)	−20～+120℃(可扩到高温)
测温精度	±2℃或读数±2%	±2℃或读数±2%	±2℃或读数±2%	±2℃或读数±2%	±2℃或读数±2%	±2℃或读数±2%
测量模式	点5个,方框区域5个,等温线	点5个,方框区域5个,等温线	点5个,方框区域5个,等温线	点5个,方框区域5个,等温线	点10个,矩形椭圆形区域10个,等温线2条	点,矩形圆形区域,等温线
辐射率	0.01～1.0之间可调	0.01～1.0之间可调	0.01～1.0之间可调	0.01～1.0之间可调	0.1～1.0之间可调	0.1～1.0之间可调
测量修正	反射的环境温度和辐射率修正	反射的环境温度和辐射率修正	反射的环境温度和辐射率修正	反射的环境温度和辐射率修正	反射的环境温度和辐射率修正	反射的环境温度和辐射率修正
图像存储	SD卡	SD卡	SD卡	SD卡	闪存卡(256M)	SD卡(256M)
图像格式	JPEG	JPEG	JPEG	JPEG	JPEG	JPEG
语音注释	无	60s	无	60s	30s	30s

表 10-3　TH9100MV/WV 红外热像仪

项目		TH9100MV		TH9100WV	
		范围 1	范围 2	范围 1	范围 2
温度测量范围		−20～100℃	0～250℃	−40～120℃	0～500℃
最小可探测温差	60 帧/s	0.06℃(30℃时)	0.06℃(30℃时)	0.06℃(30℃时)	0.06℃(30℃时)
	Σ16	0.06℃(30℃时)	0.06℃(30℃时)	0.06℃(30℃时)	0.06℃(30℃时)
精度		±2℃ 或读数的 ±2%			
工作波长		8～14μm			
探测器		非制冷焦平面探测器(微量热型)			
视域		21.7°(H)×16.4°(V)			
空间分辨率		1.2mrad			
聚焦范围		30cm 至无穷远			
帧频		60 帧/s			
热图像像素		320(H)×240(V)像素			
A/D 分辨率		14 位			
温度设置范围		−20～100℃	0～250℃	−40～120℃	0～500℃
灵敏度设置		0.1～20℃/刻度	0.2～30℃/刻度	0.2～20℃/刻度	0.3～70℃/刻度
辐射率改正		0.10 至 1.00 可选(每步 0.01)			
自动功能		全自动(温度中心值/灵敏度/焦距) 全自动跟踪温度中心值/自动增益控制			
测量功能		运行/静止 a. S/N 改善，Σ2，Σ8，Σ16 和空间滤光器　打开/关闭 b. 事件输出　屏幕显示、声音报警(ON/OFF)			
环境温度改正		提供(包括 NUC)			
背景补偿		提供			
镜头改正		提供(自动)			
响应校正		提供(外部)			
测量环境改正		提供(根据输入测量时的环境温度、湿度和测量距离)			
间隔测量		记录到实时内存中，间隔时间 1/60～3600s 可选；记录到存储卡上，间隔时间 5～3600s 可选；提供时间触发功能			
报警		屏幕显示和声音报警(打开/关闭)			
显示		内置取景器和 3.5 英寸❶显示屏			
显示功能		a. 显示颜色:彩色/黑白，正像/负像 b. 灰度等级:8,16,32,64,128,256 c. 色带:彩虹色，明亮色，阳光色，铁红色，医疗色 d. 等温带显示:4 条等温带 e. 多图像显示:12 幅热图像同时显示 f. 多灵敏度显示 g. 线形剖面:X、Y 线型剖面(波形显示)			

---

❶　英寸(in)，1in=25.4mm。

续表

项目	TH9100MV		TH9100WV	
	范围1	范围2	范围1	范围2
图像处理功能	温度中心值,灵敏度调节,多点显示(10点),多点辐射率显示(10点),温差显示,最大/最小(峰值采集)温度显示,报警(全屏或指定的方框中),数字放大1~4倍(运行/静止),方框设置(5个)			
数据显示	调色板(灰度比例),温度比例尺,多电温度,时间,注释,错误信息,英文菜单,剩余电池电量,辐射率			
视频信号输出	NTSC/PAL,合成视频,S端子视频			
多种接口	存储卡槽,IEEE1394,RS232C			
环境设置	时间、TV模式(NTSC/PAL),环境显示模式(℃或℉)			

红外成像检测技术的主要特点如下。

① 无损检测,不需要取样,也不会破坏被测物体的温度场;探测器只响应红外线,只要被测物温度处于绝对零度以上,红外成像仪就可以正常进行探测工作。

② 远距离测试,不需要接触被测物体。红外线的探测器焦距在理论上为30cm至无穷远,因而适用于作非接触、广视域的大面积的无损检测。

③ 方便便捷,直接对照被测物体拍照即可。

④ 直观易懂,以不同颜色来表征被测物体温度场。

⑤ 现代的红外成像仪的温度分辨率高达0.1~0.05℃,所以探测的温度变化的精确度很高。可以对被测物体的温度进行定性定量分析,检测数据可以存储。

⑥ 摄像速度1~50帧/s,故适用静、动态目标温度变化的常规检测和跟踪探测;可以检测运动物体和在恶劣环境中(真空、腐蚀、电磁、化学气氛)检测。

⑦ 此技术几乎不需要后期投入,可以减少人力物力财力的消耗,安全环保。

10.2.2 在焊接结构检测中的应用

锅炉、压力容器、压力管道属于具有爆炸危险的特种承压设备,它承受着高温、高压、易燃、易爆、剧毒以及强腐蚀介质等诸多环境因素的作用。对于压力容器在工作状态下的实际应力分布情况以及早期预测潜在的缺陷,常规方法难有大的作为,锅炉压力容器压力管道的安全监测、预防技术一直是国际上研究的热门。无论是特检行业还是石化领域,温度控制与监测比比皆是:例如设备的磨损、疲劳、裂纹、破裂、变形、腐蚀、剥离、渗漏、堵塞、松动、熔融、绝缘老化、油质劣化、黏合污染、异常振动等,这些状态绝大多数都直接或间接与温度变化相关,这些温度变化有不少是不能使用常规的接触测温方法监测的,采用红外热成像检测技术,则可使问题迎刃而解。

各种工业管道,如蒸汽,热水,各种工业溶液,其上通常覆盖各种的保温材料,以确保其节能的要求,而由于这些管路通常架设在厂房上部或室外,随着时间的推移,可能保温层甚至其管壁有破损或变薄的情形发生,通过红外热像仪,可以容易发现热点区域,从而采取措施,减少能量的浪费和保证正确的工艺温度。同时也可以了解到保温层的破损状态,精确地计算出所需要的人力,物力,从而大大地缩短维修的工作量和时间。由于在生产中通常会涉及大量的化学反应,特别在各类反应炉中,并且还伴随着一定的温度,产生有不同程度的腐蚀,特别是一些阀门、热交换器、衬里变薄等,在前期表现为简单的渗漏,往往肉眼无法发现,通过红外热像仪就可以对细微的温度变化作出判断,从而避免对环境及人员造成伤害。

工厂内也会有许多种类的储液设备,或室内或室外,它们一般会通过一个液位传感器进行物料的控制，有时我们不得不面对液位传感器失灵的情况，这常常会导致溢流或者断流，使得生产中断停滞。我们也可以通过红外热像仪进行探测，由于物料和这些存储设备为不同材料，其热容量不同，在红外热像图片（图 10-12、图 10-13）上可以清楚地反映其液位，这有时也是一种检测液位的简单方法，可避免许多潜在的危险。

图 10-12　利用红外热像仪　　　　　　图 10-13　利用红外热像仪进行固体
检测储藏罐的液位线　　　　　　储罐里的液位、泄漏、沉淀检测

对于液化天然气、液化石油气的泄漏来说，往往需要特殊的仪器才能探测到，如不能及时进行处理可能会发生火灾、爆炸等灾害，但使用气体传感器来探测气体往往只能进行定点探测，而热像仪可以进行大面积的探测，它是根据气体排出时在外界所产生的环境温度变化来探测气体的泄漏，当液化气体流出时周围出现温度异常现象，用热像仪观察就能判断出气体泄漏的位置和规模，参见图 10-14、图 10-15。

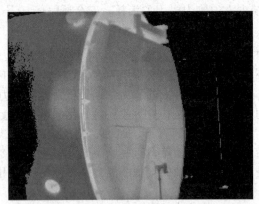 

图 10-14　红外热像仪拍摄的泄漏温度图像　　图 10-15　利用红外热像仪进行无损检测

石化企业有如此多的设备，特别是大多数设备往往会处于高温、高压、腐蚀、氧化的恶劣工况下，工作周期长，维修时间短，有的一旦运行就会长时间不停机，我们往往需要同时掌握所有这些设备的运行状态，从而能够根据实际情况排出一个检修的计划，采用红外热像技术和红外热像仪将你最佳的选择。对于一切特殊设备，往往无法对整个设备进行全面的检测，而通过红外热像仪，可以清晰、直观、全面地发现被测对象的破损情况。如图 10-16、图 10-17 所示，有破损的地方往往会形成一个比较明显的温度异常区域。

通过红外热像仪设备，可以清楚地了解热点的分布、大小以及其具体情况，可以根据这些设备日积月累的状态档案判断问题的原因及严重性，及时采取措施以延长设备的使用寿命。它是一个动态的检修过程，可以根据设备的不同使用状况，从而制订出最经济的维修时间表。另一方面，由于红外热图像能够全面反映被测区域的温度分布，找出保温薄弱环节，同时对被测物的保温性能进行综合性定量评估，如图 10-16 所示，管道的所有部位的保温情况通过红外热图像直观地表现出来。

图 10-16 红外热像仪对保温层检测的热图像

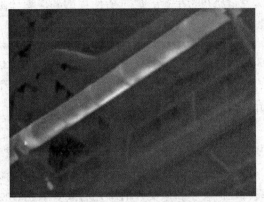

图 10-17 红外热像仪对蒸汽管道进行检测

10.3 焊接接头应力应变测试

10.3.1 电阻应变计和应变仪

（1）电阻应变计 电阻应变计（俗称电阻应变片）是一种能将被测试件的应变量转换成电阻变化量的敏感元件。电阻应变计是基于电阻-应变效应的敏感元件。电阻-应变效应是指金属导体的电阻在导体受力产生变形（伸长或缩短）时发生变化的物理现象。当金属电阻丝受到轴向拉力时，其长度增加而横截面变小，引起电阻增加。反之，当它受到轴向压力时则导致电阻减小。

电阻应变片的结构型式有很多种。它们是因制造材料、工作特性、应用场合和工作条件等的不同而不同，如图 10-18 和图 10-19。它们的结构型式虽有不同，但基本结构则是大致相同，主要由敏感栅、基底、引线、黏结剂和表面覆盖层等五部分组成。

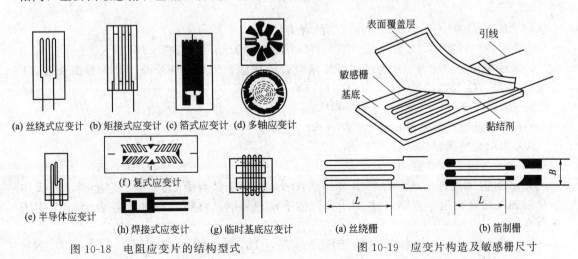

图 10-18 电阻应变片的结构型式

图 10-19 应变片构造及敏感栅尺寸

（2）应变片的主要工作特性

① 应变片电阻（R）。在未安装和不受力的情况下，室温时测定的电阻值。应变片电阻值的选择主要根据测量对象和测量仪器的要求。在允许通过工作电流的情况下，选用较大阻值的应变片，可提高应变片的工作电压，从而使输出信号加大，提高了测量灵敏度。为便于实现桥路初始平衡，要求所使用的各应变片阻值相同或其阻值的相对差值在桥路可预调平衡的范围内。

目前，常用应变片的标称电阻值为 120Ω、350Ω、500Ω、1000Ω 等，对标称值的偏差要求为 ±（0.5%～5%），平均值的公差要求为 0.1%～0.4%。

② 灵敏度系数（K）。安装在被测试件上的应变片，在其轴向受到单向应力时引起的电阻相对变化$\left(\dfrac{\Delta R}{R}\right)$，与由此单向应力引起的构件表面轴向应变之比，即：

$$K=\frac{\Delta R/R}{\varepsilon}$$

它反映应变片将应变转换成电阻变化的敏感程度。其大小主要取决于敏感栅材料、型式、几何尺寸和应变片的工艺、安装工艺、使用条件等。

③ 热输出（ε）。安装在无约束、无外力作用的试件上的应变片，仅当环境温度变化时引起的电阻相对变化所对应的指示应变。敏感栅材料的电阻温度效应、敏感栅材料与被测试件之间线膨胀系数的差异，是应变片产生热输出的主要原因。通过桥路补偿、数据修正和选用温度自补偿应变片等方法来克服或减小。

④ 机械滞后（Z_j）。安装在试件上的应变片在恒温下增加及减小试件应变过程中，对应同一机械应变量的指示应变差值。为消除机械滞后的影响，最好在正式测试前对被测对象预先进行数次加载、卸载，以提高测试结构的准确性。

⑤ 零点漂移（P）。安装在试件上的应变片在试件不承受应力的情况下，且温度恒定时，指示应变随时间的变化，简称"零漂"。它是影响应变测量稳定性的因素，应尽量克服或减小。

⑥ 横向效应系数（H）。应变片敏感栅除有纵栅外，还有圆弧形或直线形的横栅。横栅主要对垂直于应变片轴向的应变敏感，使应变片指示应变片中包含有不应有横向应变影响。

（3）应变片的型号规格　电阻应变计型号的编排规则如下：类别、基底材料种类、标准电阻—敏感栅长度、敏感栅结构形式、极限工作温度、自补偿代号（温度和蠕变补偿）及接线方式。

如 "BF 350—3AA80（23）N6-X" 的含义是：

B 表示应变计类别 [B 为箔式，T 为特殊用途，Z 为专用（特指卡玛箔）]。

F 表示基底材料种类（B 为玻璃纤维增强合成树脂，F 为改性酚醛，A 为聚酰亚胺，E 为酚醛-缩醛，Q 为纸浸胶，J 为聚氨酯）。

350 表示应变计标准电阻。

3 表示敏感栅长度，mm。

AA 表示敏感栅结构形式。

80 表示极限工作温度，℃。

23 表示温度自补偿或弹性模量自补偿代号（9 用于钛合金，11 用于合金钢、马氏体不锈钢和沉淀硬化型不锈钢，16 用于奥氏体不锈钢和铜基材料，23 用于铝合金，27 用于镁合金）。

N6 表示蠕变自补偿标号（蠕变标号：T8，T6，T4，T2，T0，T1，T3，T5，N2，N4，N6，N8，N0，N1，N3，N5，N7，N9）。

X 表示接线方式（X 为标准引线焊接方式；D 为点焊点；C 为焊端敞开式；U 为完全敞开式，焊引线；F 为完全敞开式，不焊引线；X＊＊为特殊要求焊圆引线，＊＊表示引线长度；BX＊＊为特殊要求焊扁引线，＊＊表示引线长度；Q＊＊为焊接漆包线，＊＊表示引线长度；G＊＊为焊接高温引线，＊＊表示引线长度）。

（4）应变片选用原则 应变片种类繁多，性能各异。为了便于选用，选用时要考虑到试件的应力应变情况、环境条件、材料以及所使用的测量仪器等。

① 应力应变情况。在高（低）温度应变测量中，温度应变是产生误差的主要原因，可针对具体试件材料选用温度自补偿应变片；对在长期动荷作用下的应变测量，则要选用疲劳寿命长的应变片。单向应力状态，选用单轴应变片；主应力方向已知的二向应力问题，可使用直角应变片；主应力方向未知，则要选用三轴或四轴应变花。对应力梯度较大、材质均匀的试件，宜用标距较小的应变片；若材质不均匀（如混凝土、铸铁等）或应力分布变化缓慢的试件，宜用标距较大的应变片。

② 环境条件。测量时应根据试件所处的温度场来选择合适的应变片，使得应变中在给定的温度范围内能正常工作。潮湿会使应变片的绝缘电阻和灵敏度降低、黏结强度下降和出现"零漂"，严重时甚至无法测量。为此，在潮湿条件下的测试，要选用胶基底应变片，并采取有效的防潮措施。在强磁场作用下，应变片敏感栅会产生磁致伸缩，对测量产生干扰。因此，应采用磁致伸缩效应小的镍铬合金式铂钨合金制成的敏感栅。

③ 测量仪器。即要按应变仪设计规定的电阻片阻值范围选片，以符合其阻抗或功率要求。此外，还应按测量仪器的供桥电流大小选片，防止通过应变片的工作电流超过允许电流而使应变片过热烧坏。

（5）应变片的安装

① 检查和分选应变片。贴片前，将待用的应变计进行外观检查和阻值测量。外观检查可凭肉眼或借助放大镜进行，目的在于观察敏感栅有无锈斑、缺陷、是否排列整齐、基底和覆盖层有无损坏、引线是否完好。阻值测量可用 4 位惠斯登电桥或数字欧姆表，目的在于检查敏感栅是否有断路、短路，并进行阻值分选，对于共用温度补偿的一组应变计，阻值相差不得超过 $\pm 0.5\Omega$。同一次测量的应变计，灵敏系数必须相同。

② 测点表面处理。对于钢铁等金属构件，首先是清除表面油漆、氧化层和污垢；然后磨平或锉平，并用细砂布磨光。通常称此工艺为"打磨"。打磨后表面粗糙度 $Ra \leqslant 6.3\mu m$。对非常光滑的构件，则需用细砂布沿 $45°$ 方向交叉磨出一些纹路，以增强黏结力。打磨面积约为应变计面积的 5 倍。打磨完毕后，用划针轻轻划出贴片的准确方位。表面处理的最后一道工序是清洗。即用洁净棉纱或脱脂棉球蘸丙酮或其他挥发性溶剂对贴片部位进行反复擦洗，直至棉球上见不到污垢为止。

③ 贴片。根据使用条件和要求选好黏结剂，黏结剂种类很多，常用的有 502 干快胶、胺类固化环氧脂胶、酚醛类。贴片工艺随所用黏结剂不同而异，用 502 胶贴片的过程是：待清洗剂挥发后，先在贴片位置滴一点 502 胶，用应变计背面将胶水涂匀，然后用镊子拨动应变计，调整位置和角度；定位后，在应变计上垫一层聚乙烯或四氟乙烯薄膜，用手指轻轻挤压出多余的胶水和气泡，待胶水初步固化后即可松开。粘贴好的应变计应保证位置准确、黏结牢固、胶层均匀、无气泡和整洁干净。

④ 导线的焊接与固定。黏结剂初步固化后，即可进行焊线。常温静态测量可使用双芯多股铜质塑料线作导线，动态测量应使用三芯或四芯屏蔽电缆做导线。应变计和导线间的连接最好通过接线端子，焊点应确保无虚焊。导线最好与试件绑扎固定，导线两端应根据测点的编号做好标记。

⑤ 粘贴质量检查。贴片质量检查包括外观检查、电阻和绝缘电阻测量。外观检查主要

观察贴片方位是否正确，应变计有无损伤，粘贴是否牢固和有无气泡等。测量电阻值可以检查有无断路、短路。绝缘电阻是最重要的受检指标。绝缘好坏取决于应变计的基底，粘贴不良或固化不充分的应变计往往绝缘电阻低。

⑥ 接线。根据不同的测量条件，来选用连接应变片与应变仪的测量导线。常温静态测量可使用双芯多股铜质塑料线作导线，动态测量应使用三芯或四芯屏蔽电缆做导线。导线电阻越小越好。导线与应变片引线之间最好使用接线端子。应变计和导线间的连接最好通过接线端子，接线端子应粘贴在应变片引出线附近，将导线与应变片引出线都焊在端子上，常温应变片均用锡焊。黏结剂初步固化后，即可进行焊线。为防止虚焊，必须除尽焊接端的氧化皮和其他绝缘物，再用乙醇、丙酮等溶剂清洗，并且焊接要准确迅速、焊点要小而圆滑。已焊接好的导线要在试件上沿途固定好。

⑦ 防护。应变计受潮会降低绝缘电阻和黏结强度，严重时会使敏感栅锈蚀；酸、碱及油类浸入甚至会改变基底和黏结剂的物理性能。为了防止大气中游离水分和雨水、露水的浸入，在特殊环境下防止酸、碱、油等杂质侵入，对已充分干燥、固化并已焊好导线的应变计，应立即涂上防护层。常用室温防护剂有：凡士林、蜂蜡、石蜡、炮油和松香混合物、环氧树脂。

（6）应变仪　一般也称电阻应变仪。有线应变仪、箔应变仪、半导体应变仪等。随着变形会发生电阻值变化的应变片按规定方向贴在试件表面，由于试件表面应变造成应变片的电阻值变化。人们用高灵敏度检流计测出电阻值的变化，并用此推得应变值的大小变化。应变仪广泛应用于材料的力学性能检测中，例如测定材料拉伸模量，就是用所加负荷和同时由贴在试件表面的应变片测出的应变值经计算而得。

在实验应力分析以及静力强度和动力强度的研究中，应变仪用来测量材料和结构的静、动态拉伸及压缩应变，也可测量材料和结构上任意点的应变。在机械工业中，它可用于测量透平叶片、锅炉结构或内燃机气缸的应力等。应变仪上如果配有相应的传感器，还可以测量力、质量、压力、位移、转矩、振动、速度和加速度等物理量及其动态变化过程，也可用作非破坏性的应变测量和检查。

10.3.2　电阻应变测量及应力计算

（1）应变片电路的工作原理　粘贴在试件上的应变片将试件的应变转化为应变片的电阻变化率，这种变化率相当微小，数量级通常在 $10^{-6} \sim 10^{-2}$ 之间，一般的电阻测量仪表很难测出。为便于测量，需搭建电桥电路，将应变片电阻率变化，转化为电压或电流信号，经放大器将信号放大，然后再由指示仪表或记录器输出应变数值。这一任务是由应变片测量电路以及电阻应变仪完成的。

（2）电桥电路　基本的应变片测量电路是惠斯登电桥，简称桥路。由应变片作为各桥臂而组成的电桥，称为测量电桥或应变电桥。根据所使用的拱桥电源的性质，测量电桥又有直流桥和交流桥之分，两种电桥的转换原理和基本公式也都有相似。

直流电桥如图 10-20 所示。电桥各臂 R_1、R_2、R_3、R_4 可以全部是应变片，也可以部分是应变片，其余为固定电阻。对于前一种桥路接法称为全桥式接法，后一种，例如 R_1、R_2 为应变片，R_3、R_4 为精密无感固定电阻时，称为半桥式接法，这是应变测量中最常用的测量电桥的桥接方式。

（3）电桥的平衡　若图所示桥路 AC 端的供桥电源电压为 E，则在桥路 BD 端的输出电压为：

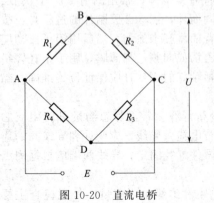

图 10-20　直流电桥

$$U=\left(\frac{R_1}{R_1+R_2}-\frac{R_4}{R_3+R_4}\right)E=\frac{R_1R_3-R_2R_4}{(R_1+R_2)(R_3+R_4)}E \tag{10-8}$$

由式(10-8) 可知，当桥臂电阻满足

$$R_1R_2=R_3R_4$$

时，电桥输出电压 U 为零，称为电桥平衡。

（4）电桥输出电压　设初始处于平衡状态的电桥各桥臂的电阻值都发生了变化，变化量分别为 ΔR_1、ΔR_2、ΔR_3、ΔR_4，此时电桥输出电压的变化量为

$$\Delta U=\left[\frac{R_1R_2}{R_1+R_2}\times\left(\frac{\Delta R_1}{R_1}-\frac{\Delta R_2}{R_2}\right)+\frac{R_3R_4}{R_3+R_4}\times\left(\frac{\Delta R_3}{R_3}-\frac{\Delta R_4}{R_4}\right)\right]E$$

① 全等臂电桥。各桥臂上应变片的起始电阻值相等，灵敏系数 K 也相等，则

$$\Delta U=\frac{E}{4}\left(\frac{\Delta R_1}{R_1}-\frac{\Delta R_2}{R_2}+\frac{\Delta R_3}{R_3}-\frac{\Delta R_4}{R_4}\right)=\frac{E}{4}\sum_{n=1}^{4}(-1)^{n+1}\frac{\Delta R_n}{R}$$

将 $\Delta R_n/R=K\varepsilon_{(n)}$ 代入，便有

$$\Delta U=\frac{KE}{4}\sum_{n=1}^{4}(-1)^{n+1}\varepsilon_{(n)} \tag{10-9}$$

② 半等臂电桥。R_1、R_2 接相同起始电阻值 R 和灵敏系数 K 的应变片，R_3、R_4 为仪器内精密固定电阻（即 $\Delta R_3=\Delta R_4=0$）。则：

$$\Delta U=\frac{KE}{4}\sum_{n=1}^{2}(-1)^{n+1}\varepsilon_{(n)} \tag{10-10}$$

（5）测量电桥的几种常数组成方法与应用

① 单臂工作时的半桥接法。这种桥接是电测量中的基本接法，其应变仪的读数应变 $\varepsilon_仪=\varepsilon_{(1)}$（试件测点的机械应变），测量电桥的桥臂系数 $B=1$。

② 双臂工作的半桥接法。R_1 与 R_2 都是工作片。由于 R_1 与 R_2 参数相同，并位于电桥中相邻两个桥臂，因此还可以起到温度补偿的作用。这时

$$\varepsilon_仪=\varepsilon_{(1)}-\varepsilon_{(2)}$$

桥臂系数

$$B=\frac{\varepsilon_{(1)}-\varepsilon_{(2)}}{\varepsilon}$$

当两桥臂所感受的应变满足一定关系且其符号相异时，电桥的灵敏度会得到提高。

③ 相对双臂工作的全桥接法。R_1 与 R_3（或 R_2 与 R_4）均为相同参数工作片。由于 R_1 与 R_3（或 R_2 与 R_4）是接在电桥相对的两个桥臂上，因而，它不能起到温度补偿的作用，因此还必须设置两个温度补偿片 R_2 与 R_4。这时应变仪的读数应为

$$\varepsilon_仪=\varepsilon_{(1)}+\varepsilon_{(3)}$$

桥臂系数为

$$B=\frac{\varepsilon_{(1)}+\varepsilon_{(3)}}{\varepsilon}$$

当 $\varepsilon_{(1)}$ 与 $\varepsilon_{(3)}$ 同号时，电桥的灵敏度将会得到提高。这种接法一般用于 $\varepsilon_{(1)}=\varepsilon_{(3)}=\varepsilon$ 的情况，这时，$\varepsilon_仪=2\varepsilon$，$B=2$，测量出的应变为待测应变的两倍。

④ 四臂工作的全桥接法。四个桥臂都是相同参数的工作片，该接法可起到温度补偿的作用，应变仪读数应变为

$$\varepsilon_仪=\varepsilon_{(1)}-\varepsilon_{(2)}+\varepsilon_{(3)}-\varepsilon_{(4)}$$

桥臂系数为

$$B=\frac{\varepsilon_{(1)}-\varepsilon_{(2)}+\varepsilon_{(3)}-\varepsilon_{(4)}}{\varepsilon}$$

当相邻桥臂的应变异号，或相对桥臂的应变同号时，电桥的灵敏度将会得到提高。为了能从 $\varepsilon_{仪}$ 来确定 ε，应该事先确定 ε_n（$n=1$，2，3，4）之间的关系。若 $\varepsilon_{(1)}=-\varepsilon_{(2)}=\varepsilon_{(3)}=-\varepsilon_{(4)}=\varepsilon$，则 $B=4\varepsilon_{仪}=4\varepsilon$，指示应变为待测应变的 4 倍。

10.3.3 应力与应变

（1）应力　分布内力在一点的集中，称为应力。作用在垂直与截面的应力称为正应力，用希腊字母 σ 表示；作用线位于截面内的应力称为切应力或剪应力，用希腊字母 τ 表示。应力的单位为 Pa 或 MPa，工程上多用 MPa。

（2）应变　如果将弹性体看作由许多微单元体所组成，弹性体整体的变形则是所有微单元体变形累加的结果。而微单元体的变形则与作用在其上的应力有关。

对于正应力作用下的微单元体，沿着正应力方向和垂直于正应力方向将产生伸长和缩短，这种变形称为线变形。描写弹性体在各点处线性变形程度的分量，称为正应变或线应变，用 ε_x 表示。

切应力作用下的微单元体将发生剪切变形，剪切变形程度用微单元体直角的改变量度量。微单元体直角改变量称为切应变或剪应变，用 γ 表示。

（3）应力与应变之间的物性关系　对于工程中常用材料，试验结果表明：若在弹性范围内加载（应力小于某一极限值），对于只承受单方向正应力或承受切应力的微单元体，正应力与正应变以及切应力与切应变之间存在线性关系：

$$\delta_x=E\varepsilon_x \quad \text{或} \quad \varepsilon_x=\frac{\delta_x}{E} \tag{10-11}$$

$$\tau_x=G\gamma_x \quad \text{或} \quad \gamma_x=\frac{\tau_x}{G} \tag{10-12}$$

以上两式统称为胡克定律。式中，E 和 G 为与材料有关的弹性常数；E 称为弹性模量或杨氏模量，G 称为切变模量。以上两式即为描述线弹性材料物性的方程。所谓线性弹性材料是指弹性范围内加载时应力-应变满足线性关系的材料。

（4）温度补偿　周围环境温度发生变化时，因被测物（供试体）的线性膨胀，会产生表面应变。纯正补偿法是使用软件处理技术来排除这种表面应变对实际测试的影响的有效方法。使用 1 个补偿应变片同时补偿多个应力应变片的温度膨胀时，补偿片和应力片的温差越小，补偿就越准确。补偿法最适合于像塑料、复合材料、混凝土等绝热材料的应变测试，可以得到测试精度很高的测试结果。

通常，若使用温度自补应变片，可以不用温度补偿。但若找不到合适的温度自补应变片来抵消被测物（供试体）的线膨胀时，补偿法便成为最有效的手段。

① 纯正补偿法（图 10-21）。给同一温度条件下的同一群体设 1 个补偿应变片，在与应力应变片相同的温度条件下测试该补偿应变片，并分别记录其数据，最终由软件进行计算处理来实现温度补偿。

这样，就可以不受补偿应变片本身自发热的影响，用 1 个补偿应变片同时进行多个应力应变片的温度补偿，从而更加准确地测试出应变值。

② 共用补偿法（图 10-22）。采用这种补偿时，由于依次测试应力应变片，所以各应力应变片只在测试时接入电桥电源，但补偿应变片在测试每个应力应变片时均会接入电桥电源。因此，在应力和补偿应变片之间可能会出现自发热偏差，导致温度补偿出现误差。

③ 有关导线温度影响的补偿方法（3 线式接线法）。如图 10-23 所示，使用温度自补应变片，拉长应变片和电桥回路间的导线时，导线电阻受温度影响而产生的变化，会作为表面应变体现出来。此时，发挥不出温度自补应变片的特长。

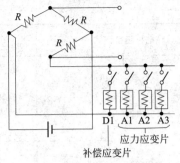
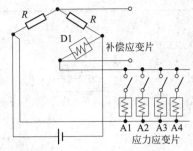

图 10-21 纯正补偿电路图   图 10-22 共用补偿电路图

图 10-23 中，因导线的温度影响而产生的表面应变，可以用式（10-13）进行表达。

$$\varepsilon = \frac{\Delta R}{R} \times \frac{1}{K_s} = \frac{r_1 2l\alpha \Delta t}{R_g + r_1 2l} \times \frac{1}{K_s} \tag{10-13}$$

式中　R_g——应变片电阻值，Ω；

　　　α——导线的电阻温度系数，$1/℃$；

　　　Δt——温度变化量，℃；

　　　l——导线的长度，m；

　　　r_1——导线 1m 的电阻值，Ω/m；

　　　K_s——应变片常数。

由此可见，随着导线的断面面积减小、长度增加，温度的影响也随之增大。为了消除其影响，在测试中多采用 3 线式接线法。R_g 表示应变片，R_1、R_2、R_3 表示内部固定电阻，r_1 表示导线的电阻。基本回路见图 10-24(a)，可简化为图 10-24(b)。从应变片引出 3 根导线，使用该 3 线式接线法，可以抵消导线的温度影响。3 线式接线法必须使用 3 根种类、长度、断面及绝缘塑料皮的颜色完全相同的导线，以便使导线受相同的温度影响。该接线方法，适合使用 3 线平行塑料线。

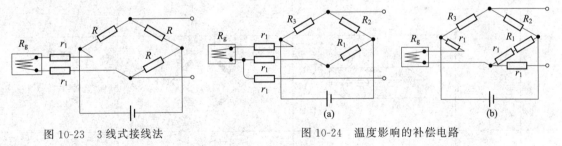

图 10-23 3 线式接线法   图 10-24 温度影响的补偿电路

10.3.4 几种基本受力类型的应力测定

见表 10-4。

表 10-4 几种基本受力类型的应力测定

受力情况	被测应变成分	应变片贴片位置	电桥连接方式	应变仪读数 $\varepsilon_仪$ 与被测应变 ε 的关系
拉(压)	拉(压)	$\xrightarrow{P}$ R_2 R_1 $\xrightarrow{P}$	A B C D R_1 R_2	$\varepsilon = \varepsilon_仪$ $\varepsilon = \dfrac{\varepsilon_仪}{1+\mu}$ $\varepsilon = \dfrac{\varepsilon_仪}{2(1+\mu)}$

续表

受力情况	被测应变成分	应变片贴片位置	电桥连接方式	应变仪读数 $\varepsilon_{\text{仪}}$ 与被测应变 ε 的关系
拉（压）	拉（压）			$\varepsilon = \varepsilon_{\text{仪}}$ $\varepsilon = \dfrac{\varepsilon_{\text{仪}}}{1+\mu}$ $\varepsilon = \dfrac{\varepsilon_{\text{仪}}}{2(1+\mu)}$
扭转	扭转			$\varepsilon = \dfrac{\varepsilon_{\text{仪}}}{2}$
				$\varepsilon = \dfrac{\varepsilon_{\text{仪}}}{4}$
弯曲	弯曲			$\varepsilon = \varepsilon_{\text{仪}}$
				$\varepsilon = \dfrac{\varepsilon_{\text{仪}}}{2}$
				$\varepsilon = \dfrac{\varepsilon_{\text{仪}}}{4}$
弯曲、拉（压）	拉（压）			$\varepsilon = \dfrac{\varepsilon_{\text{仪}}}{2}$
				$\varepsilon = \dfrac{\varepsilon_{\text{仪}}}{2(1+\mu)}$

续表

受力情况	被测应变成分	应变片贴片位置	电桥连接方式	应变仪读数 $\varepsilon_仪$ 与被测应变 ε 的关系
弯曲、拉(压)	弯曲			$\varepsilon=\dfrac{\varepsilon_仪}{2}$
拉(压)、扭转、弯曲	拉(压)			$\varepsilon=\dfrac{\varepsilon_仪}{2}$
	扭转			$\varepsilon=\dfrac{\varepsilon_仪}{4}$
	弯曲(弯曲方向已知)			$\varepsilon=\dfrac{\varepsilon_仪}{2}$
	弯曲(弯曲方向未知)			$\varepsilon=\dfrac{\varepsilon_仪}{2}$

10.3.5 应力应变测试系统和焊接残余应力测试

系统由传感器、信号调理部分和数据采集部分组成。在系统中，针对不同的测试要求和传感器应选择不同的调理模块，传感器信号可调理成标准信号后进行数据采集。这样一个系统中可以进行不同信号的测试。应变调理模块实现将应变信号进行放大、滤波、调偏、调零等功能。数据采集器将调理器传至的标准信号进行数字化转换，同时送交控制器进行数据处理及保存。其本身同时带有应变信号采集能力，可以和调理模块信号同时采集处理。

测定焊接残余应力，可以使用应力应变测试系统，采用钻孔法。测定残余应力时所钻孔可以是盲孔，也可以是 $\phi 2\sim 3mm$ 的通孔，它适用于焊缝及其附近小范围内残余应力的测定，并可现场操作，可以很快测得指定点的主应力及其方向，测量结果比较精确。钻孔法由于所钻孔比较小，对结构的破坏性很小，特别适用于没有密封要求的结构；对有密封要求的结构，可采用盲孔，测试完毕后可用电动砂轮将其磨平。

10.4 交流电磁场检测技术

海洋平台、海底管道长期处于恶劣环境下服役，受到水、海浪、海生物等各种因素影响，出现的腐蚀减薄、疲劳裂纹等损伤将影响结构自身安全。为了保证结构的安全性，必须定期进行安全评估。由于水下环境特殊性，结构表面附着物、锈蚀、海生物等堆积严重，彻底清理结构附着物需要大量的时间和劳动成本，同时水下环境能见度较低，特别是深水情况下环境接近黑暗状态，检测人员操作难度非常大，使得常规无损检测方法出现漏判、误判的概率增大。交流电磁场检测（Alternating Current Field Measurement，ACFM）技术就在这种情况下产生，其通过检测金属构件焊缝裂纹上方感应磁场的扰动实现对表面或次表面裂纹的定性与定量分析，具有无须清理表面、快速、安全、稳定、可定量等优点。

ACFM 最初是由伦敦大学机械工程系的 NDE 中心提出，它由交变电压降（Alternating Current Potential Drop，ACPD）和涡流检测（Eddy Current Testing，ECT）发展而来，结合了 ACPD 技术无须校准测量和 ECT 非接触的优点。ACFM 最早应用于海洋石油平台水下结构关键部位焊缝质量的检验以及带表面涂层金属结构的检验检测。经过多年的发展，ACFM 在检测原理、检测技术、检测设备等方面逐渐完善与成熟，其无须去除涂层即可实现表面裂纹检测的技术得到了越来越多的认可，开始广泛应用到核工业、电力、化工、航空航天等领域中。

10.4.1 交流电磁场检测原理

交流电磁场检测是在 ACPD 和 ECT 基础上发展而来的检测技术，涡流和交流电磁场检测都是基于电磁感应原理的无损检测方法，二者之间的区别在于涡流检测技术利用激励磁场在被检测工件表面产生的涡流，在缺陷存在时涡流发生扰动，影响涡流在检测区域中产生感应磁场大小；交流电磁场检测技术利用激励磁场在被检工件表面产生均匀平行的感应电流，若缺陷存在将影响均匀平行分布的感应电流，使感应磁场发生变化。涡流检测和交流电磁场检测技术都为二次磁场扰动检测技术。

ACFM 技术是借助感应电流的扰动来实现缺陷的检测，检测传感器测量的是感应电流扰动引起的空间畸变磁场信号。空间三维 ACFM 技术原理模型如图 10-25（a）所示，激励线圈中通正弦信号时，在工件表面感生出感应电流，当被检工件没有缺陷时，感应电流会在工件表面均匀分布；当工件表面存在裂纹缺陷时，由于工件表面不连续，感应电流会向裂纹的两端和底部流动，使裂纹中心处感应电流变疏，电流密度下降，裂纹两端的电流汇聚且偏转方向相反[如图 10-25（b）所示]，裂纹缺陷引起感应电流发生偏转，导致工件表面磁场分布

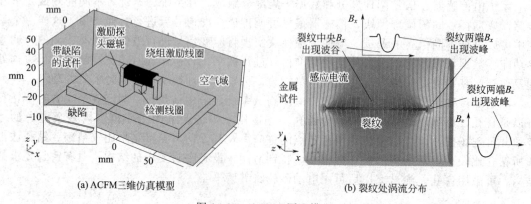

(a) ACFM三维仿真模型　　　　　　　　(b) 裂纹处涡流分布

图 10-25　ACFM 原理模型

发生畸变。

将被检工件表面磁场分成 B_x、B_y、B_z 三个方向的分量：其中平行被检工件表面且与感应电流方向垂直的磁场分量称为 B_x，平行于被测工件表面且平行于感应电流方向的磁场分量称为 B_y，与被测工件表面垂直的磁场分量称为 B_z。提取裂纹所在区域不同方向磁通密度，绘制磁通密度曲面图，如图 10-26 所示。

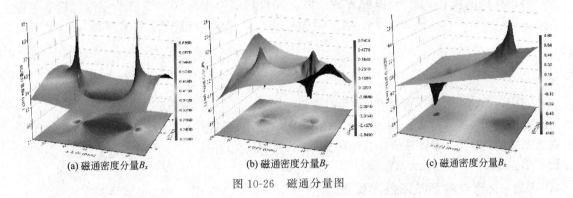

(a) 磁通密度分量B_x (b) 磁通密度分量B_y (c) 磁通密度分量B_z

图 10-26 　磁通分量图

① B_x 信号变化规律：缺陷存在时磁场分量 B_x 发生变化，裂纹中间的感应电流向裂纹两端和底部绕行，使流进裂纹面处的电池下降，在裂纹中部，电流线最疏，B_x 值最小，B_x 的极小值对应裂纹最深处，从而可以测出裂纹的深度。

② B_y 信号变化规律：沿 y 轴方向流动的感应电流在缺陷处发生偏转，由于感应电流在裂纹两端电流偏转方向相反，感应电流偏转前后方向也发生变化，磁通分量 B_y 在裂纹的四个端点出现波峰-波谷，并且交替出现。

③ B_z 信号变化规律：由于裂纹处阻抗突变，使感应电流绕过缺陷两端偏转聚集，磁场分量 B_z 在缺陷的两端发生变化，在裂纹的左半区域感应电流顺时针绕行，B_z 信号出现负方向的波谷；在裂纹的右半区域感应电流逆时针绕行，B_z 信号出现正方向的峰值。通过测量 B_z 信号波峰和波谷之间间距，即可得到裂纹的长度信息。

在 ACFM 的测量中，一般需同时采集特征信号 B_x、特征信号 B_z 与蝶形图判定缺陷的存在，如图 10-27 所示。特征信号 B_x：呈现两个波峰一个波谷，波峰出现在裂纹端面附近，波谷出现在裂纹中央；特征信号 B_z：呈现一个波峰一个波谷，波峰与波谷的位置为裂纹缺陷的两个端点。

以 B_z 为横坐标，B_x 为纵坐标绘制的蝶形图，如图 10-27（b）所示。特征信号 B_z 中两

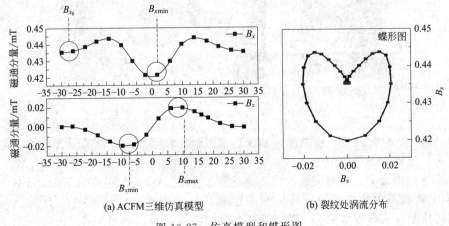

(a) ACFM三维仿真模型   (b) 裂纹处涡流分布

图 10-27 　仿真模型和蝶形图

个峰值点就是蝶形图中横坐标左右两个极值点，而特征信号 B_x 中最小值点也是蝶形图中纵坐标的极小值点，因而特征信号 B_z、B_x 中包含的信息在蝶形图中都能反映出来，结合交流电磁场检测原理，可以准确实现裂纹缺陷的判别和定性分析。当工件中有缺陷时，蝶形图上会出现一个明显的环，称为缺陷环。当传感器在扫描时发生波动，检测信号会出现波动不易分辨，但缺陷环仍较为明显。通过 B_x、B_z 与蝶形图综合判断可降低误判和漏判概率。

借助特征信号 B_x 和 B_z 提取的特征值实现对缺陷长度与深度的定量评估。其中通过 ΔX_{Bz} 对裂纹长度进行拟合计算，ΔB_x 和 ΔB_z 用以对裂纹的深度进行拟合计算。

$$\Delta X_{Bz} = |X_{B_{z\max}} - X_{B_{z\min}}|$$
$$\Delta B_x = |B_{x_0} - B_{x\min}|$$
$$\Delta B_z = |B_{z\max} - B_{z\min}|$$

式中，ΔX_{Bz} 为特征信号 B_z 的波峰波谷间距；$X_{B_{z\max}}$ 为特征信号 B_z 波峰位置；$X_{B_{z\min}}$ 为特征信号 B_z 波谷位置；ΔB_x 表示特征信号 B_x 的畸变量；B_{x_0} 为特征信号 B_x 无缺陷处磁通基准值；$B_{x\min}$ 为特征信号 B_x 最小值；ΔB_z 表示特征信号 B_z 的畸变量；$B_{z\max}$ 为特征信号 B_z 最大值；$B_{z\min}$ 为特征信号 B_z 最小值。

10.4.2 交流电磁场检测技术优点

与传统无损检测方法相比 ACFM 具有以下优点：

① 非接触式检测，无须耦合剂和去除表面涂层；

② 检测后，通过特征信号可判别裂纹缺陷与定量分析；

③ 对检测环境要求低，可用于水下、高/低温检测；

④ 检测便捷，适合快速检测；

⑤ 检测时，不需要仪器校正；

⑥ 检测的经济、人力成本低，安全性好；

⑦ 可针对不同几何形状的待测工件，设计不同类型的探头，检测精度高。

10.4.3 检测设备

交流电磁场检测一般由检测设备、探头、连接线、功能试块及其他辅助设备等组成。

① 检测设备应具有交流电磁场检测信号的激励、数据采集、信号波形显示、分析和储存的功能，常见检测设备如图 10-28 所示。

(a) TSC-Amigo2检测设备　　　　(b) U41水下检测设备

图 10-28　常用的交流电磁场检测设备

TSC-Amigo2 检测设备，将电源、功放、多点触控显示屏和存储等集合一体。可适配焊缝检测探头、阵列探头等。

U41 水下检测设备，对海底裂纹检出率达到了 90%，检测仪可在水下 500m 进行作业。

② ACFM 探头由独立的激励线圈和两组检测传感器组成，同时采集 B_x、B_z 磁场信号，常用的检测探头有焊缝探头、笔式探头与阵列探头三种，如图 10-29 所示。

焊缝探头，用于构件焊缝检测，通用性好、性能稳定，检测范围是探头顶端前后10mm的区域。

笔式探头，笔试结构设计有直头、直角、横向三种形式，其接触面积很小，针对紧凑型区域设计具有较小的边缘效应，可在狭小的空间中操作，满足各类受限空间的焊缝检测需求。

阵列探头，工件焊缝大范围覆盖的ACFM阵列探头，可配置8或16通道。轮式编码器可用于各个方向上的缺陷定位与尺寸计算。

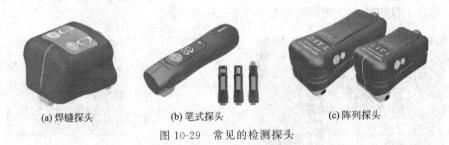

(a) 焊缝探头　　　　(b) 笔式探头　　　　(c) 阵列探头

图10-29　常见的检测探头

③ 标准试块上有特定的人工开口裂纹缺陷，用于检查确认检测设备和探头是否正常工作，标准试块上的人工缺陷应为椭圆形或矩形槽，如图10-30所示，且功能试块为铁磁性材料制成，人工开口裂纹缺陷的尺寸如下：

a. 椭圆形槽尺寸：50mm×5mm 和 20mm×2mm。

b. 矩形槽尺寸：10mm×2mm、20mm×2mm 和 40mm×4mm。

c. 人工开口裂纹缺陷的宽度不大于0.5mm。

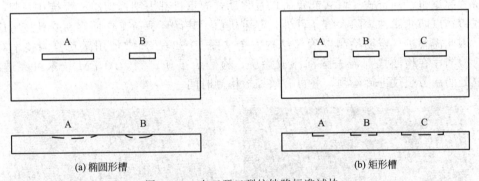

(a) 椭圆形槽　　　　　　　　　　(b) 矩形槽

图10-30　人工开口裂纹缺陷标准试块

④ 辅助设备有驱动装置，传感器在扫查的过程中可采用驱动装置以恒定的速度带动探头在检测试件上扫查。

设备使用过程中的影响因素如下。

① 传感器的抖动与提离：检测过程中传感器产生抖动或较大提离时，检测信号会受到干扰，进而影响检测结果的准确性。

② 材料特性：对采用不同材料焊接的试件，由于材料特性的不一致，会对检测信号产生影响。

③ 打磨痕迹：对打磨过的试件表面，会导致局部区域的磁场特性发生改变，进而对检测信号产生影响。

④ 残余磁场：确保检测试件的表面处于非磁化状态，残余磁场会对检测信号产生影响。

⑤ 残余应力：残余应力会影响试件的电导率与磁导率，进而对检测信号产生影响。

⑥ 铁磁性物体：若检测试件周围有铁磁性物体，会对检测信号产生影响。

⑦ 涂层厚度：若涂层厚度超过仪器的补偿范围，或表面涂层不均匀，会影响裂纹深度检测的准确性。

10.4.4 交流电磁场检测技术应用

石化领域中的储罐通常由钢板焊接制成。传统方法使用磁粉检测技术对焊缝进行检测，在检测前需要进行大量的表面清洁和去除保护性涂层工作，检测完成后需清洁和重新涂覆，检测周期长。ACFM 检测技术可穿透几毫米的非导电涂层而检测粗糙焊缝的表面裂纹与定量计算，提升了检测效率。储罐焊缝检测见图 10-31。

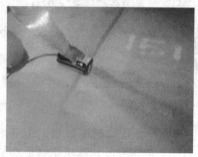 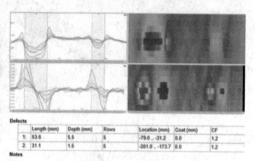

(a) 储罐内部焊缝检测　　　　　　　(b) 缺陷信号及定量分析

图 10-31　储罐焊缝检测

在海底或海上结构焊缝检测中，基于 ACFM 无须处理涂层、可对缺陷定位与定量分析的优势，可将其用于水下结构焊接缺陷的检测，见图 10-32。

桥式起重机、固定式、塔式起重机以及移动式起重机都由钢框架组成焊接在一起，然后涂漆或镀锌以防止腐蚀。除大气条件外，起重机由于其循环载荷工作而容易受到疲劳应力的影响，因此需要进行定期检测以确保结构安全（图 10-33）。通常使用磁粉检测技术对起重机进行检测，在检测之前需去除油漆或涂层，检测后重新刷漆。ACFM 技术可穿透涂层，对焊缝处的疲劳裂纹进行检测，并可有效缩短检测时间。

图 10-32　水下结构检测　　　　　　　图 10-33　起重机焊缝检测

参 考 文 献

[1] NB/T 47013—2015, 承压设备无损检测 [S].

[2] 王晓雷. 承压类特种设备无损检测相关知识 [M]. 北京：中国劳动社会保障出版社, 2007.

[3] 郑晖, 林树青. 超声检测 [M].2 版. 北京：中国劳动社会保障出版社, 2008.

[4] 程志虎.T、K、Y 管节点焊缝超声波探伤——第一讲 技术特征与影响因素 [J]. 无损检测, 1994,（08）: 234-240.

[5] 江学荣, 杜好阳. 无缝钢管超声导波检测技术 [J]. 广东电力, 2002, 15 (5): 3.

[6] 中国特种设备检验协会. 渗透检测 [M].2 版. 北京：中国劳动社会保障出版社, 2007.

[7] 美国无损检测学会. 美国无损检测手册. 渗透卷 [M]. 北京：世界图书出版公司, 1994.

[8] 中国机械工程学会无损检测分会. 磁粉检测 [M].2 版. 北京：机械工业出版社, 2004.

[9] 美国无损检测学会. 美国无损检测手册. 超声卷. 上册 [M]. 北京：世界图书出版公司, 1996.

[10] 《计量测试技术手册》委员会. 计量测试技术手册. 第 10 卷, 光学 [M]. 北京：中国计量出版社, 1997.

[11] 美国金属学会. 金属手册. 第八版. 第十一卷, 无损检测与质量控制 [M]. 北京：机械工业出版社, 1988.

[12] 日本无损检测协会编. 无损检测概论 [M]. 上海：上海科学技术出版社, 1981.

[13] 上海市机械制造工艺研究所. 金相分析技术 [M]. 上海：上海科学技术出版社, 1987.

[14] 束德林. 金属力学性能 [M]. 北京：机械工业出版社, 1987.

[15] 梁新邦, 李久林, 张振武. 金属力学及工艺性能试验方法国家标准汇编 [M]. 北京：中国标准出版社, 1996.

[16] 格尔内. 焊接结构的疲劳 [M]. 北京：机械工业出版社, 1988.

[17] 王玉兴, 张节信, 王金国. 锅炉管道部件及压力容器焊缝磁记忆方法检测应用及检测工艺的讨论 [C] //中国电机工程学会电力系统无损检测学术会议. 中国电机工程学会, 2005.

[18] 杜波夫, 考罗考利尼克夫. 金属磁记忆法检测中国热电站设备部件 [C] //2003 苏州无损检测国际会议第八届全国无损检测大会暨国际无损检测技术研究会电力系统第九届无损检测学术会议.0 [2024-04-10].

[19] Bahi A A H A, Abdelgadir W S. Standard Practice for Use of the Ultrasonic Time of Flight Diffraction (TOFD) Technique [J]. Advance Journal of Food Science & Technology, 2009, 218 (2): 64-69.

[20] Goto M, Tanaka H, Nimura H, et al. Study-Code case 2235 application of TOFD to reactors [J]. 2000: 15-22.

[21] 任吉林, 林俊明. 电磁无损检测 [M]. 北京：科学出版社, 2008.

[22] 刘德镇. 现代射线检测技术 [M]. 北京：中国标准出版社, 1999.

[23] 强天鹏. 射线检测 [M].2 版. 北京：中国劳动社会保障出版社, 2007.

[24] 郑世才. 关于 $|\Delta D| \geqslant (35) \sigma\_D$ 中的系数理解 [J]. 无损检测, 2002,（02）: 92.

[25] 李衍. 射线照相基本公式及应用实例 [J]. 无损检测, 1999,（10）: 469-477.

[26] 肖世荣, 张丙法, 李正利. 采用多元曝光参数公式进行 X 射线检测的方法 [P]. 山东省: CN200710115031, 1, 2008-12-03.

[27] 刘怿欢, 姜斌, 牛卫飞. 一台尿素合成塔的无损检测方法探讨 [J], 无损检测, 2011, 33（02）: 65-68.

[28] Davis A W, Berry P C, Claytor T N, et al. An Analysis of Industrial Nondestructive Testing Employing Digital Radiography as an Alternative to Film Radiography [J]. ESA-MT Nondestructive Testing and Evaluation Team, Los Alamos National Laboratory, 2000: 1-17.

[29] 乔文, 严惠民.CR 系统的现状及进展 [J]. 光学仪器, 2007,（04）: 79-83.

[30] 林穗生, 许小强.CR、DR 的工作原理及选择应用 [J]. 临床医学工程, 2007 (2): 22-23.DOI: 10.3969/j.issn.1674-4659.2007.02.010.

[31] 夏萍, 徐光明, 印崧, 等. 数字 X 射线图像处理及直接测定物体微密度的研究 [J]. 光谱学与光谱分析, 2008, 28 (5): 5.DOI: 10.3964/j.issn.1000-0593.2008.05.053.

[32] 负明凯, 刘力. 数字实时成像（DR）与 X 射线胶片成像对比分析 [J].CT 理论与应用研究, 2005, 14 (3): 5.DOI: 10.3969/j.issn.1004-4140.2005.03.003.

[33] 李琳, 孙习红, 刘琼.CMOS 数字成像技术在电力系统图像监控中的应用 [J]. 光学精密工程, 2002, 10 (001): 84-88.

[34] 卢长慧. 与 IP 板相关的 CR 图像伪影分析及对策 [J]. 影像技术, 2007, 14 (032): 4520-4520.DOI: 10.3969/j.issn.1671-5098.2007.32.114.

[35] 刘怿欢, 何深远, 赵聪. 基于数字探测器阵列技术的带包覆层管道腐蚀检测 [J]. 无损检测, 2023, 45（07）: 61-64.

[36] 李琳, 孙习红, 刘琼.CMOS 数字成像技术在电力系统图像监控中的应用 [J]. 光学精密工程, 2002, 10 (001):

84-88.

[37] 王召巴，金永．高能 X 射线工业 CT 技术的研究进展 [J]．测试技术学报，2002，16（2）：79.

[38] 张典帅．基于 ACFM 的涂覆下裂纹检测仿真研究 [D]．吉林：东北电力大学，2023.

[39] 孙令司．基于双频交流电磁场检测技术的水下管道缺陷分类与反演方法研究 [D]．哈尔滨：哈尔滨工程大学，2021.

[40] 袁新安．水下结构物缺陷 ACFM 智能识别方法与系统研究 [D]．青岛：中国石油大学（华东）[2024-04-10].

[41] 曾祥照，罗佩．X 射线实时成像在焊缝探伤中的应用 [J]．焊接，2000（1）：2.

[42] 张树鹏，赵文生．X 射线实时成像系统在压力容器无损检测中的应用 [J]．焊管，2007，30（6）：4.

[43] 卢艳平，王珏，李卫兵，等．铁道货车铸钢件高能 X 射线数字化辐射成像无损检测系统研制及应用 [J]．中国铁道科学，2009，30（1）：5.

[44] 陈乐．焊缝射线 CR 图像归一化信噪比研究 [D]．南昌：南昌航空大学，2015.

[45] 强天鹏．数字射线（DR+CR）检测技术 [M]．南京：南京出版社，2021.

[46] 陈乐．从法规标准及应用情况分析承压特种设备 DR 检测技术发展形势 [J]．化工装备技术，2022，43（5）：56-61.

[47] 刘怿欢，陈乐，李卫星，等．基于数字探测器阵列技术的带包覆层管道腐蚀检测 [J]．无损检测，2020，42（02）：35-37.

[48] 张峰．基于工业 CT 的扁平物体局部成像关键技术研究 [D]．郑州：解放军信息工程大学，2015.

[49] 康平，高雅，袁生平，等．显微 CT 检测技术在复杂结构焊缝无损检测中的应用 [J]．宇航材料工艺，2021，51（02）：73-76.

[50] 刘怿欢，刘子方，祖宁，等．等径封堵三通超声相控阵检测工艺研究 [J]．化工设备与管道，2018，55（03）：61-64.

[51] 陈小明，谭云华，赖传理，等．相控阵技术在超小径管焊缝检测应用研究 [J]．锅炉技术，2021，52（S1）：55-58.

[52] 章东，桂杰，周哲海．超声相控阵全聚焦无损检测技术概述 [J]．声学技术，2018，37（04）：320-325.

[53] 陈乐．超声相控阵全聚焦成像检测缺陷的定位定量优势分析 [J]．上海煤气，2023（02）：5-8+19.

[54] 何庆昌，裴丽娜，张勇，等．超声相控阵技术在电站锅炉管座环焊缝检测中的应用 [J]．内江科技，2022，43（04）：40-41.

[55] 竺哲明，黄伟勇，郭伟灿．聚乙烯管道热熔对接接头的超声相控阵检测 [J]．无损检测，2017，39（01）：38-41+65.

[56] 励凯宏．衍射时差法超声检测技术在压力容器检验中的应用研究 [D]．杭州：浙江工业大学，2016.

[57] 宋绵．基于超声 TOFD 的焊缝缺陷分析与研究 [D]．哈尔滨：东北林业大学，2018.

[58] 张翀．奥氏体不锈钢焊缝超声 TOFD 检测的关键技术研究 [D]．南昌：南昌航空大学，2017.

[59] 易冬蕊．输油管道的超声导波检测应用技术研究 [D]．西安：西安石油大学，2012.

[60] 巨西民，姚欢，祁龙，等．在役石油管道腐蚀缺陷超声导波检测应用技术 [C]//陕西省机械工程学会无损检测分会．2012 陕西省第十三届无损检测年会论文集，2012：8.

[61] 何存富，郑明方，吕炎，等．超声导波检测技术的发展、应用与挑战 [J]．仪器仪表学报，2016，37（08）：1713-1735.

[62] 杜非，刘怿欢，张晋军，等．化工设备残余应力无损检测方法 [J]．设备管理与维修，2021，（07）：146-148.